DELIUS KLASING

MIX
Papier aus verantwortungsvollen Quellen
Paper from responsible sources
FSC® C105338

Dr. Etzold
Diplom-Ingenieur für Fahrzeugtechnik

So wird's gemacht

pflegen – warten – reparieren

Band 109

VW Passat Limousine/Variant

Benziner
1,6 l/ 74 kW (100 PS) 10/96 – 7/00
1,6 l/ 75 kW (102 PS) 8/00 – 2/05
1,8 l/ 92 kW (125 PS) 10/96 – 9/00
1,8 l/110 kW (150 PS) 10/96 – 2/05
2,0 l/ 85 kW (115 PS) 10/00 – 2/05
2,0 l/ 96 kW (130 PS) 10/01 – 2/05
2,3 l/110 kW (150 PS) 10/96 – 12/00
2,3 l/125 kW (170 PS) 1/01 – 2/05
2,8 l/142 kW (193 PS) 10/96 – 2/05

Diesel
1,9 l/ 66 kW (90 PS) 10/96 – 9/00
1,9 l/ 74 kW (100 PS) 10/00 – 2/05
1,9 l/ 81 kW (110 PS) 10/96 – 9/00
1,9 l/ 85 kW (115 PS) 11/98 – 9/00
1,9 l/ 96 kW (130 PS) 10/00 – 2/05
2,0 l/100 kW (136 PS) 11/03 – 2/05
2,5 l/110 kW (150 PS) 10/98 – 5/03
2,5 l/120 kW (163 PS) 6/03 – 2/05
2,5 l/132 kW (180 PS) 6/03 – 2/05

Delius Klasing Verlag

Redaktion: Günter Skrobanek (Text)
Christine Etzold (Bild)

Bibliografische Information der Deutschen Nationalbibliothek

Die Deutsche Nationalbibliothek verzeichnet diese Publikation
in der Deutschen Nationalbibliografie; detaillierte bibliografische
Daten sind im Internet über http://dnb.dnb.de abrufbar.

15. Auflage
ISBN 978-3-667-13130-0

Alle Angaben ohne Gewähr
Druck: Books on Demand, Norderstedt
Printed in Germany

Delius Klasing Verlag, Siekerwall 21, D-33602 Bielefeld
Tel.: 0521/559-0
E-Mail: info@delius-klasing.de
www.delius-klasing.de
http://sowirdsgemacht.com

Lieber Leser

obwohl die Automobile von Modellgeneration zu Modellgeneration technisch wesentlich aufwendiger und komplizierter werden, greifen von Jahr zu Jahr immer mehr Heimwerker zum »So wird's gemacht«-Handbuch. Die Erklärung dafür ist einfach: Weil die Technik des Automobils komplizierter geworden ist, kommt man selbst als Fachmann bei Wartungs- und Reparaturarbeiten am Fahrzeug ohne eine spezielle Anleitung nicht mehr aus.

Auch der fachkundige Hobbymonteur, der sein Fahrzeug selbst wartet und repariert, sollte bedenken, daß der Fachmann viel Erfahrung hat und durch die Weiterschulung und seinen Erfahrungsaustausch über den neuesten Technikstand verfügt. Mithin kann es für die Überwachung und Erhaltung der Betriebs- und Verkehrssicherheit des eigenen Fahrzeugs sinnvoll sein, in regelmäßigen Abständen eine Fachwerkstatt aufzusuchen.

Grundsätzlich muß sich der Heimwerker natürlich darüber im klaren sein, daß man mit Hilfe eines Handbuches nicht automatisch zum Kfz-Mechaniker wird. Auch deshalb sollte man nur solche Arbeiten durchführen, die man sich selbst zutraut. Das gilt insbesondere für jene Arbeiten, die die Verkehrssicherheit des Fahrzeugs beeinträchtigen können. Gerade in diesem Punkt sorgt das »So wird's gemacht«-Handbuch jedoch für praktizierte Verkehrssicherheit. Durch die Beschreibung der Arbeitsschritte und den Hinweis, die Sicherheitsaspekte nicht außer acht zu lassen, wird der Heimwerker vor der Arbeit entsprechend sensibilisiert und informiert. Auch wird darauf hingewiesen, im Zweifelsfall die Arbeit lieber einem Fachmann zu überlassen.

Sicherheitshinweis
Auf verschiedenen Seiten dieses Buches stehen »Sicherheitshinweise«. Bevor Sie mit der Arbeit anfangen, lesen Sie bitte diese Sicherheitshinweise aufmerksam durch und halten Sie sich strikt an die dort beschriebenen Anweisungen.

Vor jedem Arbeitsgang empfiehlt sich ein Blick in das vorliegende Buch. Dadurch werden Umfang und Schwierigkeitsgrad der Reparatur offenbar. Außerdem wird deutlich, welche Ersatz- oder Verschleißteile eingekauft werden müssen und ob unter Umständen die Arbeit nur mit Hilfe von Spezialwerkzeug durchgeführt werden kann.

Für die meisten Schraubverbindungen ist das Anzugsmoment angegeben. Bei Schraubverbindungen, die in jedem Fall mit einem Drehmomentschlüssel angezogen werden müssen (Zylinderkopf, Achsverbindungen usw.), ist der Wert **fett** gedruckt. Nach Möglichkeit sollte man generell jede Schraubverbindung mit einem Drehmomentschlüssel anziehen. Übrigens: Für viele Schraubverbindungen sind Innen- oder Außen-Torxschlüssel erforderlich.

Als ich Anfang der siebziger Jahre den ersten Band der »So wird´s gemacht-Buchreihe« auf den Markt brachte, wurden im Automobilbau nur ganz wenige elektronische Bauteile eingesetzt. Inzwischen ist das elektronische Management allgegenwärtig; ob bei der Steuerung der Zündung, des Fahrwerks oder der Gemischaufbereitung. Die Elektronik sorgt auch dafür, daß es in verschiedenen Bereichen keine Verschleißteile mehr gibt, wie zum Beispiel der früher für den Zündfunken unentbehrliche Unterbrecherkontakt im Zündverteiler. Das Überprüfen elektronischer Bauteile ist wiederum nur noch mit teuren und speziell auf das Fahrzeugmodell abgestimmten Prüfgeräten möglich, die dem Heimwerker in der Regel nicht zur Verfügung stehen. Wenn also verschiedene Reparaturschritte nicht mehr beschrieben werden, so liegt das ganz einfach am vermehrten Einsatz von elektronischen Bauteilen.

Das vorliegende Buch kann natürlich auch nicht auf jede aktuelle, technische Frage eingehen. Dennoch hoffe ich, daß die getroffene Auswahl an Reparatur-, Wartungs- und Pflegehinweisen in den meisten Fällen die auftretenden Probleme zufriedenstellend löst. Eines sollten Sie bei Ihren Arbeiten am eigenen Auto allerdings beachten: Ein Buch ist keine Tageszeitung. Ständig werden am aktuellen Modell technische Änderungen durchgeführt, so daß es vorkommen kann, daß sich die im Buch veröffentlichten Arbeitsanweisungen und Einstelldaten für Ihr spezielles Modell geändert haben. Sollten Zweifel auftreten, erfragen Sie bitte den aktuellen Stand beim Kundendienst des Automobilherstellers.

Rüdiger Etzold

Inhaltsverzeichnis

VW PASSAT

Aus dem Inhalt:

- **Modellvarianten**
- **Fahrzeugidentifizierung**
- **Motordaten**

1973 wurde der VW PASSAT erstmals der Öffentlichkeit präsentiert. Seit dieser Zeit erschien im Turnus von rund sechs Jahren eine neue Modell-Generation. Die 4. PASSAT-Generation startete im Oktober 1996 mit dem Limousinen-Modell, der Variant folgte sechs Monate später. Im Oktober 2000 erhielt der PASSAT ein Facelift mit verchromtem Kühlergrill, Klarglas-Scheinwerfern und neu gestalteten Heckleuchten.

Die 96er PASSAT-Generation bietet gegenüber dem Vorgängermodell einige Vorteile. Dazu zählen unter anderem die Vollverzinkung und der verbesserte Fahrkomfort sowie die reichhaltige Ausstattung und der hohe passive Sicherheitsstandard. Dank der Vollverzinkung der kompletten Karosserie gibt es eine elfjährige, ab 10/00 eine zwölfjährige Garantie gegen Durchrostung. Durch den Einsatz von Großblechteilen und moderner Schweißverfahren konnte die Karosserie wesentlich steifer gefertigt werden. Das wirkt sich positiv auf Komfort und Fahrstabilität aus. Die coupéhafte Karosserie ist sehr strömungsgünstig, so daß der PASSAT gegenüber dem Vorgängermodell bei gleicher Motorisierung eine höhere Endgeschwindigkeit erzielt beziehungsweise mit weniger Kraftstoff auskommt.

Bei einer Fahrzeuglänge von 4,68 Meter und einem Radstand von 2,70 Meter bietet der PASSAT für 5 Personen und Gepäck angenehme Platzverhältnisse. Der Kofferraum der Limousine faßt 475 Liter beziehungsweise 745 Liter bei umgeklappter Rücksitzbank. Auch beim Variant kann durch Umlegen der hinteren Sitzbank das Gepäckraumvolumen vergrößert werden, und zwar von 495 Liter auf 1.600 Liter.

Umfangreiche Sicherheitseinrichtungen wie Fahrer-, Beifahrer- und Seitenairbags, Gurtstraffer und Gurtkraftbegrenzer für alle außenliegenden Sitze sowie seitliche Karosserieverstärkungen in den Türen sorgen im PASSAT für hohe passive Sicherheit.

Aufgrund der Plattformstrategie des Volkswagen-Konzerns kommt der PASSAT nun auch in den Genuß der Vierlenker-Vorderachse, wie sie erstmals im Audi A8 vorgestellt wurde. Durch diese Konstruktion sind Antriebseinflüsse in der Lenkung praktisch nicht mehr spürbar. Bei den PASSAT-Modellen mit Frontantrieb wird die bekannte Verbundlenker-Hinterachse verwendet, bei der zur besseren Raumausnutzung Schraubenfeder und Stoßdämpfer getrennt voneinander positioniert sind (früher Federbein). Der PASSAT Syncro hat wegen seines Allradantriebs eine Doppelquerlenker-Hinterachse.

Für den PASSAT stehen in Leistung, Hubraum und Bauart recht unterschiedliche Benzin- und Dieselmotoren zur Verfügung, so daß je nach persönlicher Anforderung zwischen sehr wirtschaftlicher und ausgeprägt sportlicher Motorisierung ausgewählt werden kann.

Der vorliegende Band gilt für alle Motorisierungen und Karosserie-Versionen.

Modell 1997

Modell 2001

Fahrzeug- und Motoridentifizierung

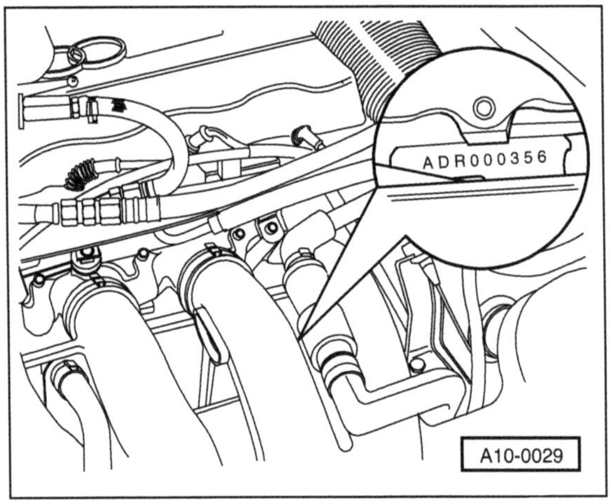

- **4-Zylindermotor:** Motornummer und Kennbuchstaben sind auf der linken Seite des Motorblocks unterhalb der Trennstelle zwischen Motorblock und Zylinderkopf eingeschlagen, siehe Abbildung. **5-Zylindermotor:** Motornummer und Kennbuchstaben befinden sich auf der rechten Seite des Motorblocks. **6-Zylindermotor:** Motornummer und Kennbuchstaben befinden sich auf der rechten Innenseite des Motorblocks, unterhalb des Zylinderkopfs. Zum Auffinden der Motornummer muß die Motorverkleidung ausgebaut werden.

Hinweis: Aufkleber mit diesen Motorangaben befinden sich zusätzlich auf dem Zahnriemenschutz oder Zylinderkopfdeckel des Motors, im Serviceplan und in der Reserveradmulde.

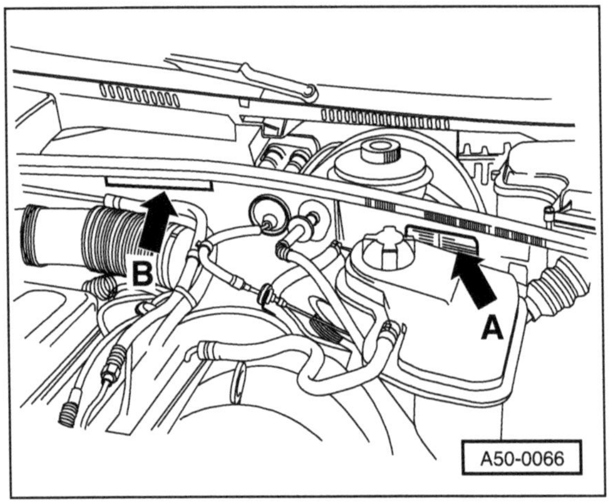

- Das Typschild –A– befindet sich an der hinteren Querwand. Die Fahrzeug-Identifizierungsnummer (Fahrgestellnummer) ist an Stelle –B– eingeschlagen. Dichtung in diesem Bereich abziehen.

Aufschlüsselung der Fahrgestellnummer:

WVW	ZZZ	3B	Z	W	E	000 234
①	②	③	④	⑤	⑥	⑦

① Herstellerzeichen: WVW = Volkswagen AG
② Füllzeichen
③ 2stellige Typenkurzbezeichnung aus den ersten beiden Stellen der offiziellen Typenbezeichnung. 3B = Passat
④ Weitere Füllzeichen
⑤ Angabe des Modelljahres: W – 1998; X – 1999; Y – 2000; 1 – 2001; 2 – 2002
⑥ Produktionsstätte
⑦ Laufende Numerierung

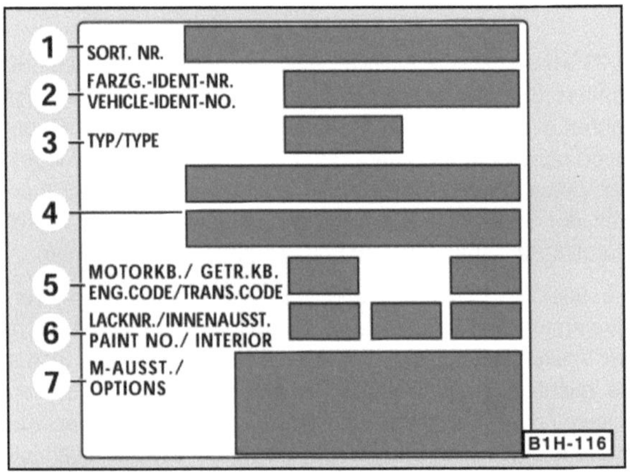

Der Fahrzeugdatenträger ist entweder in der Reserveradmulde oder auf dem Gepäckraumboden aufgeklebt. Er enthält folgende Fahrzeugdaten:

1 – Produktions-Steuerungsnummer
2 – Fahrzeug-Identifizierungsnummer
3 – Typ-Kennnummer
4 – Typerklärung/Motorleistung
5 – Motor- und Getriebekennbuchstaben
6 – Lacknummer/Innenausstattungs-Kennummer
7 – Mehrausstattungs-Kennummer

Die Daten 2 – 7 befinden sich auch im Serviceplan.

Motorenübersicht und Motordaten

Motor/Modell	1.6	1.6	1.6	1.8	1.8 T	2.0	2.0	2.3	2.3
Motor-Kennbuchstaben	ADP	AHL/ANA/ ARM	ALZ	APT/ARG/ ADR	AEB/ANB/ APU/AWT	AZM	ALT	AGZ	AZX
Fertigung von – bis	10/96 – 8/97	9/97 – 7/00	8/00 – 2/05	10/96 – 9/00	10/96 – 2/05	10/00 – 2/05	10/01 – 2/05	10/96 – 12/00	1/01 – 2/05
Hubraum cm^3	1595	1595	1595	1781	1781	1984	1984	2327	2327
Leistung kW bei 1/min PS bei 1/min	74/5300 100/5300	74/5600 [1] 100/5600 [1]	75/5600 102/5600	92/5800 125/5800	110/5700 150/5700	85/5400 115/5400	96/5700 130/5700	110/6000 150/6000	125/6200 170/6200
Drehmoment Nm bei 1/min	140/3800	145/3800 [1]	148/3800	173/3950 [2]	210/1750	172/3500	195/3300	205/3200 [3]	225/3200
Bohrung Ø mm	81,0	81,0	81,0	81,0	81,0	82,5	82,5	81,0	81,0
Hub mm	77,4	77,4	77,4	86,4	86,4	92,8	92,8	90,2	90,2
Verdichtung	10,2	10,2	10,2	10,3	9,5 [8]	10,3	10,5	10,0	10,75
Zylinder-Anordnung/-Anzahl	R4	R4	R4	R4	R4	R4	R4	VR5	VR5
Ventile pro Zylinder	2	2	2	5	5	2	5	2	4
Motormanagement	Motr. 3.2	Simos	Simos 3	Motr.	Motr.	Simos 3.2	Motr.ME 7.5	Motr. 3.8.3	Motr.ME 7.1
Kraftstoff bleifrei ROZ	Super 95	Super 95	Super 95	Super 95	Super 95	Super 95	Super 95	Super 95	Super 98
Wechselmengen Motoröl Liter Kühlflüssigkeit Liter	 3,0 7,0	 3,0 7,0	 3,0 7,0	 3,5 7,0	 3,5 7,0	 3,0 7,0	 4,2 7,0	 3,7 9,0	 4,7 9,0

Motor/Modell	2.8 30V	1.9 TDI	1.9 TDI-PD	1.9 TDI	1.9 TDI-PD	1.9 TDI-PD	2.0 TDI-PD	2.5 TDI	2.5 TDI
Motor-Kennbuchstaben	ACK/APR/AQD ALG/AMX [4]	AHU/ AHH	AVB	AFN/ AVG	AJM/ ATJ	AWX/ AVF	BGW	AFB/ AKN	BDG/ BDH [9]
Fertigung von – bis	10/96 – 2/05	10/96 – 9/00	10/00 – 2/05	10/96 – 9/00	11/98 – 9/00	10/00 – 2/05	11/03 – 2/05	10/98 – 5/03	6/03 – 2/05
Hubraum cm^3	2771	1896	1896	1896	1896	1896	1968	2496	2496
Leistung kW bei 1/min PS bei 1/min	142/6000 193/6000	66/4000 90/4000	74/4000 100/4000	81/4150 110/4150	85/4000 115/4000	96/4000 130/4000	100/4000 136/4000	110/4000 150/4000	120/4000 [9] 163/4000 [9]
Drehmoment Nm bei 1/min	280/3200	202/1900 [5]	250/1900	235/1900	285/1900 [6]	285/1750 [7]	310/1900	310/1500	350/1500 [9]
Bohrung Ø mm	82,5	79,5	79,5	79,5	79,5	79,5	81,0	78,3	78,3
Hub mm	86,4	95,5	95,5	95,5	95,5	95,5	95,5	86,4	86,4
Verdichtung	10,6 [4]	19,5	19,0	19,5	18	19,0	18,5	19,5	18,5
Zylinder-Anordnung/-Anzahl	V6	R4	R4	R4	R4	R4	R4	V6	V6
Ventile pro Zylinder	5	2	2	2	2	2	2	4	4
Motormanagement	Motr.	EDC	EDC	EDC-15	EDC	EDC	EDC	EDC	EDC
Kraftstoff bleifrei ROZ	Super 98	Diesel	Diesel	Diesel	Diesel	Diesel	Diesel	Diesel	Diesel
Wechselmengen Motoröl Liter Kühlflüssigkeit Liter	 5,7/6,0 8,0	 3,8 7,5	 3,6 7,0	 3,8 7,5	 3,6 7,0	 3,6 7,0	 3,8 7,0	 5,4 10,0	 6,35 [9] 9,0

[1]) Bis 1/98: 74 kW bei 5300/min und 140 Nm bei 3800/min; ab 2/98: 74 kW bei 5600/min und 145 Nm bei 3800/min.
[2]) Motor ADR bis 7/97: 173 Nm bei 3950/min; ab 8/97: 168 Nm bei 3500/min.
[3]) Bis 7/97: 200 Nm bei 3600/min; ab 8/97: 205 Nm bei 3200/min.
[4]) Motor ALG/AMX: Mit Sekundärlufteinblasung, Verdichtung 10,3.
[5]) Ab 8/97: 210 Nm bei 1900/min. [6]) Motor ATJ ab 1/00: 310 Nm bei 1900/min.
[7]) Motor AVF: 310 Nm bei 1900/min. [8]) Motor AWT: 9,3.
[9]) Motor BDH: 132 kW/180 PS, 370 Nm, Motorölmenge: 6,0 l.

Hinweis: Die Drehmomentangaben können sich bei einigen Motoren geringfügig geändert haben.

TDI = **T**urbodiesel- **D**irect-**I**njection = Turbodiesel mit Direkteinspritzung. **EDC** = **E**lectronic-**D**iesel-**C**ontrol. **PD** = **P**umpe/**D**üse. **Motr.** = BOSCH-Motronic. **MPI** = **M**ulti-**P**oint-**I**njection = Mehrstellen-Einspritzung.

Achtung: Die angegebenen Füllmengen sind nur ungefähre Werte. Flüssigkeitsstände grundsätzlich mit dem Ölmeßstab und am Kühlflüssigkeits-Ausgleichbehälter prüfen.

Wartung

Aus dem Inhalt:

- Wartungsplan
- Ölwechselservice
- Wartungsarbeiten
- Serviceanzeige nach der Wartung zurückstellen
- Werkzeugausrüstung
- Motorstarthilfe

Die Wartungsintervalle beim PASSAT sind von der Zeitdauer und den gefahrenen Kilometern abhängig und werden dem Fahrer über eine Service-Intervallanzeige angezeigt.

Wenn ein Service erforderlich ist, erscheint die Service-Intervallanzeige nach Einschalten der Zündung und auch nach dem Anlassen des Motors für einige Sekunden anstelle der Tageskilometeranzeige im Tachometer.

Dabei kann folgendes angezeigt werden:

Bis 4/99 – SERVICEOEL (Motorölwechsel-Service) oder
SERVICEINSP (Inspektions-Service)

Ab 5/99 – SERVICE IN 3000 KM (= Fahrstrecke bis zur nächsten Wartung) oder
SERVICE! oder SERVICE JETZT (Longlife-Service)

Nachdem die Wartung durchgeführt wurde, muß die Service-Intervallanzeige zurückgesetzt werden.

Hinweis: Die VW-Werkstätten fragen zusätzlich bei jeder Wartung die Fehlerspeicher der elektronischen Steuergeräte ab. Es kann daher sinnvoll sein, in regelmäßigen Abständen eine Fachwerkstatt aufzusuchen, auch wenn die Wartung in Eigenregie durchgeführt wird.

Longlife-Service

Seit Modelljahr 2000 beziehungsweise seit ca. 5/99 und Modelljahr-Kennbuchstabe **Y** wird der PASSAT nach dem so genannten »Longlife-Service«-System gewartet. Dadurch verlängern sich die Wartungsintervalle, je nach Motor, um bis zu 35.000 km. Für den Longlife-Service ist folgende Ausstattung erforderlich:

1. Flexible Service-Intervallanzeige
2. Motorölstandsensor
3. Bremsbelagverschleißanzeige
4. Longlife-Motoröl nach VW-Norm, siehe Seite 196
5. Wartungsarme Blei-Calcium-Batterie

Hinweis: Wird bei Fahrzeugen **mit** Longlife-Service, im Rahmen einer Wartung/Reparatur **kein** Longlife-Motoröl nach VW-Norm eingefüllt, dann muß die flexible Service-Intervallanzeige auf »nicht flexibel« umgestellt werden. Die Wartung erfolgt dann wie bei Fahrzeugen ohne Longlife-Service. Umgestellt wird die Service-Intervallanzeige durch Zurücksetzen mit den Einstelltasten im Schalttafeleinsatz, siehe Seite 44.

Achtung: Für die Beibehaltung des Longlife-Service muß die Service-Intervallanzeige mit dem VW-Diagnosegerät zurückgesetzt werden.

Ölwechsel-Service

Nur Fahrzeuge ohne Longlife-Service

Der Ölwechsel-Service ist durchzuführen, wenn im Schalttafeleinsatz die Anzeige »SERVICE OEL« blinkt bzw. **alle 15.000 km**, falls die jährliche Fahrleistung über 15.000 km liegt.

Achtung: Bei erschwerten Betriebsbedingungen, wie überwiegend Stadt- und Kurzstreckenverkehr, häufigen Gebirgsfahrten, Anhängerbetrieb und staubigen Straßenverhältnissen, Ölwechsel-Service entsprechend öfter durchführen.

- Motor: Öl- und Filterwechsel.
- Bremsbeläge vorn und hinten: Dicke prüfen.
- 90-/110-/115-PS-Dieselmotor (AHU/AHH/AFN/AJM/ATJ/AVG) bis Modelljahr 2000 (**Y**): Zahnriemenverschleiß prüfen.
- Service-Intervallanzeige zurücksetzen.

Wartung

Die Wartung ist in folgenden Abständen durchzuführen:

Ohne Longlife-Service: Nach der Service-Intervallanzeige wenn im Kombiinstrument die Anzeige »SERVICE INSP« blinkt. Auf jeden Fall aber **alle 12 Monate** die mit ● gekennzeichneten Positionen und **alle 30.000 km** sämtliche aufgeführten Wartungspunkte (● und ■) durchführen.

Achtung: Bei erschwerten Betriebsbedingungen, wie überwiegend Stadt- und Kurzstreckenverkehr, häufigen Gebirgsfahrten, Anhängerbetrieb und staubigen Straßenverhältnissen, Ölwechsel-Service entsprechend öfter durchführen. Bei häufigen Fahrten in staubiger Umgebung Wechselintervall für Motor-Luftfilter und Pollenfilter halbieren.

Mit Longlife-Service: Entsprechend der Service-Intervallanzeige sämtliche aufgeführten Wartungspunkte (● und ■). **Hinweis:** Wenn die Service-Intervallanzeige aufgrund extremer Betriebsbedingungen alle 12 Monate oder 15.000 km eine Wartung fordert, kann stattdessen ein Ölwechsel-Service durchgeführt werden und alle 2 Jahre oder 30.000 km die komplette Wartung.

Mit und ohne Longlife-Service: Im Rahmen der Wartung sind ebenfalls die zusätzlichen, mit ◆ gekennzeichneten Wartungspunkte entsprechend den angegebenen Intervallen durchzuführen.

Motor

- ● Motor/Motorraum: Sichtprüfung auf Undichtigkeiten.
- ● Motor: Öl wechseln, Ölfilter ersetzen.
- ● Kühl- und Heizsystem: Flüssigkeitsstand prüfen, Konzentration des Frostschutzmittels prüfen. Sichtprüfung auf Undichtigkeiten und äußere Verschmutzung des Kühlers.
- ● Abgasanlage: Auf Beschädigungen sichtprüfen.
- ● 4-Zylinder-Dieselmotor (AHU/AHH/AFN/AJM/ATJ/AVG) bis Modelljahr 2000 (**Y**): Zahnriemenverschleiß prüfen.
- ■ 4-Zylinder-Dieselmotor: Kraftstoffilter entwässern.
- ■ 90-PS-Dieselmotor (AHH): Zustand und Spannung des Zahnriemens prüfen.
- ■ 2,5-l-Dieselmotor: Kraftstoffilter ersetzen. Zustand von beiden Zahnriemen prüfen.
- ■ 1,6-/1,8-/2,0-l-Benzinmotor: Zustand des Zahnriemens prüfen (erstmalig nach 90.000 km, dann alle 30.000 km).

Getriebe, Achsantrieb

- ● Getriebe, Achsantrieb, Gelenkschutzhüllen: Auf Undichtigkeiten und Beschädigungen sichtprüfen.
- ■ Schaltgetriebe/Achsantrieb: Ölstand prüfen, ggf. auffüllen.

Vorderachse und Lenkung

- ● Spurstangenköpfe: Spiel und Befestigung prüfen, Staubkappen prüfen.
- ● Achsgelenke: Staubkappen prüfen.
- ● Lenkung: Faltenbälge auf Beschädigungen prüfen.

Aufbau

- ● Türfeststeller: Schmieren.
- ● Verbandkasten: Haltbarkeitsdatum prüfen.
- ■ Unterbodenschutz: Prüfen.
- ■ Sicherheitsgurte und Airbageinheiten: Auf Beschädigungen sichtprüfen.
- ■ Lüftung/Heizung: Staub-/Pollenfilter-Einsatz erneuern.
- ■ Schiebedach: Führungsschienen reinigen und mit VW-Fettspray G 000 450 02 einsprühen.

Bremsen, Reifen, Räder

- ● Bremsanlage: Leitungen, Schläuche, Anschlüsse auf Undichtigkeiten und Beschädigungen prüfen.
- ● Bremsflüssigkeitsstand: Prüfen, ggf. auffüllen.
- ● Bremsen: Belagstärke der vorderen und hinteren Bremsbeläge prüfen.
- ● Bereifung (einschließlich Reserverad): Profiltiefe, Reifenfülldruck, Reifen auf Verschleiß und Beschädigungen prüfen.
- ● Radschrauben über Kreuz mit 120 Nm festziehen.

Elektrische Anlage

- ● Alle Stromverbraucher, Signalhorn: Funktion prüfen.
- ● Beleuchtungsanlage: Prüfen, gegebenenfalls Scheinwerfer einstellen.
- ● Scheibenwischer: Wischergummis auf Verschleiß prüfen. Wenn Wischerblätter rubbeln, Anstellwinkel prüfen.
- ● Scheibenwaschanlage: Funktion prüfen, Düsenstellung kontrollieren, Flüssigkeit nachfüllen, Scheinwerfer-Waschanlage prüfen.
- ● Batterie: Ruhespannung messen, Batterieklemmen/-halter auf festen Sitz prüfen. Säurestand prüfen, wenn sich die einzelnen Batteriezellen öffnen lassen.
- ● Service-Intervallanzeige: Zurücksetzen.

Alle 2 Jahre

- ■ Bremsflüssigkeit: Erneuern.
- ■ Fahrzeuge mit Telematik: Notstrombatterien ersetzen.
- ■ Abgasuntersuchung (AU) erstmalig nach 3 Jahren, dann alle 2 Jahre: Leerlaufdrehzahl, CO-Gehalt, Zündzeitpunkt prüfen; Fehlerspeicher abfragen (Werkstattarbeit).

Alle 2 Jahre oder 60.000 km

- ■ Motor-Luftfilter: Einsatz erneuern, Gehäuse reinigen.

Alle 4 Jahre oder 60.000 km

- ■ Zündkerzen: Erneuern.

Alle 60.000 km

- ■ 4-Zylinder-Dieselmotor: Kraftstoffilter ersetzen.
- ■ Servolenkung: Flüssigkeitsstand prüfen, ggf. auffüllen.
- ■ Automatisches Getriebe/Achsantrieb: Ölstand prüfen, ggf. auffüllen.
- ■ Keilrippenriemen: Zustand prüfen, ggf. wechseln.
- ■ 115-PS-Dieselmotor (AJM) bis 9/00: Zahnriemen und Zahnriemenspannrolle ersetzen (Werkstattarbeit).
- ■ 150-PS-Dieselmotor (AFB bis Mot-Nr. 154 591 und AKN bis Mot.-Nr. 031 889): Kurbelgehäusedruck prüfen (Werkstattarbeit).

Alle 90.000 km

- ■ 90-/110-PS-Dieselmotor (AHU/AHH/AFN/AVG): Zahnriemen ersetzen (Werkstattarbeit).
- ■ 100-/115-/130-PS-Dieselmotor (AJM ab 10/00) sowie (ATJ/AVB/AWX/AVF): Zahnriemen und Zahnriemenspannrolle ersetzen.

Alle 120.000 km

- ■ 4-Zylinder-Motor: Keilriemen, falls vorhanden, ersetzen.
- ■ 193-PS-Benzinmotor: Zahnriemen und Zahnriemenspannrolle ersetzen (Werkstattarbeit).
- ■ 2,5-l-Dieselmotor: Beide Zahnriemen ersetzen (Werkstattarbeit).
- ■ 1,8-l-Benzinmotor (ADR/AEB/ANB/APU/ARG) bis Modelljahr 1999 (**X**): Zahnriemen für Motorsteuerung ersetzen.

Alle 180.000 km

- ■ 1,8-l-Benzinmotor (APT) sowie 1,8-l-Benzinmotor ab Modelljahr 2000 (**Y**): Zahnriemen für Motorsteuerung ersetzen.

Wartungsarbeiten

Hier werden, nach den verschiedenen Baugruppen des Fahrzeugs aufgeteilt, alle Wartungsarbeiten beschrieben, die gemäß dem Wartungsplan durchgeführt werden müssen. Auf die erforderlichen Verschleißteile sowie das möglicherweise benötigte Sonderwerkzeug wird jeweils hingewiesen.

Es empfiehlt sich, Reifendruck, Motorölstand und Flüssigkeitsstände für Kühlung, Wisch-/Wasch-Anlage etc. mindestens alle 4 bis 6 Wochen zu prüfen und gegebenenfalls zu ergänzen.

Achtung: Beim **Einkauf von Ersatzteilen** ist zur Identifizierung des Fahrzeuges unbedingt der **KFZ-Schein** mitzunehmen, denn nur durch die Fahrzeug-Identnummer ist eine eindeutige Zuordnung von Ersatzteil und Fahrzeugmodell möglich. Sinnvoll ist es auch, das Altteil zum Ersatzteilhändler mitzunehmen, um es dort mit dem Neuteil vergleichen zu können.

Motor und Abgasanlage

Folgende Wartungspunkte müssen nach dem Wartungsplan durchgeführt werden:

- Motor: Öl- und Filterwechsel.
- Motor/Motorraum: Sichtprüfung auf Undichtigkeiten.
- Motor: Ölstand prüfen.
- Zündkerzen erneuern.
- Abgasanlage: Sichtprüfung auf Beschädigungen.
- Kühl- und Heizsystem: Flüssigkeitsstand prüfen, Konzentration des Frostschutzmittels prüfen. Sichtprüfung auf Undichtigkeiten und äußere Verschmutzung des Kühlers.
- Dieselmotor: Kraftstoffilter entwässern bzw. ersetzen.
- Motor-Luftfilter: Filtereinsatz erneuern.
- Keilriemen/Keilrippenriemen: Zustand prüfen, gegebenenfalls erneuern.
- 4-Zylinder-Dieselmotor (AHU/AHH/AFN/AJM/ATJ/AVG) bis Modelljahr 2000 (**Y**): Zahnriemenverschleiß prüfen.
- Zahnriemen prüfen.
- Zahnriemen ersetzen, siehe Kapitel »Motor-Mechanik«.

Motorölwechsel

Das Motoröl darf auch mittels einer Sonde (an der Tankstelle) über das Ölmeßrohr abgesaugt werden. Allerdings muß das neue Öl dann meistens bei der betreffenden Tankstelle gekauft werden.

Achtung: Die Öl-Verkaufsstellen nehmen die entsprechende Menge Altöl kostenlos entgegen, daher beim Ölkauf Quittung und Ölkanister für spätere Altölrückgabe aufbewahren! **Um Umweltschäden zu vermeiden, keinesfalls Altöl einfach wegschütten oder dem Hausmüll mitgeben.**

Um die Betriebsverhältnisse des Motors besser überwachen zu können, soll beim Ölwechsel immer ein Öl gleichen Typs und möglichst auch gleicher Marke verwendet werden. Daher ist es zweckmäßig, bei jedem Ölwechsel ein Hinweisschild am Motor zu befestigen, auf dem Marke und Viskosität des Öles vermerkt sind.

Wahllos abwechselnder Gebrauch verschiedener Öltypen ist ungünstig. Motorenöle verschiedener Marken sollen möglichst nicht gemischt werden. Motorenöle gleichen Typs und gleicher Marke, aber verschiedener Viskosität, können im Bedarfsfall während jahreszeitlicher Überschneidung ohne weiteres nachgefüllt werden.

Erforderliches Spezialwerkzeug:

- Eine Grube oder ein hydraulischer Wagenheber mit Unterstellböcken (wenn das Motoröl nicht abgesaugt wird).
- Stecknuß zum Lösen der Ölablaßschraube (wenn das Motoröl nicht abgesaugt wird).
- 1,6-/1,8-/2,8-l-Benzin- und 1,9-l-Dieselmotor: Ein Spezialwerkzeug zum Lösen des Ölfilters (Ölfilterzange, Spannbandschlüssel oder HAZET-Werkzeug 2171-1).
- 2,3-l-Benzinmotor: Stecknuß SW 32 für Ölfilterdeckel.
- 2,5-l-Dieselmotor: Stecknuß SW 36 zum Lösen des Ölfilterdeckels, zum Beispiel HAZET 2169-2.
- Ölauffangschale (wenn Öl nicht abgesaugt wird), die je nach Motor mindestens 4 Liter bis 6,5 Liter Öl faßt.

Erforderliche Verschleißteile:

- Nur wenn Öl nicht abgesaugt wird: Aluminium- oder Kupfer-Dichtring für die Ölablaßschraube (wird manchmal mit dem Ölfilter mitgeliefert).
- Ölfilter. **Achtung:** Beim 2,3-l-Benzin- und 2,5-l-Dieselmotor werden ein Ölfiltereinsatz und zwei O-Ringe für den Ölfilterdeckel benötigt.
- Je nach Motor, 3 bis 6 Liter Motoröl. Nur von VW freigegebenes Motoröl verwenden, siehe Seite 192.

Ölwechselmenge:

Achtung: Gegebenenfalls Motoröl bis zur max.-Markierung auffüllen.

Motor	Ölmenge
1,6-/2,0-l-Benziner AHL/ALZ/AZM	3,0 l
1,6-l-Benziner ADP/1,8-l-Benziner	3,5 l
2,3-l-Benziner AGZ	3,7 l
2,0-l-Benziner ALT	4,2 l
2,3-l-Benziner AZX	4,7 l
2,8-l-Benziner ACK	5,7 l
2,8-l-Benziner ALG/APR/AQD	6,0 l
1,9-/2,0-l-Diesel	3,6 – 3,8 l
2,5-l-Diesel	5,4 l

Motoröl ablassen

- **150-PS-Dieselmotor:** Obere Motorabdeckung abbauen. Deckel am Filtergehäuse mit Stecknuß SW 36 oder HAZET 2169-2 abschrauben, siehe Abb. A02-0033. Das Öl läuft dann aus dem Filtergehäuse in die Ölwanne ab.
- **100-/115-/130-PS-Diesel:** Ölfilterdeckel abschrauben
- Motoröl mit einem Ölabsauggerät über das Ölmeßstab-Führungsrohr absaugen.
- Steht das Ölabsauggerät nicht zur Verfügung, Motoröl ablassen. Dazu Fahrzeug waagerecht aufbocken.
- Untere Motorraumabdeckung ausbauen, siehe Seite 160.
- Gefäß zum Auffangen des Altöls unter die Ölwanne stellen.

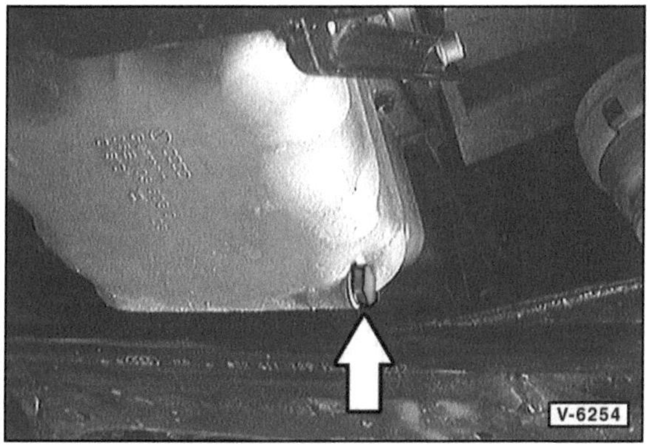

- Ölablaßschraube aus der Ölwanne herausdrehen und Altöl ganz ablassen.

Achtung: Werden im Motoröl Metallspäne und Abrieb in größeren Mengen festgestellt, deutet dies auf Freßschäden hin, zum Beispiel Kurbelwellen- oder Pleuellagerschäden. Um Folgeschäden zu vermeiden, ist die sorgfältige Reinigung von Ölkanälen und Ölschläuchen unerläßlich. Zusätzlich soll der Ölkühler, falls vorhanden, erneuert werden.

- Ölablaßschraube mit **neuem** Dichtring einschrauben. **Achtung:** Das zulässige Anzugsdrehmoment darf nicht überschritten werden, sonst kann es zu Undichigkeiten oder Schäden kommen. **Anzugsdrehmomente:**

1,6-/1,8-/2,0-/2,3-(AZX)/2,8-l-Benziner	**30 Nm**
2,3-l-Benzinmotor AGZ	**20 Nm**
1,9-/2,0-l-Dieselmotor	**30 Nm**
2,5-l-Dieselmotor	**25 Nm**

- Fahrzeug ablassen (außer 2,3-l-Benzinmotor).

Ölfilter wechseln

Achtung: Bohrung des Aggregateträgers unterhalb vom Ölfilter mit einem Lappen abdecken, damit kein Altöl in den Träger laufen kann.

1,6-/1,8-/2,8-l-Benzinmotor sowie 1,9-l-Dieselmotor mit 90 und 110 PS

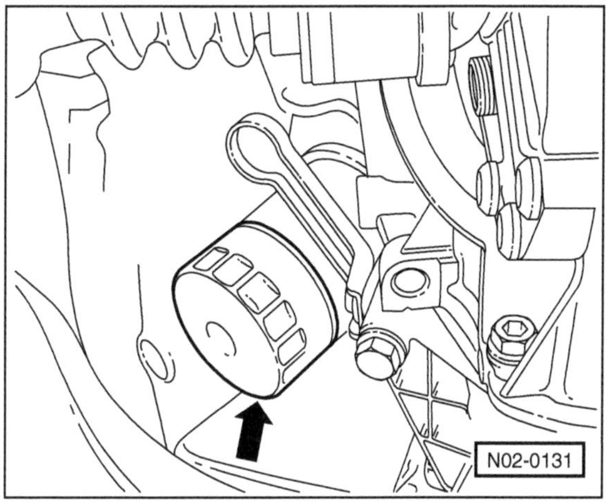

- Ölfilter mit Spannband oder HAZET 2171-1 abschrauben. Auslaufendes Motoröl mit Lappen auffangen. Eventuell am Ölfilterflansch verbliebene Filterdichtung abnehmen.
- Ölfilterflansch am Motorblock mit Lappen gut abwischen, damit kein Altöl auf den Aggregateträger tropft.
- Gummidichtring am neuen Ölfilter dünn mit Motoröl bestreichen.
- Neuen Ölfilter nur mit der Hand festschrauben. Wenn die Filterdichtung am Motorblock anliegt, Filter noch um ½ Umdrehung weiterdrehen. Hinweise auf dem Ölfilter beachten.

2,3-l-Benzinmotor

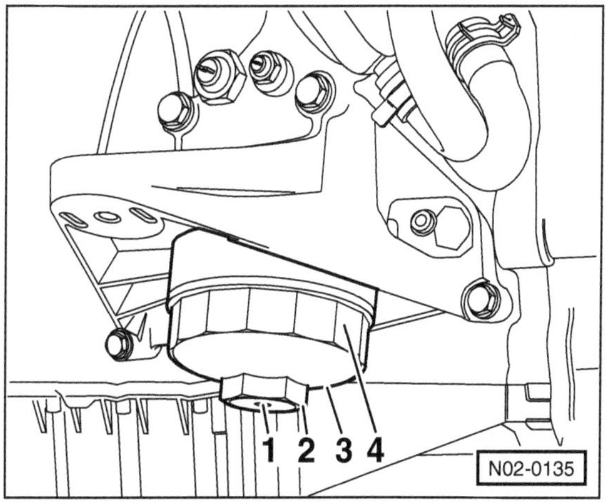

- Öl an der Ablaßschraube –1– am Filtergehäuse ablassen. Der Ölfilter befindet sich seitlich neben der Ölwanne.

- Filterunterteil –3– am Sechskant –2– oder am Umfang –4– mit Stecknuß abschrauben. Auslaufendes Motoröl mit Lappen auffangen. Flansch am Filtergehäuse mit Lappen gut abwischen, damit kein Öl heruntertropft.
- Neuen Filtereinsatz einsetzen.

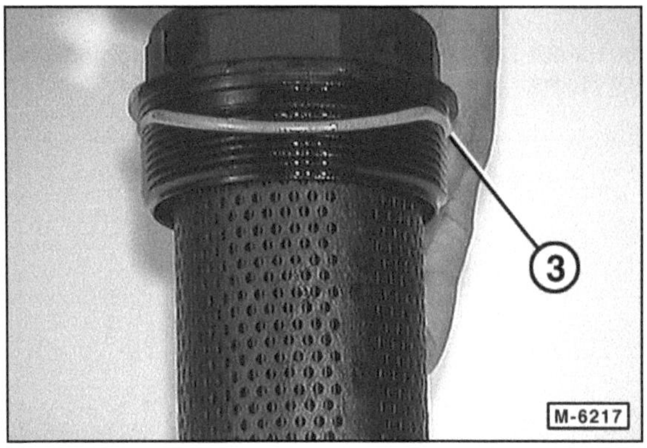

- **Neuen** Dichtring –3– mit sauberem Motoröl bestreichen.
- Filterunterteil mit Dichtring einschrauben und mit **25 Nm** festziehen.
- Ablaßschraube am Filtergehäuse mit **neuem** Dichtring einschrauben und mit **10 Nm** festziehen.
- Fahrzeug ablassen.

100-/115-/130-/136-/150-PS-Dieselmotor

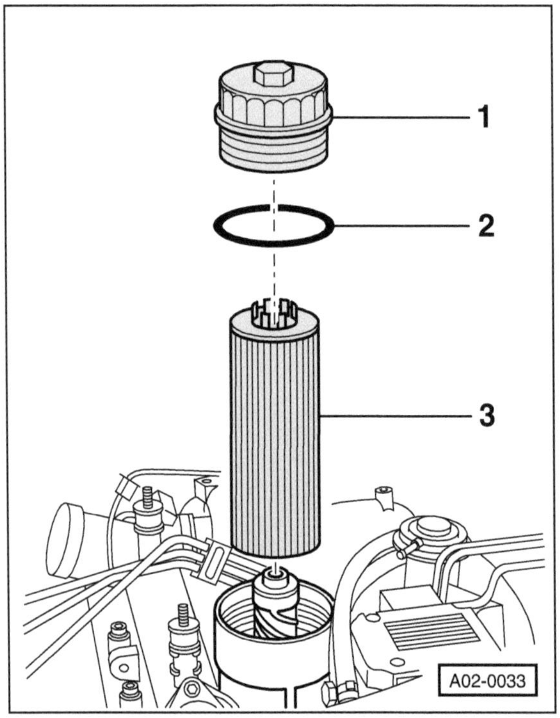

- **150-PS-Dieselmotor:** Filtereinsatz –3– herausziehen. **Hinweis:** Der Deckel –1– wurde bereits zum Ablassen des Motoröls abgeschraubt.

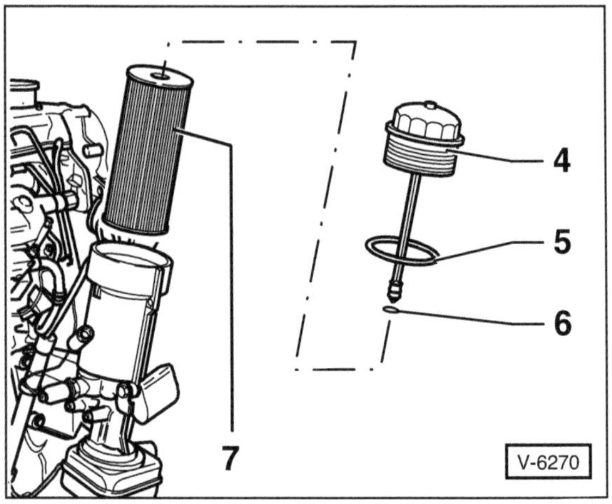

- **100-/115-/130/136-PS-Dieselmotor:** Filtereinsatz –7– herausziehen. **Hinweis:** Der Deckel –4– wurde bereits zum Ablassen des Motoröls abgeschraubt.
- Restliches Öl mit dem Ölabsauggerät aus dem Filtergehäuse absaugen.
- Neuen Filtereinsatz in das Filtergehäuse einsetzen.
- **100-/115-/130/136-PS-Dieselmotor:** Filterdeckel –4– mit **neuen** O-Ringen –5/6– aufschrauben und mit **25 Nm** festziehen.
- **150-PS-Dieselmotor:** Filterdeckel –1– mit **neuem** O-Ring –2– aufschrauben und mit **25 Nm** festziehen, siehe Abbildung A02-0033.
- **150-PS-Dieselmotor:** Obere Motorabdeckung anbauen.

Motoröl auffüllen

Achtung: Bei den **Turbomotoren** muß beim **1. Motorstart** nach dem Ölwechsel darauf geachtet werden, daß der Motor zunächst nur bei **Leerlaufdrehzahl** läuft, bis die Öldruckkontrolleuchte erlöscht. Erst dann ist der volle Öldruck erreicht und es darf Gas gegeben werden. Durch Gasstöße bei leuchtender Ölkontrolle kann aufgrund mangelnder Schmierung der Turbolader beschädigt werden.

- Verschlußdeckel öffnen und neues Öl am Einfüllstutzen des Zylinderkopfdeckels einfüllen.

Achtung: Grundsätzlich empfiehlt es sich zunächst, ½ Liter Motoröl weniger einzufüllen, den Motor warmlaufen zu lassen und nach einigen Minuten den Ölstand mit dem Meßstab zu kontrollieren und gegebenenfalls zu ergänzen. Zuviel eingefülltes Motoröl muß wieder abgesaugt werden, da sonst die Motordichtungen beziehungsweise der Katalysator beschädigt werden können.

- Ölstand prüfen, gebenenfalls bis zur max.-Markierung ergänzen, siehe Seite 19
- Nach Probefahrt Dichtigkeit der Ablaßschraube und des Ölfilters überprüfen, gegebenenfalls vorsichtig nachziehen.
- Ölstand ca. 3 Minuten nach Abstellen des Motors nochmals prüfen, gegebenenfalls korrigieren.
- Motorraumabdeckung unten einbauen, siehe Seite 160.

Sichtprüfung auf Ölverlust

Bei ölverschmiertem Motor und hohem Ölverbrauch überprüfen, wo das Öl austritt. Dazu folgende Stellen überprüfen:

- Öleinfülldeckel öffnen und Dichtung auf Porosität oder Beschädigung prüfen.
- Kurbelgehäuse-Entlüftung: Zum Beispiel Belüftungsschlauch vom Zylinderkopfdeckel zum Luftansaugschlauch.
- Zylinderkopfdeckel-Dichtung.
- Zylinderkopf-Dichtung.
- Ölablaßschraube (Dichtring).
- 1,6-l-Benzinmotor: Trennstelle Zündverteilerflansch.
- Ölfilterdichtung: Ölfilter am Ölfilterflansch.
- Ölwannendichtung.
- Wellendichtringe vorn und hinten für Nockenwelle und Kurbelwelle.

Da sich bei Undichtigkeiten das Öl meistens über eine größere Motorfläche verteilt, ist der Austritt des Öls nicht auf den ersten Blick zu erkennen. Bei der Suche geht man zweckmäßigerweise wie folgt vor:

- Motorwäsche folgendermaßen durchführen: Generator mit Plastiktüte abdecken. Motor mit handelsüblichem Kaltreiniger einsprühen und nach einer kurzen Einwirkungszeit an einer Autowaschanlage mit Wasser abspritzen.
- Trennstellen und Dichtungen am Motor von außen mit Kalk oder Talkumpuder bestäuben.
- Ölstand kontrollieren, gegebenenfalls auffüllen.
- Probefahrt durchführen. Da das Öl bei heißem Motor dünnflüssig wird und dadurch schneller an den Leckstellen austreten kann, sollte die Probefahrt über eine Strecke von ca. 30 km auf einer Schnellstraße durchgeführt werden.
- Anschließend Motor mit Lampe absuchen, undichte Stelle lokalisieren und Fehler beheben.

Motorölstand prüfen

Hinweis: Der Motor soll auf einer Fahrstrecke von ca. 1.000 km nicht mehr als 1,0 Liter Öl verbrauchen. Mehrverbrauch ist ein Anzeichen für verschlissene Ventilschaftabdichtungen und/oder Kolbenringe beziehungsweise Öldichtungen.

- Motor warmfahren und auf einer ebenen, waagerechten Fläche abstellen.
- Nach Abstellen des Motors mindestens 3 Minuten lang warten, damit sich das Öl in der Ölwanne sammelt.
- Ölpeilstab am Motor herausziehen und mit sauberem Lappen abwischen.
- Anschließend Meßstab bis zum Anschlag einführen und wieder herausziehen. **Achtung:** Es gibt 2 unterschiedliche Meßstab-Ausführungen.

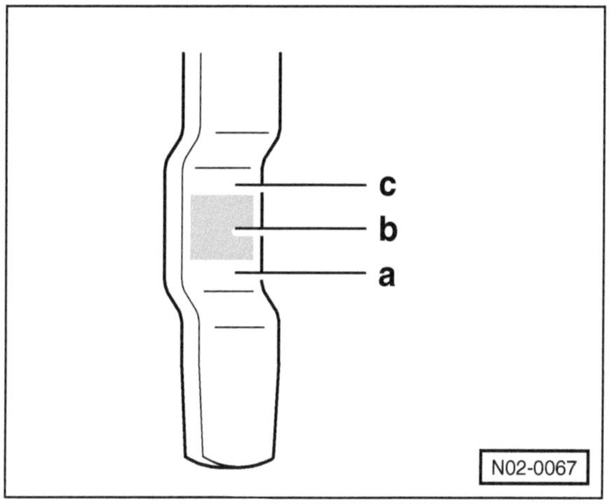

- **Ausführung 1:** Der Ölstand ist in Ordnung, wenn er im gerasterten Bereich –b– liegt. Liegt der Ölstand im Bereich –a– oder darunter, dann muß Öl nachgefüllt werden. Wenn nachgefüllt werden muß, Ölstand bis zum Bereich –c– oder zur max.-Markierung ergänzen.

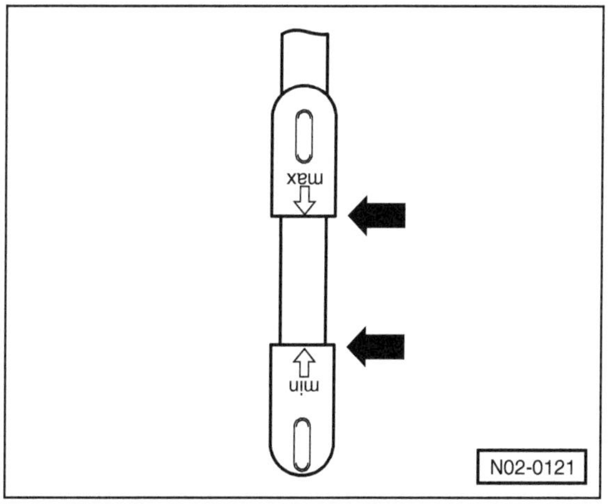

- **Ausführung 2:** Der Ölstand muß sich zwischen den min.- und max.-Markierungen –Pfeile– befinden.

Achtung: Zuviel eingefülltes Motoröl muß wieder abgesaugt werden, da sonst die Motordichtungen beziehungsweise der Katalysator beschädigt werden können.

- Bei besonderer Motorbeanspruchung wie zum Beispiel längeren Autobahnfahrten im Sommer, bei Anhängerbetrieb oder Gebirgsfahrten sollte der Ölstand im oberen Bereich liegen.
- Nachgefüllt wird am Verschluß des Zylinderkopfdeckels. Beim Nachfüllen richtige Ölsorte verwenden, keine Ölzusätze verwenden, siehe auch Kapitel »Schmierung«.
- Ölmeßstab einsetzen, Einfülldeckel aufschrauben.

Sichtprüfung der Abgasanlage

- Fahrzeug aufbocken.
- Befestigungsschellen auf festen Sitz prüfen.
- Abgasanlage mit Lampe auf Löcher, durchgerostete Teile sowie Scheuerstellen absuchen.
- Stark gequetschte Abgasrohre ersetzen.
- Gummihalterungen durch Drehen und Dehnen auf Porosität überprüfen und gegebenenfalls austauschen.
- Fahrzeug ablassen.

Kühlmittelstand prüfen

Ein zu niedriger Kühlmittelstand wird durch eine Kontrollleuchte am Armaturenbrett angezeigt. Vor jeder größeren Fahrt sollte dennoch grundsätzlich der Kühlmittelstand geprüft werden.

Zum Nachfüllen – auch in der warmen Jahreszeit – nur eine Mischung aus VW-Kühlerfrost- und Korrosionsschutzmittel »**G12 Plus**« (Farbe **lila**, Spezifikation TL-VW-774-**F**) oder »**G12 PlusPlus**« (Farbe **lila**, Spezifikation TL-VW-774-**G**) und kalkarmem, sauberem Wasser verwenden. Auch im Sommer darf der Kühlerfrostschutz-Anteil im Kühlmittel nicht unter 40% liegen. Daher beim Nachfüllen Frostschutz ergänzen, siehe Kapitel »Frostschutz prüfen«.

Achtung: Das in älteren VW-Modellen verwendete, **grüne** VW-Kühlerfrost- und Korrosionsschutzmittel »**G11**« darf **nicht** verwendet werden.

Sicherheitshinweis:
Verschlußdeckel bei heißem Motor vorsichtig öffnen. **Verbrühungsgefahr!** Beim Öffnen Lappen über den Verschlußdeckel legen. Verschlußdeckel nur bei einer Kühlmittel-Temperatur unter +90° C öffnen.

- Der Kühlmittelstand soll bei kaltem Motor (Kühlmitteltemperatur ca. +20° C) zwischen der MAX. und der MIN.-Markierung am Ausgleichbehälter liegen. Bei warmem Motor darf der Kühlmittelstand etwas über der MAX.-Markierung stehen.
- Größere Mengen **kaltes** Kühlmittel nur bei **kaltem Motor** nachfüllen, um Motorschäden zu vermeiden.
- Verschlußdeckel beim Öffnen zuerst etwas aufdrehen und Überdruck entweichen lassen. Danach Deckel weiterdrehen und abnehmen.
- Sichtprüfung auf Dichtheit durchführen, wenn der Kühlmittelstand in kurzer Zeit absinkt.

Kühlsystem-Sichtprüfung auf Dichtheit

- Kühlmittelschläuche durch Zusammendrücken und Verbiegen auf poröse Stellen untersuchen, hartgewordene und aufgequollene Schläuche ersetzen.
- Die Schläuche dürfen nicht zu kurz auf den Anschlußstutzen sitzen.
- Festen Sitz der Schlauchschellen kontrollieren, gegebenenfalls Schellen erneuern.
- Dichtung des Verschlußdeckels für den Ausgleichbehälter auf Beschädigungen überprüfen.

Achtung: Ein zu niedriger Kühlmittelstand kann auch von einem nicht richtig aufgeschraubten Verschlußdeckel herrühren.

- Deutlicher Kühlmittelverlust und/oder Öl in der Kühlflüssigkeit sowie weiße Abgaswolken bei warmem Motor deuten auf eine defekte Zylinderkopfdichtung hin.

Achtung: Mitunter ist es schwierig, die Leckstelle ausfindig zu machen. Dann empfiehlt sich eine Druckprüfung durch die Werkstatt (Spezialgerät erforderlich). Hierbei kann ebenfalls das Überdruckventil des Verschlußdeckels geprüft werden.

Frostschutz prüfen

Regelmäßig vor Winterbeginn sollte sicherheitshalber die Konzentration des Frostschutzmittels geprüft werden, insbesondere wenn zwischendurch reines Wasser nachgefüllt wurde.

Folgendes Prüfwerkzeug wird benötigt:

- Eine Prüfspindel oder ein optisches Prüfgerät (Refraktometer, beispielsweise HAZET 4810-C) zum Messen des Frostschutzanteils in der Kühlflüssigkeit.

Hinweis: Eventuell ist es erforderlich, die **Prüfspindel zu eichen**. Dabei ist folgendermaßen vorzugehen: 50 ml Kühlkonzentrat mit 50 ml Wasser mischen. Diese Mischung hat einen Frostschutz von –35° C. Frostschutz mit der Prüfspindel messen und eventuelle Abweichung zum Sollwert von –35° C notieren. **Beispiel:** Die Prüfspindel zeigt –31° C an. Die Abweichung beträgt also –4° C. Wird dann am Fahrzeug ein Wert von –16° C gemessen, dann beträgt der tatsächliche Frostschutz (–16°) + (–4°) = –20° C.

Prüfen

- Bei der Frostschutzmessung soll die Kühlflüssigkeitstemperatur ca. +20° C betragen. Gegebenenfalls Motor kurz warmfahren, bis der obere Kühlmittelschlauch zum Kühler etwa handwarm ist.

Sicherheitshinweis
Verschlussdeckel bei heißem Motor vorsichtig öffnen. **Verbrühungsgefahr!** Beim Öffnen Lappen über den Verschlussdeckel legen.

- Verschlussdeckel am Ausgleichbehälter vorsichtig öffnen.

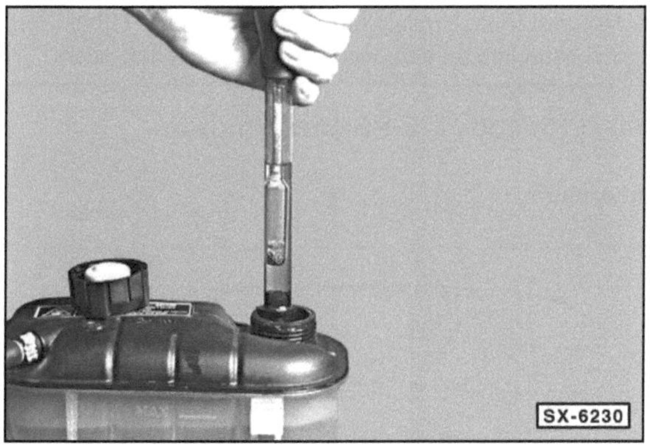

- Mit Messspindel Kühlflüssigkeit ansaugen und am Schwimmer die Kühlmitteldichte ablesen.
- Der Frostschutz soll in unseren Breiten bis –25° C reichen, bei extrem kaltem Klima bis –35° C.

VW-Kühlkonzentrat »G12 Plus/G12 PlusPlus« ergänzen

Für einen Frostschutz bis –25° C muß der Anteil an Frostschutzmittel in der Kühlflüssigkeit 40 % betragen. Soll der Frostschutz bis –35° C reichen, müssen Wasser und Kühlkonzentrat im Verhältnis 1:1 gemischt werden.

Achtung: Ist ein stärkerer Frostschutz erforderlich, kann der Anteil des Frostschutzmittels bis auf maximal 60 % erhöht werden, dann reicht der Frostschutz bis –40° C. Wird mehr Frostschutzmittel zugegeben, verringert sich der Frostschutz wieder, außerdem verschlechtert sich die Kühlwirkung.

Nur VW-Kühlerfrost- und Korrosionsschutzmittel »**G12 Plus**« (Farbe **lila**, Spezifikation TL-VW-774-**F**) oder »**G12 PlusPlus**« (Farbe **lila**, Spezifikation TL-VW-774-**G**) verwenden.

Die Tabelle zeigt, wie viel Frostschutzmittel zugegeben werden muß, damit die gewünschte Konzentration erreicht wird.

Beispiel: Die Frostschutz-Messung mit der Spindel ergibt beim 4-Zylinder-Motor einen Frostschutz bis –10° C. In diesem Fall aus dem Kühlsystem 2,0 l Kühlflüssigkeit ablassen und dafür 2,0 l reines VW-Frostschutzkonzentrat auffüllen. Der Frostschutz reicht dann bis –25° C.

Gemess. Wert in °C		0	–5	–10	–15	–20	–30	Füll-menge
Motor	Sollwert	Differenzmenge in Liter						
4-Zylinder	–25°	3,5	3,0	2,0	1,5	1,0	–	7,0 l
	–35°	4,0	3,5	3,0	2,0	1,5	0,5	
2,0-l ALT 5-Zylinder	–25°	4,0	3,5	3,0	2,0	1,5	–	9,0 l
	–35°	5,0	4,5	4,0	3,0	2,0	1,0	
6-Zylinder-Benziner	–25°	4,0	3,5	3,0	2,0	1,5	–	8,0 l
	–35°	5,0	4,5	4,0	3,0	2,0	1,0	
6-Zylinder Diesel	–25°	5,0	4,5	3,5	2,5	2,5	–	10,0 l
	–35°	6,0	5,5	4,5	3,5	2,0	1,0	

- Verschlußdeckel am Kühler verschließen und nach Probefahrt Frostschutz erneut überprüfen.

Dieselmotor: Kraftstoffilter entwässern/ersetzen

Erforderliches Spezialwerkzeug zum Entwässern:

- Nur 2,5-l-Dieselmotor: Hand-Unterdruckpumpe mit Auffanggefäß zum Entleeren des Kraftstoffilters, zum Beispiel KLANN LI-75200.

Erforderliches Verschleißteil bei Filterwechsel:

- Kraftstoffilter mit Dichtring.
- Etwa 0,2 l sauberen Dieselkraftstoff zum Füllen des Filters.
- Nur 2,5-l-Dieselmotor: Dichtring für Regelventil und Schlauchschellen für Kraftstoffleitungen. Anstelle der werksseitig eingebauten Klemm-Schlauchschellen können auch Schraubschellen verwendet werden.

Zum Auffangen des Wassersatzes ist ein geeignetes Auffanggefäß erforderlich. **Achtung:** Auslaufender Dieselkraftstoff muß besonders von Gummiteilen, zum Beispiel Kühlmittelschläuchen, sofort abgewischt werden, sonst werden die Gummiteile im Lauf der Zeit zerstört.

Achtung: Kraftstoff ist ein Problemstoff und darf auf keinen Fall einfach weggeschüttet oder dem Hausmüll mitgegeben werden. Gemeinde- und Stadtverwaltungen informieren darüber, wo sich die nächste Problemstoff-Sammelstelle befindet.

90-/110-PS-Dieselmotor:

Entwässern

Der Kraftstoffilter befindet sich links am Motorblock hinter dem Generator. Er ist schwer zugänglich.

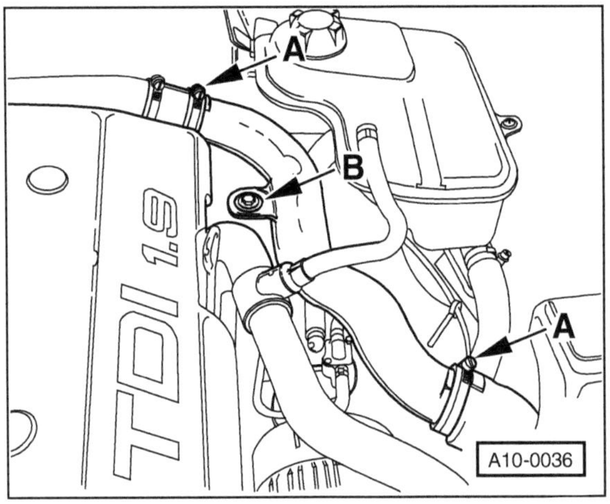

- Ladeluftrohr ausbauen, dazu Schellen –A– lösen und Schraube –B– herausschrauben.

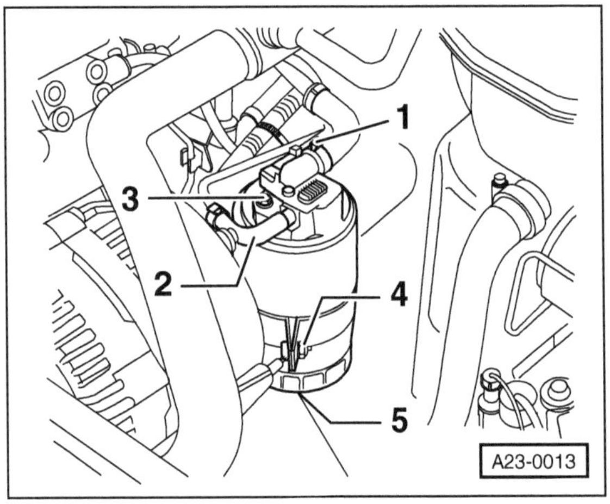

1 – Vorlauf vom Kraftstoffbehälter
2 – Vorlauf zur Einspritzpumpe
3 – Belüftungsschraube
4 – Klemmschelle
5 – Entwässerungsventil

- Belüftungsschraube –3– lösen.
- An der Filterunterseite das Entwässerungsventil –5– aufschrauben und ca. 100 cm^3 (ca. 1 Tasse voll) Flüssigkeit aus dem Filter in ein Auffanggefäß ablaufen lassen. Es kann ein Schlauch auf das Entwässerungsventil geschoben werden, damit der Kraftstoff gezielter austritt.
- Entwässerungsventil von Hand wieder festziehen.
- Belüftungsschraube –3– oben am Filter festziehen.
- Ladeluftrohr mit Schellen befestigen und am Halter anschrauben.
- Motor starten.
- Die Kraftstoffanlage entlüftet sich selbsttätig. Nach mehrmaligem Gasgeben muß der Kraftstoff blasenfrei durch die durchsichtige Leitung zur Einspritzpumpe fließen.
- Kraftstoffanlage auf Dichtheit sichtprüfen, insbesondere an den Anschlüssen des Kraftstoffilters.

Filterwechsel

- Gesamte Flüssigkeit wie beim »Entwässern« aus dem Kraftstoffilter ablaufen lassen.
- Kraftstoffleitungen an den Anschlüssen –1– und –2– äußerlich reinigen. Klemmschellen mit Seitenschneider durchtrennen und vom Filter abziehen.
- Klemmschelle –4– am Halter lösen und Filter aus dem Halter herausnehmen.
- Kraftstoffilter aus dem Filteroberteil herausdrehen. **Achtung:** Keine Zange am Filterkopf ansetzen. Zum Gegenhalten einen 17 mm-Gabelschlüssel am Sechskantsockel der Entlüftungsschraube –3– ansetzen.
- Neuen Dichtring und neue Gummidichtung leicht mit Dieselkraftstoff benetzen.
- Neuen Filter mit sauberem Dieselkraftstoff füllen. Dadurch kann der Motor schneller gestartet werden.
- Neuen Filter am Filteroberteil handfest anziehen.
- Filter in den Halter einsetzen und mit der Klemmschelle –4– festziehen.
- Kraftstoffleitungen aufschieben und mit Schraubschellen sichern. **Achtung:** Dabei Auslaß und Einlaß nicht verwechseln. Die Pfeile auf dem Kraftstoffilter gelten für die Kraftstoff-Durchflußrichtung.
- Ladeluftrohr mit Schellen befestigen und am Halter anschrauben.
- Motor starten. Kraftstoffanlage auf Dichtheit sichtprüfen, insbesondere an den Anschlüssen des Kraftstoffilters.

100-/115-/130-/136-PS-Dieselmotor:

Entwässern

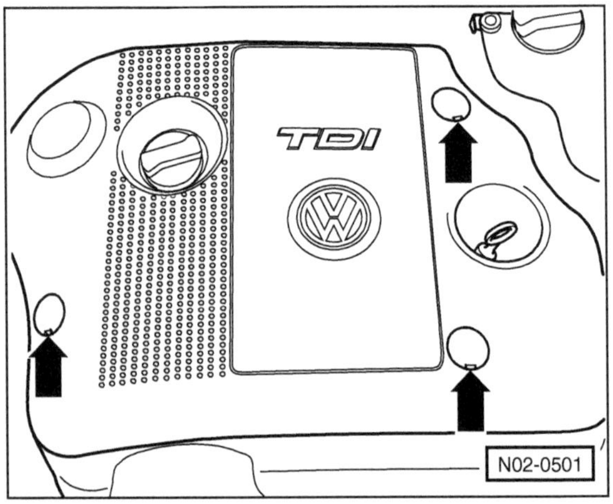

- Motorabdeckung abnehmen. Dazu Abdeckkappen –Pfeile– mit kleinem Schraubendreher abhebeln und darunter befindliche Sechskantmuttern abschrauben.

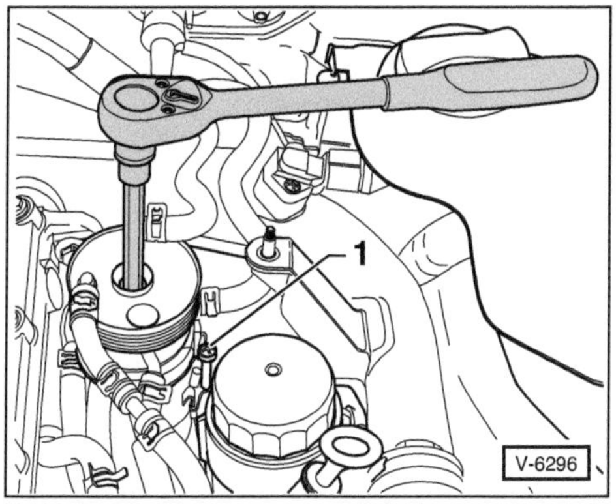

- **Bis 12/01:** Innensechskantschraube herausdrehen und Filter-Oberteil mit angeschlossenen Kraftstoffschläuchen zur Seite legen.
- **Seit 1/02:** Halteklammer abziehen und Regelventil mit angeschlossenen Kraftstoffleitungen abnehmen, siehe auch Abbildung V-2026 auf Seite 213.
- An der Filterunterseite einen geeigneten Schlauch auf den Anschlußstutzen der Entwässerungsschraube aufschieben, damit der Kraftstoff gezielter austritt.
- Entwässerungsschraube öffnen und ca. 100 cm^3 (ca. 1 Tasse voll) Flüssigkeit aus dem Filter in ein Auffanggefäß ablaufen lassen.
- Entwässerungsschraube von Hand wieder festziehen und Schlauch abnehmen.
- **Bis 12/01:** Filter-Oberteil aufsetzen und mit Innensechskantschraube festschrauben.
- **Seit 1/02: Neuen** O-Ring für die Abdichtung des Regelventils aufschieben. Regelventil einsetzen und mit Halteklammer sichern.
- Motor starten. Die Kraftstoffanlage entlüftet sich selbsttätig beim Starten des Motors.
- Kraftstoffanlage auf Dichtheit sichtprüfen, insbesondere an den Anschlüssen des Kraftstoffilters.
- Motorabdeckung einsetzen, mit Sechskantmuttern anschrauben und Abdeckkappen einclipsen.

Filterwechsel

- **Bis 12/01:** Filter-Oberteil wie beim »Entwässern« abbauen. **Seit 1/02:** Regelventil herausziehen und Kraftstoffschläuche vom Filteroberteil abziehen.
- Schraube –1– für Filterbefestigung lösen und Kraftstoffilter nach oben herausziehen, siehe Abbildung V-6296.
- Neuen Filter mit sauberem Dieselkraftstoff füllen. Dadurch kann der Motor schneller gestartet werden.
- Filter in den Halter einsetzen, nach unten schieben und mit Schraube –1– festschrauben.
- **Bis 12/01:** Filter-Oberteil anschrauben. **Seit 1/02:** Regelventil mit neuem Dichtring einsetzen, Kraftstoffschläuche aufschieben und mit Schellen sichern.
- Motor starten. Die Kraftstoffanlage entlüftet sich selbsttätig beim Starten des Motors. Kraftstoffanlage auf Dichtheit sichtprüfen, insbesondere an den Anschlüssen des Kraftstoffilters. Motorabdeckung einbauen.

150-PS-Dieselmotor:

Entwässern

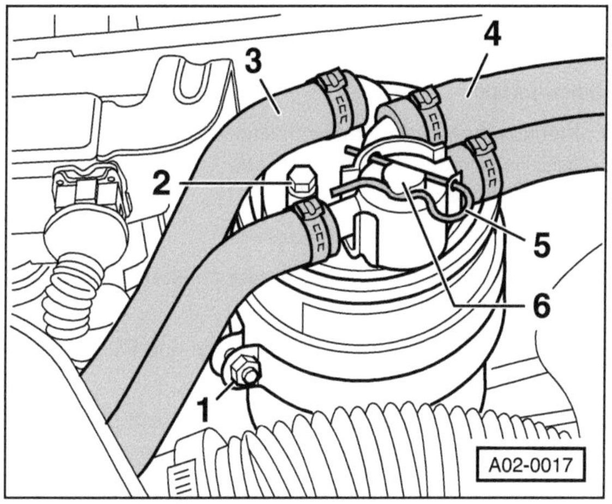

1 – Klemmschelle
2 – Entlüftungsschraube
3 – Kraftstoffschlauch vom Kraftstoffbehälter
4 – Kraftstoffschlauch zur Einspritzpumpe
5 – Halteklammer
6 – Regelventil mit Kraftstoffschläuchen

- Entlüftungsschraube –2– herausdrehen.

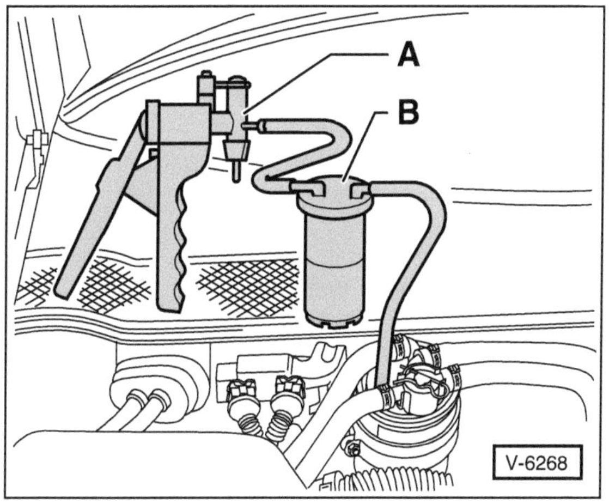

- Handelsübliche Hand-Unterdruckpumpe –A– mit Auffanggefäß –B–, zum Beispiel KLANN LI-75200, an der Bohrung für die Entlüftungsschraube anschließen. Dabei Saugleitung in den Kraftstoffilter einführen.

Achtung: In die Hand-Unterdruckpumpe darf keine Flüssigkeit gelangen.

- Hand-Unterdruckpumpe betätigen und ca. 100 cm^3 (ca. 1 Tasse voll) Flüssigkeit aus dem Filter in das Auffanggefäß absaugen.

Achtung: Dieselkraftstoff ist ein Problemstoff und darf auf keinen Fall einfach weggeschüttet oder dem Hausmüll mitgegeben werden. Gemeinde- und Stadtverwaltungen informieren darüber, wo sich die nächste Problemstoff-Sammelstelle befindet.

- Hand-Unterdruckpumpe entfernen, Entlüftungsschraube –2– oben am Filter wieder einschrauben und festziehen.
- Motor starten, dabei entlüftet sich die Kraftstoffanlage selbsttätig.
- Kraftstoffanlage auf Dichtheit sichtprüfen, insbesondere an den Anschlüssen des Kraftstoffilters.

Filterwechsel

- Klemmschellen an Kraftstoffleitungen –3– und –4– mit Seitenschneider durchtrennen und Leitungen vom Filter abziehen, siehe Abbildung A02-0017.
- Halteklammer –5– seitlich abziehen.
- Regelventil –6– mit angeschlossenen Kraftstoffleitungen nach oben abnehmen.
- Mutter –1– an der Klemmschelle lösen und Filter herausnehmen.
- Neuen Filter mit sauberem Dieselkraftstoff füllen. Dadurch kann der Motor schneller gestartet werden.
- Filter in die Klemmschelle einsetzen und Mutter –1– festziehen.
- Neuen O-Ring für Regelventil –6– leicht mit Dieselkraftstoff benetzen und aufsetzen.
- Regelventil mit angeschlossenen Kraftstoffschläuchen einsetzen und mit Halteklammer –5– befestigen.
- Kraftstoffleitungen –3– und –4– aufschieben und mit Schraubschellen sichern. **Achtung:** Dabei Auslaß und Einlaß nicht verwechseln. Die Pfeile auf dem Kraftstoffilter zeigen in Kraftstoff-Durchflußrichtung.
- Motor starten. Die Kraftstoffanlage entlüftet sich selbsttätig beim Starten des Motors.
- Kraftstoffanlage auf Dichtheit sichtprüfen, insbesondere an den Anschlüssen des Kraftstoffilters.

Luftfiltereinsatz wechseln

Es wird kein Sonderwerkzeug benötigt.

Folgendes Verschleißteil muß gekauft werden:

- Luftfiltereinsatz.

Ausbau

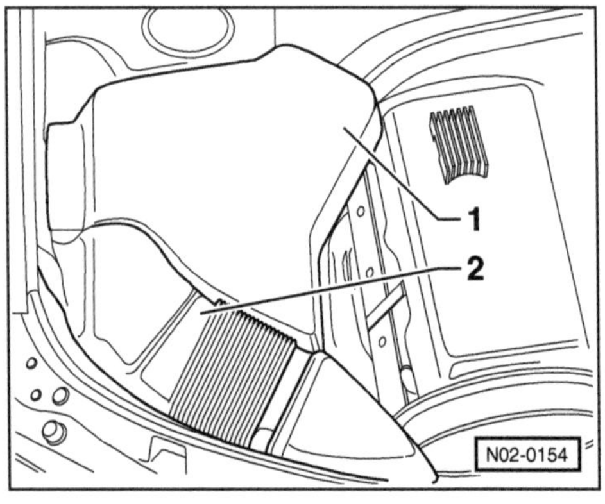

- Wo vorhanden, Abdeckung –1– nach oben herausnehmen.
- Luftansaugschlauch –2– ausclipsen.

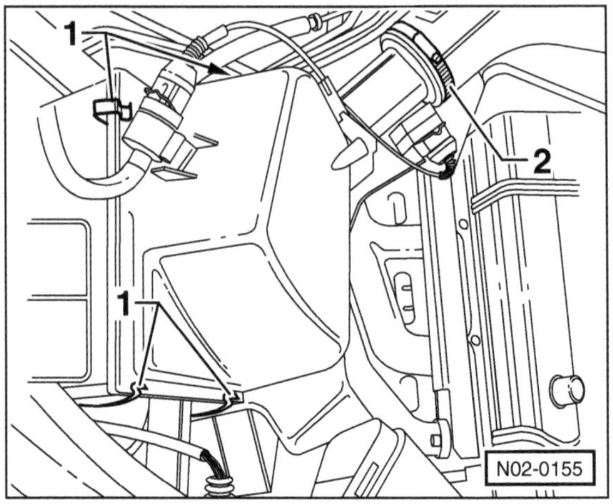

- Schraubschelle –2– aufschrauben und Reinluftschlauch am Filterkasten abziehen.
- 4 Schnellverschlüsse –1– von Hand öffnen, Deckel anheben und Luftfiltereinsatz herausnehmen.

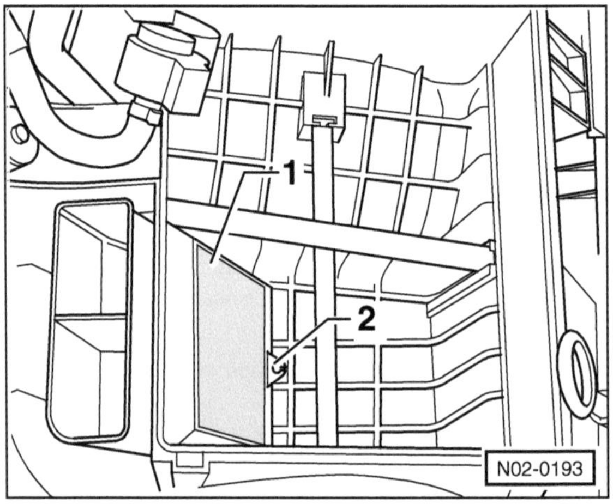

- Je nach Fahrzeugausstattung ist im Filtergehäuse-Unterteil im Bereich des Ansaugkanals ein Sieb –1– eingebaut. Dieses Sieb hat die Aufgabe, grobe Verunreinigungen, Schnee und Eis aufzufangen, damit der Filtereinsatz nicht verstopft. Ist das Sieb vorhanden, Schraube –2– ausschrauben und Sieb nach oben herausziehen. Sieb ausklopfen und, wenn möglich, mit Druckluft durchblasen.

Einbau

- Filtergehäuse mit einem Lappen auswischen.
- Falls vorhanden, Sieb von oben in die Führung am Luftfiltergehäuse einschieben und mit der Schraube befestigen.
- Neuen Filtereinsatz in das Luftfiltergehäuse einlegen.
- Deckel von oben ansetzen und Schnellverschlüsse zuschnappen lassen.
- Reinluftschlauch am Filterkasten aufstecken und mit Schraubschelle befestigen.

- Luftansaugschlauch anclipsen.
- Falls vorhanden, Abdeckung –1– aufsetzen und in die Führungen einclipsen, siehe Abbildung N02-0154.

Keilriemen/Zahnriemen ersetzen

Beim Zahnriemenwechsel werden verschiedene Spezialwerkzeuge benötigt, siehe entsprechende Kapitel im Abschnitt »Motor-Mechanik«.

Erforderliches Verschleißteil:

- Keilriemen beziehungsweise Zahnriemen.

Die 1,6-/1,8-/1,9-l-Motoren haben zum Antrieb verschiedener Nebenaggregate schmale, herkömmliche Keilriemen. Keilriemen ersetzen, siehe Seite 193.

Zahnriemen und Zahnriemenspannrolle ersetzen, siehe entsprechende Kapitel im Abschnitt »Motor-Mechanik«.

Keilrippenriemen: Zustand prüfen

Die Keilrippenriemen müssen nicht nachgespannt werden, da eine automatische Spannrolle die Riemenspannung konstant hält. Im Rahmen der Wartung müssen Keilrippenriemen auf Beschädigungen geprüft, gegebenenfalls erneuert werden.

- Getriebe in Leerlaufstellung bringen.
- Fahrzeug waagerecht aufbocken.
- Untere Motorraumabdeckung ausbauen, siehe Seite 160.

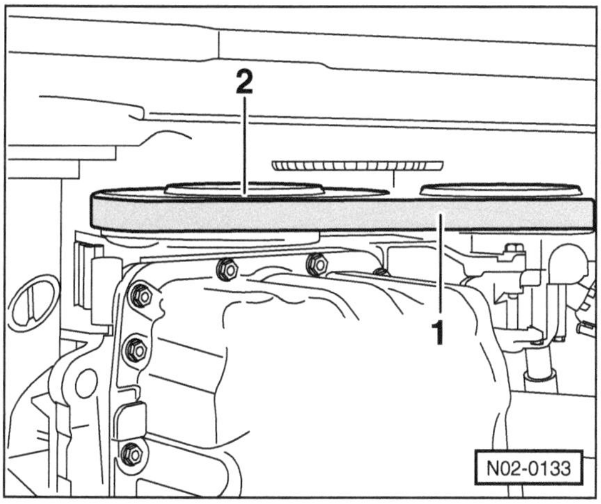

- Riemen –1– an gut sichtbarer Stelle mit einem Kreidestrich markieren.
- Von der Fahrzeugunterseite her den Motor mit Stecknuß an der Kurbelwellen-Riemenscheibe –2– in Motordrehrichtung, also rechtsherum, jeweils ein Stück weiterdrehen, bis die Kreidemarkierung wieder sichtbar wird. Dabei Keilrippenriemen Stück für Stück sichtprüfen.
- Keilrippenriemen auf folgende Beschädigungen prüfen:
- Öl- und Fettspuren.

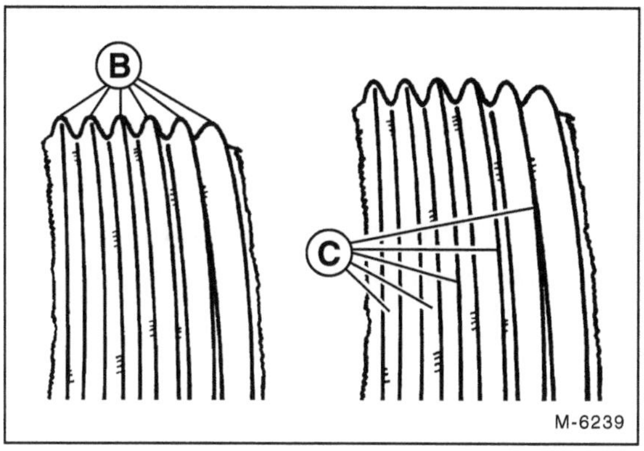

- Flankenverschleiß: Rippen laufen spitz zu –B–, neu sind sie trapezförmig. Der Zugstrang ist im Rippengrund sichtbar, erkenntlich an den helleren Stellen –C–.
- Flankenverhärtungen, glasige Flanken.

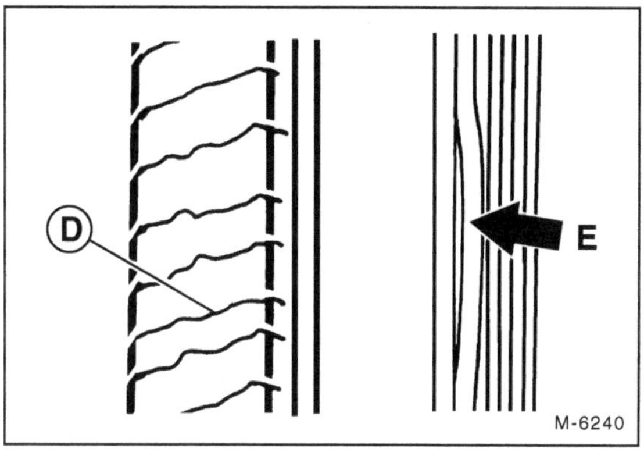

- Querrisse –D– auf der Rückseite des Riemens.
- Einzelne Rippen lösen sich ab –E–.

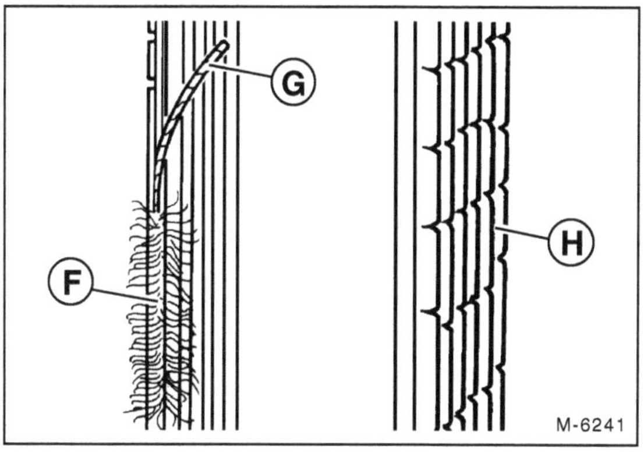

- Ausfransungen der äußeren Zugstränge –F–.
- Zugstrang seitlich herausgerissen –G–.
- Querrisse –H– in mehreren Rippen.
- Rippenbrüche.
- Einzelne Rippenquerrisse.
- Einlagerung von Schmutz, Steinen zwischen den Rippen.
- Gummiknollen im Rippengrund.

- Wenn eine oder mehrere dieser Beschädigungen vorhanden sind, Keilrippenriemen **unbedingt** ersetzen, siehe Seite 189.
- Motorraumabdeckung unten einbauen, siehe Seite 160.

Zahnriemenverschleiß messen

4-Zylinder-Dieselmotor (AHU/AHH/AFN/AJM/ATJ/AVG) bis Modelljahr 2000 (Y)

Erforderliches Werkzeug:

- Handelsübliche Schieblehre.

Prüfen

- Oberen Zahnriemenschutz abnehmen, dazu Klammern öffnen.

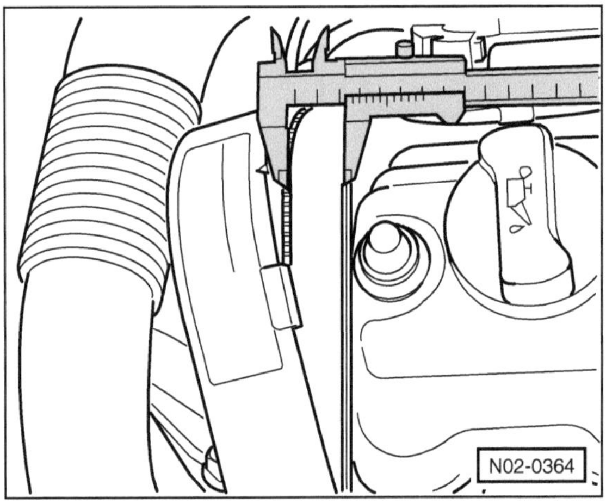

- Breite des Zahnriemens mit einer Schieblehre messen.
  Verschleißgrenze Motor AFN/AHH/AHU/AVG . . **22 mm**
  Motor AJM/ATJ . . . . **27 mm**

Hinweis: Ist die Verschleißgrenze erreicht oder unterschritten, muß der Zahnriemen ersetzt werden.Zahnriemen ersetzen, siehe Seite 161.

Zahnriemen prüfen

2,5-l-Dieselmotor (AFB/AKN)/1,9-l-Dieselmotor (AHH)

Der 2,5-l-Dieselmotor hat 2 Zahnriemen, einen für den Nockenwellenantrieb und einen für die Einspritzpumpe.

- **2,5-l-Dieselmotor:** Motorabdeckung und Ansaugluftthutze abschrauben.
- Klammern für obere Zahnriemenabdeckung öffnen und Abdeckung abnehmen. **Hinweis:** Beim 2,5-l-Dieselmotor ist die obere Abdeckung zweiteilig.
- Zustand des Zahnriemens prüfen, beim 2,5-l-Dieselmotor beide Zahnriemen prüfen. Zahnriemen erneuern (Werkstattarbeit) bei einer der folgenden Beanstandungen:
  – Anrissen, Querschnittbrüchen
  – Lagentrennung (Zahnriemenlage von den Zugsträngen)
  – Ausbrüchen am Zahnriemen
  – Ausfransen der Zugstränge
  – Oberflächenrissen in der Kunststoffummantelung
  – Öl- und Fettspuren
- **1,9-l-TDI (AHH):** Spannung prüfen, siehe Seite 178.
- Zahnriemenabdeckung einbauen und mit Klammern befestigen.
- **2,5-l-Dieselmotor:** Motorabdeckung und Ansaugluftthutze anschrauben.

Zündkerzen aus- und einbauen/prüfen

Benzinmotor

Die Zündkerzen sind regelmäßig nach dem Wartungsplan zu ersetzen.

Erforderliches Spezialwerkzeug:

- Ein 16-mm-Zündkerzenschlüssel, zum Beispiel HAZET 4766-1 oder 900 AKF.
- Gegebenenfalls Spezialzange, die das Abziehen der Kerzenstecker erleichtert, verwenden. Zum Beispiel HAZET 1849 für 1,6-l-Motor oder HAZET 1849-6 für 2,8-l-Motor.

Folgende Verschleißteile müssen gekauft werden:

- Je nach Zylinderzahl des Motors, 4 bis 6 Zündkerzen. Die richtige Zündkerze, siehe Seite 28.

Ausbau

Achtung: Zündkerzen nur bei kaltem oder handwarmem Motor wechseln. Wenn die Kerzen bei heißem Motor herausgedreht werden, kann das Kerzengewinde des Leichtmetall-Zylinderkopfes ausreißen. Für den leichteren Einbau Zündkabel vor dem Abziehen mit Tesaband markieren.

2,0-l-Motor ALT (96 kW/130 PS): Hinweise zum Zündkerzenausbau, siehe Seite 220.

1,6-l-Motor:

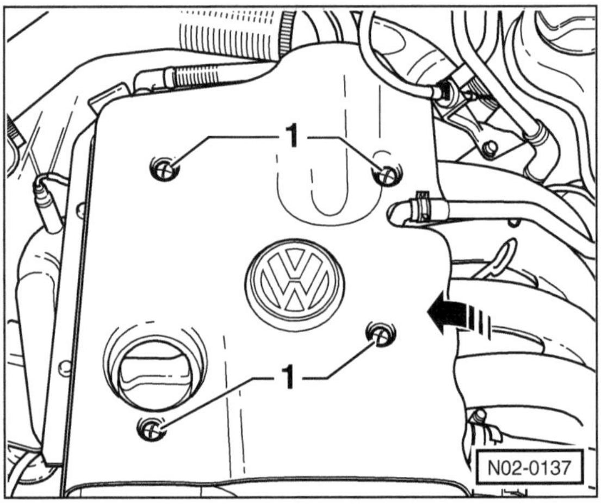

- Motorabdeckung mit Schrauben –1– abschrauben.

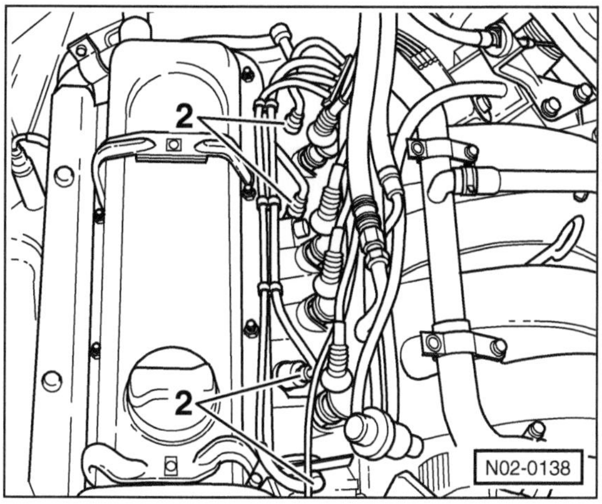

- Zündkerzenstecker –2– abziehen.
- Zündkerzen-Nischen, wenn möglich, mit Preßluft ausblasen, damit bei ausgebauten Kerzen kein Schmutz in die Gewindebohrung fällt.

1,8-l-Motor ADR/APT/ARG/AEB/ANB/APU:

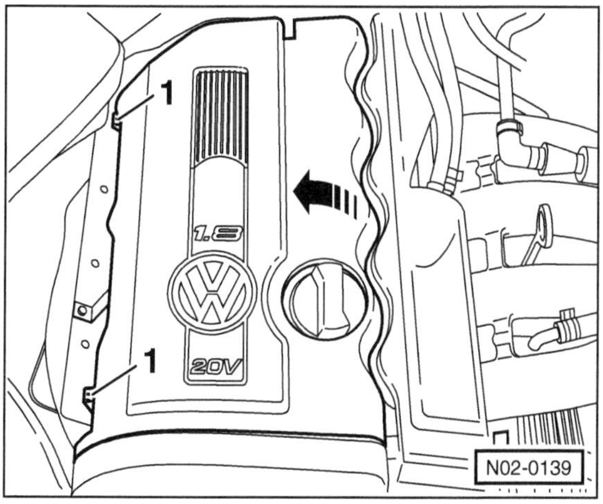

- Motorabdeckung mit 2 Klammern –1– lösen und abheben.

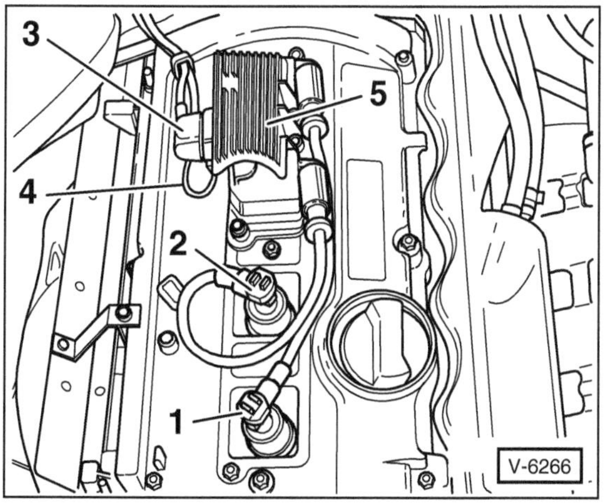

- Kerzenstecker –1/2– von den Zündkerzen abziehen.
- Zündspulen –5– ausbauen. Dazu Mehrfachstecker –3– abziehen und Massekabel –4– abschrauben. Zündspulen abschrauben und mit den darunterliegenden Kerzensteckern nach oben abziehen.
- Dichtung für Zündspulen abnehmen und auf Beschädigung oder Porosität sichtprüfen, gegebenenfalls ersetzen.
- **Motor AWT:** Zündspulen mit Kerzenstecker von Hand vorsichtig nach oben abziehen.

2,3-l-Motor:

- Motorabdeckung abnehmen.

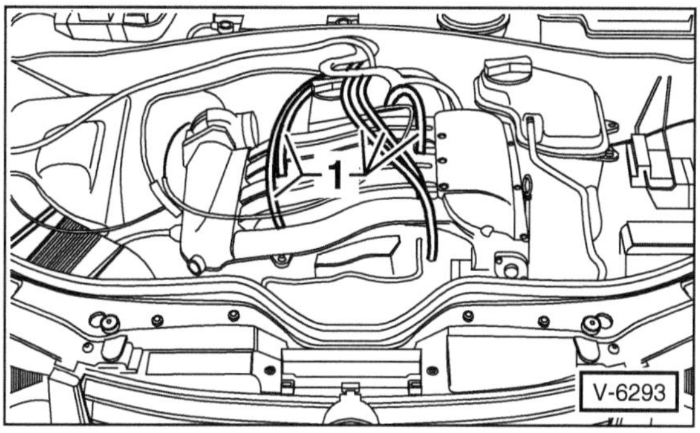

- **Motor AGZ:** Kerzenstecker –1– von den Zündkerzen abziehen.
- **Motor AZX:** Ansaugrohr mit 2 Befestigungsschrauben abschrauben. Exzenter an der Innensechskantschraube im Gegenuhrzeigersinn lösen und Ansaugrohr zur Seite ziehen. Zündspulen mit Kerzenstecker von Hand vorsichtig nach oben abziehen.

2,8-l-Motor:

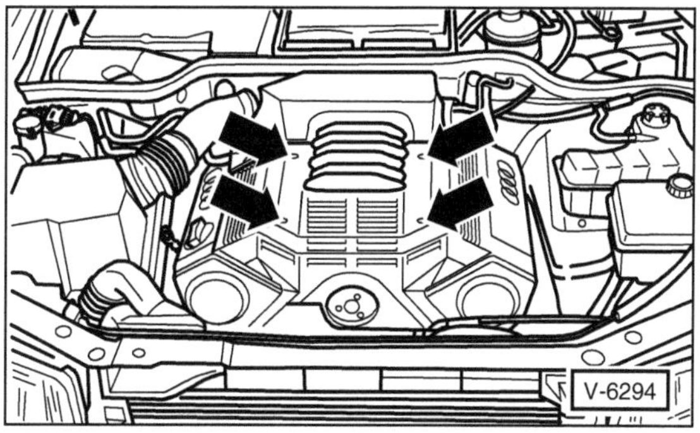

- 4 Schrauben lösen –Pfeile– und Motorabdeckung abheben. Falls eine Abdeckung über den Zylinderköpfen vorhanden ist, Klemmschrauben rausdrehen und Abdeckung abnehmen.
- Zündkerzenstecker abziehen. Ein Hilfswerkzeug zum Abziehen ist auf einen Zündkerzenstecker aufgesteckt.

Alle Motoren:

- Zündkerzen mit geeignetem 16-mm-Kerzenschlüssel herausdrehen. Dabei darauf achten, daß der Kerzenschlüssel nicht verkantet wird, was zum Bruch des Keramikisolators führen kann. Geeigneten Steckschlüsseleinsatz, zum Beispiel HAZET 4766-1 oder 900 AKF verwenden.

Prüfen

- Zustand der Kerze (sogenanntes »Kerzengesicht«) prüfen. Eine verölte Kerze deutet auf Aussetzen der betreffenden Zündkerze oder schlecht abdichtende Kolbenringe hin (Kompression prüfen).

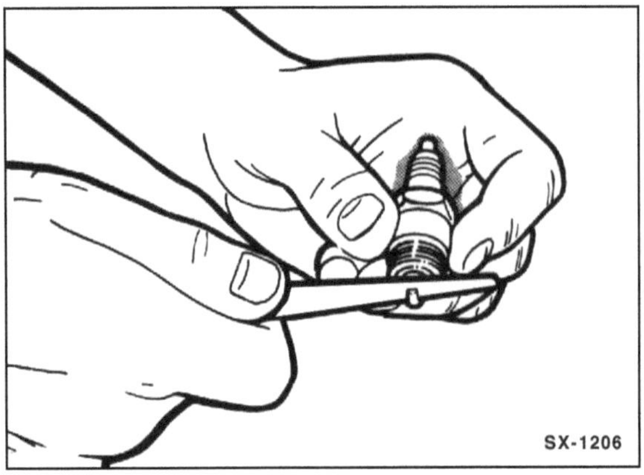

SX-1206

- Elektrodenabstand mit Fühlerblattlehre prüfen. Die Abbildung zeigt eine Zündkerze mit einer Masseelektrode, im PASSAT werden Zündkerzen mit 3 Masseelektroden verwendet. **Sollwert**, siehe Tabelle.

Hinweis: Bei neuen Zündkerzen ist der Elektrodenabstand in der Regel richtig eingestellt.

- Zum Einstellen des Kontaktabstandes die betreffende Masse-Elektrode nachbiegen. Dazu seitlich gegen die Masse-Elektrode klopfe
- Beim Aufbiegen kleinen Schraubendreher am Gewinderand der Kerze abstützen, keinesfalls jedoch an der Mittel-Elektrode, da diese sonst beschädigt wird.

Einbau

- Zündkerzen von Hand bis zur Anlage am Zylinderkopf einschrauben. **Achtung:** Dabei Kerzen nicht verkanten.
- Zündkerzen mit Zündkerzenschlüssel und **30 Nm** (2,3-l-Motor AGZ: **25 Nm**) festziehen. **Achtung:** Dabei Zündkerzenschlüssel nicht verkanten, damit der Keramikisolator der Zündkerze nicht beschädigt wird.

Achtung: Steht kein Drehmomentschlüssel zur Verfügung, neue Kerzen um 90° (¼ Umdrehung) weiterdrehen, gebrauchte Zündkerzen um ca. 15° weiterdrehen. Zu fest angezogene Zündkerzen können beim Herausschrauben abreißen oder das Gewinde im Zylinderkopf beschädigen. In diesem Fall Kerzengewinde mit Heli-Coil-Einsätzen reparieren.

- **1,8-l-Motor:** Zündspulen einbauen. Dazu Dichtung für Zündspulen auflegen. Zündspulen mit Kerzensteckern auf die Zündkerzen der Zylinder 3 und 4 aufschieben und mit 10 Nm anschrauben. Mehrfachstecker aufschieben, Massekabel mit Klemmutter anschrauben
- Kerzenstecker entsprechend der angebrachten Markierungen aufstecken.
- Motorabdeckung einbauen.

Zündkerzengewinde erneuern

Hinweis: Falls das Zündkerzengewinde defekt ist, kann dieses beispielsweise mit einen BERU-Werkzeug- und Reparatursatz erneuert werden. Mit einem Spezialbohrer wird das alte Gewinde herausgeschält; der Zylinderkopf muß dazu nicht ausgebaut werden. Anschließend wird ein neues Gewinde in den Zylinderkopf geschnitten und die Zündkerze mit einem speziellen Gewindeeinsatz reingedreht. Nachträglich eingebaute Zündkerzengewindeeinsätze sitzen sicher und sind kompressionsdicht.

Zündkerzenwerte für die PASSAT-Motoren

Motor	Motor-Kennbuchstaben	Zündkerzen						Anzugsdrehmoment
		BERU	EA*	BOSCH	EA*	NGK	EA*	
1,6 l/74 kW (100 PS)	ADP	–	–	F7 LTCR	1,0	BKUR 6 ET	0,8	30 Nm
1,6 l/74 kW (100 PS)	AHL/ANA/ARM	14FGH-7DTURX	1,0	F7 LTCR	1,0	BKUR 6 ET-10	1,0	25 Nm
1,6 l/75 kW (102 PS)	ALZ	14FGH-7DTURX	1,0	–	–	BKUR 6 ET-10	1,0	30 Nm
1,8 l/92 kW (125 PS)	ADR/AEB/APT/ARG	14FGH-7DTURX	1,0	F7 LTCR	1,0	BKUR 6 ET-10	1,0	30 Nm
1,8 l/110 kW (150 PS)	AEB	–	–	F7 LTCR	1,0	–	–	30 Nm
1,8 l/110 kW (150 PS)	ANB/AWT/AUG/AWM	–	–	–	–	PFR 6 Q	0,8 max.	30 Nm
1,8 l/110 kW (150 PS)	APU	–	–	F7 LTCR	1,0	PFR 6 Q	0,8 max.	30 Nm
2,0 l/85 kW (115 PS)	AZM	–	–	–	–	BKUR 6 ET-10	1,0	25 Nm
2,0 l/96 kW (130 PS)	ALT	–	–	–	–	BKUR 6 ET-10	1,0 - 1,1	30 Nm
2,3 l/110 kW (150 PS)	AGZ	–	–	–	–	BKR 5 EKUB	0,7 max.	25 Nm
2,3 l/125 kW (170 PS)	AZX	–	–	F7 LTCR	1,0	PZF R5D-11	1,1 max.	30 Nm
2,8 l/142 kW (193 PS)	ACK/ALG/AGE	–	–	F7 LTCR	1,0	BKUR 6 ET-10 BKR 6 EKUB	1,0 0,5	30 Nm
2,8 l/142 kW (193 PS)	ALG	–	–	–	–	BKR 6 EKVB	0,5	30 Nm
2,8 l/142 kW (193 PS)	APR/AQD/AMX/ATX	–	–	–	–	BKR 6 EKUB	0,5	30 Nm
4,0 l/202 kW (275 PS)	BDN	–	–	–	–	BKR 6 EKUE	0,8 max	30 Nm

*) EA = Elektrodenabstand in mm, Toleranz ± 0,1 mm.

Achtung: Es kann sein, daß inzwischen für einzelne Motoren andere Zündkerzenwerte gelten. Um die aktuelle Zündkerze zu ermitteln, werden die **Fahrzeug-Ident.-** und die **3 Schlüsselnummern** benötigt. Die Nummern sind im Fahrzeugschein aufgeführt.

- Gelenkwellen: Gummimanschetten auf Undichtigkeiten und Beschädigungen prüfen.
- Schaltgetriebe, Automatikgetriebe: Sichtprüfung auf Undichtigkeiten.
- Schaltgetriebe/Achsantrieb: Ölstand prüfen ggf. auffüllen.
- Automatisches Getriebe/Achsantrieb: Ölstandprüfen ggf. auffüllen.

Achtung: Getriebe-Altöl **keinesfalls einfach wegschütten oder dem Hausmüll mitgeben**. Die Öl-Verkaufsstellen nehmen die entsprechende Menge Altöl kostenlos entgegen, daher beim Ölkauf Quittung und Ölkanister für spätere Altölrückgabe aufbewahren!

Gummimanschetten der Gelenkwellen prüfen

- Fahrzeug aufbocken.

- Manschetten mit Lampe anstrahlen und Gummi auf Porosität und Risse untersuchen. Eingerissene Manschetten umgehend erneuern.
- Sollte die Manschette durch Unterdruck im Gelenk nach innen gezogen oder defekt sein, so ist sie umgehend auszutauschen.
- Auf sichtbare Fettspuren an den Manschetten und in deren Umgebung achten.
- Festen Sitz der Klemmschellen prüfen.
- Fahrzeug ablassen.

Getriebe-Sichtprüfung auf Dichtheit

Folgende Leckstellen sind möglich:

- Trennstelle zwischen Motorblock und Getriebe (Schwungraddichtung/Wellendichtung-Getriebe).
- Gelenkwelle an Getriebe.
- Öleinfüllschraube.
- Ölablaßschraube.

Bei der Suche nach der Leckstelle folgendermaßen vorgehen:

- Getriebegehäuse mit Kaltreiniger reinigen.
- Mögliche Leckstellen mit Kalk oder Talkumpuder bestäuben.
- Probefahrt durchführen. Damit das Öl besonders dünnflüssig wird, sollte die Probefahrt auf einer Schnellstraße über eine Entfernung von ca. 30 km durchgeführt werden.
- Fahrzeug aufbocken und Getriebe mit einer Lampe nach der Leckstelle absuchen.
- Leckstellen umgehend beseitigen. Anschließend Getriebeöl auffüllen.

Schaltgetriebe: Getriebeölstand prüfen/auffüllen

Das Getriebeöl muß nicht gewechselt werden. Der Ölstand wird im Rahmen der Wartung kontrolliert, gegebenenfalls ergänzt.

Erforderliches Sonderwerkzeug:

- Eine Grube oder ein hydraulischer Wagenheber mit Unterstellböcken.
- Stecknuß zum Lösen der Öleinfüllschraube.
  5-Gang-Getriebe 012/01W/01A: Innenvielzahn-Stecknuß, zum Beispiel HAZET 2567-16 oder VW 3357.
  5-/6-Gang-Getriebe 01E/0A1: Innensechskantschlüssel SW 17 mit Gelenkstück und Verlängerung

Erforderliche Verschleißteile:

- Falls Öl nachgefüllt werden muß: Getriebeöl, Spezifikation: »G052911A SAE 75 W 90 (Synthetiköl)«. **Hinweis:** Gesamtfüllmenge: 2,25 Liter; bei Allradantrieb 2,75 Liter.

Prüfen

- Fahrzeug waagerecht aufbocken.
- Motorunterschutz ausbauen, siehe Seite 160.

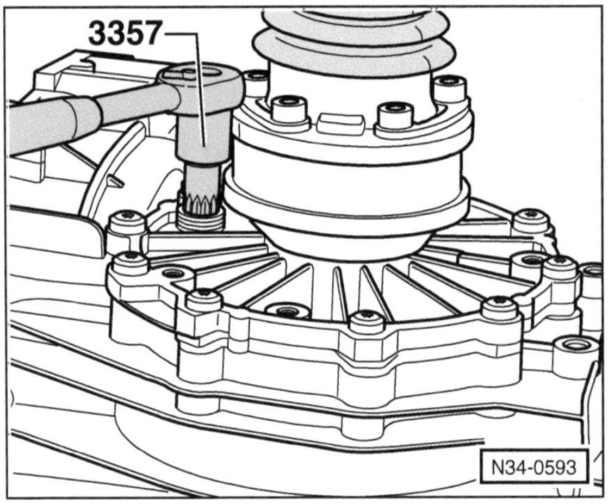

- Öleinfüllschraube herausdrehen. Die Schraube befindet sich am Getriebe vor der linken Gelenkwelle. **Hinweis:** In der Abbildung ist das 5-Gang-Getriebe 012/01W/01A mit der Innenvielzahn-Stecknuß 3357 dargestellt.
- Ölstand prüfen. Der Ölstand ist korrekt, wenn das Getriebeöl bis zur Unterkante der Schraubenbohrung steht. Gegebenenfalls Öl auffüllen.
- Öleinfüllschraube einschrauben und festziehen. **Achtung:** Getriebegehäuse sind aus unterschiedlichem Werkstoff: Aluminium oder Magnesium. Falls die **Öleinfüllschraube** erneuert wird, diese nach der Ersatzteilnummer für das betreffende Getriebe zuordnen lassen, da die Oberfläche der Schraube auf das Material des Getriebegehäuses abgestimmt ist. Es kann sonst bei falscher Zuordnung Kontaktkorrosion auftreten.
  Anzugsdrehmoment Innenvielzahnschraube: . . . **25 Nm**
  Innensechskantschraube . . **40 Nm**

Automatik-Getriebe: Ölstand im Achsantrieb prüfen

Erforderliches Sonderwerkzeug:

- 4-Gang-Automatikgetriebe »01N« (Benzinmotor mit 100/125 PS, Dieselmotor mit 90/110 PS): Stecknuß für Innensechskantschraube, Größe 12 mm.

Erforderliche Verschleißteile:

- Falls Öl nachgefüllt werden muß: Getriebeöl, Spezifikation: »SAE 75 W 90 (Synthetiköl)«. **Hinweis:** Gesamtfüllmenge: 0,75 Liter.
- 5-Gang-Automatikgetriebe »01V« (kombiniert mit Motoren ab 150 PS): Dichtring für Öleinfüllschraube.

Achtung: Wird bei der Ölstandkontrolle im Achsantrieb des Automatik-Getriebes festgestellt, daß zuviel oder zuwenig Öl im Achsantrieb ist, liegt Ölaustausch mit dem Planetengetriebe vor. Ursache von einer VW-Werkstatt ermitteln und reparieren lassen.

Prüfen

- Fahrzeug waagerecht aufbocken.
- Untere Motorraumabdeckung ausbauen, siehe Seite 160.
- Öleinfüllschraube herausdrehen. Ölstand prüfen, der Ölstand muß bis zur Unterkante der Öleinfüllbohrung reichen, siehe Abbildungen.

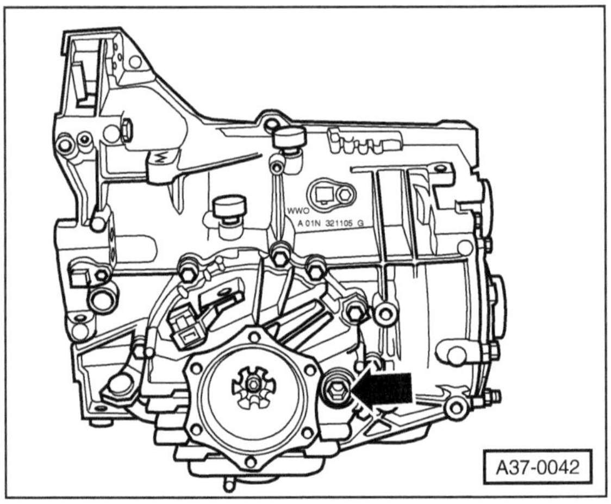

- **Getriebe 01N:** Öleinfüllschraube –Pfeil– mit **25 Nm** festziehen.

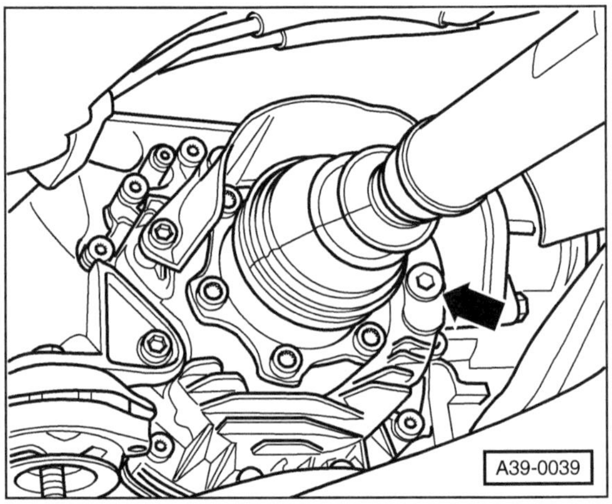

- **Getriebe 01V:** Öleinfüllschraube –Pfeil– mit **neuem** Dichtring versehen, mit **30 Nm** festziehen.
- Untere Motorraumabdeckung einbauen.

Automatik-Getriebe: Ölstand prüfen/Öl wechseln

Der Getriebeölstand im Automatikgetriebe ist von der Getriebeöltemperatur abhängig. Da zur genauen Messung der Temperatur ein Diagnosegerät von VW benötigt wird, ist es empfehlenswert, diese Arbeit bei der VW-Werkstatt durchführen zu lassen.

Hinweis: Normalerweise bleibt der Ölstand im Automatikgetriebe konstant, wenn keine Leckstelle sichtbar ist. Die Ölstandprüfung ist dann nicht unbedingt notwendig.

4-Gang-Automatikgetriebe 01N

Benzinmotor mit 100/125 PS, Dieselmotor mit 90/110 PS

Ölstand prüfen

Erforderliches Sonderwerkzeug:

- Falls nachgefüllt werden muß: Einfüllbogen oder Ölspritzkanne.
- Schutzbrille.

Erforderliche Verschleißteile:

- ATF-Öl ESSO EGL 71 141, VW-ET-Nr. G052 162.
- Dichtring für Verschlußschraube.
- Falls nachgefüllt wurde: Sicherungskappe für Verschlußstopfen.

Prüfen

Achtung: Die Getriebeöltemperatur muß zu Beginn der Prüfung etwas unter +30° C liegen. Diese Temperatur wird schon nach kurzem Motorlauf erreicht. VW-Werkstätten schließen zur Temperaturüberwachung ein Diagnosegerät am Diagnoseanschluß des Fahrzeugs an. Ohne diese Maßnahme kann die Temperatur nur geschätzt werden.

- Fahrzeug waagerecht aufbocken.
- Untere Motorraumabdeckung ausbauen, siehe Seite 160.
- Wählhebel in Stellung »P« legen, Feststellbremse anziehen.
- Den Motor während der Prüfung im Leerlauf laufen lassen.

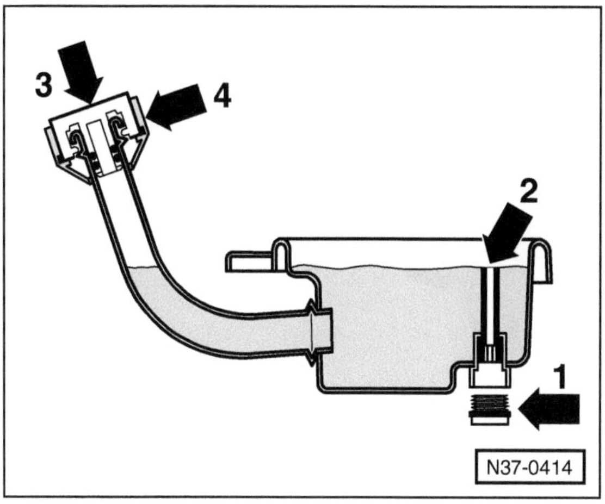

1 – Verschlußschraube
2 – Überlaufrohr (in der Ölwanne)
3 – Verschlußstopfen
4 – Sicherungskappe

- **Achtung: Schutzbrille tragen.** Bei einer ATF-Temperatur von +35° C bis +40° C die Verschlußschraube –1– an der Getriebeölwanne öffnen. Der Ölstand ist korrekt, wenn ein leichter Ölaustritt (bedingt durch den Anstieg des Ölstands durch Erwärmung) erfolgt. Andernfalls ATF-Öl auffüllen, siehe unter »Ölwechsel«.
- Spätestens bei Erreichen einer Öltemperatur von +45° C muß die Verschlußschraube –1– wieder eingesetzt sein.
- Gegebenenfalls ATF-Öl nachfüllen, siehe Kapitel »Ölwechsel«.
- Verschlußschraube –1– mit **neuem** Dichtring und **15 Nm** wieder einschrauben.
- Untere Motorraumabdeckung einbauen.

Getriebeöl wechseln

Erforderliches Sonderwerkzeug:

- Gebogenes Öl-Einfüllrohr oder eine Ölspritzkanne.
- Schutzbrille.

Erforderliche Verschleißteile:

- Etwa **3,5 Liter** ATF-Öl ESSO EGL 71 141, VW-ET-Nr. G052 162.
- Dichtring für Verschlußschraube.
- Sicherungskappe für Verschlußstopfen.

Ablassen

- Fahrzeug waagerecht aufbocken. Untere Motorraumabdeckung ausbauen, siehe Seite 160.
- Ölauffangwanne unter Getriebeölwanne stellen.

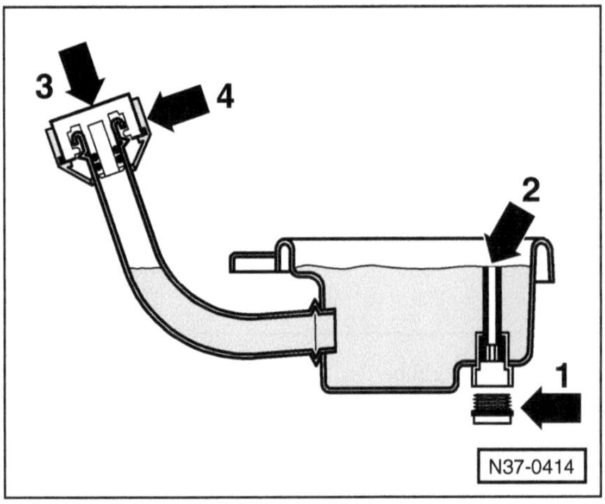

1 – Verschlußschraube
2 – Überlaufrohr (in der Ölwanne)
3 – Verschlußstopfen
4 – Sicherungskappe

- **Achtung: Schutzbrille tragen.** Verschlußschraube –1– abschrauben. Überlaufrohr –2– mit Innensechskantschlüssel nach unten ausschrauben und Öl ablaufen lassen. **Achtung:** Ohne ATF darf der Motor nicht gestartet und das Fahrzeug nicht abgeschleppt werden.
- Überlaufrohr –2– bis Anschlag wieder einschrauben.

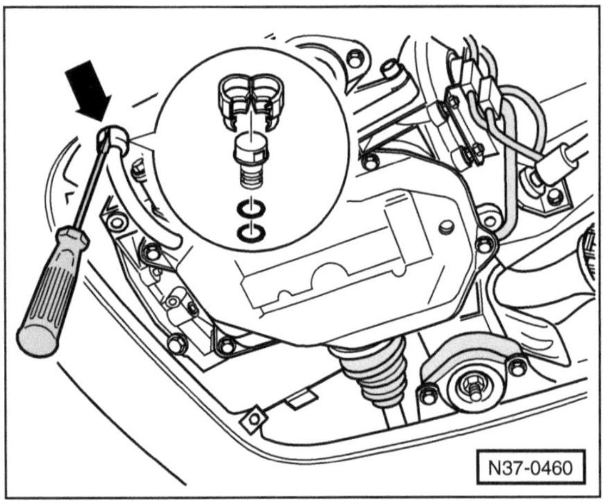

- Sicherungskappe am Öleinfüllrohr mit einem Schraubendreher aufhebeln, dabei wird sie zerstört. Verschlußstopfen abziehen.

Auffüllen

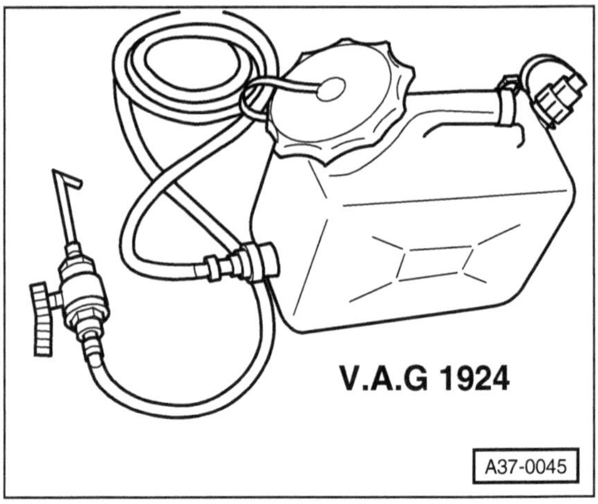

- Zunächst etwa **3,0 l** neues ATF-Öl mit gebogenem Einfüllrohr und Verlängerungsschlauch am Öleinfüllrohr einfüllen. Die VW-Werkstatt nimmt zum Einfüllen den Kanister V.A.G 1924, der beispielsweise an der Motorhaube aufgehängt wird, von dort läuft das ATF-Öl in die Ölwanne.
- Wählhebel in Stellung »P« bringen, Motor starten und im Leerlauf drehen lassen. Bei laufendem Motor und getretenem Bremspedal alle Positionen (P, N, R, 3, 2, 1) durchschalten, wobei jede Position ca. 10 Sekunden lang eingelegt bleiben muß.
- Anschließend ATF-Stand prüfen und gegebenenfalls korrigieren, siehe entsprechendes Kapitel.
- Bei korrektem Ölstand, Verschlußstopfen am Öleinfüllrohr einsetzen und mit **neuer** Sicherungskappe sichern.
- Untere Motorraumabdeckung einbauen.

5-Gang-Automatikgetriebe 01V

Benzinmotor mit 150/193 PS, Dieselmotor mit 150 PS

Ölstand prüfen

Achtung: Beim 5-Gang-Getriebe 01V ist kein Ölwechsel vorgesehen. Bei der Wartung wird nur der Ölstand geprüft.

Hinweis: Normalerweise bleibt der Ölstand im Automatikgetriebe konstant, wenn keine Leckstelle sichtbar ist. Die Ölstandprüfung ist dann nicht unbedingt notwendig.

Erforderliches Sonderwerkzeug:

- Gebogenes Öl-Einfüllrohr oder eine Ölspritzkanne.
- Schutzbrille.

Erforderliche Verschleißteile:

- ATF-Öl ESSO EGL 71 141, VW-ET-Nr. G052 162.
- Dichtring für Verschlußschraube.

Prüfen

- Die Getriebeöltemperatur muß zu Beginn der Prüfung etwas unter +30° C liegen. Diese Temperatur wird schon nach kurzem Motorlauf erreicht. VW-Werkstätten schließen zur Temperaturüberwachung ein Diagnosegerät am Diagnoseanschluß des Fahrzeugs an.
- Fahrzeug waagerecht aufbocken. Untere Motorraumabdeckung ausbauen, siehe Seite 160.
- Wählhebel in Stellung »P« legen, Feststellbremse anziehen. Klimaanlage und Heizung ausschalten.
- Den Motor während der Prüfung im Leerlauf laufen lassen.

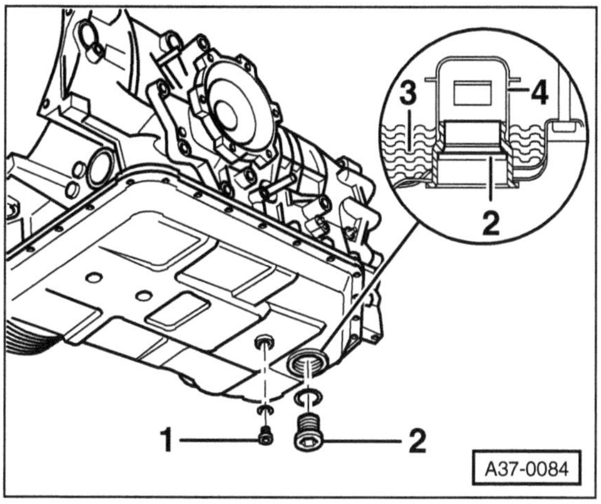

- **Achtung: Schutzbrille tragen.** Bei einer ATF-Temperatur von +30° C bis +45° C die Verschlußschraube –2– an der Getriebeölwanne öffnen. Der Ölstand ist korrekt, wenn ein leichter Ölaustritt (bedingt durch den Anstieg des Ölstands durch Erwärmung) erfolgt.
- Andernfalls ATF-Öl an der Bohrung der Verschlußschraube auffüllen. Neues ATF mit Spritzkanne einfüllen, bis es an der Bohrung der Verschlußschraube –2– austritt. **Achtung:** Einfüllbogen der Spritzkanne nicht nach oben stoßen, da die Ölabweiskappe –4– sonst nach oben abspringen kann. Befüllbogen in eine seitliche Öffnung der Ölabweiskappe einführen. (Schraube –1– nicht lösen; 3 – ATF-Füllung).
- Spätestens bei Erreichen einer Öltemperatur von +45° C muß die Verschlußschraube –2– wieder eingesetzt sein. Verschlußschraube mit **neuem** Dichtring und **80 Nm** wieder einschrauben.
- Untere Motorraumabdeckung einbauen.

■ Spurstangenköpfe und Achsgelenke: Spiel und Befestigung prüfen, Dichtungsbälge prüfen.

■ Servolenkung: Ölstand prüfen, gegebenenfalls Hydrauliköl auffüllen.

Spurstangenköpfe und Achsgelenke prüfen

● Fahrzeug vorn aufbocken, die Räder müssen frei hängen.

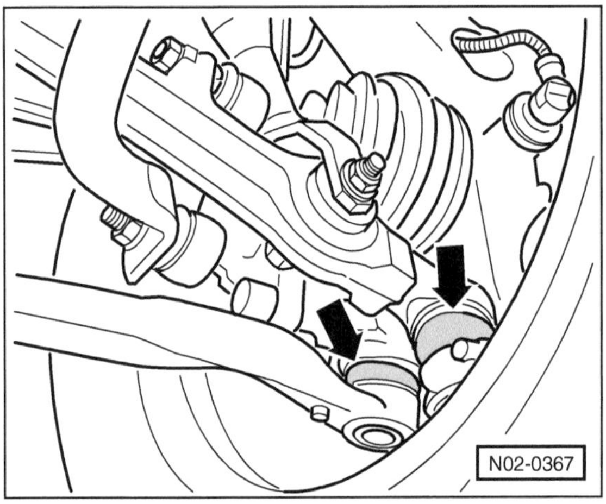

● Staubkappen für untere Achsgelenke –Pfeile– links und rechts mit Lampe anstrahlen und auf Beschädigungen überprüfen.

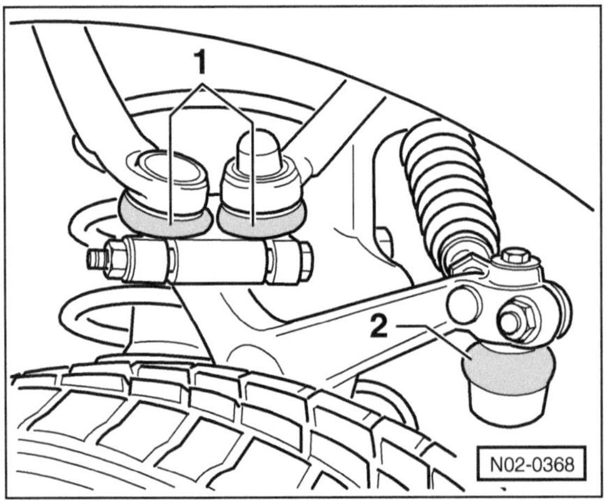

● Staubkappen –1– für obere Achsgelenke und Faltenbälge –2– an den Spurstangen mit Lampe anstrahlen und auf Beschädigungen überprüfen.

● Bei beschädigter Staubkappe, sicherheitshalber entsprechendes Gelenk mit Schutzkappe auswechseln lassen (Werkstattarbeit). Eingedrungener Schmutz zerstört mit Sicherheit das Gelenk.

● Spurstangen links und rechts kräftig von Hand hin- und herbewegen. Das jeweilige Kugelgelenk darf kein Spiel aufweisen, andernfalls Spurstangengelenk ersetzen.

Ölstand für Servolenkung prüfen

Erforderliches Verschleißteil:

■ »Hydrauliköl G 002 000«, erhältlich in der VW-Werkstatt.

Prüfen

Der Ölstand kann in kaltem oder betriebswarmem Zustand (ab ca. +50° C) geprüft werden. Beschrieben wird die Prüfung in kaltem Zustand. Hinweise am Kapitelende beachten, wenn der Ölstand bei warmem Motor geprüft werden soll.

● Das Fahrzeug darf nicht warmgefahren sein, der Motor darf nicht laufen. Die Vorderräder müssen geradeaus stehen.

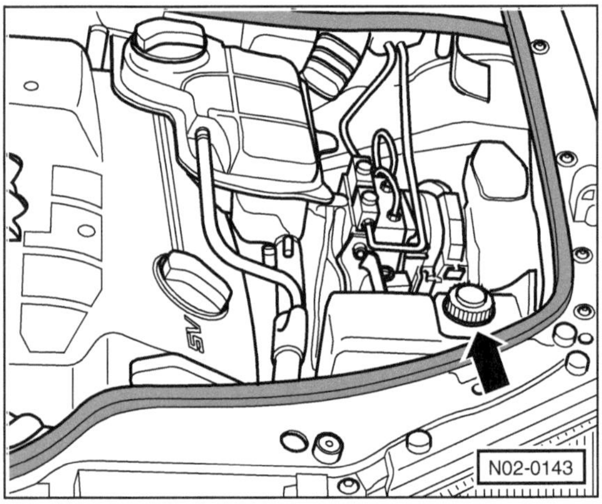

● Verschlußkappe am Ausgleichbehälter abschrauben. Meßstab am Deckel mit sauberem, fusselfreiem Lappen abwischen.

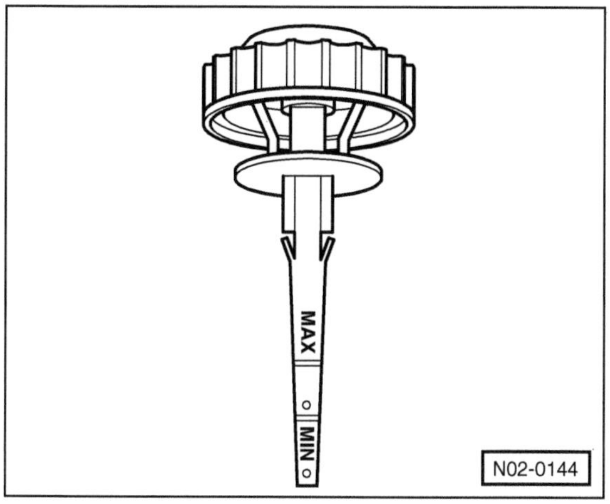

- Deckel handfest auf- und wieder abschrauben. Der Ölstand soll sich im Bereich der MIN.-Markierung am Meßstab befinden, bis 2 mm ober- oder unterhalb der Markierung.

Achtung: Normalerweise darf der Ölstand nicht absinken. Wenn der Ölstand abgesunken ist, Undichtigkeit von einer VW-Werkstatt beseitigen lassen. Befindet sich der Ölstand über dem angegebenen Bereich, muß Öl abgesaugt werden.

- Grundsätzlich nur **neues Öl** nachfüllen, da bereits kleinste Verunreinigungen zu Störungen an der hydraulischen Anlage führen können.
- Deckel festschrauben.

Hinweise für die Prüfung bei Betriebstemperatur:

Fahrzeug auf Probefahrt warmfahren. Das Hydrauliköl muß auf ca. +50° C erwärmt sein. Ölstand bei laufendem Motor prüfen. Der Ölstand muß sich bei eingeschraubtem Deckel zwischen der MIN.- und MAX.-Markierung am Meßstab befinden.

- Bremsflüssigkeitsstand prüfen.
- Bremsbeläge: Belagstärke an Vorder- und Hinterrädern prüfen.
- Bremsanlage: Leitungen, Schläuche und Anschlüsse auf Undichtigkeiten und Beschädigungen prüfen.
- Bremsflüssigkeit erneuern.
- Bereifung: Profiltiefe und Reifenfülldruck prüfen; Reifen auf Verschleiß und Beschädigungen (einschließlich Reserverad) prüfen.
- Radschrauben: Festen Sitz prüfen, gegebenenfalls mit **120 Nm** über Kreuz nachziehen. **Hinweis:** Radschrauben **nicht** fetten oder ölen. Radblenden/Felgenschlösser demontieren, siehe Kapitel »Räder und Reifen«.

Bremsflüssigkeitsstand prüfen

Der Vorratsbehälter für die Bremsflüssigkeit befindet sich im Motorraum. Der Schraubverschluß hat eine Belüftungsbohrung, die nicht verstopft sein darf.

Der Vorratsbehälter ist durchscheinend, so daß der Bremsflüssigkeitsstand von außen überprüft werden kann. Außerdem wird ein zu niedriger Bremsflüssigkeitsstand durch eine Warnleuchte in der Schalttafel signalisiert. Dennoch ist es ratsam, bei der regelmäßigen Motorölkontrolle auch einen Blick auf den Vorratsbehälter zu werfen.

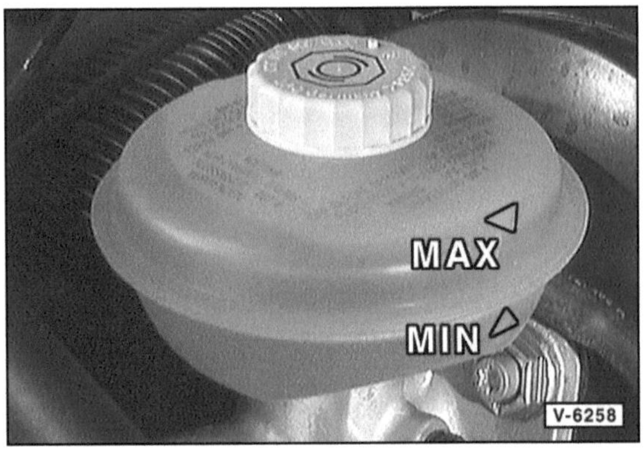

- Der Flüssigkeitsstand soll zwischen der MAX.- und der MIN.-Marke liegen.
- Nur **neue** Bremsflüssigkeit der Spezifikation **FMVSS 116 DOT 4** einfüllen.
- Durch Abnutzung der Scheibenbremsbeläge entsteht ein geringfügiges Absinken der Bremsflüssigkeit. Das ist normal. Es muß keine Bremsflüssigkeit nachgefüllt werden.
- Sinkt die Bremsflüssigkeit jedoch innerhalb kurzer Zeit stark ab oder liegt der Flüssigkeitsspiegel unter der MIN.-Marke, ist das ein Zeichen für Bremsflüssigkeitsverlust.

Die Leckstelle muß dann sofort ausfindig gemacht werden. Sicherheitshalber sollte die Überprüfung der Anlage von einer Fachwerkstatt durchgeführt werden.

Bremsbelagdicke prüfen

Erforderliches Sonderwerkzeug:

- Taschenlampe und Spiegel.
- Schieblehre.

Vorderrad-Scheibenbremse:

Hinweis: Da der Belagverschleiß auf der Beifahrerseite erfahrungsgemäß minimal größer als auf der Fahrerseite sein kann, ist es sinnvoll, das vordere Rad auf der Beifahrerseite abzunehmen.

- Rechtes Vorderrad zur Radnabe mit Farbe kennzeichnen, damit das ausgewuchtete Rad wieder in derselben Position montiert werden kann. Radschrauben lösen, dabei muß das Fahrzeug auf den Rädern stehen.
- Fahrzeug vorn aufbocken, Rad abnehmen.

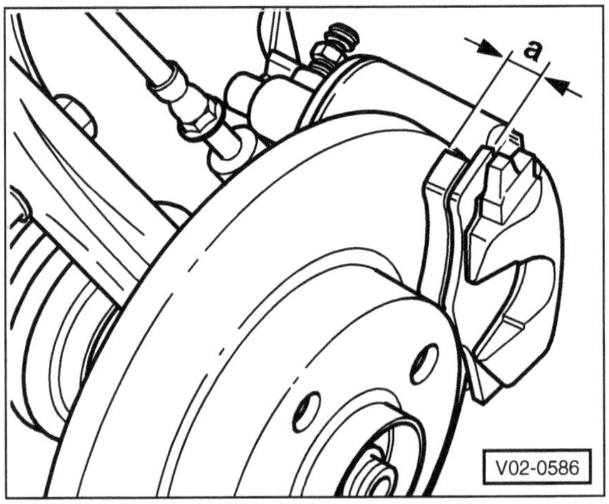

- Belagdicke – mit metallner Rückenplatte – der inneren und äußeren Beläge mit einer Schieblehre messen.
- Die Verschleißgrenze der vorderen Scheibenbremsbeläge ist erreicht, wenn ein Belag nur noch eine Dicke –a– von **7 mm** (mit Trägerplatte) aufweist. In diesem Fall Bremsbeläge an der Vorderachse wechseln, siehe Seite 140/143.
- Vorderrad so ansetzen, daß die beim Ausbau angebrachten Markierungen übereinstimmen. Radschrauben **nicht** fetten oder ölen. Rad anschrauben. Fahrzeug ablassen und Radschrauben über Kreuz mit **120 Nm** festziehen.

Hinweis: Nach einer Faustregel entspricht 1 mm Bremsbelag einer Fahrleistung von mindestens 1000 km. Diese Faustregel gilt unter ungünstigen Bedingungen. Im Normalfall halten die Beläge viel länger. Bei einer Belagdicke der Scheibenbremsbeläge von 10,0 mm (mit Rückenplatte) beträgt die Restnutzbarkeit der Bremsbeläge also noch mindestens 3000 km.

Hinterrad-Scheibenbremse:

- Dicke der äußeren Bremsbeläge durch einen Durchbruch im Scheibenrad prüfen, falls erforderlich Lampe verwenden. Das Scheibenrad muß nicht abgenommen werden. Falls vorhanden, Radvollblende abziehen.
- Inneren Belag mit Hilfe einer Lampe und eines Spiegels sichtprüfen.

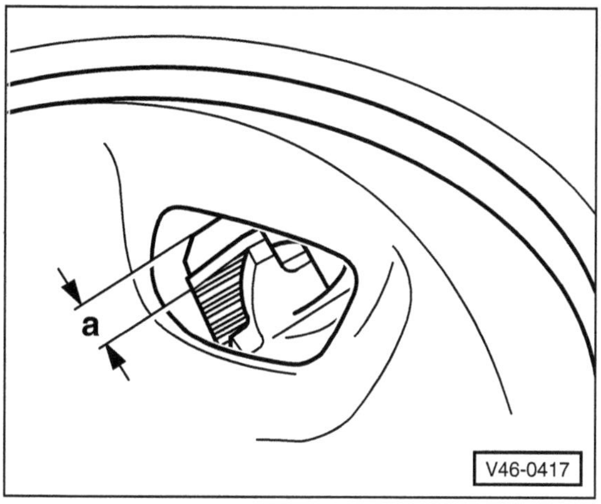

- Die Verschleißgrenze der hinteren wie auch der vorderen Scheibenbremsbeläge ist erreicht, wenn ein Belag einschließlich der Trägerplatte nur noch eine Dicke –a– von **7 mm** aufweist.

Sichtprüfung der Bremsleitungen

- Fahrzeug aufbocken.
- Verschmutzte Bremsleitungen reinigen.

Achtung: Die Bremsleitungen sind zum Schutz gegen Korrosion mit einer Kunststoffschicht überzogen. Wird diese Schutzschicht beschädigt, kann es zur Korrosion der Leitungen kommen. Aus diesem Grund dürfen Bremsleitungen nicht mit Drahtbürste, Schmirgelleinen oder Schraubendreher gereinigt werden.

- Bremsleitungen vom Hauptbremszylinder zur ABS-Hydraulikeinheit und den einzelnen Radbremsen mit Lampe anstrahlen und überprüfen. Der Hauptbremszylinder sitzt im Motorraum unter dem Vorratsbehälter für Bremsflüssigkeit.
- Bremsleitungen dürfen weder geknickt noch gequetscht sein. Auch dürfen sie keine Rostnarben oder Scheuerstellen aufweisen. Andernfalls Leitung bis zur nächsten Trennstelle ersetzen.
- Bremsschläuche verbinden die Bremsleitungen mit den Radbremszylindern an den beweglichen Teilen des Fahrzeugs. Sie bestehen aus hochdruckfestem Material, können aber mit der Zeit porös werden, aufquellen oder durch scharfe Gegenstände angeschnitten werden. In einem solchen Fall sind sie sofort zu ersetzen.

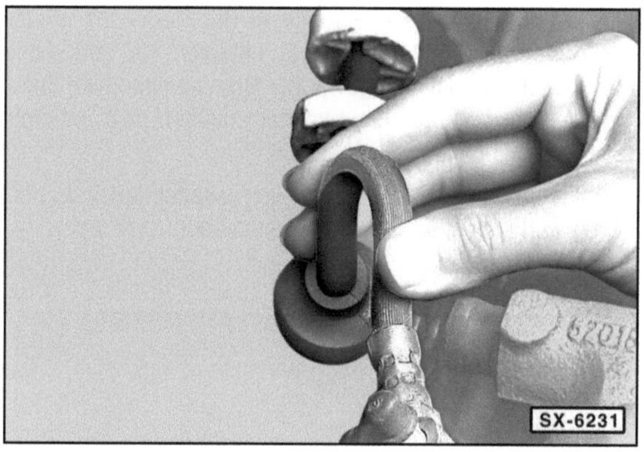

- Bremsschläuche mit der Hand hin- und herbiegen, um brüchige Stellen und Beschädigungen festzustellen. Die Schläuche dürfen nicht verdreht sein. Farbige Kennlinie beachten, falls vorhanden!
- Lenkrad nach links und rechts bis zum Anschlag drehen. Die Bremsschläuche dürfen dabei in keiner Stellung Fahrzeugteile berühren.
- Anschlußstellen von Bremsleitungen und -schläuchen dürfen nicht durch ausgetretene Flüssigkeit feucht sein.
- Fahrzeug ablassen.
- Lenkrad nochmals nach links und rechts bis zum Anschlag drehen und sicherstellen, daß die Bremsschläuche in keiner Stellung Fahrzeugteile berühren.

Bremsflüssigkeit wechseln

Erforderliches Sonderwerkzeug:

- Ringschlüssel für Entlüfterschrauben.
- Durchsichtiger Kunststoffschlauch.

Erforderliche Verschleißteile:

- Bremsflüssigkeit der Spezifikation **DOT 4**.
  Wechselmenge (mit Flüssigkeitswechsel in der hydraulischen Kupplungsbetätigung): **2,0 l** (0,4 bis 0,5 l je Bremssattel).

Achtung: Gebrauchte Bremsflüssigkeit nicht mehr einfüllen.

Sicherheitshinweis:
Vorsichtsmaßregeln in den Kapiteln »Die Bremsflüssigkeit« und »Bremsanlage entlüften« beachten, siehe Seite 148.

Die Bremsflüssigkeit nimmt durch die Poren der Bremsschläuche sowie durch die Entlüftungsöffnung des Vorratsbehälters Luftfeuchtigkeit auf. Dadurch sinkt im Laufe der Betriebszeit der Siedepunkt der Bremsflüssigkeit. Bei starker Beanspruchung der Bremse kann es deshalb zu Dampfblasenbildung in den Bremsleitungen kommen, wodurch die Funktion der Bremsanlage stark beeinträchtigt wird.

Die Bremsflüssigkeit soll alle 2 Jahre, möglichst im Frühjahr, erneuert werden. Bei vielen Gebirgsfahrten, Bremsflüssigkeit in kürzeren Abständen wechseln.

In der Werkstatt wird die Bremse in der Regel mit einem Bremsenfüll- und Entlüftungsgerät entlüftet. Es geht aber auch ohne das Entlüftungsgerät. Die Bremsanlage wird dann durch Pumpen mit dem Bremspedal entlüftet, dazu ist eine zweite Person notwendig.

Die Reihenfolge der Entlüftung: 1. Bremssattel hinten rechts, 2. Bremssattel hinten links, 3. Bremssattel vorn rechts, 4. Bremssattel vorn links.

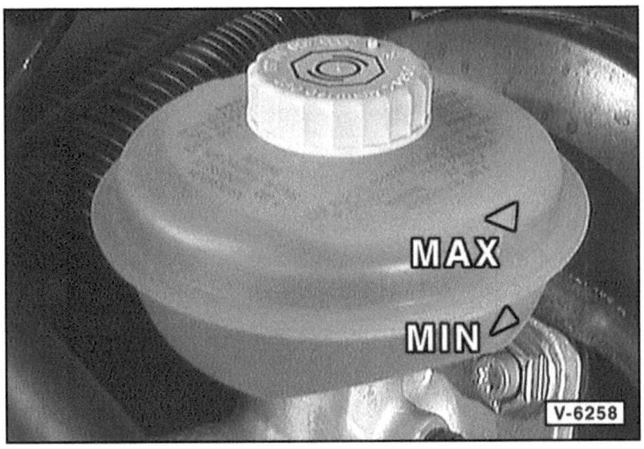

- Bremsflüssigkeitsstand auf dem Vorratsbehälter mit Filzstift markieren. Nach Erneuern der Bremsflüssigkeit ursprünglichen Flüssigkeitsstand wieder herstellen. Dadurch wird ein Überlaufen des Bremsflüssigkeitsbehälters beim Wechsel der Bremsbeläge vermieden.
- Deckel vom Bremsflüssigkeitsbehälter abschrauben.

Hinweis: Es ist nicht möglich, mit einer Absaugflasche die Bremsflüssigkeit aus dem Bremsflüssigkeitsbehälter abzusaugen, da sich ein fest eingebautes Sieb im Einfüllstutzen befindet.

Achtung: Entlüftungsventile vorsichtig öffnen, damit sie nicht abgedreht werden. Es empfiehlt sich, die Ventile ca. 2 Stunden vor dem Entlüften mit Rostlöser einzusprühen. Bei festsitzenden Ventilen das Entlüften von einer Werkstatt vornehmen lassen.

- Am rechten hinteren Bremssattel sauberen, durchsichtigen Schlauch auf Entlüfterventil aufschieben, geeignetes Gefäß unterstellen. Damit das Entlüfterventil erreicht wird, entweder Rad abnehmen, oder Fahrzeug auf eine Hebebühne oder Grube fahren.

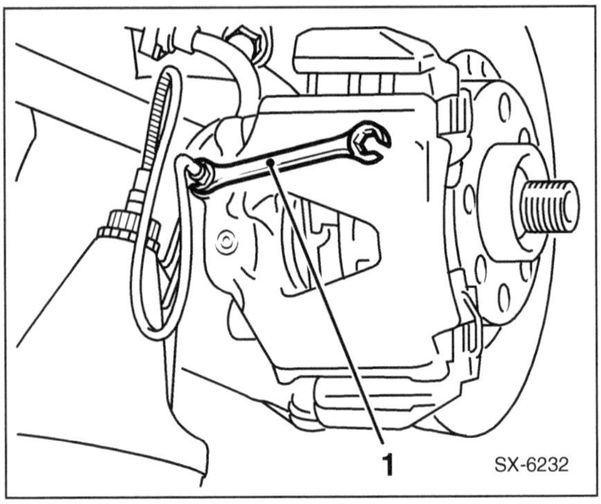

- Von Helfer das Bremspedal mehrmals durchtreten lassen, bis sich ein Gegendruck aufgebaut hat. Bremspedal getreten lassen, Entlüfterventil mit Ringschlüssel –1– öffnen. Entlüfterschraube schließen, wenn das Pedal am Bodenblech anstößt. Fuß vom Bremspedal nehmen. Diesen Vorgang so lange wiederholen, bis ca. **500 cm³** Bremsflüssigkeit herausgepumpt sind.

Achtung: Während des Entlüftens ab und zu den Vorratsbehälter beobachten. Der Flüssigkeitsspiegel darf nicht zu weit sinken, sonst wird über den Vorratsbehälter Luft angesaugt. **Immer nur neue Bremsflüssigkeit nachgießen!**

- Entlüfterventil schließen, Vorratsbehälter bis zur MAX.-Marke mit **neuer** Bremsflüssigkeit füllen.
- Auf die gleiche Weise alte Bremsflüssigkeit aus den anderen Bremssätteln in der Reihenfolge – hinten rechts, hinten links, vorne rechts, vorne links – herauspumpen.

Achtung: Die abfließende Bremsflüssigkeit muß in jedem Fall klar und blasenfrei sein. An jedem Bremssattel sollen ca. 500 cm³ Bremsflüssigkeit herausgepumpt werden.

- Bremspedal betätigen und Leerweg prüfen. Der Leerweg darf maximal ⅓ des Pedalwegs betragen.
- Bremsflüssigkeit im Vorratsbehälter auffüllen, bis zum markierten Stand vor dem Bremsflüssigkeitswechsel.
- Verschlußdeckel am Behälter aufschrauben.

Achtung, Sicherheitskontrolle durchführen:

- ◆ Sind die Bremsschläuche festgezogen?
- ◆ Befindet sich der Bremsschlauch in der Halterung?
- ◆ Sind die Entlüftungsschrauben angezogen?
- ◆ Ist genügend Bremsflüssigkeit eingefüllt?
- ◆ Bei laufendem Motor Dichtheitskontrolle durchführen. Hierzu Bremspedal mit 200 bis 300 N (entspricht 20 bis 30 kg) etwa 10 sec. betätigen. Das Bremspedal darf nicht nachgeben. Sämtliche Anschlüsse auf Dichtheit kontrollieren.

- Anschließend einige Bremsungen auf Straße mit geringem Verkehr durchführen.

Achtung: Alte Bremsflüssigkeit ist ein Problemstoff und darf auf keinen Fall einfach weggeschüttet oder dem Hausmüll mitgegeben werden. Gemeinde- und Stadtverwaltungen informieren darüber, wo sich die nächste Problemstoff-Sammelstelle befindet.

Reifenprofil prüfen

Die Reifen ausgewuchteter Räder nutzen sich bei gewissenhaftem Einhalten des vorgeschriebenen Fülldrucks und bei fehlerfreier Radeinstellung und Stoßdämpferfunktion auf der gesamten Lauffläche annähernd gleichmäßig ab. Bei ungleichmäßiger Abnutzung, siehe Störungsdiagnose im Kapitel »Reifen«. Im übrigen läßt sich keine generelle Aussage über die Lebensdauer bestimmter Reifenfabrikate machen, denn die Lebensdauer hängt von unterschiedlichen Faktoren ab:

- Fahrbahnoberfläche
- Reifenfülldruck
- Fahrweise
- Witterung

Vor allem sportliche Fahrweise, scharfes Anfahren und starkes Bremsen fördern den schnellen Reifenverschleiß.

Achtung: Die Rechtsprechung verlangt, daß Reifen lediglich bis zu einer Profiltiefe von 1,6 mm abgefahren werden dürfen, und zwar müssen die Profilrillen auf der gesamten Lauffläche noch mindestens 1,6 mm Tiefe aufweisen. Es empfiehlt sich jedoch, sicherheitshalber die Reifen bereits bei einer Mindestprofiltiefe von 2 mm auszutauschen.

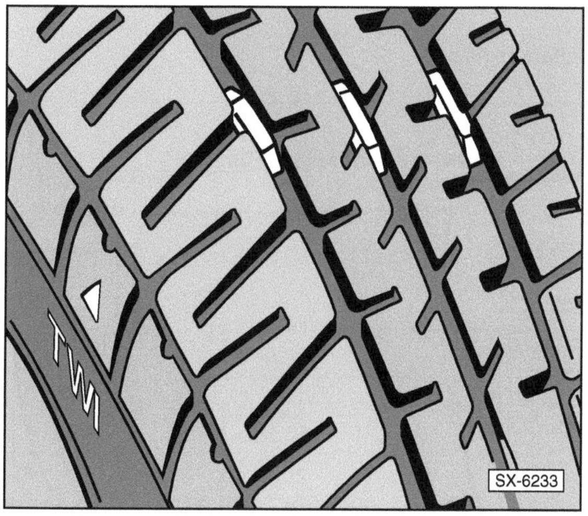

SX-6233

Nähert sich die Profiltiefe der gesetzlich zulässigen Mindestprofiltiefe, das heißt, weisen die mehrfach am Reifenumfang angeordneten, 1,6 mm hohen, Verschleißanzeiger kein Profil mehr auf, müssen die Reifen gewechselt werden. Es empfiehlt sich jedoch, sicherheitshalber die Reifen bereits bei einer Mindestprofiltiefe von 2 mm auszutauschen. **Achtung:** M + S-Reifen haben auf Matsch und Schnee nur den gewünschten Grip, wenn ihr Profil noch mindestens 4 mm tief ist.

Achtung: Reifen auf Schnittstellen untersuchen und mit kleinem Schraubendreher Tiefe der Schnitte feststellen. Wenn die Schnitte bis zur Karkasse reichen, korrodiert durch eindringendes Wasser der Stahlgürtel. Dadurch löst sich unter Umständen die Lauffläche von der Karkasse, der Reifen platzt. Deshalb: Bei tiefen Einschnitten im Profil aus Sicherheitsgründen Reifen austauschen.

Reifenfülldruck prüfen

- Reifenfülldruck nur am kalten Reifen prüfen.
- Ventilkappe abschrauben.

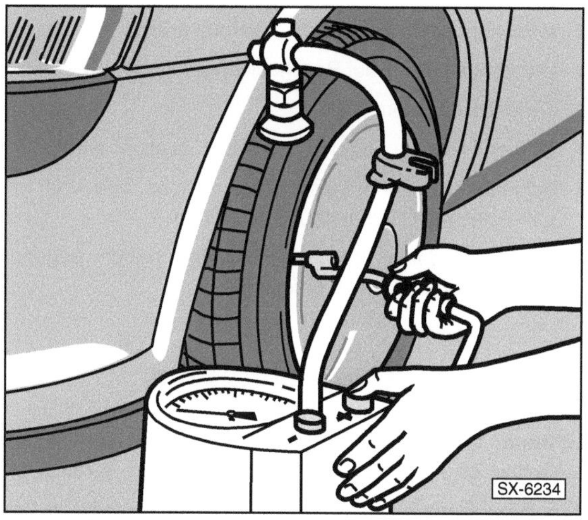

SX-6234

- Reifenfülldruck einmal im Monat sowie im Rahmen der Wartung (einschließlich Reserverad) prüfen.
- Zusätzlich sollte der Fülldruck vor längeren Autobahnfahrten kontrolliert werden, da hierbei die Temperaturbelastung für den Reifen am größten ist.
- Der richtige Fülldruck steht auf einem Aufkleber an der Innenseite der Tankklappe.

Reifenventil prüfen

- Staubschutzkappe vom Ventil abschrauben.

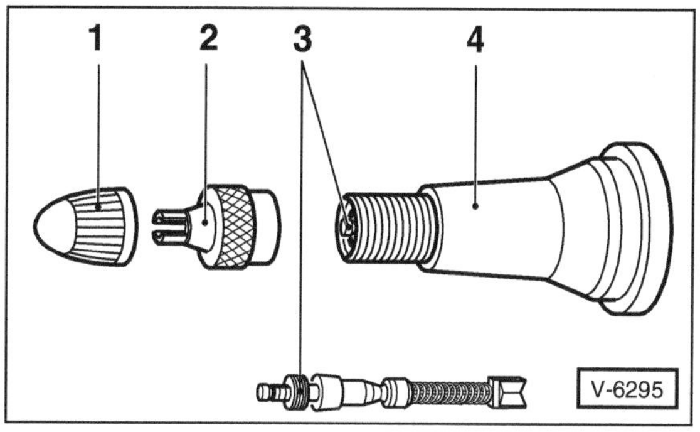

V-6295

- Etwas Seifenwasser oder Speichel auf das Ventil geben. Wenn sich eine Blase bildet, Ventileinsatz –3– mit umgedrehter Schutzkappe –2– festdrehen.

Achtung: Zum Anziehen des Ventils kann nur eine Metallschutzkappe –2– oder das HAZET-Werkzeug 666-1 verwendet werden. Metallschutzkappen sind an der Tankstelle erhältlich. 1 – Gummikappe, 4 – Ventil.

- Ventil erneut prüfen. Falls sich wieder Blasen bilden oder sich das Ventil nicht weiter anziehen läßt, Ventil erneuern (Werkstattarbeit).
- Grundsätzlich Schutzkappe wieder befestigen.

- Sicherheitsgurte: Auf Beschädigungen prüfen.
- Airbageinheiten: Auf Beschädigungen prüfen.
- Unterbodenschutz auf Beschädigungen prüfen.
- Türfeststeller schmieren.
- Lüftung/Heizung: Staub-/Pollenfilter-Einsatz erneuern.
- Schiebedach: Führungsschienen reinigen und und mit VW-Fettspray G 000 450 02 einsprühen.
- Haltbarkeitsdatum des Verbandkastens prüfen, gegebenenfalls Verbandkasten ersetzen.

Sicherheitsgurte sichtprüfen

Achtung: Geräusche, die beim Aufrollen des Gurtbandes entstehen, sind funktionsbedingt. Bei störenden Geräuschen kann nur der Sicherheitsgurt ausgetauscht werden. Auf keinen Fall darf zur Behebung von Geräuschen Öl oder Fett verwendet werden. Der Aufrollautomat darf nicht zerlegt werden, da hierbei die vorgespannte Feder herausspringen kann. Unfallgefahr!

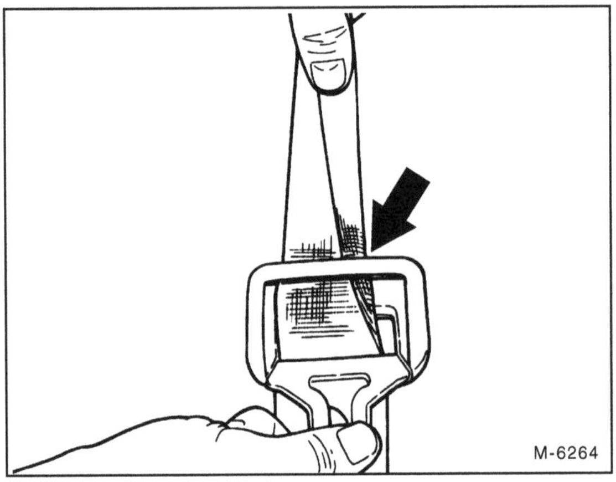

- Sicherheitsgurt ganz herausziehen und Gurtband auf durchtrennte Fasern prüfen.
- Beschädigungen können zum Beispiel durch Einklemmen des Gurtes oder durch brennende Zigaretten entstehen. In diesem Fall Gurt austauschen.
- Sind Scheuerstellen vorhanden, ohne daß Fasern durchtrennt sind, braucht der Gurt nicht ausgewechselt zu werden.
- Schwergängigen Gurt auf Verdrehungen prüfen, gegebenenfalls Verkleidung an der Mittelsäule ausbauen.
- Wenn die Aufrollautomatik nicht mehr funktioniert, Gurt auswechseln.
- Gurtbänder nur mit Seife und Wasser reinigen, keinesfalls Lösungsmittel oder chemische Reinigungsmittel verwenden.

Airbageinheiten sichtprüfen

Fahrer-Airbag

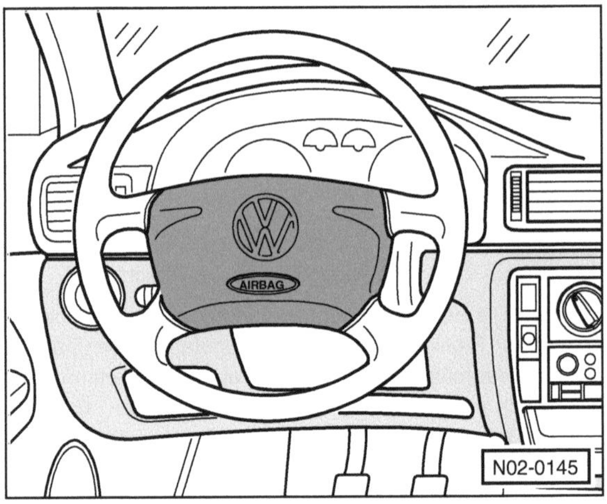

Beifahrer-Airbag

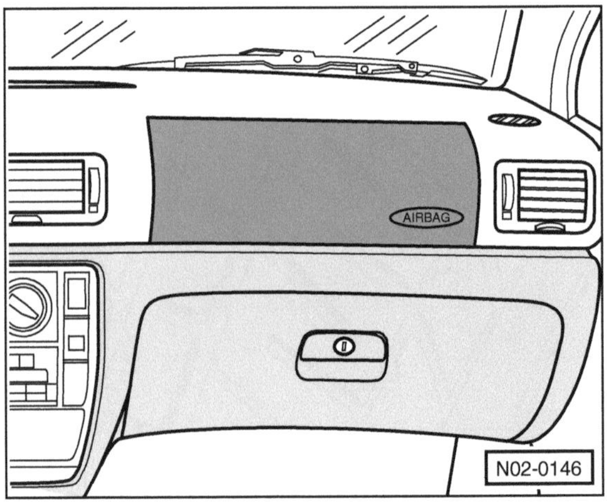

Erkennungsmerkmal für Airbag ist der Schriftzug »AIRBAG« auf der Polsterplatte des Lenkrades, beim Beifahrerairbag auf der rechten Seite der Instumententafel.

- Sichtprüfung des Airbagmoduls durchführen. Es darf keine äußeren Beschädigungen aufweisen.

Sicherheitshinweise:

- Die Abdeckungen der Airbag-Einheiten dürfen nicht beklebt, überzogen oder anderweitig verändert werden.
- Die Abdeckungen der Airbag-Einheiten dürfen nur mit einem trockenen oder mit Wasser angefeuchteten Lappen gereinigt werden.

Zusätzliche Hinweise:

- Bei Ausstattung mit Seitenairbags dürfen die Sitzlehnen nur mit speziellen, von VW freigegebenen Bezügen überzogen werden.
- Ein gegen die Fahrtrichtung angeordneter Babysitz auf dem Beifahrersitz darf nur eingebaut werden, wenn zuvor der Beifahrer-Airbag bei einer VW-Werkstatt deaktiviert wurde. Außerdem muß ein entsprechendes Warnschild an Türholm, Sonnenblende oder Armaturenbrett auf der rechten Fahrzeugseite vorhanden sein, sonst kann es bei einer polizeilichen Überprüfung zu einem Bußgeldverfahren kommen.

Türfeststeller schmieren

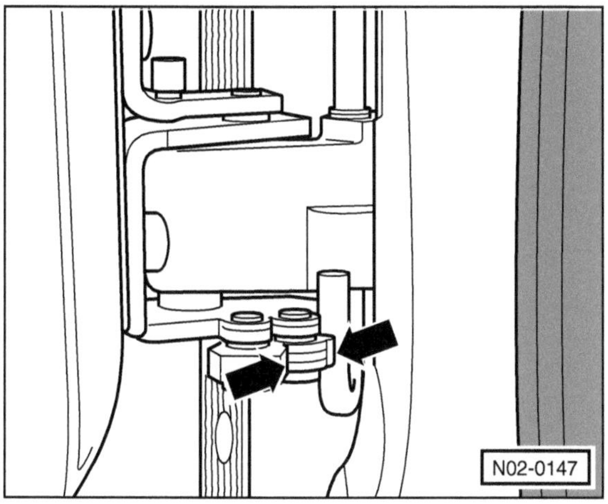

N02-0147

- Die Türfeststeller vorn und hinten nur an den mit –Pfeilen– gekennzeichneten Stellen mit Schmierfett VW-G 000 400 schmieren.

Staub-/Pollenfilter erneuern

Bis 9/00

Ausbau

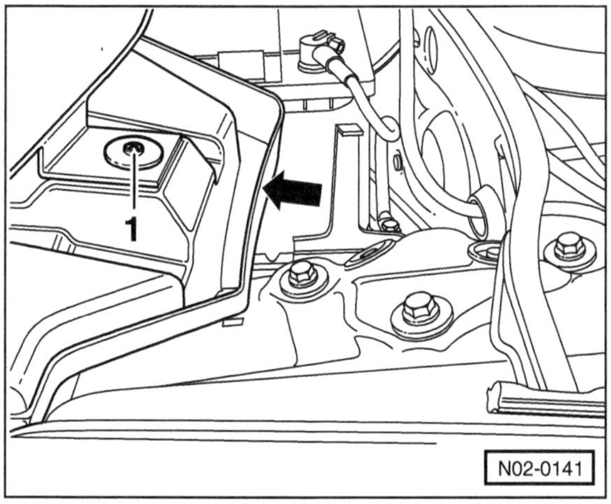

N02-0141

- Motorhaube öffnen. Schraube –1– herausdrehen, dann Abdeckung –Pfeil– herausziehen. Der Filter befindet sich am Ansaugstutzen für die Innenraumbelüftung rechts im Wasserkasten.

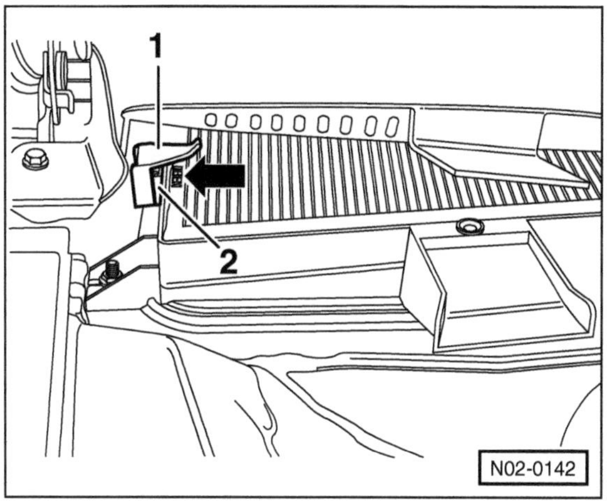

N02-0142

- Niederhalter –1– nach oben aus Führung –2– herausziehen.
- Filtereinsatz abziehen.

Einbau

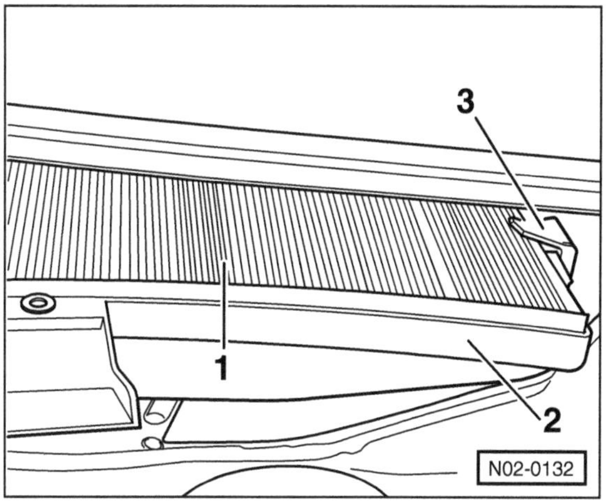

N02-0132

- Neuen Filtereinsatz –1– so in den Rahmen –2– einsetzen, daß er unter der rechten Haltezunge –3– liegt. Der Schriftzug »TOP-OBEN« muß nach oben zeigen, siehe –Pfeil– in der Abbildung N02-0142.
- Niederhalter –1– in die Führung –2– drücken, siehe Abbildung N02-0142.
- Abdeckung einsetzen und mit Schraube befestigen.

Ab 10/00

Ausbau

- Wasserkasten-Abdeckung ausbauen.

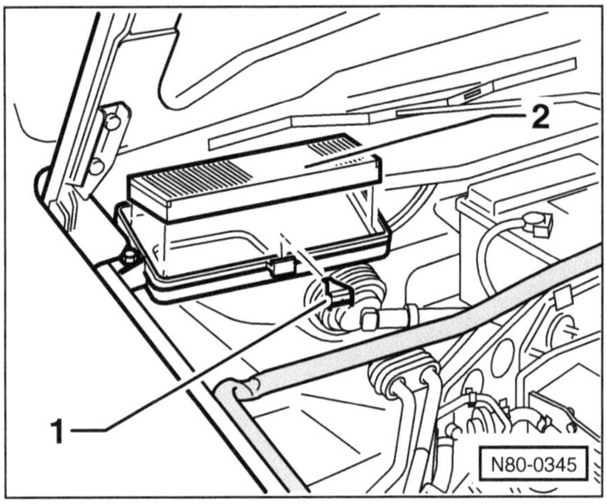

- Klammer –1– ausrasten. Staub- und Pollenfilter –2– aus dem Filtergehäuse nach oben herausnehmen.

Einbau

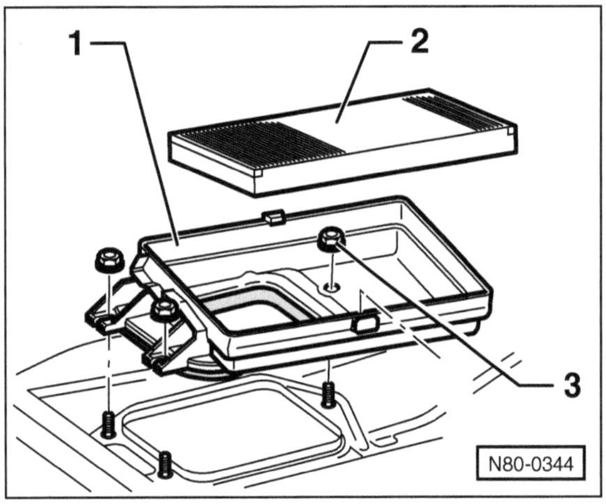

1 – Filtergehäuse
2 – Staub- und Pollenfilter
3 – Kunststoffmutter, 2 Nm

- Staub- und Pollenfilter von oben in das Filtergehäuse einsetzen.
- Filter durch Einrasten der Klammer –1– sichern, siehe Abbildung N80-0345
- Wasserkasten-Abdeckung einbauen.

Schiebedach: Funktion prüfen, Führungsschienen reinigen und schmieren

Erforderliches Betriebsmittel:

- Schmierfett VW-G 000 450 02.

Reinigen, Schmieren und Prüfen

- Schiebedach öffnen.

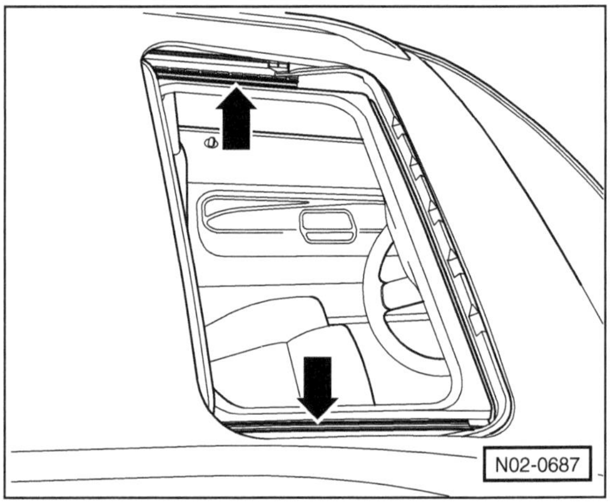

- Führungsschienen –Pfeile– mit einem Lappen reinigen und mit Schmierfett VW-G 000 450 02 schmieren.
- Schiebedach schließen und öffnen. Dabei auf leichten, geräuscharmen Lauf achten.

Elektrische Anlage

- Alle Stromverbraucher: Funktion prüfen.
- Signalhorn prüfen.
- Außenbeleuchtung prüfen, gegebenenfalls Scheinwerfer einstellen, siehe Seite 87.
- Batterie und Batterieklemmen auf festen Sitz prüfen.
- Frontscheibenwischer und Heckscheibenwischer (Modell Variant): Wischergummis auf Verschleiß prüfen. Ruhestellung der Wischerblätter prüfen. Wenn Wischerblätter rubbeln, Anstellwinkel prüfen.
- Scheibenwaschanlage, Scheinwerfer-Waschanlage: Flüssigkeitsstand und Funktion prüfen, Düsenstellung kontrollieren, siehe Kapitel »Scheibenwischeranlage«.
- Fahrzeuge mit Telematik: Notstrombatterien ersetzen, siehe Seite 66.
- Service-Intervallanzeige im Instrumenteneinsatz zurücksetzen.

Batterie prüfen

Säurestand prüfen/ergänzen

Achtung: Falls eine Batterie mit »magischem Auge« eingebaut ist, Hinweise im Kapitel »Elektrische Anlage« beachten, siehe Seite 61.

Batterieklemmen und -halter auf festen Sitz prüfen

Hinweis: Sitzt die Batterie nicht fest oder sind die Klemmen nicht richtig angezogen, können vorzeitiger Ausfall der Batterie durch Rüttelschäden, ein Kabelbrand oder Funktionsstörungen in der elektrischen Anlage die Folge sein. Da bei nicht angeschlossener Batterie elektronische Speicher, beispielsweise Radiosender, gelöscht werden, Hinweise zum Batterieaus- und -einbau durchlesen, siehe Seite 58.

- Batterieklemmen hin- und herbewegen und festen Sitz prüfen.

Achtung: Sitzt die Batterieklemme am Pluspol nicht fest, **zuerst Batterie-Minuspol** abklemmen, sonst Kurzschlußgefahr. Batterieklemme am Batterie-Pluspol mit **5 Nm** festziehen. Dann Anschluß am Batterie-Minuspol ebenfalls mit **5 Nm** anschrauben.

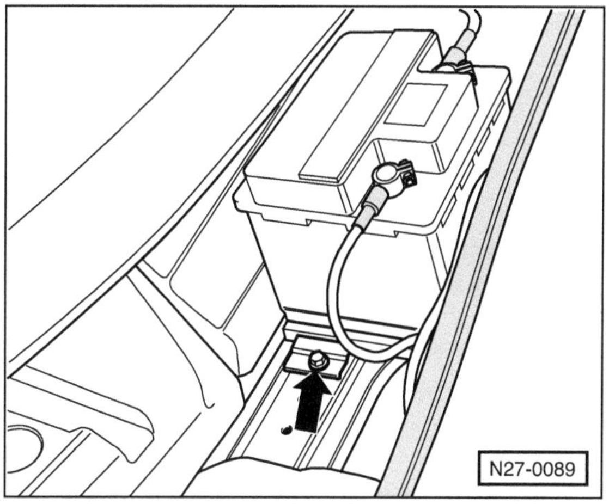

- Batterie-Befestigungsschraube –Pfeil– mit **20 Nm** festziehen.

Scheibenwischerarme einstellen

Erforderliches Sonderwerkzeug:

- Nur wenn Wischerblätter Geräusche machen: Spezialwerkzeug HAZET 4851-1 oder VW-3358.

Ruhestellung prüfen

- Bei ausgeschaltetem Wischer den Abstand zwischen Wischergummi und Scheibenunterkante prüfen. Der Abstand soll an der Windschutzscheibe **20 mm**, an der Heckscheibe (Variant) **25 mm** betragen.
- Gegebenenfalls Wischerarm ausbauen und entsprechend versetzen, siehe Seite 74.

Anstellwinkel prüfen

Achtung: Anstellwinkel nur prüfen, wenn die Wischerblätter rubbeln oder Geräusche machen.

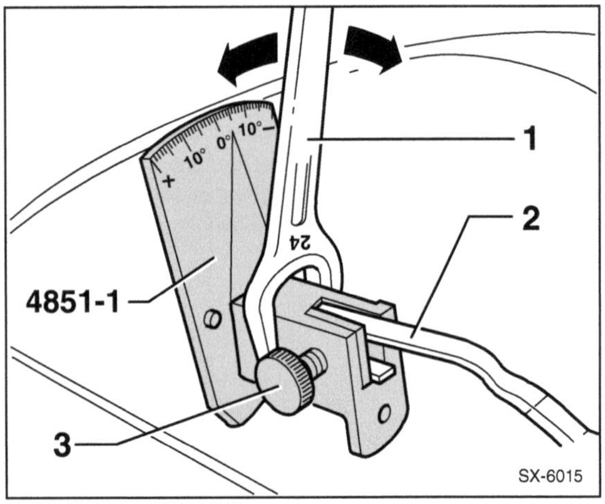

- Wischerarme in Ruhestellung bringen und Wischerblatt ausbauen, siehe Seite 72.
- Wischerarm –2– hochklappen, Spezialwerkzeug HAZET 4851-1 aufschieben und mit Schraube –3– arretieren.
- Wischerarm vorsichtig zurückklappen. Das Werkzeug HAZET 4851-1 muß mit 3 Punkten auf der Scheibe aufliegen.
- Anstellwinkel auf der Skala des Spezialwerkzeugs ablesen und mit Sollwert vergleichen.

Sollwerte	Fahrerseite:	-3° ± 2°
	Beifahrerseite:	-5° ± 2°
	Heckwischer:	0° ± 2°

Einstellen

- Wischerarm von der Scheibe abheben und mit Gabelschlüssel SW 24 –1–, wie in der Abbildung dargestellt, etwas verdrehen.
- Anstellwinkel erneut prüfen und gegebenenfalls korrigieren, bis an der Skala der Sollwert angezeigt wird.
- Anschließend Werkzeug abbauen und nochmals neu aufsetzen und arretieren. Anstellwinkel erneut prüfen, gegebenenfalls korrigieren.

Service-Intervallanzeige zurücksetzen

Die Service-Intervallanzeige wird in der Werkstatt mit dem VW-Diagnosegerät 1551 am Diagnoseanschluß rechts neben dem Handbremshebel (seit 10/00 im Armaturenbrett links unterhalb vom Lenkrad) zurückgesetzt. Steht das Diagnosegerät nicht zur Verfügung, kann die Anzeige auch mit den Einstelltasten für Tageskilometer und Uhrzeit am Schalttafeleinsatz, wie nachfolgend beschrieben, zurückgesetzt werden.

Achtung: Fahrzeuge mit **Longlife-Service** können **nur** mit dem **VW-Diagnosegerät** zurückgestellt werden. Ein Zurückstellen mit den Tasten im Schalttafeleinsatz schaltet die flexible Service-Intervallanzeige auf »nicht flexibel« um.

- Zündung ausschalten.

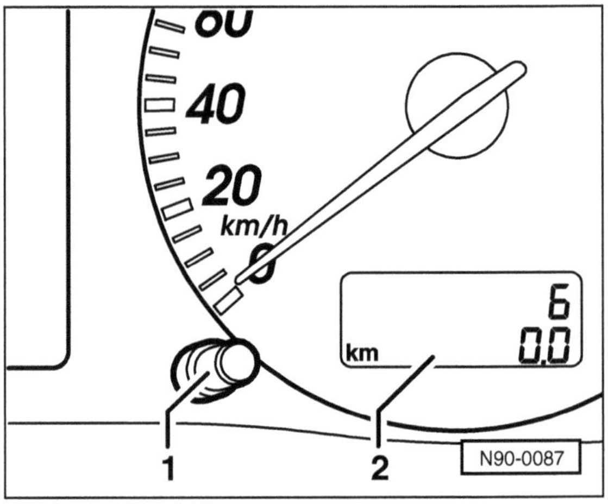

- Taste –1– drücken und festhalten.
- Zündung einschalten und Taste –1– loslassen. In der Tageskilometeranzeige –2– erscheint »SERVICE OEL«. Der jeweils angezeigte Service wird zurückgesetzt. Zum Umschalten auf »SERVICE INSP« Taste nochmals drücken.

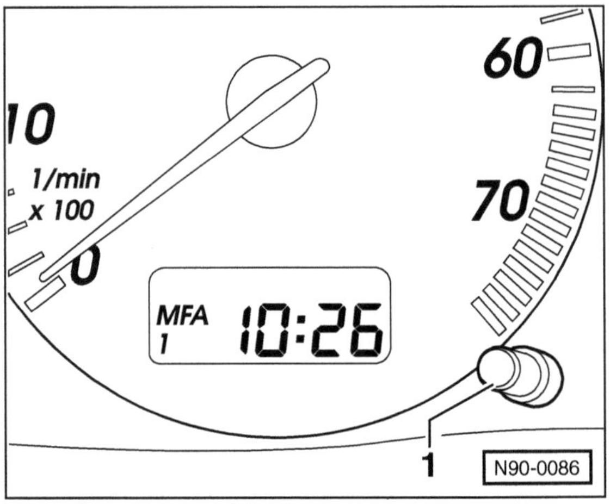

- Bei **Analoguhr:** Einstellknopf –1– neben dem Drehzahlmesser herausziehen.
  Bei **Digitaluhr:** Einstellknopf –1– nach rechts drehen. Dadurch wird die Wartungsanzeige zurückgestellt und in der Anzeige erscheinen drei Striche (– – –).
- Zündung ausschalten.

Werkzeugausrüstung

Langfristig zahlt es sich immer aus, wenn man qualitativ hochwertiges Werkzeug kauft. Neben einer Grundausstattung mit Maul- und Ringschlüsseln in den gängigen Größen und verschiedenen Torxschraubendrehern sowie einem Satz Steckschlüssel empfiehlt sich auch der Kauf eines Drehmomentschlüssels. Darüber hinaus ist bei manchen Arbeitsgängen der Einsatz von Spezialwerkzeug zwingend erforderlich.

Gutes und stabiles Werkzeug wird von der Firma HAZET (42804 Remscheid, Postfach 100461) angeboten. In den Tabellen sind die Werkzeuge mit der HAZET-Bestellnummer aufgeführt. Vertrieben wird das Werkzeug über den Fachhandel.

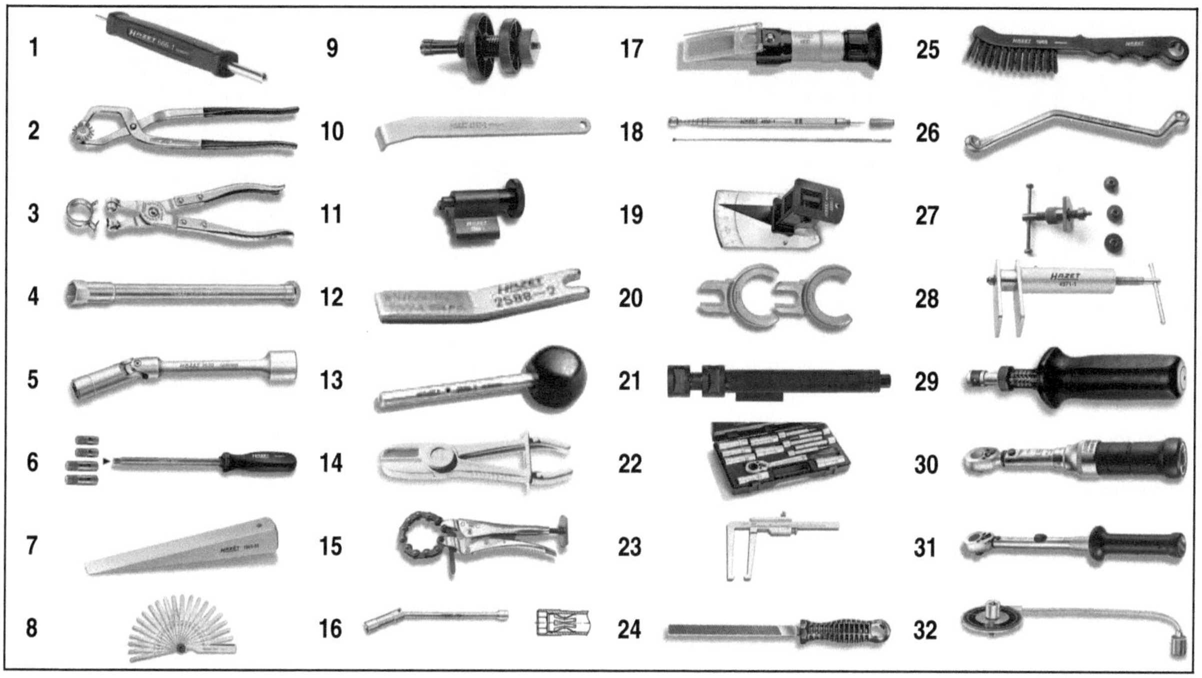

Abb.	Werkzeug	Hazet-Nr.
1	Ventildreher für Reifenventile	666-1
2	Bremsfedernzange	797
3	Zange für Federbandschellen der Kühlmittelschläuche	798-5
4	Zündkerzenschlüssel 8V-Motor	2506
5	Gelenkschlüssel für Glühkerzen	2530
6	Führungsbolzen Zylinderkopf	2571/5
7	Montagekeil	1965-20
8	Fühlerblattlehre 0,05 - 1,0 mm	2147
9	Kupplungs-Zentrierwerkzeug	2174
10	Spannrollendreher für den Zahnriemenausbau	2587-1
11	Kurbelwellenstop (Zahnriemen PD-TDI)	2588-1
12	Sperrplättchen (Zahnriemen PD-TDI)	2588-2
13	Absteckstift für Nockenwellenrad (Zahnriemen PD-TDI)	2588-3
14	Abklemmzangen-Satz	4590/2
15	Ketten-Abgasrohrschneider	4682
16	Zündkerzenschlüssel 16-V-Motor	4766-1
17	Messgerät für Säuredichte und Frostschutzanteil	4810 C

Abb.	Werkzeug	Hazet-Nr.
18	Spritzdüseneinsteller für Scheibenwaschanlage	4850-1
19	Winkeleinsteller für Scheibenwischerarme	4851-1
20	Federspanner-Spannplatten-Paar für den PASSAT vorn/hinten	4900-11/2
21	Spanngerät für Schraubenfedern der Federbeine	4900-2A
22	Schlüsselsatz für Stoßdämpferwechsel vorn/hinten	4910/13
23	Bremsscheiben-Messschieber	4956-1
24	Bremssattelfeile	4968-1
25	Bremssatteldrahtbürste	4968-3
26	Entlüftungsschlüssel Bremse	4968-8
27	Bremskolbenrücksetzvorrichtung für Hinterrad-Scheibenbremse	4970/6
28	Bremskolbenrücksetzvorrichtung für Vorderrad-Scheibenbremse	4971-1
29	Drehmomentschlüssel 1 – 6 Nm	6003 CT
30	Drehmomentschlüssel 4 – 40 Nm	6109-2 CT
31	Drehmomentschlüssel 40 – 200 Nm	6122–1CT
32	Winkelscheibe für drehwinkelgesteuerten Schraubenanzug	6690

Motorstarthilfe

Sicherheitshinweise:
Werden die vorgeschriebenen Anschlußhinweise nicht genau eingehalten, besteht die Gefahr der Verätzung durch austretende Batteriesäure. Außerdem können Verletzungen oder Schäden durch eine Batterieexplosion entstehen oder Defekte an der Fahrzeugelektrik auftreten.

- Batterieflüssigkeit von Augen, Haut, Gewebe und lackierten Flächen fernhalten. Die Flüssigkeit ist ätzend. Säurespritzer sofort mit klarem Wasser gründlich abspülen. Gegebenenfalls einen Arzt aufsuchen.
- Keine Funken oder offenen Flammen in Batterienähe, da aus der Batterie brennbare Gase austreten können.
- Augenschutz tragen.
- Darauf achten, daß die Starthilfekabel nicht durch drehende Teile wie zum Beispiel den Kühlerventilator beschädigt werden.

- Die Starthilfekabel sollten einen Leitungsquerschnitt von 25 mm^2 aufweisen und mit isolierten Kabelzangen ausgestattet sein. In der Regel ist der Leitungsquerschnitt auf der Packung der Starthilfekabel angegeben.
- Bei beiden Batterien muß die Spannung 12 Volt betragen. Die Kapazität der stromgebenden Batterie darf nicht unter der Kapazität der entladenen Batterie liegen.
- Eine entladene Batterie kann bereits bei –10° C gefrieren. Vor Anschluß der Starthilfekabel muß eine gefrorene Batterie unbedingt aufgetaut werden.
- Die entladene Batterie muß ordnungsgemäß am Bordnetz angeklemmt sein.
- Fahrzeuge so weit auseinanderstellen, daß kein metallischer Kontakt besteht. Andernfalls könnte bereits beim Verbinden der Pluspole ein Strom fließen.
- Bei beiden Fahrzeugen Handbremse anziehen. Schaltgetriebe in Leerlaufstellung, automatisches Getriebe zusätzlich in Parkstellung »P« schalten.
- Alle Stromverbraucher ausschalten.
- Grundsätzlich Motor des Spenderfahrzeuges während des Startvorganges mit Leerlaufdrehzahl drehen lassen. Dadurch wird eine Beschädigung des Generators durch Spannungsspitzen beim Startvorgang vermieden
- Starthilfekabel in folgender Reihenfolge anschließen:
  1. Rotes Kabel –1– an den Pluspol (+) der entladenen Batterie –Fahrzeug A– anklemmen.
  2. Das andere Ende des roten Kabels an den Pluspol (+) der stromgebenden Batterie –Fahrzeug B– anklemmen.
  3. Schwarzes Kabel –2– an den Minuspol (–) der stromgebenden Batterie anklemmen.
  4. Das andere Ende des schwarzen Kabels an eine gute Massestelle –X– des Empfängerfahrzeuges anschließen.
  Achtung: Nicht an den Minuspol (–) der leeren Batterie. Am besten eignet sich ein mit dem Motorblock verschraubtes Metallteil. Unter ungünstigen Umständen könnte beim Anschließen des Kabels an den Minuspol der leeren Batterie, durch Funkenbildung und Knallgasentwicklung, die Batterie explodieren.

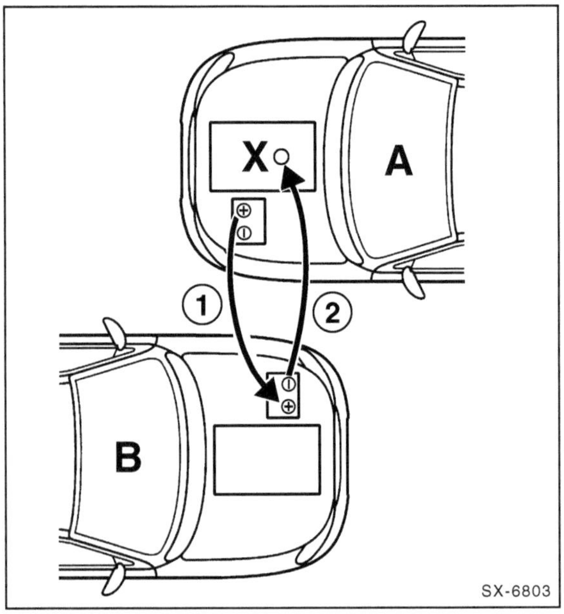

Achtung: Die Klemmen der Starthilfekabel dürfen bei angeschlossenen Kabeln nicht in Kontakt miteinander kommen, beziehungsweise die Plusklemmen dürfen keine Massestellen (Karosserie oder Rahmen) berühren – Kurzschlußgefahr!

- Motor des Empfängerfahrzeuges (leere Batterie) starten und laufen lassen. Beim Starten Anlasser nicht länger als 10 Sekunden ununterbrochen betätigen, da sich durch die hohe Stromaufnahme Polzangen und Kabel erwärmen. Deshalb zwischendurch eine »Abkühlpause« von mindestens ½ Minute einlegen.
- Bei Startschwierigkeiten nicht unnötig lange den Anlasser betätigen. Während des Anlassens wird permanent Kraftstoff eingespritzt. Fehlerursache ermitteln und beseitigen.
- Nach erfolgreichem Start beide Fahrzeuge mit der »Strombrücke« noch 3 Minuten laufen lassen.
- Um Spannungsspitzen beim Trennen abzubauen, im Fahrzeug mit der leeren Batterie Gebläse und Heckscheibenheizung einschalten. Nicht das Fahrlicht einschalten. Glühlampen brennen bei Überspannung durch.
- **Nach der Starthilfe** Kabel in **umgekehrter** Reihenfolge abklemmen: Zuerst schwarzes Kabel –2– (–) am Empfängerfahrzeug, dann am stromgebenden Fahrzeug abklemmen. Rotes Kabel –1– zuerst am stromgebenden und dann am Empfängerfahrzeug abklemmen.

Elektrische Anlage

Aus dem Inhalt:

- **Relais/Schalter prüfen**
- **Elektromotoren prüfen**
- **Sicherungen ersetzen**
- **Batterie ausbauen**
- **Anlasser prüfen**
- **Generator prüfen**
- **Scheibenwischer**
- **Radio**
- **Beleuchtungsanlage**

Bei der Überprüfung der elektrischen Anlage stößt der Heimwerker in den technischen Unterlagen immer wieder auf die Begriffe Spannung, Stromstärke und Widerstand.

Die Spannung wird in Volt (V) gemessen, die Stromstärke in Ampere (A) und der Widerstand in Ohm (Ω). Mit dem Begriff Spannung ist beim Auto in der Regel die Batteriespannung gemeint. Es handelt sich dabei um eine Gleichspannung von ca. 12 Volt. Die Höhe der Batteriespannung hängt vom Ladezustand der Batterie und von der Außentemperatur ab. Sie kann zwischen 10 und 13 Volt betragen. Demgegenüber wird die Bordspannung vom Generator (Lichtmaschine) erzeugt, die bei mittleren Drehzahlen ca. 14 Volt beträgt.

Der Begriff Stromstärke taucht im Bereich der Automobil-Elektrik relativ selten auf. Die Stromstärke ist beispielsweise auf der Rückseite von Sicherungen angegeben und weist auf den maximalen Strom hin, der fließen kann, ohne daß die Sicherung durchbrennt und damit den Stromkreis unterbricht.

Überall wo Strom fließt, muß er einen Widerstand überbrücken. Der Widerstand ist unter anderem von folgenden Faktoren abhängig: Leitungsquerschnitt, Leitungsmaterial, Stromaufnahme usw. Ist der Widerstand zu groß, treten Funktionsstörungen auf. Beispielsweise darf der Widerstand in den Zündleitungen nicht zu hoch sein, sonst fehlt ein ausreichend starker Zündfunke an den Zündkerzen, der das Kraftstoff-Luftgemisch entzündet und damit den Motor zum Laufen bringt.

Hinweis: Reparaturen am Leitungsstrang sollten grundsätzlich mit dem VW-Leitungsstrang-Reparaturset VAS 1978 durchgeführt werden.

Meßgeräte

Zum Messen der Bord-Elektrik gibt es im Handel sogenannte Mehrfach-Meßgeräte. Sie vereinen in einem Gerät das Voltmeter, um Spannungen zu messen, das Amperemeter, um die Stromstärke zu messen und das Ohmmeter, um den Widerstand zu messen. Die im Handel befindlichen Meßgeräte unterscheiden sich hauptsächlich im Meßbereich und in der Meßgenauigkeit. Durch den Meßbereich wird festgelegt, in welchem Bereich Spannungen oder Widerstände liegen müssen, damit sie überhaupt vom Gerät erfaßt werden können.

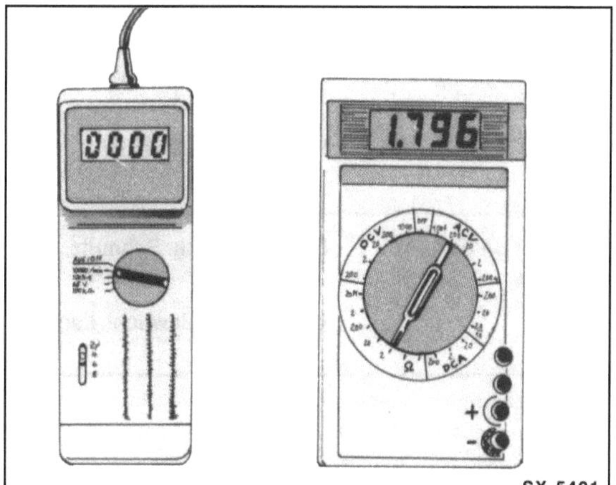

SX-5401

Für den Heimwerker gibt es Vielfach-Meßgeräte, die speziell für Prüfarbeiten am Auto abgestimmt sind. Mit solch einem Gerät können Motordrehzahl, Zünd-Schließwinkel und Spannungen bis zu 20 Volt gemessen werden. Bei Widerstandsmessungen beschränkt sich das Gerät in der Regel auf den Kilo-Ohm-Bereich, also etwa 1–1000 kΩ.

Darüber hinaus werden Meßgeräte zur Überprüfung von elektrischen und elektronischen Bauteilen angeboten. Sie erlauben eine umfassende Messung von kleinen Widerständen in Ohm (Ω) bis zu großen Widerständen im Mega-Ohm-Bereich (MΩ). Spannungen (in Volt) können sehr exakt gemessen werden, was vor allem bei elektronischen Bauteilen erforderlich ist.

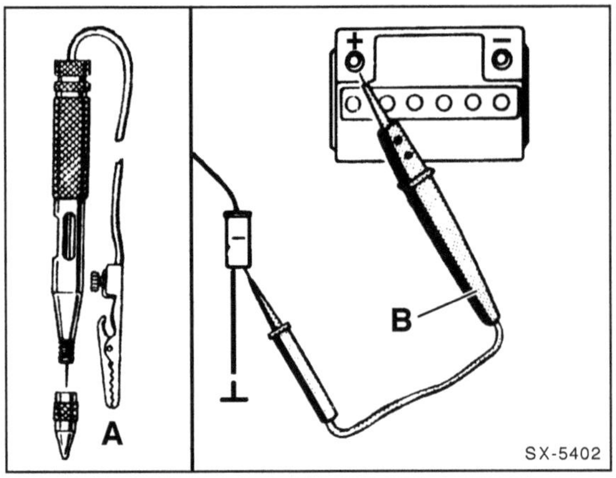

SX-5402

Wenn nur geprüft werden soll, ob überhaupt Spannung (V) anliegt, eignet sich hierzu eine einfache Prüflampe –A–. Dies gilt allerdings nur für Stromkreise, in denen sich keine elektronischen Bauteile befinden. Denn Elektronikteile reagieren äußerst empfindlich auf zu hohe Ströme. Unter Umständen können sie bereits durch Anschließen einer Prüflampe zerstört werden. **Achtung:** Bei der Prüfung elektronischer Bauteile (Transistoren, Dioden, und Steuergeräte) ist ein hochohmiger Spannungsprüfer –B– erforderlich. Er arbeitet wie eine Prüflampe, jedoch ohne daß elektronische Bauteile geschädigt werden, und eignet sich für sämtliche Prüfarbeiten.

Meßtechnik

Spannung messen

Spannung kann schon mit einer einfachen Prüflampe oder einem Spannungsprüfer nachgewiesen werden. Allerdings erkennt man dann nur, ob überhaupt Spannung anliegt. Um die Höhe der anliegenden Spannung zu prüfen, muß ein Voltmeter (Spannungs-Meßgerät) angeschlossen werden.

Zunächst ist beim Voltmeter der Meßbereich einzustellen, in dem sich die zu messende Spannung voraussichtlich befindet. Spannungen am Fahrzeug sind in der Regel nicht höher als ca. 14 Volt. Eine Ausnahme bildet die Zündanlage; hier kann die Zündspannung bis zu 30.000 Volt betragen. Diese hohe Spannung ist nur mit einem speziellen Meßgerät oder einem Oszilloskop meßbar.

Während man bei Meßgeräten, die speziell auf das Auto abgestimmt sind, am Wählschalter nur das Voltmeter einschalten muß, sind bei einem allgemeinen Vielfachmeßgerät erst eine Reihe von Entscheidungen zu fällen. Zunächst wird mit dem Wählschalter der Bereich Gleichspannung (DCV im Gegensatz zu ACV=Wechselspannung) eingestellt. Dann wird der Meßbereich gewählt. Da beim Auto außer an der Zündanlage keine höheren Spannungen als ca. 14 Volt auftreten, sollte die Obergrenze des einzustellenden Meßbereiches etwas höher liegen (ca. 15 bis 20 Volt). Falls sicher ist, daß die gemessene Spannung wesentlich niedriger ist, zum Beispiel im Bereich von 2 Volt, kann der Meßbereich heruntergeschaltet werden, um eine größere Anzeigegenauigkeit zu erreichen. Liegen höhere Spannungen an, als sie vom Meßbereich des Gerätes erfaßt werden, kann das Meßgerät zerstört werden.

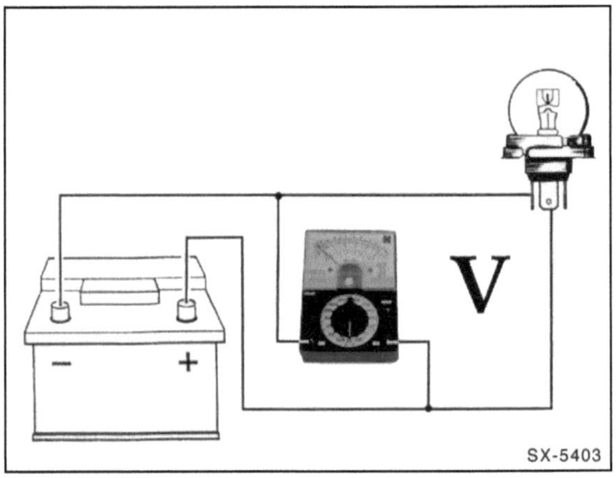

SX-5403

Die Kabel des Meßgerätes entsprechend der Zeichnung parallel zum Verbraucher anschließen. Dabei wird das rote Meßkabel an die vom Batterie-Pluspol kommende Leitung angelegt, das schwarze Meßkabel an die Masse-Leitung oder an Fahrzeugmasse, wie zum Beispiel den Motorblock.

Prüfbeispiel: Wenn der Motor nicht richtig anspringt, weil der Anlasser zu langsam dreht, ist es zweckmäßig, die Batteriespannung zu prüfen, während der Anlasser betätigt wird. Dazu das Voltmeter mit dem roten Kabel (+) an den Batterie-Pluspol und mit dem schwarzen Kabel an Fahrzeugmasse (–) anklemmen. Anschließend durch einen Helfer den Anlasser betätigen lassen und den Spannungswert ablesen. Liegt die Spannung unter ca. 10 Volt (bei einer Batterie-Temperatur von +20°C), muß die Batterie überprüft und eventuell vor den nächsten Startversuchen geladen werden.

Stromstärke messen

Am Auto ist es relativ selten erforderlich, die Stromstärke zu messen. Beispiel, siehe Kapitel »Batterie entlädt sich selbständig«. Benötigt wird hierzu ein Amperemeter, welches ebenfalls in einem Vielfachmeßgerät integriert ist.

Vor der Strommessung wird das Meßgerät auf den Meßbereich eingestellt, in dem sich die zu messende Stromstärke voraussichtlich befindet. Falls das nicht bekannt ist, höchsten Meßbereich einstellen und, falls keine Anzeige erfolgt, nacheinander in die nächstniedrigeren Meßbereiche schalten.

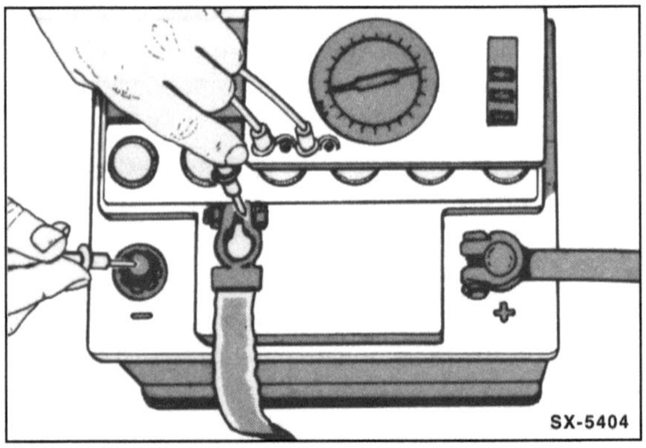
SX-5404

Für die Messung der Stromstärke muß der Stromkreis aufgetrennt werden, das Meßgerät (Amperemeter) wird dazwischengeschaltet. Dazu wird beispielsweise der Stecker abgezogen und das rote Kabel (+) des Amperemeters an die stromführende Leitung angeschlossen. Das schwarze Kabel (–) wird an den Kontakt angelegt, an dem normalerweise die unterbrochene Leitung angeschlossen ist. Die Massekontakte zwischen Verbraucher und Stecker müssen dann mit einem Hilfskabel verbunden werden.

Achtung: Keinesfalls sollte mit einem normalen Amperemeter die Stromstärke in der Leitung zum Anlasser (ca. 150 A) oder zu den Glühkerzen beim Dieselmotor (bis 60 A) gemessen werden. Durch die hierbei auftretenden hohen Ströme kann das Meßgerät zerstört werden. Die Werkstatt benutzt für diese Messungen ein Amperemeter mit Gleichstromzange. Dabei wird eine Stromzange über das isolierte Stromkabel geklemmt und der Stromwert durch Induktion gemessen.

Widerstand messen

Vor der Prüfung des Widerstandes ist grundsätzlich sicherzustellen, daß am Bauteil, an welches das Ohmmeter angeschlossen wird, keine Spannung anliegt. Also immer vorher Stecker abziehen, Zündung ausschalten, Leitung beziehungsweise Aggregat ausbauen oder Batterie abklemmen. Andernfalls kann das Meßgerät beschädigt werden.

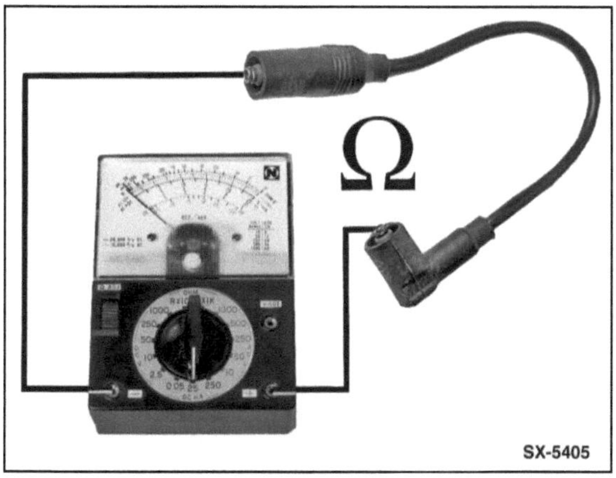

SX-5405

Das Ohmmeter wird an die 2 Anschlüsse eines Verbrauchers oder an die 2 Enden einer elektrischen Leitung angeschlossen. Dabei spielt es keine Rolle, welches Kabel (+/–) des Meßgerätes an welchen Kontakt angeklemmt wird.

Die Widerstandsmessung am Auto erstreckt sich weitgehend auf 2 Bereiche:

1. Kontrolle eines in den Stromkreis integrierten Widerstandes oder Bauteils.

2. »Durchgangsprüfung« einer elektrischen Leitung, eines Schalters oder einer Heizwendel. Dabei wird geprüft, ob eine elektrische Leitung im Fahrzeug unterbrochen ist und deshalb das angeschlossene elektrische Gerät nicht funktionieren kann. Zur Messung wird das Ohmmeter an die beiden Enden der betreffenden elektrischen Leitung angeschlossen. Beträgt der Widerstand 0 Ω, dann ist „Durchgang" vorhanden. Das heißt, die elektrische Leitung ist in Ordnung. Bei unterbrochener Leitung zeigt das Meßgerät ∞ (unendlich) Ω an.

Elektrisches Zubehör nachträglich einbauen

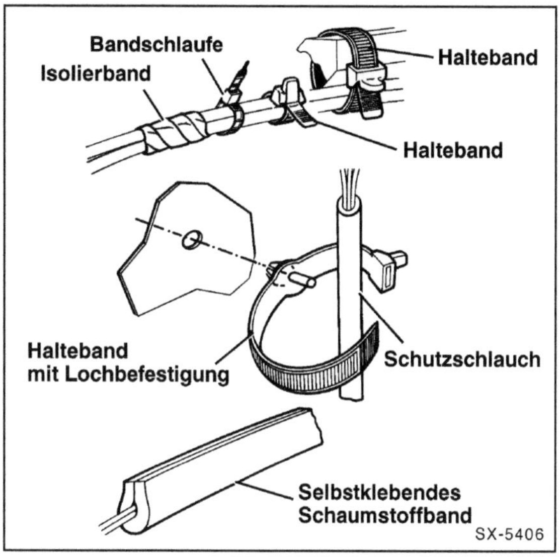

SX-5406

Kabel, die beim Einbau von Zubehör zusätzlich zu dem serienmäßig eingebauten Kabelsatz im Fahrzeug verlegt werden müssen, sind nach Möglichkeit immer entlang der einzelnen Kabelstränge unter Verwendung der vorhandenen Kabelschellen und Gummitüllen zu verlegen.

Falls erforderlich, sind die neu verlegten Kabel, um Geräuschen während der Fahrt vorzubeugen und das Scheuern von Kabeln zu vermeiden, mit Isolierband, plastischer Masse, Kabelbändern und dergleichen zusätzlich festzulegen. Hierbei ist besonders darauf zu achten, daß zwischen den Bremsleitungen und den festverlegten Kabeln ein Mindestabstand von 10 mm sowie zwischen den Bremsleitungen und den Kabeln, die mit dem Motor oder anderen Teilen des Fahrzeuges schwingen, ein Mindestabstand von 25 mm vorliegt.

Beim Bohren von Karosserie-Löchern müssen die Lochränder anschließend entgratet, grundiert und lackiert werden. Die beim Bohren zwangsläufig anfallenden Späne sind restlos aus der Karosserie zu entfernen.

Bei allen Einbauarbeiten, die das elektrische Leitungssystem berühren, ist, um der Gefahr von Kurzschlüssen im elektrischen Leitungssystem vorzubeugen, grundsätzlich das Massekabel (–) von der Fahrzeugbatterie abzuklemmen und zur Seite zu hängen.

Achtung: Wird die Batterie abgeklemmt, werden unter Umständen der Fehlerspeicher für Motor- und Getriebesteuerung, Antiblockiersystem sowie andere elektrische Geräte wie zum Beispiel das Radio und die Zeituhr stillgelegt, beziehungsweise Speicherwerte gelöscht. Spezielle Hinweise zu diesem Thema stehen im Kapitel »Batterie-Ausbau«.

Sofern zusätzliche elektrische Verbraucher eingebaut werden, ist in jedem Fall zu überprüfen, ob die erhöhte Belastung noch von dem vorhandenen Drehstromgenerator mit übernommen werden kann. Falls erforderlich, sollte ein Generator mit größerer Leistung vorgesehen werden.

Fehlersuche in der elektrischen Anlage

Beim Aufspüren eines Defekts in der elektrischen Anlage ist es wichtig, systematisch vorzugehen. Dies gilt sowohl beim Überprüfen von ausgefallenen Glühlampen wie auch bei nicht laufenden Elektromotoren.

Der **erste Schritt** ist immer die Überprüfung der Sicherung, sofern das elektrische Bauteil abgesichert ist. Die aktuelle Sicherungsbelegung ergibt sich aus dem Aufdruck auf dem Sicherungskastendeckel, siehe auch unter Kapitel »Sicherungen auswechseln«.

Defekte Sicherung gegebenenfalls auswechseln und nach Einschalten des elektrischen Verbrauchers kontrollieren, ob diese nicht unmittelbar wieder durchbrennt. In diesem Fall muß zuerst der Fehler aufgespürt und behoben werden, in der Regel handelt es sich um einen Kurzschluß. Das bedeutet, an irgend einer Stelle, mitunter auch intern im elektrischen Gerät, sind Masse- und Plusanschluß miteinander verbunden.

Zweiter Prüfschritt: Wenn bei intakter Sicherung die Glühlampe nicht leuchtet beziehungsweise der Elektromotor nicht anläuft, ist die Stromversorgung zu überprüfen.

Glühlampe prüfen

- Lampe ausbauen und sichtprüfen. Ist der Glühfaden durchgebrannt oder sitzt der Glaskolben locker im Sockel, Lampe erneuern.
- Um einwandfrei festzustellen, ob die Glühlampe intakt ist, geht man folgendermaßen vor: Eine Plusleitung (+) und eine Masseleitung (–) direkt an die Pole der Batterie anschließen und mit der Lampe verbinden. Dabei ist es unwichtig, wie die Kabel an die Lampe angeschlossen werden. Ein Kabel an den Stromanschluß, das andere an das Glühlampengehäuse. Wenn jetzt die Lampe nicht leuchtet, Lampe erneuern. Hinweis: Es muß sichergestellt sein, daß die Kontakte an der Lampe und in der Lampenfassung nicht korrodiert sind. Gegebenenfalls korrodierte oder verbogene Anschlüsse abschmirgeln und einwandfreien Kontakt herstellen.
- Ist die Lampe intakt, Lampe einsetzen und einschalten. Leuchtet die Lampe nicht, mit Prüflampe Stromzuführung überprüfen. Dazu Prüflampe an Masse anlegen. Das bedeutet: Das eine Kabel der Prüflampe muß an eine gute Massestelle am Motor (blankes Metall) oder direkt am Batterie-Minuspol angeschlossen werden. Die andere Prüflampen-Prüfspitze (+) entweder an den stromführenden Stecker halten oder mit der Prüfspitze in das stromführende Kabel einstechen. Wenn die Prüflampe jetzt aufleuchtet und die Lampe dennoch nicht brennt, ist die Massezuführung zur Lampe unterbrochen. Um dies zu überprüfen, Massehilfsleitung an die Lampenfassung anlegen. Die Lampe muß jetzt leuchten.
- Wenn das stromführende Kabel zur Lampe keine Spannung aufweist, die Prüflampe also nicht aufleuchtet, ist sehr wahrscheinlich der Schalter defekt. Schalter auf Durchgang prüfen.

Elektromotoren prüfen

Im Auto werden immer mehr Funktionen von kleinen Elektromotoren übernommen. Jeder Motor wie beispielsweise der Motor für Leuchtweitenregulierung oder der Kühlerlüfter wird bei Bedarf über einen Schalter zugeschaltet, und zwar automatisch oder von Hand.

Die Motoren der sogenannten Komfortelektrik wie beispielsweise Fensterheber, Schiebedach und elektrische Zentralverriegelung werden in einem separaten Kapitel behandelt.

- Sicherung des betreffenden Elektromotors prüfen, gegebenenfalls ersetzen.
- Brennt die Sicherung gleich wieder durch, liegt ein Kurzschluß vor.
- Um eindeutig zu klären, ob der Defekt im Motor liegt, 2 Hilfskabel (∅ ca. 2 mm) direkt von der Fahrzeugbatterie an den Motor anlegen. Pluskabel an den Pluspol, Massekabel an Massepol des Motors. Die Pol-Belegung ergibt sich im Zweifelsfall aus dem Stromlaufplan. Dazu muß der Motor gegebenenfalls ausgebaut werden. Alle elektrischen Motoren im Fahrzeug werden mit Bordspannung (12 bis 14 Volt) versorgt. Funktioniert der Motor jetzt ordnungsgemäß, war die Stromversorgung defekt. Hinweis: Ein zu langsam laufender oder aussetzender Elektromotor kann auf abgenützte Schleifkohlen hinweisen. In diesem Fall Schleifkohlen (Bürsten) ersetzen.
- Funktioniert der Motor, anhand des Stromlaufplans feststellen, welche Zuleitung am Elektromotor Spannung führt, wenn der Schalter betätigt wird und zuvor die Zündung eingeschaltet wurde.
- Spannungsführendes Kabel am Elektromotor mit Prüflampe prüfen. Da bei Elektromotoren ein großer Strom fließt, kann eine herkömmliche Prüflampe mit Glühlampe genommen werden. Diese haben spitze Prüfnadeln, mit denen das Anschlußkabel durchstochen werden kann. So läßt sich auf einfache Weise die Spannung prüfen.

Achtung: Scheibenwischermotor prüfen, siehe entsprechendes Kapitel.

- Liegt keine Spannung am Elektromotor an, ist die Stromversorgung defekt. Fehler in der Zuleitung nach Stromlaufplan suchen und beheben. Elektromotoren haben in der Regel aufgrund des hohen Strombedarfs zusätzliche Schaltrelais. Prüfung, siehe entsprechendes Kapitel.
- Wurde kein Fehler gefunden, Schalter prüfen.
- Ist ein Kabel defekt, ist es oft sinnvoller, man legt ein neues Kabel, da es schwierig ist, einen Defekt im Kabel zu lokalisieren.

Schalter auf Durchgang prüfen

Die meisten elektrischen Verbraucher werden über einen von Hand betätigten Schalter ein- und ausgeschaltet. Darüber hinaus gibt es auch Schalter, die automatisch betätigt werden. Zu diesen Schaltern zählen zum Beispiel der Öldruckschalter und der Geber für Bremsflüssigkeitsstand.

Grundsätzlich hat ein Schalter die Aufgabe, den Stromkreis zu schließen und zu unterbrechen. Es gibt Schalter, die die Masseleitung unterbrechen, und Schalter, die den Plusstrom unterbrechen.

Schalter für Lampen und Elektromotoren prüfen

- Betreffenden Schalter ausbauen.
- Einfache Schalter haben nur 2 Anschlüsse für die Kabel. In diesem Fall muß an einem Anschluß immer Spannung (+) anliegen und nach dem Einschalten an der anderen Klemme auch. Es gibt auch Schalter mit mehreren Klemmen. Bei diesen Schaltern anhand des Stromlaufplans klären, an welcher Klemme Spannung anliegen muß, gegebenenfalls vorher Zündung einschalten.
- Mit Prüflampe prüfen, ob am Schalter Spannung anliegt. Leuchtet die Prüflampe auf, Schalter betätigen und an der Ausgangsklemme prüfen, ob dort auch Spannung anliegt. Ist das der Fall, ist sichergestellt, daß der Schalter funktioniert.
- Wenn an der Eingangsklemme keine Spannung anliegt, liegt eine Unterbrechung in der Leitungs-Zuführung vor. Anhand des Stromlaufplans muß die Spannungszuführung kontrolliert und gegebenenfalls eine neue Leitung gelegt werden.

Geberschalter prüfen

Geberschalter sind beispielsweise: Öldruckschalter, Geber für Bremsflüssigkeits- und Kühlmittelstand.

- Durchgangsprüfer (Prüflampe oder Ohmmeter) an der Zu- und Ableitung des Schalters anschließen, dazu Kabel am Schalter abziehen. **Achtung:** Schalter, die im Motorblock eingeschraubt sind, haben in der Regel kein Massekabel, da das Schaltergehäuse über den Motorblock als Massepol dient.
- Bei geschlossenem Schalter muß der Durchgangsprüfer Durchgang anzeigen. Am besten ist ein Ohmmeter als Durchgangsprüfer: Bei geschlossenem Schalter muß es 0Ω, bei geöffnetem Schalter ∞Ω (unendlich) anzeigen.
- Die Funktionsfähigkeit etwa der Kühlmittel- oder Bremsflüssigkeitsstand-Warnschalter läßt sich am schnellsten prüfen, indem bei eingeschalteter Zündung die Zuleitung am Schalter abgezogen wird und an eine gute Massestelle, zum Beispiel gegen den Motorblock, gehalten wird. Spricht die Warnlampe im Schalttafeleinsatz jetzt an, liegt der Fehler am Schalter.
- Ein Sonderfall ist der Öldruckschalter: Bei stehendem Motor ist der Kontakt geschlossen (Warnlampe brennt), erst bei einem gewissen Öldruck öffnet der Schalter.

Relais prüfen

In vielen Stromkreisen ist ein Relais integriert. Ein Schaltrelais arbeitet wie ein Schalter. Beispiel: Wenn die Hupe über die Hupentaste eingeschaltet wird, bekommt das Relais den Befehl, den Strom zur Hupe durchzuschalten. Man könnte natürlich den Strom auch direkt über den Hupenschalter von der Batterie zur Hupe legen. Bei Verbrauchern mit hoher Stromaufnahme (Hupe, Nebelscheinwerfer, Kühlerlüfter etc.) schaltet man jedoch ein Relais dazwischen, um den Schalter nicht zu überlasten beziehungsweise um kurze Stromwege sicherzustellen. Neben diesen Schaltrelais gibt es auch Funktionsrelais, zum Beispiel für die Wisch-Wasch-Intervallautomatik.

Schaltrelais prüfen

Beim Einschalten des betreffenden Verbrauchers wird das Relais angesteuert, das heißt durch den Schaltstrom zieht eine Magnetspule im Relaisinnern einen Kontakt an und schließt so den Stromkreis für den »Arbeitsstrom«. Der Arbeitsstrom läuft über das Relais zum Stromverbraucher weiter.

Am einfachsten läßt sich die Funktionsfähigkeit eines Relais prüfen, wenn man es gegen ein intaktes auswechselt. So macht man es auch in der Werkstatt. Da dem Heimwerker jedoch in den seltensten Fällen ein neues Relais sofort zur Verfügung steht, empfiehlt sich folgender Arbeitsschritt bei den sogenannten Schaltrelais, wie sie unter anderem zum Schalten von Nebelscheinwerfer und Signalhorn verwendet werden. Die hier angegebenen Klemmenbezeichnungen können vor allem bei den serienmäßig eingebauten Relais auch anders lauten.

- Relais aus der Halterung herausziehen.
- Zündung und entsprechenden Schalter einschalten.
- Zuerst mit Spannungsprüfer feststellen, ob an Klemme 30 (+) im Relaishalter Spannung anliegt. Dazu Spannungsprüfer an Masse (–) anschließen und die andere Kontaktspitze vorsichtig in Klemme 30 einführen. Wenn die Leuchtdiode des Spannungsprüfers aufleuchtet, ist Spannung vorhanden. Zeigt der Spannungsprüfer keine Spannung an, Unterbrechung vom Batterie-Pluspol (+) zu Klemme 30 anhand des Schaltplanes aufspüren.
- Leitungsbrücke aus einem Stück isoliertem Draht herstellen, die Enden müssen blank sein.
- Mit dieser Brücke im Relaishalter die Klemme 30 (Batterie +, führt immer Spannung) mit dem Ausgang des Relais-Schließers Klemme 87 verbinden. Mit diesem Arbeitsschritt wird praktisch genau das getan, was ein intaktes Relais auch vornimmt. Wo sich die Klemmen im Relaishalter befinden, ist auf dem Relais beziehungsweise am Steckkontakt aufgeführt.
- Wenn bei eingesetzter Brücke zum Beispiel die Hupe ertönt, kann man davon ausgehen, daß das Relais defekt ist.
- Wenn die Hupe nicht ertönt, klären, ob die Masseverbindung zur Hupe intakt ist. Dann Unterbrechung in der Leitungsführung von Klemme 87 zur Hupe anhand des Stromlaufplanes aufspüren und beheben.

- Falls erforderlich, neues Relais einsetzen.

Achtung: Falls ein Fehler nur zeitweise in einem Stromkreis auftritt, der mit einem Relais bestückt ist, dann liegt der Defekt in der Regel im Relais. Und zwar bleibt dann ein Kontakt im Relais ab und zu kleben, während das Relais in der übrigen Zeit einwandfrei funktioniert. Bei Auftreten des Fehlers leicht gegen das Relaisgehäuse klopfen. Wenn das Relais daraufhin durchschaltet, Relais ersetzen.

Blinkanlage prüfen

Die Takte für die Blink- und Warnblinkanlage werden von einem Relais erzeugt, dem sogenannten Blinkgeber. Das Relais ist im Warnblinkschalter integriert.

- Ist der Blinker-Rhythmus auf einer Seite schneller als auf der anderen Seite, ist auf der »schnellen« Seite eine Glühlampe defekt oder eine Leitungsunterbrechung vorhanden.
- Sicherung Nr. 2 (10 A) im Sicherungshalter prüfen.
- Sicherung Nr. 39 (15 A) im Sicherungshalter prüfen.
- Ist die Funktion der Warnblinkanlage gestört, während die Richtungsblinkanlage normal funktioniert, dann ist in der Regel die Stromversorgung, Klemme 30, für den Schalter der Warnblinkanlage unterbrochen.
- Ist die Funktion der Richtungsblinkanlage gestört, während die Warnblinkanlage normal funktioniert, dann ist in der Regel die Stromversorgung, Klemme 15 (vom X-Relais kommend), für den Schalter der Warnblinkanlage unterbrochen.
- Wurde kein Fehler gefunden, Schalter der Warnblinkanlage mit integriertem Relais ersetzen.

Komfort-Elektrik

Unter Komfort-Elektrik versteht man die Zusammenfassung von verschiedenen Komponenten wie Zentralverriegelung, Funkfernbedienung, Außenspiegelverstellung, elektrische Fensterheber, Innenbeleuchtung, Schiebedach-Ansteuerung, Diebstahlwarnanlage sowie Sitz- und Spiegel-Memory.

Die Steuergeräte für die einzelnen Systeme sind an unterschiedlichen Einbauorten verteilt und elektrisch miteinander verbunden.

Die **Zentralverriegelung** wird durch Elektromotoren betätigt. Sie besteht aus 1 Zentralsteuergerät, 2 oder 4 Türsteuergeräten, 4 Türschließeinheiten sowie Motor und Schalter für die Kofferraumdeckel- beziehungsweise Heckklappenverriegelung. Weitere Hinweise zur Zentralverriegelung, siehe Seite 306.

Der Datenaustausch zwischen den Steuergeräten erfolgt über den sogenannten CAN-Datenbus. **CAN** ist die Abkürzung für **C**ontrolled **A**rea **N**etwork und bedeutet, daß die Steuergeräte in einem Netzwerk miteinander kommunizieren.

Die Türsteuergeräte bilden mit den Elektromotoren der Fensterheber eine Einheit. Sie regeln folgende Funktionen der **elektrischen Fensterheber:**

- Automatischer Abwärts- und Aufwärtslauf der Türfenster.
- Manueller Abwärts- und Aufwärtslauf der Türfenster, solange der Schalter an der Fahrertür gedrückt ist.
- Abbruch des Fensterlaufs sobald der Bedienschalter ein zweites Mal gedrückt wird.
- Das Türfenster kann bis zu 10 Minuten nach Ausschalten der Zündung betätigt werden.
- Schließen der Fenster mit dem Türschlüssel.
- Einklemmschutz im Bereich von 4 bis 200 mm unterhalb der oberen Fensterdichtung. Trifft die Scheibe beim Aufwärtslauf auf ein Hindernis, beispielsweise auf eine Hand, dann kehrt der Einklemmschutz den Fensterlauf um und die Scheibe fährt zur vorherigen Position zurück. Der Einklemmschutz besteht aus einem Hallgeber auf der Platine des Türsteuergeräts und einem Ringmagnet auf der Motorachse. Über den Hallgeber erkennt das Türsteuergerät eine Verringerung der Motordrehzahl (beim Auftreffen auf das Hindernis) und polt daraufhin die Ansteuerung des Elektromotors um.

Achtung: Der Einklemmschutz kann ausgeschaltet werden indem der Fensterheber nach Stillstand des Fensters weitere 2mal betätigt wird, und zwar jeweils innerhalb von 5 Sekunden.

Nach Ausfall der Stromversorgung für das Türsteuergerät, beispielsweise durch Abklemmen der Batterie, muß das Steuergerät die Endanschlagpositionen der Fenster neu lernen. Andernfalls ist kein Automatiklauf der Fenster möglich.

Das Türsteuergerät regelt ebenfalls die Funktionen von **Außenspiegelverstellung** und **-beheizung.**

Das **Zentral-Steuergerät** regelt folgende Funktionen:

- Zentralverriegelung der Heckklappe.
- Stromversorgung für die Kofferraumleuchte.
- Stromversorgung und automatische Ausschaltzeiten der Innenleuchten, Leseleuchten und Make-up-Leuchten.
  - ◆ Ausschalten nach 30 Sekunden: Wenn der Schlüssel aus dem Zündschloß gezogen oder eine Tür geöffnet und wieder geschlossen wurde.
  - ◆ Ausschalten nach 10 Minuten: Wenn die Zündung ausgeschaltet wurde und eine oder mehrere Türen offen stehen.
  - ◆ Ausschalten nach 1 Stunde: Wenn die Innenleuchten manuell eingeschaltet wurden und die Zündung ausgeschaltet ist.
  - ◆ Die Innenbeleuchtung wird automatisch für 10 Minuten eingeschaltet, wenn vom Airbag-Steuergerät das Signal »Crash erkannt« kommt.
- Diebstahlwarnanlage beziehungsweise Alarmhorn für Diebstahlwarnanlage.
- Stromversorgung für Blinkleuchten vorn und hinten.
- Stromversorgung für die heizbare Heckscheibe.
- Funk-Fernbedienung.

Die **Funk-Fernbedienung** hat eine Reichweite von ca. 7 m, unter günstigen Umständen bis ca. 10 m.

Die Übermittlung der Daten vom Sender am Schlüssel zum Empfänger im Fahrzeug wird optisch durch eine LED am Schlüsselschalter angezeigt. Die eingebauten Batterien reichen für ca. 5.000 Betätigungen. Leuchtet die LED beim Betätigen des Schalters nicht mehr auf, müssen die Batterien gewechselt werden.

Fenster und Schiebedach können mit der Funk-Fernbedienung nicht geschlossen werden.

Die Empfangsantenne für die Funk-Fernbedienung befindet sich in der A-Säule des Fahrzeugs auf der Beifahrerseite. A-Säule ist die Karosseriesäule an der die Beifahrertür angeschlagen ist.

Ein ausgeführter Öffnen-/Schließen-Befehl der Fernbedienung wird vom Zentral-Steuergerät durch ein akkustisches Signal (9/96 – 8/97) oder durch ein kurzes Aufleuchten der Blinklichter (ab 9/97) bestätigt. Wird die Zentralverriegelung durch die Fernbedienung geöffnet und keine Tür oder Kofferraumdeckel/Heckklappe geöffnet, so verriegelt sich das Fahrzeug nach 30 Sekunden wieder.

Batterien für Hauptschlüssel der Funkfernbedienung aus- und einbauen

Ausbau

Achtung: Beim Ausbau der Batterien prüfen, ob die Polarität auf den Batterien eingeprägt ist, andernfalls Einbaulage notieren.

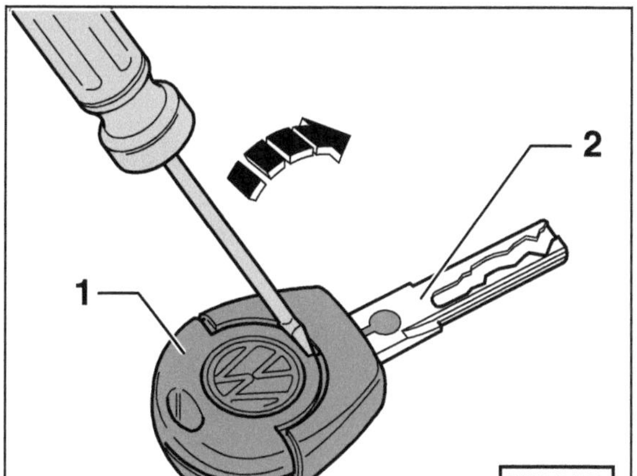

N01-0106

- Schraubendreher in den Schlitz zwischen Sendeeinheit –1– und dem Hauptschlüssel –2– einsetzen.
- Schraubendreher in Pfeilrichtung bewegen und dadurch die Sendeeinheit vom Schlüssel abclipsen.

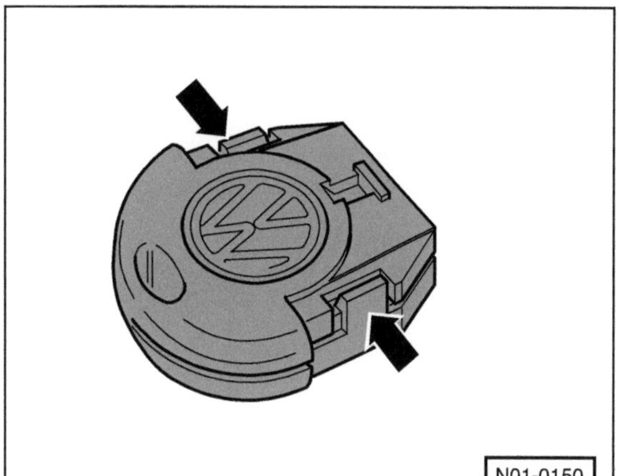

N01-0150

- Sendeeinheit an beiden Rastnasen –Pfeile– auseinanderhebeln. Sendeeinheit vom Gehäuse abnehmen.

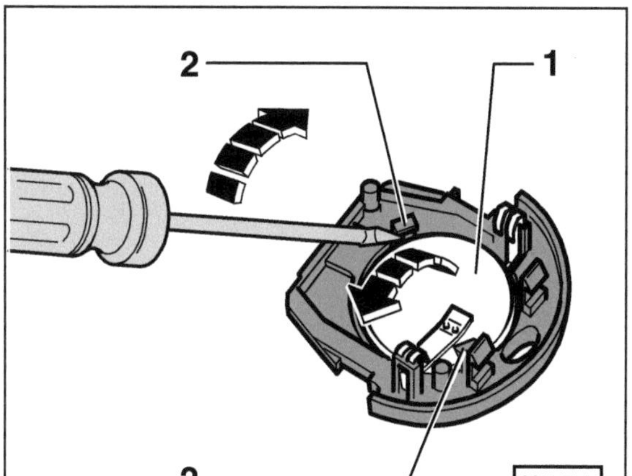

V-5421

- Die obere Batterie –1– mit einem Schraubendreher in Pfeilrichtung aus den Halterungen –2– herausclipsen.

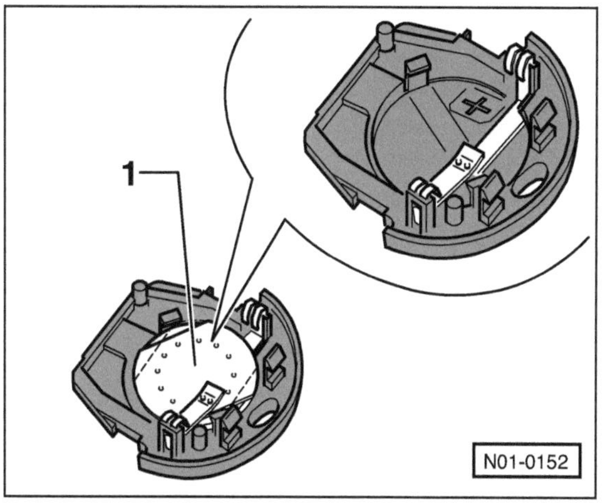

N01-0152

- Kontaktblech –1– herausnehmen. Dazu Kontaktblech so drehen, daß die 2 geraden Kanten an den beiden Rastnasen liegen. Das Kontaktblech kann aber auch mit einem Schraubendreher ausgeclipst werden.

● Untere Batterie mit einem Schraubendreher aus der Halterung herausclipsen.

Einbau

Achtung: Beim Einbau der Batterien auf richtige Polarität achten. Die Polarität (+/–) steht auf Batterien und Gehäuse.

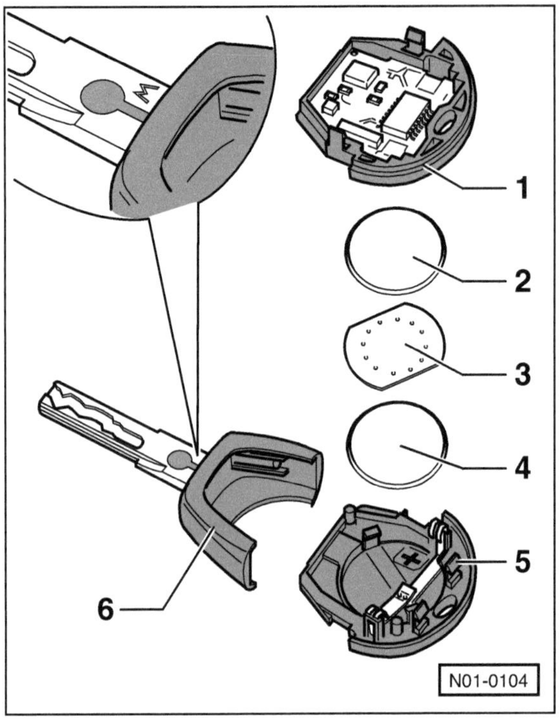

● Untere Batterie –4– mit dem Pluspol (+) nach unten in das Gehäuse –5– einlegen. Der Pluspol (+) ist ebenfalls am Gehäuse markiert.

● Kontaktblech –3– auf die Batterie –4– legen.

● Batterie –2– mit dem Pluspol (+) nach unten auf das Kontaktblech auflegen und einrasten.

● Sendeeinheit –1– auf das Gehäuse –5– auflegen und einrasten. **Hinweis:** Die Sendeeinheit ist in der Abbildung umgeklappt dargestellt.

● Komplette Sendeeinheit in den Hauptschlüssel –6– schieben und einrasten.

Hinweis: Der Hauptschlüssel ist mit einem Wechselcode-Transponder ausgestattet, erkennbar am eingestanzten »W«, siehe Bildausschnitt.

Batterie/Glühlampe für Schlüssel mit Leuchte aus- und einbauen

Ausbau

Achtung: Beim Ausbau der Batterien prüfen, ob die Polarität auf den Batterien eingeprägt ist, andernfalls Einbaulage notieren.

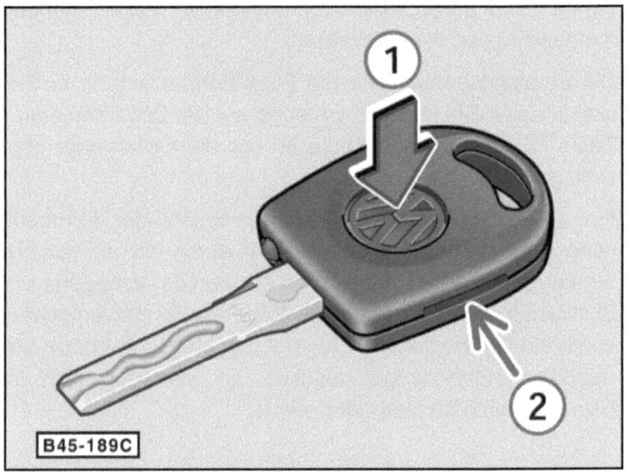

● Münze in den Schlitz seitlich am Griff stecken –Pfeil 2–.

● Münze drehen und dadurch Oberteil des Schlüsselgriffs abhebeln.

Achtung: Darauf achten, daß beim Abnehmen des Oberteils die Feder für den Druckknopf –Pfeil 1– nicht wegspringt.

● Batterie beziehungsweise Glühlampe ersetzen.

● Deckel des Schlüsselgehäuses aufdrücken und einrasten. Dabei darauf achten, daß der Druckknopf nicht eingeklemmt wird.

Scheibenwischermotor prüfen

Der Scheibenwischermotor sitzt im Wasserkasten unterhalb der Windschutzscheibe. Zum Prüfen muß die jeweilige Abdeckung demontiert werden.

Klemmenbezeichnungen

Die Klemmen am Motor sind genormt:

■ Klemme **31** ist der Masseanschluß (allgemein in der Fahrzeugelektrik).

■ Klemme **53** erhält Spannung für die erste Wischergeschwindigkeit.

■ Klemme **53 a** liefert Plusstrom (+) für die Wischer-Endabstellung: Der Motor erhält über einen Schleifkontakt so lange Spannung, bis die Wischer in Ruhestellung gelaufen sind, wenn der Fahrer den Scheibenwischer ausschaltet.

■ Klemme **53 b** führt die Spannung für die zweite Wischergeschwindigkeit (Nebenschlußwicklung).

- Über Klemme **53 e** wird der Wischermotor beim Zurücklaufen nach dem Abschalten abgebremst, damit die Wischer nicht über ihre Parkstellung hinauslaufen.
- Nicht überall vorhanden: Klemme **53 c** führt zur elektrischen Scheibenwaschpumpe.

Wischermotor prüfen

Zunächst klären, ob der Wischermotor oder die Stromversorgung defekt ist. Dazu folgendermaßen vorgehen:

- Mehrfachstecker am Wischermotor abziehen.
- Mit 2 Hilfskabeln Spannung (+) und Masse (–) von der Fahrzeugbatterie an den Wischermotor anlegen:
  - Ein Kabel vom Batterie-Pluspol zu Klemme **53** oder **53 b** verlegen.
  - Das zweite vom Batterie-Minuspol zu Motor-Klemme **31** führen.
- Der Scheibenwischermotor muß jetzt je nach benutzter Klemme auf Stufe I oder II laufen. Wenn nicht, ist der Motor oder die entsprechende Stufe defekt. Wischermotor ausbauen, siehe Seite 75.

Heizbare Heckscheibe prüfen

Bei eingeschalteter Heckscheibenheizung muß das Feld mit den schwach sichtbaren Leiterbahnen nach einiger Zeit frei von Beschlag oder Eis sein.

- Bei Störungen zuerst Sicherung im Sicherungskasten überprüfen.
- Ist die Sicherung in Ordnung, Heckfensterverkleidung ausbauen und festen Sitz der Kabelstecker links und rechts an der Heckscheibe überprüfen, gegebenenfalls von Korrosion reinigen.
- Funktioniert die Heckscheibenheizung immer noch nicht, Zentral-Steuergerät für Komfort-Elektrik prüfen lassen, siehe auch Seite 52.

Bremslicht prüfen

- Wenn das Bremslicht nicht aufleuchtet, zuerst Sicherung im Sicherungkasten überprüfen.
- Ist die Sicherung in Ordnung, Brems-Glühlampen überprüfen, gegebenenfalls erneuern.
- Bremslichtschalter überprüfen. Dazu Abdeckung oberhalb der Pedale ausbauen. Kabelstecker vom Bremslichtschalter abziehen.
- Zündung einschalten.
- Beide Kontakte im Kabelstecker des Bremslichtschalters mit einer kurzen Hilfsleitung überbrücken. Wenn die Bremslichter jetzt aufleuchten, ist der Bremslichtschalter defekt; ersetzen.

Hupe aus- und einbauen/prüfen

Hinter dem vorderen Stoßfänger sind auf der rechten Seite je ein Hoch- und ein Tieftonhorn montiert. Zur Schonung der Hupkontakte ist zwischen Betätigungsknopf und Hupe ein Relais zwischengeschaltet. Beim Betätigen der Hupe wird der Steuerstromkreis des Relais geschlossen.

Ausbau

- Anschlußstecker –1– abziehen, dazu Drahtsicherungen eindrücken. Haltemutter –2– lösen und Hupe herausnehmen.

Prüfen

- Hupe mit Hilfsleitungen direkt an die Fahrzeugbatterie anschließen. Dabei Anschluß für schwarz/gelbes Kabel mit Batterie-Plus (+) und Anschluß für braunes Kabel mit Batterie-Masse (–) verbinden. Die Hupe muß ertönen.

Einbau

- Signalhorn einsetzen und anschrauben.
- Mehrfachstecker aufschieben.

Wegfahrsicherung

Das Fahrzeug ist serienmäßig mit einer elektronischen Wegfahrsicherung ausgerüstet. Bei aktiviertem System verhindert die Anlage das Anspringen des Motors, wenn nicht der mit dem richtigen Code versehene Schlüssel verwendet wird.

Die Anlage besteht aus:

- ❑ dem Steuergerät für elektronische Wegfahrsicherung (im Schalttafeleinsatz integriert),
- ❑ der Kontrollampe für Wegfahrsicherung,
- ❑ dem angepaßten Motorsteuergerät,
- ❑ einer Lesespule am Zündschloß,
- ❑ dem Zündschlüssel mit eingebautem Transponder (Antwort-Lesespeicher). Der Transponder ist eine batterielos arbeitende Empfangs- und Sendeeinheit, die für jeden Schlüssel einen anderen fest eingespeicherten Code enthält.

- ■ Die Wegfahrsicherung wird beim Abziehen des Zündschlüssels aktiviert.
- ■ Beim Einstecken des Zündungschlüssels in das Zündschloss wird durch die Lesespule elektrische Energie induktiv auf den Transponder im Schlüssel übertragen. Der Schlüsselcode wird gelesen und an das Steuergerät für Wegfahrsicherung übermittelt. Dort wird der Schlüsselcode mit dem abgespeicherten Wert verglichen. Anschließend wir der Code des Motor-Steuergerätes geprüft.
- ■ Wenn sämtliche Codes übereinstimmen, leuchtet im Schalttafeleinsatz die Kontrollampe für Wegfahrsicherung auf und erlischt nach etwa 3 Sekunden.
- ■ Falls keine Übereinstimmung der Codes vorhanden ist, wird der Motor nach maximal 2 Sekunden abgeschaltet. Das kann folgende Ursachen haben:
  - ◆ Lesevorgang bis zum Einschalten der Zündung ist nicht abgeschlossen. In diesem Fall nach dem Einstecken des Schlüssels etwas warten und Zündschlüssel langsam drehen.
  - ◆ Fehlerspeicher auslesen lassen.
  - ◆ Schlechter Kontakt im Stecker des Kabels von der Lesespule zum Kombiinstrument.
  - ◆ Lesevorgang durch zusätzliche Schlüssel am Schlüsselbund behindert.
  - ◆ Schlüsselcode defekt.
- ■ Die elektronische Überprüfung der Wegfahrsicherung erfolgt mit dem VW-Diagnosegerät durch Abrufen des Fehlerspeichers.

Geheimnummer

Die Geheimnummer ist bei Neufahrzeugen auf einem Schlüsselanhänger angebracht. Sie ist erforderlich, um neue Schlüssel zu codieren.

Identnummer

Die Identnummer wird benötigt, um bei Verlust der Geheimnummer diese beim Werk zu erfragen. Sie befindet sich ebenfalls auf einem Schlüsselanhänger, kann aber auch aus dem Steuergerät der Wegfahrsicherung ausgelesen werden.

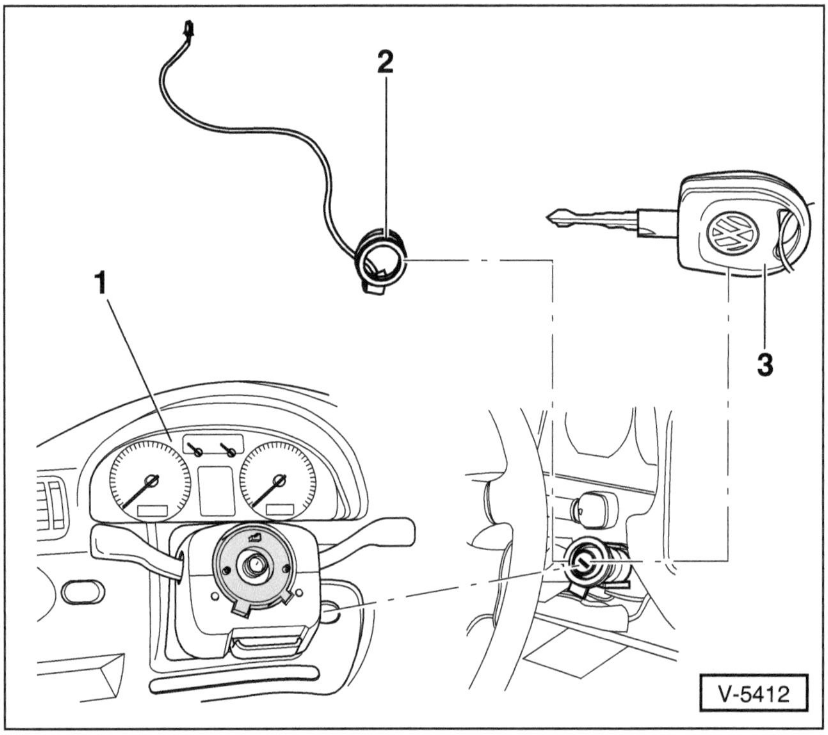

1 – Steuergerät für elektronische Wegfahrsicherung
Im Schalttafeleinsatz integriert.

2 – Lesespule für Wegfahrsicherung
Die Lesespule ist auf das Lenkschloßgehäuse aufgesteckt und über ein Kabel mit dem Steuergerät verbunden.

3 – Transponder
Antwort-Lesespeicher, im Zündschlüssel integriert.

Sicherungen auswechseln

Um Kurzschluß- und Überlastungsschäden an den Leitungen und Verbrauchern der elektrischen Anlage zu verhindern, sind die einzelnen Stromkreise durch Schmelzsicherungen geschützt. Es werden Sicherungen verwendet, die mit Messerkontakten ausgestattet sind, so daß herkömmliche Sicherungen nicht mehr verwendet werden können.

- Vor dem Auswechseln einer Sicherung immer zuerst den betroffenen Verbraucher und die Zündung ausschalten.

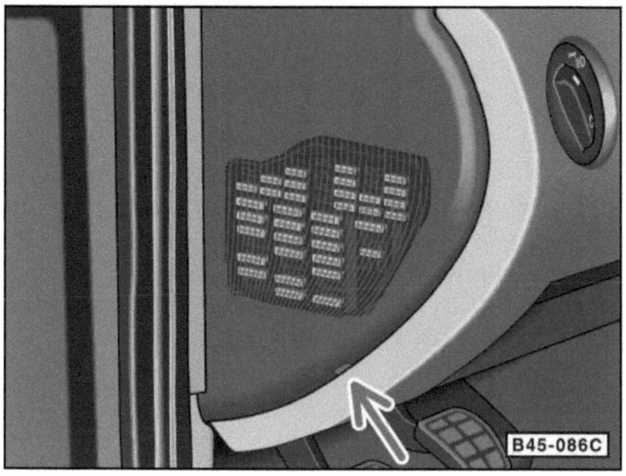

- Die Sicherungen befinden sich in einem Sicherungskasten seitlich in der Armaturentafel links.
- Deckel öffnen, dazu Schraubendreher mit der flachen Seite von unten in den Schlitz –Pfeil– einsetzen und Deckel abdrücken.
- Eine Übersicht der aktuellen Sicherungsbelegung befindet sich auf der Innenseite der Sicherungskasten-Abdeckung.
- Zusätzliche Sicherungen befinden sich an der Relaisplatte sowie am Zusatz-Relaisträger hinter der Relaisplatte und in der Elektronikbox. Die Relaisplatte befindet sich hinter der linken Fußraumabdeckung. Die Elektronikbox sitzt im Wasserkasten, links hinten im Motorraum.
- Beim Dieselmotor befindet sich die Sicherung für die Vorglühanlage im Motorraum am Relaishalter in der Elektronikbox.

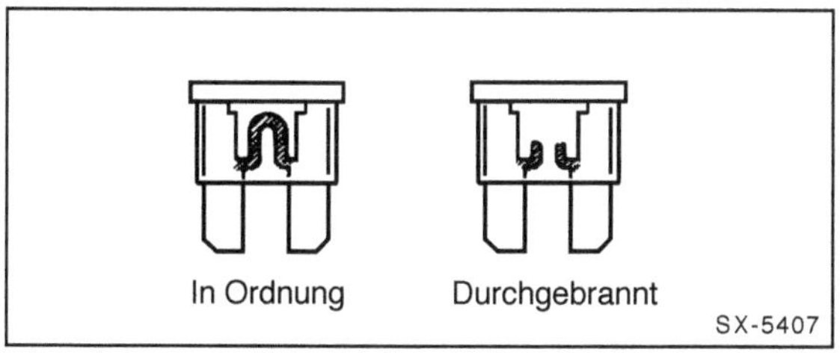

- Eine durchgebrannte Sicherung erkennt man am durchgeschmolzenen Metallstreifen.

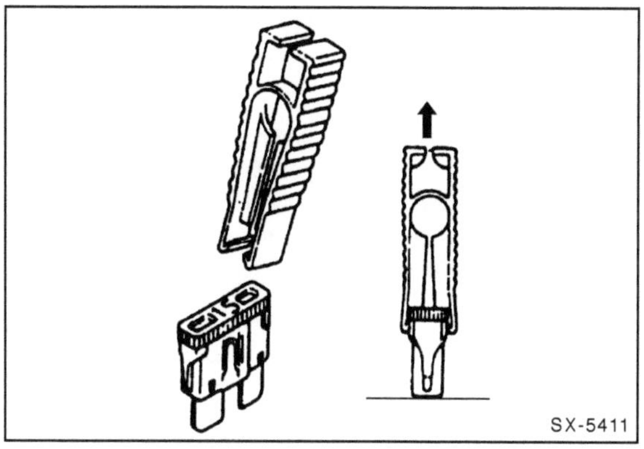

- Kunststoffklammer von der Deckelinnenseite abnehmen und defekte Sicherung herausziehen.
- Neue Sicherung **gleicher Sicherungsstärke** einsetzen. Die Nennstromstärke der Sicherung ist auf der Rückseite des Griffes aufgedruckt. Außerdem hat der Griff der Sicherungen eine Kennfarbe, an der ebenfalls die Nennstromstärke zu erkennen ist.

Nennstromstärke in Ampere	**Kennfarbe**
5	hellbraun
10	rot
15	blau
20	gelb
25	weiß
30	grün

- Sicherungskasten-Abdeckung wieder einrasten.
- Brennt eine neu eingesetzte Sicherung nach kurzer Zeit wieder durch, muß der entsprechende Stromkreis überprüft werden.
- Auf keinen Fall Sicherung durch Draht oder ähnliche Hilfsmittel ersetzen, weil dadurch ernste Schäden an der elektrischen Anlage auftreten können.
- Es ist empfehlenswert, stets einige Ersatzsicherungen im Wagen mitzuführen.

Sicherungsbelegung

Bis 9/00

Die Sicherungsbelegung ist abhängig von der Ausstattung und vom Baujahr des Fahrzeuges. Die aktuelle Belegung der Sicherungen befindet sich im Deckel vom Sicherungskasten. **Hinweis:** Die Tabelle der Sicherungsbelegung **seit 10/00** steht auf Seite 313.

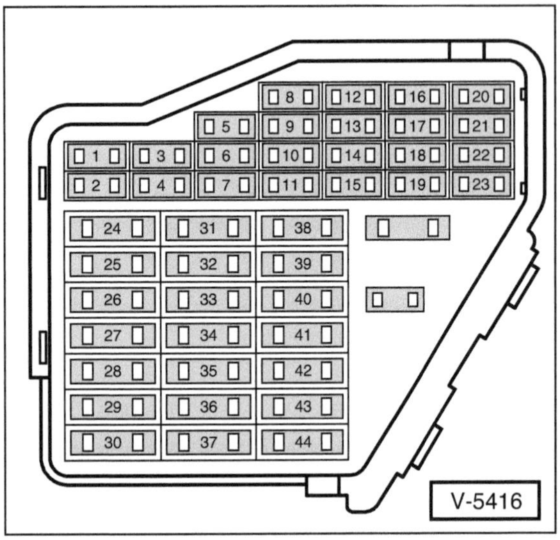

Nr.	Amp.	Verbraucher
1	5 A	Heizbare Waschdüsen
2	5 A	Richtungsblinkanlage
3	5 A	Beleuchtung Handschuhfach, Klimaanlage, Wählhebel
4	5 A	Kennzeichenleuchte
5	5 A	Schalttafeleinsatz, Sitzheizung, Klimaanlage
6	5 A	Komfortsteuergerät
7	10 A	ABS (Anti-Blockier-System)
8	5 A	Automatische Leuchtweitenregelung bei Xenon-Licht, Telefon
9	–	–
10	5 A	CD-Wechsler
11	5 A	GRA (Geschwindigkeitsregelanlage) bei automatischem Getriebe
12	10 A	Spannungsversorgung Eigendiagnose
13	10 A	Bremsleuchten
14	10 A	Komfortsteuergerät: Spiegelverstellung, Fensterheber, Zentralverriegelung
15	10 A	Schalttafeleinsatz, Automatisches Getriebe
16	5 A	–
17	10 A	Navigation
18	10 A	Fernlicht rechts
19	10 A	Fernlicht links
20	10 A	Abblendlicht rechts, LWR (Leuchtweitenregelung)
21	10 A	Abblendlicht links, LWR (Leuchtweitenregelung)
22	5 A	Schluß- und Standlicht rechts
23	5 A	Schluß- und Standlicht links
24	25 A	Wischeranlage, Waschpumpe
25	30 A	Frischluftgebläse, Umluftanlage, Klimaanlage
26	30 A	Heckscheiben-, Spiegelheizung
27	15 A	Heckwischer
28	15 A	Kraftstoffpumpe
29	20 A	Motorsteuerung
30	20 A	Schiebedach
31	15 A	Rückfahrleuchten, Geschwindigkeitsregelanlage bei Schaltgetriebe, Automatisches Getriebe
32	20 A	Motorsteuerung
33	15 A	Zigarettenanzünder
34	15 A	Motorsteuerung, Einspritzventile
35	30 A	Steckdose Anhängevorrichtung
36	15 A	Nebelscheinwerfer und -schlußleuchte
37	20 A	Telefon, Radio
38	15 A	Komfort-Elektrik: Spiegelverstellung, Tankklappen-Fernentriegelung, Fensterheber, Zentralverriegelung
39	15 A	Warnblinkanlage
40	25 A	Signalhorn (Hupe)
41	–	–
42	–	–
43	–	–
44	30 A	Sitzheizung

Achtung: Sicherungen im Sicherungshalter werden ab Sicherungsplatz 24 im Stromlaufplan mit 224 bezeichnet, Sicherung 25 mit 225 usw.

Batterie aus- und einbauen

Die Batterie befindet sich im Wasserkasten hinter der Spritzwand des Motorraums.

Achtung: Durch Abklemmen der Batterie werden einige **elektronische Speicher gelöscht**, zum Beispiel Fehlerspeicher von Motor- und Getriebesteuerung sowie Antiblockiersystem. Vor dem Abklemmen gegebenenfalls Fehlerspeicher von einer VW-Werkstatt abrufen lassen. Treten die gleichen Fehler während einer anschließenden Fahrt wieder auf, werden sie wieder im Speicher abgelegt.

Die Speicher für elektrische Fensterheber sowie Sitz- und Außenspiegeleinstellung müssen nach dem Anklemmen der Batterie aktiviert und neu eingestellt werden.

Die serienmäßig eingebauten Radios besitzen eine sogenannte Anti-Diebstahl-Codierung. Diese verhindert die unbefugte Inbetriebnahme des Gerätes, wenn die Stromversorgung unterbrochen wurde. Die Stromversorgung ist nicht nur beim Abklemmen der Batterie unterbrochen, sondern auch beim Ausbau des Radios oder wenn die Radiosicherung durchgebrannt ist.

Falls das Radio codiert ist, Radiocode vor Abklemmen der Batterie feststellen. Ist der Code nicht bekannt, kann nur die VW-Werkstatt das Autoradio wieder in Betrieb nehmen, siehe auch Seite 96.

Vor dem Abklemmen der Batterie die Einstellungen der abgespeicherten Radiosender notieren.

Hinweis: Wird die Autobatterie ersetzt, unbedingt die Altbatterie zum Händler mitnehmen und zurückgeben. Sonst muß Pfand für die neue Batterie bezahlt werden .

Ausbau

- Zündung ausschalten.
- Motorhaube öffnen.

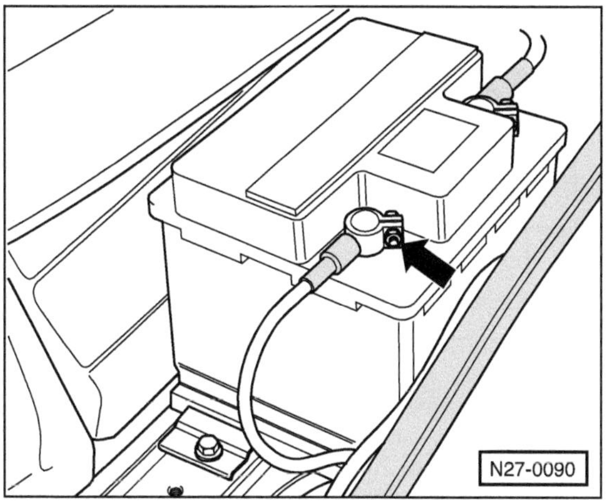

- Batterie-Massekabel (–) –Pfeil– abklemmen und zur Seite legen.
- Danach Abdeckung für Plusanschluß nach oben abziehen und Batterie-Pluskabel (+) abklemmen.

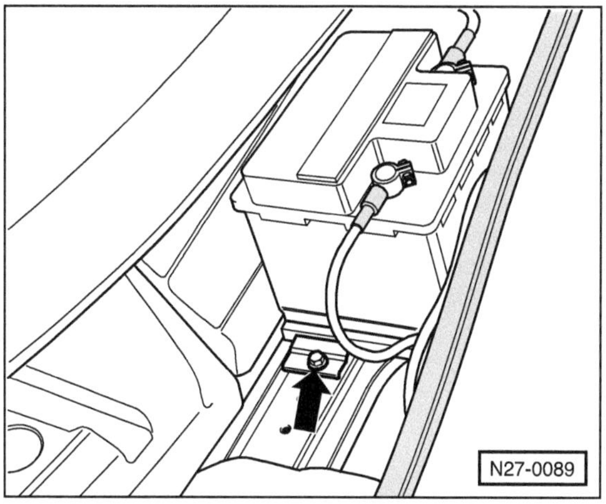

- Halteplatte am Batteriefuß abschrauben und herausnehmen.
- Batterie von der Halteleiste wegschieben und herausheben. Die Halteleiste befindet sich gegenüber der ausgebauten Halteplatte.

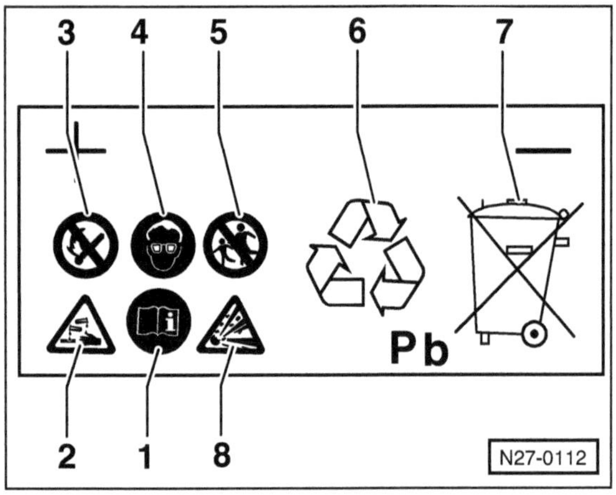

Sicherheitshinweis:
Warnhinweise auf der Batterie beachten, um Schäden und Verletzungen zu vermeiden.

1. Sicherheitshinweise in der Betriebsanleitung durchlesen.
2. Verätzungsgefahr: Batteriesäure ist stark ätzend, deshalb beim Umgang mit der Batterie Schutzhandschuhe und Augenschutz tragen. Batterie nicht kippen. Aus den Entgasungsöffnungen kann Säure austreten.
3. Feuer, Funken, offenes Licht und Rauchen in der Nähe der Batterie sind verboten. Wird die Batterie nur abgeklemmt, aber nicht ausgebaut, Batteriepole sicherheitshalber abdecken.
4. Augenschutz tragen.
5. Kinder von Säure und Batterie fernhalten.
6. Altbatterien bei den Sammelstellen für Problemstoffe abgeben.
7. Altbatterien nie über den Hausmüll entsorgen.
8. Explosionsgefahr. Beim Laden der Batterie entsteht hochexplosives Knallgasgemisch.

Einbau

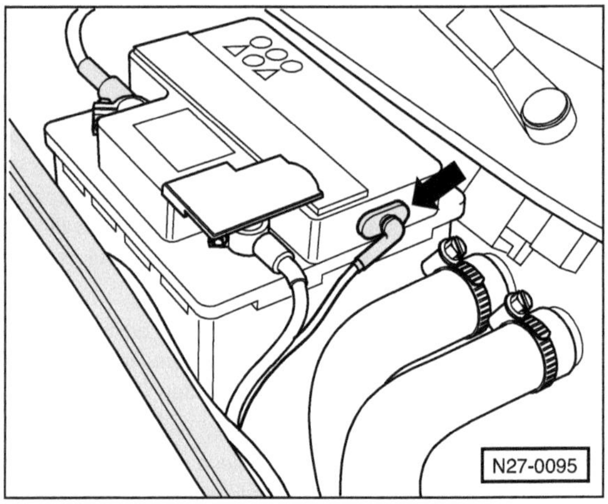

Achtung: Beim Einsetzen der Batterie darauf achten, daß der Schlauch für die Zentralentgasung nicht abgeklemmt wird. Nur so ist sichergestellt, daß die bei der Ladung der Batterie entstehenden Gase ungehindert ausströmen können.

Hinweis: Im Schlauchanschluß –Pfeil– befindet sich ein sogenannter Rückzündungsschutz, der die Zündung der in der Batterie befindlichen brennbaren Gase über den Entgasungsschlauch verhindert. Entgasungsschlauch und Rückzündungsschutz dürfen daher nicht weggelassen werden.

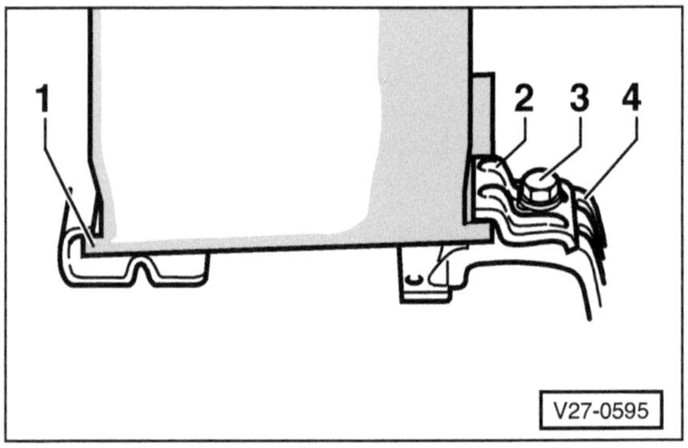

- Batterie in die Halteleiste –1– einsetzen.
- Halteplatte –2– am Bock –4– für Batteriebefestigung ansetzen und mit Schraube –3– und 20 Nm festschrauben.
- Festen Sitz der Batterie durch hin- und herrütteln prüfen. Wenn die Batterie nicht festsitzt, verkürzt sich die Lebensdauer der Batterie. Außerdem verringert sich die Crash-Sicherheit.

Achtung: Durch eine falsch angeschlossene Batterie können erhebliche Schäden am Generator und an der elektrischen Anlage entstehen.

- Pluskabel am Pluspol (+), dann Massekabel am Minuspol (–) anklemmen, Anzugsdrehmoment: **5 Nm**. **Achtung:** Die Batteriepole dürfen **nicht** gefettet werden.
- Generatorspannung prüfen, siehe Seite 65.

Hinweis: Eine zu hohe Ladespannung des Generators kann die Ursache für den Ausfall der bisherigen Batterie gewesen sein und, falls der Fehler weiter besteht, die neue Batterie schädigen.

- Radio falls erforderlich, neu einstellen, siehe Seite 96.
- Zeituhr einstellen.
- Automatiklauf der elektrischen Fensterheber aktivieren:
  - ◆ Fahrzeug von außen über Fahrer- oder Beifahrertür verschließen. Dabei darauf achten, daß alle Türen und Fenster vollständig geschlossen sind.
  - ◆ Fahrzeug erneut verriegeln. Dabei Schlüssel mindestens 1 Sekunde lang in Schließstellung halten.

  Hinweis: Falls eine Störung der elektrischen Fensterheber vorliegt, blinken die Schalterbeleuchtungen in den Türen.
- Speicherfunktion für Sitz und Außenspiegel aktivieren, damit anschließend die Sitz- und Spiegelpositionen neu abgespeichert werden können:
  - ◆ Fahrertür öffnen.
  - ◆ Zündung einschalten.
  - ◆ Sitzfläche über die elektrischen Verstelltasten bis zum Anschlag nach vorn und nach oben verstellen.
  - ◆ Sitzlehne bis zum Anschlag nach vorn verstellen.
  - ◆ Zündung ausschalten.

Batterie prüfen

Vor Beginn des Winters sollte die Batterie unbedingt überprüft werden. Bei großer Kälte sinkt die Batteriespannung einer nur mäßig geladenen Batterie während des Anlassvorgangs stark ab.

Die Fahrzeugbatterie ist oftmals mit einem sogenannten **»magischen Auge«** ausgestattet. Durch diese optische Anzeige werden der Säurestand und der Ladezustand der Batterie angezeigt, und zwar durch unterschiedliche Farbkennung.

Magisches Auge prüfen

Anhand der Farbe des magischen Auges können der Säurestand und teilweise der Ladezustand der Batterie abgelesen werden. Da sich das magische Auge nur in einer Batteriezelle befindet, ist die Anzeige auch nur für diese Zelle gültig. Eine exakte Beurteilung des Batteriezustandes ist nur durch eine Belastungsprüfung möglich (Werkstattarbeit).

Hinweis: Es gibt 2 unterschiedlichen Ausführungen des magischen Auges. Ältere Batterien besitzen ein magisches Auge mit 3-farbiger Anzeige, bei neueren Batterien ist die Anzeige 2-farbig.

- Magisches Auge mit einer Taschenlampe anleuchten und Farbanzeige prüfen. **Hinweis:** Durch Luftblasen unter dem magischen Auge kann die Farbanzeige verfälscht werden. Daher bei der Prüfung mit einem Schraubendrehergriff leicht auf das Batteriegehäuse klopfen.

Magisches Auge mit 3-farbiger Anzeige beurteilen:

- ■ Grün – die Batterie ist ausreichend geladen, der Säurestand ist in Ordnung.
- ■ Schwarz – die Batterie ist zu gering geladen oder entladen. Ruhespannung prüfen und Batterie laden.
- ■ Farblos oder gelb – der Säurestand ist zu niedrig. Die Batterie muss ersetzt werden.

Magisches Auge mit 2-farbiger Anzeige beurteilen:

Der Ladezustand der Batterie kann nicht am magischen Auge abgelesen werden. Hierzu ist eine Batterie-Belastungsprüfung erforderlich.

- ■ Schwarz – der Säurestand ist in Ordnung. Der Ladezustand kann nur mit einer Batterie-Belastungsprüfung festgestellt werden.
- ■ Farblos oder gelb – der Säurestand ist zu niedrig. Die Batterie muss ersetzt werden.

Batterie unter Belastung prüfen

Achung: Wenn das magische Auge farblos oder hellgelb anzeigt, darf die Batterie nicht mit einem speziellen Prüfgerät unter Belastung geprüft werden. Explosionsgefahr!

- Voltmeter an die Batteriepole anschließen. Anschlusskabel nicht abklemmen.
- Motor starten und Spannung ablesen.
- Während des Startvorganges darf bei einer vollen Batterie die Spannung nicht unter 10 Volt (bei einer Säuretemperatur von ca. +20° C) abfallen.
- Bricht die Spannung sogar zusammen, dann ist von einer defekten Batterie auszugehen.

Ruhespannung prüfen

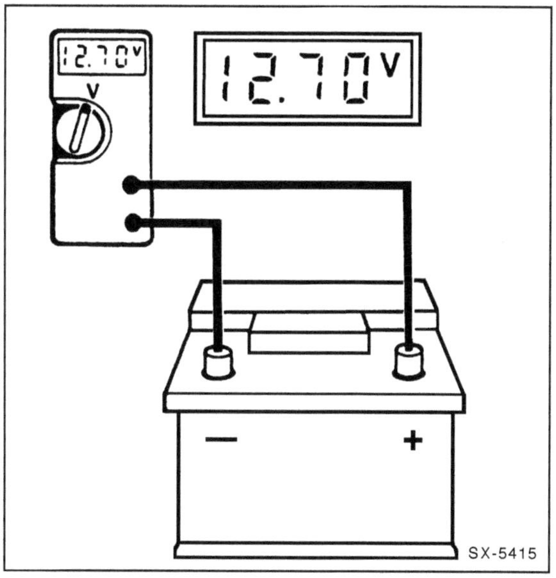

SX-5415

Der Batterie-Zustand wird durch Messen der Spannung mit einem Voltmeter zwischen den Batteriepolen überprüft.

- Batterie vom Stromnetz abklemmen, siehe Kapitel »Batterie aus- und einbauen«.

- Vor der Prüfung muss die Batterie mindestens zwei Stunden abgeklemmt sein.
- Voltmeter an die Batteriepole anschließen und Spannung messen.
- **Beurteilung des Spannungsmesswertes:**

12,7 Volt oder darüber:	Batterie in gutem Zustand.
11,6 – 12,6 Volt:	Batterie laden.
unter 11,6 Volt:	Batterie tiefentladen, Batterie laden oder ersetzen.

- Batterie anklemmen. Zuerst Batterie-Pluskabel (+) und dann Batterie-Massekabel (–) bei ausgeschalteter Zündung anklemmen.

Batterie laden

Sicherheitshinweise:

Vor dem Laden der Batterie Sicherheitshinweise im Kapitel »Batterie aus- und einbauen« durchlesen.

- Batterie **nicht** bei laufendem Motor abklemmen.
- Batterie **niemals kurzschließen,** das heißt Plus- (+) und Minuspol (–) dürfen nicht verbunden werden. Bei Kurzschluss erhitzt sich die Batterie und kann platzen.
- Gefrorene Batterie vor dem Laden auftauen. Eine geladene Batterie gefriert bei ca. –65° C, eine halbentladene bei ca. –30° C und eine entladene bei ca. –12° C. Aufgetaute Batterie vor dem Laden auf Gehäuserisse prüfen, gegebenenfalls ersetzen. Aus Sicherheitsgründen empfiehlt es sich allerdings, eine einmal gefrorene Batterie grundsätzlich zu ersetzen.
- Falls Batteriesäure ausgetreten ist: Batteriesäure ist ätzend und darf nicht in die Augen, auf die Haut oder die Kleidung gelangen. Außerdem beschädigt sie die umliegenden Bauteile. Den Bereich, der mit Batteriesäure in Verbindung geraten ist, mit Seifenlauge und viel Wasser abspülen.
- Batterie nur in gut belüftetem Raum oder im Freien laden. Beim Laden der eingebauten Batterie Motorhaube geöffnet lassen.
- Wenn bei einer Batterie mit optischer Zustandsanzeige das **»magische Auge« farblos** oder **hellgelb** anzeigt, darf die Batterie **nicht geladen** werden. **Explosionsgefahr!** Gegebenenfalls Batterie erneuern.

Zum Laden der Batterie möglichst ein **elektronisch gesteuertes Ladegerät** verwenden. In diesem Fall kann die Batterie im Fahrzeug angeklemmt bleiben.

Wenn die Batterie mit einem **Normal- oder Schnellladegerät** geladen wird: Batterie ausbauen. Zumindest aber Massekabel (–) sowie Pluskabel (+) abklemmen, andernfalls können Teile der Fahrzeugelektronik beschädigt werden.

Beim Laden muss die Batterie eine Temperatur von mindestens +10° C aufweisen.

Laden

- Batterie gegebenenfalls ausbauen, siehe entsprechendes Kapitel.
- Falls am Ladegerät der Ladestrom eingestellt werden kann, Ladestrom für Normalladung auf ca. 10 % der Batteriekapazität einstellen. Bei einer 50-Ah-Batterie also etwa 5,0 A. Als Richtwert für die Ladezeit können dann 10 Stunden genommen werden.
- **Bei ausgeschaltetem Ladegerät** Pluskabel (+) des Ladegerätes an den Pluspol (+) der Batterie anschließen. Minuskabel (–) des Ladegerätes mit dem Minuspol (–) der Batterie verbinden.
- Netzstecker des Ladegerätes in die Steckdose stecken. Falls erforderlich, Ladegerät einschalten.
- So lange laden, bis die Batterie vom Ladegerät als voll angezeigt wird.
- Wird die Batterie mit einem konstanten Ladestrom geladen, Temperatur der Batterie durch Auflegen der Hand prüfen. Die Säuretemperatur darf während des Ladens ca. +55° C nicht überschreiten, gegebenenfalls Ladung unterbrechen oder Ladestrom herabsetzen.
- Nach dem Laden der Batterie Ladegerät ausschalten (wenn möglich) und Netzstecker des Ladegerätes ziehen.
- Anschlusskabel des Ladegerätes von der Batterie abklemmen.
- Geladene Batterie prüfen, siehe entsprechendes Kapitel.
- Falls ausgebaut, Batterie einbauen, siehe entsprechendes Kapitel.

Tiefentladene und sulfatierte Batterie laden

Eine Batterie, die längere Zeit unbenutzt war (zum Beispiel Fahrzeug stillgelegt), entlädt sich allmählich selbst und sulfatiert.

Wenn die Ruhespannung der Batterie unter 11,6 Volt liegt, bezeichnet man sie als tiefentladen. Ruhespannung prüfen, siehe unter »Batterie prüfen«.

Bei einer tiefentladenen Batterie besteht die Batteriesäure (Schwefelsäure-Wassergemisch) fast nur noch aus Wasser. **Achtung:** Bei Minustemperaturen kann diese Batterie einfrieren und das Gehäuse kann dann platzen.

Eine tiefentladene Batterie sulfatiert, das heißt die gesamte Plattenoberfläche der Batterie verhärtet. Die Batteriesäure ist dann nicht klar, sie hat eine schwach weißliche Einfärbung.

Wenn die tiefentladene Batterie unmittelbar nach der Entladung wieder geladen wird, bildet sich die Sulfatierung wieder zurück. Andernfalls verhärten die Batterieplatten weiter und die Ladungsaufnahme bleibt dauerhaft eingeschränkt.

- Eine tiefentladene und sulfatierte Batterie muss mit einem geringen Ladestrom von ca. 5 % der Batteriekapazität geladen werden. Der Ladestrom beträgt dann beispielsweise bei einer 60 Ah-Batterie ca. 3 A.
- Die Ladespannung darf maximal 14,4 Volt betragen.

Achtung: Eine tiefentladene Batterie darf keinesfalls mit einem Schnellladegerät geladen werden.

Batterie entlädt sich selbständig

Je nach Fahrzeugausstattung addiert sich zur natürlichen Selbstentladung der Batterie auch die Stromaufnahme der verschiedenen Steuergeräte im Ruhezustand. Daher sollte die Batterie in einem abgestellten Fahrzeug spätestens alle 6 Wochen nachgeladen werden. Wenn der Verdacht auf Kriechströme besteht, Bordnetz nach folgender Anleitung prüfen:

- Zur Prüfung geladene Batterie verwenden.

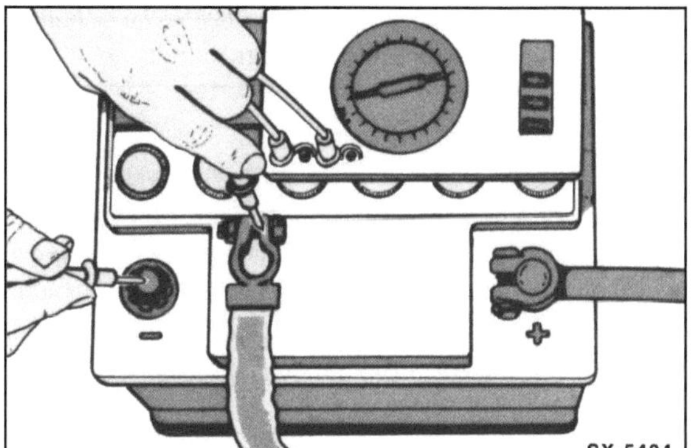

SX-5404

- Am Amperemeter (Meßbereich von 0–5 mA und 0–5 A) den höchsten Meßbereich einstellen.
- Batterie-Massekabel (–) bei ausgeschalteter Zündung abklemmen. **Achtung:** Dadurch werden elektronische Speicher gelöscht, wie zum Beispiel der Radiocode. Ohne Code kann das Radio nur vom Hersteller freigeschaltet werden. Deshalb Hinweise im Kapitel »Batterie aus- und einbauen« durchlesen.
- Amperemeter zwischen Batterie-Minuspol (–) und Massekabel (–) schalten. Amperemeter-Plus- (+) Anschluß an Massekabel (–) und Amperemeter-Minus-Anschluß an Batterie-Minuspol (–).

Achtung: Die Prüfung kann auch mit einer Prüflampe durchgeführt werden. Leuchtet die Lampe zwischen Masseband und Minuspol der Batterie jedoch nicht auf, ist auf jeden Fall ein Amperemeter zu verwenden.

- Alle Verbraucher ausschalten, vorhandene Zeituhr (und andere Dauerverbraucher) abklemmen, Türen schließen.
- Vom Amperebereich solange auf den Milliamperebereich zurückschalten, bis eine ablesbare Anzeige erfolgt (1–3 mA sind zulässig).
- Durch Herausnehmen der Sicherungen nacheinander die verschiedenen Stromkreise unterbrechen. Wenn bei einem der unterbrochenen Stromkreise die Anzeige auf Null zurückgeht, ist hier die Fehlerquelle zu suchen. Fehler können sein: korrodierte und verschmutzte Kontakte, durchgescheuerte Leitungen, interner Schluß in Aggregaten.
- Wird in den abgesicherten Stromkreisen kein Fehler gefunden, so sind die Leitungen an den nicht abgesicherten Aggregaten, wie Generator und Anlasser, abzuziehen.
- Geht beim Abklemmen von einem der ungesicherten Aggregate die Anzeige auf Null zurück, betreffendes Bauteil überholen oder austauschen. Bei Stromverlust in Anlasser- oder Zündanlage immer auch den Zünd-Anlaßschalter nach Stromlaufplan prüfen.
- Batterie-Massekabel (–) anklemmen. **Achtung:** Elektronische Speicher für Sitz, Spiegel usw. sowie Zeituhr aktualisieren, siehe Kapitel »Batterie aus- und einbauen«.

Batterie lagern

Wird das Fahrzeug länger als 2 Monate stillgelegt, Batterie ausbauen und im aufgeladenen Zustand lagern. Die günstigste Lagertemperatur liegt zwischen 0° C und +27° C. Bei diesen Temperaturen hat die Batterie die günstigste Selbstentladungsrate. Spätestens nach 2 Monaten Batterie erneut aufladen, da sie sonst unbrauchbar wird.

- Tiefentladene und sulfatierte Batterie laden, siehe entsprechendes Kapitel.

Störungsdiagnose Batterie

Störung	Ursache	Abhilfe
Abgegebene Leistung ist zu gering, Spannung fällt stark ab.	Batterie entladen.	■ Batterie nachladen.
	Ladespannung zu niedrig.	■ Spannungsregler prüfen, ggf. austauschen.
	Anschlußklemmen lose oder oxydiert.	■ Anschlußklemmen reinigen und besonders Unterseite mit Säureschutzfett oder Vaseline leicht einfetten, Befestigungsschrauben anziehen.
	Masseverbindungen Batterie-Motor-Karosserie sind schlecht.	■ Masseverbindung überprüfen, ggf. metallische Verbindungen herstellen oder Schraubverbindungen festziehen. Korrodierte durch verzinnte Schrauben ersetzen.
	Zu große Selbstentladung der Batterie durch Verunreinigung der Batteriesäure.	■ Batterie austauschen.
	Batterie sulfatiert	■ Batterie mit geringer Stromstärke laden. Falls nach wiederholter Ladung und Entladung die abgegebene Leistung immer noch zu gering ist, Batterie austauschen.
	Batterie verbraucht, aktive Masse der Platten ausgefallen.	■ Batterie austauschen.
Nicht ausreichende Ladung der Batterie.	Keilrippenriemen locker, Spannvorrichtung defekt.	■ Spannvorrichtung prüfen, ggf. Keilrippenriemen ersetzen.
	Zu viele Verbraucher angeschlossen.	■ Größere Batterie einbauen; evtl. auch größeren Generator verwenden.

Der Generator

Das Fahrzeug ist mit einem Drehstromgenerator ausgerüstet, der je nach Ausstattung unterschiedliche Leistungsdaten aufweist. Die Leistung steht auf dem Typschild am Generator. **Achtung:** Wenn nachträglich elektrisches Zubehör eingebaut wird, sollte überprüft werden, ob die bisherige Generatorleistung noch ausreicht, gegebenenfalls stärkeren Generator einbauen.

Der Generator wird von der Kurbelwelle über den Keilriemen angetrieben. Dabei dreht sich der Läufer mit der Erregerwicklung innerhalb der feststehenden Ständerwicklung mit etwa doppelter Motordrehzahl. Über Kohlebürsten und Schleifringe fließt der Erregerstrom durch die Erregerwicklung. Dabei bildet sich ein Magnetfeld. Die Lage des magnetischen Feldes zur Ständerwicklung ändert sich ständig, entsprechend der Umdrehung des Läufers. Dadurch wird in der Ständerwicklung ein Drehstrom erzeugt.

Da die Batterie aber nur mit Gleichstrom geladen werden kann, wird der Drehstrom durch Gleichrichter in der Diodenplatte in Gleichstrom umgewandelt. Der Spannungsregler verändert den Ladestrom durch Ein- und Ausschalten des Erregerstromes, entsprechend dem Ladezustand der Batterie. Gleichzeitig hält der Regler die Betriebsspannung konstant bei ca. 14 Volt, unabhängig von der Drehzahl.

Achtung: Der Generator ist ein sogenanntes Austauschteil. Das bedeutet, daß ein defekter Generator bei Kauf eines überholten oder neuen Generators vom Hersteller in Zahlung genommen wird, daher Altteil zum Händler mitnehmen.

Sicherheitshinweise für den Drehstromgenerator

Bei Arbeiten an der elektrischen Anlage im Motorraum grundsätzlich das Batterie-Massekabel (–) abklemmen.

- Batterie oder Spannungsregler **nicht** bei laufendem Motor abklemmen.
- Generator **nicht** bei angeschlossener Batterie ausbauen.
- Beim Elektroschweißen Batterie grundsätzlich abklemmen.

Generatorspannung prüfen

- Voltmeter zwischen Plus- und Minuspol der Batterie anschließen.
- Motor starten. Die Spannung darf beim Startvorgang bis 8 Volt (bei +20° C Außentemperatur) absinken.
- Motordrehzahl auf 3000/min erhöhen. Die Spannung soll dann 13,5 bis 14,5 Volt betragen. Dies ist ein Beweis, daß Generator und Regler arbeiten. Die Generatorspannung (Bordspannung) muß höher als die Batteriespannung sein, damit die Batterie im Fahrbetrieb wieder aufgeladen wird.
- Regelstabilität prüfen. Dazu Fernlicht einschalten und Messung bei 3000/min wiederholen. Die gemessene Spannung darf nicht mehr als 0,4 Volt über dem vorher gemessenen Wert liegen.
- Liegen die gemessenen Werte außerhalb der Sollwerte, Generator von Fachwerkstatt überprüfen lassen.

Schleifkohlen für Generator/ Spannungsregler ersetzen/prüfen

Der Ausbau der Schleifkohlen (Bürsten) ist auch bei eingebautem Generator möglich, allerdings muß dann das Saugrohr-Oberteil abgebaut werden.

Ausbau

- Batterie-Massekabel (–) bei ausgeschalteter Zündung abklemmen. **Achtung:** Dadurch werden elektronische Speicher gelöscht, wie zum Beispiel der Radiocode. Ohne Code kann das Radio nur vom Hersteller freigeschaltet werden. Deshalb Hinweise im Kapitel »Batterie aus- und einbauen« durchlesen.

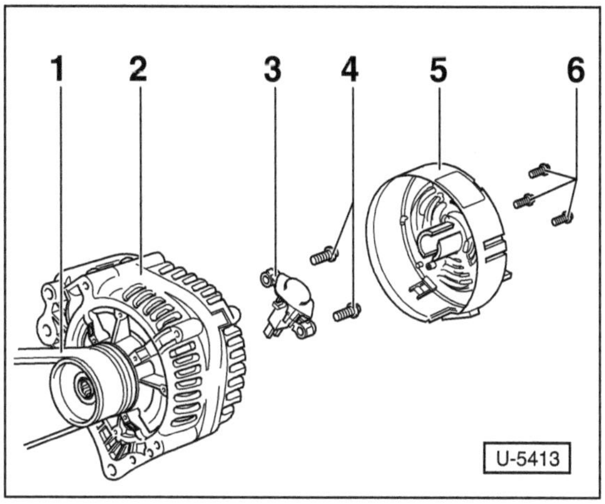

- Keilrippenriemen –1– ausbauen, siehe Seite 189.
- Generator –2– ausbauen.
- Generator-Schutzkappe –5– abschrauben –6–.
- Spannungsregler –3– an der Rückseite des Generators abschrauben –4– und vorsichtig herausziehen.

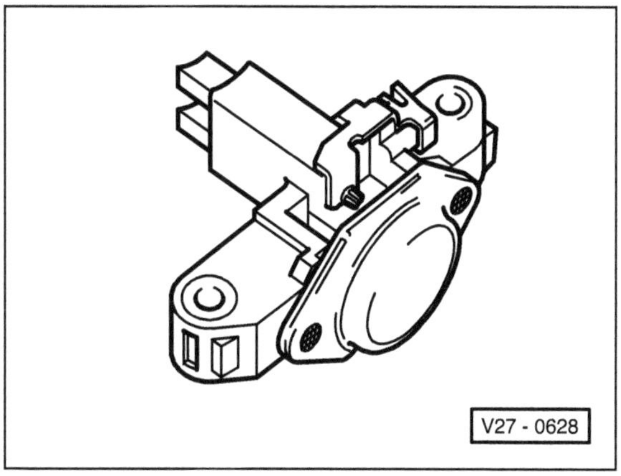

- Schleifkohlen ersetzen, wenn die Länge 5 mm oder weniger beträgt. Dazu Anschlußlitze auslöten.
- Schleifringe auf Verschleiß prüfen, gegebenenfalls feinstüberdrehen und polieren.
- Kontaktfläche reinigen und Vorspannung der Kontaktfeder prüfen, gegebenenfalls erneuern.

Einbau

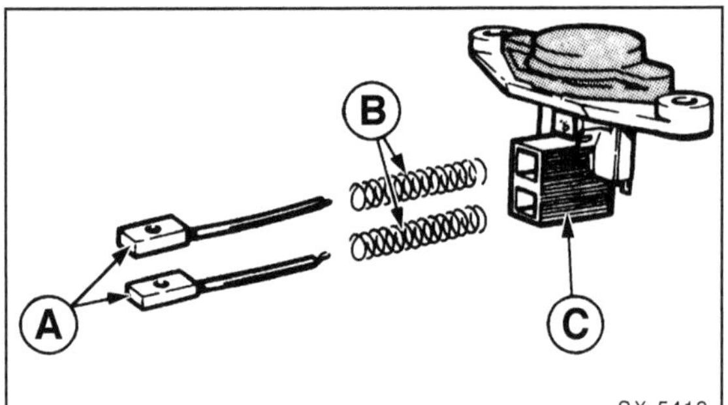

SX-5412

- Kohlebürsten –A– und Federn –B– in den Bürstenhalter –C– einsetzen und Anschlüsse verlöten.
- Damit beim Anlöten der neuen Bürsten kein Lötzinn in der Litze hochsteigen kann, Anschlußlitze der Bürsten mit einer Flachzange fassen. **Achtung:** Durch hochsteigendes Lötzinn würde die Litze steif und die Kohlebürste unbrauchbar werden.
- Der Isolierschlauch über der Litze muß neben der Lötstelle mit der vorhandenen Öse festgeklemmt werden.
- Nach dem Einbau neue Kohlebürsten auf leichten Lauf in den Bürstenhaltern prüfen.
- Spannungsregler erst mit einer Schraube von Hand befestigen, dann vorsichtig in endgültige Einbaulage drücken und festschrauben.
- Generator-Schutzkappe anschrauben.
- Generator einbauen.
- Keilrippenriemen einbauen, siehe Seite 189.
- Batterie-Massekabel (–) anklemmen. **Achtung:** Elektronische Speicher für beispielsweise Sitz, Spiegel usw. sowie Zeituhr aktualisieren, siehe Kapitel »Batterie aus- und einbauen«.

Telematik: Notstrombatterien ersetzen

Ausbau

- Linke Gepäckraumabdeckung öffnen.

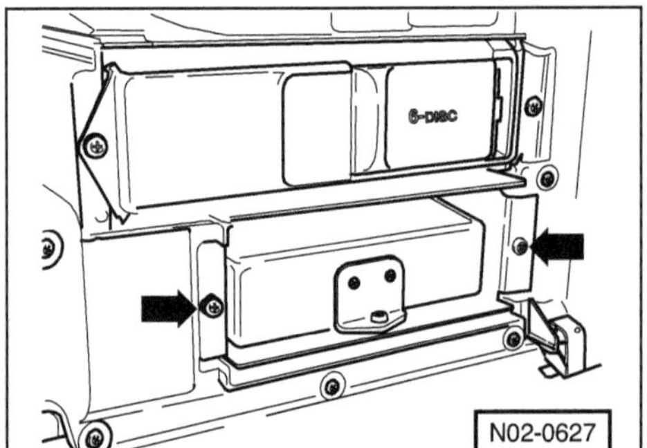

N02-0627

- Kreuzschlitzschrauben –Pfeile– herausschrauben und Telematik-Steuergerät mit Einbaurahmen herausziehen.
- 3 Mehrfachstecker und Stecker für Antennenleitung an der Rückseite des Steuergerätes abziehen.

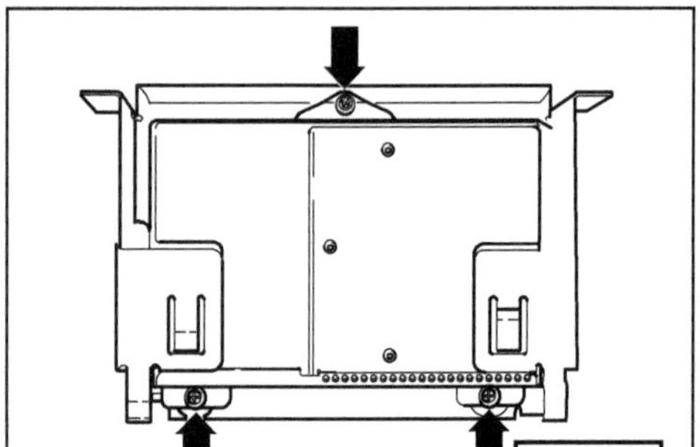
N02-0534

- Kreuzschlitzschrauben –Pfeile– herausschrauben und Steuergerät aus dem Einbaurahmen herausnehmen.

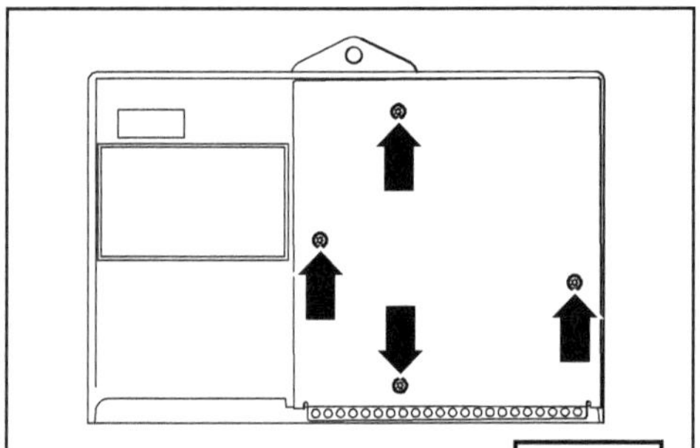
N02-0536

- Deckel abschrauben –Pfeile– und abnehmen.

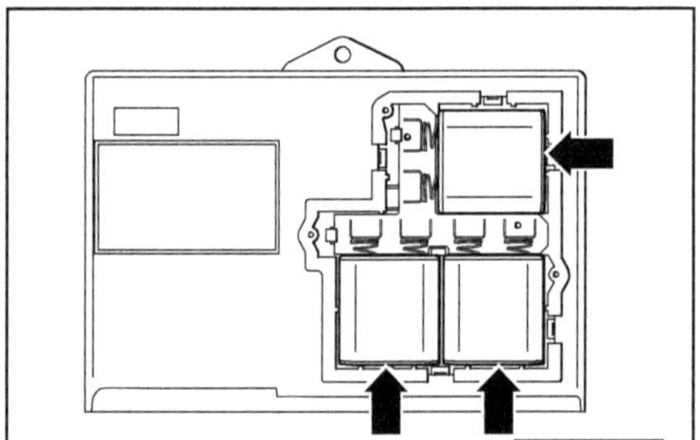
N02-0628

- Alte Notstrombatterien –Pfeile– herausnehmen.

Einbau

- Neue Batterien einsetzen, siehe Abbildung N02-0628.
- Deckel einsetzen und festschrauben –Pfeile– .
- Telematik-Steuergerät in den Einbaurahmen einsetzen und festschrauben –Pfeile–. **Hinweis:** Immer Originalschrauben zum Befestigen des Steuergerätes verwenden, da das Steuergerät sonst beschädigt werden kann.
- Mehrfachstecker und Antennenleitung an der Rückseite des Steuergerätes aufstecken. Dabei unbedingt auf korrekten Sitz und deutliches Einrasten der Stecker achten.
- Telematik-Steuergerät mit Einbaurahmen einsetzen und mit Kreuzschlitzschrauben –Pfeile– festschrauben.
- Linke Gepäckraumabdeckung schließen.

Generator aus-und einbauen

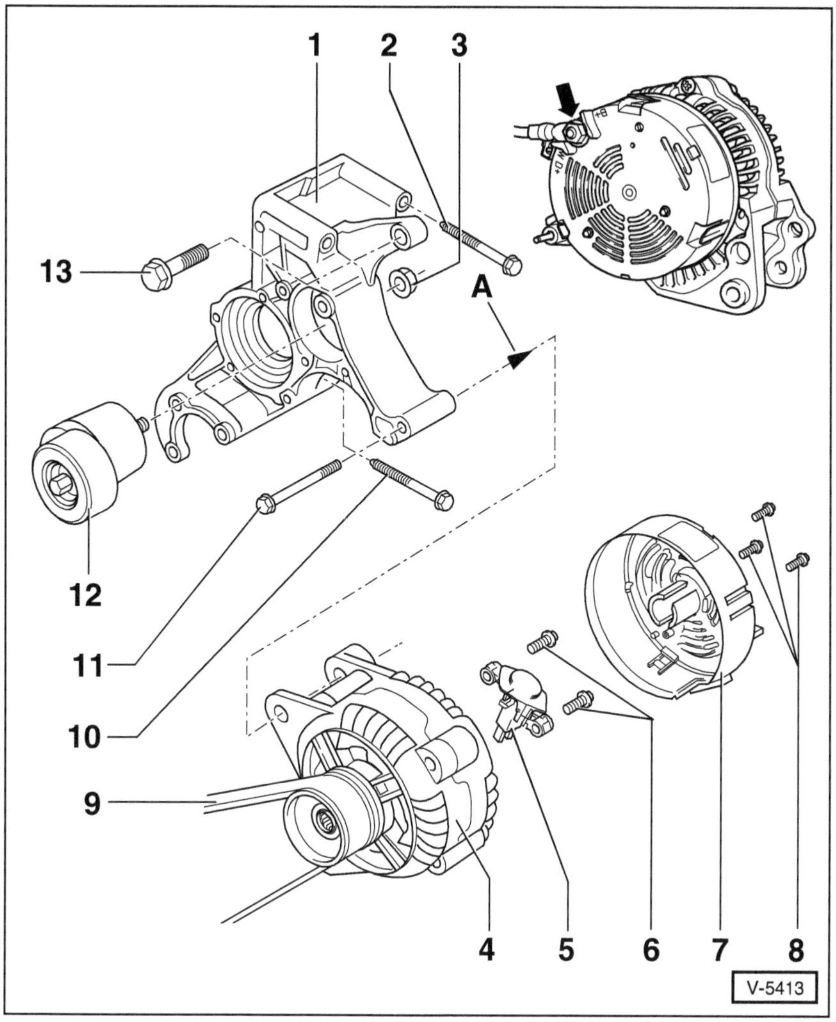

1,6-/1,8-l-Motor mit Servolenkung und Klimakompressor

1 – **Halter**

2 – **Schraube, 25 Nm**
Größe M8 x 90 mm.

3 – **Mutter, 30 Nm**

4 – **Generator**
Achtung: (B+)-Leitung (dickes Kabel) –Pfeil– am Generator mit **15 ± 1 Nm** festziehen.
Wenn die Leitung nicht mit dem vorgeschriebenen Drehmoment angezogen wird, können folgende Fehler auftreten:
- Batterie wird nicht vollständig geladen.
- Komplettausfall der Fahrzeugelektrik/-elektronik.
- Brandgefahr aufgrund von Funkenbildung.
- Schäden durch Überspannungen an elektronischen Bauteilen/Steuergeräten.

(D+)-Leitung (blaues Kabel) am Generator mit **3,2 ± 0,2 Nm** festziehen.

5 – **Spannungsregler**

6 – **Kreuzschlitzschrauben**

7 – **Schutzkappe**

8 – **Schrauben**

9 – **Keilrippenriemen**

10 – **Schraube, 25 Nm**
Größe M8 x 85 mm.

11 – **Schraube, 25 Nm**
Größe M8 x 85 mm.

12 – **Spannrolle**

13 – **Schraube, 25 Nm**

A – **Zum Generator**

Generatorhalter für den Dieselmotor mit Servolenkung und Klimakompressor

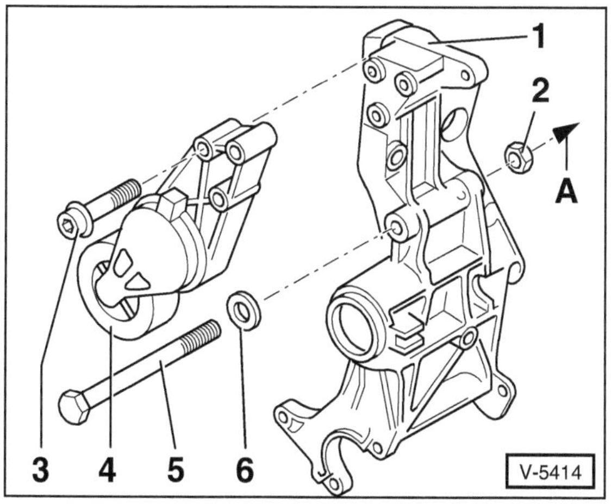

1 – Halter
2 – Mutter, 30 Nm
3 – Inbusschraube, 25 Nm
4 – Spannrolle
5 – Schraube M8x85, 25 Nm
6 – Unterlegscheibe
A – Zum Generator

Generatorhalter für den 2,3-l-Motor mit Servolenkung

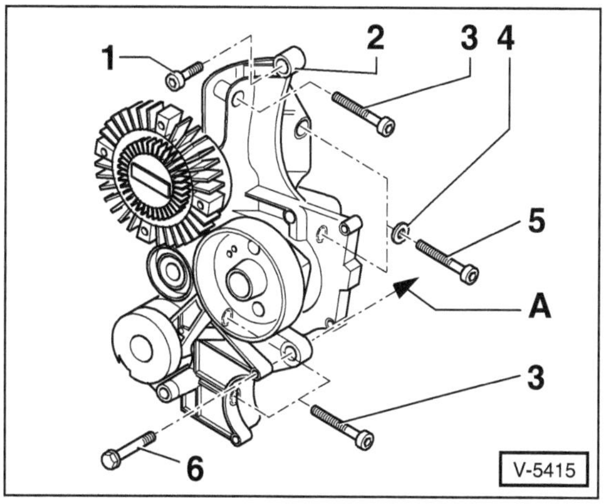

1 – Inbusschraube, 25 Nm
2 – Halter
3 – Schraube M8x60, 25 Nm
4 – Unterlegscheibe
5 – Schraube M8x60, 25 Nm
6 – Schraube M8x85, 25 Nm
A – Zum Generator

Störungsdiagnose Generator

Störung	Ursache	Abhilfe
Ladekontrollampe brennt nicht bei eingeschalteter Zündung.	Batterie leer.	■ Laden.
	Anschlußkabel an der Batterie locker oder korrodiert	■ Kabel auf festen Sitz prüfen, Anschlüsse reinigen.
	Kabel am Generator locker oder korrodiert.	■ Kabel auf einwandfreien Kontakt prüfen, Schraube festziehen.
	Ladekontrollampe durchgebrannt.	■ Ersetzen.
	Regler defekt.	■ Regler prüfen, gegebenenfalls austauschen.
	Unterbrechung in der Leitungsführung zwischen Generator, Zündschloß und Kontrollampe.	■ Mit Voltmeter nach Stromlaufplan untersuchen.
	Kohlebürsten liegen nicht auf dem Schleifring auf.	■ Freigängigkeit der Kohlebürsten und Mindestlänge (5 mm) prüfen.
	Erregerwicklung im Generator durchgebrannt.	■ Läufer austauschen.
Ladekontrollampe verlöscht nicht bei Drehzahlsteigerung.	Keilrippenriemen locker, Riemen rutscht durch.	■ Keilrippenriemen prüfen, Spannvorrichtung prüfen.
	Freilaufkupplung defekt (nur TDI).	■ Generator ausbauen und Antriebswelle des Generators nach links drehen. Wenn sich die Lauffläche der Riemenscheibe nicht mitdreht, ist in der Regel die Freilaufkupplung defekt.
	Spannungsregler/Generator defekt.	■ (D+)-Leitung an der Generatorrückseite abschrauben und Zündung einschalten. Wenn die Kontrollampe jetzt nicht aufleuchtet, liegt in der Regel ein Fehler im Spannungsregler oder im Generator vor.
	Kohlebürsten im Spannungsregler abgenutzt.	■ Kohlebürsten sichtprüfen, gegebenenfalls austauschen.
	Regler defekt.	■ Regler prüfen lassen, ggf. austauschen.
	Generator defekt.	■ Generator prüfen lassen, ggf. austauschen.
	Leitung zwischen Drehstromgenerator und Regler defekt.	■ Blaue Leitung der Kammer 12 an der Steckverbindung T32a, am Schalttafeleinsatz trennen, Zündung einschalten. Wenn die Kontrollampe jetzt nicht leuchtet, hat die Leitung D+ einen Masseschluß. Leitungsstrang ersetzen.
	Schalttafeleinsatz defekt.	■ Wenn nach dem Trennen der blauen Leitung von der Steckverbindung T32a, bei eingeschalteter Zündung die Kontrollampe leuchtet, ist in der Regel der Schalttafeleinsatz defekt.
Batterie gast nach Abstellen des Motors sehr stark. Geruch nach faulen Eiern.	Spannungsregler am Generator defekt. Batterie wird zu stark geladen und beginnt zu gasen. Dabei bildet sich Schwefelwasserstoff (H_2S).	■ Ladespannung bzw. Spannungsregler des Generators prüfen, ggf. Spannungsregler ersetzen.

Anlasser aus- und einbauen

Zum Starten des Verbrennungsmotors ist ein kleiner elektrischer Motor erforderlich, der Anlasser. Damit der Motor überhaupt anspringen kann, muß der Anlasser den Verbrennungsmotor auf eine Drehzahl von mindestens 300 Umdrehungen in der Minute beschleunigen. Das funktioniert aber nur, wenn der Anlasser einwandfrei arbeitet und die Batterie hinreichend geladen ist.

Der Anlasser besteht aus einem Antriebs-, Pol- und Kollektorgehäuse. In dem Pol- und Kollektorgehäuse sind Anker und Kollektor gelagert sowie der Bürstenhalter. Im Bürstenhalter befinden sich Kohlebürsten, die ein Verschleißteil darstellen und sich zwar langsam, aber stetig abnutzen. Bei hoher Abnutzung der Kohlebürsten kann der Anlasser nicht mehr einwandfrei arbeiten.

In dem vorderen Antriebsgehäuse ist der Ritzelantrieb untergebracht. Wenn über den Zündanlaßschalter der Anlasser Spannung erhält, wird über den Magnetschalter, der auf dem Anlassergehäuse sitzt, das Ritzel auf einem Steilgewinde gegen den Zahnkranz des Schwungrades geschoben. Sobald das Ritzel bis zum Anschlag auf der Spindel vorgelaufen ist, ist es formschlüssig mit dem Schwungrad verbunden. Nun kann der Anlasser den Motor auf die erforderliche Anlaßdrehzahl bringen. Wenn der Verbrennungsmotor angelaufen ist, wird das Ritzel vom Motor her beschleunigt, es läuft also kurzzeitig schneller als der Motor und spurt aus, wodurch die Verbindung zum Verbrennungsmotor aufgehoben ist.

Da zum Starten des Verbrennungsmotors eine hohe Stromaufnahme erforderlich ist, ist im Rahmen der Wartung auf eine einwandfreie Kabelverbindung zu achten. Korrodierte Anschlüsse am Anlasser säubern und mit Polschutzfett einstreichen.

Achtung: Der Anlasser ist ein sogenanntes Austauschteil. Das bedeutet, daß ein defekter Anlasser bei Kauf eines überholten oder neuen Anlassers vom Hersteller in Zahlung genommen wird, daher Altteil zum Händler mitnehmen.

Ausbau

- Batterie-Massekabel (–) bei ausgeschalteter Zündung abklemmen. **Achtung:** Dadurch werden elektronische Speicher gelöscht, wie zum Beispiel der Radiocode. Ohne Code kann das Radio nur vom Hersteller freigeschaltet werden. Deshalb Hinweise im Kapitel »Batterie aus- und einbauen« durchlesen.
- Fahrzeug aufbocken.
- Motorraum-Unterschutz ausbauen, siehe Seite 160.

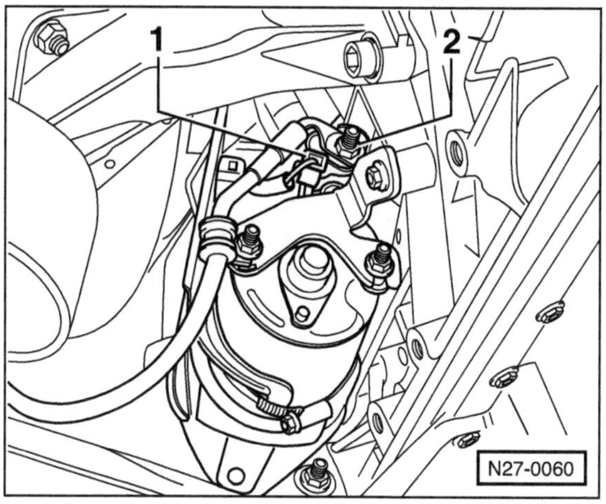

- Steckgehäuse –1– für Klemme 50 (zum Zündanlaßschalter) entriegeln und abziehen.
- Leitung –2– für Klemme 30 am Magnetschalter abschrauben.

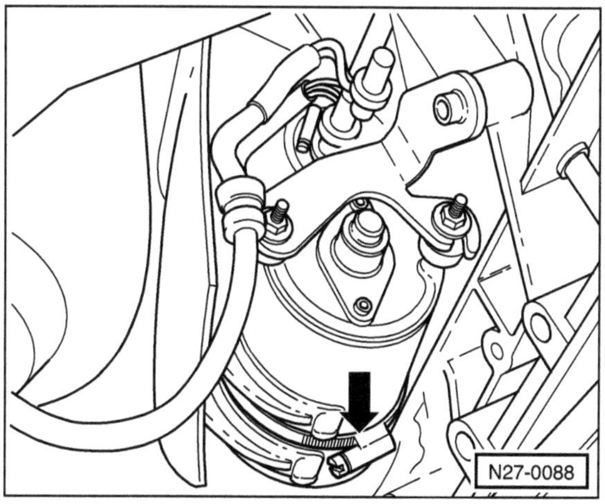

- Schraubschelle zur Befestigung des Wärmeschutzbleches abschrauben.

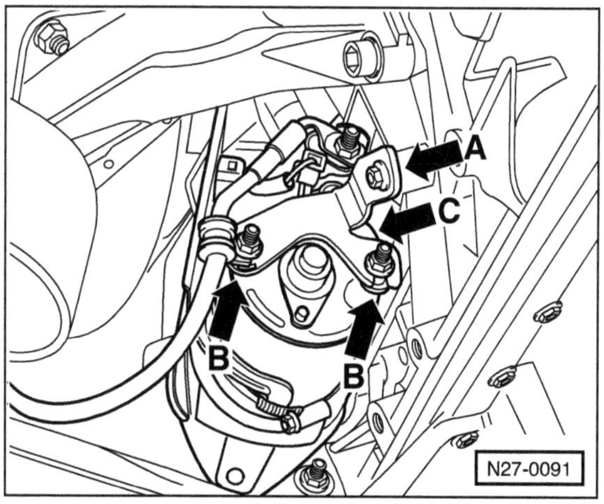

- Anlasserhaltewinkel –Pfeil C– abschrauben.

- Innensechskant M8 –Pfeil A– aus dem Motorblock herausschrauben.
- 2 Muttern –Pfeile B– abschrauben und Haltewinkel vom Anlasser abnehmen.

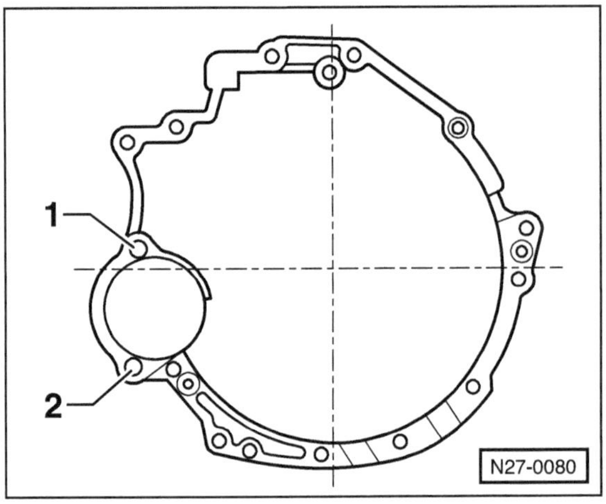

- Obere Schraube –1– Größe M12x90 aus der Getriebeglocke herausschrauben. In der Abbildung ist die Getriebeglocke als Schnittzeichnung dargestellt.
- Untere Schraube –2– Größe M12x67 aus der Getriebeglocke herausschrauben.
- Anlasser herausziehen und abnehmen.

Einbau

- Anlasser einsetzen und mit **65 Nm** anschrauben. Dabei unterschiedliche Länge der Schrauben beachten.
- Anlasserhaltewinkel ansetzen und festschrauben. Anzugsdrehmomente: Innensechskant –A–: 22 Nm; Muttern –B–: 4 Nm, siehe Abbildung N27-0091.
- Schraubschelle für Wärmeschutzblech anschrauben.
- Elektrische Leitung Klemme 30 am Anlasser ansetzen und mit 13 Nm festschrauben.
- Stecker Klemme 50 aufschieben.
- Motorraum-Unterschutz einbauen.
- Batterie-Massekabel (–) anklemmen. **Achtung:** Elektronische Speicher für beispielsweise Sitz, Spiegel usw. sowie Zeituhr aktualisieren, siehe Kapitel »Batterie aus- und einbauen«.

Magnetschalter prüfen/ aus- und einbauen

Bei einem Defekt des Magnetschalters wird das Ritzel im Anlasser nicht gegen den Zahnkranz des Schwungrades gezogen. Dadurch kann der Anlasser den Motor nicht durchdrehen. Dieser Defekt tritt häufiger auf als daß der Anlassermotor selbst schadhaft ist.

Prüfen in eingebautem Zustand

- Gang herausnehmen, Schalthebel in Leerlaufstellung.
- Prüfvoraussetzung: Batterie voll geladen.
- Mit Hilfskabel Klemme 30 (= dickes Pluskabel) und 50 (dünnes Kabel, zum Zündschloß) am Anlasser kurz überbrücken, das Anlasserritzel muß nach vorne schnellen (klicken) und der Anlasser anlaufen. Wenn nicht, Anlasser abschrauben und und in ausgebautem Zustand prüfen.

Ausbau

- Anlasser ausbauen und Prüfung bei ausgebautem Anlasser mit einer Autobatterie wiederholen. Als Zuleitung zu Klemme 50 des Anlassers eignet sich ein Starthilfekabel. Schnellt das Ritzel nach vorne, ohne daß der Anlasser anläuft, Anlassermotor von einer Werkstatt überholen lassen.
- Schnellt das Ritzel nicht nach vorn, Magnetschalter abschrauben und ersetzen.

Einbau

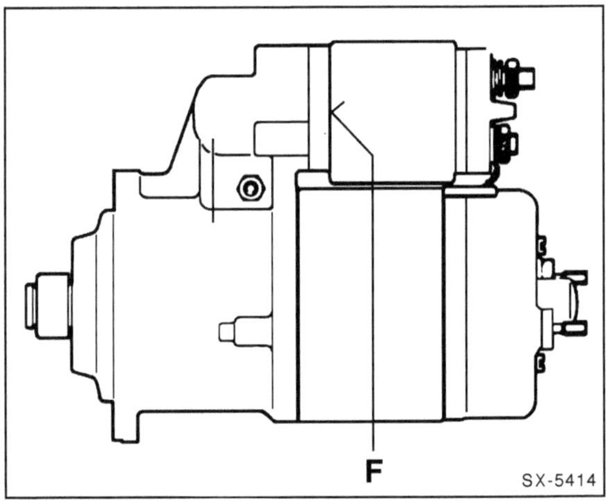

- Trennfuge –F– zum Anlasser mit geeignetem Dichtmittel abdichten.
- Magnetschalter an Gabelhebel im Anlasser einhängen, dann anschrauben.
- Leitung für Magnetschalter anschrauben.
- Anlasser erneut prüfen, wie oben beschrieben.
- Anlasser einbauen.

Störungsdiagnose Anlasser

Wenn ein Anlasser nicht durchdreht, ist zunächst zu prüfen, ob beim Starten des Motors an der Klemme 50 des Magnetschalters die zum Einziehen benötigte Spannung von mindestens 10 Volt vorhanden ist. Liegt die Spannung unter dem genannten Wert, dann müssen die Leitungen, die zum Anlasserstromkreis gehören, nach dem Stromlaufplan überprüft werden. Ob der Anlasser bei voller Batteriespannung einzieht, kann folgendermaßen geprüft werden:

- Fahrzeug aufbocken. Keinen Gang einlegen, Zündung eingeschaltet.
- Mit einer Leitung (Querschnitt mindestens 4 mm^2) die Klemmen 30 und 50 am Anlasser überbrücken, siehe auch Stromlaufplan.

Spurt der Anlasser dabei einwandfrei ein, so liegt der Fehler in der Leitungsführung zum Anlasser. Spurt der Anlasser nicht ein, Anlasser in ausgebautem Zustand überprüfen.

Prüfvoraussetzung: Leitungsanschlüsse müssen festsitzen und dürfen nicht oxydiert sein.

Störung	Ursache	Abhilfe
Anlasser dreht sich nicht beim Betätigen des Zündanlaßschalters.	Batterie entladen.	■ Batterie laden.
	Klemmen 30 und 50 am Anlasser überbrücken: Anlasser läuft an. Leitung 50 zum Zündanlaßschalter unterbrochen, Anlaßschalter defekt.	■ Unterbrechung beseitigen, defekte Teile ersetzen.
	Kabel oder Masseanschluss ist unterbrochen, oder die Batterie ist entladen.	■ Batteriekabel und Anschlüsse prüfen. Batteriespannung messen, ggf. laden.
	Ungenügender Stromdurchgang infolge lockerer oder oxydierter Anschlüsse.	■ Batteriepole und -klemmen reinigen. Stromsichere Verbindungen zwischen Batterie, Anlasser und Masse herstellen.
	Keine Spannung an Klemme 50 (Magnetschalter).	■ Leitung unterbrochen. Zündanlaßschalter defekt.
Anlasser dreht sich zu langsam und zieht den Motor nicht durch.	Batterie entladen.	■ Batterie laden.
	Ungenügender Stromdurchgang infolge lockerer oder oxydierter Anschlüsse.	■ Batteriepole und -klemmen und Anschlüsse am Anlasser reinigen, Anschlüsse festziehen.
	Kohlebürsten liegen nicht auf dem Kollektor auf, klemmen in ihren Führungen, sind abgenutzt, gebrochen, verölt oder verschmutzt.	■ Kohlebürsten überprüfen, reinigen bzw. auswechseln. Führungen prüfen.
	Ungenügender Abstand zwischen Kohlebürsten und Kollektor.	■ Kohlebürsten ersetzen und Führungen für Kohlebürsten reinigen.
	Kollektor riefig oder verbrannt und verschmutzt.	■ Kollektor abdrehen oder Anker ersetzen.
	Spannung an Klemme 50 fehlt (mind. 10 Volt).	■ Zündanlaßschalter oder Magnetschalter überprüfen.
	Magnetschalter defekt.	■ Schalter auswechseln.
Anlasser spurt ein und zieht an, Motor dreht nicht oder nur ruckweise.	Ritzelgetriebe defekt.	■ Ritzelgetriebe ersetzen.
	Ritzel verschmutzt.	■ Ritzel reinigen.
	Zahnkranz am Schwungrad defekt.	■ Zahnkranz nacharbeiten, falls erforderlich, Schwungrad erneuern.
Ritzelgetriebe spurt nicht aus.	Ritzelgetriebe oder Steilgewinde verschmutzt bzw. beschädigt.	■ Ritzelgetriebe reinigen, ggf. ersetzen.
	Magnetschalter defekt.	■ Magnetschalter ersetzen.
	Rückzugfeder schwach oder gebrochen.	■ Rückzugfeder erneuern.
Anlasser läuft weiter, nachdem der Zündschlüssel losgelassen wurde.	Magnetschalter hängt, schaltet nicht ab.	■ Zündung sofort ausschalten, Magnetschalter ersetzen.
	Zündschloß schaltet nicht ab.	■ Sofort Batterie abklemmen, Zündschloß ersetzen.

Scheibenwischergummi ersetzen

Die Scheibenwischergummis sind bei schlechtem Wischbild zu ersetzen. Im Handel werden sowohl komplette Scheibenwischerblätter (Wischergummi mit Träger) als auch einzelne Wischgummis angeboten.

Ausbau

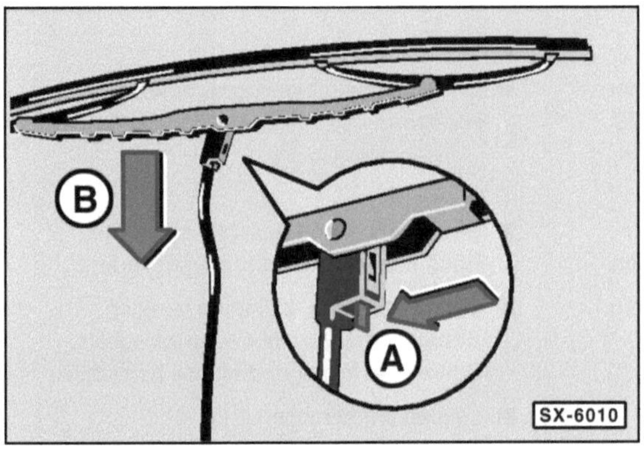

- Wischerarm hochklappen, Wischerblatt rechtwinklig zum Wischerarm stellen.
- Federklammer –A– niederdrücken –Pfeilrichtung– und Wischerblatt nach unten –B– aus dem Haken am Wischerarm schieben. Wischerblatt vom Haken des Wischerarmes abnehmen.

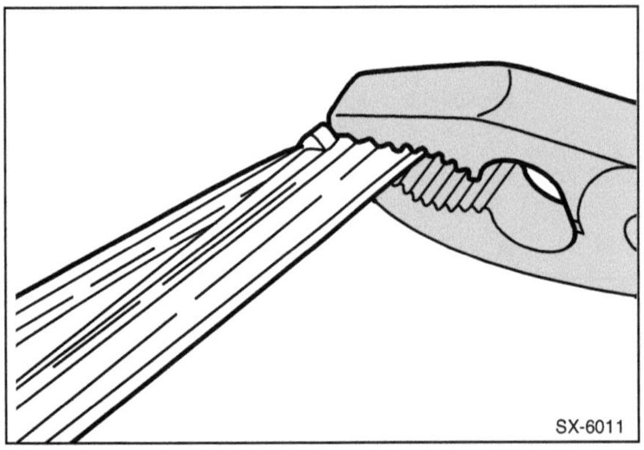

- An der geschlossenen Seite des Wischgummis beide Stahlschienen mit Kombizange zusammendrücken, seitlich aus der oberen Klammer herausnehmen und Gummi komplett mit Schienen aus den restlichen Klammern des Wischerblattes herausziehen.

Einbau

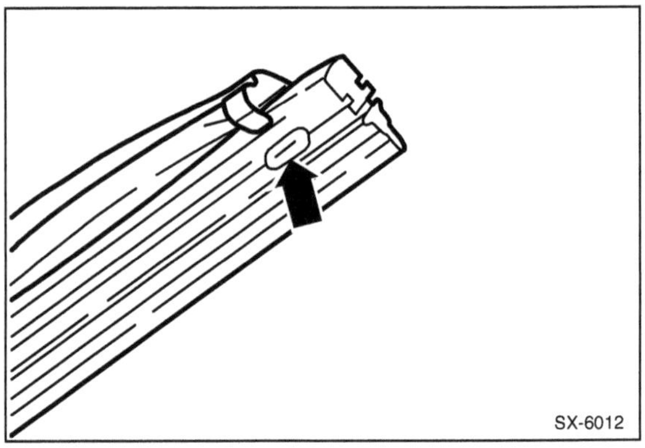

- Neues Wischgummi ohne Halteschienen in die unteren Klammern des Wischerblattes lose einlegen.
- Beide Schienen so in die erste Rille des Wischergummis einführen, dass die Aussparungen zum Gummi zeigen und in die Gumminasen der Rille einrasten. **Achtung:** Die Schienen sind leicht gebogen. Schienen so einsetzen, dass der Bauch des Bogens vom Wischerblatt weg gerichtet ist.
- Wischergummi an der geschlossenen Seite mit Seifenwasser bestreichen, damit es besser in die Haltebügel gleitet.
- Beide Stahlschienen und Gummi mit Kombizange zusammendrücken und so in die obere Klammer einsetzen, daß die Klammernasen beidseitig in die Haltenuten –Pfeil– des Wischgummis einrasten.
- Wischerblatt über den Wischerarm schieben und Federklammer in den Haken des Wischerarms einclipsen. Die Windleitschaufel am Wischerblatt, falls vorhanden, muß nach unten zeigen.
- Wischerarm zurückklappen. Darauf achten, daß das Wischgummi überall an der Scheibe anliegt, gegebenenfalls Träger vorsichtig nachbiegen.

Frontscheiben-Waschdüsen aus- und einbauen

Ausbau

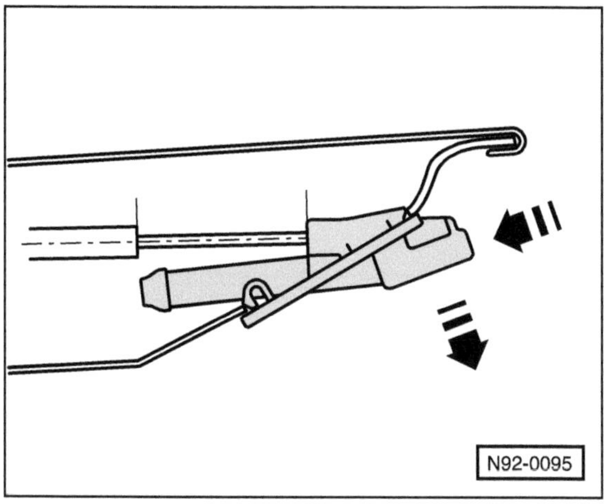

- Motorhaube öffnen. Spritzdüse von Hand in Fahrtrichtung nach vorn drücken, dann nach unten herausnehmen.
- Zulaufschlauch von der Spritzdüse abziehen.
- Elektrische Leitung für Spritzdüsenheizung aus den Clips an der Motorhaube ausfädeln und am Stecker trennen.

Einbau

- Zulaufschlauch aufschieben.
- Stecker für elektrische Zuleitung zusammenfügen und Zuleitung in den Clips der Motorhaube verlegen.
- Düse in Motorhaube eindrücken, bis sie einrastet.
- Düse gegebenenfalls einstellen.

Scheibenwaschdüsen einstellen

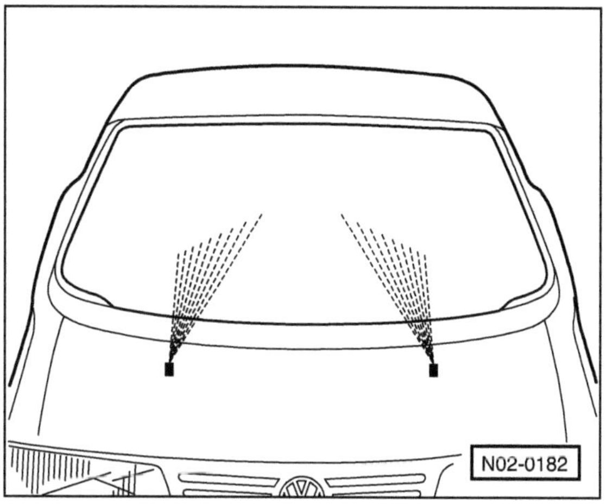

- **Frontscheibenwaschdüsen, Fahrzeuge bis 12/96:** Die Spritzdüsen können nicht verstellt werden. Liegen die beiden Spritzfelder nicht auf gleicher Höhe, muß die Spritzdüse mit dem niedrigeren Spritzfeld gegen eine Spritzdüse mit Höhenverstellung ausgetauscht werden, diese sind bei Fahrzeugen seit 1/97 eingebaut.

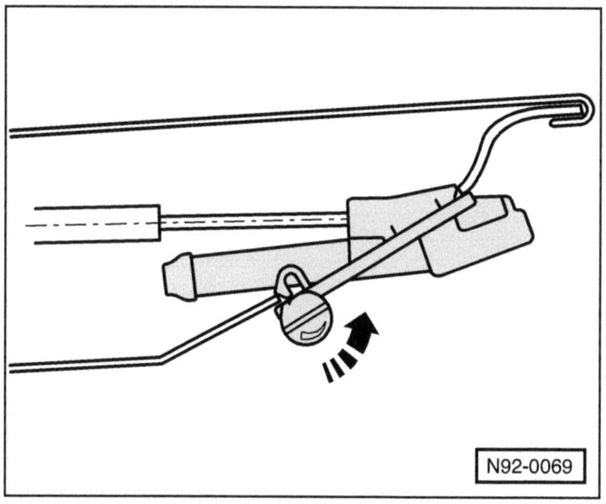

- **Frontscheibenwaschdüsen, Fahrzeuge seit 1/97:** Die Spritzdüsen können geringfügig in der Höhe verstellt werden. Dazu Exzenter mit Schraubendreher verdrehen. Durch drehen im Pfeilrichtung wandert das Spritzfeld nach oben.

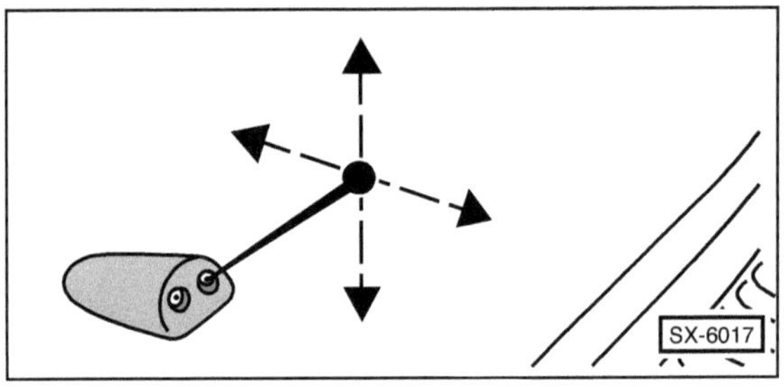

- **Heckscheibenwaschdüse, Variant:** Spritzstrahl auf Mitte des Wischerfelds stellen. Die Spritzrichtung der Düse kann gegebenenfalls mit einem Dorn, ∅ 0,8 mm, korrigiert werden. Die Fachwerkstatt verwendet ein Spezialwerkzeug, zum Beispiel HAZET 4850-1. **Hinweis:** Läßt sich der Spritzstrahl nicht einstellen oder tritt er ungleichmäßig aus, muß die Spritzdüse erneuert werden.
- Die Düsen können mit Preßluft gereinigt werden. Dazu Düsen ausbauen und Preßluft am Schlauchstutzen einblasen. **Achtung:** Düsen nicht entgegen der Spritzrichtung durchblasen.

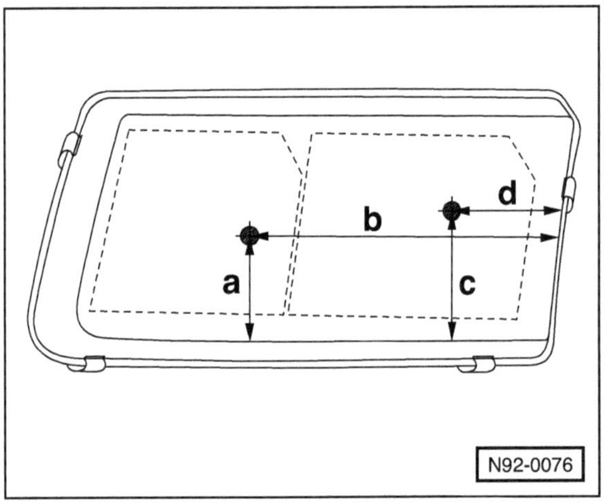

- **Scheinwerferreinigungsanlage:** Maße für Spritzstrahleinstellung: a = 60 mm, b = 205 mm, c = 75 mm, d = 80 mm. Die Fachwerkstatt verwendet zur Einstellung ein Sonderwerkzeug (VW-3019A). Die Abbildung zeigt den linken Scheinwerfer, die Maße für den rechten Scheinwerfer sind spiegelbildlich.

Wischerarme aus- und einbauen

Ausbau

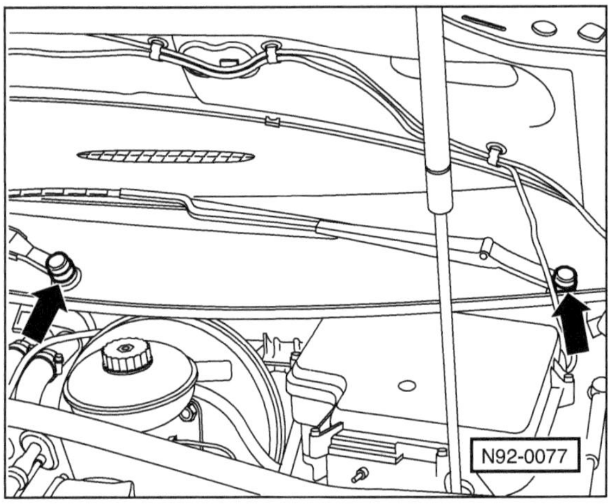

- **Frontscheibenwischer:** Abdeckkappen –Pfeile– mit Schraubendreher abhebeln.

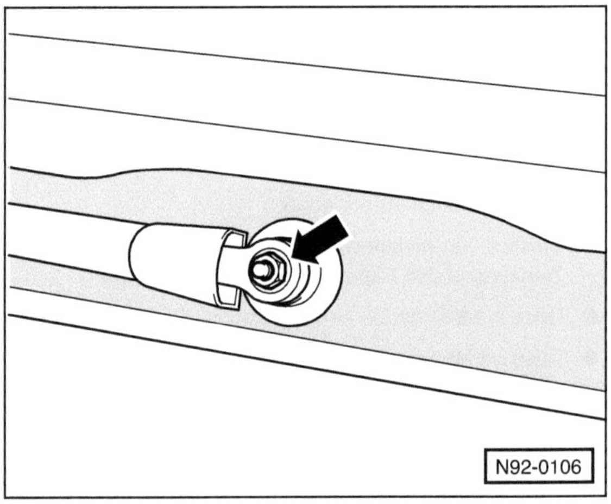

- **Heckwischer:** Abdeckkappe hochklappen. Sechskantmutter –Pfeil– lösen, aber nicht ganz abschrauben.
- Wischerarm durch leichtes Bewegen von der Verzahnung der Kurbelachse lösen.
- Sechskantmutter ganz abschrauben und Wischerarm abnehmen.

Einbau

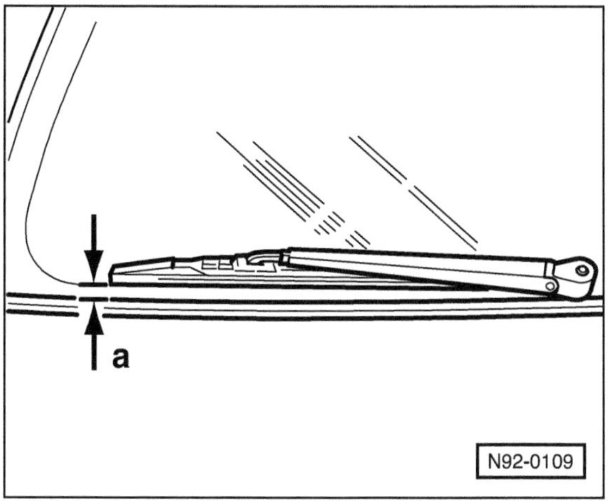

- Wischerarm auf die Verzahnung der Kurbelachse aufsetzen und ausrichten. In Ruhestellung der **Frontscheiben-Wischerarme** soll Maß a = 20 mm betragen. Das Wischerblatt des **Heckscheibenwischers** muß 20 mm bis 30 mm über der Unterkante der Heckscheibe stehen. Mutter mit Unterlegscheibe aufsetzen und **15 Nm** festziehen.
- Abdeckkappe am Wischerarm aufdrücken.
- Gegebenenfalls Anstellwinkel der Wischerarme prüfen und einstellen, siehe Kapitel »Wartung«.

Frontscheiben-Wischermotor aus- und einbauen

Ausbau

- Batterie-Massekabel (–) bei ausgeschalteter Zündung abklemmen. **Achtung:** Dadurch werden elektronische Speicher gelöscht, wie zum Beispiel der Radiocode. Ohne Code kann das Radio nur vom Hersteller wieder in Betrieb genommen werden. Deshalb Hinweise im Kapitel »Batterie aus- und einbauen« durchlesen.
- Wischerarme ausbauen, siehe entsprechendes Kapitel.
- Windlaufabdeckung ausbauen, siehe Seite 287.

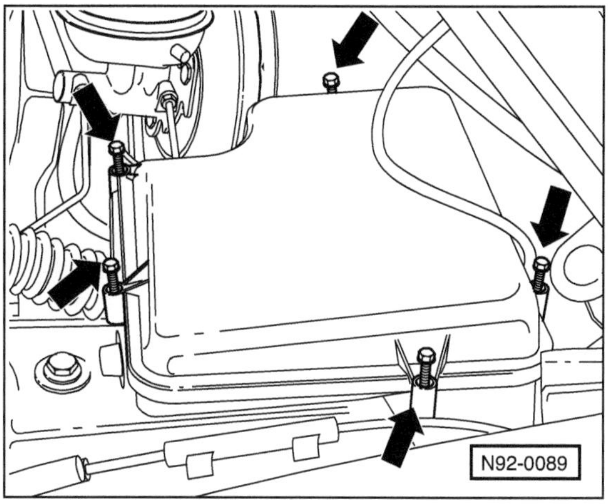

- Deckel für Elektronikbox unterhalb der Windschutzscheibe abschrauben.

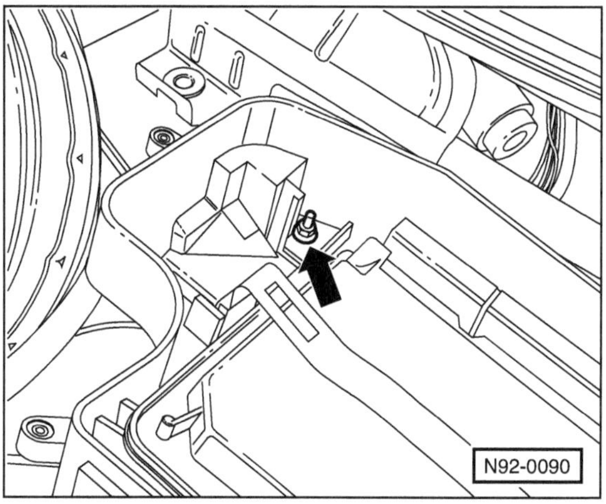

- Mutter in der Elektronikbox abschrauben.

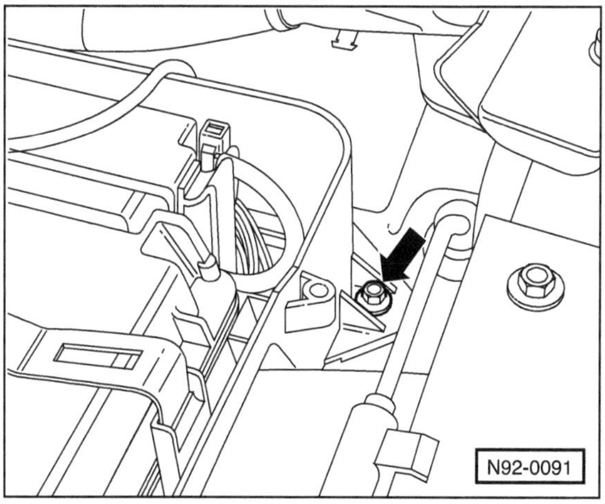

- Seitliche Mutter der Elektronikbox abschrauben. Elektronikbox aus der Gummilagerung nehmen und nach vorn drücken.
- Mehrfachstecker am Wischermotor abziehen.

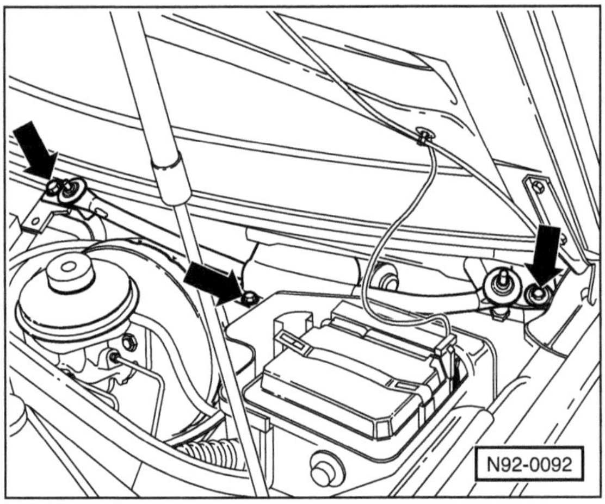

- Wischerrahmen abschrauben und Unterlegscheiben der Schrauben abnehmen.
- Wischerrahmen herausnehmen.

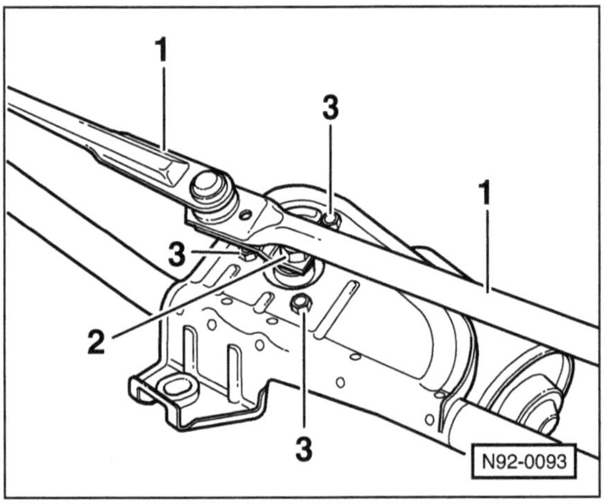

- Stangen –1– mit großem Schraubendreher von der Kurbel abhebeln. Dabei rasten die Kugelköpfe aus.
- Kurbel von der Motorachse abschrauben –2–, dabei Kurbel mit Schraubendreher blockieren. Kurbel vom Konus des Motors durch Auf- und Abbewegen lösen.
- Motor vom Wischerrahmen abschrauben, dazu 3 Schrauben –3– herausdrehen.

Einbau

- Wird ein neuer Wischermotor eingebaut, Motor vor dem Einbau in Parkstellung bringen. Dazu Mehrfachstecker und Batterie kurzzeitig anschließen und Scheibenwischerschalter ein- und wieder ausschalten. Der Motor läuft dann in Endstellung. Mehrfachstecker abziehen, Batterie abklemmen.
- Wischermotor am Wischerrahmen mit **10 Nm** anschrauben.

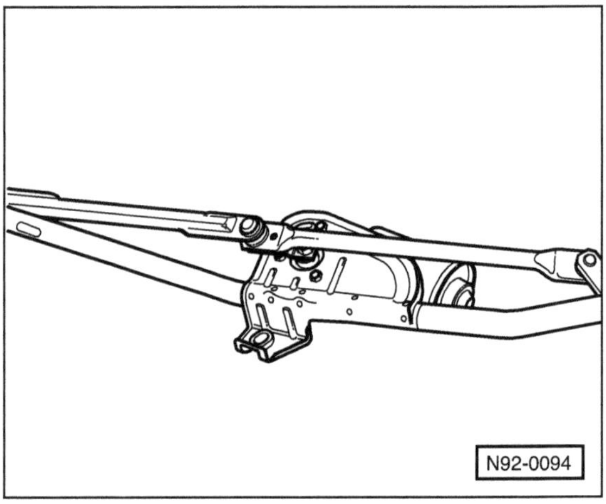

- Kurbel aufsetzen und so ausrichten, daß sie eine Linie mit den Stangen bildet, siehe Abbildung. Kurbel mit **20 Nm** festschrauben.
- Gelenkstangen auf die Kugelköpfe aufdrücken.
- Motor mit Wischerrahmen einsetzen und anschrauben, siehe Abbildungen unter »Ausbau«.
- Elektronikbox einsetzen und anschrauben.
- Deckel für Elektronikbox anschrauben.
- Windlaufabdeckung einbauen, siehe Seite 287.
- Wischerarme auf die Verzahnung der Kurbelachse aufsetzen und ausrichten. Die Wischerarme sollen in Ruhestellung 20 mm über der Unterkante der Frontscheibe stehen. Muttern mit Unterlegscheiben aufsetzen und mit **15 Nm** festziehen.
- Abdeckkappen an beiden Wischerarmen aufsetzen.
- Batterie-Massekabel (–) anklemmen. **Achtung:** Elektronische Speicher sowie Zeituhr aktualisieren, siehe Kapitel »Batterie aus- und einbauen«.
- Wischerfunktion prüfen.

Heckwischermotor aus- und einbauen

VARIANT

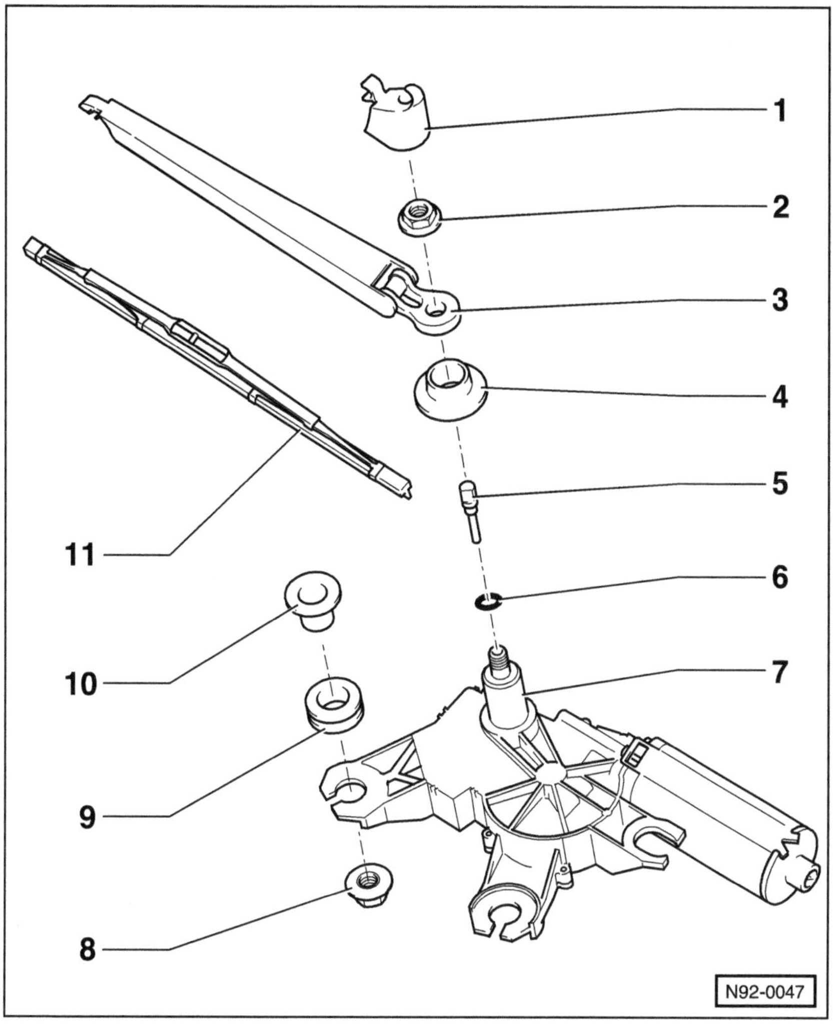

1 – Abdeckkappe

2 – Sechskantmutter, 15 Nm

3 – Wischerarm

4 – Abdichtung

5 – Spritzdüse

6 – Dichtring

7 – Wischermotor

8 – Sechskantmutter, 8 Nm

9 – Gummiring

10 – Distanzstück

11 – Wischerblatt

Ausbau:

- ◆ Heckwischerarm ausbauen.
- ◆ Heckklappenverkleidung ausbauen, siehe Seite 274.
- ◆ Anschlußstecker und Wasserschlauch am Wischermotor abziehen.
- ◆ Muttern –8– abschrauben und Wischermotor –7– abnehmen.
- ◆ Gummiringe –9– und Distanzstücke –10– abnehmen.

Einbau:

- ◆ Wischermotor einsetzen, dabei Dichtung –4– sorgfältig in Heckscheibenbohrung einführen.
- ◆ Weiteren Einbau in umgekehrter Ausbaureihenfolge durchführen.
- ◆ Heckwischerarm mit **15 Nm** festziehen.

Scheibenwaschpumpe prüfen/ersetzen

Achtung: Elektromotor der Scheibenwaschpumpe prüfen, siehe Seite 50.

Ausbau

- Stecker abziehen, dabei Drahtsicherungen zusammendrücken.
- Scheibenwaschbehälter entleeren. Die Pumpe sitzt seitlich unten am Scheibenwaschbehälter. Wird sie herausgezogen, läuft der Behälter aus. Mit einem Schraubendreher zwischen Vorratsbehälter und Pumpe fassen und durch Drehen des Schraubendrehers Pumpe aus der Gummitülle drücken.
- Pumpe aus dem Vorratsbehälter herausziehen.
- Wasserschlauch abziehen.

Einbau

- Wasserschlauch auf neue Pumpe schieben.
- Neue Pumpe einsetzen.
- Stecker aufschieben.
- Funktion der Scheibenwaschpumpe prüfen.

Pumpe / Vorratsbehälter für Scheibenwasch- und Scheinwerferreinigungsanlage

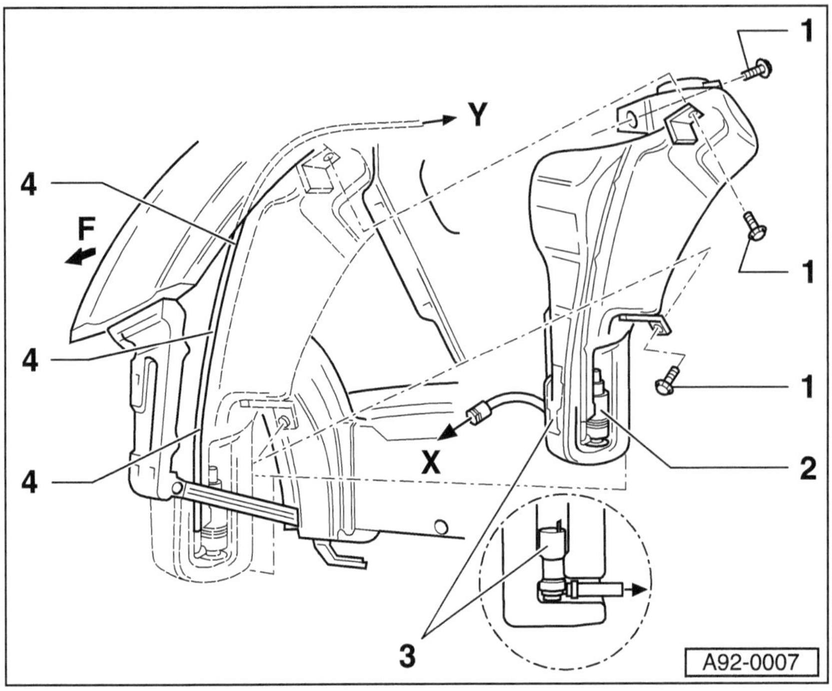

Gemeinsamer Kombibehälter

1 – **Befestigungsschrauben, 7 Nm**

2 – **Pumpe für Frontscheibenwaschanlage**
Bei Fahrzeugen mit Auto-Check-System mit Wasserstandgeber.
Ausbau: Pumpe/Wasserstandgeber nach oben aus Gummitülle ziehen.

3 – **Pumpe für Scheinwerferreinigungsanlage**
Ausbau: Pumpe nach oben aus der Gummitülle ziehen.

4 – **Clip-Positionen für Wasserschlauch**
Schlauch an diesen Stellen einclipsen und zur Frontscheibe verlegen.

F – **Fahrtrichtung, Radhaus von links unten gesehen**

X – **Anschluß Spritzdüsen für Scheinwerfer**

Y – **Anschluß Spritzdüsen für Frontscheibe**

Hinweis: Turbo-Motoren mit Scheinwerferreinigungsanlage haben 2 getrennte Behälter (nicht abgebildet).

Störungsdiagnose Scheibenwischergummi

Wischbild	Ursache	Abhilfe
Schlieren.	Wischgummi verschmutzt.	■ Wischgummi mit harter Nylonbürste und einer Waschmittellösung oder Spiritus reinigen.
	Ausgefranste Wischlippe, Gummi ausgerissen oder abgenutzt.	■ Wischgummi erneuern.
	Wischgummi gealtert, rissige Oberfläche.	■ Wischgummi erneuern.
Im Wischfeld verbleibende Wasserreste ziehen sich sofort zu Perlen zusammen.	Windschutzscheibe durch Lackpolitur oder Öl verschmutzt.	■ Windschutzscheibe mit sauberem Putzlappen und einem Fett-Öl-Silikonentferner reinigen.
Wischerblatt wischt einseitig gut - einseitig schlecht, rattert.	Wischgummi einseitig verformt, »kippt nicht mehr«.	■ Neues Wischgummi einbauen.
	Wischerarm verdreht, Blatt steht schief auf der Scheibe.	■ Wischerarm vorsichtig verdrehen, bis richtige Stellung erreicht ist, siehe »Scheibenwischerarme einstellen« im Kapitel »Wartung«.
Nicht gewischte Flächen.	Wischgummi aus der Fassung herausgerissen.	■ Wischgummi vorsichtig in die Fassung einsetzen.
	Wischerblatt liegt nicht mehr gleichmäßig an der Scheibe an, da Federschienen oder Bleche verbogen.	■ Wischerblatt ersetzen. Dieser Fehler tritt vor allem bei unsachgemäßem Montieren eines Ersatzblattes auf.
	Anpreßdruck durch Wischerarm zu gering.	■ Wischerarmgelenke und Feder leicht einölen oder neuen Arm einbauen.

Beleuchtungsanlage

Zur Beleuchtungsanlage zählen: Hauptscheinwerfer, Heckleuchten, Bremsleuchten, Rückfahrscheinwerfer, Blinkleuchten, Nebelschlußleuchten, Kennzeichenleuchten und Innenleuchten. Die Instrumentenbeleuchtung wird im Kapitel »Armaturen« abgehandelt.

Glühlampen verschleißen mit der Zeit. Etwa alle 2 Jahre sollten sie deshalb ausgewechselt werden, auch wenn sie noch intakt sind. Dies gilt nicht für Halogenlampen, wie sie beispielsweise in den Hauptscheinwerfern verwendet werden. Sie halten normalerweise wesentlich länger und müssen erst bei einem Defekt gewechselt werden. Eine Glühlampe mit verminderter Leuchtkraft erkennt man auch an schwarzen Ablagerungen auf dem Glaskolben.

Vor dem Auswechseln einer Glühlampe Schalter des betreffenden Verbrauchers ausschalten. **Achtung: Glaskolben nicht mit bloßen Fingern anfassen.** Der Fingerabdruck würde verdunsten und sich – aufgrund der Wärme – auf dem Reflektor niederschlagen und diesen erblinden lassen. Grundsätzlich Glühlampe nur durch eine gleiche Ausführung ersetzen. Versehentlich entstandene Berührungsflecken mit sauberem, nicht faserndem Tuch und Spiritus entfernen.

Lampentabelle

Um jederzeit eine Lampe auswechseln zu können, sollte stets ein Kasten mit den wichtigsten Ersatzlampen im Fahrzeug mitgeführt werden.

12-V-Glühlampe für	Typ	Leistung
Abblendlicht	H7	55 W
Fernlicht bis 9/00	H1	60 W
Fernlicht ab 10/00	H7	55 W
Fernlicht mit Nebellicht bis 9/00	H4	60/55 W
Standlicht vorn	Glassockel	5 W
Blinklicht vorn/hinten	Bajonett	21 W
Seitliche Blinker	Glassockel	5 W
Brems-/Schlußlicht bis 9/00	Bajonett	21/5 W
Brems-/Schlußlicht seit 10/00: je 2 Lampen pro Leuchte*	Bajonett	21/4 W
Rückfahrlicht	Bajonett	21 W
Nebelschlußlicht	Bajonett	21 W
Kennzeichenleuchte	Soffitte	5 W
Gepäckraumleuchte	Soffitte	10 W
Innenleuchte	Soffitte	10 W

*) Für das Schlußlicht sind nur die 4 Watt belegt.

Glühlampen für Außenleuchten auswechseln

Hinweis: Arbeitsschritte und Abbildungen beziehen sich auf die Modelle bis 9/00. Abweichende Arbeitsschritte für die **Modelle ab 10/00** stehen am Ende der jeweiligen Abschnitte.

- Schalter der betreffenden Lampe ausschalten.
- Zündung ausschalten.

Abblendlicht

Sicherheitshinweis:
H7-Lampen stehen unter Druck und können beim Lampenwechsel platzen. Deshalb beim H7-Lampenwechsel Arbeitshandschuhe und Schutzbrille tragen.
Beim Wechsel von **Gasentladungslampen (Xenon-Licht)** besteht unter Umständen Lebensgefahr durch unsachgemäßen Umgang mit dem Hochspannungsteil der Lampe. Der Wechsel wird daher nicht beschrieben.

- Motorhaube öffnen.

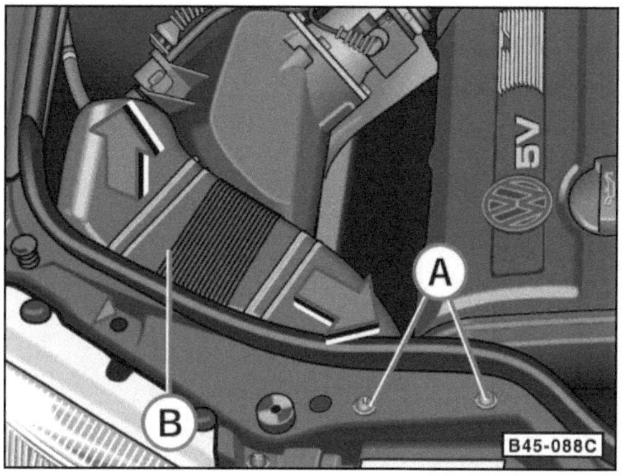

- Um an die Lampen des rechten Scheinwerfers zu gelangen, Luftführung –B– ausbauen. Dazu 2 Schrauben –A– herausdrehen. Luftführung an der rechten Seite, in Fahrtrichtung gesehen, hochziehen und zur Fahrzeugmitte hin wegschieben.
- Große Abdeckkappe hinten am Scheinwerfer nach hinten abziehen und abnehmen.

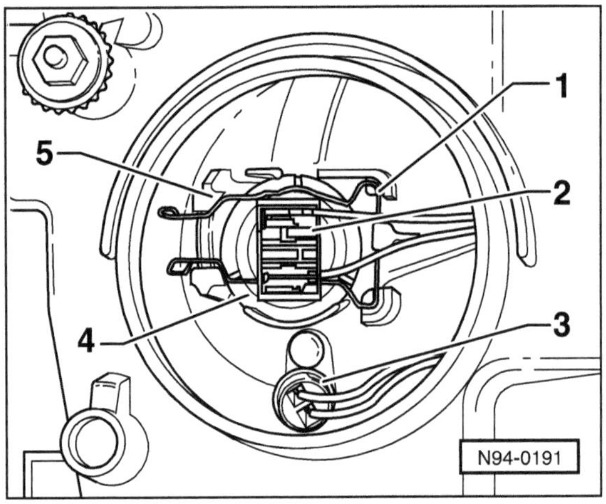

- Kabelstecker –2– von der Lampe abziehen.
- Federdrahtbügel –1– über die Rastnasen –5– drücken und zur Seite klappen.
- Lampe –4– aus dem Reflektor herausziehen.
- Neue Glühlampe so einsetzen, daß die Nasen in die entsprechenden Aussparungen am Gehäuse passen.

Achtung: Glaskolben nicht mit bloßen Fingern anfassen. Versehentlich entstandene Berührungsflecken mit sauberem, nicht faserndem Tuch und Spiritus entfernen.

- Federklammer zurückklappen und in die Haltenasen einrasten.
- Stecker auf die Fassung aufdrücken.
- Scheinwerfereinstellung von einer Fachwerkstatt kontrollieren lassen.
- Abdeckkappe an der Scheinwerferrückseite einsetzen.

Speziell ab 10/00

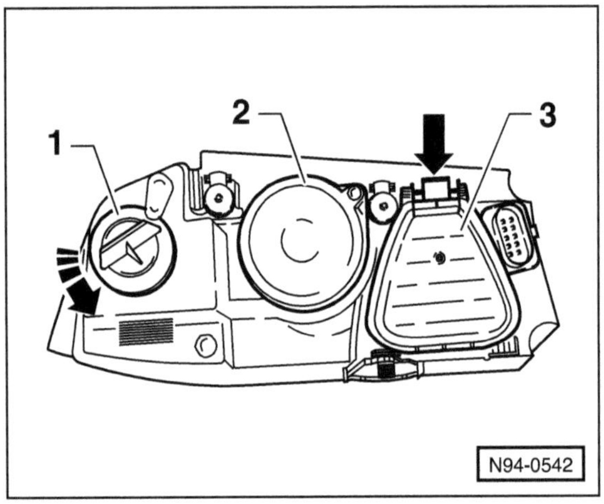

- Kleine Abdeckkappe –2– an der Scheinwerferrückseite abnehmen. 1 – Lampenfassung für Blinkleuchte, 3 – Große Abdeckkappe für Fern-/Standlicht.
- Lampenfassung mit Stecker im Gegenuhrzeigersinn drehen und aus dem Reflektor herausziehen.
- Lampe aus der Fassung herausziehen und ersetzen.

Fernlicht oder Fernlicht/Nebellicht

- Kleine Abdeckkappe hinten am Scheinwerfer nach hinten abziehen und abnehmen.

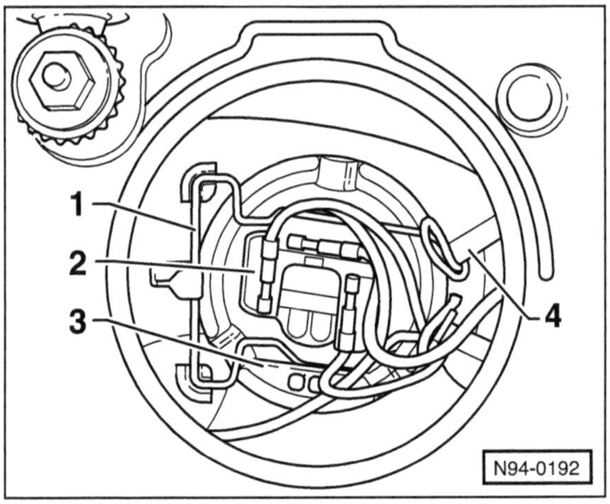

- Kabelstecker –2– von der Lampe abziehen.
- Federdrahtbügel –1– über die Rastnasen –4– drücken und zur Seite klappen.
- Lampe –3– aus dem Reflektor herausziehen.
- Neue Glühlampe so einsetzen, daß die Nasen in die entsprechenden Aussparungen am Gehäuse passen.

Achtung: Glaskolben nicht mit bloßen Fingern anfassen. Versehentlich entstandene Berührungsflecken mit sauberem, nicht faserndem Tuch und Spiritus entfernen.

- Federklammer zurückklappen und in die Haltenasen einrasten.
- Stecker auf die Fassung aufdrücken.
- Abdeckkappe an der Scheinwerferrückseite einsetzen.

Speziell ab 10/00

- Große Abdeckkappe an der Scheinwerferrückseite abnehmen.
- Lampenfassung mit Stecker im Gegenuhrzeigersinn drehen und aus dem Reflektor herausziehen.
- Lampe aus der Fassung herausziehen und ersetzen.

Standlicht

- Große Abdeckkappe hinten am Scheinwerfer nach hinten abziehen und abnehmen.
- Fassung –3– mit Glühlampe aus dem Reflektor herausziehen, siehe Abbildung N94-0191.
- Glühlampe aus der Fassung ziehen.
- Neue Glühlampe in die Fassung einsetzen.
- Fassung mit Lampe in den Reflektor bis zum Anschlag eindrücken.
- Abdeckkappe an der Scheinwerferrückseite einsetzen.
- Motorhaube schließen.

Blinklicht vorn

- Blinkleuchte vorn ausbauen, siehe entsprechendes Kapitel.

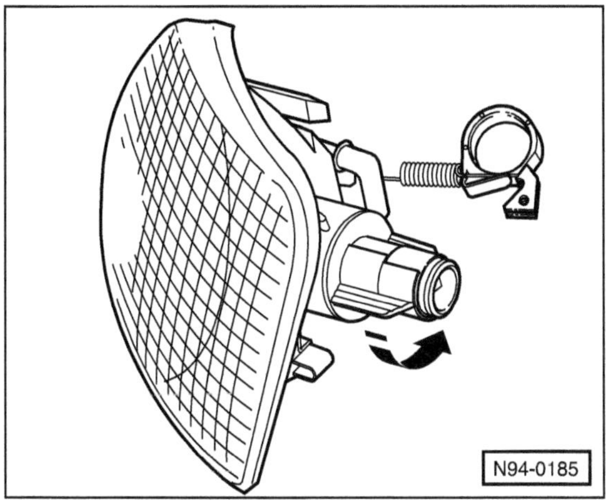

- Glühlampenfassung in Pfeilrichtung drehen und aus dem Gehäuse herausziehen.
- Lampe leicht in die Fassung hineindrücken, um 90° (¼ Umdrehung) nach links drehen und Lampe herausnehmen.

Achtung: Glaskolben der Lampe nicht mit den Fingern berühren. Sauberen Lappen zwischenlegen oder dünne Handschuhe anziehen.

- Neue Lampe einsetzen, leicht eindrücken und nach rechts drehen.
- Fassung mit eingesetzter Glühlampe in den Reflektor stecken und durch Rechtsdrehen befestigen.
- Blinkleuchte einbauen, siehe entsprechendes Kapitel.

Speziell ab 10/00

- Lampenfassung für Blinklicht an der Scheinwerferrückseite im Gegenuhrzeigersinn drehen und mit Glühlampe aus dem Reflektor herausziehen.

Blinklicht seitlich

Bis 10/03

Hinwei: Seit 11/03 sitzt die Seitenblinkleuchte im Außenspiegel, siehe Seite 307.

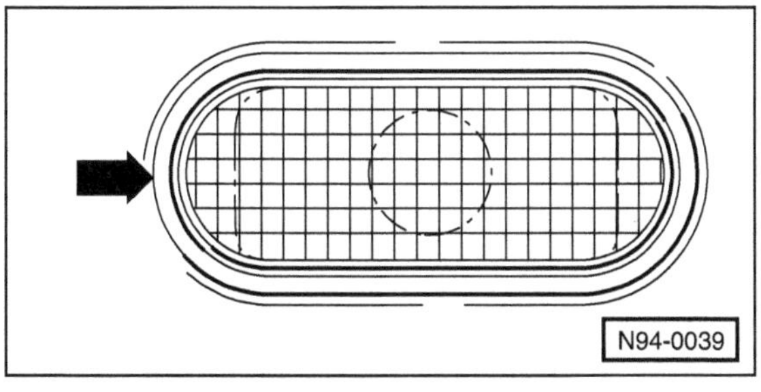

- Blinkleuchte mit den Fingern nach vorn in Richtung Scheinwerfer drücken und am hinteren Teil aus der Öffnung im Kotflügel herausheben.

Achtung: Beim Ausbauen wird die Leuchte gegen die Kraft der Kunststoffeder nach vorn geschoben. Falls sich die Leuchte nicht verschieben läßt, kann sie auch umgekehrt eingebaut sein. Das heißt, die Kunststoffeder befindet sich hinten und die Leuchte muß zum Ausbau in Richtung Fahrzeugheck geschoben werden.

- Lampenfassung vom Gehäuse abziehen.
- Glühlampe aus der Fassung ziehen und ersetzen.
- Fassung mit Lampe in das Gehäuse stecken.
- Leuchte mit den beiden Kunststoffhaken in die Öffnung des Kotflügels einhängen und auf der anderen Seite eindrücken und einrasten.

Heckleuchte

- Kofferraumdeckel/Heckklappe öffnen.
- **Limousine:** Verkleidung vor den Heckleuchten im Kofferraum zur Seite klappen.
- **Variant:** Klappe für seitliches Staufach im Laderaum hinter der Heckleuchte öffnen. Inhalt des Staufaches ausräumen. Halterung für Wagenheber und Warndreieck ausbauen.
- Steckverbindung für Heckleuchte abziehen.

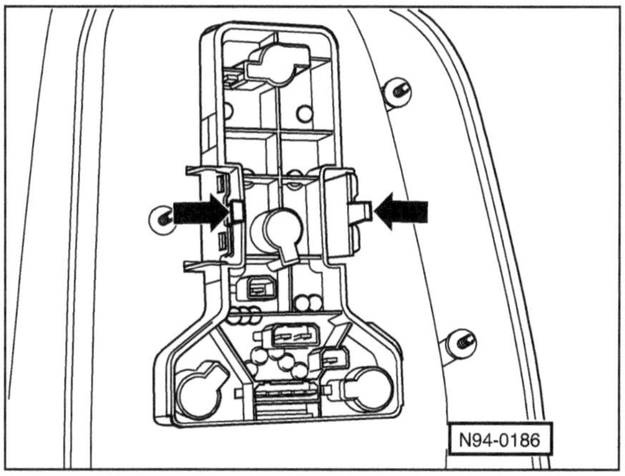

- Haltelaschen in Pfeilrichtung drücken und dadurch Lampenträger entriegeln.
- Lampenträger herausziehen.
- Defekte Glühlampe leicht in die Fassung hineindrücken, um 90° (¼ Umdrehung) nach links drehen und herausnehmen.

Achtung: Glaskolben der Lampe nicht mit den Fingern berühren. Sauberen Lappen zwischenlegen oder dünne Handschuhe anziehen.

- Neue Lampe einsetzen, leicht eindrücken und nach rechts drehen.
- Lampenträger in die Heckleuchte einsetzen, andrücken und einrasten.
- Steckverbindung am Lampenträger aufschieben.
- **Limousine:** Verkleidung im Kofferraum zurückklappen.
- **Variant:** Ausgeräumten Inhalt in das Staufach einsetzen und Klappe schließen.
- Kofferraumdeckel/Heckklappe schließen.

Speziell ab 10/00

Limousine

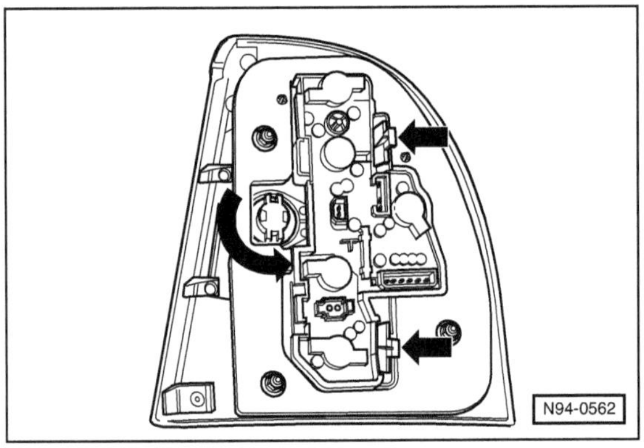

- 2 übereinanderliegende Haltelaschen –Pfeile– entriegeln und Lampenträger herausnehmen.
- Lampe für Rückfahrscheinwerfer: Heckleuchte ausbauen, Lampenfassung auf der Heckleuchtenrückseite im Gegenuhrzeigersinn –Pfeilrichtung– drehen und herausnehmen.

VARIANT

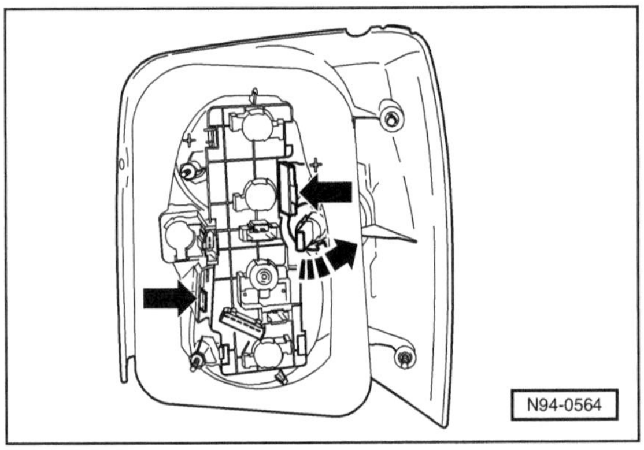

- Zuerst Lampenfassung für Blinklicht im Gegenuhrzeigersinn drehen und herausnehmen.
- Anschließend zwei diagonal gegenüberliegende Haltelaschen entriegeln und Lampenträger herausnehmen.

Kennzeichenbeleuchtung

- Heckklappe öffnen.

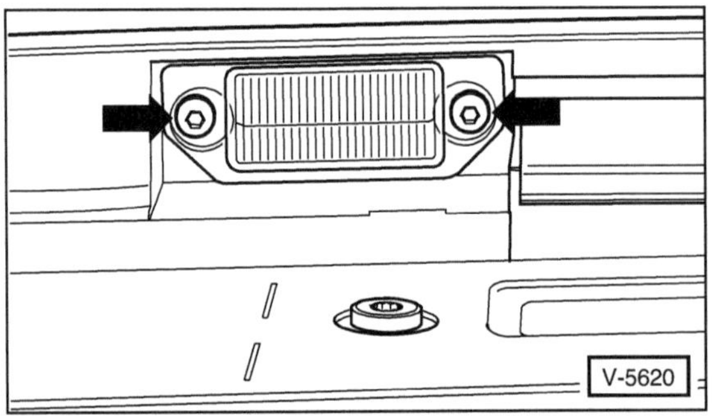

- Kennzeichenleuchte abschrauben –Pfeile–.
- Streuglas abnehmen.
- Lampe ersetzen.
- Streuglas einsetzen.
- Kennzeichenleuchte einsetzen und anschrauben.
- Heckklappe schließen.

Zusatzbremsleuchte

Limousine

Die Zusatzbremsleuchte ist in den hinteren Teil der Hutablage direkt an der Heckscheibe eingebaut.

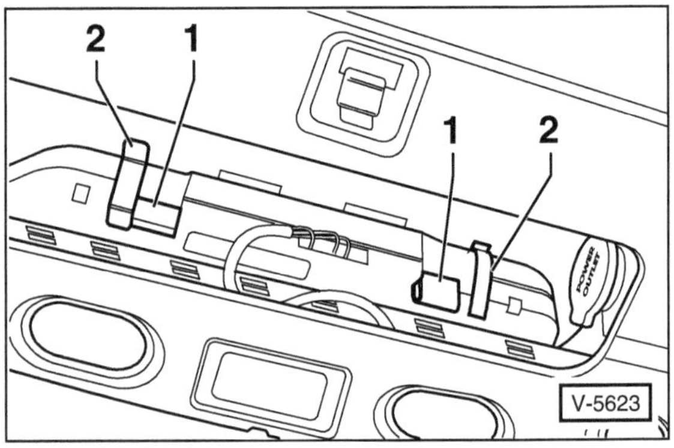

- Lampenträger ausbauen. Dazu Kunststoff-Federlaschen –1– nach hinten drücken. 2 – Metallhaltefedern für Zusatzbremsleuchte.
- Stecker abziehen.

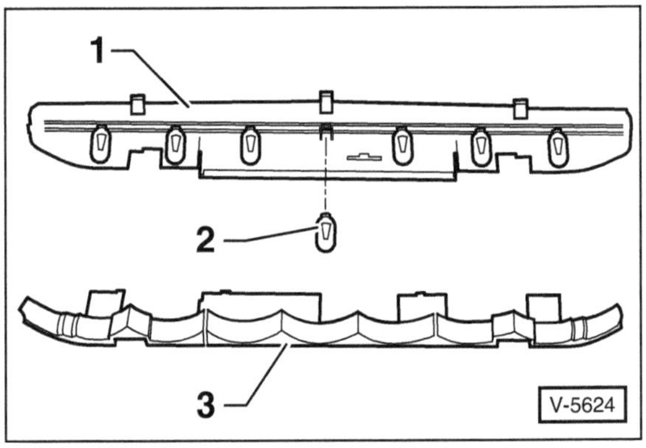

- Defekte Glühlampe –2– aus dem Lampenträger –1– herausziehen und neue Lampe einstecken. 3 – Reflektor.
- Stecker am Lampenträger aufschieben.
- Lampenträger einsetzen, andrücken und einrasten.

Variant

Die Zusatzbremsleuchte befindet sich oben in der Heckklappe hinter der Heckscheibe.

- Innenverkleidung der Heckklappe ausbauen, siehe Seite 274.

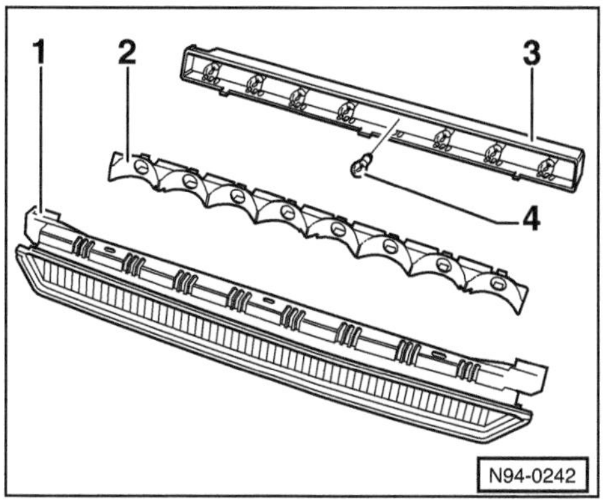

- Lampenträger -3- von der Bremsleuchte abziehen, dabei die Rastnasen reindrücken.
- Defekte Glühlampe -4- aus dem Lampenträger -3- herausziehen und neue Lampe einstecken. **Hinweis:** Die Streuscheibe -1 - ist mit 2 Kreuzschlitzschrauben befestigt. 2 - Reflektor.
- Lampenträger einsetzen, andrücken und einrasten.
- Innenverkleidung der Heckklappe einbauen, siehe Seite 274.

Speziell ab 10/00

Hinweis: Auf dem Lampenträger sind auf einer Platine Leuchtdioden fest verlötet. Der Wechsel einzelner Leuchtdioden ist nicht möglich, der Lampenträger kann nur komplett ersetzt werden.

Limousine

- Lampenträger mit einem Schraubendreher vom Halter der Zusatzbremsleuchte ausclipsen.

Variant

- Untere Heckklappenverkleidung ausbauen.
- Bremsleuchte vom Halter abziehen, dabei die Rastnasen links und rechts außen sowie in der Mitte hineindrücken.

Glühlampen für Innenleuchten auswechseln

Innenleuchte/Leseleuchte

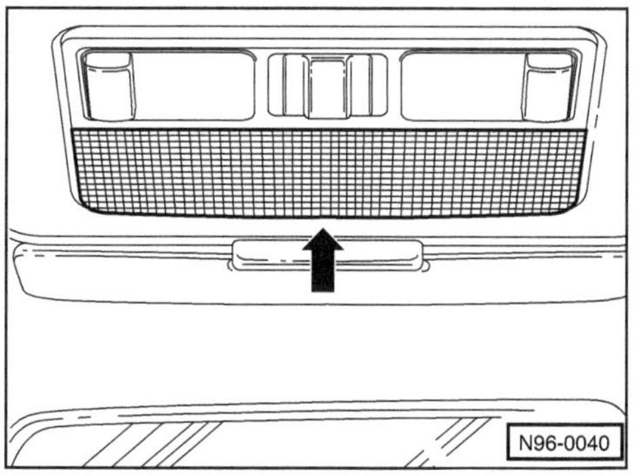

- Streuglas der 3teiligen Innenleuchte mit den Fingern vorn -Pfeil- vorsichtig herunterziehen.
- Defekte Soffittenlampe aus der Fassung ziehen und ersetzen. Dabei auf festen Sitz der Lampe achten, gegebenenfalls die Kontaktklammern nachbiegen.
- Defekte Leselampe herausziehen und ersetzen.

Achtung: Läßt sich die neue Lampe nicht in die Fassung einstecken, Leuchtengehäuse mit 2 Kreuzschlitzschrauben abschrauben. Von der Rückseite her Fassung für Leselampe um 90° (¼ Umdrehung) nach rechts drehen und herausnehmen. Neue Lampe in die Fassung stecken, Fassung am Gehäuse einsetzen und durch Linksdrehen befestigen. Leuchtengehäuse anschrauben.

- Streuglas einsetzen und einrasten.

Gepäckraumleuchte/seitliche Leseleuchte

- Heckklappe öffnen.

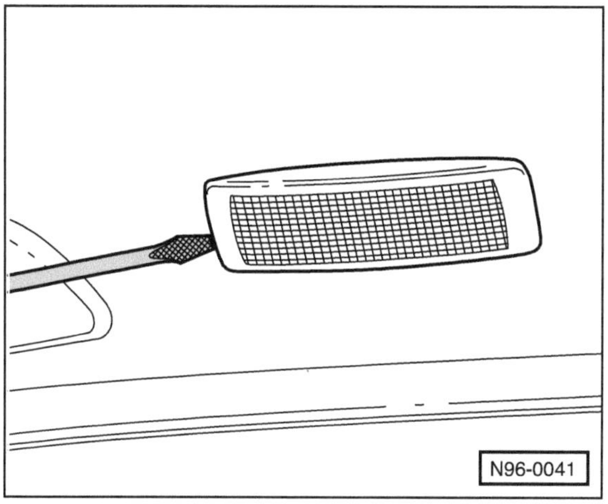

- Schmalen Schraubendreher in die Aussparung der Leuchte stecken, gegen die Kraft der Haltefeder hineindrücken und Leuchte vorsichtig abhebeln und herausschwenken.

Hinweis: Falls keine Aussparung vorhanden ist, Schraubendreher in der Mitte einer Stirnseite einsetzen und prüfen, ob er sich gegen die Federkraft weiter einschieben läßt. Andernfalls Schraubendreher auf der anderen Stirnseite einsetzen.

- Steckerrasten zusammendrücken und Leuchte abnehmen.
- Defekte Soffittenlampe aus der Fassung ziehen und ersetzen. Dabei auf festen Sitz der Lampe achten, gegebenenfalls die Kontaktklammern nachbiegen.
- Eventuell verbogene Haltefeder für Leuchtengehäuse zur Gehäuse-Außenseite hin nachbiegen.
- Stecker aufschieben und einrasten.
- Leuchte an der »Steckerseite« einsetzen, in die Öffnung schwenken und einrasten.

Scheinwerfer aus- und einbauen

Das Scheinwerfergehäuse kann nicht zerlegt werden, bei einem Defekt muß es komplett ersetzt werden.

Wenn allerdings nur die unteren Befestigungslaschen des Scheinwerfers abgebrochen sind, können diese einzeln erneuert werden, siehe Abschnitt am Ende des Kapitels.

Modell bis 9/00

Ausbau

- Blinkleuchte ausbauen, siehe entsprechendes Kapitel.

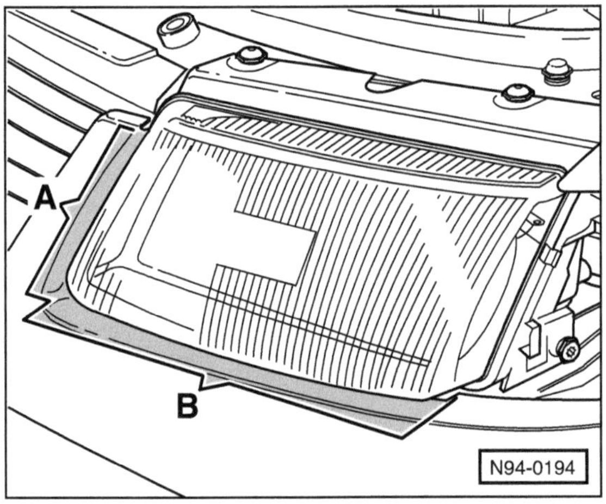

N94-0194

- Um Lackschäden beim Herausnehmen des Scheinwerfers zu vermeiden, Blendrahmen im Bereich –A– und –B– mit Klebeband abkleben.
- Mehrfachsteckverbindungen hinten am Scheinwerfer abziehen.
- Stecker am Stellmotor für Leuchtweitenregelung abziehen.

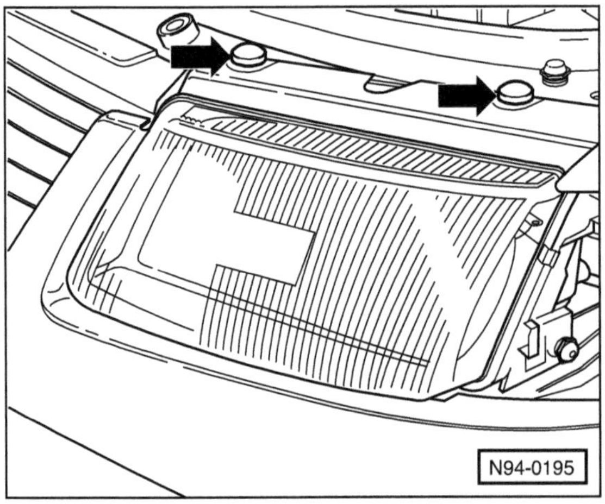
N94-0195

- Schutzkappen für die oberen Schrauben mit Schraubendreher abhebeln.

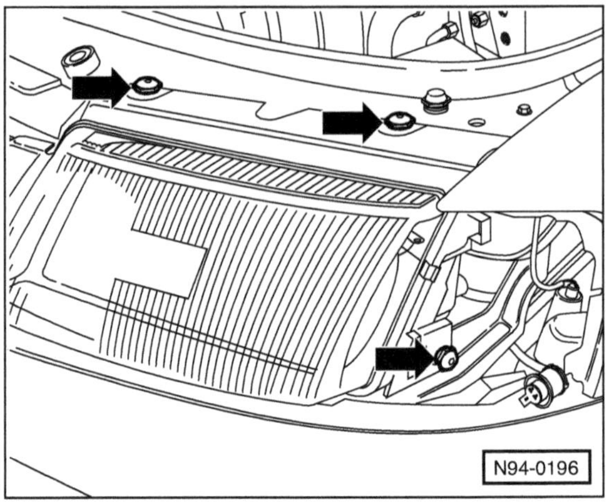
N94-0196

- 3 Schrauben herausdrehen.

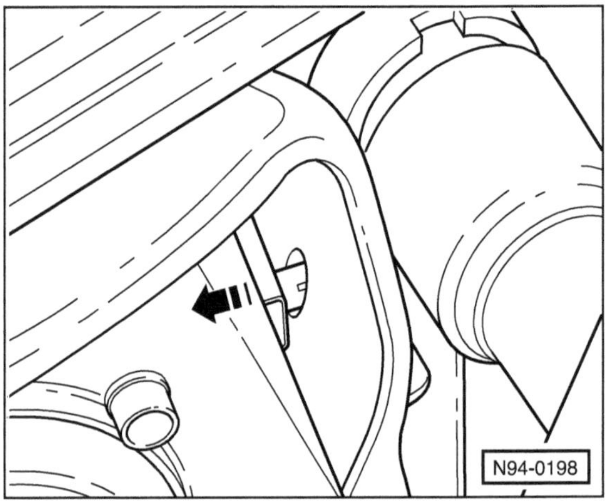
N94-0198

- Scheinwerfergehäuse seitlich nach außen aus der Zapfenbefestigung herausziehen.
- Scheinwerfer vorsichtig herausnehmen. Dabei gegebenenfalls Blendrahmen mit Kühlergrill etwas zur Seite drücken.

Einbau

- Scheinwerfer vorsichtig von vorn in den Scheinwerferausschnitt der Karosserie einsetzen. Dabei gegebenenfalls Blendrahmen mit Kühlergrill etwas zur Seite drücken.
- Scheinwerfereinsatz seitlich nach innen in die Zapfenbefestigung schieben, siehe Abbildung N94-0198.
- Befestigungsschrauben –Pfeile– ganz leicht mit 3,5 Nm festziehen, siehe Abbildung N94-0196.
- Einbaulage des Scheinwerfers auf gleichmäßige Spaltmaße zu den umliegenden Bauteilen prüfen, gegebenenfalls einpassen.

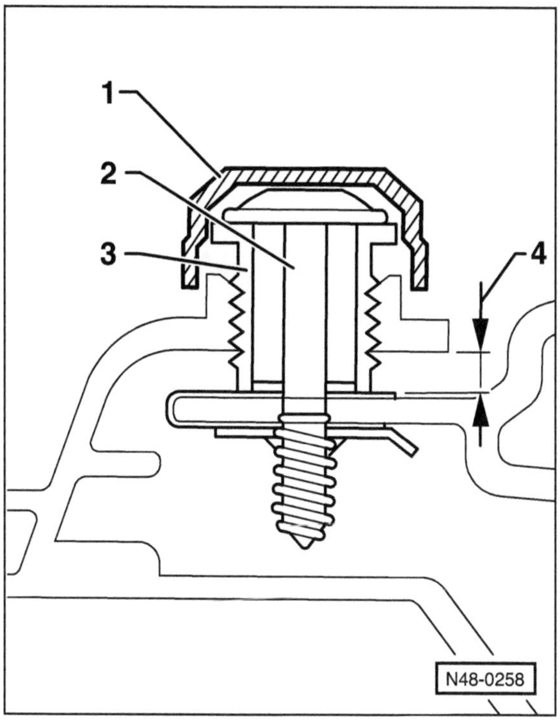

- Falls erforderlich, Scheinwerfer folgendermaßen einpassen:
  - ◆ 3 Befestigungsschrauben –2– des Scheinwerfers soweit lösen, bis sich der Scheinwerfereinsatz leicht in den Einstellbuchsen –3– hin- und herbewegen läßt.
  - ◆ Spaltmaße durch Hinein- oder Herausdrehen der Einstellbuchsen –3– mit einem Schraubenschlüssel SW 17 anpassen.
  - ◆ Befestigungsschrauben –2– mit 3,5 Nm anziehen und Einbaulage des Scheinwerfers erneut prüfen, gegebenenfalls korrigieren. 1 – Schutzkappe, 4 – Grundeinstellung 3,5 ± 2,5 mm.
- Schutzkappen auf die beiden oberen Schrauben aufdrücken.
- Sämtliche Steckverbindungen aufschieben.
- Blinkleuchte einbauen, siehe entsprechendes Kapitel.
- Scheinwerfereinstellung prüfen lassen, siehe Seite 87.

Untere Scheinwerferbefestigungslaschen ersetzen

- Scheinwerfer ausbauen.
- Sockel der Befestigungslasche am Scheinwerfer an der Bruchkante glattschleifen.
- Ersatzteil-Befestigungslasche auf den Sockel der bisherigen Lasche am Scheinwerfer aufstecken.
- Verriegelungsstift in der Mitte der Lasche mit kleinem Hammer vorsichtig einschlagen und damit Lasche befestigen.
- Scheinwerfer einbauen.

Modell ab 10/00

Ausbau

- Stoßfänger vorn und Kunststoffverstärkung hinter dem Stoßfänger ausbauen, siehe Seite 280.
- Mehrfachstecker vom Scheinwerfer abziehen.

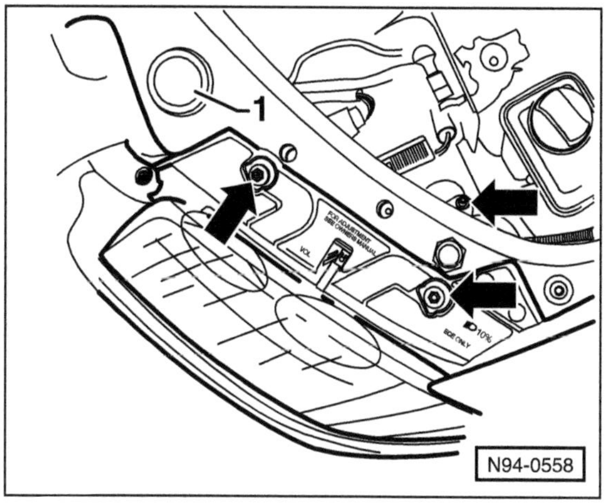

- Schutzkappe –1– von der Schraube oben abnehmen.
- 3 Befestigungsschrauben –Pfeile– und die Schraube unter der Schutzkappe –1– herausdrehen.
- Scheinwerfer vorsichtig nach vorn herausnehmen.

Einbau

- Der Einbau erfolgt in umgekehrter Ausbaureihenfolge. Dabei auf gleichmäßige Spaltmaße des Scheinwerfers zu den umliegenden Bauteilen achten.
- Scheinwerfereinstellung prüfen lassen (Werkstattarbeit).

Nebelscheinwerfer aus- und einbauen/einstellen

Ab 10/00

Ausbau

- Abdeckung für Nebelscheinwerfer im unteren Teil des Stoßfängers ausclipsen.
- Nebelscheinwerfer mit 3 Kreuzschlitzschrauben abschrauben und herausziehen. **Hinweis:** Mit der Torxschraube wird die Neigung des Nebelscheinwerfers eingestellt.
- Steckverbindung trennen.

Einbau

- Der Einbau erfolgt in umgekehrter Ausbaureihenfolge.
- Nebelscheinwerfereinstellung prüfen lassen (Werkstattarbeit).

Blinkleuchte vorn aus- und einbauen

Bis 9/00

Ausbau

Achtung: Für den Ausbau der rechten Blinkleuchte vorher Ansaugluftführung ausbauen, siehe Seite 222.

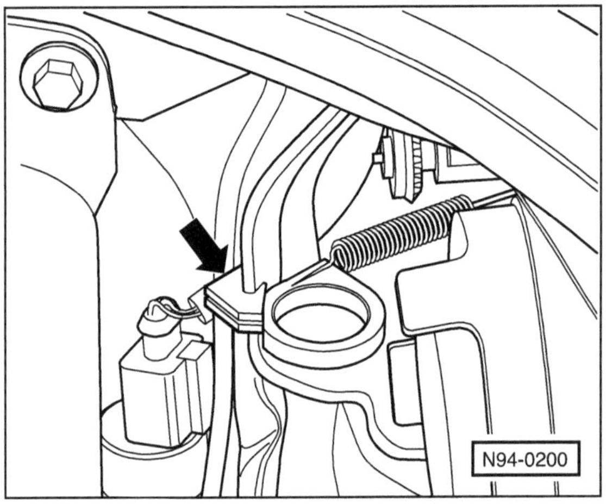

- Federbügel –Pfeil– im Motorraum an der Kunststoffhalterung aushängen.

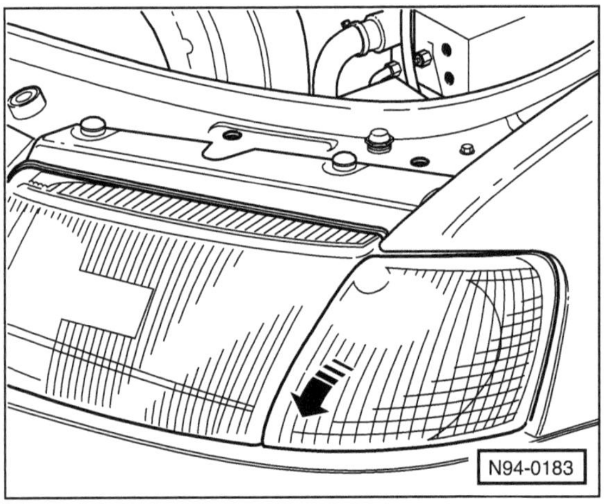

- Blinkleuchte in Pfeilrichtung nach vorn vom Scheinwerfergehäuse abziehen.
- Steckverbindung trennen.

Einbau

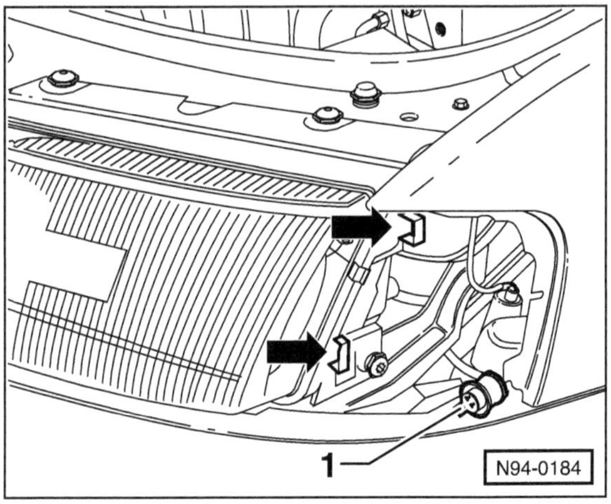

- Stecker –1– aufschieben.
- Blinkleuchte in den Kotflügelausschnitt schieben. Dabei müssen die Laschen an der Blinkleuchte in die Führungen am Scheinwerfergehäuse –Pfeile– eingreifen.
- Federbügel am Kunststoffhalter einhängen.

Heckleuchte aus- und einbauen

Ausbau

- Lampenträger ausbauen, siehe Kapitel »Glühlampen für Heckleuchte wechseln«.

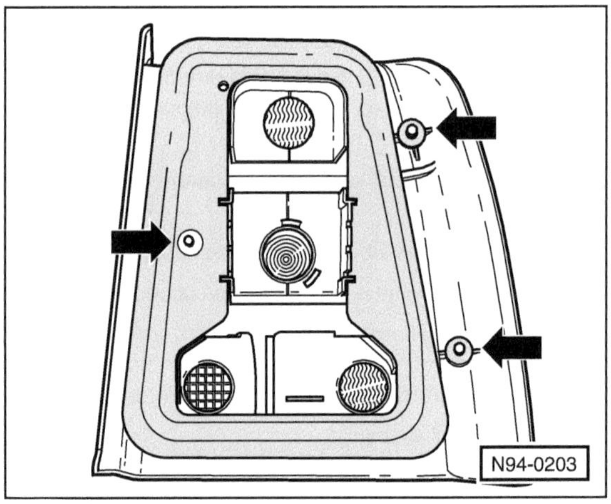

- 3 Befestigungsmuttern abschrauben und Heckleuchte nach außen abnehmen. In der Abbildung ist das Modell bis 9/00 dargestellt.

Einbau

- Dichtung für Heckleuchte auf Beschädigung sichtprüfen, gegebenenfalls ersetzen.
- Heckleuchte einsetzen und ganz leicht mit 3 Nm anschrauben.
- Lampenträger einbauen, siehe entsprechendes Kapitel.

Stellmotor für Leuchtweitenregelung aus- und einbauen

Modell bis 9/00

Ausbau

Der Stellmotor kann bei eingebautem Scheinwerfergehäuse ausgebaut werden. Auf der rechten Seite muß vorher die Ansaugluftführung ausgebaut werden, siehe Seite 222.

Bei Fahrzeugen mit Gasentladungslampen ist es zweckmäßiger, für den Ausbau des Stellmotors den Scheinwerfer auszubauen.

- Kleine Abdeckkappe für Fernlicht hinten am Scheinwerfer abziehen.
- Stecker am Stellmotor abziehen.

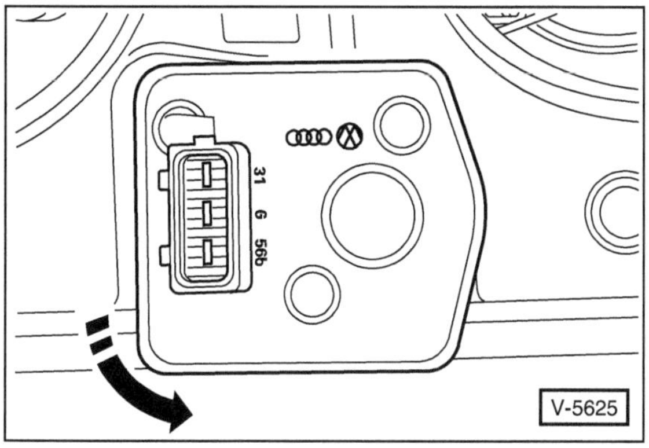

- Linker Scheinwerfer: Stellmotor durch Linksdrehen –Pfeil– entriegeln.
- Rechter Scheinwerfer: Stellmotor durch Rechtsdrehen entriegeln.
- Stellmotor herausziehen, dabei Kugelkopf der Stellachse seitlich aus der Kugelkopfaufnahme am Reflektor herausziehen. **Achtung:** Das Herausziehen kann durch die Gehäuseöffnung der Fernlichtlampe kontrolliert werden.

Einbau

- Reflektor durch die Gehäuseöffnung der Fernlichtlampe festhalten und Kugelkopf der Stellachse in die Kugelkopfaufnahme am Reflektor hineinschieben.
- Stellmotor durch Drehen in Einbaulage verriegeln. Die Drehrichtung ist entgegengesetzt wie beim Ausbau.
- Stecker am Stellmotor aufschieben.
- Abdeckkappe für Fernlichtlampe aufschieben.

Speziell ab 10/00

Ausbau

- Scheinwerfer ausbauen, siehe Seite 84.
- Große Abdeckkappe an der Scheinwerferrückseite abnehmen.
- Steckverbindung vom Stellmotor ziehen.
- Stellmotor durch Rechtsdrehen beim linken und durch Linksdrehen beim rechten Scheinwerfer entriegeln.
- Kugelkopf der Stellachse aus der Führung am Reflektor herausziehen.

Einbau

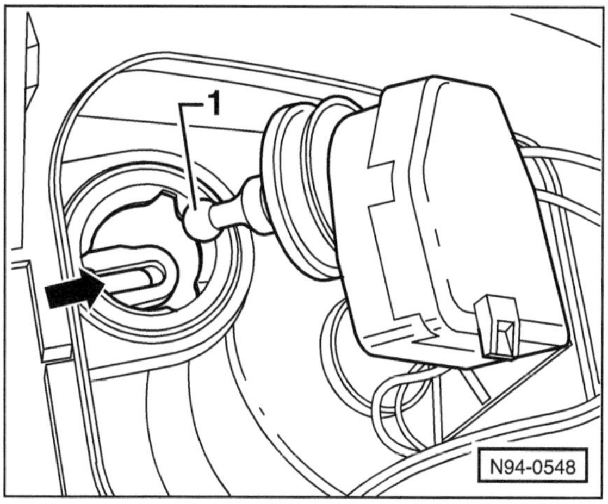

- Stellmotor mit der Stellachse –1– in die Kugelkopfführung einsetzen, dabei die Reflektor-Grundplatte hochdrücken.
- Stellmotor durch Drehen in Einbaulage verriegeln.
- Steckverbindung aufstecken. Abdeckkappe aufdrücken. Scheinwerfer einbauen, siehe Seite 84.

Scheinwerfer einstellen

Für die Verkehrssicherheit ist die richtige Einstellung der Scheinwerfer von großer Bedeutung. Die exakte Einstellung der Scheinwerfer ist nur mit einem Spezialeinstellgerät möglich. Es wird deshalb nur gezeigt, wo der Scheinwerfer eingestellt werden kann und welche Bedingungen zum richtigen Einstellen der Scheinwerfer erfüllt sein müssen.

Mit dem Einstellen der Scheinwerfer werden auch die Nebelscheinwerfer, falls vorhanden, eingestellt.

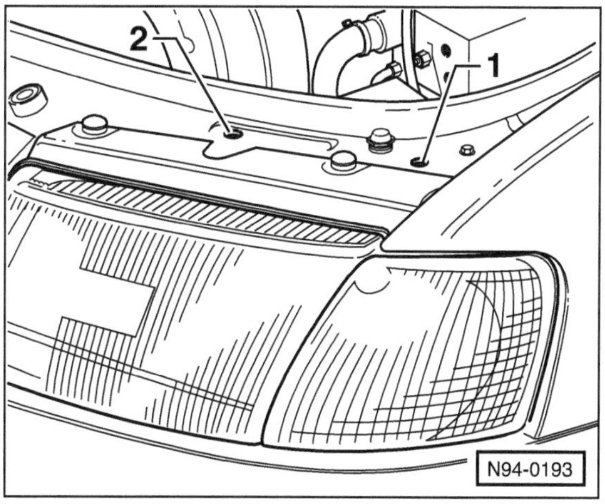

- Die Abbildung zeigt den linken Hauptscheinwerfer, beim rechten Scheinwerfer sind die Einstellschrauben spiegelbildlich angeordnet. 1 – Seitenverstellung; 2 – Höhenverstellung.

Einstellvoraussetzungen

- Reifen müssen den vorgeschriebenen Reifenfülldruck haben.
- Das unbeladene Fahrzeug muß mit 75 kg (eine Person) auf dem Fahrersitz belastet sein.
- Kraftstofftank füllen, mindestens zu 90%.
- Fahrzeug auf ebene Fläche stellen.
- Vorderwagen mehrmals kräftig nach unten drücken, damit die Federung der Vorderradaufhängung sich setzt.
- Leuchtweitenregulierung auf »0« stellen.
- Die Scheinwerfer dürfen nur bei Abblendlicht eingestellt werden. Das Neigungsmaß beträgt für Normalscheinwerfer X = 10 cm auf 10 m Entfernung. Das Neigungsverhältnis ist auf dem Scheinwerferhalter eingeprägt (1,0% ≙ 10 cm auf 10 m).

Einstellen

- Kreuzschlitzschraubendreher oder Innensechskantschlüssel durch die Bohrungen im Schloßträger führen.
- Einstellschrauben soweit verdrehen, bis die korrekte Einstellung erreicht ist.

Gasentladungslampen für Abblendlicht (Xenon-Licht)

Im Vergleich zur Scheinwerfer-Grundausführung erreichen Scheinwerfer mit Gasentladungslampen (Xenon-Licht) ein noch helleres Licht; es ähnelt dem Tageslicht. Unmittelbar nach dem Einschalten erreicht die Helligkeit das bisher bekannte Niveau; nach maximal 3 Sekunden haben die Gasentladungslampen ihre volle Leuchtkraft erreicht. Da außerdem das Nahfeld des Fahrzeuges breiter ausgeleuchtet wird, kann auf separate Nebelscheinwerfer verzichtet werden.

Beim Bi-Xenon-Licht wird für das Abblendlicht ein Teil des Lichtaustritts durch eine Blende abgedeckt, die bei »Fernlicht« weggeklappt wird. Da die Xenonlampe ein paar Sekunden braucht, um die volle Helligkeit zu entwickeln, sind für die Lichthupe zwei zusätzliche H7-Lampen vorhanden.

Bei den Gasentladungslampen wird in einem mit Xenongas gefüllten Lampenkolben durch Anlegen einer Spannung zwischen 2 Elektroden ein Lichtbogen erzeugt. Für den Betrieb der Gasentladungslampe sind eine Ansteuerelektronik und ein Hochspannungsgerät erforderlich. Es erzeugt kurzzeitig 28.000 Volt zur Zündung des Lichtbogens. Um die doppelte Beleuchtungsstärke einer herkömmlichen 55-Watt-Lampe zu erzeugen, genügt eine Gasentladungslampe mit einer Leistung von 35 Watt.

Gasentladungslampen haben eine hohe Lebensdauer. Ein Austausch ist, wenn überhaupt, erst nach mehreren Betriebsjahren erforderlich.

Das Scheinwerfersystem mit Xenonlicht ist mit einer dynamischen Leuchtweitenregulierung kombiniert, die extrem schnell auf Niveauänderungen des Fahrzeugs reagiert.

Für die Grundeinstellung der Gasentladungsscheinwerfer ist das VW-Diagnosegerät erforderlich, ebenso für das Auslesen des Fehlerspeichers.

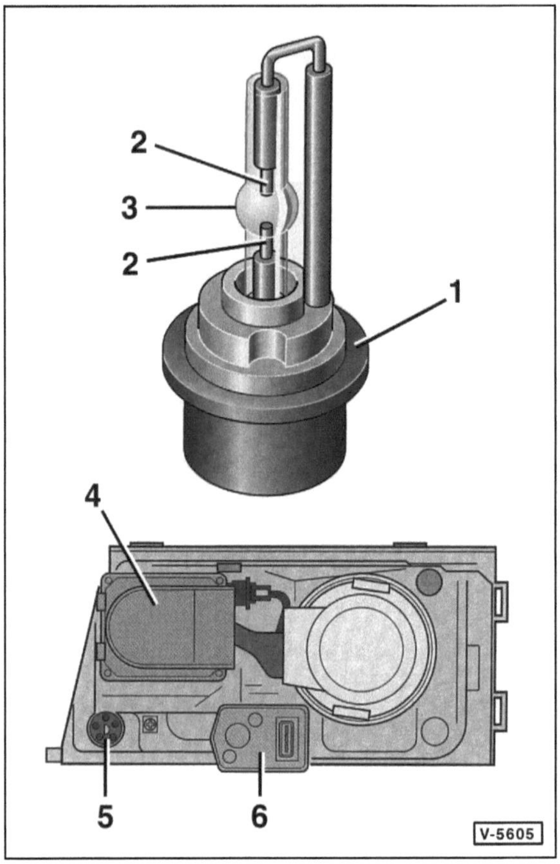

1 – Gasentladungslampe
2 – Elektroden
3 – Glaskolben, mit Xenon-Gasgemisch gefüllt.
4 – Vorschaltgerät
5 – Elektrischer Anschluß
6 – Stellmotor für Leuchtweitenregulierung

Dynamische Leuchtweitenregulierung bei Gasentladungs-Scheinwerfern

Um eine Blendwirkung für den Gegenverkehr auszuschließen, gehört zum Gasentladungs-Scheinwerferlicht eine dynamische Leuchtweitenregulierung, die automatisch die Leuchtweite der Scheinwerfer einstellt.

Sensoren an Vorder- und Hinterachse erfassen jede Niveauänderung des Fahrzeugs, die durch Beladung verursacht wurde. Ein elektronisches Steuergerät verarbeitet die Sensorsignale und regelt extrem schnell über Elektromotoren die Verstellung der Scheinwerfer-Reflektoren. Die dynamische Leuchtweitenregulierung sorgt für eine immer gleichbleibende Ausleuchtung der Fahrbahn.

Sicherheitshinweise zum Xenonlicht: Vor Arbeiten an den mit gelben Hochspannungssymbolen gekennzeichneten Teilen des Gasentladungsscheinwerfers unbedingt das Batterie-Masseband abklemmen. Anschließend das Abblendlicht ein und wieder ausschalten. Damit werden eventuelle Restspannungen abgebaut. Das Steuergerät für die Gasentladungsscheinwerfer darf nie ohne Gasentladungslampe betrieben werden. Die Gasentladungslampe darf Aufgrund der hohen Spannungen (über 28.000 V beim Zünden der Gasentladungslampe) und Temperaturen nur im Scheinwerfergehäuse betrieben werden.

Armaturen

Die Instrumente sind in einem Schalttafeleinsatz zusammengefaßt. Der Schalttafeleinsatz muß beispielsweise ausgebaut werden, wenn eine Glühlampe ersetzt werden soll. Sind einzelne Instrumente defekt, muß der gesamte Schalttafeleinsatz ersetzt werden, da er nicht zerlegbar ist.

Den Schalttafeleinsatz gibt es in 3 unterschiedlichen Ausführungen. Die normale Ausführung ist mit dem Drehzahlmesser und Digitaluhr, Ausführung 2 zusätzlich mit Multifunktionsanzeige und Ausführung 3 zusätzlich mit Navigationsanzeige ausgerüstet. Über den Multifunktionsmonitor werden folgende Funktionen angezeigt: Auto-Check-System, Außentemperatur, Bordcomputer, Ganganzeige für Automatikgetriebe und Navigationsanzeige.

Der Schalttafeleinsatz wird von einem Mikroprozessor gesteuert und verfügt über eine Eigendiagnose. Treten Störungen an Systembauteilen auf, werden Fehlercodes im Fehlerspeicher des Steuergerätes abgelegt. Die Fehlercodes können mit dem VW-Diagnosegerät ausgelesen werden. Außerdem können mit diesem Meßgerät beispielsweise folgende Funktionen angepaßt beziehungsweise korrigiert werden: Tankanzeige, Verbrauchsanzeige, Service-Intervall-Anzeige, Wegstreckenzähler.

In diesem Kapitel werden ebenfalls der Aus- und Einbau verschiedener Schalter und des Radios behandelt.

Schalttafeleinsatz aus- und einbauen

Ausbau

Achtung: Im Schalttafeleinsatz können nur Kontrollampen ausgetauscht werden, die als Glühlampen ausgelegt sind. Bei allen anderen Fehlern muß der Schalttafeleinsatz ausgetauscht werden. Bei Fahrzeugen mit blauer Ausleuchtung des Schalttafeleinsatzes ist nur die Kontrollampe für Anhängerbetrieb als Glühlampe ausgeführt. Nur sie kann einzeln ersetzt werden.

Falls der Schalttafeleinsatz erneuert werden soll, vor dem Ausbau Fehlerspeicher abfragen lassen. Außerdem die Werte der Service-Intervall-Anzeige und den Stand des Wegstreckenzählers über das VW-Diagnosegerät auslesen lassen und notieren (Werkstattarbeit).

Sicherheitshinweis:
Unbedingt Airbag-Sicherheitshinweise durchlesen, siehe Seite 131.

- Lenkstockschalter ausbauen, siehe entsprechendes Kapitel.

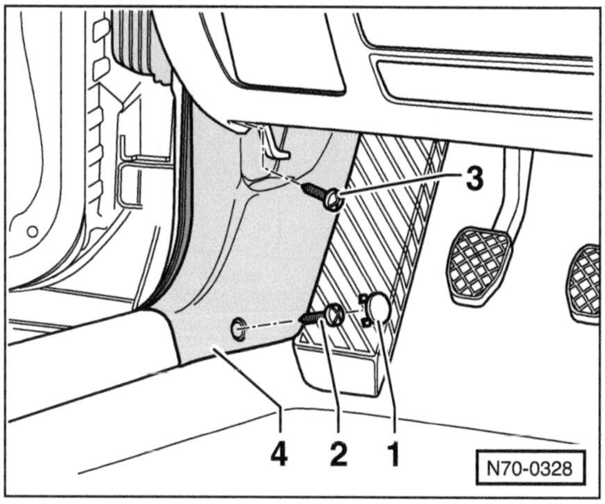

- Abdeckkappe –1– heraushebeln.
- Schrauben –2– und –3– herausdrehen.
- Untere Seitenverkleidung auf der Fahrerseite –4– an der Einstiegsleiste ausclipsen und herausnehmen.

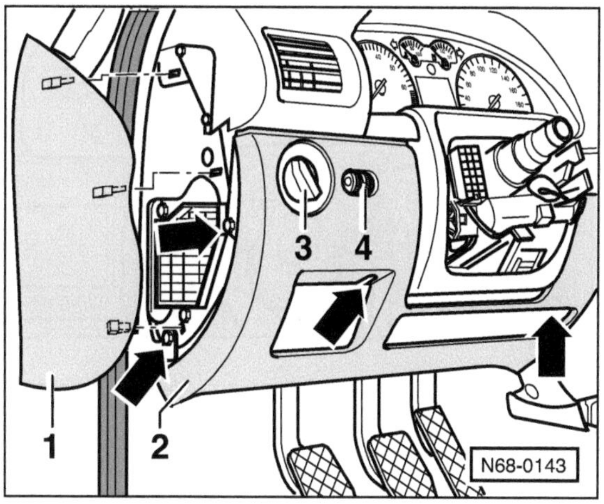

- Abdeckung –1– ausclipsen.
- Schrauben –Pfeile– herausdrehen.
- Untere Abdeckung auf der Fahrerseite –2– abnehmen.
- Stecker von Lichtschalter –3– und Einsteller für Leuchtweitenregelung –4– abziehen.

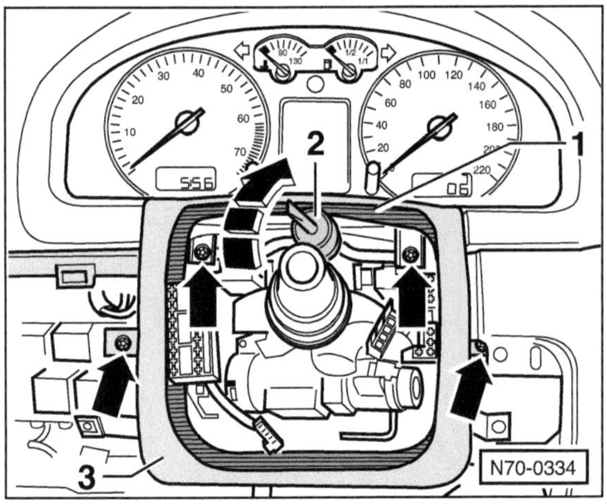

- Abdeckung –1– nach oben schieben und mit Schraubendrehergriff –2– festklemmen.
- 4 Schrauben –Pfeile– herausdrehen.
- Abdeckung –3– abnehmen.

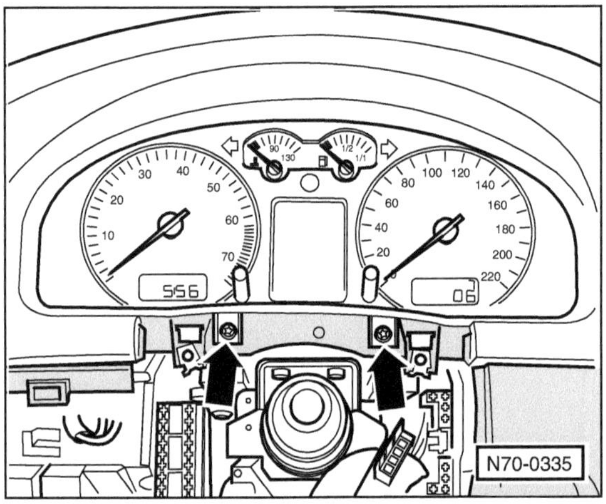

- Schalttafeleinsatz mit 2 Schrauben –Pfeile– abschrauben und herausnehmen.

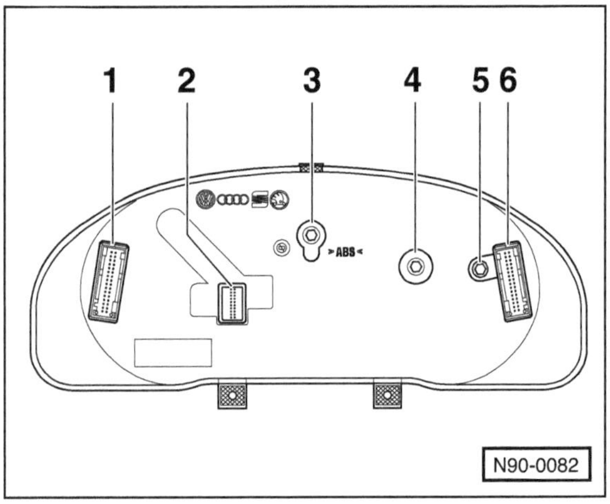

1 – Steckanschluß 32fach, grün
2 – Steckanschluß 20fach, rot, nur bei Ausführung 3
3 – Fernlicht-Kontrollampe, 1,12 Watt
4 – Abgas-Warnleuchte, 1,12 W
5 – Kontrollampe für Anhängerbetrieb, 1,12 Watt
6 – Steckanschluß 32fach, blau

- Steckverbindungen an der Rückseite des Schalttafeleinsatzes abziehen.
- Glühlampen sofern möglich wechseln.

Einbau

- Der Einbau erfolgt in umgekehrter Ausbaureihenfolge.
- Wurde der Schalttafeleinsatz erneuert, Service-Intervall-Anzeige und Wegstreckenzähler anpassen lassen (Werkstattarbeit).

Lenkstockschalter aus- und einbauen

Als Lenkstockschalter bezeichnet man die beiden Schalter an der Lenksäule für Blinker/Fernlicht und Scheibenwischer.

Ausbau

- Batterie-Massekabel (–) bei ausgeschalteter Zündung abklemmen. **Achtung:** Dadurch werden elektronische Speicher gelöscht, wie zum Beispiel der Radiocode. Ohne Code kann das Radio nur vom Hersteller freigeschaltet werden. Deshalb Hinweise im Kapitel »Batterie aus- und einbauen« durchlesen.

Sicherheitshinweis:
Unbedingt Airbag-Sicherheitshinweise durchlesen, siehe Seite 131.

- Airbageinheit auf der Fahrerseite ausbauen, siehe Seite 132.

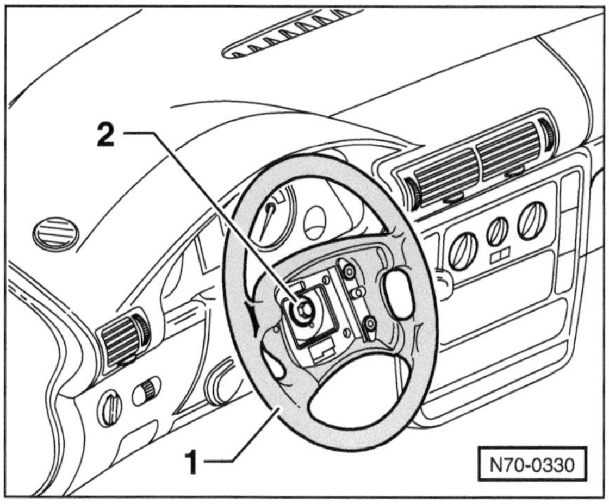

- Lenkrad in Mittelstellung bringen, so daß sich die Räder in Geradeausstellung befinden.
- Lenkrad –1– ausbauen. Dazu Schraube –2– herausdrehen, siehe Seite 134.

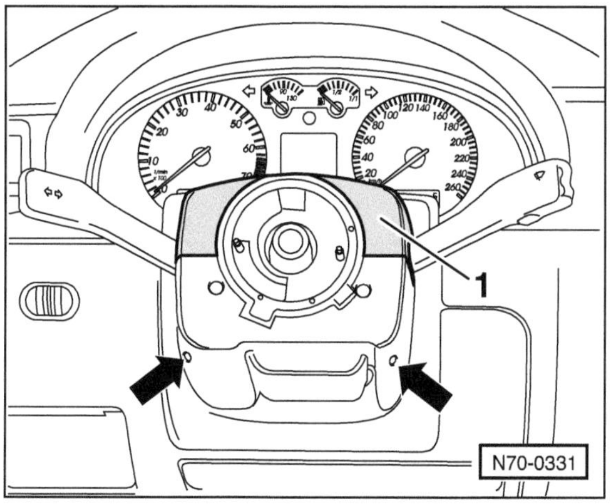

- 2 Kreuzschlitzschrauben –Pfeile– herausdrehen.
- Obere Verkleidung für Lenkstockschalter –1– abnehmen.

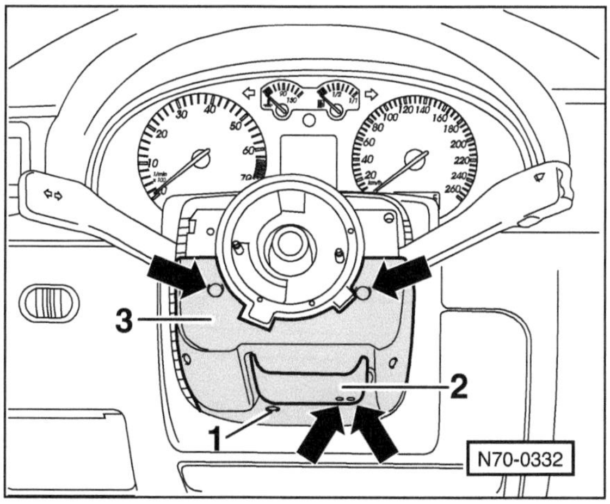

- 4 Kreuzschlitzschrauben –Pfeile– herausdrehen.
- Innensechskantschraube –1– herausdrehen.
- Höhenverstellung für Lenkrad –2– lösen.
- Untere Verkleidung für Lenkstockschalter –3– abnehmen.

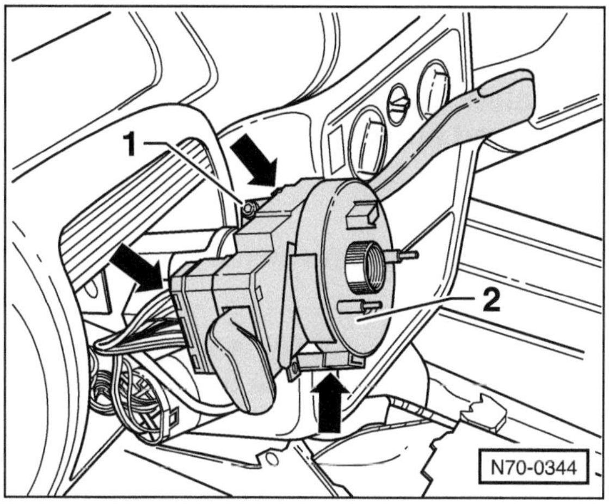

- Innensechskantschraube –1– lösen, nicht herausdrehen.
- Steckverbindungen –Pfeile– vom Lenkstockschalter abziehen.

Achtung: Die Wickelfeder –2– bleibt am Lenkstockschalter angebaut. Beim Ausbau darauf achten, daß die Wickelfeder nicht aus der Mittelstellung verdreht wird.

- Lenkstockschalter abnehmen.

Einbau

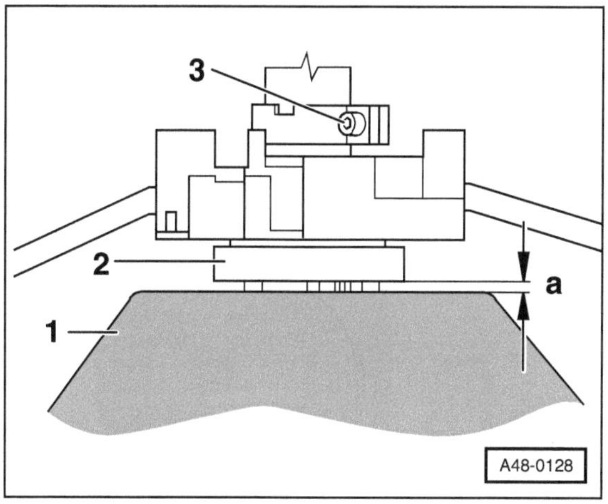

- Lenkstockschalter –2– nur auf die Lenksäule aufsetzen, noch nicht festschrauben.
- Lenkrad aufstecken.
- Lenkstockschalter –2– zunächst so mit der Innensechskantschraube –3– auf der Lenksäule fixieren, daß zum Lenkrad –1– der Abstand a = 3 mm beträgt.
- Lenkrad wieder abnehmen und den weiteren Einbau in umgekehrter Ausbaureihenfolge durchführen.
- Lenkrad einbauen, siehe Seite 134.

- Airbageinheit einbauen, siehe Seite 132.
- Batterie-Massekabel (–) anklemmen. **Achtung:** Elektronische Speicher für beispielsweise Sitz, Spiegel usw. sowie Zeituhr aktualisieren, siehe Kapitel »Batterie aus- und einbauen«.

Schalter und Leuchten aus- und einbauen

Lichtschalter/ Einsteller für Leuchtweitenregelung

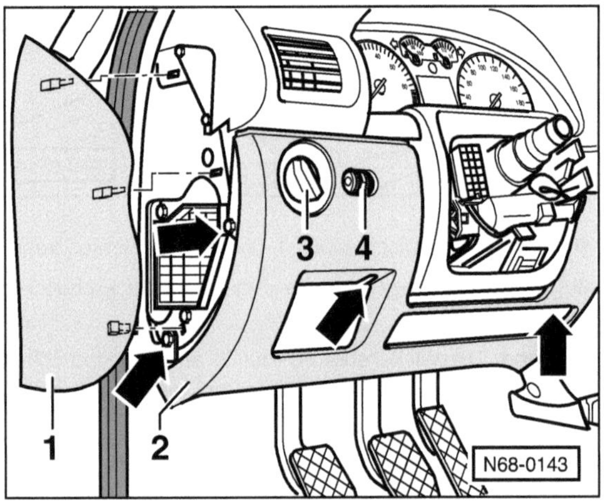

- Abdeckung –1– ausclipsen.
- Schrauben –Pfeile– herausdrehen.
- Untere Abdeckung auf der Fahrerseite –2– abnehmen.
- Stecker von Lichtschalter –3– und Einsteller für Leuchtweitenregelung –4– abziehen.

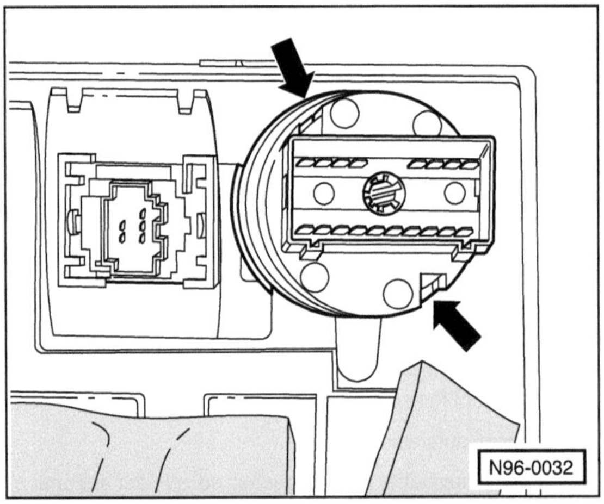

- Seitliche Rastnasen –Pfeile– am Lichtschalter/Einsteller für Leuchtweitenregelung zurückdrücken.
- Schalter nach vorn aus dem Einbaurahmen in der unteren Abdeckung herausdrücken.
- Lichtschalter in die Führungsstege des Einbaurahmens einsetzen, eindrücken und einrasten. Am Einsteller für Leuchtweitenregelung Haltelaschen nach außen drücken, bis die Rastnasen verriegeln.
- Stecker für Lichtschalter und Einsteller für Leuchtweitenregelung aufschieben.
- Untere Abdeckung anschrauben, seitliche Abdeckung einclipsen.

Regler für Schiebedachverstellung

- Streuglas für Innenleuchte vorsichtig abhebeln und abnehmen.

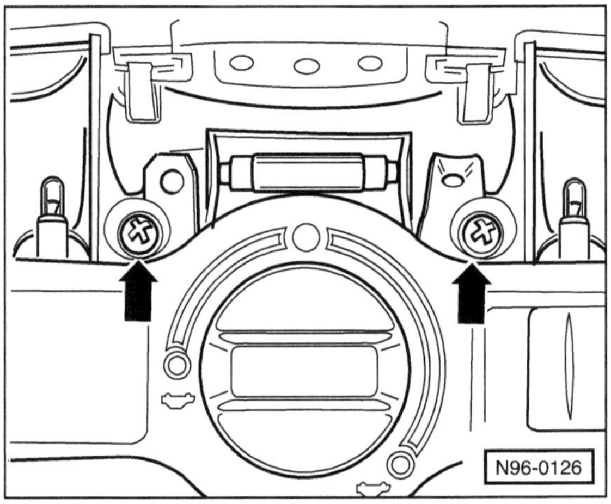

- Befestigungsschrauben –Pfeile– herausdrehen.
- Steckverbindungen abziehen.
- Der Einbau erfolgt in umgekehrter Ausbaureihenfolge.

Fensterheberschalter Fahrerseite

Die Fensterheberschalter in der Fahrertür können nicht einzeln ersetzt werden. Bei einem Defekt muß das komplette Bedienteil mit Türsteuergerät ersetzt werden.

- Türinnengriff ausbauen, siehe Seite 269.

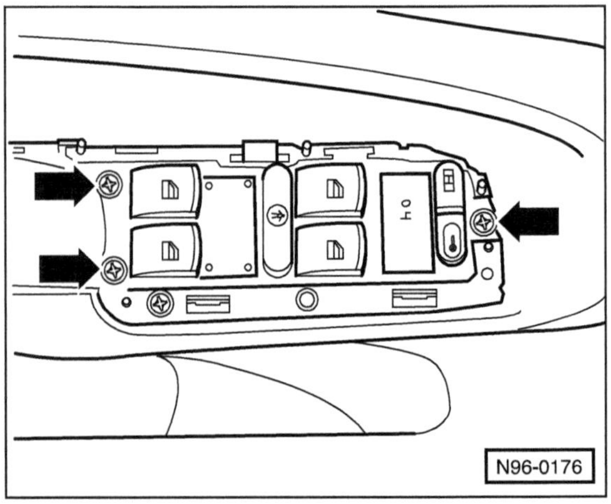

- Bedieneinheit abschrauben und nach oben aus der Türverkleidung herausziehen.

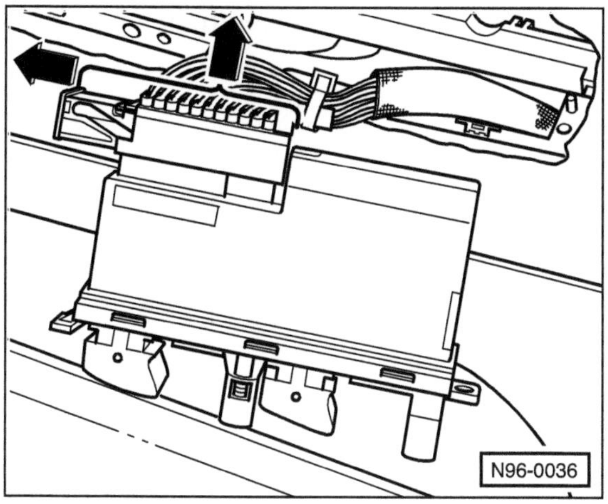

- Steckverbindungen entriegeln und abziehen.

Hinweis: Sämtliche Fensterheberschalter in den anderen Türen (außer Fahrertür) werden auf die gleiche Weise ausgebaut. Im folgenden Text wird der Ausbau des Schalters für Fensterheber vorn rechts beschrieben.

- Türinnenbetätigung ausbauen, siehe Seite 271.
- Stecker vom Schalter abziehen.

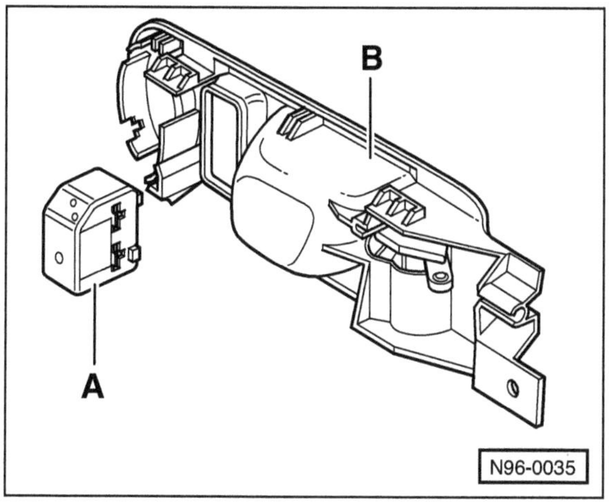

- Schaltergehäuse –A– durch seitlichen Druck aus der Verrastung im Einbaurahmen –B– lösen und herausziehen.
- Schalter in den Einbaurahmen einsetzen und einrasten.

Fensterheberschalter Beifahrerseite

- Türinnenbetätigung ausbauen, siehe Seite 271.
- Stecker vom Schalter abziehen.

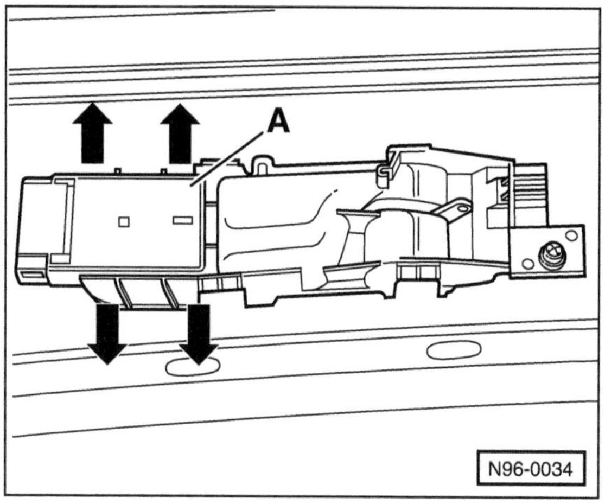

- Einbaurahmen an den Längsseiten des Schalters –A– nach außen biegen und Schalter aus dem Einbaurahmen herausziehen.
- Schalter in den Einbaurahmen einsetzen und einrasten.

Blindschalterabdeckung

Achtung: Die Abdeckung für einen freien Schalterplatz (Blindschalterabdeckung) ist im Gegensatz zu den Schaltern an den Längsseiten verrastet.

- Armaturentafelbereich um die Abdeckung mit Klebeband abkleben um Beschädigungen zu vermeiden.

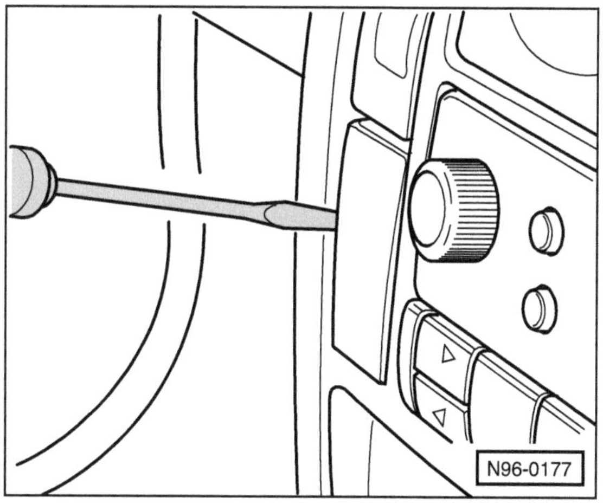

- Abdeckung mit flachem Kunststoffkeil oder Schraubendreher an der Längsseite vorsichtig heraushebeln.

Schalter für Warnblinkanlage, heizbare Heckscheibe usw.

Sämtliche Schalter dieser Ausführung werden auf die gleiche Weise ausgebaut. Der Ausbau wird beispielhaft anhand des Warnblinkschalters beschrieben.

- Gegebenenfalls Armaturentafelbereich um die Abdeckung mit Klebeband abkleben, um Beschädigungen zu vermeiden.

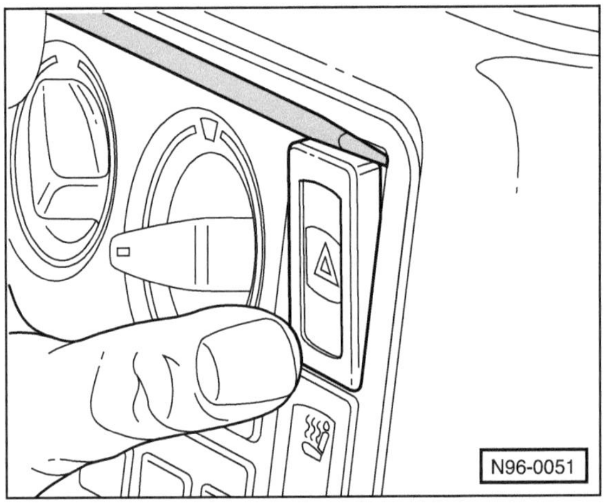

N96-0051

- Schalterblende mit flachem Kunststoffkeil oder Schraubendreher an der schmalen Seite vorsichtig heraushebeln.

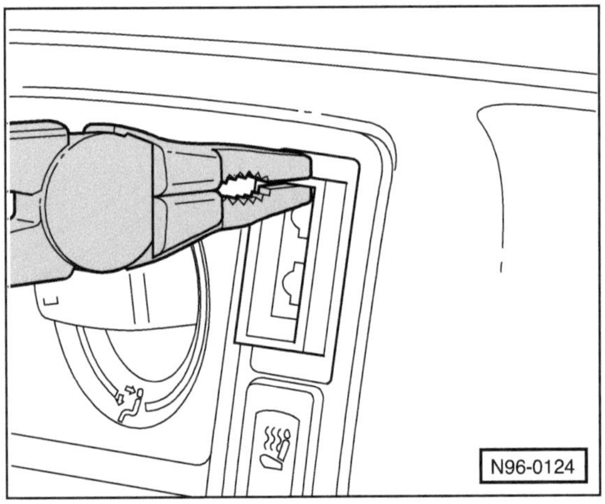

N96-0124

- Mit einer Flachzange den Schalter, wie in der Abbildung dargestellt, herausziehen.
- Steckverbindung abziehen.
- Stecker aufschieben und einrasten.
- Schalter in die Aufnahme drücken und einrasten.
- Schalterblende aufsetzen und einrasten.

Schalter für Tankklappenentriegelung

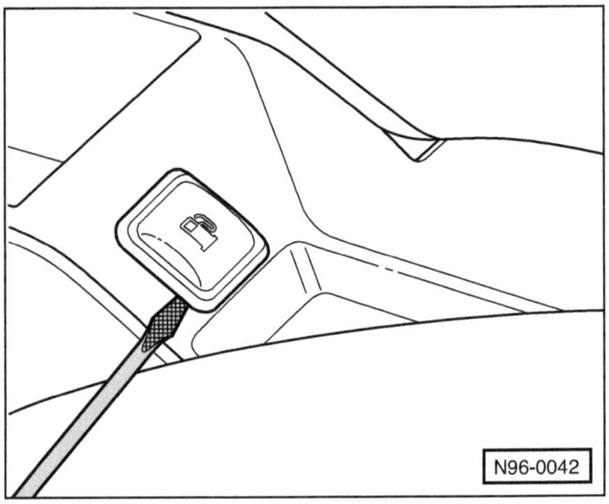

N96-0042

- Schraubendreher hinter das Gehäuse des Schalters stecken und Schalter vorsichtig aus der Verrastung lösen.
- Steckverbindung abziehen.
- Stecker aufschieben und einrasten.
- Schalter in die Aufnahme an der Mittelkonsole drücken und einrasten.

Radioanlagen-Übersicht

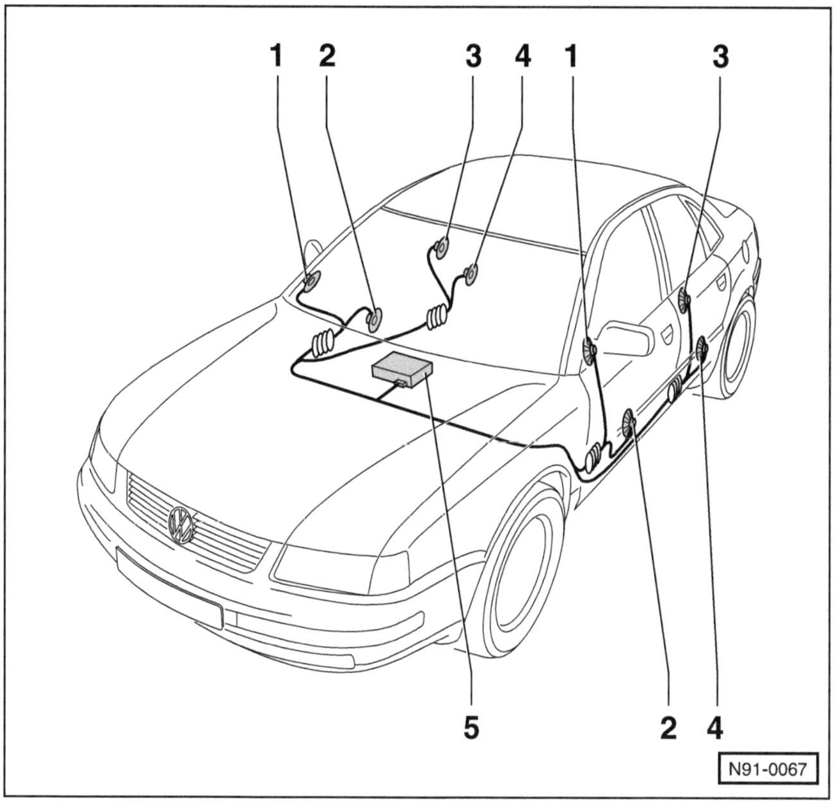

1 – **Kalottenhochtonlautsprecher in den vorderen Türen**
2 – **Tieftonlautsprecher in den vorderen Türen**
3 – **Kalottenhochtonlautsprecher in den hinteren Türen**
4 – **Tieftonlautsprecher in den hinteren Türen**
5 – **Radiogerät in der Mittelkonsole**

Radio aus- und einbauen

Das vom Werk eingebaute Radiogerät ist mit einer Einschubhalterung ausgestattet, die den schnellen Ein- und Ausbau des Radios ermöglicht. Allerdings gelingt das nur mit Ausziehbügeln, die beim Kauf des Radios beigelegt oder im Fachhandel erhältlich sind.

Ausbau

- Zündung ausschalten.
- Batterie-Massekabel (–) bei ausgeschalteter Zündung abklemmen. **Achtung:** Beim Abklemmen der Batterie werden Speicher im Radio und in elektronischen Steuergeräten gelöscht.
  Serienmäßig ist ein Radio mit Anti-Diebstahl-Codierung eingebaut. Diese verhindert die unbefugte Inbetriebnahme des Gerätes, wenn die Stromversorgung unterbrochen wurde. Die Stromversorgung ist beispielsweise unterbrochen beim Abklemmen der Batterie, beim Ausbau des Radios oder wenn die Radiosicherung durchgebrannt ist.
  Falls das Radio codiert ist, Radiocode vor Abklemmen der Batterie oder Ausbau des Radios feststellen. Ist der Code nicht bekannt, kann nur die VW-Werkstatt das Autoradio wieder in Betrieb nehmen.
  Außerdem Hinweise im Kapitel »Batterie aus- und einbauen« durchlesen.

Die individuelle Code-Nummer ist in der Radio-Bedienungsanleitung angegeben. Sie sollte nicht im Fahrzeug aufbewahrt werden.

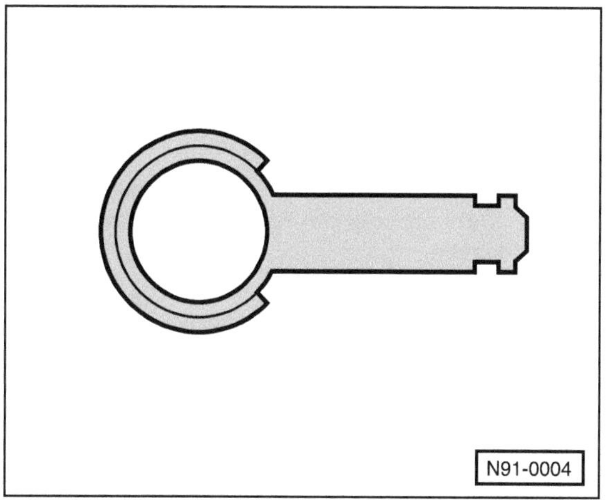

Für den Ausbau werden die beiden abgebildeten Entriegelungswerkzeuge VW-3316 oder das Kombiwerkzeug HAZET-4655-1 benötigt.

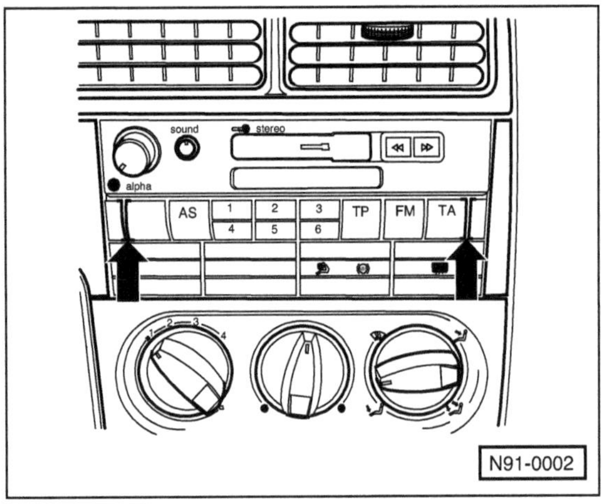

- Entriegelungswerkzeuge in die Entriegelungsschlitze –Pfeile– stecken, bis sie einrasten.

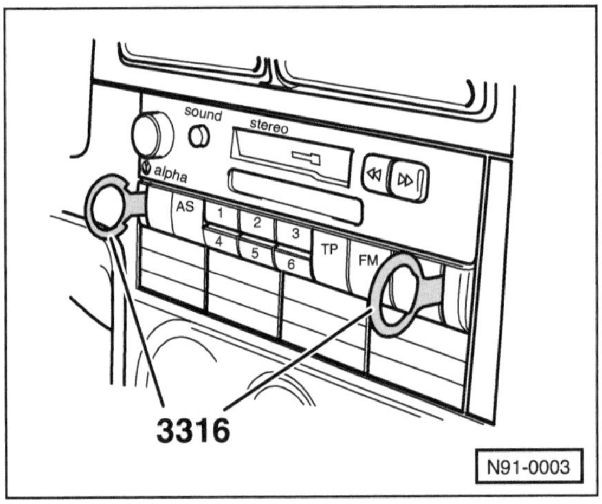

- Radio an den Grifflösen der Werkzeuge aus der Schalttafel herausziehen.

Achtung: Die Entriegelungswerkzeuge dürfen dabei nicht zur Seite gedrückt oder verkantet werden.

- Bei ausgebautem Radio Entriegelungswerkzeuge abnehmen. Dazu die seitlichen Rastnasen am Radio nach innen drücken.
- Steckverbindungen für Lautsprecher und Antenne herausziehen, Mehrfachsteckverbindung für Stromversorgung abziehen. Falls das Radio nicht mit den serienmäßigen Mehrfachsteckern angeschlossen ist, Kabel vor dem Abziehen kennzeichnen, damit sie beim Einbau nicht vertauscht werden.

Einbau

- Beide Ausziehbügel aus dem Radio herausziehen.
- Elektrische Anschlüsse an der Rückseite des Radiogerätes anbringen.
- Radio in Armaturentafel eindrücken, bis die Haltefedern einrasten.
- Batterie-Massekabel (–) anklemmen. **Achtung:** Elektronische Speicher für beispielsweise Sitz, Spiegel usw. sowie Zeituhr aktualisieren, siehe Kapitel »Batterie aus- und einbauen« .
- Radio einschalten und Funktion überprüfen. Falls ein Radio mit Anti-Diebstahl-Codierung eingebaut ist, zuvor Geheimcode eingeben.

Radio-Codierung eingeben

Gilt nur für VW-Radio mit Codierung (erkennbar am roten Schlüssel-Symbol auf der Frontblende)

Die Anti-Diebstahl-Codierung verhindert die unbefugte Inbetriebnahme des Gerätes, wenn die Stromversorgung unterbrochen wurde. Die Stromversorgung wird beispielsweise unterbrochen beim Abklemmen der Batterie, beim Ausbau des Radios oder wenn die Radiosicherung durchgebrannt ist.

Falls das Radio codiert ist, Radiocode vor Abklemmen der Batterie oder Ausbau des Radios feststellen. Ist der Code nicht bekannt, kann nur die VW-Werkstatt das Autoradio wieder in Betrieb nehmen.

Die individuelle Code-Nummer ist in der Radio-Bedienungsanleitung angegeben. Sie sollte nicht im Fahrzeug aufbewahrt werden.

Elektronische Sperre aufheben

- Radio einschalten.
- Die Tasten »TP« und »TA« **gleichzeitig** so lange drücken, bis in der Radioanzeige »1000« erscheint. Tasten loslassen.
- Mit Hilfe der Stationstasten 1 bis 4 die geheime Code-Nummer eingeben.
  Dabei wird mit Taste 1 die erste Stelle der Code-Nummer eingegeben, mit Taste 2 die zweite Stelle usw.
- Anschließend wieder die Tasten »TP« und »TA« gleichzeitig so lange drücken, bis in der Radioanzeige »SAFE« erscheint. Tasten loslassen. Das Gerät ist jetzt wieder betriebsbereit. Im Display wird automatisch eine Frequenz angezeigt.
- Ist die Code-Nummer richtig in das Radiogerät eingegeben worden, muß bei abgezogenem Zündschlüssel die Leuchtdiode neben dem Gerätenamen blinken.

Achtung: Wird versehentlich eine falsche Code-Nummer eingegeben, erscheint in der Anzeige »SAFE« zunächst blinkend und dann dauernd. Jetzt kann der gesamte Vorgang **einmal** wiederholt werden. Wird erneut eine falsche Code-Nummer eingegeben, ist das Radio für ca. 1 Stunde gesperrt, es kann nicht in Betrieb genommen werden. Nach Ablauf von 1 Stunde – das Gerät muß dabei eingeschaltet bleiben – kann die elektronische Sperre wieder aufgehoben werden. Dieser Zyklus gilt für alle weiteren Versuche.

Kalottenhochtonlautsprecher aus- und einbauen

Die Kalottenhochtonlautsprecher sind an den vorderen Türen in den Außenspiegelverkleidungen und an den hinteren Türen in den Abdeckungen der Türinnenbetätigungen eingebaut. Der Lautsprecher und die jeweilige Abdeckung können nur zusammen ersetzt werden.

Ausbau

Vordere Tür

- Türverkleidung ausbauen, siehe Seite 269.
- Steckverbindung in der Leitung zum Lautsprecher trennen.

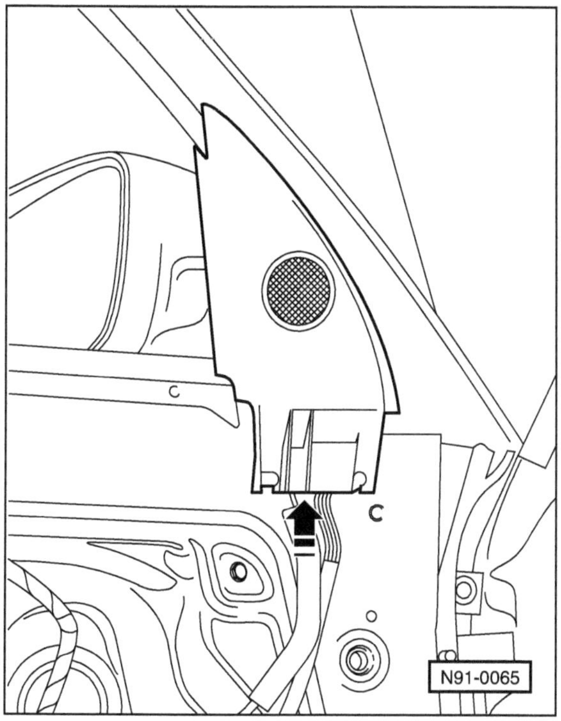

- Abdeckung der inneren Spiegelverkleidung für den Außenspiegel vorsichtig nach oben schieben –Pfeil–. **Achtung:** Das Spiegeldreieck (Verkleidung) hat noch einen Befestigungspunkt auf der Innenseite, darum darf es nur nach oben geschoben werden.

Hintere Tür

- Türverkleidung ausbauen, siehe Seite 269.
- Türinnenbetätigung ausbauen, siehe Seite 271.
- Steckverbindung in der Leitung zum Lautsprecher trennen.
- Schalter für Fensterheber hinten ausbauen, siehe entsprechendes Kapitel.

Einbau

- Der Einbau erfolgt in umgekehrter Ausbaureihenfolge.

Tieftonlautsprecher aus- und einbauen

Ausbau

- Türverkleidung ausbauen, siehe Seite 269.
- Steckverbindung für Lautsprecher abziehen.

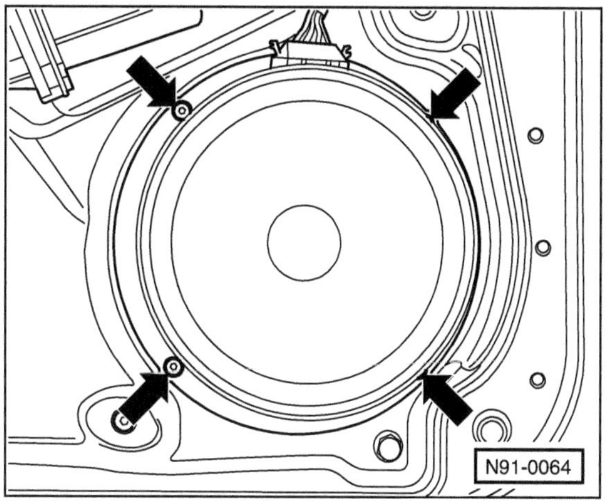

- 4 Nieten mit einem geeigneten Bohrer aufbohren und defekten Lautsprecher herausnehmen.
- Sämtliche Bohrspäne aus der Tür entfernen. Eventuell entstandene Lackschäden reparieren.
- Neuen Lautsprecher mit handelsüblichen Blindnieten befestigen.
- Stecker für Lautsprecher aufschieben.
- Türverkleidung einbauen, dabei Gummiring zwischen Verkleidung und Lautsprecher nicht vergessen, siehe Seite 269.

Dachantenne aus- und einbauen

Für den Radioempfang wird serienmäßig eine elektronisch verstärkte Dachantenne verwendet. Der Antennenverstärker sitzt im Antennenfuß. Nachträglich kann auch eine herkömmliche Stabantenne eingebaut werden. Gezeigt wird hier der Aus- und Einbau der Dachantenne.

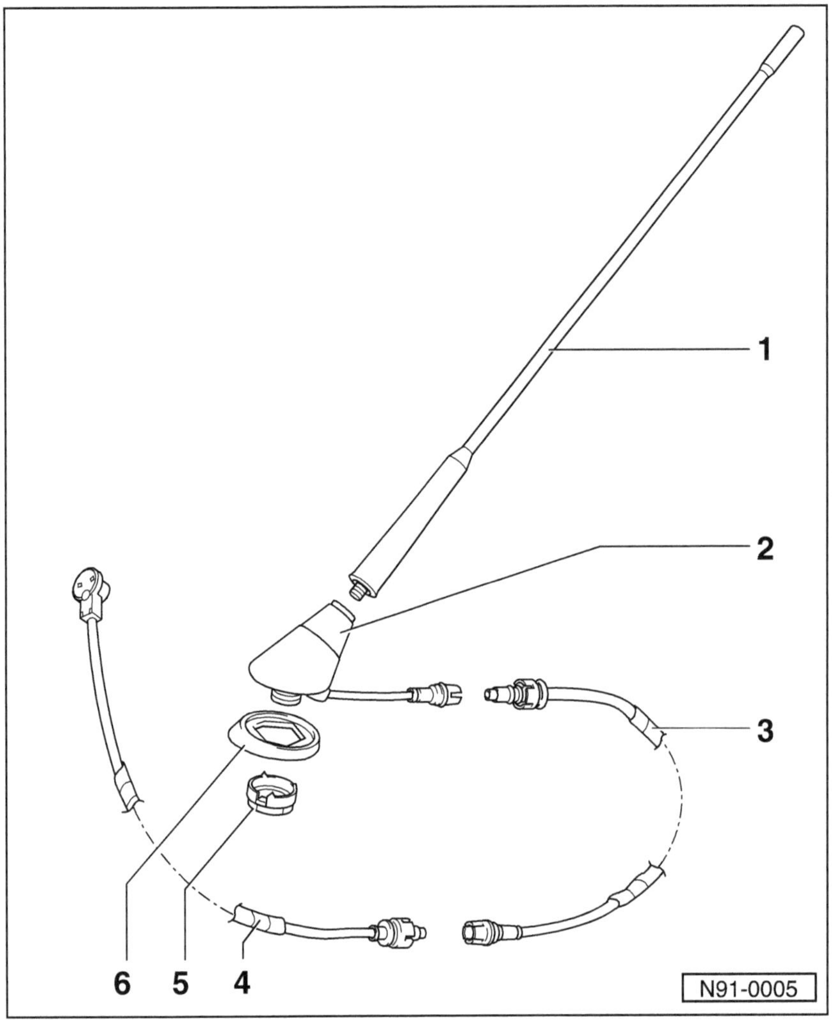

1 – **Antennenstab**

2 – **Antennenfuß**
Mit eingebautem Verstärker. Ausbauen: Dachhimmel hinten absenken.

3 – **Antennenleitung**
Von der Dachantenne zur Mittelkonsole vorn.

4 – **Antennenleitung**
Von der Mittelkonsole zum Radio.

5 – **Sechskantmutter**
Mit Zahnscheibe durch Kunststoffring verbunden. Im Bereich der Zahnscheibe Kontaktfett auf der Dachinnenseite auftragen (Masseverbindung).

6 – **Dichtung**

Entstörmaßnahmen

Der überwiegende Teil der elektrischen Verbraucher im Fahrzeug ist serienmäßig für den Radiobetrieb nahentstört.

Bei Fahrzeugen mit Radio beziehungsweise Radiovorbereitung sind zusätzlich folgende Bauteile entstört:

- Lüfter für Kühlmittel
- Scheibenwischermotor
- Heckscheibenwischermotor

Zusätzliche Masseverbindungen bei Fahrzeugen mit Radio beziehungsweise Radiovorbereitung:

- Masseband vom linken Radhaus zur Motorhaube

Heizung/Klimatisierung

Aus dem Inhalt:

- **Frischluft-/Heizgebläse**
- **Vorwiderstand**
- **Heizungsregulierung**
- **Wärmetauscher**
- **Heizungszüge**
- **Luftausströmer**
- **Klimakompressor**

Die Frischluft für die Heizung gelangt über einen Pollenfilter in den Fahrzeuginnenraum. Dabei durchströmt die Luft das Heizungsgehäuse und wird durch verschiedene Klappen auf die einzelnen Luftaustrittsdüsen verteilt.

Wird die Heizung auf »warm« gestellt, so wird die kühle Luft durch den Wärmetauscher geleitet. Der Wärmetauscher befindet sich im Heizungsgehäuse und wird durch das heiße Kühlmittel aufgeheizt. Die vorbeistreichende Frischluft erwärmt sich an den heißen Lamellen des Wärmetauschers und gelangt dann in den Fahrzeuginnenraum.

Die Heizung wird luftseitig beeinflußt, das heißt, die Temperatur wird durch das Mischungsverhältnis von kalter und warmer Luft mit Hilfe der Temperaturmischklappe gesteuert.

Die verbrauchte Luft entweicht durch Entlüftungsöffnungen, die sich beidseitig unter dem hinteren Stoßfänger befinden.

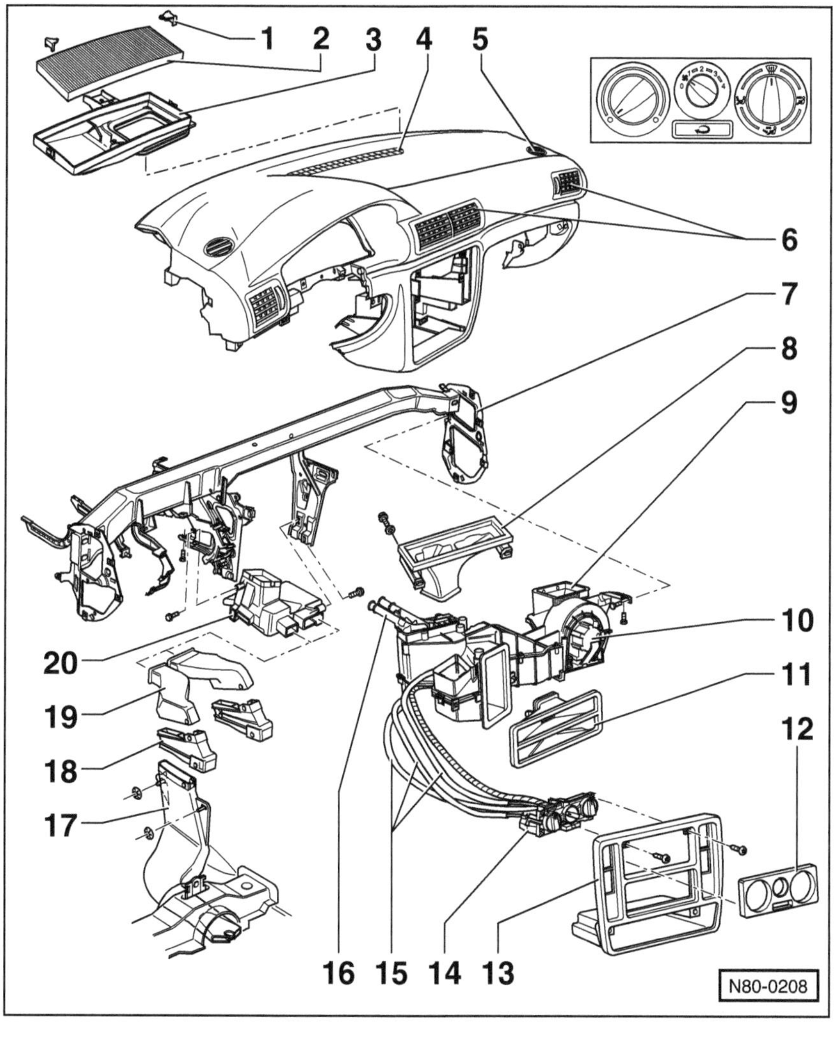

1 – **Klammer**
Mit Schraubendreher hochdrücken.

2 – **Staub- und Pollenfilter**
Aus- und Einbau siehe Kapitel »Wartungsarbeiten«.

3 – **Ansaugstutzen**

4 – **Entfrosterdüse**

5 – **Seitenscheibenanströmer**

6 – **Luftausströmer**

7 – **Querträger für Armaturentafel**

8 – **Zwischenstück »Defrost«**

9 – **Heizungskasten**

10 – **Frischluftgebläse**

11 – **Zwischenstück**

12 – **Blende für Regulierung**

13 – **Blende Mitte**

14 – **Regulierung für Heizluft und Frischluft**

15 – **Heizungszüge**

16 – **Wärmetauscher**

17 – **Fondkanal links**

18 – **Verbindungsstück unten**

19 – **Verbindungsstück oben**

20 – **Fußraumausströmer**

Zur Vergrößerung des Luftdurchsatzes dient ein vierstufiges Frischluftgebläse. Damit das Gebläse in den einzelnen Stufen mit unterschiedlicher Geschwindigkeit läuft, werden Widerstände vorgeschaltet. Die Widerstände befinden sich in der Anschlußplatte am Gebläse. Bei einem Defekt ist die komplette Anschlußplatte zu ersetzen.

Soll keine Frischluft angesaugt werden, zum Beispiel bei schlechter Außenluft, wird durch Drücken der Umlufttaste auf Umluftbetrieb geschaltet. Es wird dann nur die Luft im Fahrzeuginnenraum umgewälzt. Der Schalter betätigt die Umluftklappe über einen kleinen Stellmotor.

Achtung: Reparaturen an der **Klimaanlage** werden nicht beschrieben. Arbeiten an der Klimaanlage sollten von einer Fachwerkstatt durchgeführt werden.

Sicherheitshinweis:
Der **Kältemittelkreislauf der Klimaanlage darf nicht geöffnet** werden, da das Kältemittel bei Hautberührung Erfrierungen hervorrufen kann.
Bei versehentlichem Hautkontakt sofort mindestens 15 Minuten lang mit kaltem Wasser spülen. Kältemittel ist farb- und geruchlos sowie schwerer als Luft. Bei austretendem Kältemittel besteht am Boden beziehungsweise in unteren Räumen Erstickungsgefahr (nicht wahrnehmbar).

Luftausströmer aus- und einbauen

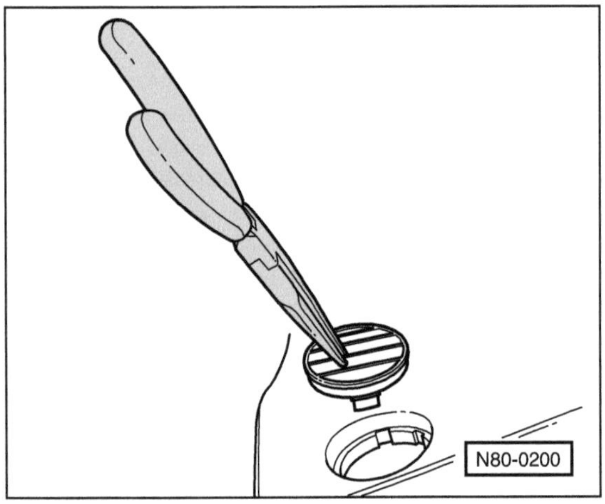
N80-0200

- Seitenausströmer mit Spitzzange herausziehen.

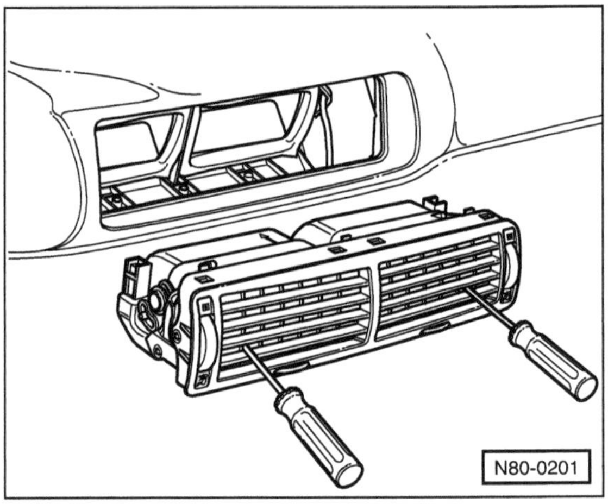
N80-0201

- Mit 2 Schraubendrehern, wie in der Abbildung gezeigt, die beiden Rastzungen anheben und gleichzeitig den Ausströmer herausziehen. **Hinweis:** Damit sich die Rastzungen leichter finden lassen, mit Taschenlampe in den Ausströmer leuchten.
- Zum Einbau Ausströmer eindrücken und einrasten.

Regulierung für Heizluft und Frischluft aus- und einbauen

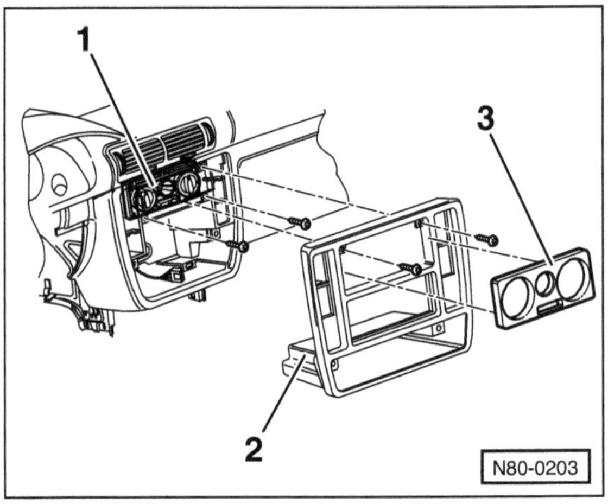

N80-0203

- Blende –3– abziehen.
- Blende –2– mit 2 Schrauben abschrauben.
- Regulierung –1– mit angebauten Heizungszügen aus der Armaturentafel herausziehen.
- Der Einbau erfolgt in umgekehrter Reihenfolge.

Heizgebläse/Heizungsgehäuse/Wärmetauscher

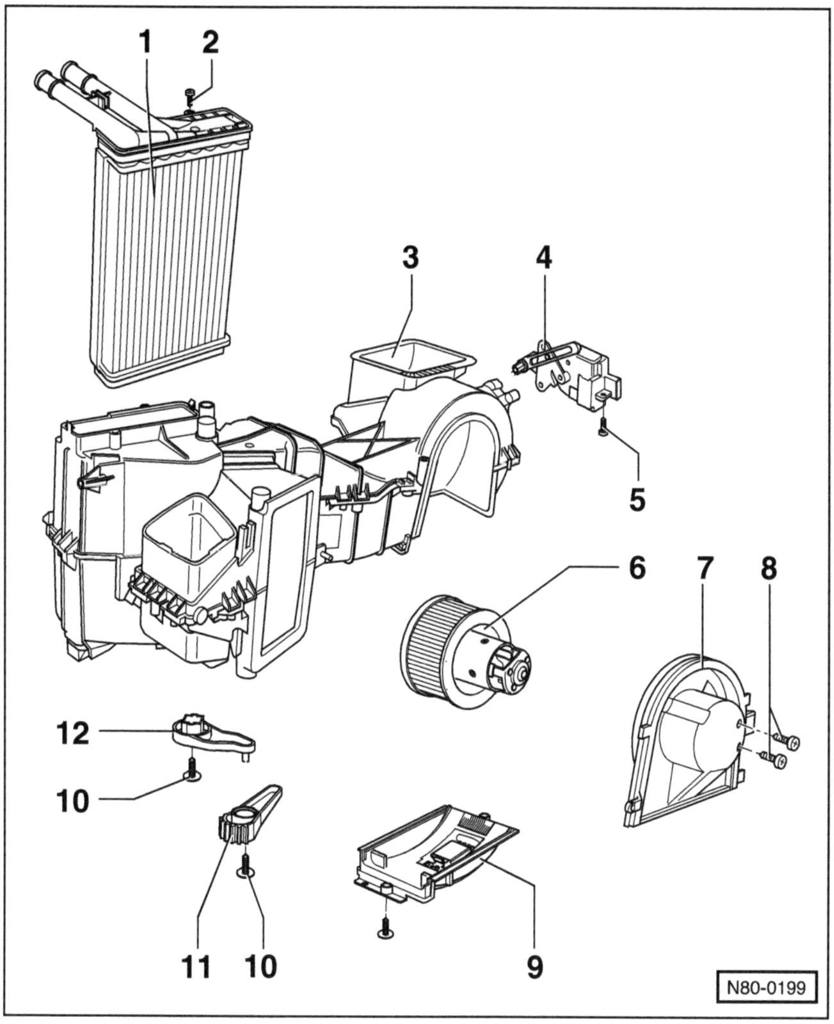

1 – **Wärmetauscher**

2 – **Linsenblechschraube**
Verwenden, wenn die Rastnasen des Wärmetauschers abgebrochen sind.

3 – **Luftverteilergehäuse**
Darf nicht zerlegt werden.

4 – **Stellmotor für Frischluft-/Umluftklappe**

5 – **Linsenblechschraube**

6 – **Frischluftgebläse**

7 – **Gehäuse für Frischluftgebläse**

8 – **Linsenblechschraube**

9 – **Vorwiderstand**
Mit Überhitzungssicherung.

10 – **Linsenblechschraube**

11 – **Hebel für Zentralklappe**

12 – **Hebel für Temperaturklappe**

Hebel für Zentralklappe

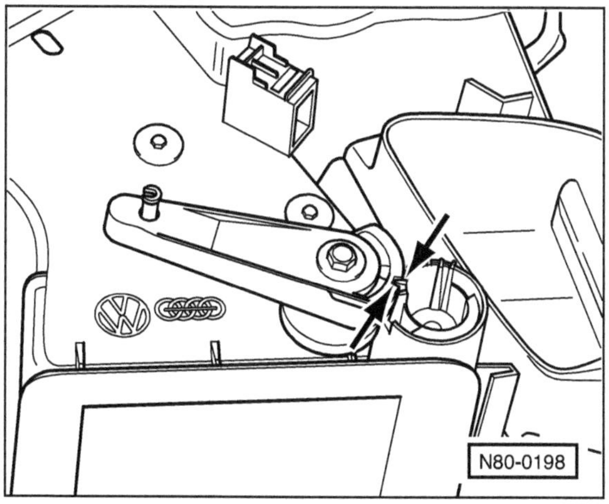

Einbauhinweis: Das Ritzel der Zentralklappe hat ein Einstellzeichen. Hebel –11– (Abbildung N80-0199) so ansetzen, daß sich die Markierungen auf dem Hebel und auf dem Ritzel –Pfeile– gegenüberstehen.

Heizungszüge aus- und einbauen/einstellen

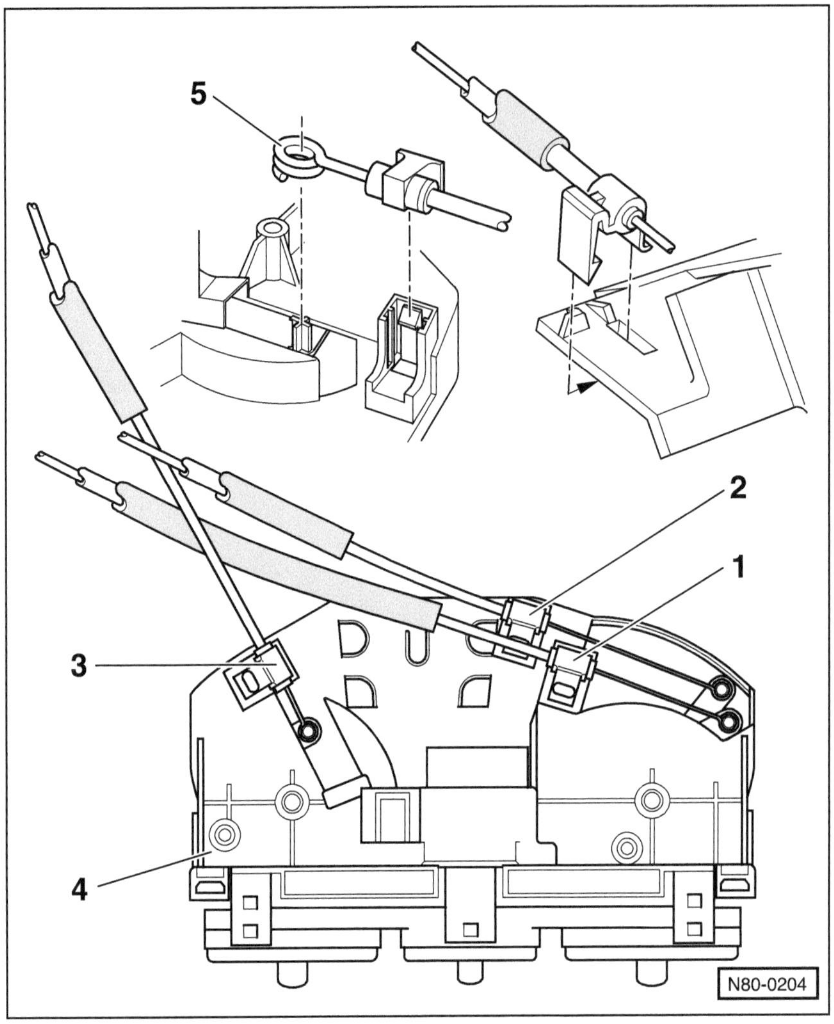

1 – Zug für Klappe »Fußraum/Defrost«
Vom Luftverteilungsdrehknopf zur Klappe »Fußraum/Defrost«.
Kennzeichnung der Hüllenbefestigung = weiß.

2 – Zug für Zentralklappe
Vom Luftverteilungsdrehknopf zur Zentralklappe.
Kennzeichnung der Hüllenbefestigung = schwarz.

3 – Zug für Temperaturklappe
Vom Temperaturdrehknopf zur Temperaturklappe.
Kennzeichnung der Hüllenbefestigung = rot.

4 – Regulierung für Heizluft und Frischluft

5 – Seilzugende an der Regulierung
Beim Aufstecken Drahtende gegen den Hebel der Regulierung drücken.

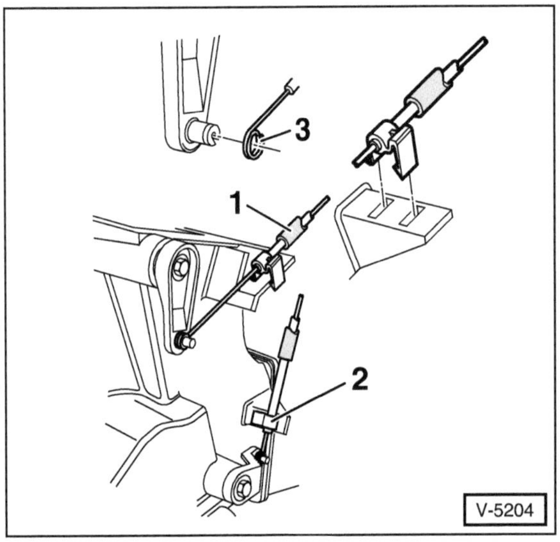

1 – Zug für Zentralklappe – schwarz
2 – Zug für Temperaturklappe – rot
3 – Drahtende der Zugseele

Ausbau

- Heizungsregulierung ausbauen, siehe entsprechendes Kapitel.
- Zughüllen aus den Blech- oder Kunststoffklammern ausclipsen und von den Betätigungshebeln abziehen.

Einbau

- Heizungszüge zuerst an der ausgebauten Regulierung einhängen und einclipsen.

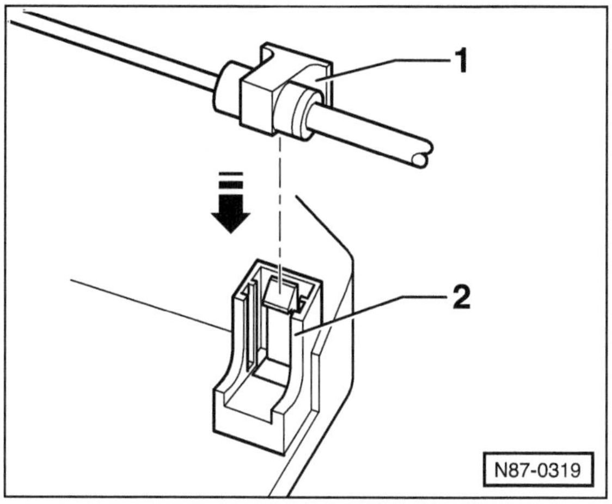

- Heizungszüge am Heizungsgehäuse einclipsen, zum Beispiel Zug für Zentralklappe –1– in den Halter –2– eindrücken und einrasten.

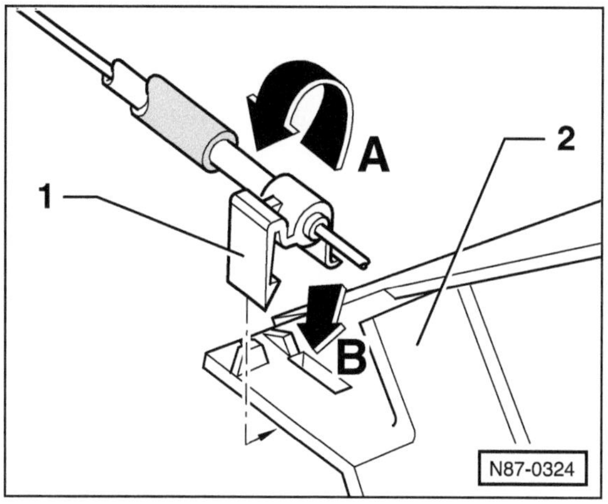

- Zug für Temperaturklappe –1– in den Schlitz –B– einhängen, dann in Pfeilrichtung –A– drehen und am Luftverteilergehäuse –2– einrasten.

Achtung: Beim Aufstecken der Heizungszüge das Drahtende –Pfeil 3– **nicht** gegen die Hebel drücken.

Regulierung für Heizluft und Frischluft

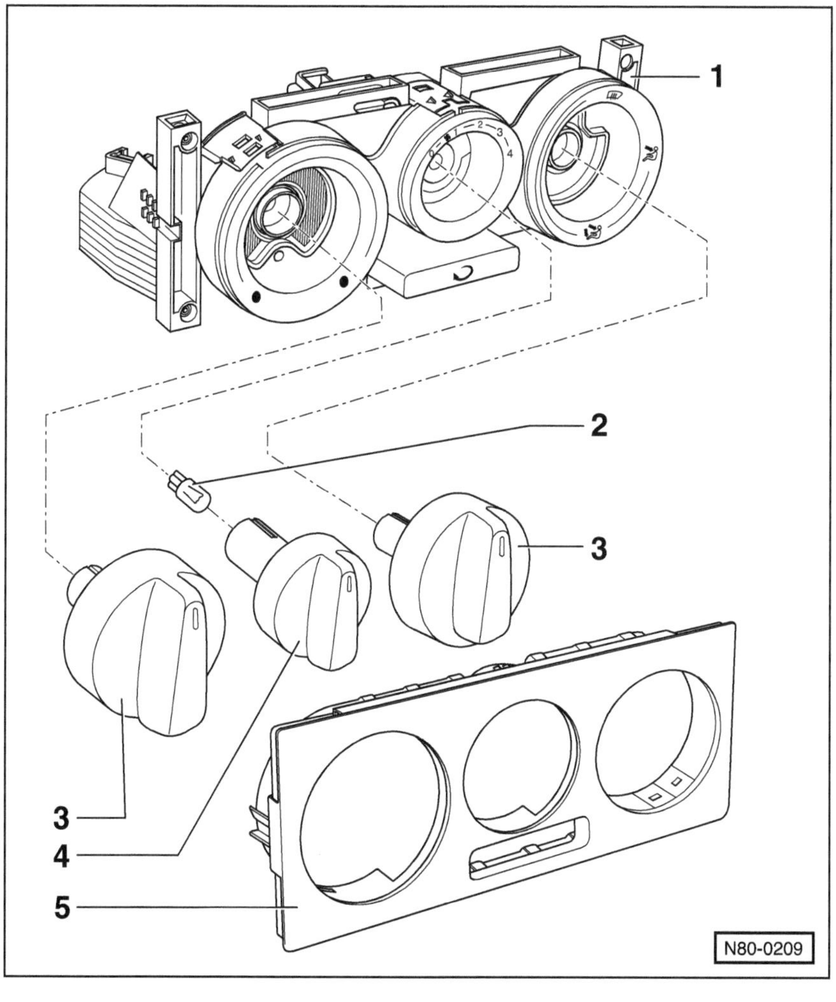

1 – Heizungsregulierung
Mit Schalter für Frischluftgebläse und Schalter für Umluftklappe.

2 – Lampe
Für Beleuchtung der Frischluftregulierung.

3 – Äußere Drehknöpfe

4 – Innerer Drehknopf

5 – Blende
Für Heizungsregulierung.

Vorwiderstand aus- und einbauen

Ausbau

- Untere Ablage auf der Beifahrerseite ausbauen, siehe Seite 265.

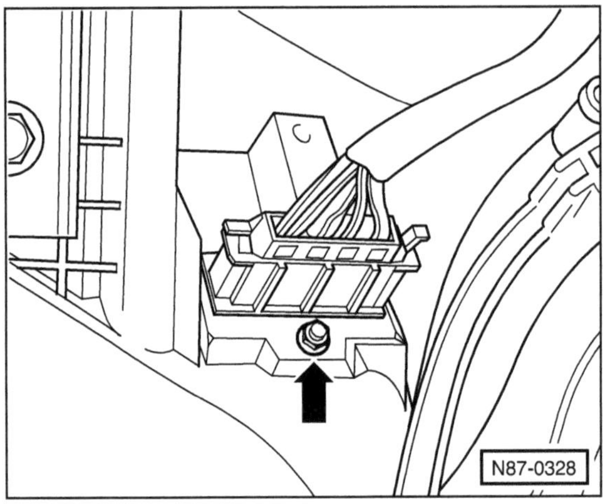

- Steckverbindung abziehen.
- Vorwiderstand abschrauben –Pfeil– und herausnehmen.

Einbau

- Fläche zwischen Vorwiderstand und Luftkanal mit Dichtmittel, zum Beispiel VW-AMV17600005, bestreichen.
- Vorwiderstand einsetzen und anschrauben.
- Mehrfachstecker aufschieben.
- Untere Ablage einbauen, siehe Seite 265.

Regulierung für Heizung und Klimaanlage aus- und einbauen

Ausbau

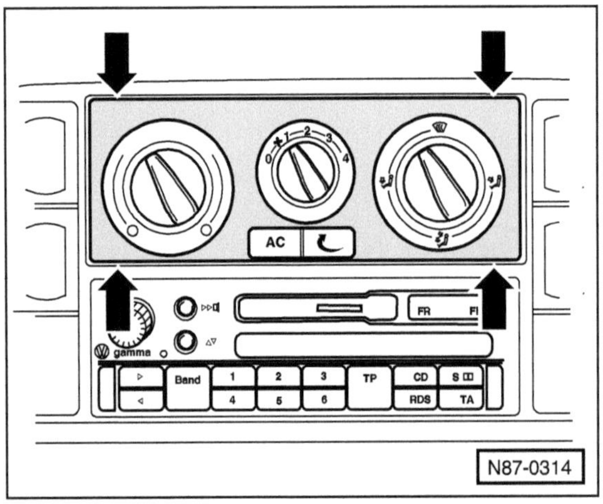

- Blende für Regulierung abhebeln. Dazu mit schmalem Schraubendreher Unterlage an den Rastnasen –Pfeile– vorsichtig aushebeln.

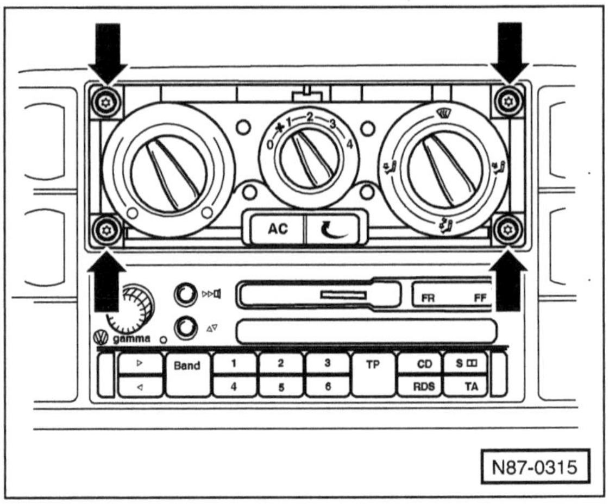

- Regulierung abschrauben –Pfeile–.
- Mittlere Blende abschrauben, siehe Abbildung N80-0203 auf Seite 100.
- Regulierung mit angebauten Heizungszügen aus der Armaturentafel herausziehen.
- Heizungszüge an der Regulierung ausclipsen.
- Steckverbindungen abziehen.

Einbau

- Vor dem Einbau Leichtgängigkeit der Heizungszüge prüfen, schwergängige oder beschädigte Züge ersetzen.
- Die Heizungszüge sind farblich gekennzeichnet, siehe Abbildung N80-0204 auf Seite 102.

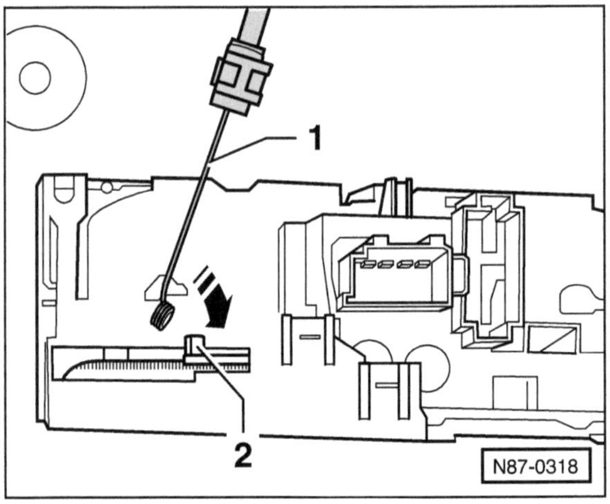

- Heizungszüge an der Regulierung einhängen. Dazu Drahtende der Züge –1– anwinkeln und auf den Hebel der Regulierung –2– aufdrücken –Pfeil–.
- Regulierung mit angebauten Heizungszügen in die Armaturentafel einschieben.
- Mittlere Blende anschrauben.
- Regulierung anschrauben.
- Blende für Regulierung aufdrücken und einrasten.

Halter für Klimakompressor aus- und einbauen

1,6-/1,8-/1,9-/2,3-l-Motor

Sicherheitshinweis:
Der Kältemittelkreislauf der Klimaanlage darf nicht geöffnet werden. Gelangt Kältemittel auf die Haut, kann dies zu Erfrierungen führen.

Der Halter für Klimakompressor und die zugehörigen Teile können aus- und eingebaut werden, ohne den Kältemittelkreislauf zu öffnen. Das gilt auch, wenn der Kältemittelkompressor in Zusammenhang mit anderen Reparaturen abgebaut und im Motorraum aufgehängt wird.

Hinweis: Je nach Modell/Motor und Baujahr können Klimakompressor und Halter auf unterschiedliche Art befestigt sein. In diesem Kapitel kann leider nicht auf alle Varianten eingegangen werden.

1,6-/1,8-/1,9-l-Motor

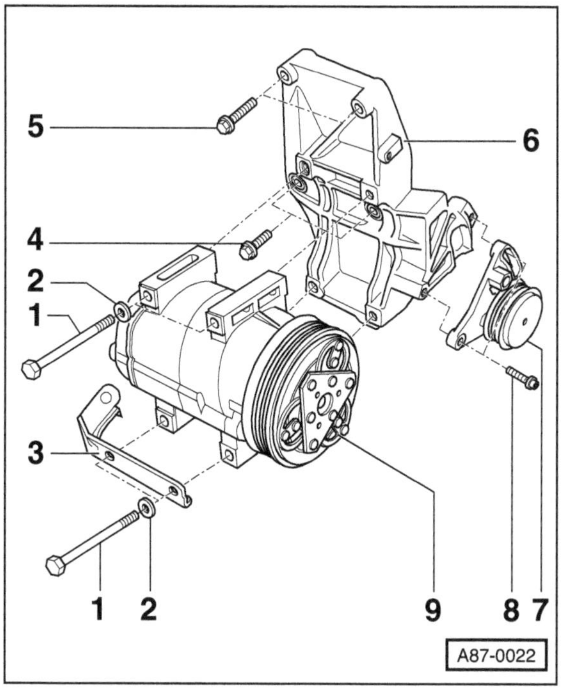

1 – Schraube M8x100, 25 Nm
2 – Unterlegscheibe
3 – Halter für Kältemittelschläuche
4 – Schraube M8x35, 25 Nm
5 – Schraube M8x50, 25 Nm
6 – Halter für Kompressor
Achtung: Die Abmessungen des Halters sind beim Benzin- und Turbodieselmotor unterschiedlich.
7 – Spannrolle für Keilrippenriemen
8 – Innensechskantschraube, 20 Nm
9 – Kompressor

Ausbau

- Keilrippenriemen ausbauen, siehe Seite 189.
- Schrauben –1– herausdrehen.
- Kompressor vom Halter abnehmen und mit einem Draht an der Karosserie aufhängen.
- Halter für Kompressor vom Motorblock abschrauben.

Einbau

- Der Einbau erfolgt in umgekehrter Ausbaureihenfolge. Dabei unterschiedliche Länge der Schrauben beachten.

2,3-l-Motor

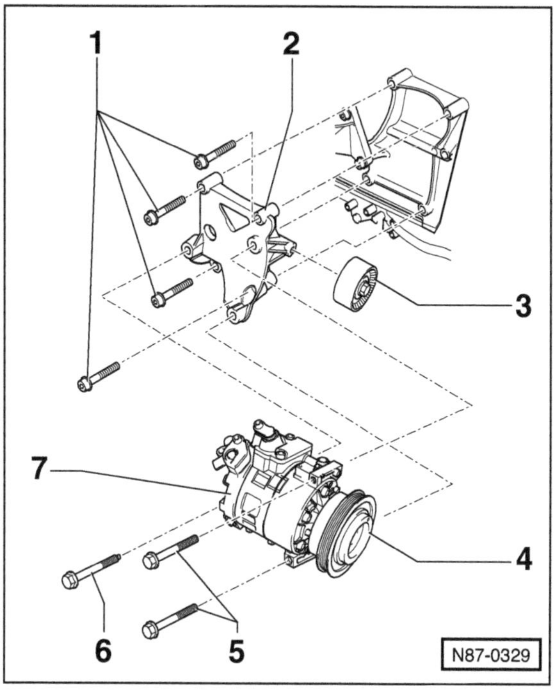

1 – Innensechskantschrauben M8x50, 40 Nm
2 – Halter für Kompressor
3 – Umlenkrolle
4 – Magnetkupplung
5 – Schraube M8x90, 25 Nm
6 – Schraube M10x95, 40 Nm
7 – Kompressor

Ausbau

- Schloßträger in Montagestellung bringen, siehe Seite 279/280.
- Keilrippenriemen ausbauen, siehe Seite 189.
- Schrauben –5– und –6– herausdrehen.
- Kompressor vom Halter abnehmen und mit einem Draht an der Karosserie aufhängen.
- Halter für Kompressor vom Motorblock abschrauben.

Einbau

- Der Einbau erfolgt in umgekehrter Ausbaureihenfolge. Dabei unterschiedliche Größe der Schrauben beachten.

Frischluftgebläse aus- und einbauen

Ausbau

- Untere Ablage auf der Beifahrerseite ausbauen, siehe Seite 265.

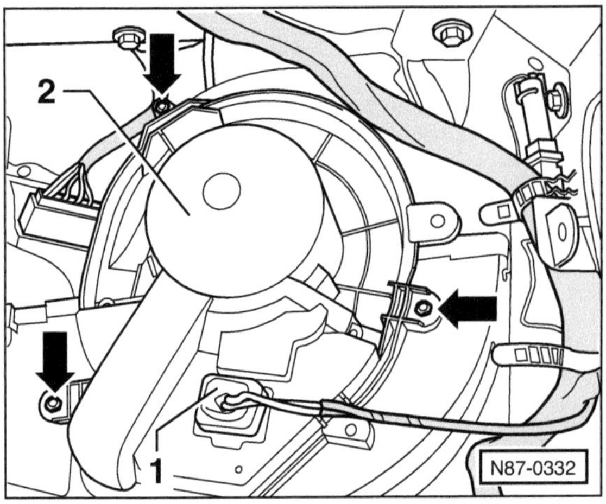

- Steckverbindung –1– abziehen.
- 3 Schrauben –Pfeile– herausdrehen und Gebläse –2– nach unten herausziehen.
- Gebläsemotor vom Gehäuse trennen, siehe Abbildung N80-0199 auf Seite 101.

Einbau

- Gebläse von unten in die Öffnung des Heizkastens einsetzen und anschrauben.
- Mehrfachstecker aufschieben.
- Untere Ablage einbauen, siehe Seite 265.

Störungsdiagnose Heizung

Störung	Ursache	Abhilfe
Heizgebläse läuft nicht.	Sicherung für Gebläsemotor defekt.	■ Sicherung für Gebläse prüfen, gegebenenfalls ersetzen.
	Gebläseschalter defekt.	■ Prüfen, ob an den Vorwiderständen Spannung anliegt. Wenn nicht, Gebläseschalter ausbauen und prüfen.
	Elektromotor defekt.	■ Gebläsemotor prüfen.
Heizgebläse läuft nur in einer Geschwindigkeitsstellung nicht.	Vorwiderstand defekt.	■ Anschlußplatte mit Vorwiderständen ersetzen.
Heizleistung zu gering.	Kühlmittelstand zu niedrig.	■ Kühlmittelstand prüfen, gegebenenfalls Kühlmittel auffüllen.
	Heizungsbetätigung schwergängig, defekt.	■ Heizungsbetätigung prüfen, gegebenenfalls Bowdenzug ersetzen.
	Wärmetauscher undicht oder verstopft.	■ Wärmetauscher ersetzen (Werkstattarbeit).
Heizung läßt sich nicht ausschalten.	Heizungsbetätigung schwergängig, defekt.	■ Heizungsbetätigung prüfen, gegebenenfalls Bowdenzug ersetzen.
Geräusche im Bereich des Heizgebläses.	Eingedrungener Schmutz, Laub.	■ Gebläse ausbauen, reinigen, Luftkanal säubern.
	Lüfterrad hat Unwucht, Lager defekt.	■ Gebläsemotor ausbauen und auf leichten Lauf prüfen.

Vorderachse

Aus dem Inhalt:

- **Federbein**
- **Stoßdämpfer**
- **Schraubenfeder**
- **Gelenkwelle**
- **Achslenker**
- **Stoßdämpfer prüfen**

Der VW PASSAT besitzt eine Vier-Lenker-Vorderachse. Die Vorderräder werden jeweils durch vier unabhängig voneinander aufgehängte Querlenker geführt. Dadurch verringern sich die Krafteinflüsse von Bremse und Antrieb auf die Lenkung.

Schraubenfeder und Stoßdämpfer sind zu einem Federbein zusammengefaßt. Das Federbein ist oben am Lagerbock der oberen Lenker und unten am vorderen Querlenker angeschraubt.

Die Übertragung der Motor-Antriebskraft erfolgt über zwei Gelenkwellen, die über jeweils zwei Gleichlaufgelenke mit den Rädern und dem Achsantrieb verbunden sind.

Sicherheitshinweis:
Schweiß- und Richtarbeiten an tragenden und radführenden Bauteilen der Vorderradaufhängung **sind nicht zulässig. Selbstsichernde Muttern**, sowie korrodierte Schrauben/Muttern im Reparaturfall **immer ersetzen.**

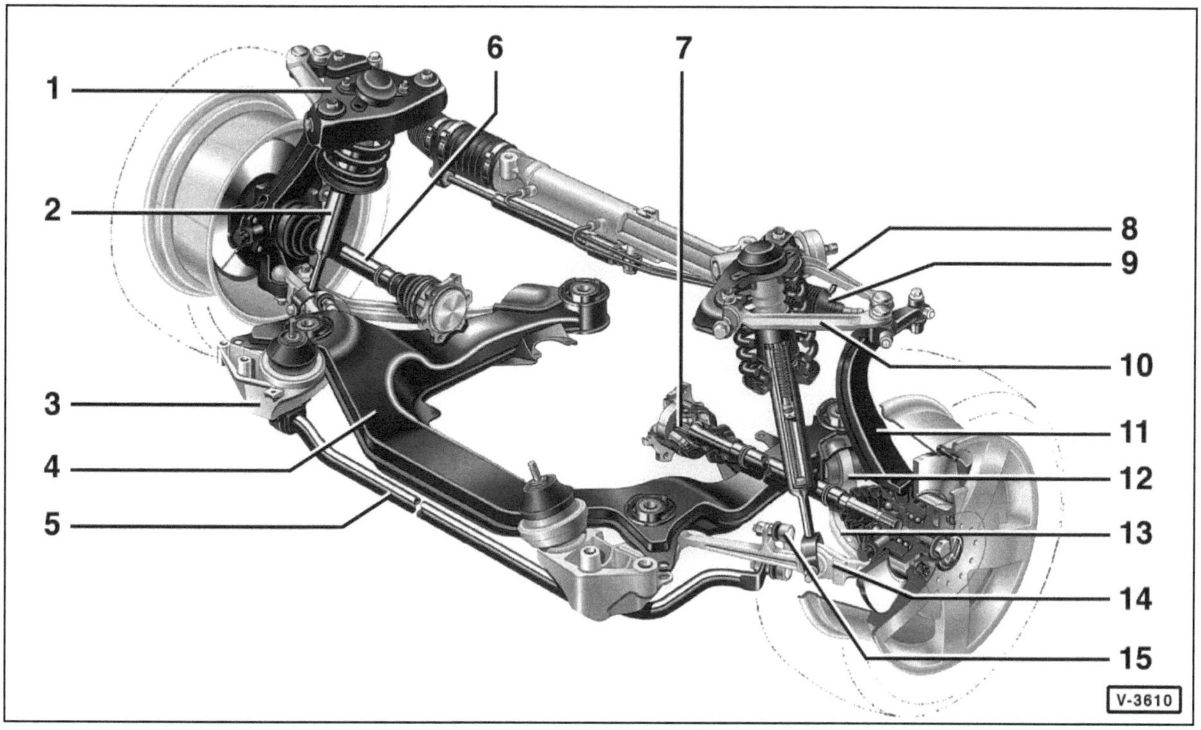

1 – Lagerbock
2 – Federbein
3 – Konsole
4 – Aggregateträger
5 – Stabilisator
6 – Gelenkwelle
7 – Tripodegelenk
8 – Hinterer Lenker oben
9 – Spurstange
10 – Vorderer Lenker oben
11 – Schwenklager
12 – Hydrolager
13 – Hinterer Lenker unten
14 – Vorderer Lenker unten
15 – Koppelstange

Übersicht Vorderachse

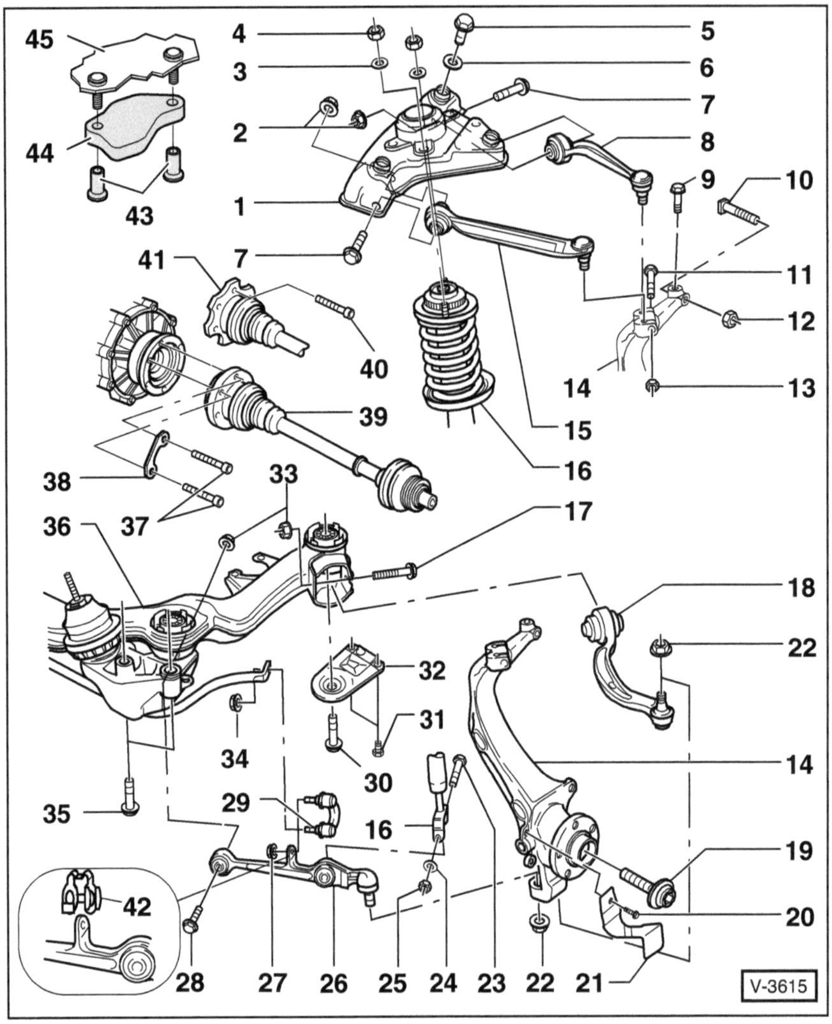

1 – Lagerbock

2 – Mutter*, 50 Nm + 90° weiterdrehen (¼ Umdrehung)

3 – Scheibe

4 – Mutter*, 20 Nm

5 – Sechskantschraube, 75 Nm

6 – Scheibe

7 – Sechskantschraube M10 x 60
Grundsätzlich ersetzen.

8 – Achslenker oben hinten
Lager ersetzen.

9 – Sechskantschraube, 7 Nm

10 – Schraube

11 – Sechskantschraube M10 x 100

12 – Mutter*, 50 Nm

13 – Mutter*, 40 Nm

14 – Schwenklager

15 – Achslenker oben vorn
Kann nur mit Lagerbock zusammen ausgebaut werden.

16 – Federbein

17 – Kombischraube M12 x 1,5 x 120
Grundsätzlich ersetzen.

18 – Führungslenker mit Hydrolager
Wenn größere Mengen Lecköl am Hydrolager sichtbar sind, Lager ersetzen.

19 – Sechskantschraube
Grundsätzlich ersetzen.
Beim Festziehen muß das Fahrzeug auf dem Boden stehen.
Anzugsdrehmoment:
M14-Schraube (SW14, SW = Schlüsselweite): **115 Nm und anschließend 180° weiterdrehen,**
M16-Schraube (SW17): **190 Nm und anschließend 180° weiterdrehen.**

20 – Innensechskantschraube, 10 Nm

21 – Bremsabdeckblech

22 – Flanschmutter, 100 Nm
Ab 2/99: Kombimutter, 125 Nm
Grundsätzlich ersetzen.

23 – Sechskantschraube M12x1,5x85

24 – Scheibe

25 – Rippmutter*, 90 Nm
Achtung: Mutter hat auf der Unterseite Rippen. Bei Ersatz nur diese Spezial-Rippmutter verwenden.

26 – Vorderer Achslenker, unten
Ab 2/99 geringfügig geändert.

27 – Mutter*
1. Rippmutter für Achslenker –26– **bis 1/99** und Kugellager-Koppelstange: **70 Nm.**
2. Achslenker –26– **seit 2/99** und Kugellager-Koppelstange: **40 Nm + 90°.**
3. Achslenker –26– **seit 2/99** und Gummilager-Koppelstange: **40 Nm + 90°.**

Achtung: Beim Festziehen muß das Fahrzeug auf dem Boden stehen.

28 – Kombischraube* M12 x 1,5 x 100

29 – Koppelstange
Pfeil auf der Koppelstange zeigt in Fahrtrichtung.
Seit 2/99 mit Gummilagern ausgestattet, bisher Kugellager. Die festmontierte Distanzscheibe muß am Stabilisator verschraubt werden.

30 – Kombischraube* M12 x 1,5 x 105, 110 Nm + 90° weiterdrehen (¼ Umdrehung)

31 – Schraube
1. Glatte Unterseite des Schraubenkopfs: **25 Nm.**
2. Gerippte Unterseite des Schraubenkopfs: **75 Nm.**
3. Ab 4/99, Schraubenkopf und Unterlegscheibe gerippt: **30 Nm.** Diese Schraube kann in alle Modelle eingebaut werden.

32 – Abstützung für Aggregateträger

33 – Mutter*, 80 Nm + 90° weiterdrehen (¼ Umdrehung)

34 – Mutter*
1. Rippmutter für Achslenker –26– **bis 1/99** und Kugellager-Koppelstange: **90 Nm.**
2. Achslenker –26– **seit 2/99** und Kugellager-Koppelstange: **100 Nm.**
3. Achslenker –26– **seit 2/99** und Gummilager-Koppelstange: **40 Nm + 90°.**

Achtung: Beim Festziehen muß das Fahrzeug auf dem Boden stehen.

35 – Sechskantschraube, 75 Nm
M10 x 70, grundsätzlich ersetzen.

36 – Aggregateträger
Achtung: Fahrzeug **nicht** am Aggregateträger anheben.

37 – Innenvielzahnschraube
Anzugsdrehmoment:
M8-Schraube = **40 Nm,**
M10-Schraube = **80 Nm.**

38 – Unterlegplatte

39 – Gelenkwelle mit Kugelgleichlaufgelenk

40 – Innensechskantschraube, 80 Nm
M10 x 20, für Fahrzeuge mit Tripodegelenk.

41 – Gelenkwelle mit Tripodegelenk

42 – Klammer
In vorderen Achslenker unten eingesetzt. **Seit 2/99** nicht mehr vorhanden.

43 – Befestigungskappe

44 – Anschlagplatte

45 – Federbeinaufnahme

---

*) Schraube/Mutter grundsätzlich ersetzen.

Federbein aus- und einbauen

Ausbau

- Stellung des jeweiligen Vorderrades zur Radnabe mit Farbe kennzeichnen. Dadurch kann das ausgewuchtete Rad wieder in derselben Position montiert werden. Radschrauben bei auf dem Boden stehendem Fahrzeug lösen. Fahrzeug vorn aufbocken und Vorderrad abnehmen.

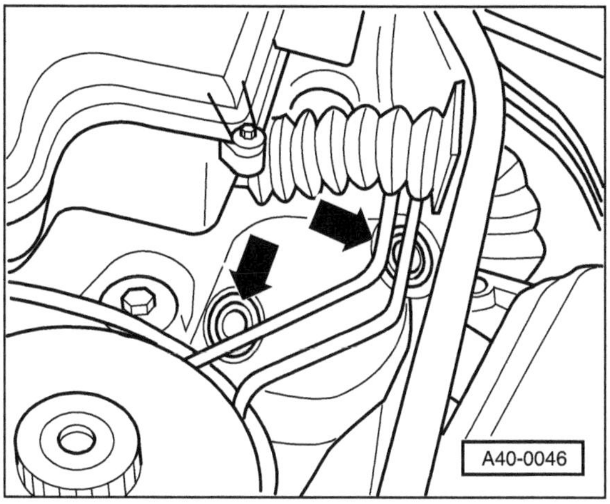

- Gummitüllen –Pfeile– im Wasserkasten herausdrücken.

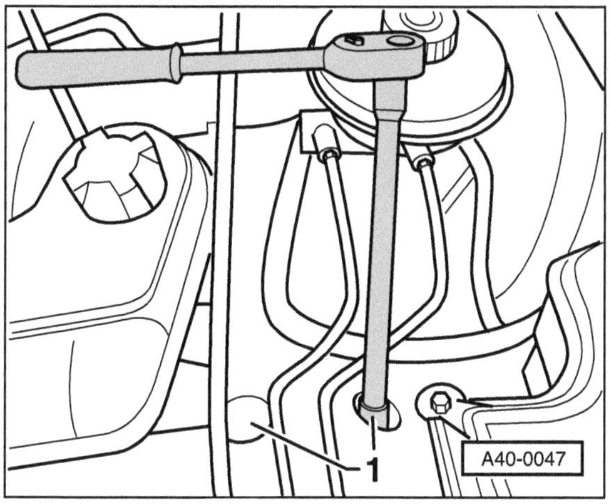

- Federbeinmuttern –1– vorsichtig herausschrauben. **Achtung:** Dabei Oberflächenschutz der Bremsleitung nicht beschädigen.

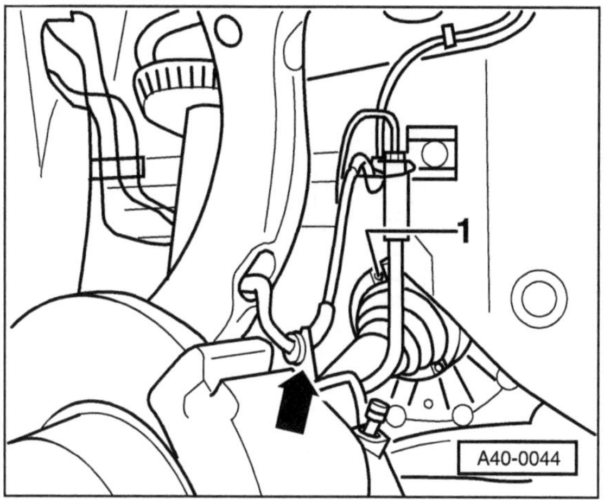

- Leitung für ABS-Drehzahlfühler aus der Halterung –Pfeil– am Bremssattel herausziehen. 1 – Innere Gelenkwellenbefestigung.

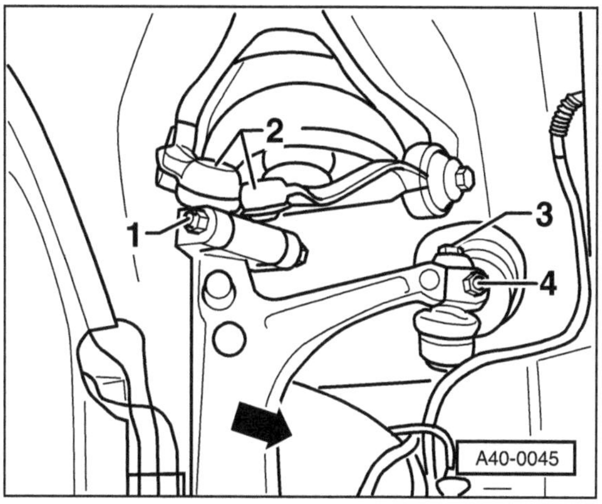

- Mutter –1– lösen, Sechskantschraube herausnehmen und beide Lenker –2– nach oben herausziehen.

Achtung: Die Schlitze im Schwenklager dürfen auf keinen Fall mit einem Meißel oder einem anderen Werkzeug aufgeweitet werden. Schrauben –3– und –4– **nicht lösen**. Andernfalls muß das Fahrwerk neu vermessen und eingestellt werden.

- Schwenklager in Pfeilrichtung seitlich wegkippen.

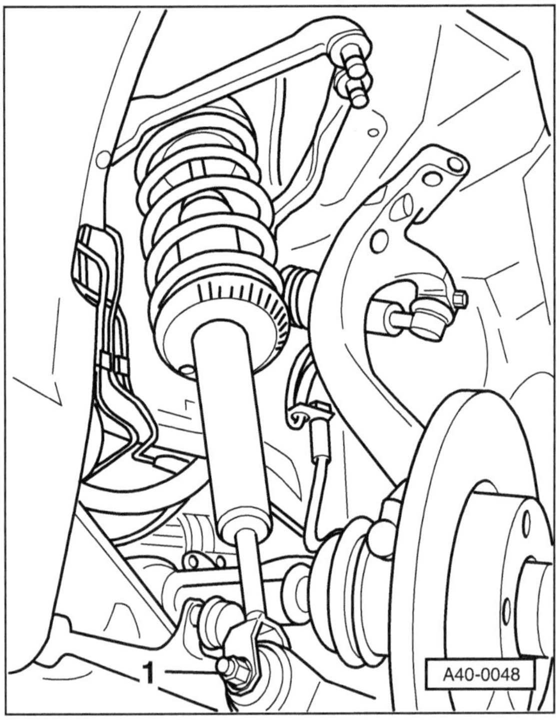

- Schraube –1– der Verbindung Federbein/vorderer Achslenker, unten, herausschrauben.
- Federbein herausnehmen. **Achtung:** Dabei darauf achten, daß die Gelenkschutzhülle nicht beschädigt wird.

Einbau

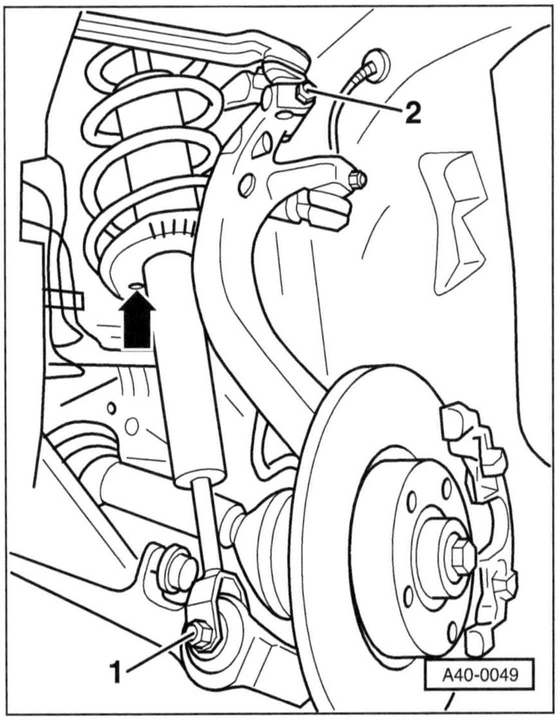

- Federbein so einsetzen, daß die Bohrung im Federteller –Pfeil– zur Fahrzeugmitte zeigt.
- Gabelkopf des Federbeins am Achslenker einsetzen, Mutter –1– mit **90 Nm** anziehen.
- Beide Achslenker oben einsetzen. Achslenkerzapfen so weit wie möglich nach unten drücken und Mutter –2– mit **40 Nm** anziehen.
- ABS-Leitung in Halterung am Bremssattel einsetzen.
- Beide Federbeinmuttern mit **20 Nm** anziehen.

Sicherheitshinweis:
Bei der Montage darauf achten, daß die Oberfläche der Bremsleitungen nicht beschädigt wird.

- Gummitüllen im Wasserkasten einsetzen.
- Vorderrad so ansetzen, daß die beim Ausbau angebrachten Markierungen übereinstimmen. Vorher Zentriersitz der Felge an der Radnabe mit Wälzlagerfett dünn einfetten. Radschrauben nicht fetten oder ölen. Korrodierte Radschrauben erneuern. Rad anschrauben. Fahrzeug ablassen und Radschrauben über Kreuz mit **120 Nm** festziehen.

Stoßdämpfer/Schraubenfeder

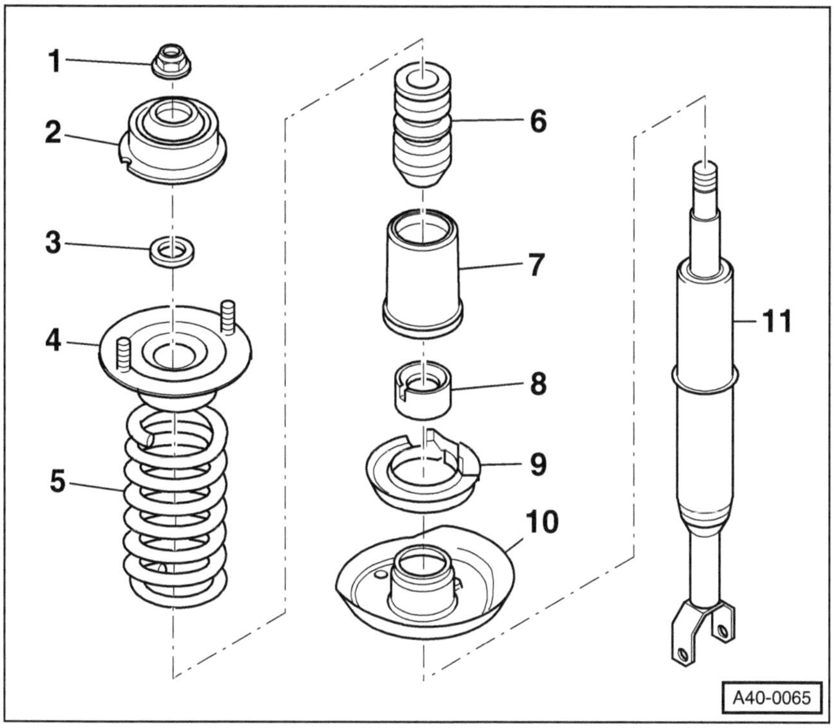

1 – **Bundmutter, 50 Nm**

2 – **Federbeinlager**

3 – **Scheibe**

4 – **Federteller oben**

5 – **Schraubenfeder**
Oberfläche der Federwindung darf nicht beschädigt werden. Nur Feder mit gleicher Farbkennzeichnung wie ausgebaut einbauen.

6 – **Anschlagpuffer**
In Federteller oben einsetzen.

7 – **Schutzhülle**

8 – **Schutzkappe**

9 – **Federunterlage unten**
Ist mit einer Aussparung in der Sicke am Federteller fixiert.

10 – **Federteller unten**

11 – **Stoßdämpfer**

Stoßdämpfer aus- und einbauen/ Federbein zerlegen

Ausbau

- Federbein ausbauen, siehe Seite 109.

Achtung: Die Schraubenfeder steht unter Spannung. Um den Stoßdämpfer ausbauen zu können, **muß die Schraubenfeder mit einem geeigneten Federspanner zusammengedrückt werden.** Die VW-Werkstätten benutzen dazu eine Spezialvorrichtung, siehe Abbildung V-3612.

Sicherheitshinweis:
Die Stoßdämpfermutter nur lösen, wenn die Feder mit dem Federspanner sicher gespannt ist. Verletzungsgefahr!

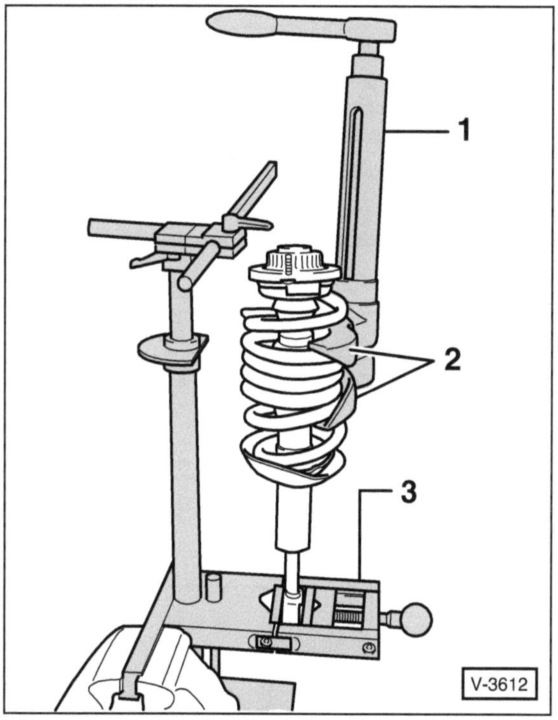

- Federbein mit Gabelkopf in Federbeinaufnahme –3– oder in einen Schraubstock mit Schutzbacken einspannen.
- Schraubenfeder mit geeignetem Federspanner spannen. 1 – Spannvorrichtung, 2 – Aufnahme für Federwindungen.

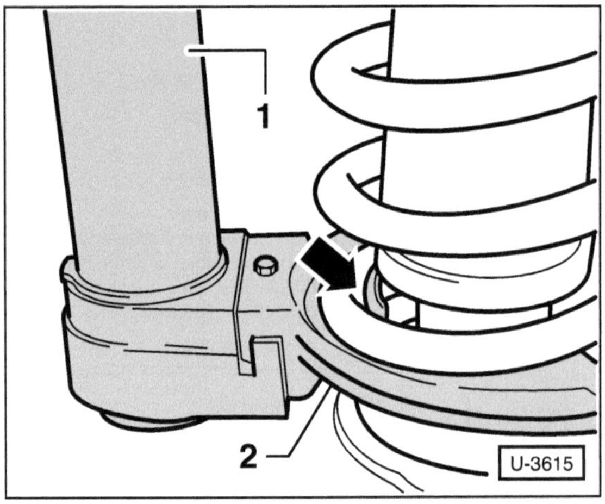

- Beim Spannen auf richtigen Sitz der Schraubenfeder im Adapter achten –Pfeil–. 1 – Spannvorrichtung, 2 – Aufnahme für Federwindungen.

Achtung: Falls der Federspanner in die Windungen der Feder eingesetzt wird, darauf achten, daß die Federwindungen sicher umfaßt werden und der Federspanner nicht abrutschen kann. Feder grundsätzlich an 3 gleichmäßig über den Umfang verteilten Punkten spannen. Die Schraubenfeder steht unter großer Vorspannung, deshalb nur stabiles Werkzeug verwenden. Keinesfalls Feder mit Draht zusammenbinden. Unfallgefahr!

- Schraubenfeder soweit vorspannen, bis der obere Federteller frei ist.
- Bundmutter von Kolbenstange mit VW-Werkzeug 3353- oder einem tiefgekröpften Ringschlüssel abschrauben, dabei Kolbenstange mit Innensechskantschlüssel gegenhalten, siehe Abbildung U-3602.
- Dämpferlager, Scheibe und oberen Federteller abnehmen.
- Gespannte Schraubenfeder mit Spannvorrichtung abnehmen.

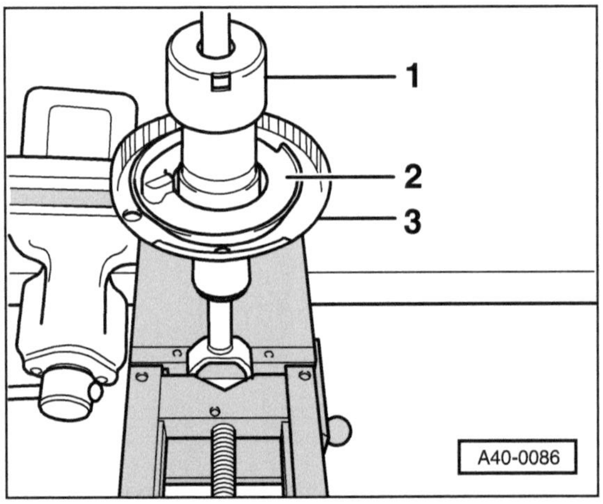

- Schutzkappe –1– und Federunterlage unten –2– abnehmen.
- Federteller –3– mit Kunststoffhammer lockern und abnehmen.

Einbau

Achtung: Es stehen Federn in verschiedenen Toleranzgruppen zur Verfügung. Nur Federn mit gleicher Kennung (Farbkennzeichnung) verwenden.

- Neue Stoßdämpferpatrone mit Gabelkopf in Federbeinaufnahme oder in Schraubstock mit Schutzbacken einspannen. Wird der bisherige Dämpfer wieder eingebaut, vorher Stoßdämpfer prüfen, siehe Seite 123.

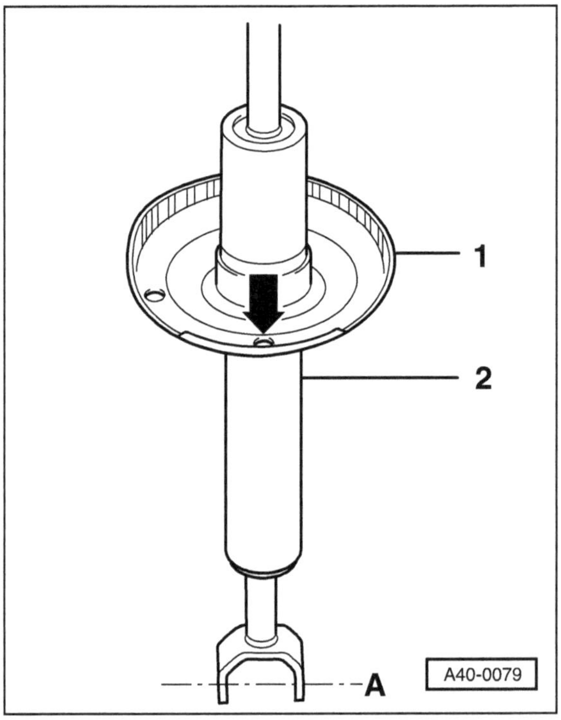

- Federteller unten so einsetzen, daß die Bohrung –Pfeil– im Federteller –1– um 90° zur Schraubachse –A– des Stoßdämpfers –2– gedreht ist. Eine Abweichung vom Federteller zum Stoßdämpfer von ± 2° ist zulässig.
- Federunterlage unten, Schutzkappe und Zusatzfeder aufsetzen.

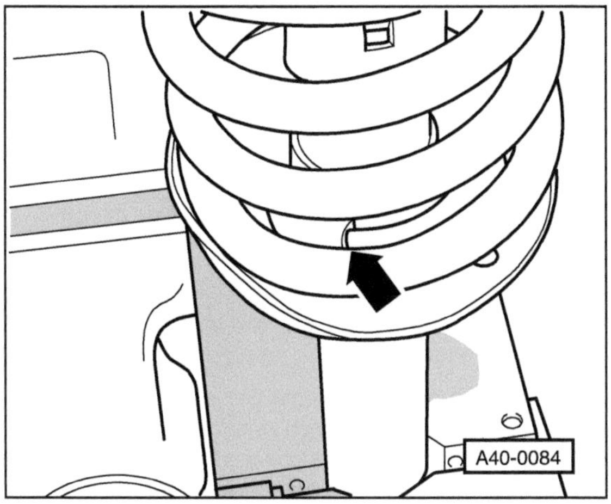

- Vorgespannte Schraubenfeder mit Spannvorrichtung auf Federunterlage unten aufsetzen, dabei muß das Ende der Federwindung am Anschlag –Pfeil– anliegen.

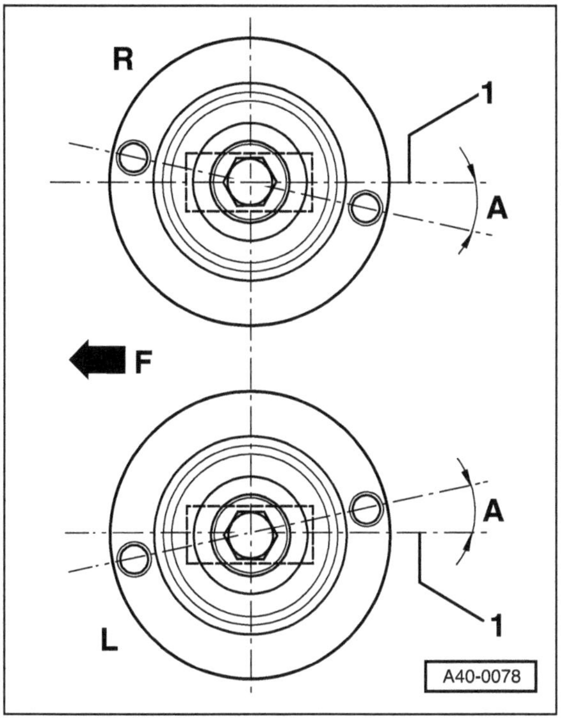

- Federteller oben so einbauen, daß die Gewindestifte im Federteller oben um 11° zur Schraubachse –1– des Gabelkopfes am Stoßdämpfer gedreht sind.
  Achtung: Unterschiedliche Einstellung der linken und rechten Seite beachten.
  F = Fahrtrichtung
  R = Federteller rechte Seite
  L = Federteller linke Seite
  A = 11° ± 2°

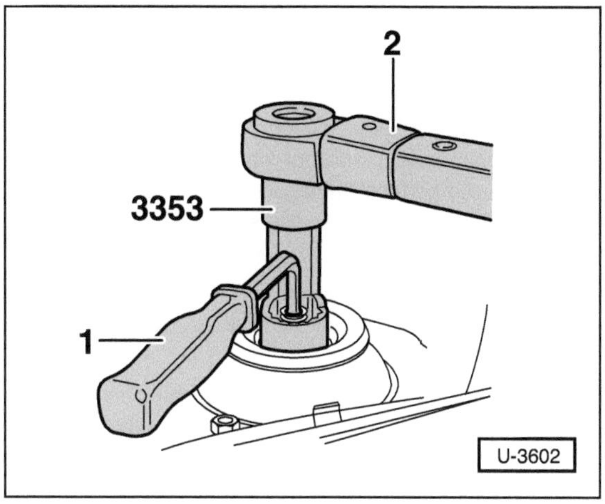

- **Neue** Bundmutter mit VW-Werkzeug 3353 und **50 Nm** festziehen. Dabei Kolbenstange mit Innensechskantschlüssel –1– gegenhalten. 2 – Drehmomentschlüssel.

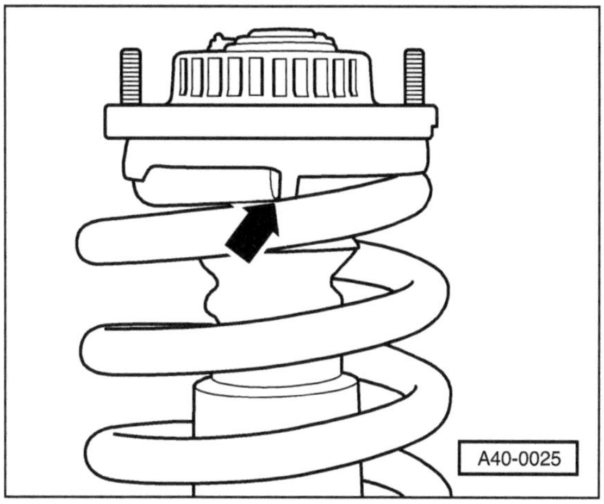

- Schraubenfeder vorsichtig entspannen.
- Dabei darauf achten, daß das Federende am Anschlag der Federunterlage oben –Pfeil– anliegt.
- Federbein einbauen.

Gelenkwelle aus- und einbauen

Ausbau

Achtung: Bei demontierter Gelenkwelle darf das Fahrzeug nicht geschoben werden, da bei fehlender axialer Vorspannung die Wälzkörper des Radlagers beschädigt werden. Gegebenenfalls statt der Gelenkwelle ein Außengelenk einbauen und mit **50 Nm** festziehen.

- Bundschraube für Gelenkwelle an Radnabe lösen. **Achtung:** Schraube nur bei auf den Rädern stehendem Fahrzeug lösen. Unfallgefahr!
- Stellung des jeweiligen Vorderrades zur Radnabe mit Farbe kennzeichnen. Dadurch kann das ausgewuchtete Rad wieder in derselben Position montiert werden. Radschrauben bei auf dem Boden stehendem Fahrzeug lösen. Fahrzeug vorn aufbocken und Vorderrad abnehmen.
- Befestigungsschraube der Gelenkwelle ganz abschrauben.

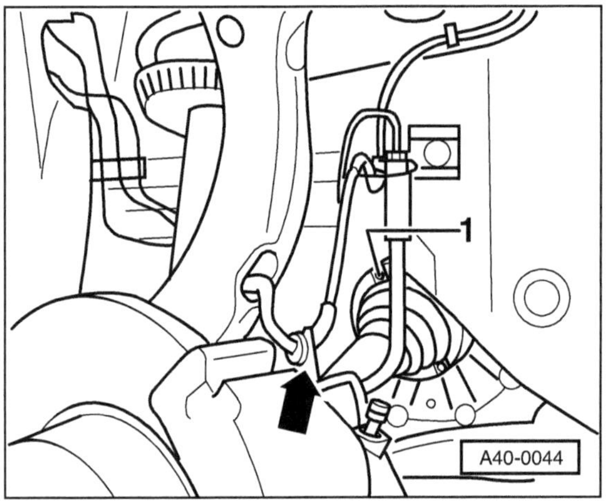

- Schrauben –1– am Innengelenk herausdrehen.
- Leitung für ABS-Drehzahlfühler aus Halter –Pfeil– ziehen.
- ABS-Drehzahlfühler aus dem Schwenklager etwas herausziehen.

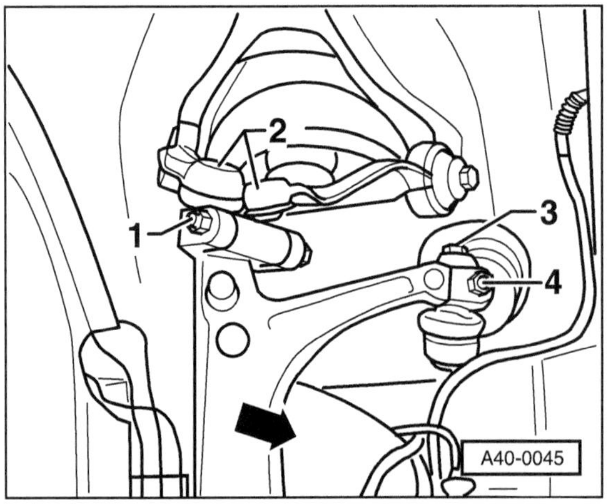

- Mutter –1– lösen, Sechskantschraube herausnehmen und beide Lenker –2– nach oben herausziehen.

Achtung: Die Schlitze im Schwenklager dürfen auf keinen Fall mit einem Meißel oder einem anderen Werkzeug aufgeweitet werden. Schrauben –3– und –4– **nicht lösen**. Andernfalls muß das Fahrwerk neu vermessen und eingestellt werden.

- Schwenklager in Pfeilrichtung seitlich wegschwenken.
- Gelenkwelle herausnehmen.

Einbau

- Gelenkwelle an Getriebewelle und in Schwenklager einsetzen.

Achtung: Damit beim Einbau der Gelenkwelle mit Tripodegelenk dieses nicht versehentlich zurückgeschoben wird, Tripodegelenk kreuzförmig mit Klebeband sichern. Klebeband erst unmittelbar vor dem Verschrauben mit dem Gelenkwellenflansch abnehmen.

- Gelenkwelle an der Radnabe mit **neuer** Schraube handfest anschrauben.
- Beide Achslenker oben einsetzen. Achslenkerzapfen so weit wie möglich nach unten drücken und Mutter mit **40 Nm** anziehen.
- Gelenkwelle am Getriebe ansetzen und Schrauben über Kreuz mit **10 Nm** voranziehen.
  Anzugsdrehmomente: M8-Schrauben . . . . . . **40 Nm**;
  M10-Schrauben . . . . . **77 Nm.**
- ABS-Drehzahlfühler bis zum Anschlag in das Schwenklager eindrücken und Leitung in Halterung am Bremssattel einsetzen.
- Vorderrad so ansetzen, daß die beim Ausbau angebrachten Markierungen übereinstimmen. Vorher Zentriersitz der Felge an der Radnabe mit Wälzlagerfett dünn einfetten. Radschrauben nicht fetten oder ölen. Korrodierte Radschrauben erneuern. Rad anschrauben. Fahrzeug ablassen und Radschrauben über Kreuz mit **120 Nm** festziehen.
- **Neue** Sechskantschraube für Gelenkwelle an Radnabe festziehen.
  Anzugsdrehmomente:
  M14-Schraube: **115 Nm**, anschließend mit starrem Schlüssel **180° (½ Umdrehung)** weiterdrehen;
  M16-Schraube: **190 Nm**, anschließend mit starrem Schlüssel **180° (½ Umdrehung)** weiterdrehen.

Achtung: Nabenschraube nur bei auf den Rädern stehendem Fahrzeug anziehen; Unfallgefahr!

Gelenkwelle mit Tripodegelenk

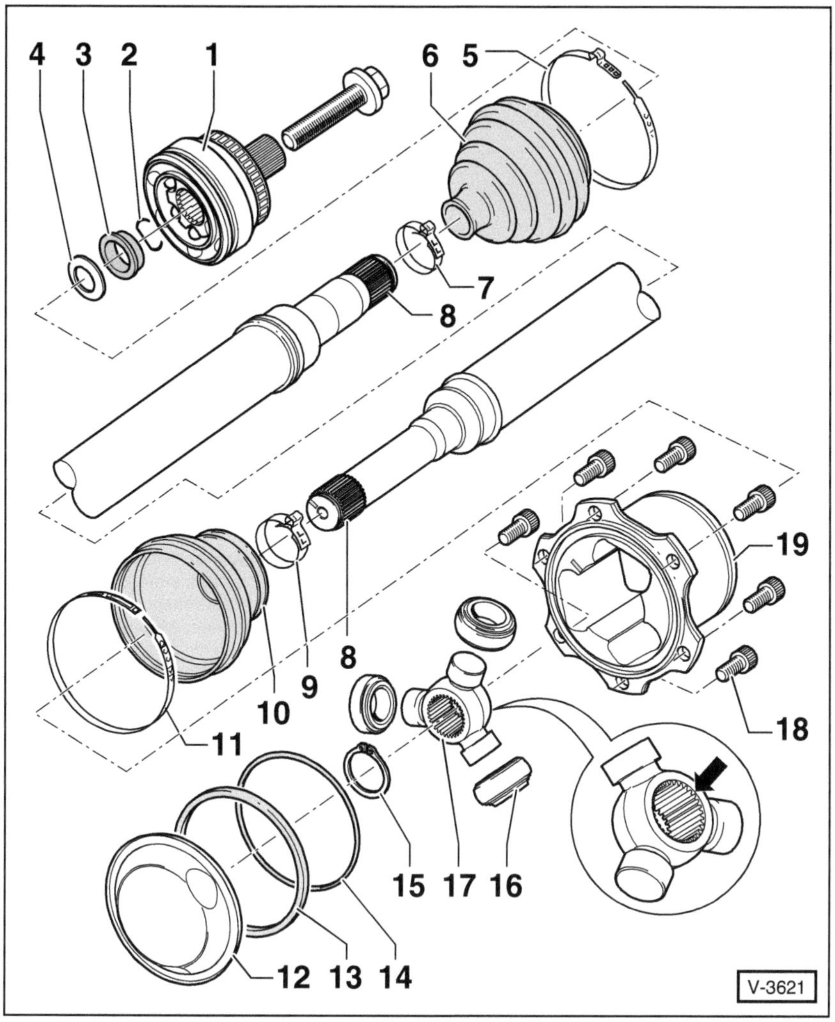

1 – **Gleichlaufgelenk außen**
Nur komplett ersetzen.
Einbau: Mit Plastikhammer auf die Welle auftreiben, bis eingefederter Sicherungsring ausfedert.

2 – **Sicherungsring**
Immer ersetzen. In die Nut der Welle einsetzen.

3 – **Anlaufring**

4 – **Tellerfeder**
Großer ∅ (Konkavseite) liegt am Anlaufring an.

5 – **Klemmschelle**
Immer ersetzen.

6 – **Gelenkschutzhülle für Gleichlaufgelenk**
Auf Risse und Scheuerstellen prüfen.

7 – **Klemmschelle**

8 – **Gelenkwelle**

9 – **Klemmschelle für Tripodegelenk**

10 – **Gelenkschutzhülle für Tripodegelenk**

11 – **Klemmschelle für Tripodegelenk**

12 – **Deckel**
Hinweis: Der Deckel wird beim Ausbau zerstört. Für den Einbau der Gelenkwelle wird der Deckel nicht benötigt.

13 – **Rechteckdichtring**
Bestandteil des Reparatursatzes, serienmäßig nicht eingebaut.

14 – **Runddichtring**
Wird beim Einbau nicht mehr benötigt.

15 – **Sicherungsring**

16 – **Rollen**

17 – **Tripodestern**
Die Fase (Abschrägung) –Pfeil– zeigt zur Verzahnung der Gelenkwelle.

18 – **Innenvielzahnschraube, M10x20**
1. Stufe:. . . . über Kreuz **10 Nm**
2. Stufe:. . . . über Kreuz **77 Nm**

19 – **Gelenkstück**

Fettfüllung der äußeren Gleichlaufgelenke mit Gelenkwellenfett G 000 603:

Außengelenk ∅ mm	Fettmenge Gesamt	davon im	
		Gelenk	Faltenbalg
88	90 g	40 g	50 g
98	120 g	80 g	40 g

Fettfüllung inneres Tripodegelenk:

- Das Tripodegelenk wird mit 180 g Gelenkwellenfett **G 000 603** gefettet. Davon 90 g von vorn in das Tripodegelenk drücken, 90 g in die Rückseite des Tripodegelenks drücken.
- Bei Erneuern der Gelenkschutzhülle Gelenk gegebenenfalls nachfetten.

Gelenkwelle mit Gleichlauf-Kugelgelenk

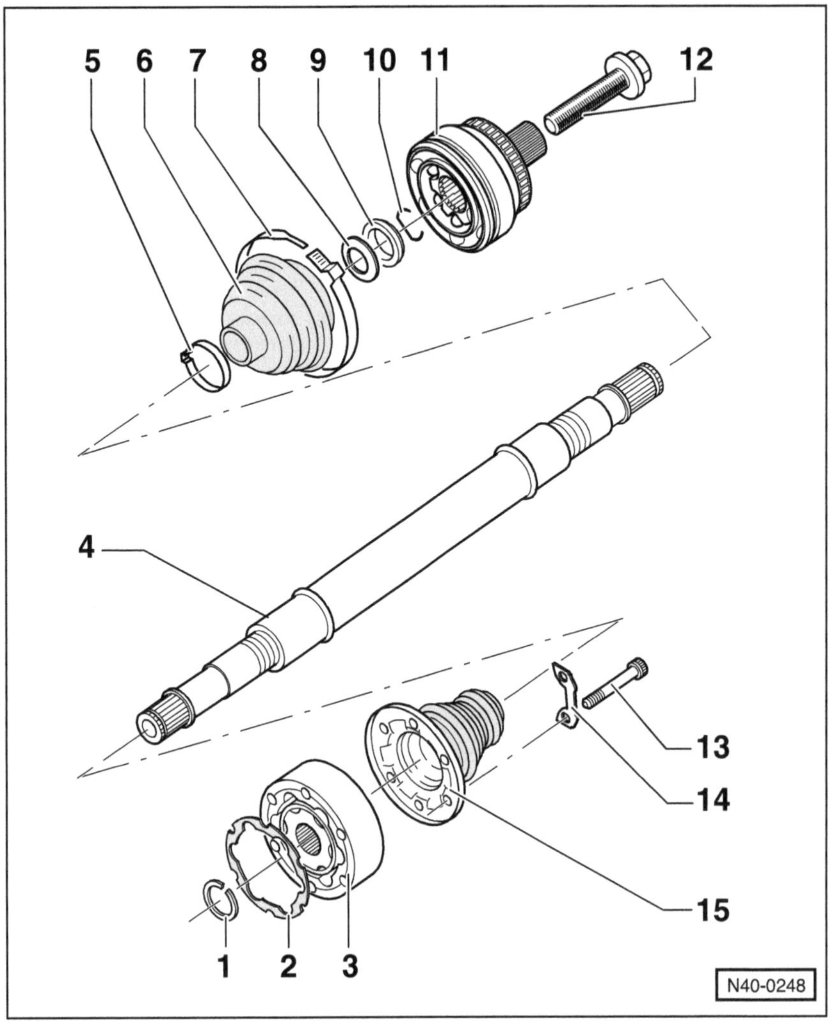

1 – Sicherungsring
Mit handelsüblicher Sicherungsringzange aus- und einfedern.

2 – Dichtung
Immer ersetzen, Schutzfolie abziehen und in das Gelenk einkleben.

3 – Gleichlaufgelenk innen
Nur komplett ersetzen. Außendurchmesser je nach Motor/Getriebe-Kombination 100 mm oder 108 mm

4 – Gelenkwelle

5 – Klemmschelle
Immer erneuern.

6 – Gelenkschutzhülle
Auf Risse und Scheuerstellen prüfen. Vor dem Spannen des kleinen Schlauchbinders Gelenkschutzhülle kurz belüften.

7 – Klemmschelle
Immer erneuern.

8 – Tellerfeder
Großer ∅ (Konkavseite) liegt am Anlaufring an.

9 – Anlaufring

10 – Sicherungsring
Immer ersetzen. Bei der Montage in die Ringnut der Welle einsetzen.

11 – Gleichlaufgelenk außen
Außendurchmesser je nach Motor/Getriebe-Kombination 88 mm oder 98 mm. Nur komplett ersetzen. Mit Plastikhammer bis zum Anschlag auf die Welle auftreiben.

12 – Sechskantschraube
Grundsätzlich ersetzen.
Beim Festziehen muß das Fahrzeug auf dem Boden stehen.
Anzugsdrehmoment:
M14-Schraube: **115 Nm und anschließend 180° weiterdrehen;**
M16-Schraube: **190 Nm und anschließend 180° weiterdrehen.**

13 – Innenvielzahnschraube
Mit **10 Nm** über Kreuz voranziehen, anschließend über Kreuz festziehen.
Anzugsdrehmoment:
M8-Schraube = **40 Nm**,
M10-Schraube = **77 Nm.**

14 – Unterlegplatte

15 – Gelenkschutzhülle mit Kappe
Mit Belüftungsbohrung. Auf Risse und Scheuerstellen prüfen. Schutzhülle mit Dorn abtreiben. Vor der Montage auf das Gleichlaufgelenk, Stirnseite mit VW-Dichtmittel D-3 abdichten.

Fettfüllung der Gleichlaufgelenke mit Schmierfett G-6

Außengelenk ∅ mm	Fettmenge gesamt	davon im	
		Gelenk	Faltenbalg
88	90 g	40 g	50 g
98	120 g	80 g	40 g
Innengelenk ∅ mm			
100	80 g	30 g	50 g
108	120 g	35 g	85 g

Bei Erneuern der Gelenkschutzhülle Gelenk gegebenenfalls nachfetten.

Hinterachse

Aus dem Inhalt:

- Stoßdämpfer
- Schraubenfeder
- Stoßdämpfer prüfen
- Radlager
- Radnabe
- Federbein (Allradantrieb)

VW PASSAT mit Frontantrieb:

Die Verbundlenker-Hinterachse besteht aus dem Achskörper und zwei Längslenkern. Vor dem V-Profil des Achskörpers befindet sich ein Stabilisator, der die Aufgabe hat, die Kurvenneigung des Fahrzeuges zu verringern und dadurch das Fahrverhalten zu stabilisieren. Die Hinterachse ist über Gummi-Metall-Lager mit dem Aufbau verbunden. Abgefedert wird das Fahrzeug hinten durch 2 Schraubenfedern und 2 Stoßdämpfer. Schraubenfedern und Stoßdämpfer sind getrennt angeordnet, dadurch vergrößert sich die Durchladebreite im Koffer- beziehungsweise Laderaum.

In diesem Kapitel wird vorwiegend auf die Hinterachse von Fahrzeugen mit Frontantrieb eingegangen.

VW PASSAT mit Allradantrieb:

Die Doppelquerlenker-Hinterachse besteht aus einem Aggregateträger, 2 Querlenkern auf jeder Seite und je einem Federbein. Der Aggregateträger ist über 4 Gummimetallager mit dem Aufbau verbunden. Radführung und Abfederung erfolgen über die oberen und unteren Querlenker, die die Federbeine aufnehmen.

Sicherheitshinweis:
Schweiß- und Richtarbeiten an tragenden und radführenden Bauteilen der Hinterradaufhängung **sind nicht zulässig. Selbstsichernde Muttern**, sowie korrodierte Schrauben/Muttern im Reparaturfall **immer ersetzen.**

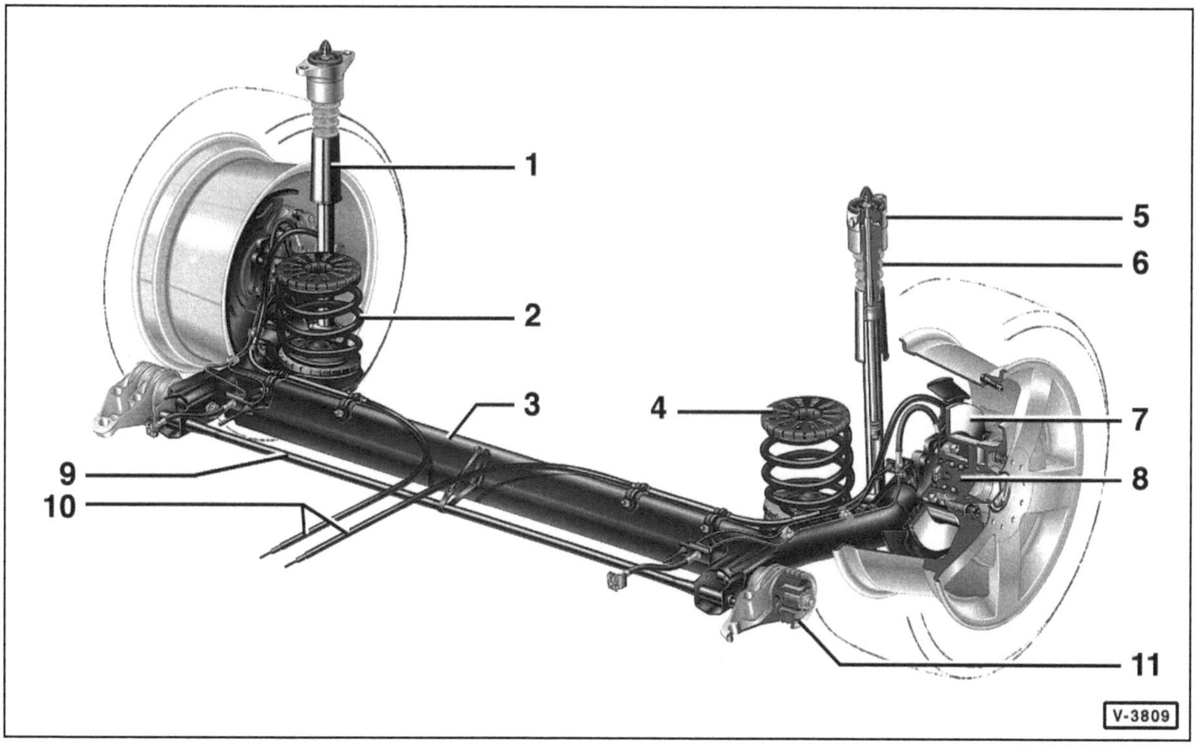

Verbundlenker-Hinterachse:
1 – Stoßdämpfer
2 – Schraubenfeder
3 – Hinterachskörper
4 – Obere Federauflage
5 – Dämpferlager
6 – Anschlagpuffer
7 – Bremsscheibe
8 – Radlager
9 – Stabilisator
10 – Handbremsseile
11 – Gummimetallager

Hinterachsfederung

Fahrzeuge mit Frontantrieb

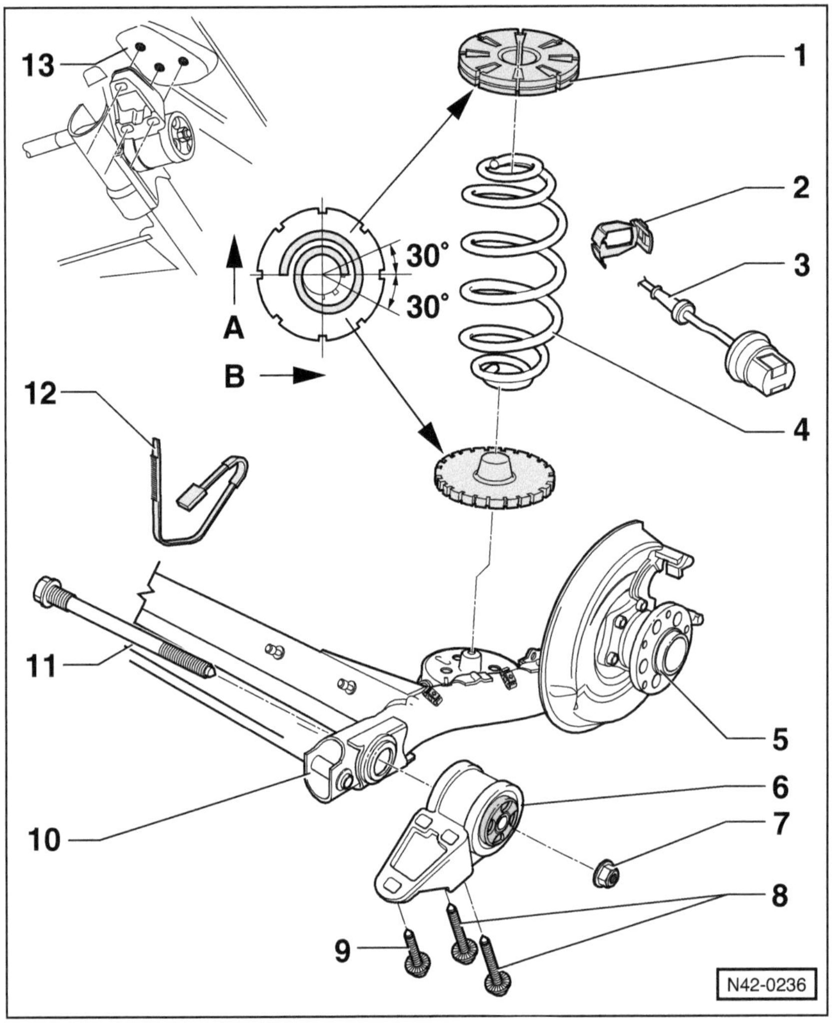

1 – **Federauflage**

2 – **Halter für Drehzahlfühler**

3 – **Drehzahlfühler**

4 – **Schraubenfeder**
Auf Lackschäden prüfen, gegebenenfalls Lackschäden beseitigen.

5 – **Radlagerung**

6 – **Lagerbock**
Die Anlagefläche des Lagerbocks muß sauber und frei von Wachs, Lack und Verunreinigungen sein.
Nach dem Einbau Gesamtspur der Hinterachse prüfen beziehungsweise einstellen.

7 – **Mutter**
Grundsätzlich ersetzen.

8 – **Sechskantschraube, 110 Nm und anschließend 90° weiterdrehen**
M12 x 1,5 x 90.
Grundsätzlich ersetzen.

9 – **Sechskantschraube, 110 Nm und anschließend 90° weiterdrehen**
M12 x 1,5 x 60.
Grundsätzlich ersetzen.

10 – **Achskörper**
Die Anlagefläche für Radlager/Radnabe und die Gewindelöcher müssen frei von Lack und Verunreinigungen sein.

11 – **Sechskantschraube, 120 Nm und anschließend 90° weiterdrehen**
M14 x 1,5 x 190.
Grundsätzlich ersetzen.

12 – **Halteband für Stabilisator**

13 – **Gewinde im Längsträger**

A – **Pfeil zeigt in Fahrtrichtung**

B – **Pfeil zeigt nach rechts**

Stoßdämpfer

Fahrzeuge mit Frontantrieb

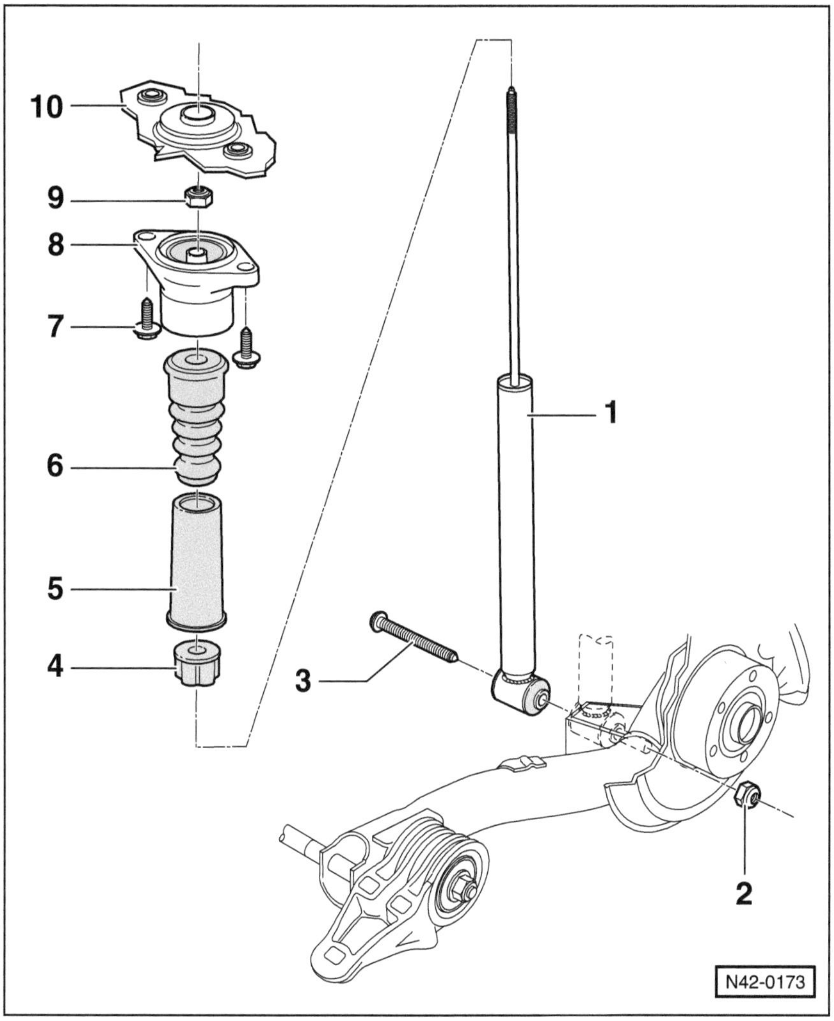

1 – **Gasdruck-Stoßdämpfer**
Einzeln austauschbar.

2 – **Mutter**
Grundsätzlich ersetzen.

3 – **Sechskantschraube, 50 Nm und anschließend 90° weiterdrehen**
M10 x 90.
Grundsätzlich ersetzen.

4 – **Schutzkappe**

5 – **Schutzrohr**

6 – **Anschlagpuffer**

7 – **Sechskantschraube, 45 Nm**

8 – **Dämpferlager**

9 – **Mutter, 25 Nm**
Selbstsichernd, daher immer ersetzen.
Beim Lösen und Festziehen Kolbenstange gegenhalten.

10 – **Gewinde im Radhaus**

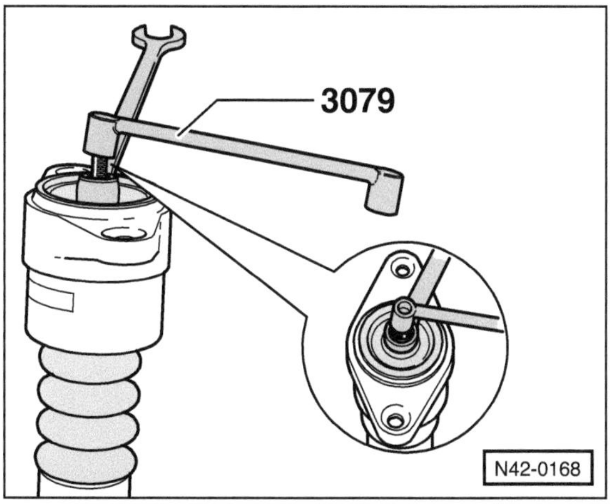

- Beim Lösen und Festziehen der Befestigungsmutter für das Dämpferlager die Kolbenstange gegenhalten. Die Fachwerkstatt verwendet dafür den Schlüssel VW-3079.

Stoßdämpfer/Schraubenfeder aus- und einbauen

Fahrzeuge mit Frontantrieb

Ausbau

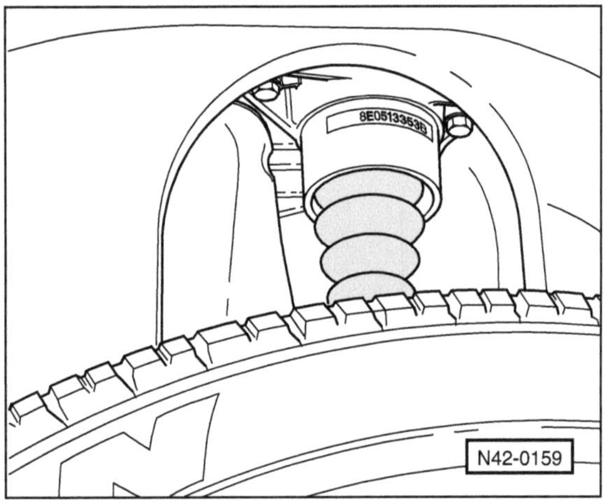
N42-0159

- Obere Befestigungsschrauben des Stoßdämpfers im Radhaus abschrauben. **Achtung:** Dabei muß das Fahrzeug auf den Rädern stehen. Gegebenenfalls Fahrzeug etwas anheben, bis die Befestigungsschrauben zugänglich sind.
- Schraubenfeder vollständig entlasten und herausnehmen. Dazu Fahrzeug auf Montagehöhe anheben, Räder mindestens 10 cm über dem Boden. Gegebenenfalls Hinterachse durch einen 2. Monteur nach unten ziehen lassen.

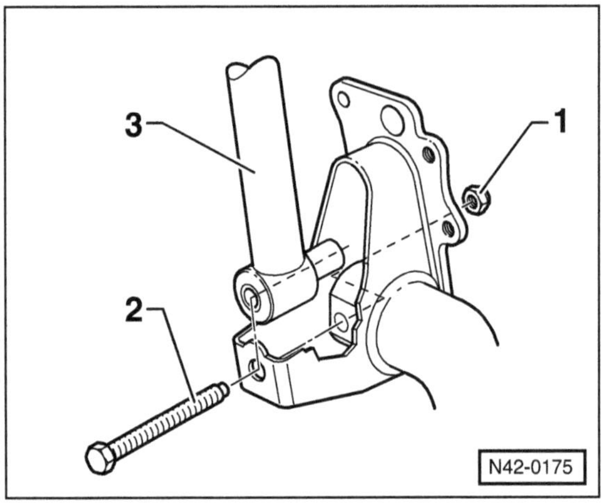

N42-0175

- Stoßdämpfer –3– von der Hinterachse abschrauben –1/2– und herausnehmen.

Einbau

- Stoßdämpfer einsetzen und unten mit **neuer** Schraube und **neuer** Mutter handfest anschrauben, nicht festziehen.
- Schraubenfeder –4– so einsetzen, daß die Enden der Feder nach dem Einbau im markierten Bereich liegen, siehe Abbildung N42-0236.
- Stoßdämpfer oben handfest anschrauben.
- Fahrzeug soweit ablassen, daß die Räder auf dem Boden stehen und die oberen Schrauben noch zugänglich sind.
- Stoßdämpfer am Aufbau mit **45 Nm** festschrauben, Schraube und Mutter an der Hinterachse mit **50 Nm** anziehen und anschließend mit starrem Schlüssel um **90°** (1/4 Umdrehung) weiterdrehen.

Radlager/Radnabeneinheit aus- und einbauen

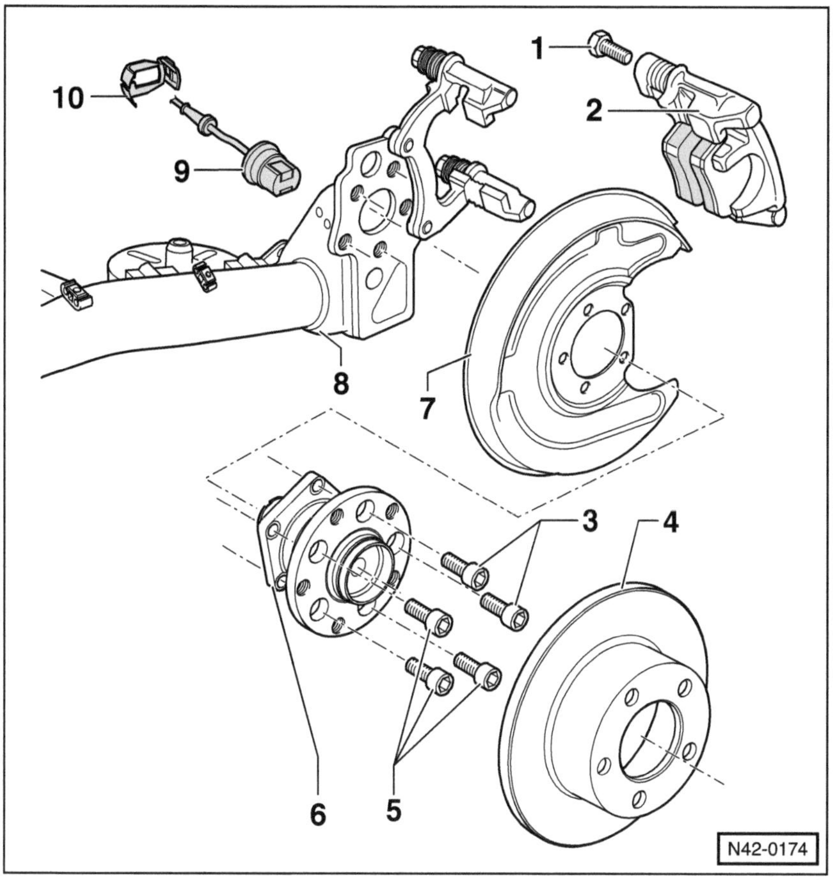

1 – **Schraube, 35 Nm**
Selbstsichernd, daher immer ersetzen.

2 – **Bremssattel**

3 – **Innensechskantschraube, 60 Nm**

4 – **Bremsscheibe**

5 – **Innensechskantschraube, 60 Nm**

6 – **Radlager/Radnabeneinheit**
Radlager und Radnabe bilden zusammen eine Einheit
Die Radlager/Radnabeneinheit ist wartungs- und spielfrei. Einstell- sowie Instandsetzungsarbeiten sind deshalb nicht möglich!

7 – **Abdeckblech**

8 – **Achskörper**

9 – **Drehzahlfühler**

10 – **Halter für Drehzahlfühler**

Ausbau

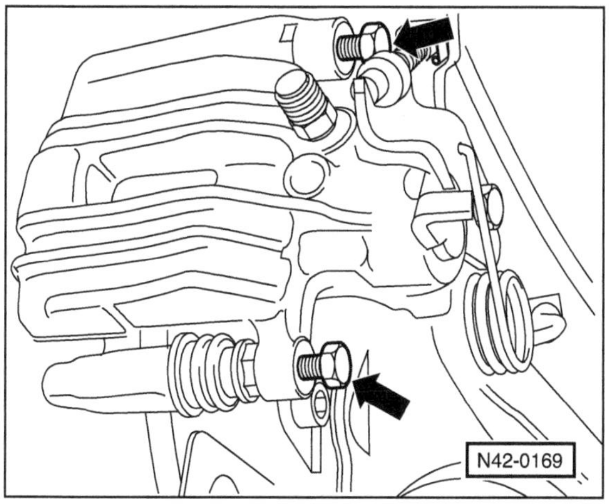

- Bremssattel abschrauben –Pfeile–. Dabei Führungsbolzen gegenhalten.
- Bremsbeläge ausbauen, siehe Seite 140.
- Bremsscheibe ausbauen, siehe Seite 147.

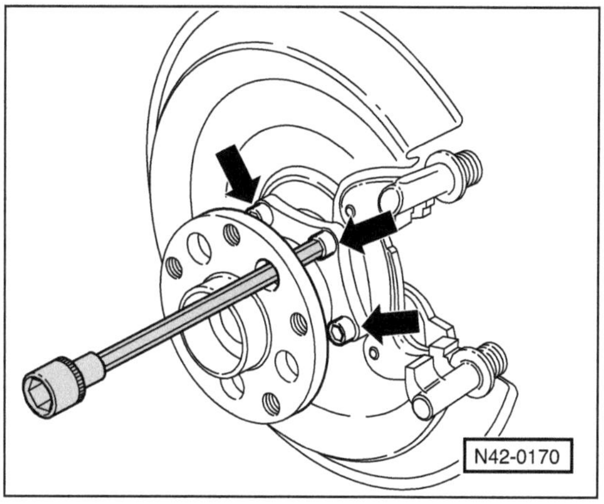

- Schrauben für Radlager/Radnabeneinheit herausdrehen.
- Radlager/Radnabeneinheit herausnehmen.

Einbau

- Radlager/Radnabeneinheit mit **60 Nm** anschrauben.
- Bremsscheibe einbauen, siehe Seite 147.
- Bremsbeläge einbauen, siehe Seite 143.
- Bremssattel mit neuen, selbstsichernden Schrauben anschrauben, dabei Führungsbolzen gegenhalten.

Federbein

Fahrzeuge mit Allradantrieb

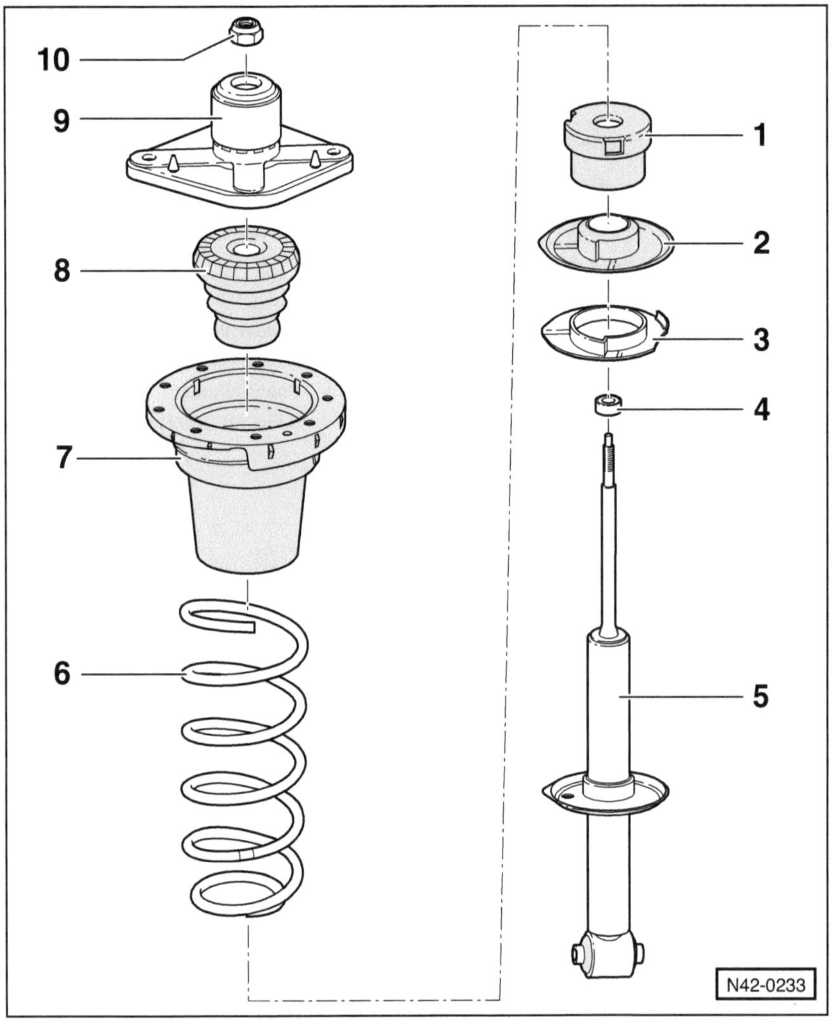

1 – **Schutzkappe**
Ist auf dem Dämpfer vormontiert.

2 – **Gummieinlage**
Ist auf dem Dämpfer vormontiert.

3 – **Federauflage**

4 – **Distanzring**

5 – **Gasdruck-Stoßdämpfer**
Einzeln austauschbar.

6 – **Schraubenfeder**

7 – **Federauflage mit Schutzrohr**
Besteht aus 2 Teilen.

8 – **Anschlagpuffer**

9 – **Dämpferlager**

10 – **Mutter, 25 Nm**
Selbstsichernd, daher immer ersetzen.

Der Ausbau des Federbeins wird nicht detailliert beschrieben. Hier die Anzugsdrehmomente für den Einbau:

Stabilisatorschelle an Achskörper .... **25 Nm;**
Koppelstange an Stabilisator .... **50 Nm;**
Achslenker an Radlagergehäuse .... **70 Nm + 90°;**
Dämpfer an Aufbau .... **45 Nm;**
Dämpfer an Achslenker (neue Schrauben) ... **70 Nm + 90°;**
Bremssattel an Halter (neue Schrauben) .... **30 Nm.**

Federbein zerlegen

- Das Federbein der Hinterachse wird prinzipiell auf die gleiche Weise zerlegt wie das Federbein der Vorderachse, siehe Seite 111.
- Beim Zusammenbau ist folgendes zu beachten:

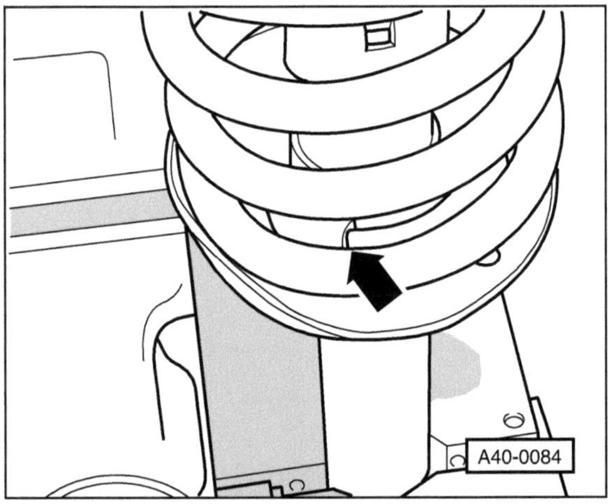

- Der Federanfang oben und unten muß am Anschlag der Federauflage –Pfeil– anliegen. Die Abbildung zeigt das untere Federende. Es muß zur Fahrzeugmitte zeigen.

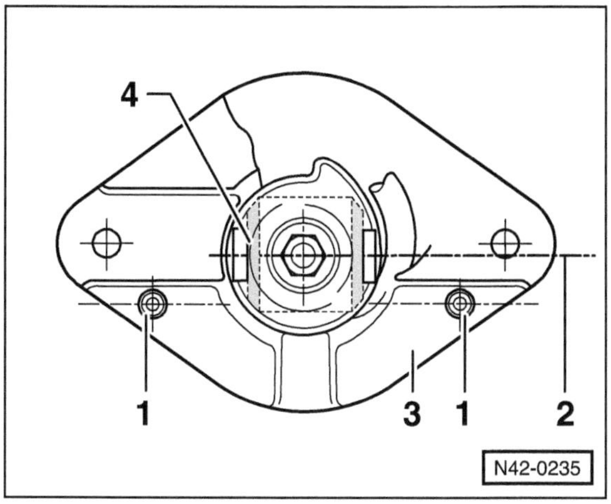

- Dämpferlager –3– wie in der Abbildung gezeigt einbauen.
- Die Achse der Ausrichtbolzen –1– muß mit der Achse –2– der Dämpferbuchse unten –4– fluchten.
- Die Ausrichtbolzen –1– zeigen zur Fahrzeugaußenseite.

Stoßdämpfer prüfen

Folgende Fahreigenschaften weisen auf defekte Stoßdämpfer hin:

- Langes Nachschwingen der Karosserie bei Bodenunebenheiten.
- Aufschaukeln der Karosserie bei aufeinander folgenden Bodenunebenheiten.
- Springen der Räder auch auf normaler Fahrbahn.
- Ausbrechen des Fahrzeuges beim Bremsen (kann auch andere Ursachen haben).
- Kurvenunsicherheit durch mangelnde Spurhaltung, Schleudern des Fahrzeuges.
- Abnorme Reifenabnutzung mit Abflachungen (Auswaschungen) am Reifenprofil.
- Defekte Dämpfer erkennt man auch während der Fahrt an Polter- und Knackgeräuschen. Allerdings haben diese Geräusche häufig auch andere Ursachen, zum Beispiel lockere Fahrwerksschrauben, Muttern, defektes Radlager oder Gleichlaufgelenk. Daher Dämpfer vor dem Ersetzen immer prüfen, gegebenenfalls auf Stoßdämpferprüfstand prüfen lassen.

Der Stoßdämpfer kann von Hand geprüft werden. Eine genaue Überprüfung der Stoßdämpferleistung ist jedoch nur mit einem Shock-Tester (Stoßdämpfer eingebaut) oder einer Stoßdämpfer-Prüfmaschine möglich.

Prüfung von Hand

- Stoßdämpfer ausbauen.

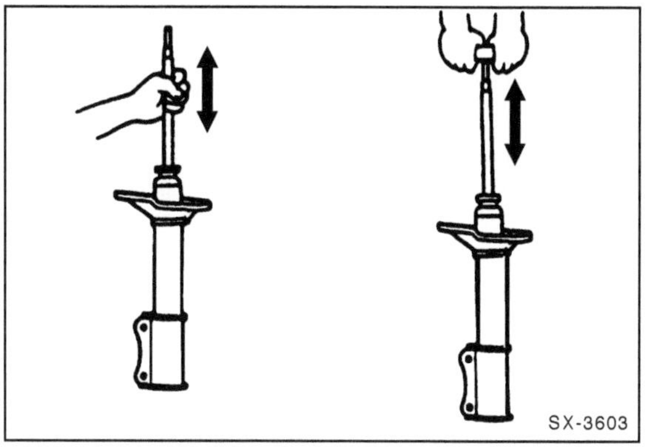

- Stoßdämpfer in Einbaulage halten, Stoßdämpfer auseinanderziehen und zusammendrücken. Der Stoßdämpfer muß sich über den gesamten Hub gleichmäßig schwer und ruckfrei bewegen lassen.
- Bei Gasdruck-Stoßdämpfern geht die Kolbenstange bei ausreichendem Gasfülldruck von selbst wieder in die Ausgangslage zurück. Ist dies nicht der Fall, braucht der Dämpfer nicht unbedingt ersetzt werden. Die Wirkungsweise entspricht, solange kein größerer Ölverlust eingetreten ist, der Wirkungsweise eines konventionellen Dämpfers. Die dämpfende Funktion ist auch ohne Gasdruck vollständig vorhanden. Allerdings kann sich das Geräuschverhalten verschlechtern.
- Bei einwandfreier Funktion sind geringe Spuren von Stoßdämpferöl kein Grund zum Austausch. Als Faustregel gilt: Wenn ein Ölfleck sichtbar ist und sich nicht weiter ausbreitet als vom oberen Stoßdämpferverschluß (Kolbenstangendichtring) bis zum unteren Federteller, gilt der Dämpfer als in Ordnung. Voraussetzung ist, daß der Ölfleck stumpf, matt beziehungsweise durch Staub getrocknet ist. Ein geringfügiger Ölaustritt ist sogar von Vorteil, weil dadurch der Dichtring geschmiert wird und sich somit dessen Lebensdauer erhöht.
- Bei starkem Ölverlust Stoßdämpfer austauschen.

Stoßdämpfer verschrotten

Damit ein defekter Stoßdämpfer entsorgt werden kann, muss das Hydrauliköl aus dem Stoßdämpfer abgelassen werden. Der entleerte Stoßdämpfer kann dann wie normaler Eisenschrott behandelt werden.

Achtung: Hydrauliköl ist ein Problemstoff und darf auf keinen Fall einfach weggeschüttet oder dem Hausmüll mitgegeben werden. Gemeinde- und Stadtverwaltungen informieren darüber, wo sich die nächste Problemstoff-Sammelstelle befindet.

Sicherheitshinweis
Der Gasdruck eines neuen Stoßdämpfers beträgt bis zu 25 bar. Deshalb beim Öffnen des Dämpfers Arbeitsstelle abdecken und **unbedingt Schutzbrille tragen.**

Stoßdämpfer können auf 2 Arten entleert werden, entweder durch Anbohren oder durch Aufsägen der Außenwand.

Stoßdämpfer anbohren

- Ausgebauten Stoßdämpfer senkrecht, mit der Kolbenstange nach unten, in den Schraubstock einspannen.

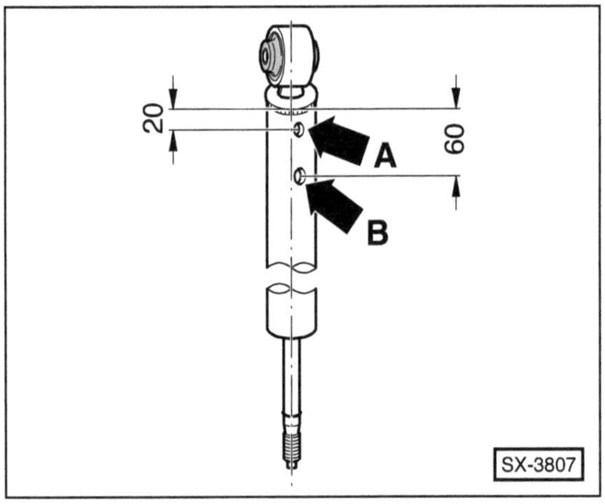

- An der Stelle –A– ein Loch mit 3 mm ∅ in das Außenrohr bohren.

Achtung: Bei Gasdruckstoßdämpfern entweicht nach dem Durchbohren der ersten Rohrwandung Gas. Öffnung während des Entgasens mit Lappen abdecken. Anschließend weiterbohren, bis das innenliegende Rohr (ca. 25 mm) durchbohrt ist.

- An der Stelle –B– eine zweite Bohrung mit 6 mm-Bohrer bis durch das innenliegende Rohr bohren.
- Dämpfer über eine Ölauffangwanne halten und Hydrauliköl durch Hin- und Herbewegen der Kolbenstange über den gesamten Hub herausdrücken.
- Dämpfer abtropfen lassen, bis kein Öl mehr austritt.
- Hydrauliköl bei einer Problemstoff-Sammelstelle entsorgen.
- Entleerten Stoßdämpfer als Eisenschrott entsorgen.

Stoßdämpfer aufsägen

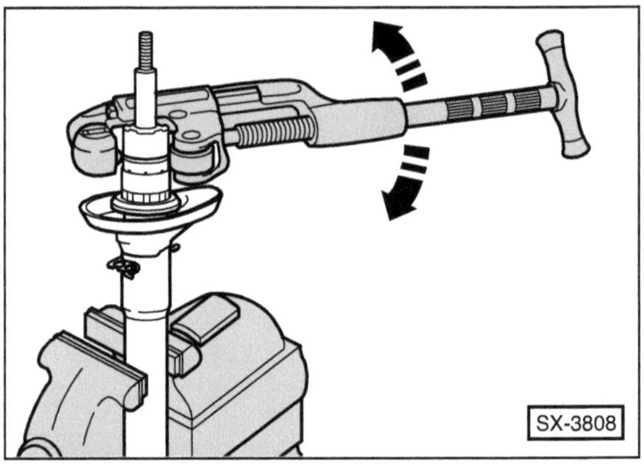

- Federbein in Schraubstock spannen.
- Rohrschneider, z. B. Stahlwille Express 150/3, ansetzen und Außenrohr durchtrennen. **Achtung:** Bei Gasdruck-Stoßdämpfern entweicht dabei das Gas; Schutzbrille tragen.
- Kolbenstange hochziehen, dabei das Innenrohr mit einer Wasserrohrzange festhalten und nach unten drücken, so dass dieses beim langsamen Hochziehen der Kolbenstange im Außenrohr verbleibt.
- Kolbenstange vom Innenrohr abziehen.
- Dämpfer über eine Ölauffangwanne halten und Hydrauliköl ablaufen lassen, bis kein Hydrauliköl mehr austritt.
- Hydrauliköl bei einer Problemstoff-Sammelstelle entsorgen.
- Entleerten Stoßdämpfer als Eisenschrott entsorgen.

Räder und Reifen

Aus dem Inhalt:

- **Profiltiefe prüfen**
- **Räder austauschen**
- **Fahrzeug aufbocken**
- **Radschrauben anziehen**
- **Reifenpflege**
- **Reifencode**
- **Schneeketten**

Der VW PASSAT ist je nach Modell und Ausstattung mit schlauchlosen Gürtelreifen sowie Felgen unterschiedlicher Größe ausgerüstet. Sofern Reifen montiert werden, die nicht in den Fahrzeugpapieren vermerkt sind, müssen sie in der EG-Übereinstimmungsbescheinigung (CoC = Certificate of Conformity) zum Fahrzeug stehen. Die Bescheinigung oder eine Kopie davon ist dann grundsätzlich im Fahrzeug mitzuführen. Bei älteren Fahrzeugen wird eine Freigabebescheinigung vom Fahrzeughersteller benötigt. **Achtung:** Bei einigen Reifen-/Felgengrößen dürfen keine Schneeketten aufgezogen werden.

Neben der Felgenbreite und dem Felgendurchmesser ist bei einem Wechsel der Felge auch die Einpreßtiefe zu beachten. Die Einpreßtiefe ist das Maß von der Felgenmitte bis zur Anlagefläche der Radschüssel an die Bremsscheibe.

Alle Scheibenräder sind als Hump-Felgen ausgelegt. Der Hump ist ein in die Felgenschulter eingepreßter Wulst, der auch bei extrem scharfer Kurvenfahrt nicht zuläßt, daß der schlauchlose Reifen von der Felge gedrückt wird.

Profiltiefe messen

Reifen dürfen aufgrund gesetzlicher Vorschriften lediglich bis zu einer Profiltiefe von 1,6 mm abgefahren werden, und zwar muß die gesamte Lauffläche noch 1,6 mm Tiefe aufweisen. Es empfiehlt sich aus Sicherheitsgründen, die Sommerreifen bei einer Profiltiefe von 2 mm und die Winterreifen bei einer Tiefe von 4 mm auszutauschen.

Die Tiefe der Reifenprofilrillen ist in den Hauptprofilrillen an den am stärksten verschlissenen Stellen des Reifens zu messen. Hauptprofilrillen sind an den Abnutzungsindikatoren

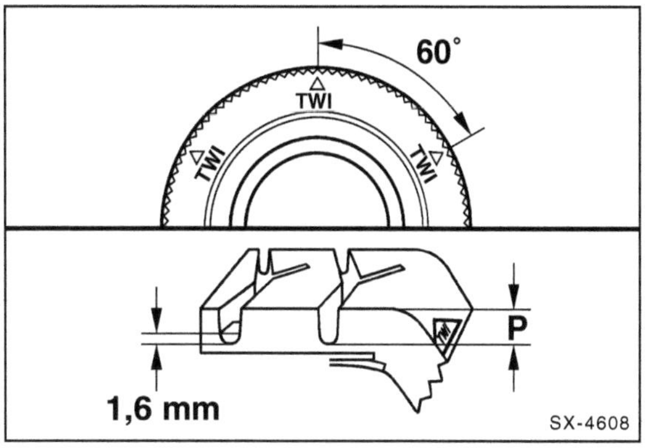

(TWI) zu erkennen. Die Positionen der TWI-Indikatoren sind mehrmals an der Reifenflanke gekennzeichnet. Die Flächen der Abnutzungsindikatoren haben eine Höhe von 1,6 mm.

Sie dürfen nicht in die Messung mit einbezogen werden. Für die Meßwerte entscheidend ist das Maß an der tiefsten Stelle der Profilrille.

Reifenfülldruck

Für den VW PASSAT sind viele unterschiedliche Reifendimensionen und Felgengrößen vom Werk zugelassen. Die vorliegende Reifentabelle listet nur einen kleinen Querschnitt möglicher Reifen-/Felgenkombinationen auf. Eine komplette Liste aller für den VW PASSAT zugelassenen Reifen und Felgen hat jede VW-Vertragswerkstatt. Der Reifenfülldruck

Reifenfülldruck für eine Auswahl von Reifen-/Felgenkombinationen am VW PASSAT

VW PASSAT – Limousine mit Frontantrieb	**Reifengröße**	**Scheibenrad** (Felge)	**Einpreßtiefe** in mm	**Reifenfülldruck (Überdruck) in bar**			
				halbe Zuladung		volle Zuladung	
				vorn	hinten	vorn	hinten
1,6-l-Benziner 100 PS (74 kW)	195/65 R 15	6 J x 15	–	1,9	1,9	2,1	2,7
1,8-l-Benziner 125 PS (92 kW)	205/60 R 15	–	45	2,0	2,0	2,2	2,8
2,3-l-Benziner 150 PS (110 kW)	205/55 R 16	–	–	2,3	2,1	2,5	3,1
1,9-l-Diesel 90/110 PS (66/81 kW)	195/65 R 15	6 J x 15	45	2,0	2,0	2,2	2,8
1,9-l-Diesel 115 PS (85 kW)	205/55 R 16	–	–	2,2	2,0	2,4	3,0

wird vom Automobilhersteller in Abhängigkeit verschiedener Parameter festgelegt. Dazu zählen unter anderem die Fahrzeugbelastung und die Fahrzeug-Höchstgeschwindigkeit.

Es ist wichtig, daß der für den speziellen Reifen ermittelte Reifenfülldruck eingehalten wird. Der vorgeschriebene Reifenfülldruck steht auf einem Aufkleber in der Tankklappe und auch in der Betriebsanleitung. Wird das Reifenformat gewechselt, neue Reifenfülldruckwerte in der Tankklappe vermerken. Für die Lebensdauer und die Fahrzeugsicherheit ist das Einhalten des Reifenfülldrucks von großer Wichtigkeit. Reifenfülldruck deshalb möglichst alle 2 Wochen prüfen.

- Reifendruckangaben beziehen sich auf **kalte** Reifen. Der sich bei längerer Fahrt einstellende und um ca. 0,2 bis 0,4 bar höhere Überdruck darf nicht reduziert werden. Winterreifen werden in der Regel mit einem etwa 0,2 bar höheren Überdruck gefahren, die Luftdruckempfehlungen des jeweiligen Reifenherstellers bei Winterreifen sind zu beachten. Unterliegen die Winterreifen einer Geschwindigkeitsbeschränkung, muß ein Hinweis über die zulässige Höchstgeschwindigkeit im Blickfeld des Fahrers angebracht werden (§ 36, Absatz 1 StVZO).
- Bei Anhängerbetrieb Reifenfülldruck auf den unter »volle Zuladung« angegebenen Wert erhöhen.
- Bei sportlicher Fahrweise sowie längeren Autobahnfahrten mit Geschwindigkeiten über 160 km/h empfiehlt es sich, den Reifenüberdruck an Vorder- und Hinterrädern um 0,2 bar zu erhöhen. Bei dieser Erhöhung ist vom Basis-Überdruck auszugehen, wie er für die verschiedenen Belastungszustände vorgeschrieben ist.
- Der Reifenfülldruck für das **Reserverad** entspricht dem höchsten Fülldruck bei der maximalen Belastung. Ist ein **Reserve-Notrad** vorhanden, beträgt der Reifenfülldruck: 4,2 bar. **Achtung: Das Notrad ist nur für den vorübergehenden und kurzzeitigen Einsatz bestimmt.** Nicht über 80 km/h fahren. Vollgasbeschleunigung, starkes Bremsen und rasante Kurvenfahrten vermeiden. Niemals mit mehr als einem Notrad fahren, auf dem Notrad keine Schneekette montieren.

Austauschen der Räder/ Laufrichtung beachten

Es ist nicht zweckmäßig, bei einem Austausch der Räder die Drehrichtung der Reifen zu ändern, da sich die Reifen nur unter vorübergehend stärkerem Verschleiß der veränderten Drehrichtung anpassen. Bei einigen Reifen ist eine Laufrichtung durch einen Pfeil auf der Seitenwand vorgegeben, die Laufrichtung ist dann unbedingt einzuhalten.

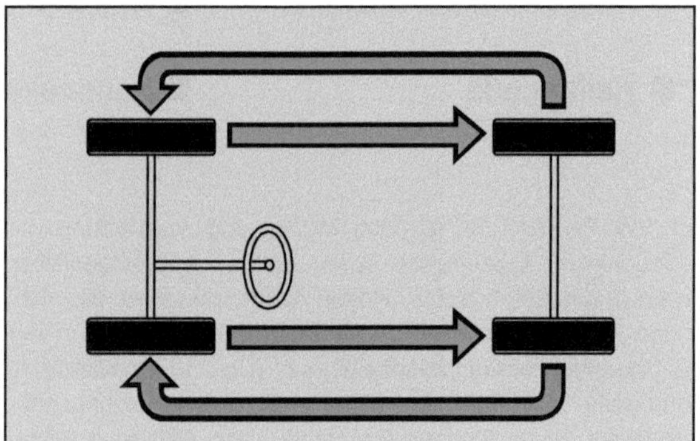
SX-4606

Bei deutlich stärkerer Abnutzung der vorderen Reifen empfiehlt es sich, die Vorderräder gegen die Hinterräder zu tauschen. Dadurch haben alle 4 Reifen etwa die gleiche Lebensdauer.

Sicherheitshinweise:
Reifen nicht einzeln, sondern mindestens achsweise ersetzen. Reifen mit der größeren Profiltiefe vorn montieren. An Vorder- und Hinterachse nur Reifen gleicher Größe und Bauart, möglichst auch gleichen Fabrikats und Profilausführung montieren. Reifen, die älter als 6 Jahre sind, nur im Notfall und bei vorsichtiger Fahrweise verwenden. Beim Erneuern und Demontieren schlauchloser Reifen unbedingt das Reifenventil mit austauschen.

SX-4609

- Bei **laufrichtungsgebundenem Profil**, erkennbar an Pfeilen auf der Reifenflanke in Laufrichtung, muß die Laufrichtung des Reifens unbedingt eingehalten werden. Dadurch werden die optimalen Laufeigenschaften bezüglich Aquaplaning, Haftvermögen, Geräusch und Abrieb sichergestellt. Falls das Reserverad bei einer Reifenpanne einmal entgegen der Laufrichtung montiert werden muß, sollte dieser Einsatz nur vorübergehend sein, denn die optimalen Laufeigenschaften des Reifens bezüglich Aquaplaning, Geräusch und Abriebverhalten sind dann nicht mehr voll gegeben. Das gilt insbesondere bei Nässe. Deshalb empfiehlt es sich, die Geschwindigkeit den Fahrbahnverhältnissen anzupassen und den entgegen der Laufrichtung montierten Reifen in die vorgeschriebene Laufrichtung zu montieren.

- Vor der Demontage des Rades dieses mit Kreide oder Farbstift zur Radnabe markieren, damit es in gleicher Stellung wieder montiert werden kann.

- Radblende abnehmen. Dazu Radschlüssel und Drahtbügel aus dem Bordwerkzeug verwenden. Je nach Ausführung der Abdeckung den Drahtbügel in das Lochpaar am Rand der Abdeckung beziehungsweise in den Rand der Abdeckung selbst einhängen. Radschlüssel durch den Bügel schieben und Abdeckung abhebeln. Einige Leichtmetallfelgen-Ausführungen haben Abdeckungen, die mit der flachen Klinge des Schraubendrehers abgehebelt werden.
- **Radschrauben lösen, wenn das Fahrzeug auf dem Boden steht.** Dazu Handbremse anziehen und 1. Gang einlegen und gegenüberliegendes Rad mit einem Stein oder dergleichen sichern, damit das Fahrzeug nicht wegrollt.

Achtung: Leichtmetallfelgen sind durch einen Klarlacküberzug gegen Korrosion geschützt. Beim Radwechsel darauf achten, daß die Schutzschicht nicht beschädigt wird, andernfalls mit Klarlack ausbessern.

- Obere Radschraube herausdrehen.

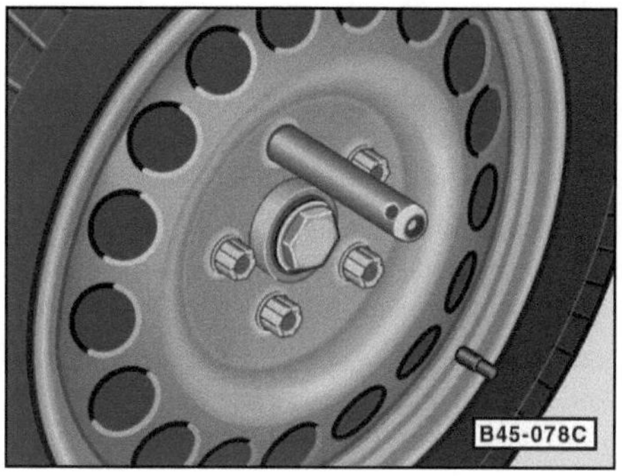

- Montagestift aus dem Bordwerkzeug handfest in die freigewordene Bohrung einschrauben. Anschließend alle anderen Radschrauben herausdrehen. Der Montagestift bleibt in der Bohrung, damit die Montage des Ersatzrades erleichtert wird.

Hinweis: Zum Lösen diebstahlhemmender Radschrauben ist ein Adapter für die Radschrauben erforderlich, der in der Regel dem Bordwerkzeug beigelegt ist. Vor dem Lösen der diebstahlhemmenden Radschrauben die Kappe abnehmen. Adapter in Radschraube einsetzen und Radschraube mit Radschlüssel lösen. An der Stirnseite des Adapters ist die Code-Nummer eingeschlagen. Nummer notieren und sicher aufbewahren, damit ein verlorengegangener Adapter wiederbeschafft werden kann.

- Zum Schutz gegen das Festrosten des Rades ist der Zentriersitz des Scheibenrades an der Radnabe vorn und hinten vor Montage des jeweiligen Rades mit Hochtemperaturpaste dünn einzufetten.
- Verschmutzte Schrauben und Gewinde reinigen. Gewinde der Radschrauben **nicht** fetten oder ölen.

Radschrauben anziehen

Felgen und Radschrauben sind aufeinander abgestimmt. Bei jeder Umrüstung auf andere Felgen, zum Beispiel Leichtmetallfelgen oder Räder mit Winterbereifung, müssen deshalb die dazugehörigen Radschrauben mit der richtigen Länge und Kalottenform verwendet werden. Der Festsitz der Räder und die Funktion der Bremsanlage hängen davon ab.

Die serienmäßig montierten Radschrauben haben folgende Maße: M14 x 1,5 x 27,5, **Schlüsselweite: 17 mm.**

- Radschrauben über Kreuz in mehreren Durchgängen festziehen. Zum Festziehen der Radschrauben sollte immer ein Drehmomentschlüssel verwendet werden. Dadurch wird sichergestellt, daß die Radschrauben gleichmäßig fest angezogen sind. **Das Anzugsdrehmoment beträgt für alle Radschrauben 120 Nm.**
- Wurde beim Radwechsel festgestellt, daß die Radschrauben korrodiert und schwergängig sind, müssen sie vor dem Prüfen des Anzugsdrehmomentes erneuert werden. Bis dahin vorsichtshalber nur mit mäßiger Geschwindigkeit fahren.

Achtung: Durch einseitiges oder unterschiedlich starkes Anziehen der Radschrauben können das Rad und/oder die Radnabe verspannt werden.

- Nach dem Reifenwechsel unbedingt Reifenfülldruck prüfen und gegebenenfalls korrigieren.

Auswuchten von Rädern

Die serienmäßigen Räder werden im Werk ausgewuchtet. Das Auswuchten ist notwendig, um unterschiedliche Gewichtsverteilung und Materialungenauigkeiten auszugleichen.

Im Fahrbetrieb macht sich die Unwucht durch Trampel- und Flattererscheinungen bemerkbar. Das Lenkrad beginnt dann bei höherem Tempo zu zittern.

In der Regel tritt dieses Zittern nur in einem bestimmten Geschwindigkeitsbereich auf und verschwindet wieder bei niedrigerer und höherer Geschwindigkeit.

Solche Unwuchterscheinungen können mit der Zeit zu Schäden an Achsgelenken, Lenkgetriebe und Stoßdämpfern führen.

Räder nach jeder Reifenreparatur auswuchten lassen, da sich durch Abnutzung und Reparatur die Gewichts- und Materialverteilung am Reifen ändert.

Reifen- und Scheibenrad-Bezeichnungen/Herstellungsdatum

Reifen-Bezeichnungen

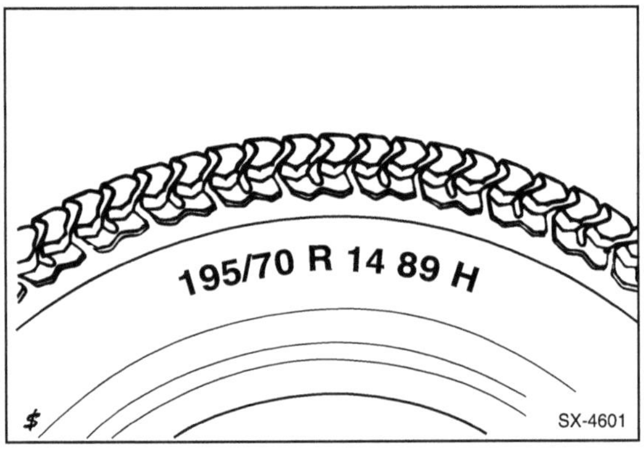

195 = Reifenbreite in mm

/70 = Verhältnis Höhe zu Breite (die Höhe des Reifenquerschnitts beträgt 70 % von der Breite)

Fehlt eine besondere Angabe des Querschnittverhältnisses (z. B. 155 R 13), so handelt es sich um das »normale« Höhen-Breiten-Verhältnis. Es beträgt bei Gürtelreifen 82 %.

R = Radial-Bauart (= Gürtelreifen).

14 = Felgendurchmesser in Zoll.

89 = Tragfähigkeits-Kennzahl.

Steht zwischen den Angaben 14 und 89 die Bezeichnung M+S, dann handelt es sich um einen Reifen mit Winterprofil. **Achtung:** Seit 2018 muss sich auf Winterreifen zusätzlich das »Alpine«-Symbol (Berg mit Schneflocke) befinden, sonst sind sie in der EU nicht zugelassen.

H = Kennbuchstabe für zulässige Höchstgeschwindigkeit, H: bis 210 km/h.

Der Geschwindigkeitsbuchstabe steht hinter der Reifengröße. Die Geschwindigkeitssymbole gelten sowohl für Sommer- als auch für Winterreifen.

Geschwindigkeits-Kennbuchstabe

Kennbuchstabe	Zulässige Höchstgeschwindigkeit
Q	160 km/h
S	180 km/h
T	190 km/h
H	210 km/h
V	240 km/h
W	270 km/h

Achtung: Steht hinter der Reifenbezeichnung das Wort »reinforced«, handelt es sich um einen Reifen in verstärkter Ausführung, beispielsweise für Vans und Transporter.

Reifen-Herstellungsdatum

Das Herstellungsdatum steht auf dem Reifen im Hersteller-Code.

Beispiel: DOT CUL2 UM8 0107 TUBELESS

DOT = Department of Transportation (US-Verkehrsministerium)
CU = Kürzel für Reifenhersteller
L2 = Reifengröße
UM8 = Reifenausführung
0107 = Herstellungsdatum = 1. Produktionswoche 2007
Hinweis: Falls anstelle der 4-stelligen Ziffer eine 3-stellige Ziffer, gefolgt von einem ◁-Symbol aufgeführt ist, dann wurde der Reifen im vergangenen Jahrzehnt produziert. Die Bezeichnung 509◁ bedeutet beispielsweise: 50. Produktionswoche 1999.
TUBELESS = schlauchlos (TUBETYPE = Schlauchreifen)

Achtung: Neureifen müssen seit 10/98 zusätzlich mit einer ECE-Prüfnummer an der Reifenflanke versehen sein. Diese Prüfnummer weist nach, dass der Reifen dem ECE-Standard entspricht. Reifen seit 10/98 **ohne** ECE-Prüfnummer haben keine Allgemeine Betriebserlaubnis (ABE).

Scheibenrad-Bezeichnungen

Beispiel : 6J x 15 H2,
LK4/100, ET 43

6 = Maulweite (Innenbreite) der Felge in Zoll.
J = Kennbuchstabe für Höhe und Kontur des Felgenhorns (B = niedrigere Hornform).
x = Kennzeichen für einteilige Tiefbettfelge.
15 = Felgen-Durchmesser in Zoll.
H2 = Felgenprofil an Außen- und Innenseite mit Hump-Schulter (Hump = Sicherheitswulst, damit der Reifen nicht von der Felge rutscht).
LK4 = Anzahl der Bohrungen in der Felge für die Radschrauben/-muttern (= Lochkreise).
100 = Lochkreis-Durchmesser in mm.
ET 43 = Einpresstiefe des Scheibenrades von 43 mm.

Fehlerhafte Reifenabnutzung

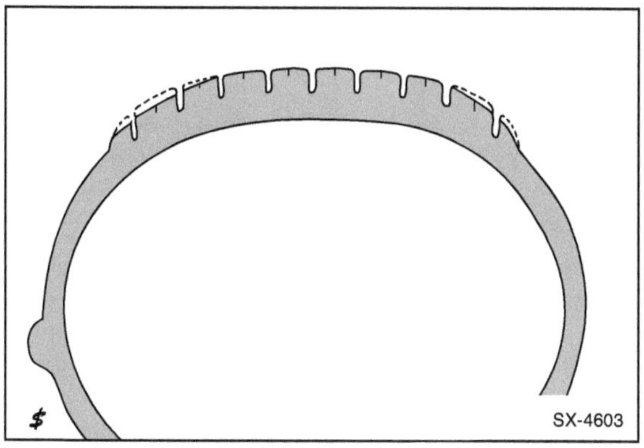

- An den Vorderrädern ist eine etwas größere Abnutzung der Reifenschultern gegenüber der Laufflächenmitte normal, wobei aufgrund der Straßenneigung die Abnutzung der zur Straßenmitte zeigenden Reifenschulter (linkes Rad: außen, rechtes Rad: innen) deutlicher ausgeprägt sein kann.
- Ungleichmäßiger Reifenverschleiß ist zumeist die Folge zu geringen oder zu hohen Reifenfülldrucks und kann auf Fehler in der Radeinstellung oder Radauswuchtung sowie auf mangelhafte Stoßdämpfer oder Felgen zurückzuführen sein.
- In erster Linie ist auf vorschriftsmäßigen Reifenfülldruck zu achten, wobei spätestens alle vier Wochen eine Prüfung vorgenommen werden sollte.
- Reifenfülldruck nur bei kühlen Reifen prüfen. Der Reifenfülldruck steigt nämlich mit zunehmender Erhitzung bei schneller Fahrt an. Dennoch ist es völlig falsch, aus erhitzten Reifen Luft abzulassen.
- Bei zu hohem Reifenfülldruck wird die Laufflächenmitte mehr abgenutzt, da der Reifen an der Lauffläche durch den hohen Innendruck mehr gewölbt ist.
- Bei zu niedrigem Reifenfülldruck liegt die Lauffläche an den Reifenschultern stärker auf, und die Laufflächenmitte wölbt sich nach innen durch. Dadurch ergibt sich ein stärkerer Reifenverschleiß der Reifenschultern.

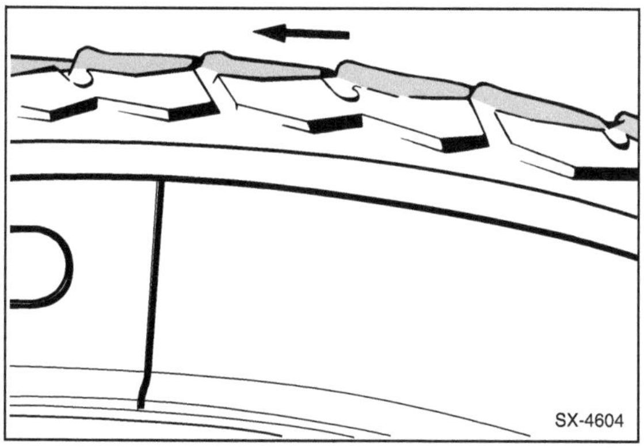

- Sägezahnförmige Abnutzung des Profils ist in der Regel auf eine Überbelastung des Fahrzeuges zurückzuführen.
- Falsche Radeinstellung und Unwucht ergeben jeweils typische Reifenverschleißbilder, auf die in der Störungsdiagnose hingewiesen wird.

Reifenpflegetips

Reifen haben ein »Gedächtnis«. Unsachgemäße Behandlung – und dazu zählt beispielsweise auch schon schnelles oder häufiges Überfahren von Bordstein- oder Schienenkanten – führt deshalb zu Reifenpannen, mitunter sogar erst nach längerer Laufleistung.

Reifen reinigen

- Reifen generell **nicht** mit einem Dampfstrahlgerät reinigen. Wird die Düse des Dampfstrahlers zu nahe an den Reifen gehalten, dann wird die Gummischicht innerhalb weniger Sekunden irreparabel zerstört, selbst bei Verwendung von kaltem Wasser. Ein auf diese Weise gereinigter Reifen sollte sicherheitshalber ersetzt werden.
- Ersetzt werden sollte auch ein Reifen, der über längere Zeit mit Öl oder Fett in Berührung kam. Der Reifen quillt an den betreffenden Stellen zunächst auf, nimmt jedoch später wieder seine normale Form an und sieht äußerlich unbeschädigt aus. Die Belastungsfähigkeit des Reifens nimmt aber ab.

Reifen lagern

- Reifen sollten kühl, dunkel und trocken aufbewahrt werden. Sie dürfen nicht mit Fett und Öl in Berührung kommen.
- Räder liegend oder an den Felgen aufgehängt in der Garage oder im Keller lagern.
- Bevor die Räder abmontiert werden, Reifenfülldruck etwas erhöhen (ca. 0,3–0,5 bar).
- Für Winterreifen eigene Felgen verwenden, denn das Ummontieren der Reifen lohnt sich aus Kostengründen nicht.

Reifen einfahren

Neue Reifen haben vom Produktionsprozeß her eine besonders glatte Oberfläche. Deshalb müssen neue Reifen – das gilt auch für das neue Ersatzrad – eingefahren werden. Bei diesem Einfahren rauht sich durch die beginnende Abnutzung die glatte Oberfläche auf.

Während der ersten 300 km sollte man mit neuen Reifen speziell auf Nässe besonders vorsichtig fahren.

Fahrzeug aufbocken

Bei Arbeiten unter dem Fahrzeug muß dieses, falls es nicht auf einer Hebebühne steht, auf zwei oder vier stabilen Unterstellböcken stehen.

Sicherheitshinweis:
Wenn unter dem Fahrzeug gearbeitet werden soll, muß es mit geeigneten Unterstellböcken sicher abgestützt werden. Abstützen nur mit dem Wagenheber ist unzureichend. **Lebensgefahr!**

- Das Fahrzeug nur in unbeladenem Zustand auf ebener, fester Fläche aufbocken.
- Fahrzeug mit Unterstellböcken so abstützen, daß jeweils ein Bein seitlich nach außen zeigt.

Anheb- und Aufbockpunkte für Bordwagenheber

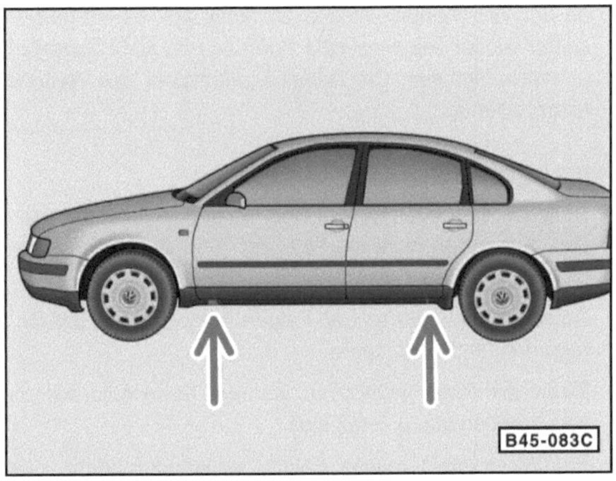

Die Aufnahmepunkte für den Bordwagenheber sind am Unterholm vorn und hinten ca. 17 cm vom jeweiligen Radausschnitt entfernt.

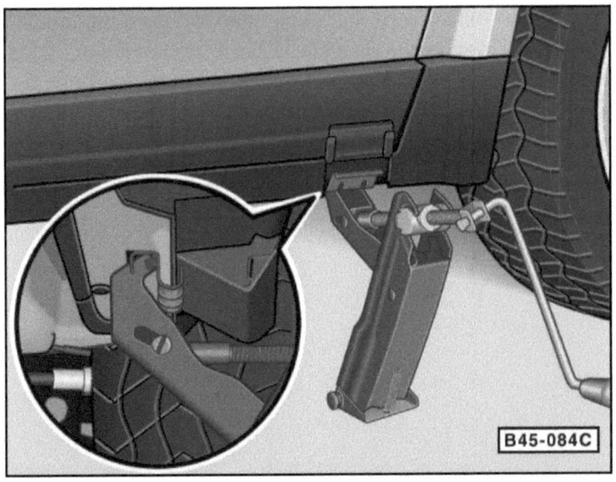

- Wagenheber hinter der Klappe beziehungsweise hinten an der Eindrückung ansetzen.
- Wagenheber hochkurbeln, bis das Rad vom Boden abgehoben hat. Fahrzeug mit Unterstellböcken abstützen.

- Die Räder, die beim Anheben auf dem Boden stehen bleiben, mit Keilen gegen Vor- oder Zurückrollen sichern. Nicht auf die Feststellbremse verlassen, diese muß bei einigen Reparaturen gelöst werden.

Achtung: Um Beschädigungen am Unterbau zu vermeiden, geeignete Gummi- oder Holzzwischenlage verwenden. Der Wagen darf keinesfalls am Antriebsaggregat, an Vorder- oder Hinterachse angehoben werden, da dadurch große Schäden entstehen können.

Aufnahmepunkte für Hebebühne und Werkstattwagenheber

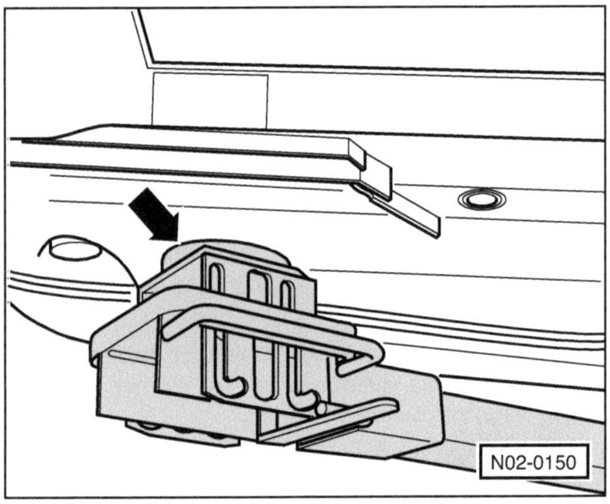

- **Vorn** an der Längsversteifung des Bodenblechs –Pfeil–.

Achtung: Fahrzeug vorn **nicht** an der senkrechten Versteifung des Unterholms anheben.

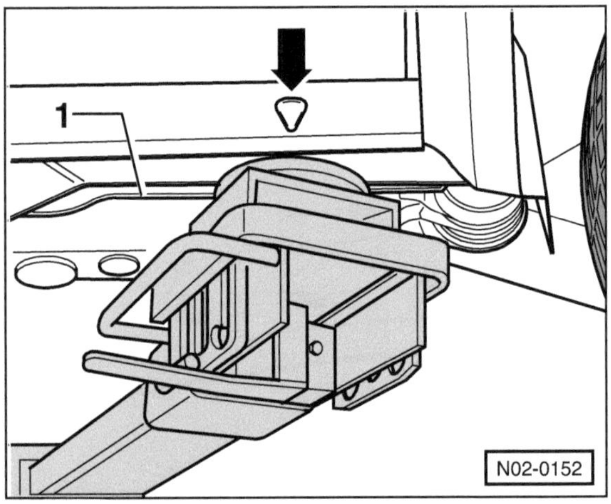

- **Hinten** an der senkrechten Versteifung des Unterholms –1– anheben, im Bereich der Markierung –Pfeil– für den Bordwagenheber.

Achtung: Die Versteifung des Unterholms muß mittig auf dem Aufnahmeteller der Hebebühne aufliegen.

Lenkung

Aus dem Inhalt:

- Airbag
- Airbag-Sicherheitshinweise
- Lenkrad
- Spurstange
- Lenkgetriebe
- Servopumpe

Die Lenkbewegungen des Fahrers werden vom Lenkrad über die Lenksäule und das Lenkgetriebe einschließlich Lenkgestänge auf die Räder übertragen. Die Lenksäule läßt sich manuell in der Höhe um 28 mm und in Längsrichtung um 50 mm verstellen.

Der Kraftaufwand beim Einschlagen der Räder, insbesondere bei stehendem Fahrzeug, wird durch eine hydraulische Lenkhilfe (Servolenkung) verringert. Die Lenkhilfe besteht aus der Ölpumpe, dem Vorratsbehälter und den Öldruckleitungen. Angetrieben wird die Ölpumpe vom Motor über den Keilrippenriemen. Die Pumpe saugt das Hydrauliköl aus dem Vorratsbehälter an und fördert es mit hohem Druck zum Ventilkörper. Der Ventilkörper sitzt im Lenkgetriebe. Er ist mit der Lenksäule mechanisch verbunden und leitet das Öl je nach Lenkeinschlag in die entsprechende Seite des Arbeitszylinders. Dort drückt das Öl gegen den Zahnstangenkolben und unterstützt dadurch die Lenkbewegung. Gleichzeitig preßt der Kolben das Öl auf der anderen Seite des Arbeitszylinders durch die Rücklaufleitung zurück zum Nachfüllbehälter.

Im Lenkrad ist der Fahrer-**Airbag** untergebracht. Der Airbag ist ein zusammengefalteter Luftsack, der im Fall einer Frontalkollision aufgeblasen wird und dadurch Oberkörper und Kopf des Fahrers vor einem Aufprall auf das Lenkrad schützt. Bei einer entsprechend starken Frontalkollision wird über ein Steuergerät eine kleine Sprengladung in der Airbag-Einheit gezündet und die Abgase der Explosion blasen den Luftsack innerhalb weniger Millisekunden auf. Diese Zeit reicht aus, den Aufprall des nach vorn schnellenden Fahrer-Oberkörpers zu dämpfen. Der Airbag fällt anschließend innerhalb weniger Sekunden wieder in sich zusammen, da die Gase durch Austrittsöffnungen entweichen.

Neben dem Fahrer-Airbag gibt es auch den Beifahrer-Airbag sowie Seitenairbags. Wird auf dem Beifahrersitz ein gegen die Fahrtrichtung angeordneter Babysitz montiert, muß der Beifahrer-Airbag deaktiviert werden. Diese Arbeit kann nur von einer VW-Werkstatt durchgeführt werden. Außerdem muß ein entsprechendes Warnschild an Türholm, Sonnenblende oder Armaturenbrett auf der rechten Fahrzeugseite vorhanden sein, sonst kann es bei einer polizeilichen Überprüfung zu einem Bußgeldverfahren kommen.

Bei Ausstattung mit Seitenairbags dürfen für die Sitzlehnen nur spezielle, von VW freigegebenen Bezüge verwendet werden.

Achtung: Schweiß- und Richtarbeiten an Lenkungsteilen sind nicht zulässig. Selbstsichernde Muttern immer ersetzen.

Airbag-Sicherheitshinweise

Vor dem Ausbau der Airbageinheit folgende Punkte unbedingt beachten:

- Batterie-Massekabel (–) bei ausgeschalteter Zündung abklemmen. **Achtung:** Dadurch werden elektronische Speicher gelöscht, wie zum Beispiel der Radiocode. Ohne Code kann das Radio nur vom Hersteller freigeschaltet werden. Deshalb Hinweise im Kapitel »Batterie aus- und einbauen« durchlesen.
- Minuspol (–) der Batterie isolieren, um versehentlichen Kontakt zu vermeiden.
- 1polige Steckverbindung für die Spannungsversorgung des Airbag-Systems trennen.
- Räder in Geradeausstellung bringen.

Achtung: Werden diese Hinweise nicht beachtet, kann es im späteren Betrieb zum Ausfall des Airbag-Systems kommen.

Allgemeine Hinweise:

- Beim Anklemmen der Batterie darf sich keine Person im Innenraum des Fahrzeuges aufhalten.
- Die Airbageinheit ist im ausgebauten Zustand immer so abzulegen, daß die gepolsterte Seite nach oben zeigt.
- Darauf achten, daß man vor Berühren der Airbageinheit elektrostatisch entladen ist. Das wird erreicht durch Berühren von geerdeten Metallteilen wie Wasserleitungen oder Heizungsrohren.
- Bei Arbeitsunterbrechung die Airbageinheit nicht unbeaufsichtigt liegen lassen.
- Die Airbageinheit darf nicht zerlegt werden, bei Defekt ist sie immer komplett zu ersetzen. Da die Airbageinheit Explosivstoffe enthält, ist sie unter Verschluß oder geeigneter Aufsicht aufzubewahren. Die Entsorgung sollte die VW-Werkstatt vornehmen.
- Das Airbagsystem darf nur in der Fachwerkstatt geprüft werden. Keinesfalls mit Prüflampe, Voltmeter oder Ohmmeter prüfen.
- Die Airbageinheit darf nicht mit Flüssigkeiten wie Fett oder Reinigungsmitteln behandelt werden.
- Eine Airbageinheit, die auf eine harte Unterlage herabgefallen ist, darf nicht mehr eingebaut werden.

Airbageinheit aus- und einbauen

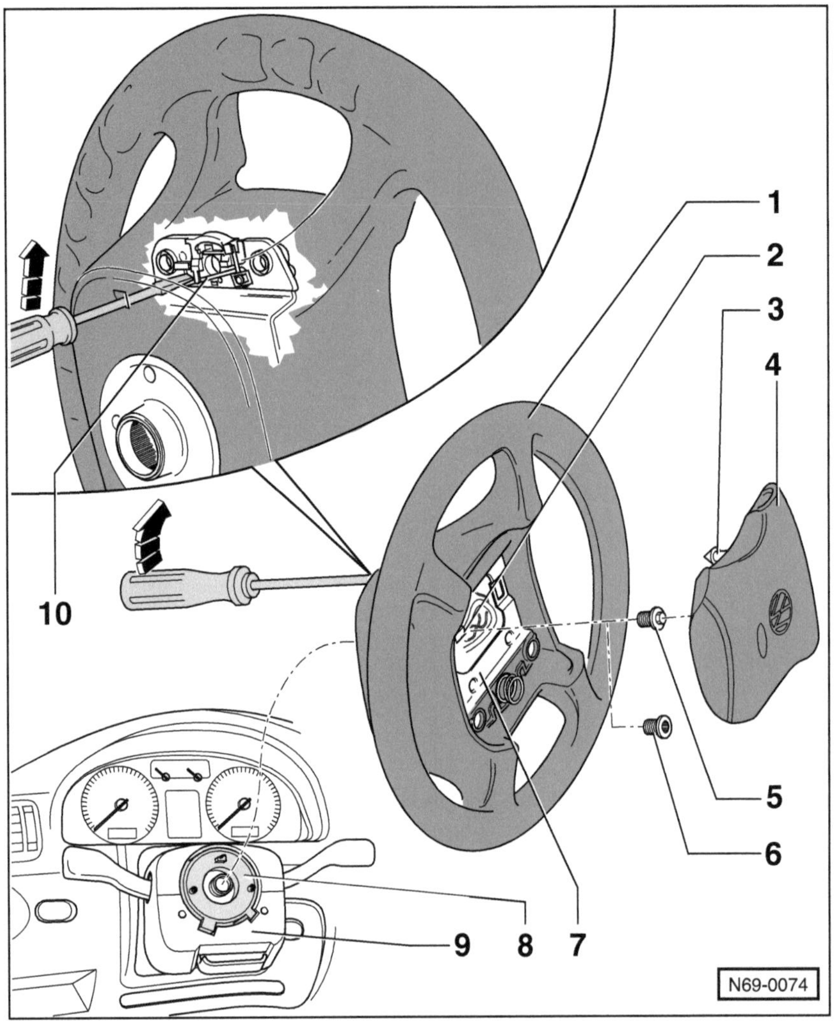

Vierspeichen-Lenkrad

1 – **Lenkrad**

2 – **Stecker**

3 – **Rasthaken**
Werden von der Lenkradrückseite entriegelt.

4 – **Airbageinheit**
Achtung: Aufgrund unterschiedlicher Befestigungssysteme müssen Lenkrad und Airbag vom gleichen Hersteller sein.

5 – **Sechskantschraube, 75 Nm**
Nur bei einigen Fahrzeugen verwendet. Kann durch Innenvielzahnschraube –6– ersetzt werden.

6 – **Innenvielzahnschraube, 60 Nm**
Die Schraube ist mit Sicherungsmittel beschichtet und kann bis zu 5mal verwendet werden. Daher nach jedem Einbau einen Körnerpunkt an der Schraube einschlagen.

7 – **Befestigungsplatte**

8 – **Rückstellring mit Schleifring**

9 – **Verkleidung**

10 – **Klammer**

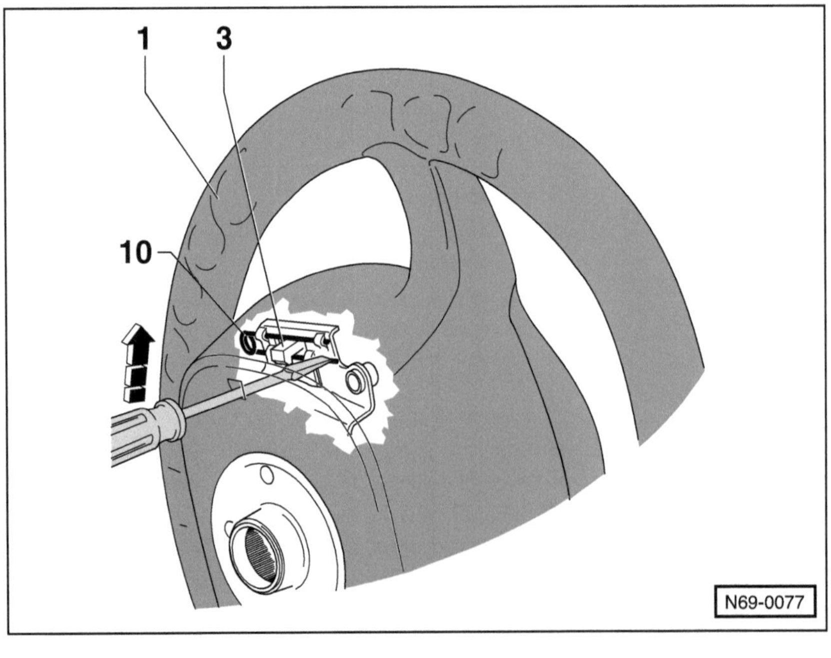

Airbag entriegeln beim Dreispeichen-Lenkrad

1 – **Lenkrad**

3 – **Rasthaken**
Werden von der Lenkradrückseite entriegelt.

10 – **Klammer**

Achtung: Bevor die Airbageinheit ausgebaut wird, unbedingt Sicherheitshinweise zum Airbag durchlesen.

Ausbau

- Batterie-Massekabel (–) bei ausgeschalteter Zündung abklemmen. **Achtung:** Dadurch werden elektronische Speicher gelöscht, wie zum Beispiel der Radiocode. Ohne Code kann das Radio nur vom Hersteller freigeschaltet werden. Deshalb Hinweise im Kapitel »Batterie aus- und einbauen« durchlesen.
- Minuspol (–) der Batterie isolieren, um versehentlichen Kontakt zu vermeiden.
- Räder in Geradeausstellung, Lenkrad in Mittelstellung bringen.

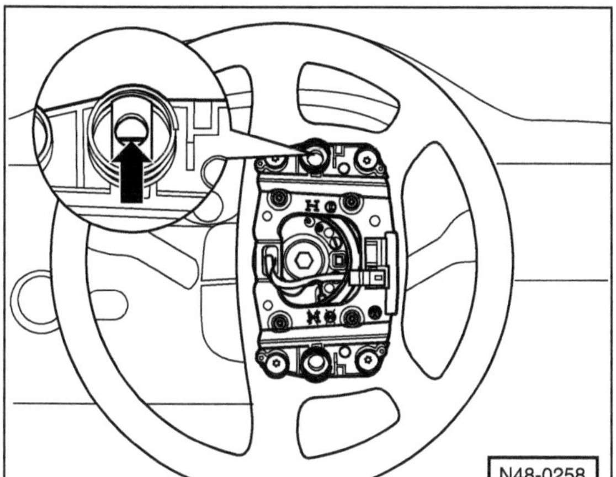

N48-0258

- Lenkrad um 90° (¼ Umdrehung) drehen.
- Lenksäule entriegeln.
- Lenkrad ganz herausziehen und in die unterste Position drücken.
- Lenksäulenverstellung sichern.
- Airbag entriegeln. Dazu einen ca. 175 mm langen Schraubendreher an der Rückseite des Lenkrades in die Bohrung am Lenkradtopf stecken. Schraubendreher ca. 45 mm tief einstecken.

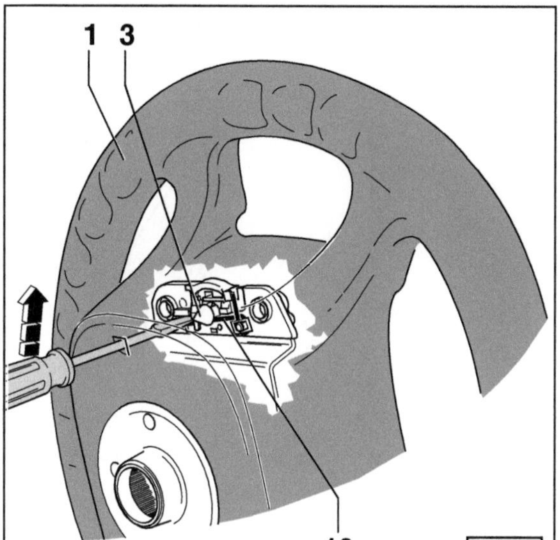

V-4003

- Schraubendrehergriff in Pfeilrichtung nach oben drücken. Dadurch wird mit der Schraubendreherklinge die Klammer –10– nach unten gedrückt und damit der Rasthaken –3– der Airbageinheit entriegelt. Airbageinheit oben etwas vom Lenkrad –1– wegziehen. Die Abbildung zeigt das Vierspeichen-Lenkrad.
- Lenkrad um 180° (½ Umdrehung) in die entgegengesetzte Richtung drehen und 2. Rasthaken entriegeln.
- Lenkrad in Mittelstellung bringen, Räder in Geradeausstellung.
- Einpolige Steckverbindung von der Airbageinheit abziehen.
- Airbageinheit abnehmen und mit der gepolsterten Seite nach oben ablegen.
- Stellung der Lenksäule (Geradeausstellung der Räder) nicht verändern.

Einbau

- Stecker für Airbag verbinden.
- Airbag am Lenkrad so ansetzen, daß die Rasthaken über den Aufnahmebohrungen liegen. Airbag vorsichtig andrücken und einrasten.

Sicherheitshinweis:
Während des Anklemmens der Batterie dürfen sich keine Personen im Fahrzeug aufhalten.

- Batterie-Massekabel (–) anklemmen.
- Elektronische Speicher sowie Zeituhr aktualisieren, siehe Kapitel »Batterie aus- und einbauen«.

Lenkrad aus- und einbauen

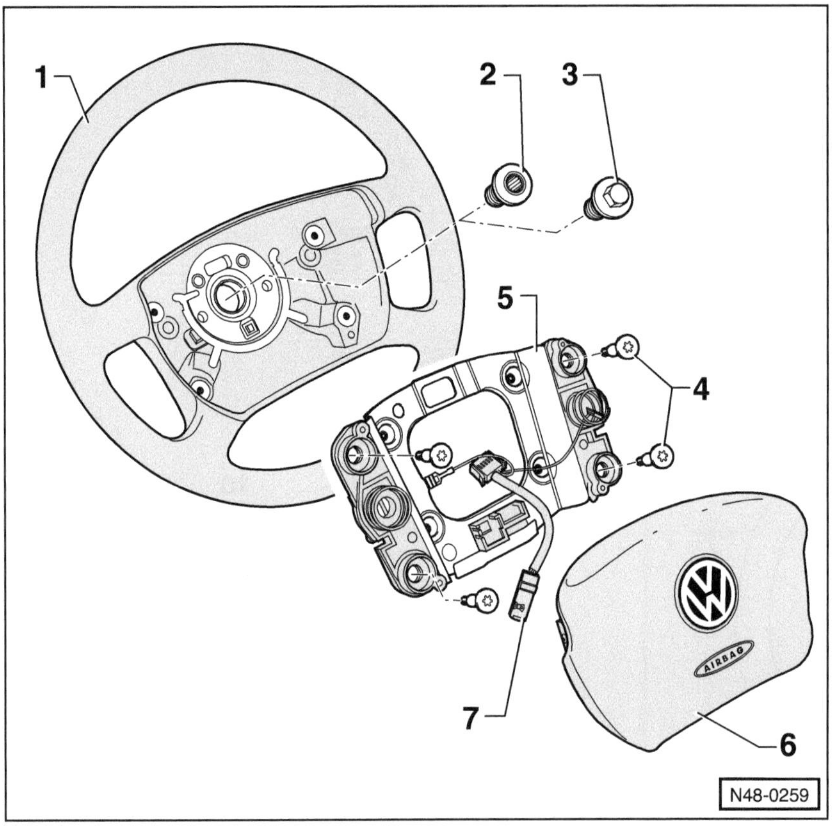

1 – Lenkrad

2 – Innenvielzahnschraube, 60 Nm
Die Schraube ist mit Sicherungsmittel beschichtet und kann bis zu 5mal verwendet werden. Daher nach jedem Einbau einen Körnerpunkt an der Schraube einschlagen.

3 – Sechskantschraube, 75 Nm
Nur bei einigen Fahrzeugen verwendet. Kann durch Innenvielzahnschraube -2- ersetzt werden.

4 – Torxschraube, 5 Nm

5 – Befestigungsplatte

6 – Airbageinheit

7 – Stecker mit Leitung

Hinweis: In der Abbildung ist das Vierspeichen-Lenkrad gezeigt.

Ausbau

Achtung: Bevor die Airbageinheit ausgebaut wird, unbedingt Sicherheitshinweise zum Airbag durchlesen.

- Airbageinheit am Lenkrad ausbauen, siehe entsprechendes Kapitel.
- Räder in Geradeausstellung, Lenkrad in Mittelstellung bringen.
- Lenkrad zur Lenkspindel mit Farbe oder Reißnadel kennzeichnen.
- Lenkrad abschrauben und von der Lenkspindel abziehen.

Einbau

- Lenkrad so auf die Kerbverzahnung der Spindel aufschieben, daß sich die vorher angebrachten Markierungen decken. **Achtung:** Beim Aufsetzen des Lenkrades müssen sich die Räder in Geradeausstellung und der Blinkerschalter in Mittelstellung befinden.
- Lenkrad anschrauben. Innenvielzahnschraube mit **60 Nm** festziehen. Körnerschlag auf der Schraube anbringen. Falls vorhanden, Sechskantschraube mit **75 Nm** festziehen.
- Airbageinheit einbauen, siehe Seite 132.
- Probefahrt durchführen und bei Geradeausfahrt Stellung des Lenkrades überprüfen. Die Speichen des Lenkrades müssen sich in waagerechter Lage befinden.
- Falls das Lenkrad schräg steht, Lenkrad ausbauen und entsprechend umsetzen. Gegebenenfalls Spur der Vorderräder überprüfen lassen (Werkstattarbeit)
- Hupe und automatische Rückstellung des Blinkerschalters prüfen.

Spurstange aus- und einbauen

Die Spureinstellung erfolgt grundsätzlich an beiden Spurstangen durch Verdrehen der Gewindestücke. Die Spurstangenköpfe müssen spielfrei sein. Die Staubkappen dürfen nicht beschädigt sein, gegebenenfalls sofort erneuern.

Die Spurstangen links und rechts sind identisch. Sie können bei eingebautem Lenkgetriebe aus- und eingebaut werden.

Ausbau

- **1,8-/2,8-l-Benzinmotor:** Luftfilter mit Luftansaugrohr ausbauen, siehe Seite 222.

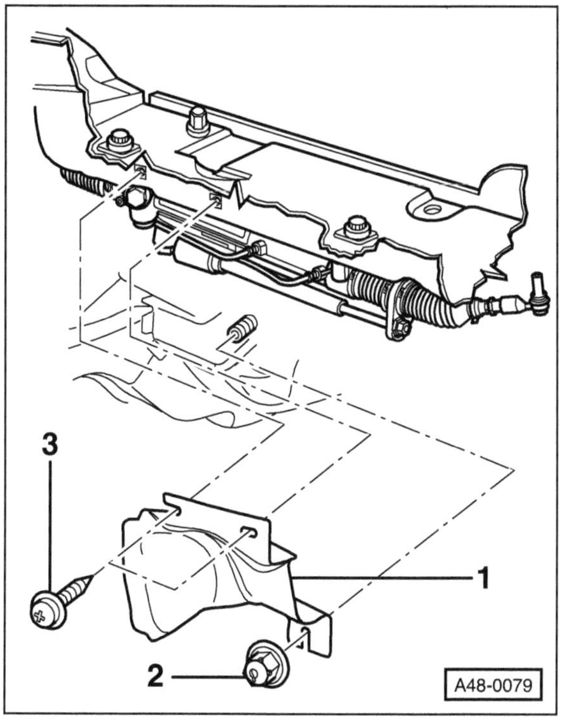

- 4-Zylinder-Motor: Wärmeabschirmblech –1– ausbauen. Dazu Mutter –2– und Kreuzschlitzschrauben –3– herausdrehen.
- Stellung des jeweiligen Vorderrades zur Radnabe mit Farbe kennzeichnen. Dadurch kann das ausgewuchtete Rad wieder in derselben Position montiert werden. Radschrauben lösen, dabei muß das Fahrzeug auf dem Boden stehen. Fahrzeug vorn aufbocken und Vorderräder abnehmen.

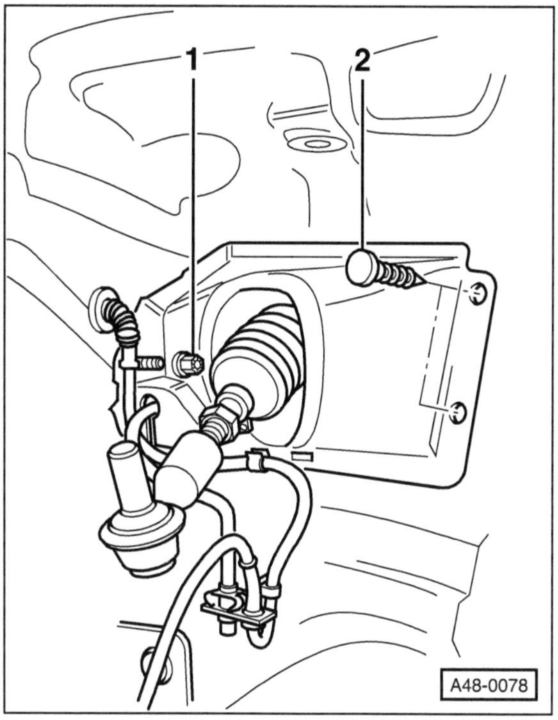

- Kunststoffmutter –1– abschrauben.
- 2 Clips –2– mit kleinem Schraubendreher heraushebeln.
- Abdeckung für Spurstange abnehmen.

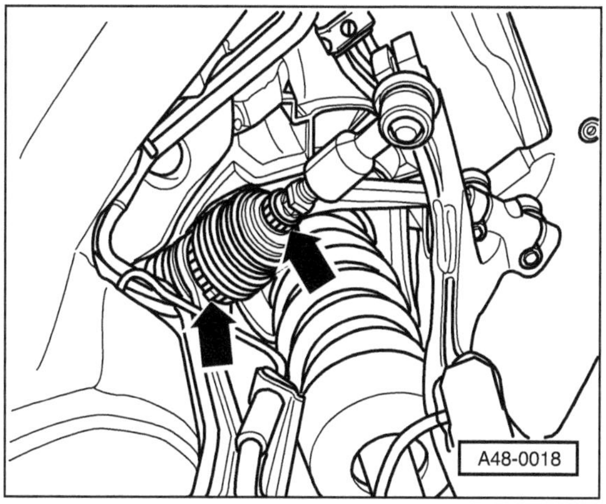

- Schlauchklemme am Faltenbalg lösen. **Hinweis:** Die Abbildung zeigt die Spurstange beim 2,8-l-Benzinmotor. Bei Fahrzeugen mit 1,6-/1,8-/1,9-l-Motor muß die Klemmschelle am Lenkgetriebe geöffnet werden.

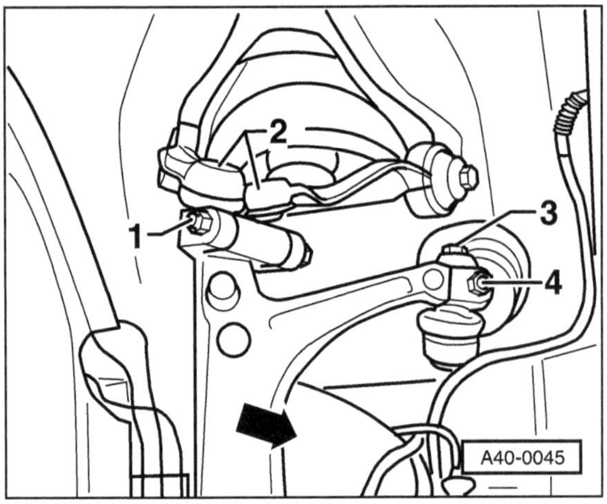

● Schrauben -3- und -4- lösen, Spurstangenkopf nach unten herausziehen. 1 – Mutter für Befestigung obere Lenker; 2 – Obere Lenker.

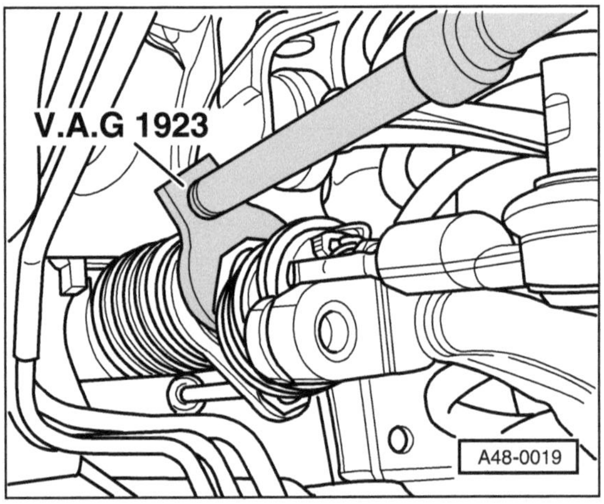

● Faltenbalg so weit wie möglich nach außen schieben und Spurstange abschrauben. Die Werkstatt verwendet hierzu das Spezialwerkzeug V.A.G 1923.

● Spurstange herausnehmen.

Einbau

● Spurstange oder Spurstangengelenk erneuern.

● Beim Abschrauben des Spurstangengelenkes Umdrehungen zählen. Neues Spurstangengelenk mit der gleichen Umdrehungsanzahl aufschrauben.

● Neue Spurstange auf das Maß der alten Spurstange bringen, dabei gegebenenfalls Gewindestück verdrehen, vorher beide Seiten entkontern.

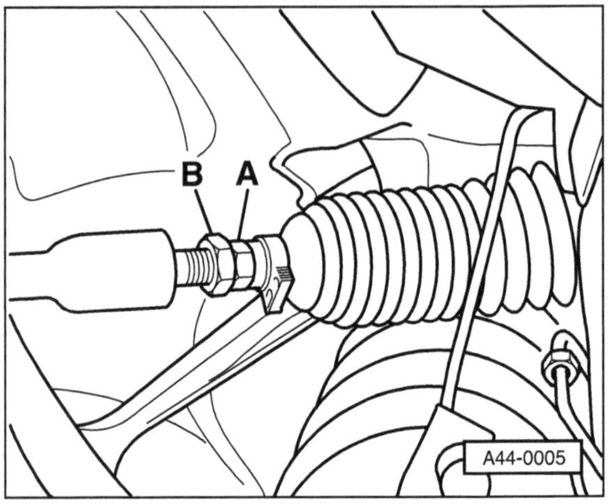

● Kontermutter -B- mit **40 Nm** festziehen, dabei am Sechskant der Spurstange -A- gegenhalten.

● Spurstange einsetzen und anschrauben.

● Spurstangenkopf einsetzen, Kombischraube -3- (Abbildung A40-0045) mit **7 Nm** und **neue** selbstsichernde Mutter -4- mit **45 Nm** festziehen.

● Faltenbalg in Einbaulage bringen und mit **neuer** Schlauchklemme sichern. Es kann auch eine Schraubschelle verwendet werden.

● Vorderrad so ansetzen, daß die beim Ausbau angebrachten Markierungen übereinstimmen. Vorher Zentriersitz der Felge an der Radnabe mit Wälzlagerfett dünn einfetten. Radschrauben nicht fetten oder ölen. Korrodierte Radschrauben erneuern. Rad anschrauben. Fahrzeug ablassen und Radschrauben über Kreuz mit **120 Nm** festziehen.

● **1,8-/2,8-l-Benzinmotor:** Luftfilter mit Luftansaugrohr einbauen, siehe Seite 222.

● **1,6-/1,8-/1,9-l-Motor:** Wärmeabschirmblech einsetzen und anschrauben.

● Spur prüfen lassen (Werkstattarbeit).

Servopumpe/Lenkgetriebe/Vorratsbehälter

1,6-/1,8-/1,9-l-Motor

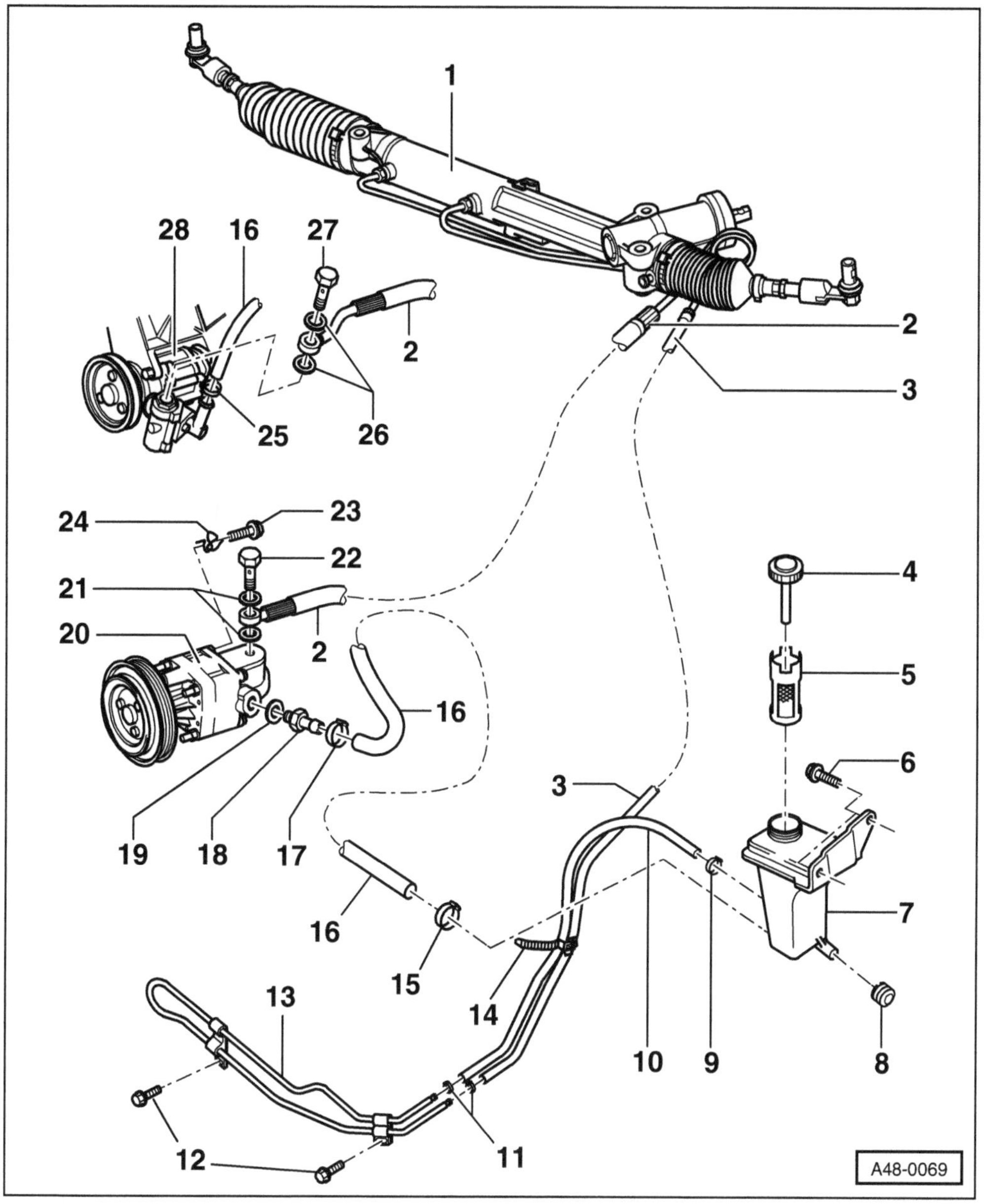

1 – **Servolenkgetriebe**

2 – **Druckleitung**

3 – **Rücklaufschlauch**

4 – **Verschlußdeckel mit Peilstab**

5 – **Sieb**

6 – **Sechskantschraube, 10 Nm**

7 – **Vorratsbehälter**

8 – **Gummilager**

9 – **Klemmschelle**

10 – **Rücklaufschlauch**
Zwischen Vorratsbehälter und Kühlleitung. Ist nicht bei allen Fahrzeugausführungen vorhanden.

11 – **Klemmschelle**

12 – **Sechskantschraube, 10 Nm**

13 – **Kühlleitung**
Ist nicht bei allen Fahrzeugausführungen vorhanden.

14 – **Kabelbinder**

15 – **Klemmschelle**

16 – **Saugschlauch**

17 – **Klemmschelle**

18 – **Schraubstutzen, 50 Nm**

19 – **Dichtring**
18 x 24, grundsätzlich ersetzen.

20 – **Servopumpe**

21 – **Dichtringe**
16 x 22, grundsätzlich ersetzen.

22 – **Hohlschraube, 50 Nm**

23 – **Sechskantschraube, 20 Nm**

24 – **Befestigungsbügel**

25 – **Klemmschelle**

26 – **Dichtringe**
16 x 22, grundsätzlich ersetzen.

27 – **Hohlschraube, 50 Nm**

28 – **Servopumpe für TDI**
Vor dem Einbau mit Öl befüllen.

Einbau Servopumpe

- Servopumpe vor dem Einbau mit neuem Hydrauliköl füllen. Dazu Hykrauliköl am Saugstutzen der Pumpe einfüllen und die Nabe von Hand drehen, bis Öl an der Druckseite der Pumpe austritt.
- Servopumpe einsetzen und mit 2 Sechskantschrauben sowie 1 Innensechskantschraube mit 20 Nm festziehen.

Bremsanlage

Aus dem Inhalt:

- Bremsbeläge wechseln
- Bremsscheibe prüfen
- Bremsscheibe wechseln
- Bremse entlüften
- Handbremse einstellen
- ABS/EBV/EDS/ASR/ESP
- Handbremsseil
- Bremskraftverstärker
- Bremslichtschalter

Das Bremssystem besteht aus dem Hauptbremszylinder, dem Bremskraftverstärker und den Scheibenbremsen für die Vorder- und Hinterräder. Das hydraulische Bremssystem ist in zwei Kreise aufgeteilt, die diagonal wirken. Ein Bremskreis ist mit den Bremssätteln vorn rechts/hinten links verbunden, der zweite mit den Bremssätteln vorn links/hinten rechts. Dadurch kann bei Ausfall eines Bremskreises, zum Beispiel durch Undichtigkeit, das Fahrzeug über den anderen Bremskreis zum Stehen gebracht werden. Der Druck für beide Bremskreise wird im Tandem-Hauptbremszylinder über das Bremspedal aufgebaut.

Der Bremsflüssigkeitsbehälter befindet sich im Motorraum über dem Hauptbremszylinder und versorgt das ganze Bremssystem mit Bremsflüssigkeit.

Der Bremskraftverstärker speichert beim Benzinmotor einen Teil des vom Motor erzeugten Ansaugunterdruckes. Über Ventile wird dann bei Bedarf die Pedalkraft durch den Unterdruck verstärkt. Da beim Dieselmotor der Ansaug-Unterdruck nicht vorhanden ist, erzeugt eine Vakuumpumpe den Unterdruck für den Bremskraftverstärker. Die Vakuumpumpe ist am Motorblock hinten links angeflanscht und wird über die Zwischenwelle angetrieben.

Die Scheibenbremsen sind mit einem sogenannten Faustsattel ausgestattet. Bei dem Faustsattel wird nur ein Kolben benötigt, um beide Bremsbeläge gegen die Bremsscheibe zu drücken.

Die Handbremse wirkt über Seilzüge auf die Hinterräder.

Sicherheitshinweis:
Das Arbeiten an der Bremsanlage erfordert peinliche Sauberkeit und exakte Arbeitsweise. Falls die nötige Arbeitserfahrung fehlt, sollten die Arbeiten an der Bremse von einer Fachwerkstatt durchgeführt werden.

Die Bremsbeläge sind Bestandteil der Allgemeinen Betriebserlaubnis (ABE), außerdem sind sie vom Werk auf das jeweilige Fahrzeugmodell abgestimmt. Es empfiehlt sich deshalb, nur vom Automobilhersteller beziehungsweise vom Kraftfahrtbundesamt freigegebene Bremsbeläge zu verwenden. Diese Bremsbeläge haben eine KBA-Freigabenummer.

Hinweis: Auf stark regennassen Fahrbahnen sollte während des Fahrens die Bremse von Zeit zu Zeit betätigt werden, um die Bremsscheiben von Rückständen zu befreien. Durch die Zentrifugalkraft während der Fahrt wird zwar das Wasser von den Bremsscheiben geschleudert, doch bleibt teilweise ein dünner Film von Silikonen, Gummiabrieb, Fett und Verschmutzungen zurück, der das Ansprechen der Bremse vermindert.

Eingebrannter Schmutz auf den Bremsbelägen und zugesetzte Regennuten in den Bremsbelägen führen zur Riefenbildung auf den Bremsscheiben. Dadurch kann eine verminderte Bremswirkung eintreten.

Sicherheitshinweis:
Beim Reinigen der Bremsanlage fällt Bremsstaub an. Dieser Staub kann zu gesundheitlichen Schäden führen. Deshalb beim Reinigen der Bremsanlage darauf achten, daß der Bremsstaub nicht eingeatmet wird.

ABS/EBV/EDS/ASR/ESP

ABS: Das **A**nti-**B**lockier-**S**ystem verhindert bei scharfem Abbremsen das Blockieren der Räder, dadurch bleibt das Fahrzeug lenkbar.

EBV: Die **E**lektronische **B**remskraft**v**erteilung verteilt mittels ABS-Hydraulik die Bremskraft an die Hinterräder. Da die elektronische EBV-Steuerung wesentlich sensibler arbeitet als ein mechanisch wirkender Bremskraftregler, wird ein deutlich größerer Regelbereich ausgenutzt.

Bei Geradeausfahrt wird die Hinterradbremse voll an der Bremsleistung beteiligt. Um auch bei Kurvenbremsungen die Fahrstabilität zu gewährleisten, muß der Bremskraftanteil der Hinterachse reduziert werden. Über die ABS-Drehzahlsensoren erkennt die EBV, ob das Fahrzeug geradeaus oder durch eine Kurve fährt. Bei Kurvenfahrt wird der Bremsdruck für die Hinterräder reduziert. Dadurch können die Hinterräder die maximale Seitenführungskraft aufbringen.

EDS: Mit der **E**lektronischen **D**ifferential**s**perre werden beim Anfahren durchdrehende Räder abgebremst. Dadurch wird das Antriebsdrehmoment auf »greifende« Räder umgelenkt.

Die elektronische Differentialsperre wird beim Anfahren wirksam und schaltet sich bei einer Geschwindigkeit von 40 km/h automatisch ab. Besonders vorteilhaft an dieser Traktionshilfe: Sie beeinflußt weder das Fahrverhalten negativ noch beeinträchtigt sie den Lenkkomfort beim Anfahren.

ASR: Die **A**ntriebs-**S**chlupf-**R**egelung verringert das Antriebsdrehmoment beim Durchdrehen beider Antriebsräder durch Zurücknahme der Motorleistung.

Während EDS den gezielten Bremseneingriff zur Traktionsverbesserung einsetzt, sorgt die Antriebs-Schlupf-Regelung ASR bei Bedarf für einen zusätzlichen Eingriff in die Motorsteuerung. Und zwar wird bei aufkommendem Schlupf der Antriebsräder die Motorleistung so weit abgeregelt, daß nur noch das auf die Fahrbahn übertragbare Drehmoment bereitgestellt wird.

Sinn der Antriebs-Schlupf-Regelung ist es, die aktive Sicherheit durch Gewinn an Fahrstabilität und Lenkbarkeit auch bei Kurvenfahrt zu erhöhen, und zwar unabhängig davon, wieviel Gas der Fahrer gibt. ASR wirkt vom Anfahren bis zur Höchstgeschwindigkeit.

ESP: Das **E**lektronisches **S**tabilitäts**p**rogramm verringert die Schleudergefahr durch automatischen Bremseneingriff. Beginnt beispielsweise das Heck des Fahrzeugs auszubrechen, wird durch die ABS-Hydraulik das kurvenäußere Vorderrad abgebremst und dadurch das Fahrzeug stabilisiert.

Hinweise zum ABS/EBV/EDS/ASR/ESP

Eine Sicherheitsschaltung im elektronischen Steuergerät sorgt dafür, daß sich die Anlage bei einem Defekt (z. B. Kabelbruch) oder bei zu niedriger Betriebsspannung (Batteriespannung unter 10 Volt) selbst abschaltet. Angezeigt wird dies durch das Leuchten der Kontrollampen am Armaturenbrett. Die herkömmliche Bremsanlage bleibt dabei in Betrieb. Das Fahrzeug verhält sich dann beispielsweise beim Bremsen so, als ob keine ABS-Anlage eingebaut wäre.

Sicherheitshinweis:
Wenn während der Fahrt die Kontrolleuchten für ABS und für Bremsanlage leuchten, können bei starkem Bremsen die Hinterräder blockieren, da die Bremskraftverteilung ausgefallen ist.

Leuchten eine oder mehrere Kontrollampen im Armaturenbrett während der Fahrt auf, folgende Punkte beachten:

- Fahrzeug kurz anhalten, Motor abstellen und wieder starten.
- Batteriespannung prüfen. Wenn die Spannung unter 10,5 Volt liegt, Batterie laden.

Achtung: Wenn die Kontrolleuchten am Anfang einer Fahrt aufleuchten und nach einiger Zeit wieder erlöschen, deutet das darauf hin, daß die Batteriespannung zunächst zu gering war, bis sie sich während der Fahrt durch Ladung über den Generator wieder erhöht hat.

- Prüfen, ob die Batterieklemmen richtig festgezogen sind und einwandfreien Kontakt haben.
- Fahrzeug aufbocken, Räder abnehmen, elektrische Leitungen zu den Drehzahlfühlern auf äußere Beschädigungen (Scheuerstellen) prüfen. Weitere Prüfungen der ABS/EBV/EDS/ASR/ESP-Anlage sollten der Werkstatt vorbehalten bleiben.

Achtung: Vor Schweißarbeiten mit einem elektrischen Schweißgerät muß der Stecker vom elektronischen Steuergerät abgezogen werden. Stecker nur bei ausgeschalteter Zündung abziehen. Bei Lackierarbeiten darf das Steuergerät kurzzeitig mit max. +95° C, langzeitig (max. 2 Std.) mit +85° C belastet werden.

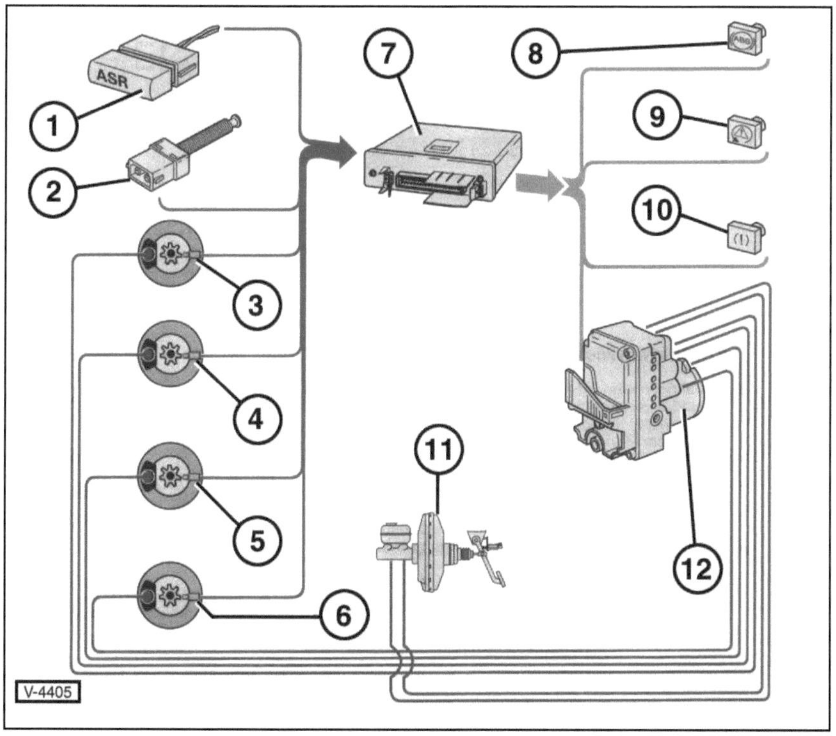

1 – Schalter für ASR
2 – Bremslichtschalter
3 – Drehzahlfühler hinten links
4 – Drehzahlfühler hinten rechts
5 – Drehzahlfühler vorn rechts
6 – Drehzahlfühler vorn links
7 – Steuergerät für ABS/EBV/EDS/ASR/ESP
8 – Kontrollampe ABS/EDS
9 – Kontrollampe ASR/ESP
10 – Kontrollampe Bremsflüssigkeitsstand
11 – Hauptbremszylinder, Bremskraftverstärker, Bremspedal
12 – Hydraulikeinheit

Technische Daten Bremsanlage

Scheibenbremse vorn

Bremssattel-Ausführung		FN-3	FN-3	C-54	FN-3	HP-2	2-FN
Bremsscheibe	∅ mm	282,5	288	280	312	321	334
Dicke der Bremsscheibe	mm	25	25	22	25	30	32
Verschleißgrenze der Bremsscheibe	mm	23	23	20	23	28	30
Bremsbelagdicke neu ohne Rückenplatte	mm	14	14	14	14	14	14
Verschleißgrenze Bremsbelagdicke ohne Rückenplatte	mm	2	2	2	2	2	2

Scheibenbremse hinten

Bremssattel-Ausführung		C-38	C-38	C-38	C-38
Bremsscheibe	∅ mm	245	255	256	269
Dicke der Bremsscheibe	mm	10	10	22	22
Verschleißgrenze der Bremsscheibe	mm	8	8	20	20
Bremsbelagdicke neu ohne Rückenplatte	mm	12	12	12	12
Verschleißgrenze Bremsbelagdicke ohne Rückenplatte	mm	2	2	2	2

Bremsbeläge vorn aus- und einbauen

TEVES-Bremssattel FN-3

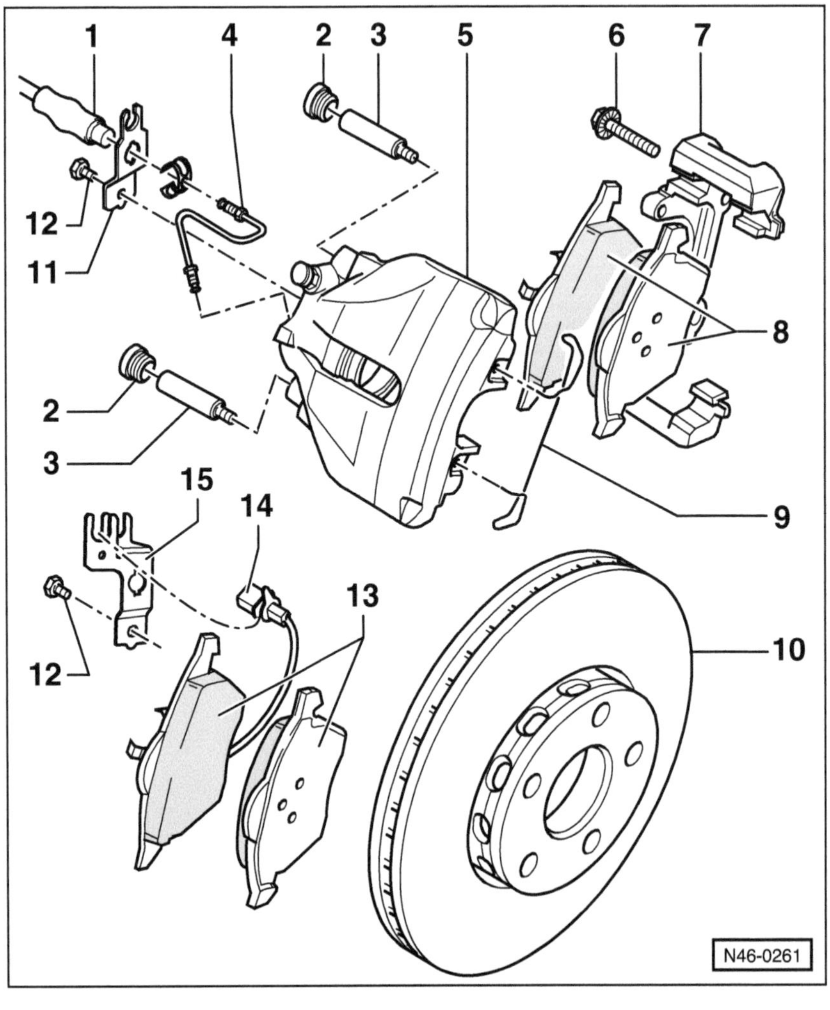

1 – **Bremsschlauch**
Zum Ersetzen der Bremsbeläge nicht abschrauben.

2 – **Abdeckkappe**

3 – **Führungsbolzen, 25 Nm**

4 – **Bremsleitung, 15 Nm**
Einbau:
Bremsleitung in Bremssattelgehäuse einschrauben.
Bremsleitung mit Bremsschlauch verschrauben, dabei am Sechskant des Bremsschlauches gegenhalten.
Auf einwandfreien Sitz der Rastnasen in den Nuten am Halter achten.

5 – **Bremssattelgehäuse**

6 – **Rippschraube, 120 Nm**
Bei Wiederverwendung Verrippung reinigen.

7 – **Bremsträger**

8 – **Bremsbeläge**
Die äußeren Bremsbeläge sind auf der Belagrückenplatte mit einer Klebefolie versehen. Diese ist vor dem Einsetzen abzuziehen.
Grundsätzlich alle 4 Beläge einer Achse ersetzen.

9 – **Haltefeder**
In beide Bohrungen des Bremssattelgehäuses einsetzen.

10 – **Bremsscheibe**
Nur achsweise ersetzen. Zum Ausbauen vorher Bremssattelgehäuse abschrauben.

11 – **Halter**

12 – **Sechskantschraube, 10 Nm**

Ausbau

Achtung: Die Bremsbeläge sind Bestandteil der Allgemeinen Betriebserlaubnis (ABE), außerdem sind sie vom Werk auf das jeweilige Modell abgestimmt. Es empfiehlt sich deshalb, nur vom Automobilhersteller freigegebene Bremsbeläge zu verwenden.

- Stellung der Vorderräder zur Radnabe mit Farbe kennzeichnen. Dadurch kann das ausgewuchtete Rad wieder in derselben Position montiert werden. Radschrauben bei auf dem Boden stehendem Fahrzeug lösen. Fahrzeug vorn aufbocken und Vorderräder abnehmen.

Achtung: Sollen die Bremsbeläge wieder verwendet werden, so müssen sie beim Ausbau gekennzeichnet werden. Ein Wechsel der Beläge von der Außen- zur Innenseite und umgekehrt oder auch vom rechten zum linken Rad ist nicht zulässig. **Grundsätzlich alle Scheibenbremsbeläge vorn gleichzeitig ersetzen, auch wenn nur ein Belag die Verschleißgrenze erreicht hat.**

- Falls vorhanden, Steckverbindung für Bremsbelagverschleißanzeige trennen. Dazu Fixierlasche am Steckerunterteil etwas anheben und anschließend um 90° drehen. Steckerunterteil aus dem Halter herausziehen.

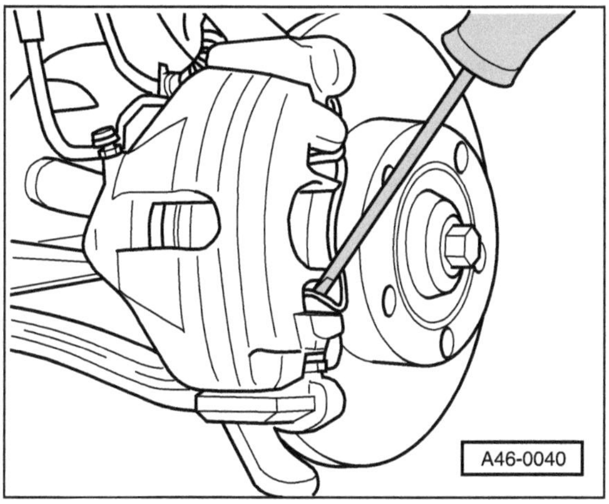

- Haltefeder für Bremsbeläge aus Bremssattelgehäuse mit Schraubendreher heraushebeln und abnehmen.

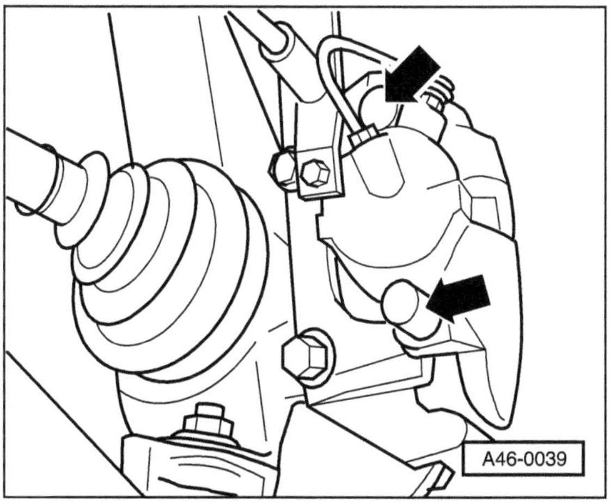

- Obere und untere Abdeckkappe –Pfeile– abnehmen.

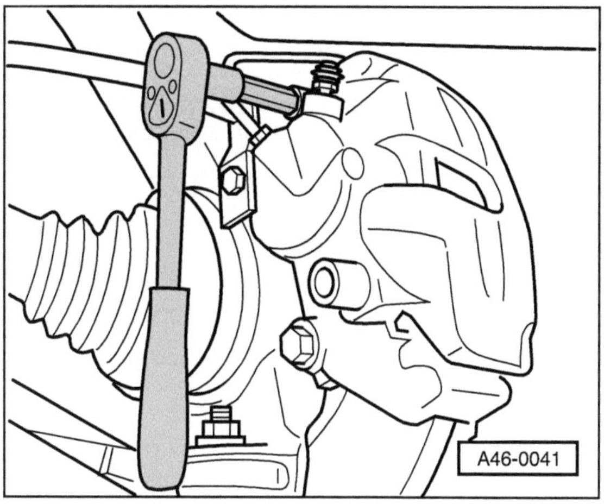

- Beide Führungsbolzen aus Bremssattel herausdrehen.
- Bremssattelgehäuse mit Draht am Aufbau aufhängen. **Achtung:** Bremssattel nicht einfach nach unten hängen lassen; der Bremsschlauch darf nicht auf Zug beansprucht oder verdreht werden.
- Äußeren Bremsbelag aus dem Bremsträger nehmen.
- Inneren Bremsbelag (mit Spreizfeder) aus dem Bremskolben ziehen.

Einbau

Achtung: Bei ausgebauten Bremsbelägen nicht auf das Bremspedal treten, sonst wird der Kolben aus dem Gehäuse herausgedrückt. In diesem Fall Bremssattel komplett ausbauen und Kolben in der Werkstatt einsetzen lassen.

- Führungsfläche beziehungsweise Sitz der Beläge im Gehäuseschacht mit einem Lappen und Spiritus reinigen (fettfrei). Keine mineralölhaltigen Lösungsmittel oder scharfkantigen Werkzeuge verwenden. Besonders auf das Entfernen eventueller Klebefolienreste an den Anlageflächen der äußeren Bremsbeläge achten. **Achtung:** Zum Reinigen der Bremse ausschließlich Spiritus verwenden.
- Vor Einbau der Beläge ist die Bremsscheibe durch Abtasten mit den Fingern auf Riefen zu untersuchen. Riefige Bremsscheiben können abgedreht werden (Werkstattarbeit), sofern sie noch eine ausreichende Dicke aufweisen.
- Bremsscheibendicke messen, siehe Seite 147.
- Staubkappe für Bremskolben auf Anrisse prüfen. Eine beschädigte Staubkappe umgehend ersetzen lassen, da eingedrungener Schmutz schnell zu Undichtigkeiten des Bremssattels führt. Der Bremssattel muß hierzu zerlegt werden (Werkstattarbeit).

Achtung: Bei hohem Bremsbelagverschleiß Leichtgängigkeit des Kolbens prüfen. Dazu einen Holzklotz in den Bremssattel einsetzen und durch Helfer langsam auf das Bremspedal treten lassen. Der Bremskolben muß sich leicht heraus- und hineindrücken lassen. Zur Prüfung muß der andere Bremssattel eingebaut sein. Darauf achten, daß der Bremskolben nicht ganz herausgedrückt wird. Bei schwergängigem Kolben Bremssattel instandsetzen (Werkstattarbeit).

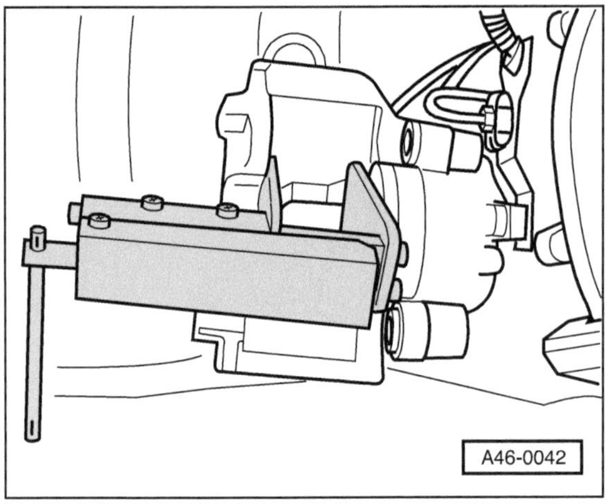

- Bremskolben mit Rücksetzvorrichtung, zum Beispiel HAZET 4971-1, zurückdrücken. Es geht auch mit einem Hartholzstab (Hammerstiel), dabei jedoch besonders darauf achten, daß der Kolben nicht verkantet wird und Kolbenfläche sowie Staubkappe nicht beschädigt werden.

Achtung: Beim Zurückdrücken des Kolbens wird Bremsflüssigkeit aus dem Bremszylinder in den Ausgleichbehälter gedrückt. Flüssigkeit im Behälter beobachten, eventuell Bremsflüssigkeit mit einem Saugheber absaugen.

Sicherheitshinweis:
Zum Absaugen eine Entlüfter- oder Plastikflasche verwenden, die nur mit Bremsflüssigkeit in Berührung kommt. Keine Trinkflaschen verwenden! **Bremsflüssigkeit ist giftig und darf auf gar keinen Fall mit dem Mund über einen Schlauch abgesaugt werden. Saugheber verwenden.** Auch nach dem Belagwechsel darf die MAX.-Marke am Bremsflüssigkeitsbehälter nicht überschritten werden, da sich die Flüssigkeit bei Erwärmung ausdehnt. Ausgelaufene Bremsflüssigkeit läuft am Hauptbremszylinder herunter, zerstört den Lack und führt zur Rostbildung.

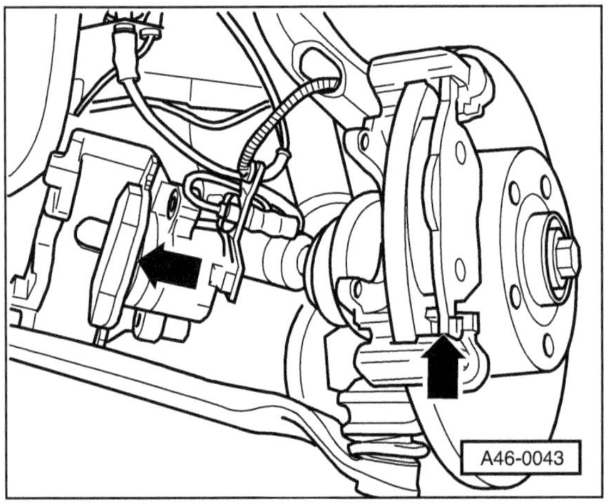

- Inneren Bremsbelag (mit Spreizfeder) in den Bremskolben einsetzen.

Achtung: Der innere Bremsbelag (mit Spreizfeder) ist mit einem Pfeil versehen. Der Pfeil muß in Drehrichtung der Bremsscheibe bei Vorwärtsfahrt zeigen. Bei Falschmontage (auf der anderen Fahrzeugseite) kann es zu Geräuschen kommen.

- Schutzfolie von der Rückenplatte des äußeren Bremsbelages abziehen.
- Äußeren Bremsbelag auf den Bremsträger aufsetzen. Dabei nicht die Klebeschicht auf der Rückenplatte beschädigen.
- Bremssattelgehäuse mit beiden Führungsbolzen am Bremsträger mit **25 Nm** anschrauben.
- Beide Abdeckkappen einsetzen.
- Haltefeder in das Bremssattelgehäuse einsetzen. **Achtung:** Nach dem Einsetzen in die beiden Bohrungen muß die Haltefeder unter den Bremsträger gedrückt werden. Bei fehlerhafter Montage stellt sich trotz Verschleiß der äußere Bremsbelag nicht nach, so daß sich der Pedalweg vergrößert.
- Falls vorhanden, Steckverbindung für Bremsbelagverschleißanzeige in den Halter am Bremssattel einsetzen und verbinden. Darauf achten, daß das Kabel zwischen Bremsträger und Bremsrohr verlegt wird.
- Vorderräder so ansetzen, daß die beim Ausbau angebrachten Markierungen übereinstimmen. Räder anschrauben. Fahrzeug ablassen und Radschrauben über Kreuz mit **120 Nm** festziehen.

Achtung: Bremspedal im Stand mehrmals kräftig niedertreten, bis fester Widerstand spürbar ist. Dadurch legen sich die Bremsbeläge an die Bremsscheiben an und nehmen einen dem Betriebszustand entsprechenden Sitz ein.

- Bremsflüssigkeit im Ausgleichbehälter prüfen, gegebenenfalls bis zur Max.-Marke auffüllen.
- Neue Bremsbeläge vorsichtig einbremsen, dazu Fahrzeug mehrmals von ca. 80 km/h auf 40 km/h mit geringem Pedaldruck abbremsen. Dazwischen Bremse etwas abkühlen lassen.

Achtung: Nach dem Einbau von neuen Bremsbelägen müssen diese eingebremst werden. Während einer Fahrtstrecke von rund 200 km sollten unnötige Vollbremsungen unterbleiben.

Hinweis: Bremsbeläge sind als Sondermüll zu entsorgen. Die örtlichen Behörden geben darüber Auskunft, ob auch eine Entsorgung über den hausmüllähnlichen Gewerbemüll zulässig ist.

Achtung, Sicherheitskontrolle durchführen:
- Sind die Bremsschläuche festgezogen?
- Befindet sich der Bremsschlauch in der Halterung?
- Sind die Entlüftungsschrauben angezogen?
- Ist genügend Bremsflüssigkeit eingefüllt?
- Bei laufendem Motor Dichtheitskontrolle durchführen. Hierzu Bremspedal mit 200 bis 300 N (entspricht 20 bis 30 kg) etwa 10 sec. betätigen. Das Bremspedal darf nicht nachgeben. Sämtliche Anschlüsse auf Dichtheit kontrollieren.

Bremsbeläge vorn aus- und einbauen

LUCAS-Bremssattel C-54

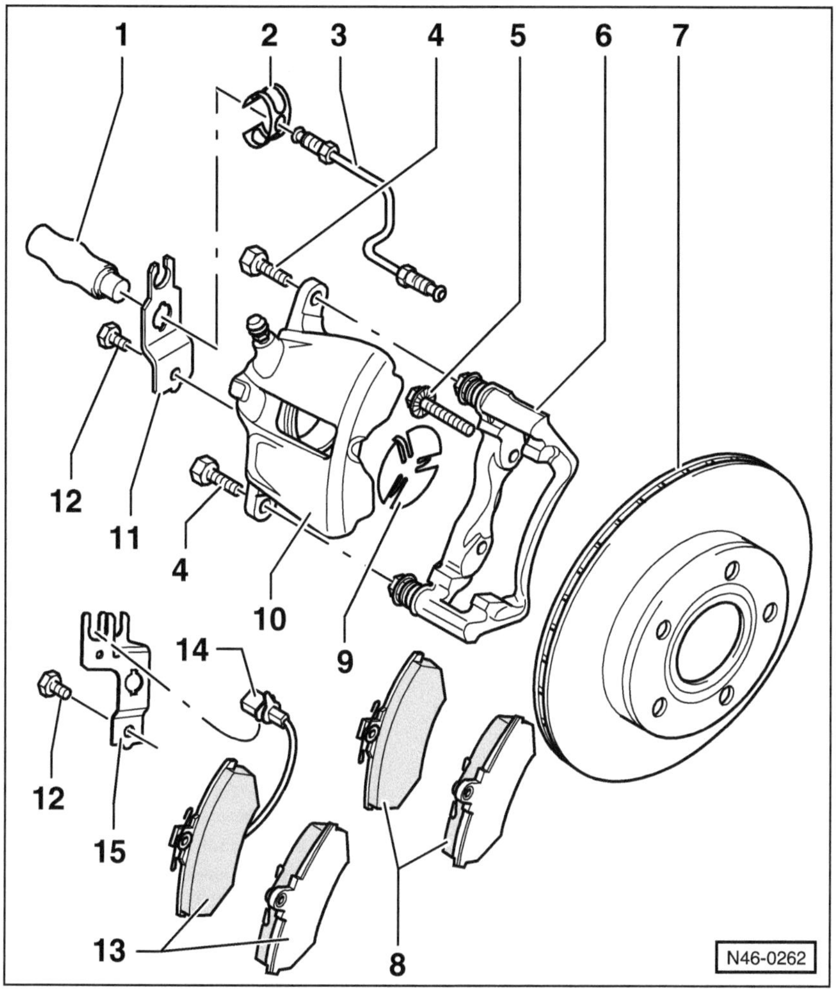

1 – **Bremsschlauch**

2 – **Federklammer**

3 – **Bremsleitung, 15 Nm**

4 – **Schraube, 35 Nm**
Selbstsichernd, daher immer ersetzen.
Beim Lösen und Festziehen am Führungsbolzen gegenhalten.

5 – **Rippschraube, 120 Nm**
Bei Wiederverwendung Verrippung reinigen.

6 – **Bremsträger**
Mit Führungsbolzen und Schutzkappe.

7 – **Bremsscheibe**
Grundsätzlich beide Scheiben einer Achse ersetzen.

8 – **Bremsbeläge**
Grundsätzlich alle 4 Beläge einer Achse ersetzen.

9 – **Wärmeschutzblech**
In den Bremskolben einsetzen.

10 – **Bremssattel**

11 – **Halter**
Am Bremssattel angeschraubt.

12 – **Schraube, 10 Nm**

13 – **Bremsbeläge**
Grundsätzlich achsweise ersetzen.

14 – **Steckverbindung**
Beim Belagwechsel aus dem Halter –15- herausnehmen.

15 – **Halter**

Ausbau

Achtung: Der Ausbau der Scheibenbremsbeläge wird grundsätzlich anhand der TEVES-Anlage FN-3 beschrieben, deshalb ist dieses Kapitel ebenfalls durchzulesen. In diesem Kapitel sind nur die abweichenden Arbeitsgänge bei der LUCAS-Bremsanlage C-54 beschrieben.

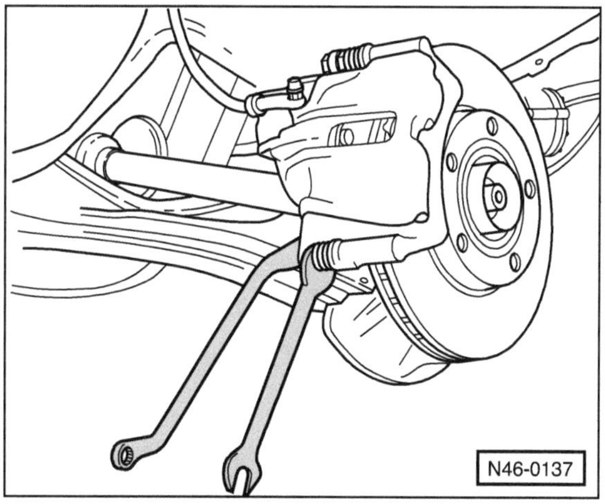

- Untere Befestigungsschraube für Bremssattelgehäuse herausschrauben. Dabei am Führungsbolzen gegenhalten.

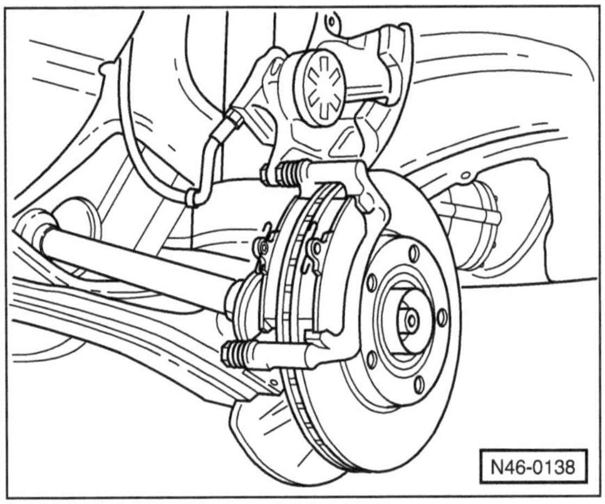

- Bremssattelgehäuse nach oben schwenken und Bremsbeläge herausnehmen.
- Kolben in Bremssattelgehäuse zurückdrücken.

Einbau

- Bremsbeläge einsetzen.
- Bremssattelgehäuse nach unten schwenken und Befestigungsschraube mit **30 Nm** anziehen. **Achtung:** Im Reparatursatz sind zwei selbstsichernde Sechskantschrauben enthalten, die in jedem Falle einzubauen sind.

Achtung, Sicherheitskontrolle durchführen:

- Sind die Bremsschläuche festgezogen?
- Befindet sich der Bremsschlauch in der Halterung?
- Sind die Entlüftungsschrauben angezogen?
- Ist genügend Bremsflüssigkeit eingefüllt?
- Bei laufendem Motor Dichtheitskontrolle durchführen. Hierzu Bremspedal mit 200 bis 300 N (entspricht 20 bis 30 kg) etwa 10 sec. betätigen. Das Bremspedal darf nicht nachgeben. Sämtliche Anschlüsse auf Dichtheit kontrollieren.

Bremsbeläge hinten aus- und einbauen

Bremssattel C-38

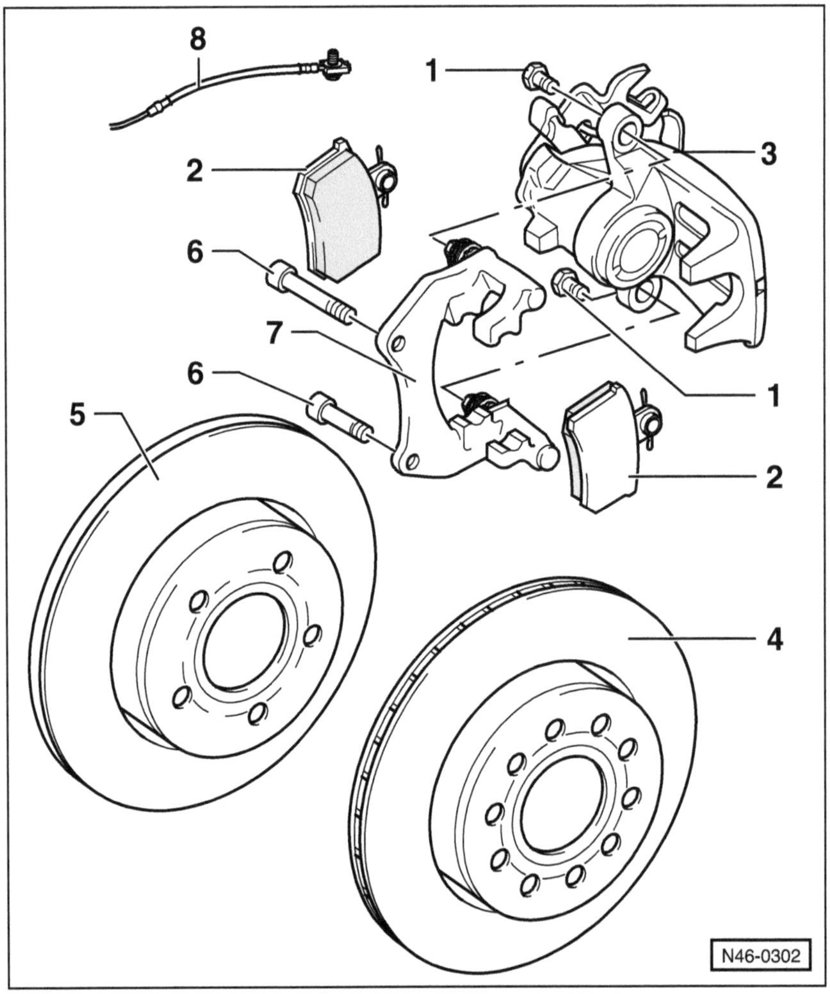

1 – **Schraube, 35 Nm**
Selbstsichernd, daher grundsätzlich ersetzen. Beim Lösen und Festziehen am Führungsbolzen gegenhalten.

2 – **Bremsbeläge**
Grundsätzlich alle 4 Beläge einer Achse ersetzen.

3 – **Bremssattel**

4 – **Bremsscheibe**
Dicke: 22 mm, Verschleißgrenze: 20 mm. Für 16"-/17"-Fahrwerk.
Grundsätzliche beide Bremsscheiben einer Achse ersetzen.

5 – **Bremsscheibe**
Dicke: 10 mm, Verschleißgrenze: 8 mm. Für 15"-/16"-Fahrwerk.
Grundsätzlich beide Bremsscheiben einer Achse ersetzen.

6 – **Innensechskantschraube, 95 Nm**

7 – **Bremsträger**
Mit Führungsbolzen und Schutzkappe.
Wird zusammengebaut mit ausreichender Fettmenge an den Führungsbolzen als Ersatzteil geliefert. Bei Beschädigungen an den Schutzkappen kompletten Reparatursatz einbauen. Beiliegendes Fettkissen zum Befetten der Führungsbolzen verwenden.

8 – **Bremsschlauch/Bremsrohr**
Mit Hohlschraube und Dichtringen.
Anzugsdrehmoment für Hohlschraube mit Aluminiumdichtung (silber): **45 Nm**; Hohlschraube mit Titandichtung (schwarze): **38 Nm.**

Ausbau

Achtung: Der Ausbau der Scheibenbremsbeläge wird grundsätzlich anhand der TEVES-Anlage FN-3 beschrieben, deshalb ist dieses Kapitel ebenfalls durchzulesen. In diesem Kapitel sind nur die abweichenden Arbeitsgänge bei der hinteren Bremsanlage beschrieben.

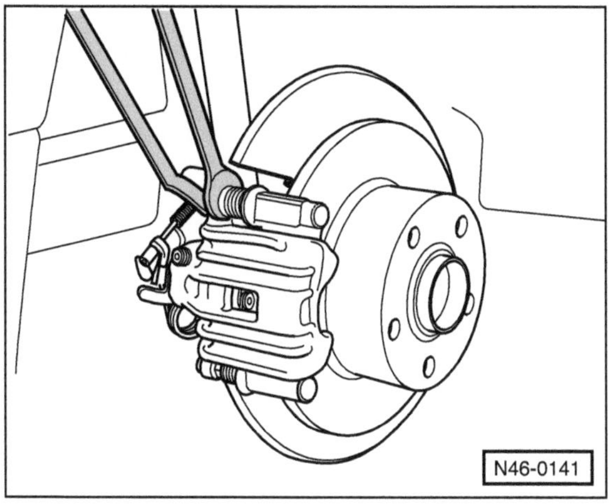

- Bremssattelgehäuse oben und unten abschrauben. Dabei am Führungsbolzen gegenhalten. Gehäuse abnehmen.
- Bremsbeläge herausnehmen.

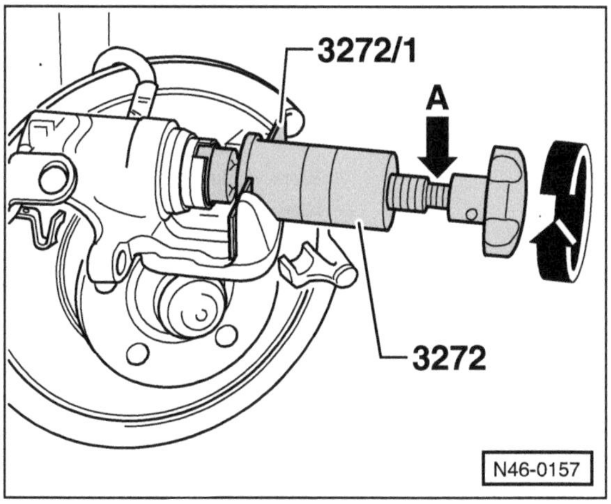

- Kolben in Bremssattelgehäuse zurück**drehen**.

Achtung: Der Kolben darf auf keinen Fall mit einer handelsüblichen Kolbenrücksetzvorrichtung oder einem Hammerstiel zurückgedrückt werden, sonst wird der Feststellmechanismus für die Handbremse beschädigt.

- Zum Zurückdrehen Spezialwerkzeug so einsetzen, daß der Bund des Werkzeugs VW-3272 am Bremssattel beziehungsweise an Werkzeug VW-3272/1 anliegt. Rändelrad nach links bis zum Anschlag drehen. Gewindespindel nach rechts drehen und Bremskolben einschrauben. Bei schwergängigem Kolben Maulschlüssel SW 13 an den Abflachungen –Pfeil A– ansetzen. **Hinweis:** Es kann auch das HAZET-Werkzeug 4970/6 verwendet werden.
- Falls das Spezialwerkzeug nicht zur Verfügung steht, Flacheisen entsprechend zurechtfeilen und in die beiden Nuten des Bremskolbens einsetzen. Kolben unter kräftigem Druck zurückdrehen.

Einbau

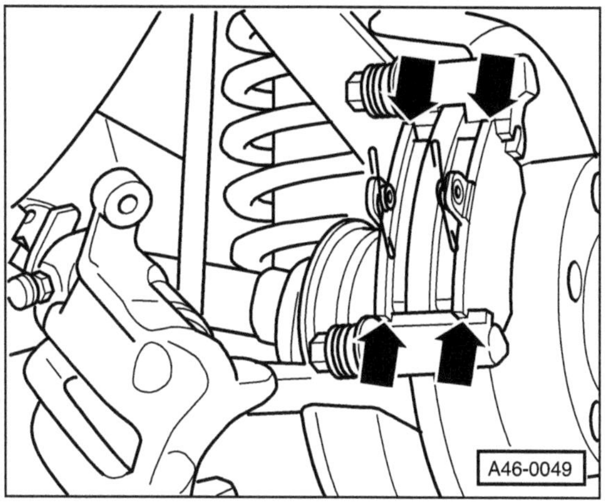

- Von neuen Bremsbelägen die Schutzfolie an der Rückenplatte abziehen und Bremsbeläge in den Bremsträger einsetzen.
- Bremssattelgehäuse ansetzen und mit **neuen, s**elbstsichernden Befestigungsschrauben und **30 Nm** anziehen. **Achtung:** Im Reparatursatz sind vier selbstsichernde Sechskantschrauben enthalten, die in jedem Falle einzubauen sind.
- Handbremsseil am Bremssattel befestigen.

Achtung, Sicherheitskontrolle durchführen:

- Sind die Bremsschläuche festgezogen?
- Befindet sich der Bremsschlauch in der Halterung?
- Sind die Entlüftungsschrauben angezogen?
- Ist genügend Bremsflüssigkeit eingefüllt?
- Bei laufendem Motor Dichtheitskontrolle durchführen. Hierzu Bremspedal mit 200 bis 300 N (entspricht 20 bis 30 kg) etwa 10 sec. betätigen. Das Bremspedal darf nicht nachgeben. Sämtliche Anschlüsse auf Dichtheit kontrollieren.

Bremssattel vorn HP-2

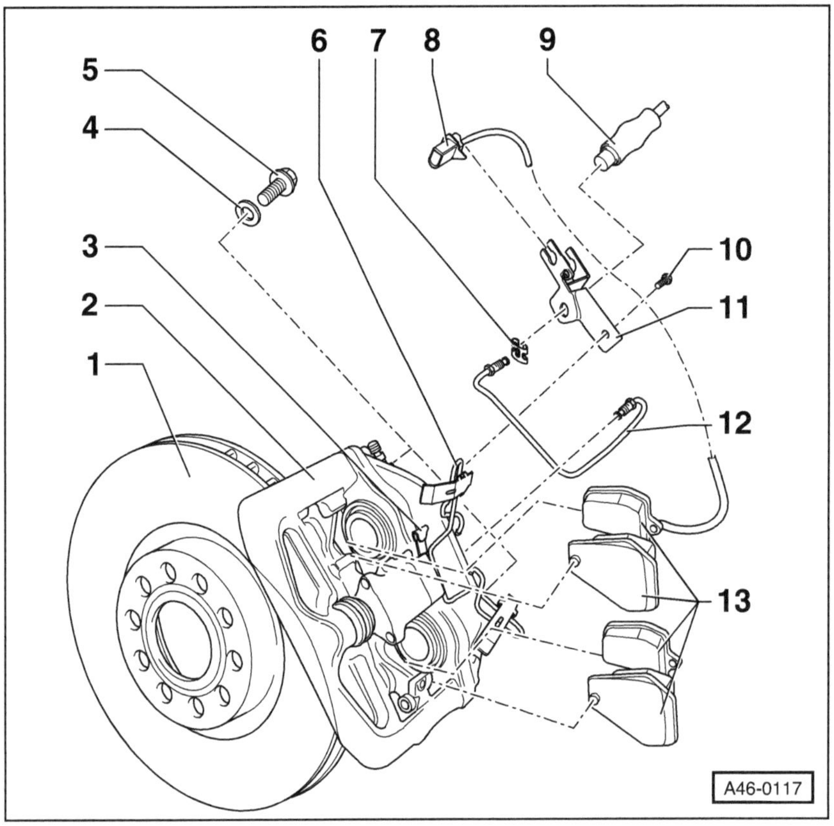

Aluminium-Ausführung

1 – **Bremsscheibe**

2 – **Bremssattel**

3 – **Leitungshalter**

4 – **Rippscheibe**

5 – **Rippschraube, 190 Nm**
Bei Wiederverwendung Verrippung reinigen.

6 – **Spannfeder**
Seitlich wegschwenken, keine Demontage möglich.

7 – **Haltefeder**

8 – **Steckverbindung**

9 – **Bremsschlauch**

10 – **Sechskantschraube, 25 Nm**

11 – **Halter**

12 – **Bremsleitung, 15 Nm**

13 – **Bremsbeläge**
Unterschiedliche Ausführung links und rechts.
Ansprechen der Verschleißanzeige bei einer Dicke von 3 mm.
Schutzfolie für Verklebung der äußeren Bremsbeläge erst kurz vor dem Einsetzen abziehen. Vor dem Einbau Anlagefläche am Bremssattel gründlich reinigen.
Innere Bremsbeläge in die Kolben einsetzen.

Bremssattel vorn 2-FN

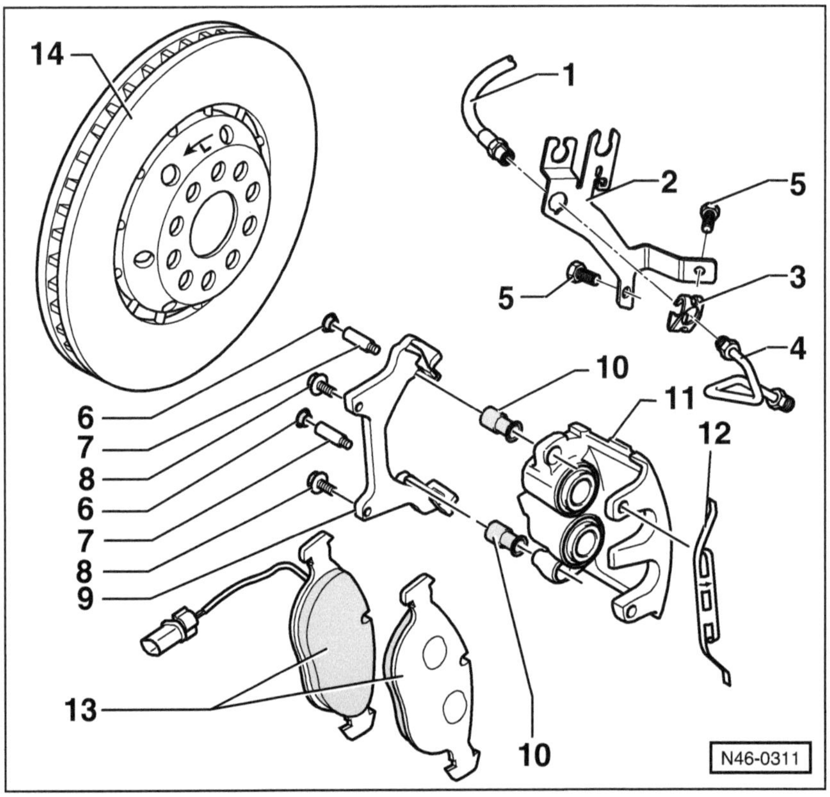

1 – **Bremsschlauch**

2 – **Halter**
Am Bremssattelgehäuse anschrauben.

3 – **Federklammer**

4 – **Bremsleitung, 15 Nm**

5 – **Sechskantschraube, 8 Nm**

6 – **Abdeckkappe**
Obere Abdeckkappe mit Halter für Verschleißanzeige.

7 – **Führungsbolzen, 25 Nm**

8 – **Rippschraube, 190 Nm**
Bei Wiederverwendung Verrippung reinigen.

9 – **Bremsträger**

10 – **Lagerbuchse**

11 – **Bremssattel**

12 – **Haltefeder**
In beide Bohrungen des Bremssattels einsetzen. Danach Haltefeder unter den Bremsträger drücken. Bei falscher Montage wird der Verschleiß des äußeren Belages nicht nachgestellt, wodurch sich der Pedalweg vergrößert.

13 – **Bremsbeläge**
Innerer Belag mit Haltefeder und Kabel für die Verschleißanzeige.

14 – **Bremsscheibe**
Links und rechts unterschiedlich; Pfeil zeigt in Laufrichtung.

Bremsscheibendicke prüfen

- Stellung der Räder zur Radnabe mit Farbe kennzeichnen. Dadurch kann das ausgewuchtete Rad wieder in derselben Position montiert werden. Radschrauben bei auf dem Boden stehendem Fahrzeug lösen. Fahrzeug aufbocken und Räder abnehmen.

SX-4405

- Bremsscheibendicke messen. Die Werkstätten benutzen dazu eine spezielle Lehre oder eine Mikrometer-Bügelmeßlehre, da sich durch Abnutzung der Bremsscheibe ein Rand bildet. Man kann die Bremsscheibendicke auch mit einer normalen Schieblehre messen, allerdings muß dann auf jeder Seite der Bremsscheibe eine entsprechend starke Unterlage zwischengelegt werden (beispielsweise 1 bis 2 Zehn-Cent-Stücke). Um die exakte Bremsscheibendicke zu haben, müssen von dem gemessenen Maß die Dicke für die untergelegten Zehn-Cent-Stücke beziehungsweise von der Unterlage abgezogen werden.

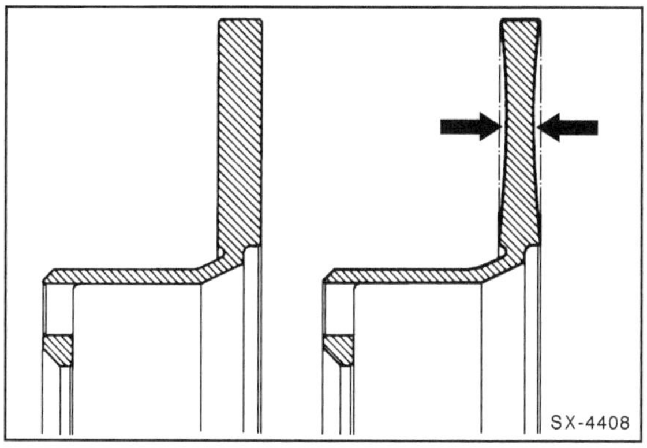

SX-4408

Achtung: Bremsscheibendicke an mehreren Punkten des Umfangs, jeweils an der dünnsten Stelle –Pfeile– messen.

- Maße für Bremsscheiben, siehe Seite 140.
- Wird das Verschleißmaß erreicht, Bremsscheibe erneuern.
- Bei größeren Rissen oder bei Riefen, die tiefer als 0,5 mm sind, Bremsscheibe erneuern.
- Räder so ansetzen, daß die beim Ausbau angebrachten Markierungen übereinstimmen. Vorher Zentriersitz der Felge an der Radnabe mit Wälzlagerfett dünn einfetten. Räder anschrauben. Fahrzeug ablassen und Radschrauben über Kreuz mit **120 Nm** festziehen.

Bremsscheibe/Bremssattel aus- und einbauen

Korrodierte Bremsscheiben erzeugen beim Abbremsen einen Rubbeleffekt, der sich auch durch längeres Abbremsen nicht beseitigen läßt. In diesem Fall müssen die Bremsscheiben erneuert werden.

Achtung: Wird nach einer Kurvenfahrt ein unterschiedlicher Pedalweg festgestellt, dann muß die Bremsscheibe auf Seitenschlag am äußeren Durchmesser geprüft werden, gegebenenfalls ist die Bremsscheibe zu erneuern.

Ausbau

- Stellung der Räder zur Radnabe mit Farbe kennzeichnen. Dadurch kann das ausgewuchtete Rad wieder in derselben Position montiert werden. Radschrauben bei auf dem Boden stehendem Fahrzeug lösen. Fahrzeug aufbocken und Räder abnehmen.

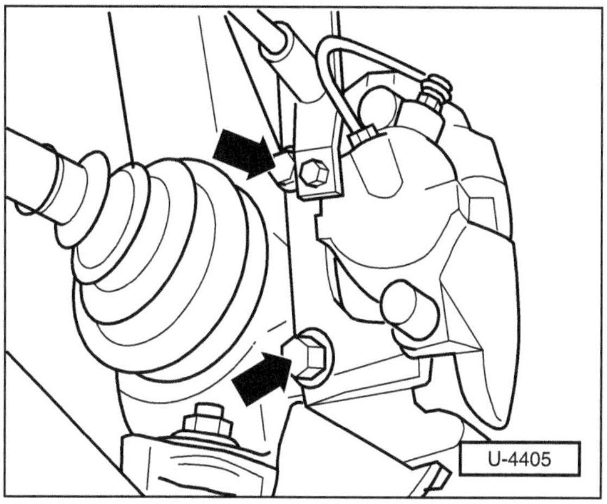

U-4405

- 2 Befestigungsschrauben –Pfeile– für Bremssattel (Bremsträger mit Bremssattelgehäuse) herausdrehen und Bremssattel von der Bremsscheibe abnehmen. Die Abbildung zeigt den vorderen Bremssattel. Hinten 2 Innensechskantschrauben herausdrehen.
- Gegebenenfalls Bremsschlauch am Radlagergehäuse ausclipsen.
- Bremssattel mit selbstangefertigtem Drahthaken so am Aufbau aufhängen, daß der Bremsschlauch nicht verdreht oder auf Zug beansprucht wird.

Achtung: Bremsschlauch nicht lösen, sonst muß das Bremssystem nach dem Einbau entlüftet werden.

- Soll der Bremssattel ganz abgenommen werden:
  - Beim vorderen Bremssattel Bremsleitung an der Bremsschlauchkupplung abschrauben.
  - Beim hinteren Bremssattel zuerst die Bremsleitung an der Verbindungsstelle vom Bremsschlauch abschrauben, dann, falls erforderlich, Bremsschlauch am Bremssattel abschrauben. Zusätzlich Handbremsseil aushängen.

Sicherheitshinweis:
Beim Öffnen vom Bremskreis läuft Bremsflüssigkeit aus. Bremsflüssigkeit in einer Flasche sammeln, die ausschließlich für Bremsflüssigkeit vorgesehen ist. Man kann auch zuvor die Bremsflüssigkeit mit einem Saugheber aus dem Vorratsbehälter absaugen.

- Bremsscheibe abnehmen.

Einbau

Um ein gleichmäßiges Bremsen beidseitig zu gewährleisten, müssen beide Bremsscheiben die gleiche Oberfläche bezüglich Schliffbild und Rauhtiefe aufweisen. Deshalb **grundsätzlich beide** Bremsscheiben ersetzen beziehungsweise abdrehen lassen.

- Bremsscheibendicke messen.
- Falls vorhanden, Rost am Flansch der Bremsscheibe und der Radnabe entfernen.
- Neue Bremsscheiben mit Verdünnung vom Schutzlack reinigen.
- Bremsscheibe auf Radnabe aufsetzen.
- Bremssattel mit den eingesetzten Bremsbelägen ansetzen. Dabei darf der Bremsschlauch nicht verdreht oder gedehnt werden. Freigängigkeit des Bremsschlauches bei vollem Lenkradeinschlag prüfen. Am hinteren Bremssattel das Handbremsseil einhängen.
- Gegebenenfalls Bremsschlauch am Radlagergehäuse einclipsen.
- Vorderen Bremssattel je nach eingebauter Bremse mit **120 Nm** oder **190 Nm** anschrauben, siehe Übersichtsabbildungen in den Kapiteln »Bremsbeläge aus- und einbauen«. Werden die bisherigen Rippschrauben wiederverwendet, vorher Verrippung mit Drahtbürste reinigen.
- Hinteren Bremssattel mit **95 Nm** festschrauben. Werden die bisherigen Rippschrauben wiederverwendet, vorher Verrippung mit Drahtbürste reinigen.

Achtung: War der Bremsschlauch demontiert, Bremsschlauch anschrauben und Bremsanlage entlüften, siehe Seite 148.

- Räder so ansetzen, daß die beim Ausbau angebrachten Markierungen übereinstimmen. Vorher Zentriersitz der Felge an der Radnabe mit Wälzlagerfett dünn einfetten. Räder anschrauben. Fahrzeug ablassen und Radschrauben über Kreuz mit **120 Nm** festziehen.

Achtung: Bremspedal im Stand mehrmals kräftig niedertreten, bis fester Widerstand spürbar ist.

- Bremsflüssigkeitsstand im Ausgleichbehälter prüfen, siehe Seite 36.

Die Bremsflüssigkeit

Beim Umgang mit Bremsflüssigkeit ist zu beachten:

Sicherheitshinweis:
Bremsflüssigkeit ist giftig. Keinesfalls Bremsflüssigkeit mit dem Mund über einen Schlauch absaugen. Bremsflüssigkeit nur in Behälter füllen, bei denen ein versehentlicher Genuß ausgeschlossen ist.

- Bremsflüssigkeit ist ätzend und darf deshalb nicht mit dem Autolack in Berührung kommen, gegebenenfalls sofort abwischen und mit viel Wasser abwaschen.
- Bremsflüssigkeit ist hygroskopisch, das heißt, sie nimmt aus der Luft Feuchtigkeit auf. Bremsflüssigkeit deshalb nur in geschlossenen Behältern aufbewahren.
- **Bremsflüssigkeit, die schon einmal im Bremssystem verwendet wurde, darf nicht wieder verwendet werden. Auch beim Entlüften der Bremsanlage nur neue Bremsflüssigkeit verwenden.**
- Bremsflüssigkeits-Spezifikation: **FMVSS 116 DOT 4.**
- **Bremsflüssigkeit darf nicht mit Mineralöl in Berührung kommen.** Schon geringe Spuren Mineralöl machen die Bremsflüssigkeit unbrauchbar, beziehungsweise führen zum Ausfall des Bremssystems. Stopfen und Manschetten der Bremsanlage werden beschädigt, wenn sie mit mineralölhaltigen Mitteln zusammenkommen. Zum Reinigen keine mineralölhaltigen Putzlappen verwenden.
- Bremsflüssigkeit alle 2 Jahre wechseln, möglichst nach der kalten Jahreszeit.

Achtung: Bremsflüssigkeit ist ein Problemstoff und darf auf keinen Fall einfach weggeschüttet oder dem Hausmüll mitgegeben werden. Gemeinde- und Stadtverwaltungen informieren darüber, wo sich die nächste Problemstoff-Sammelstelle befindet.

Bremsanlage entlüften

Nach jeder Reparatur an der Bremse, bei der die Anlage geöffnet wurde, kann Luft in die Druckleitungen eingedrungen sein. Dann ist das Bremssystem zu entlüften. Luft ist auch dann in den Leitungen, wenn sich beim Tritt auf das Bremspedal der Bremsdruck schwammig anfühlt. In diesem Fall muß die Undichtigkeit beseitigt und die Bremsanlage entlüftet werden.

Achtung: Bei Fahrzeugen mit Elektronischem Stabilitäts-Programm (ESP) muß zum Entlüften mit einem speziellen Testgerät die Hydraulikpumpe für Fahrdynamikregelung angesteuert werden (Werkstattarbeit).

In der Werkstatt wird die Bremse in der Regel mit einem Bremsenfüll- und Entlüftungsgerät entlüftet. Es geht aber auch ohne das Gerät. Die Bremsanlage wird dann durch Pumpen mit dem Bremspedal entlüftet, dazu ist eine zweite Person notwendig.

Muß die ganze Anlage entlüftet werden, jede Radbremse einzeln entlüften. Das ist immer dann der Fall, wenn Luft in jeden einzelnen Bremszylinder gedrungen ist. Falls nur ein

Bremssattel beziehungsweise Radbremszylinder erneuert bzw. überholt wurde, genügt in der Regel das Entlüften des betreffenden Bremszylinders.

Sicherheitshinweis:
Ist eine Kammer des Bremsflüssigkeit-Ausgleichbehälters komplett leergelaufen (zum Beispiel bei Undichtigkeiten im Bremssystem oder wenn beim Entlüften vergessen wurde, Bremsflüssigkeit nachzufüllen), **Bremsanlage sicherheitshalber von der Fachwerkstatt entlüften lassen.**

Die Reihenfolge der Entlüftung: 1. Bremssattel hinten rechts, 2. Bremssattel hinten links, 3. Bremssattel vorn rechts, 4. Bremssattel vorn links.

Achtung: Entlüftungsventile vorsichtig öffnen, damit sie nicht abgedreht werden. Es empfiehlt sich, die Ventile ca. 2 Stunden vor dem Entlüften mit Rostlöser einzusprühen. Bei festsitzenden Ventilen das Entlüften von einer Werkstatt durchführen lassen.

Achtung: Während des Entlüftens ab und zu den Ausgleichbehälter beobachten. Der Flüssigkeitsspiegel darf nicht zu weit sinken, sonst wird über den Ausgleichbehälter Luft angesaugt. **Immer nur neue Bremsflüssigkeit nachgießen!**

- Staubkappe vom Entlüfterventil des Bremszylinders abnehmen. Entlüfterventil reinigen, sauberen Schlauch aufstecken, anderes Schlauchende in eine mit Bremsflüssigkeit halbvoll gefüllte Flasche stecken (geeigneten Schlauch und passendes Gefäß gibt es auch im Autozubehör-Handel).
- Von einer Hilfsperson Bremspedal so oft niedertreten lassen, »pumpen«, bis sich im Bremssystem Druck aufgebaut hat. Zu spüren am wachsenden Widerstand beim Betätigen des Pedals.
- Sobald sich Druck aufgebaut hat, Bremspedal kräftig treten und Fuß auf dem Bremspedal halten.

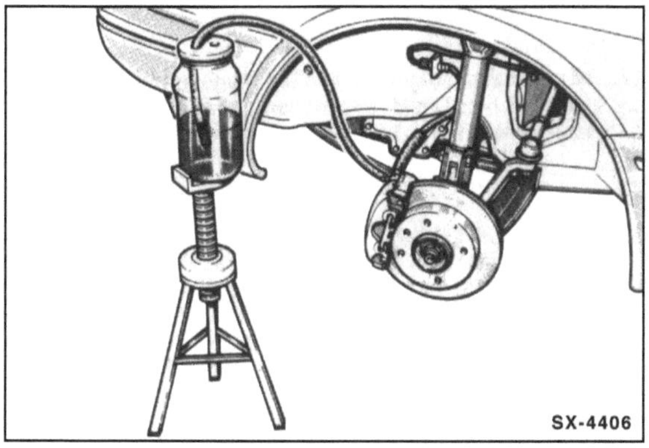
SX-4406

- Entlüfterventil am Bremssattel etwa eine halbe Umdrehung mit Ringschlüssel öffnen. Ausfließende Bremsflüssigkeit in der Flasche sammeln. Durch das Öffnen des Bremssystems gibt das Bremspedal nach.
- Sobald das Bremspedal bis zum Anschlag durchgetreten ist und nur noch wenig Bremsflüssigkeit aus dem Entlüfterschlauch fließt, Entlüfterschraube zudrehen.
- Pumpvorgang wiederholen, bis sich Druck aufgebaut hat. Bremspedal niedertreten, Fuß auf dem Bremspedal lassen. Entlüfterschraube öffnen, bis das Bremspedal am Anschlag anliegt und nur noch wenig Bremsflüssigkeit austritt. Entlüfterschraube schließen.
- Entlüftungsvorgang an einem Bremssattel so lange wiederholen, bis sich in der Bremsflüssigkeit, die in die Entlüfterflasche strömt, keine Luftblasen mehr zeigen.
- Nach dem Entlüften Schlauch von Entlüfterschraube abziehen, Staubkappe auf das Ventil stecken.
- Die Bremssättel an den anderen Rädern auf die gleiche Weise entlüften, Reihenfolge einhalten.
- Nach dem Entlüften den Ausgleichbehälter für Bremsflüssigkeit bis zur MAX.-Markierung auffüllen.

Achtung, Sicherheitskontrolle durchführen:
- Sind die Entlüftungsschrauben angezogen?
- Ist genügend Bremsflüssigkeit eingefüllt?
- Bei laufendem Motor Dichtheitskontrolle durchführen. Hierzu Bremspedal mit 200 bis 300 N (entspricht 20 bis 30 kg) etwa 10 Sekunden betätigen. Das Bremspedal darf nicht nachgeben. Sämtliche Anschlüsse auf Dichtheit kontrollieren.

- Anschließend einige Bremsungen auf einer Straße ohne Verkehr durchführen. Dabei sollte mindestens einmal die Bremsregelung des ABS-Systems geprüft werden. Dazu Bremse stark betätigen, bis am spürbaren Pulsieren des Bremspedals der Beginn der Bremsregelung erkennbar ist.

Achtung: Falls der Bremspedalweg nach der Probefahrt zu groß ist, obwohl er direkt nach dem Entlüften in Ordnung war, dann ist möglicherweise Luft in der ABS-Hydraulikeinheit. In diesem Fall Bremsanlage umgehend in der Fachwerkstatt entlüften lassen.

Bremsschlauch aus- und einbauen

Das Bremsleitungssystem stellt die Verbindung vom Hauptbremszylinder zu den vier Radbremsen her.

Achtung: Die starren Bremsleitungen aus Metall sollen von einer Fachwerkstatt verlegt werden, da zur fachgerechten Montage einige Erfahrung nötig ist.

Als flexible Verbindungen zwischen den starren und beweglichen Fahrzeugteilen, beispielsweise den Bremssätteln, werden druckfeste Bremsschläuche verwendet. Diese müssen bei erkennbaren Schäden ausgewechselt werden.

Achtung: Bremsschläuche nicht mit Öl oder Petroleum in Berührung bringen, nicht lackieren oder mit Unterbodenschutz besprühen.

Ausbau

Achtung: Regeln im Umgang mit Bremsflüssigkeit beachten, siehe Seite 148.

- Fahrzeug aufbocken.
- Bremssattel ausbauen, siehe Seite 147.
- Bremsschlauch an Führung/Kupplungs-Halter ausclipsen.

- Bremsschlauch an der starren Leitung und am Bremssattel abschrauben, dabei Bremsschlauch nicht verdrillen. **Achtung:** Auslaufende Bremsflüssigkeit mit Lappen auffangen. Gegebenenfalls Leitungsanschluß in Richtung Hauptbremszylinder mit geeignetem Stopfen verschließen.

Einbau

- Nur vom Werk freigegebene Bremsschläuche einbauen. Neuen Bremsschlauch so einbauen, daß er ohne Drall durchhängt. **Anzugsdrehmoment** Vorderradbremse: **15 Nm;** Hinterradbremse mit silberener Alu-Dichtung: **45 Nm,** mit schwarzer Titandichtung: **38 Nm**.
- Nach dem Einbau bei entlasteten Rädern (Wagen angehoben) Lenkung nach links und rechts einschlagen und sicherstellen, daß der Schlauch allen Radbewegungen folgt, ohne irgendwo anzuscheuern.
- Bremssattel einbauen, siehe Seite 147.
- Bremsanlage entlüften, siehe Seite 148.
- Fahrzeug ablassen.
- Bei auf dem Boden stehendem Fahrzeug prüfen, ob der Bremsschlauch allen Radbewegungen folgt, ohne irgendwo anzuscheuern.

Achtung, Sicherheitskontrolle durchführen:

- Sind die Bremsschläuche festgezogen?
- Befindet sich der Bremsschlauch in der Halterung?
- Sind die Entlüftungsschrauben angezogen?
- Ist genügend Bremsflüssigkeit eingefüllt?
- Bei laufendem Motor Dichtheitskontrolle durchführen. Hierzu Bremspedal mit 200 bis 300 N (entspricht 20 bis 30 kg) etwa 10 sec. betätigen. Das Bremspedal darf nicht nachgeben. Sämtliche Anschlüsse auf Dichtheit kontrollieren.

- Anschließend einige Bremsungen auf Straße mit geringem Verkehr durchführen.

Bremslichtschalter aus- und einbauen

Ausbau/Bis 12/98

- Ablage im Fahrerfußraum ausbauen, siehe Seite 265.
- Stecker vom Bremslichtschalter abziehen.

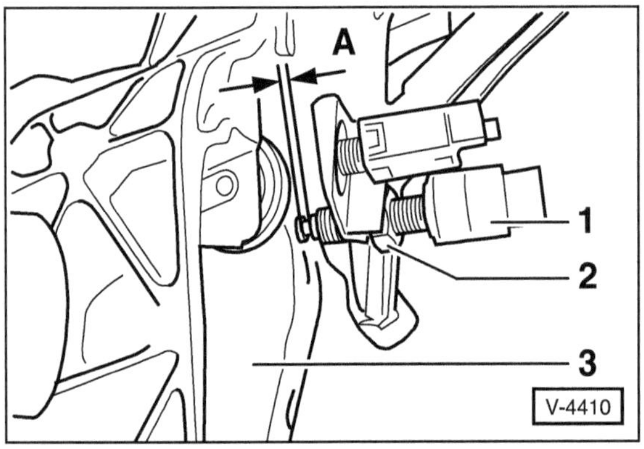

- Kontermutter –1– lösen und Bremslichtschalter –2– am Pedalbock herausschrauben. **Achtung:** Federring zwischen Mutter und Pedalbock nicht verlieren. 3 – Bremspedal

Einbau

- Bremslichtschalter soweit einschrauben und mit Kontermutter feststellen, daß Maß **–A– = 0,1 mm bis 0,5 mm** beträgt. Kontermutter mit 5 Nm anziehen.

Achtung: Für eine korrekte Einstellung muß das Bremspedal am Endanschlag (Lösestellung) anliegen.

- Stecker am Schalter aufschieben. **Achtung:** Anschließend Funktion des Bremslichts prüfen. Schon bei leicht betätigtem Pedal muß das Bremslicht aufleuchten.
- Ablage im Fahrerfußraum einbauen, siehe Seite 265.

Speziell Bremslichtschalter ab 1/99

Bei Fahrzeugen mit ESP ist in den Bremslichtschalter zusätzlich ein Bremspedalschalter integriert.

- Bremslichtschalter aus dem Clip im Pedalbock herausschrauben.

Achtung: Der Bremslichtschalter darf nur einmal montiert werden, um ausreichenden Festsitz sicherzustellen.

- Bremspedal nicht betätigen. Prüfen, ob der Clip im Pedalbock eingesetzt ist, gegebenenfalls einsetzen.
- Bremslichtschalter in den montierten Clip einführen und soweit durchdrücken, bis der Stößel am Bremspedal anliegt.

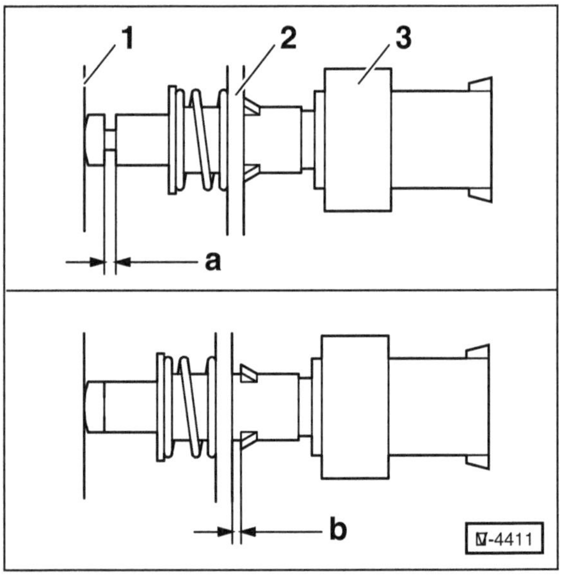

- Einstellmaße des Bremslichtschalters –3– prüfen. Es ist erforderlich, daß eines der Einstellmaße –a– oder –b– eingehalten wird. a/b = max. 0,7 mm. Gegebenenfalls Bremslichtschalter hineindrehen oder herausdrehen. Darauf achten, daß sich das Bremspedal –1– dabei am Endanschlag des Lagerbocks –2– befindet.

Handbremshebel aus- und einbauen

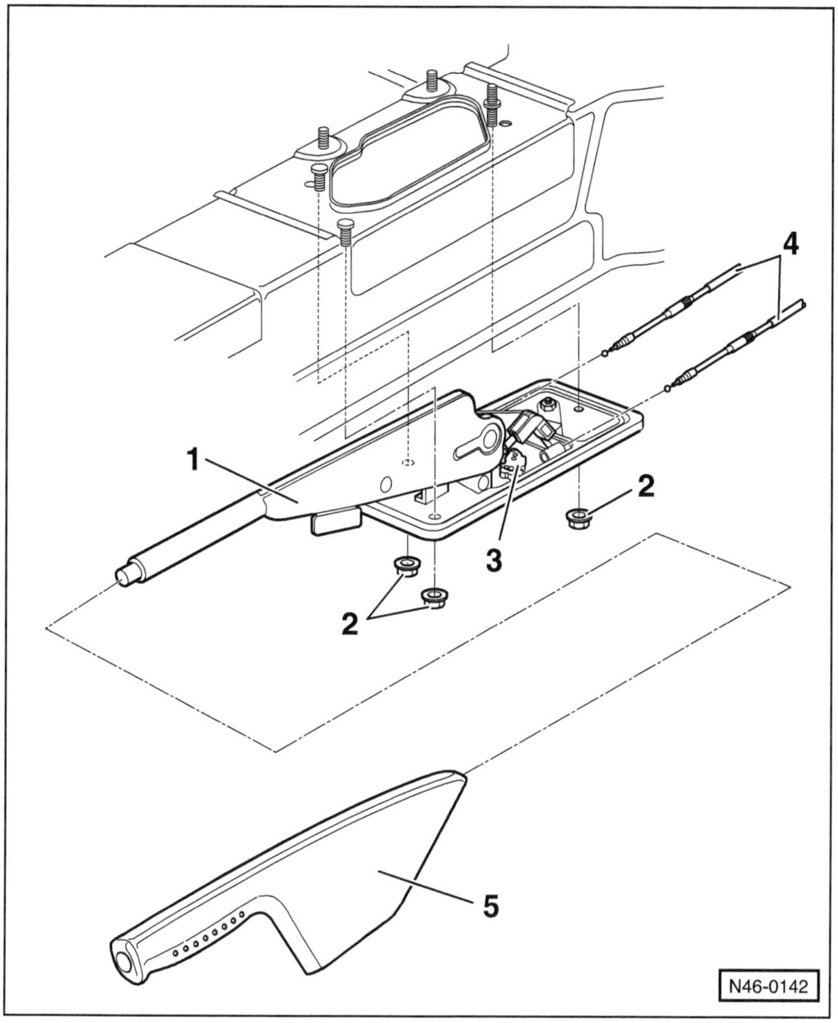

1 – Handbremshebel

2 – Mutter, 25 Nm

3 – Ausgleichbügel

4 – Handbremsseile

5 – Verkleidung für Handbremshebel
Nach vorn abziehen.

Ausbau

- Verlängerung der Mittelkonsole ausbauen, siehe Seite 261.

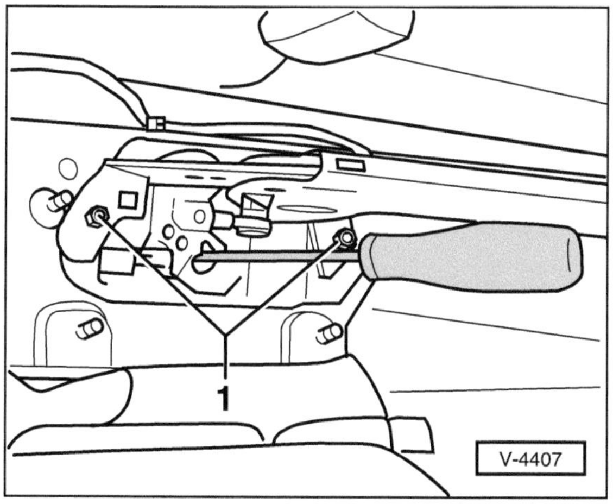

- 2 Muttern –1– abschrauben.
- Handbremsseil mit Schraubendreher nach innen drücken und Handbremshebel herausnehmen.

Einbau

- Handbremsseil in den Ausgleichbügel einsetzen.
- Handbremshebel mit **25 Nm** anschrauben.
- Handbremse einstellen, siehe entsprechendes Kapitel.
- Verlängerung der Mittelkonsole einbauen, siehe Seite 261.

Handbremse einstellen

Achtung: Durch die automatische Nachstellung der Hinterradbremse ist ein Nachstellen der Handbremse in der Regel nicht erforderlich. Nur bei Ersatz der Handbremsseile oder der hinteren Bremssättel muß die Handbremse neu eingestellt werden.

- Die Fußbremsanlage muß entlüftet und ordnungsgemäß funktionieren.
- Bremspedal mindestens 1x kräftig betätigen.
- Handbremshebel lösen (in Lösestellung bringen).
- Aschenbecher aus der hinteren Mittelkonsole nach oben ausclipsen.
- Stellung der Hinterräder zur Radnabe mit Farbe kennzeichnen. Dadurch kann das ausgewuchtete Rad wieder in derselben Position montiert werden. Radschrauben bei auf dem Boden stehendem Fahrzeug lösen. Fahrzeug hinten aufbocken und Hinterräder abnehmen.

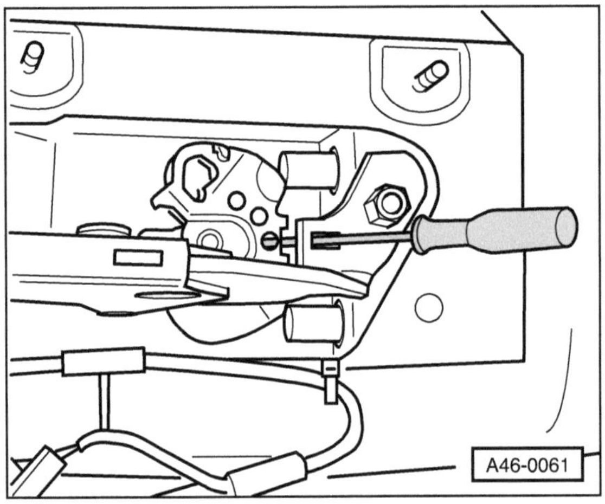

A46-0061

- Eventuell vorhandene Kunststoffteile am Ausgleichbügel herausnehmen. Diese Teile brauchen nicht wieder eingebaut zu werden.
- Ausgleichbügel mit einem Schraubendreher der Größe 2 gegen Verdrehen fixieren. Die Mittelkonsole ist in der Abbildung nur zur besseren Darstellung weggelassen worden.

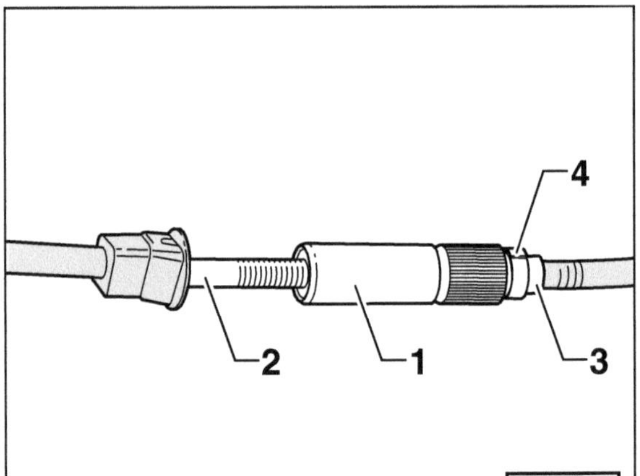

N42-0219

- Handbremsseil folgendermaßen entspannen:
  - ◆ Sicherungselement –4– herausnehmen.
  - ◆ Einstellmutter –1– bis zum Anschlag eindrehen, so daß die Nut für das Sicherungselement verdeckt wird.
  - ◆ Beide Seilzughüllen –2– und –3– gegeneinander zusammenschieben.
- Einstellmutter –1– herausdrehen, bis die Nut für das Sicherungselement sichtbar ist.
- Sicherungselement –4– einsetzen.

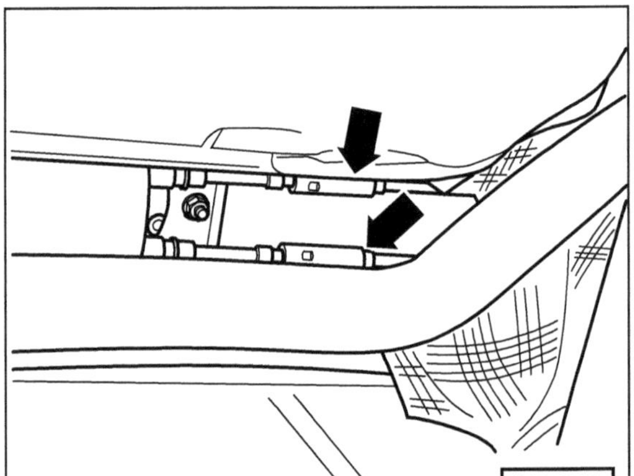

A46-0056

- Seilzughüllen –2– und –3– (Abbildung N42-0219) der beiden Seilzüge –Pfeile– gleichzeitig auseinander ziehen, bis die Seile vorgespannt sind. Dabei darauf achten, daß sich der Hebel am Bremssattel noch nicht abhebt.
- Schraubendreher am Ausgleichhebel herausnehmen und Handbremse 3x betätigen, siehe Abbildung A46-0061.

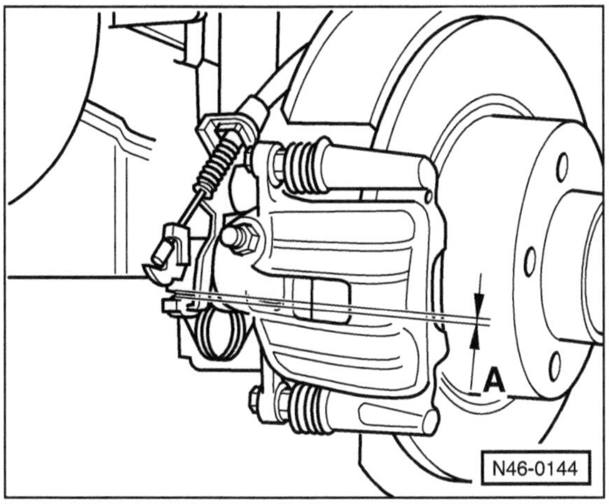

- Vorspannung der Handbremsseile überprüfen. Der Abstand vom Handbremshebel zum Bremssattel darf A = max. 1,5 mm betragen.

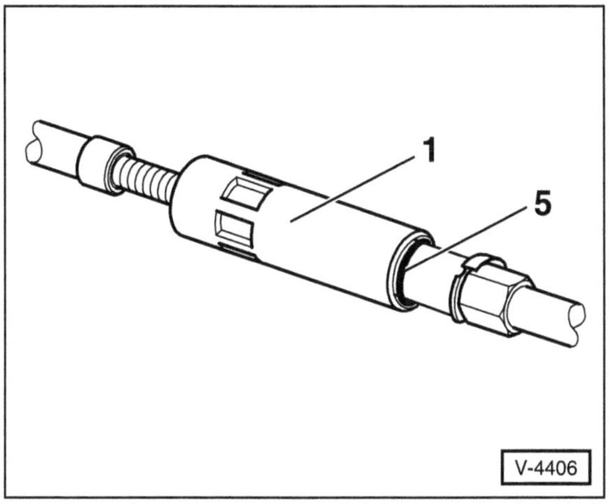

- Andernfalls zur Feineinstellung Einstellmutter –1– heraus- oder hineindrehen, bis der Abstand am Bremssattel A = max. 1,5 mm beträgt.

Achtung: Einstellmutter –1– nicht bis an den Anschlag herausdrehen, der farbige O-Dichtring –5– darf nicht am Rand der Hülse des Einstellelements sichtbar sein. Sonst dringt Wasser und Schmutz in das Einstellelement ein.

- Hinterräder so ansetzen, daß die beim Ausbau angebrachten Markierungen übereinstimmen. Vorher Zentriersitz der Felge an der Radnabe mit Wälzlagerfett dünn einfetten. Räder anschrauben. Fahrzeug ablassen und Radschrauben über Kreuz mit **120 Nm** festziehen.
- Aschenbecher einsetzen.

Handbremsseile aus- und einbauen

Frontantrieb

Ausbau

Achtung: Die Beschreibung bezieht sich auf Fahrzeuge mit Frontantrieb. Aufgrund der anderen Hinterachskonstruktion bei allradgetriebenen Fahrzeugen sind die Seilzüge unterschiedlich verlegt. Aus- und Einbau erfolgen aber prinzipiell auf die gleiche Weise.

- Stellung der Hinterräder zur Radnabe mit Farbe kennzeichnen. Dadurch kann das ausgewuchtete Rad wieder in derselben Position montiert werden. Radschrauben bei auf dem Boden stehendem Fahrzeug lösen. Fahrzeug hinten aufbocken und Hinterräder abnehmen.

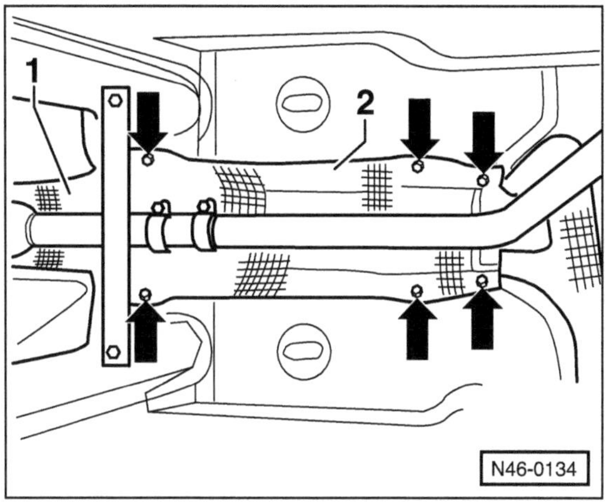

- Wärmeabschirmblech –1– ausbauen.
- Muttern –Pfeile– für Wärmeabschirmblech –2– abschrauben und Abschirmblech nach vorn schieben.

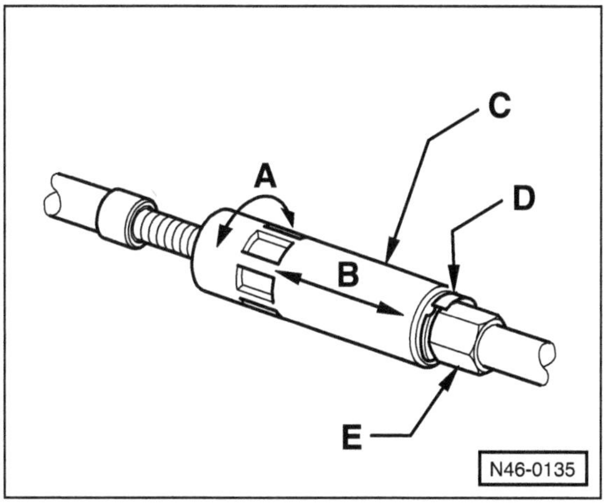

- Handbremsseil folgendermaßen entspannen:
  - Sicherungselement –D– herausnehmen.
  - Einstellmutter –C– bis zum Anschlag eindrehen –A–. Dabei mit einem Maulschlüssel SW 13 im Bereich –E– gegenhalten.
  - Seilverstellung –B– zusammenschieben.

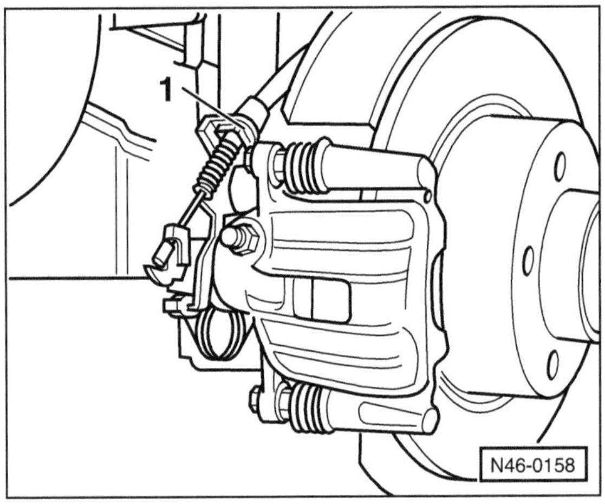

- Sicherungsscheibe –1– herausziehen.
- Handbremsseile am Bremssattel aushängen, dabei Faltenbalg des Handbremsseils nicht beschädigen.

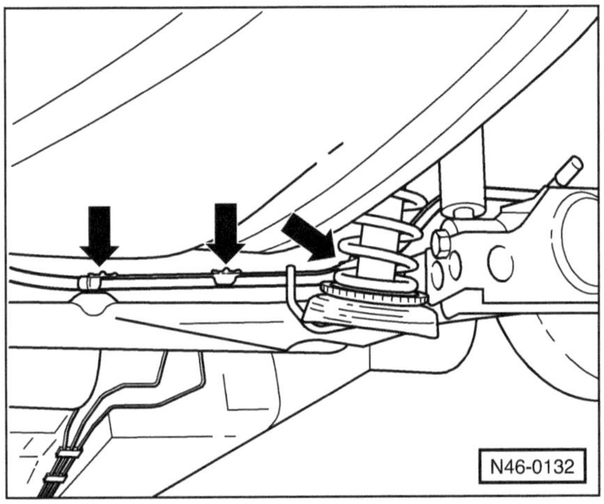

- Handbremsseile aus Halterungen am Hinterachskörper abschrauben.
- Drehzahlfühlerkabel aus der Halterung ausclipsen.

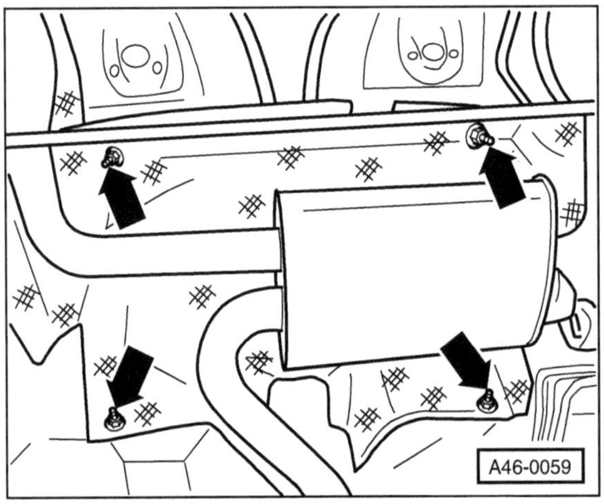

- Wärmedämmung am Nachschalldämpfer lösen und zur Seite schieben.

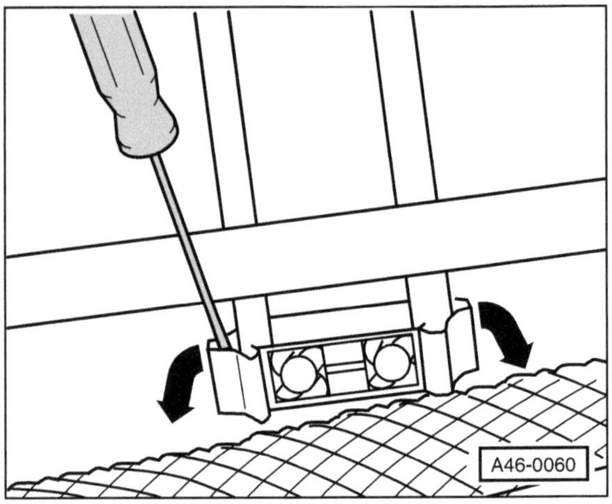

- Halterung öffnen und Handbremsseil herausnehmen.

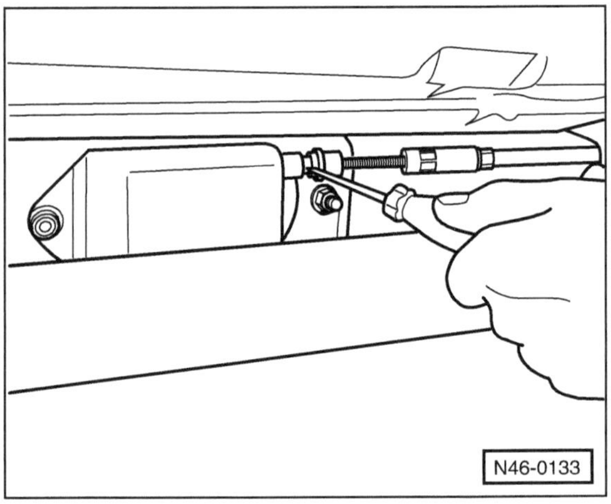

- Handbremsseile mit Schraubendreher aus der Konsole heraushebeln.
- Hinterteil der Mittelkonsole ausbauen, siehe Seite 261.

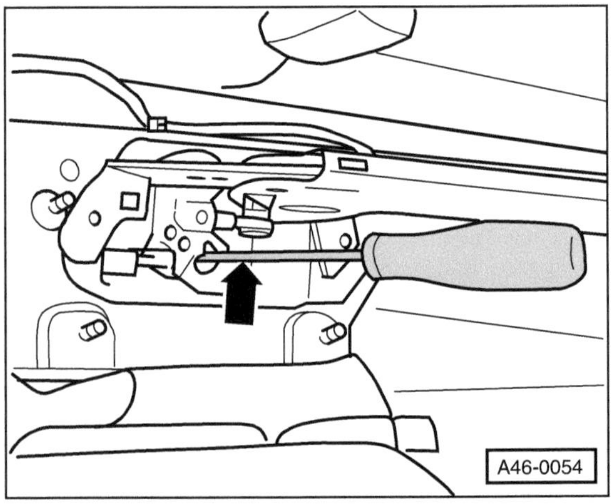

- Handbremsseile mit einem Schraubendreher in Richtung Handbremshebel drücken und Kugel aus der Halterung herausdrücken.

- Handbremsseile herausnehmen.

Einbau

- Falls vorhanden, Kunststoffteile am Ausgleichbügel herausnehmen. Diese Teile brauchen nicht wieder eingebaut zu werden.

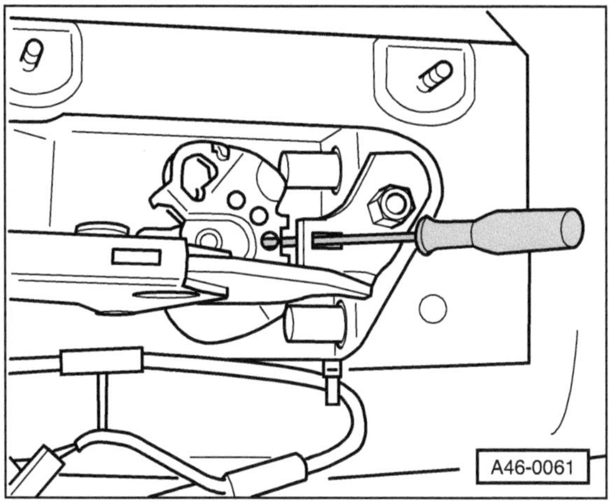

- Ausgleichbügel mit einem Schraubendreher der Größe 2 gegen Verdrehen fixieren.
- Kugelkopf durch Konsole in Ausgleichbügel einsetzen.
- Handbremsseil in die Konsole einrasten.
- Handbremsseile am Bremssattel einhängen und mit Sicherungsscheibe sichern.
- Handbremsseile in Halterungen am Hinterachskörper anschrauben.
- Handbremse einstellen, siehe Seite 152.
- Hinterteil der Mittelkonsole einbauen, siehe Seite 261.
- Wärmedämmung am Nachschalldämpfer anschrauben.
- Drehzahlfühlerkabel in die Halterung einclipsen.
- Wärmeabschirmbleche anschrauben.
- Hinterräder so ansetzen, daß die beim Ausbau angebrachten Markierungen übereinstimmen. Vorher Zentriersitz der Felge an der Radnabe mit Wälzlagerfett dünn einfetten. Räder anschrauben. Fahrzeug ablassen und Radschrauben über Kreuz mit **120 Nm** festziehen.

Speziell Allradantrieb

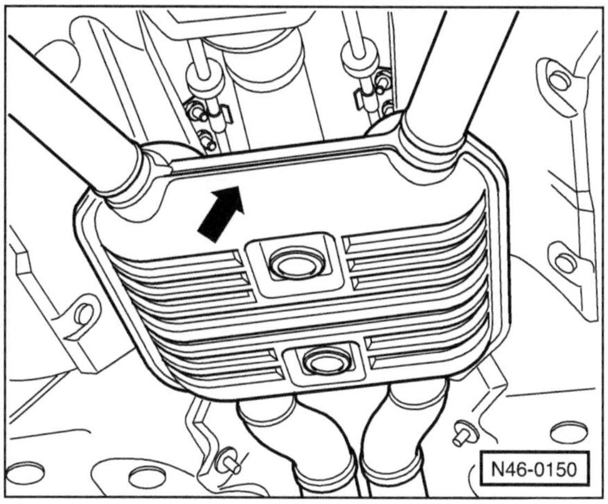

- Abgasanlage ausbauen, siehe Seite 237.

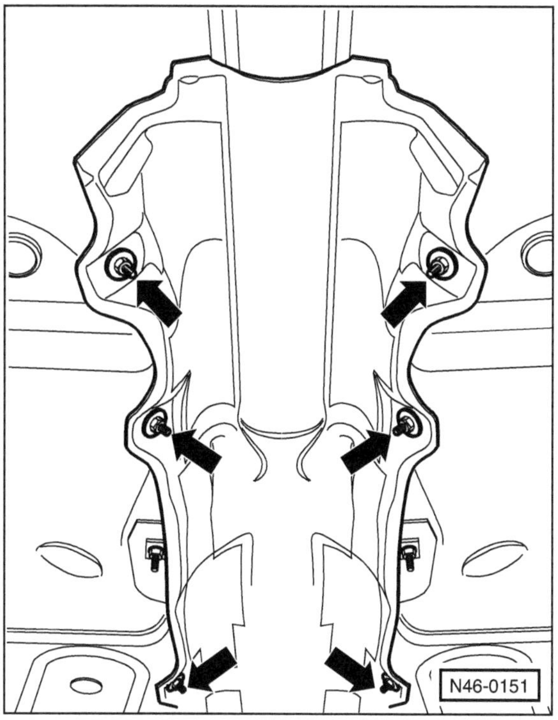

- Wärmeabschirmblech abschrauben und herausnehmen.
- Handbremsseil entspannen und am Bremssattel aushängen.

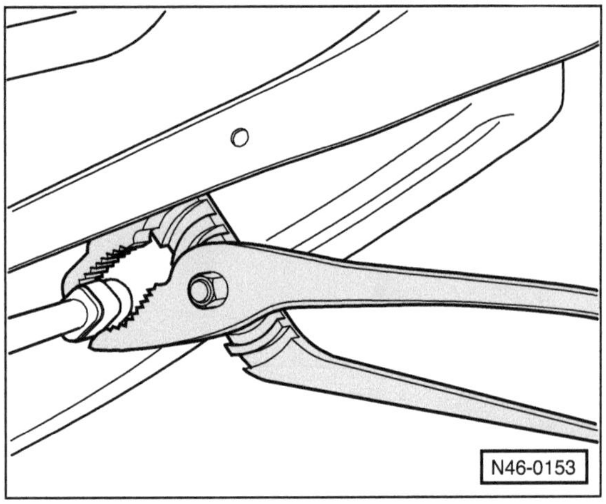

- Seilverstellung zusammenschieben.

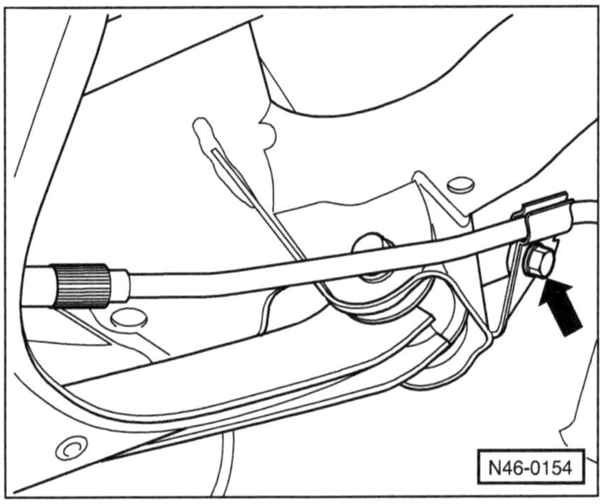

- Handbremsseile aus den Halterungen am Hinterachskörper abschrauben.

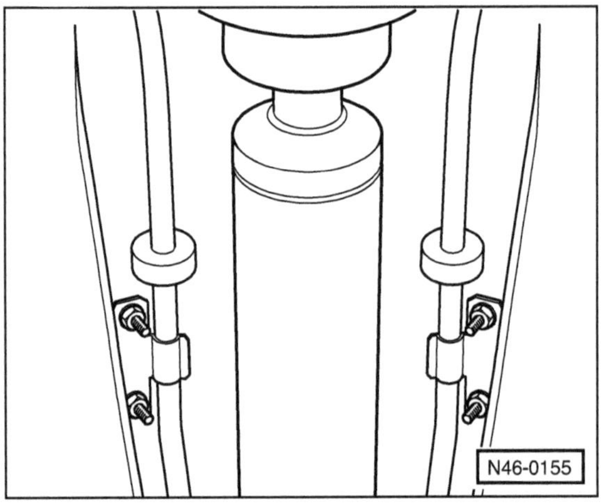

- Bremsleitungen aus den Haltern ausclipsen.

Störungsdiagnose Bremse

Störung	Ursache	Abhilfe
Leerweg des Bremspedals zu groß.	Bremsbeläge teilweise oder völlig abgenutzt.	■ Bremsbeläge erneuern.
	Ein Bremskreis ausgefallen.	■ Bremskreise auf Flüssigkeitsverlust prüfen.
Bremspedal läßt sich weit und federnd durchtreten.	Luft im Bremssystem.	■ Bremse entlüften.
	Zu wenig Bremsflüssigkeit im Ausgleichbehälter.	■ Neue Bremsflüssigkeit nachfüllen Bremse entlüften.
	Dampfblasenbildung. Tritt meist nach starker Beanspruchung auf, z. B. Paßabfahrt.	■ Bremsflüssigkeit wechseln. Bremse entlüften.
Bremswirkung läßt nach, und Bremspedal läßt sich durchtreten.	Undichte Leitung.	■ Leitungsanschlüsse nachziehen oder Leitung erneuern.
	Beschädigte Manschette im Haupt- oder Radbremszylinder.	■ Manschette erneuern. Beim Hauptbremszylinder Innenteile ersetzen, ggf. Hauptbremszylinder ersetzen.
Schlechte Bremswirkung trotz hohen Fußdrucks.	Bremsbeläge verölt.	■ Bremsbeläge erneuern.
	Ungeeigneter oder verhärteter Bremsbelag.	■ Beläge erneuern. Nur Original-Bremsbeläge vom Automobilhersteller verwenden.
	Bremskraftverstärker defekt, Unterdruckleitung porös, defekt.	■ Bremsservo, Unterdruckleitung prüfen.
	Bremsbeläge abgenutzt.	■ Bremsbeläge erneuern.
Bremse zieht einseitig.	Unvorschriftsmäßiger Reifendruck.	■ Reifendruck prüfen und berichtigen.
	Bereifung ungleichmäßig abgefahren.	■ Abgefahrene Reifen ersetzen.
	Bremsbeläge verölt.	■ Bremsbeläge erneuern.
	Verschiedene Bremsbelagsorten auf einer Achse.	■ Beläge erneuern. Nur Original-Bremsbeläge vom Automobilhersteller verwenden.
	Schlechtes Tragbild der Bremsbeläge.	■ Bremsbeläge austauschen.
	Verschmutzte Bremssattelschächte.	■ Sitz- und Führungsflächen der Bremsbeläge im Bremssattel reinigen.
	Korrosion in den Bremssattelzylindern.	■ Bremssattel erneuern.
	Bremsbelag ungleichmäßig verschlissen.	■ Bremsbeläge erneuern (beide Räder), Bremssättel auf Leichtgängigkeit prüfen.
Bremse zieht von selbst an.	Ausgleichsbohrung im Hauptbremszylinder verstopft.	■ Hauptbremszylinder reinigen und Innenteile erneuern lassen.
	Spiel zwischen Betätigungsstange und Hauptbremszylinderkolben zu gering.	■ Spiel prüfen.
Bremsen erhitzen sich während der Fahrt.	Ausgleichsbohrung im Hauptbremszylinder verstopft.	■ Hauptbremszylinder reinigen und Innenteile erneuern lassen.
	Spiel zwischen Betätigungsstange und Hauptbremszylinder zu gering.	■ Spiel prüfen.
	Bremse schwergängig.	■ Bewegliche Teile der Scheibenbremse schmieren. Bremssattel überholen lassen (Werkstattarbeit).

Störung	Ursache	Abhilfe
Bremsen rattern.	Ungeeigneter Bremsbelag.	■ Beläge erneuern. Nur Original-Bremsbeläge vom Automobilhersteller verwenden.
	Bremsscheibe stellenweise korrodiert.	■ Scheibe mit Schleifklötzen sorgfältig glätten.
	Bremsscheibe hat Seitenschlag.	■ Scheibe nacharbeiten oder ersetzen.
Bremsbeläge lösen sich nicht von der Bremsscheibe, Räder lassen sich schwer von Hand drehen.	Korrosion in den Bremssattelzylindern.	■ Bremssattel überholen, eventuell austauschen.
Ungleichmäßiger Belag-Verschleiß.	Ungeeigneter Bremsbelag.	■ Beläge erneuern, Nur Original-Bremsbeläge vom Automobilhersteller verwenden.
	Bremssattel verschmutzt.	■ Bremssattelschächte reinigen.
	Kolben nicht leichtgängig.	■ Kolben gangbar machen.
	Bremssystem undicht.	■ Bremssystem auf Dichtigkeit prüfen.
Keilförmiger Bremsbelag-verschleiß.	Bremsscheibe läuft nicht parallel zum Bremssattel.	■ Anlagefläche des Bremssattels prüfen.
	Korrosion in den Bremssätteln.	■ Verschmutzung beseitigen.
Bremse quietscht.	Oft auf atmosphärische Einflüsse (Luftfeuchtigkeit) zurückzuführen.	■ Keine Abhilfe erforderlich, und zwar dann, wenn Quietschen nach längerem Stillstand des Wagens bei hoher Luftfeuchtigkeit auftrat, aber nach den ersten Bremsungen sich nicht wiederholt.
	Ungeeigneter Bremsbelag.	■ Beläge erneuern. Nur Original-Bremsbeläge vom Automobilhersteller verwenden Rückenplatte mit Anti-Quietsch-Paste bestreichen.
	Bremsscheibe läuft nicht parallel zum Bremssattel.	■ Anlagefläche des Bremssattels prüfen.
	Verschmutzte Schächte im Bremssattel.	■ Bremssattelschächte reinigen.
Bremse pulsiert.	**ABS** in Funktion.	■ Normal, keine Abhilfe.
	Seitenschlag oder Dickentoleranz der Bremsscheibe zu groß.	■ Schlag und Toleranz prüfen. Scheibe nacharbeiten oder ersetzen.
	Bremsscheibe läuft nicht parallel zum Bremssattel.	■ Anlagefläche des Bremssattels prüfen.
ABS-Kontrolleuchte leuchtet während der Fahrt.	Betriebsspannung zu niedrig (unter ca. 10 Volt).	■ Batteriespannung prüfen. Prüfen, ob Kontrollampe für Generator nach dem Motorstart erlischt, andernfalls Keilrippenriemen und Generator prüfen. ■ Hinweise zum ABS/EBV/EDS/ASR/ESP am Anfang des Kapitels beachten. ■ Masseverbindung zur Rückförderpumpe (in der Hydraulikeinheit) auf festen Sitz und Korrosion prüfen.
	ABS-Anlage defekt.	■ ABS-Anlage in der Fachwerkstatt prüfen lassen.

Motor-Mechanik

Aus dem Inhalt:

- **Zahnriemen**
- **Zylinderkopf**
- **Keilrippenriemen**
- **Kompression**

Für den Antrieb stehen im PASSAT Motoren mit 4, 5 und 6 Zylindern zur Verfügung. Bei den 4-Zylinder-Motoren sind die Zylinder hintereinander in einer Reihe angeordnet, beim 6-Zylinder-Motor stehen sich je 3 Zylinder in einem Winkel von 90° gegenüber. Deshalb spricht man auch von einem V6-Motor. Alle Triebwerke sind flüssigkeitsgekühlt und im Motorraum längs zur Fahrtrichtung eingebaut.

In den aus Grauguß bestehenden Zylinderblock sind die Zylinderbohrungen eingelassen; der Leichtmetall-Zylinderkopf ist auf den Zylinderblock aufgeschraubt. Er besteht aus Aluguß mit eingepreßten Ventilsitzringen und Ventilführungen aus Stahl. Den unteren Abschluß des Motors bildet die Ölwanne, in der sich das für die Schmierung und Kühlung erforderliche Motoröl sammelt.

Beim Zylinderkopf für die Benzinmotoren wird das Querstromprinzip angewendet. Das bedeutet, daß das frische Kraftstoff-Luftgemisch auf der einen Seite des Zylinderkopfs einströmt, während die verbrannten Gase auf der gegenüberliegenden Seite ausgestoßen werden. Durch diese Bauart ist ein schneller Gaswechsel über die Ein- und Auslaßventile sichergestellt. Beim Dieselmotor sind Abgas- und Ansaugkrümmer platzsparend auf einer Seite an den Zylinderkopf angeschraubt.

Die im Zylinderkopf untergebrachte(n) Nockenwelle(n) werden beim 4- und 6-Zylinder-Motor über einen Zahnriemen von der Kurbelwelle angetrieben.

1,6-/2,0-l-Benzinmotor: Beim 100-/115-PS-Motor betätigt die Nockenwelle über hydraulische Tassenstößel die senkrecht hängenden Ein- und Auslaßventile. Beim 102-PS-Motor werden die Ventile durch reibungsarme Rollenschlepphebel aufgestoßen.

1,9-/2,0-l-Dieselmotor: Die Ventile werden über hydraulische Tassenstößel betätigt. Für die Dieseleinspritzung sorgt beim 90-/110-PS-Motor eine seitlich am Motorblock angeflanschte Verteilereinspritzpumpe, die durch den Zahnriemen angetrieben wird. Beim 100-/115-/130-/136-PS-Dieselmotor erfolgt die Dieseleinspritzung durch ein »Pumpe-Düse-System«. Dazu ist für jeden Zylinder eine Pumpe-Düse-Einheit erforderlich, in der Einspritzpumpe, Steuerventil und Einspritzdüse zu einem Bauteil zusammengefaßt sind.

Der **1,8-l-Benzinmotor** hat für jeden Zylinder 3 Einlaß- und 2 Auslaßventile. Eine Nockenwelle steuert die Einlaßventile, eine zweite ist für die Auslaßventile zuständig. Die Auslaßnockenwelle wird von der Kurbelwelle durch einen Zahnriemen angetrieben. Für den Antrieb der Einlaßnockenwelle sind beide Nockenwellen mit einer Kette verbunden. Die Mehrventiltechnik ermöglicht eine bessere Füllung der Zylinder und einen effektiveren Gasaustausch, so daß die Energie des Kraftstoff-Luftgemisches besser ausgenutzt wird.

Der **2,3-l-Benzinmotor** trägt auch die Bezeichnung VR5-Motor, da die 5 Zylinderbohrungen **V**-förmig in einem Winkel von 15° angeordnet sind, jedoch wie bei einem **R**eihenmotor in einem Block sitzen. Die beiden obenliegenden Nockenwellen werden von Steuerketten angetrieben. Für jeden Zylinder ist je ein Einlaß- und ein Auslaßventil vorhanden.

Der **2,5-l-Dieselmotor:** besitzt pro Zylinder 2 Einlaß- und 2 Auslaßventile. Für die beiden Zylinderbänke sind je 2 Nockenwellen vorhanden. Ein Zahnriemen steuert die beiden Einlaßnockenwellen, welche die Auslaßnockenwellen über eine Verzahnung antreiben. Die Diesel-Verteilereinspritzpumpe wird durch einen separaten Zahnriemen angetrieben.

Der **2,8-l-Benzinmotor** hat wie der 1,8-l-Benzinmotor 3 Einlaß- und 2 Auslaßventile pro Zylinder. Für die beiden Zylinderbänke sind je 2 Nockenwellen vorhanden. Ein Zahnriemen treibt die Auslaßnockenwellen an, welche mit den korrespondierenden Einlaßnockenwellen durch eine Steuerkette verbunden sind.

Alle Motoren: Durch die Hydrostößel wird bei allen Motoren automatisch das Ventilspiel konstant gehalten, so daß das Einstellen des Ventilspiels im Rahmen der Wartung entfällt.

Für die Motorschmierung sorgt eine Ölpumpe, die in der Ölwanne untergebracht ist und über eine Nebenwelle angetrieben wird. Beim 2,8-l-Benzinmotor von 10/96 bis 7/98 ist die Ölpumpe vorn am Motorblock angeflanscht und wird von der Kurbelwelle direkt angetrieben. Seit 8/98 erfolgt der Ölpumpenantrieb beim 2,8-l-Benziner ebenso über eine Kette wie beim 2,5-l-Dieselmotor und beim 1,9-l-Dieselmotor (100/115/130 PS). Das im Ölsumpf angesaugte Öl gelangt über Kanäle zu den Lagern der Kurbel- und Nockenwelle sowie in die Zylinderlaufbahnen.

Die Kühlmittelpumpe ist beim 1,6-/1,8- und 1,9-l-Motor (90/110 PS) seitlich am Motorblock angeflanscht. Der Antrieb der Pumpe erfolgt über einen Keilriemen beziehungsweise Keilrippenriemen, der auch andere Nebenaggregate wie beispielsweise Generator, Servopumpe und, wo vorhanden, den Klimakompressor antreibt. Beim 2,5-/2,8-l-Motor sowie beim 1,9-l-Motor (100/115/130 PS) sitzt die vom Zahnriemen der Motorsteuerung angetriebene Kühlmittelpumpe vorn im Kurbelgehäuse. Zu beachten ist, daß der Kühlmittelkreislauf ganzjährig mit einer Mischung aus Kühlerfrost- und Korrosionsschutzmittel sowie kalkarmem Wasser befüllt sein muß.

Benzinmotor: Für die Aufbereitung und Zündung des Kraftstoff-Luftgemisches sind wartungsfreie Motormanagement-Systeme eingebaut. Das Einstellen des Zündzeitpunktes oder Leerlaufs im Rahmen der Wartung ist nicht erforderlich, nur die Zündkerzen und der Luftfiltereinsatz müssen regelmäßig erneuert werden.

Sicherheitshinweis
Der Kühler-Lüfter kann sich auch bei abgestelltem Motor und ausgeschalteter Zündanlage einschalten. Hervorgerufen durch Stauwärme im Motorraum kann dies auch mehrmals geschehen. Bei Arbeiten im Motorraum und warmem Motor muß deshalb immer mit einem plötzlichen Einschalten des Kühler-Lüfters gerechnet werden. **Abhilfe:** Stecker vom Lüftermotor abziehen.

Untere Motorraumabdeckung aus- und einbauen

Alle Motoren

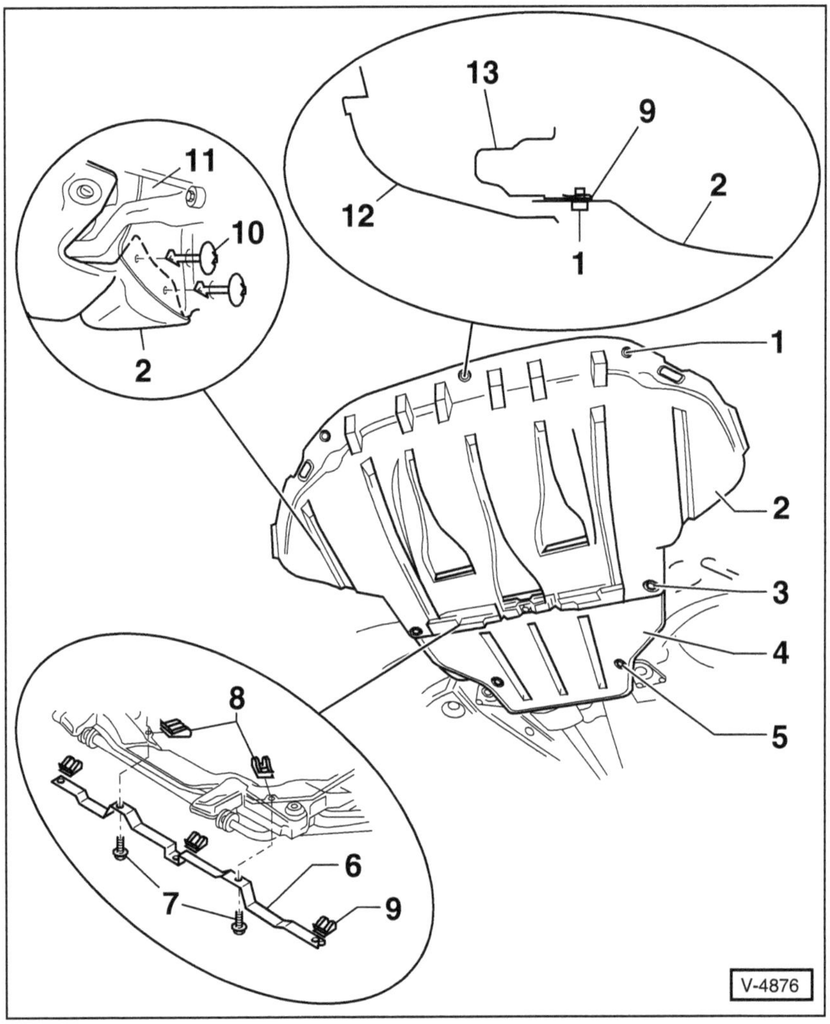

Hinweis: In Klammern ist die Anzahl der Bauteile angegeben.

1 – **Schnellverschlußschrauben (3x)**
2 – **vordere Abdeckung**
3 – **Schnellverschlußschrauben (3x)**
Bei Ausführung mit hinterer Abdeckung sind längere Schrauben eingebaut.
4 – **hintere Abdeckung**
Wird nicht bei allen Modellen eingebaut.
5 – **Schnellverschlußschrauben (2x)**
6 – **Aufnahme für Abdeckung**
7 – **Schraube (2x)**
8 – **Schnappmutter (2x)**
9 – **Schnappmutter (3x)**
10 – **Klemmstift (4x)**
11 – **Radhausschale**
12 – **Stoßfänger**
13 – **Schloßträger mit Anbauteilen**

Ausbau

- Fahrzeug aufbocken.
- Schnellverschlußschrauben –1/3/5– herausdrehen.
- Klemmstifte –10– in den Radhäusern um 180° drehen und herausnehmen.
- Vordere und, wo vorhanden, hintere Abdeckung abziehen.

Einbau

- Abdeckungen einsetzen. Schnellverschlußschrauben ganz leicht mit 2 Nm festziehen.
- Klemmstifte eindrücken und um 180° drehen.
- Fahrzeug ablassen.

Zahnriemen aus- und einbauen/ spannen

1,6-/1,8-/2,0-l-Benzinmotor

Hinweis: Beschrieben wird der Aus- und Einbau des Zahnriemens beim 1,8-l-Benzinmotor. Hinweise für die anderen Benzinmotoren stehen am Ende des Kapitels.

Durch eine automatische Spannrolle wird die Zahnriemenspannung immer auf dem gleichen Wert gehalten. Dadurch wird die Lebensdauer und Laufruhe des Zahnriemens erhöht.

Achtung: Je nach Baujahr und Motor sind unterschiedliche Zahnriemen-Spannsysteme eingebaut.

Ausführung 1 (altes Zahnriemen-Spannsystem)

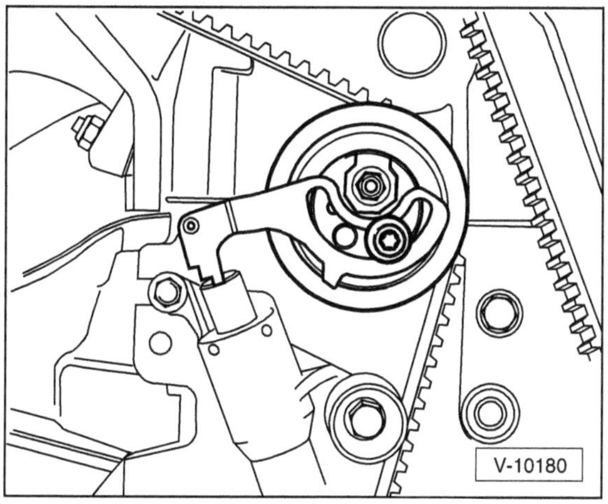

Ausführung 2 (neues Zahnriemen-Spannsystem)

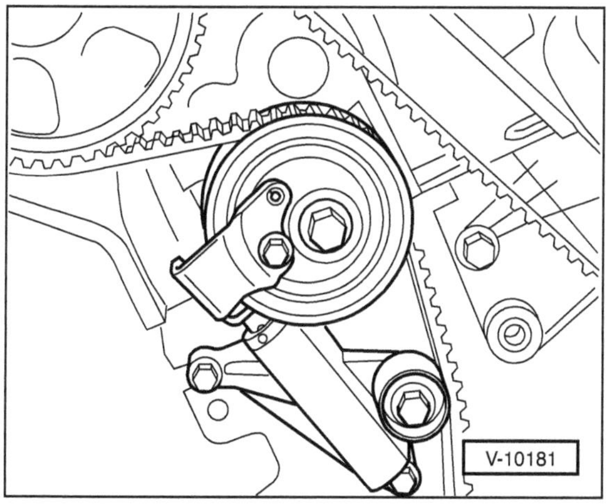

Ausführung 1 – 1,8-l-Benzinmotor

Ausbau

Achtung: Beim Zahnriemenwechsel ist das alte Zahnriemenspannsystem gegen das neue Zahnriemenspannsystem zu tauschen.

- Schlossträger in Servicestellung bringen, siehe Seite 279.
- Keilrippenriemen ausbauen, siehe Seite 189.
- Spannelement für Keilrippenriemen abschrauben.
- Oberen Zahnriemenschutz ausbauen.
- Laufrichtung auf dem Zahnriemen mit Filz- oder Fettstift durch einen Pfeil kennzeichnen. Der Motor dreht, von vorn gesehen, rechts herum, also im Uhrzeigersinn.

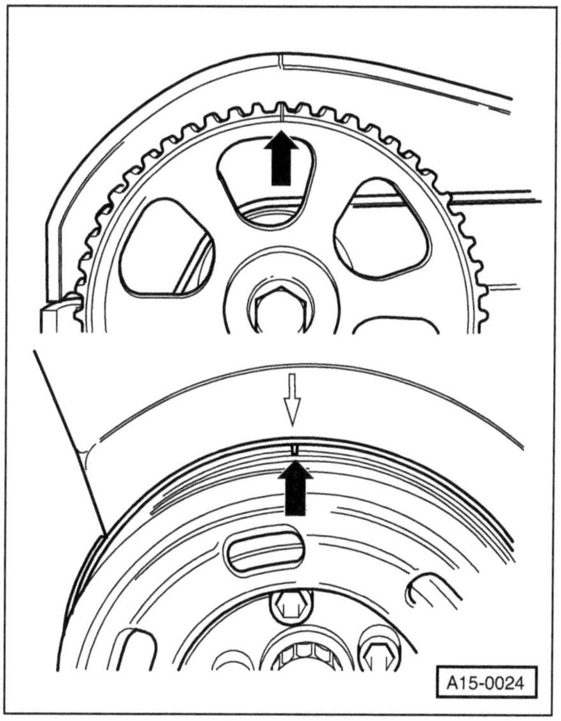

- Motor-Kurbelwelle drehen, bis sich die Nockenwelle in OT-Stellung für Zylinder 1 befindet.
- Das Durchdrehen des Motors kann auf mehrere Arten erfolgen:
  1. Fahrzeug seitlich vorn aufbocken. Fünften Gang einlegen, Handbremse anziehen. Angehobenes Vorderrad von Hand durchdrehen. Dadurch dreht sich auch die Motor-Kurbelwelle. Zum Drehen des Rades wird eine Hilfsperson benötigt.
  2. Fahrzeug auf ebene Fläche stellen. Fünften Gang einlegen. Fahrzeug vor- oder zurückschieben.
  3. Getriebe in Leerlaufstellung schalten, Handbremse anziehen. Kurbelwelle an der Zentralschraube der Riemenscheibe durchdrehen.

Achtung: Motor **nicht** an der Befestigungsschraube des Nockenwellenrades durchdrehen. Dadurch wird der Zahnriemen überbeansprucht.

- Motor durchdrehen, bis die Markierung auf dem Nockenwellenrad mit der OT-Markierung am Zylinderkopfdeckel übereinstimmt (oberer Teil der Abbildung A15-0024). Gleichzeitig steht die Markierung des Kurbelwellenrades auf dem Pfeil der unteren Zahnriemenabdeckung. Der Motor steht dann in Zünd-OT-Stellung für Zylinder 1.

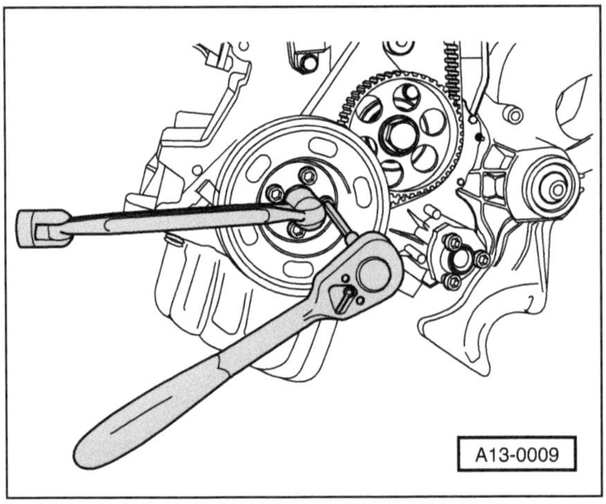

A13-0009

- Kurbelwellen-Riemenscheibe (Schwingungsdämpfer) mit 4 Innen-sechskantschrauben von der Kurbelwelle abschrauben.

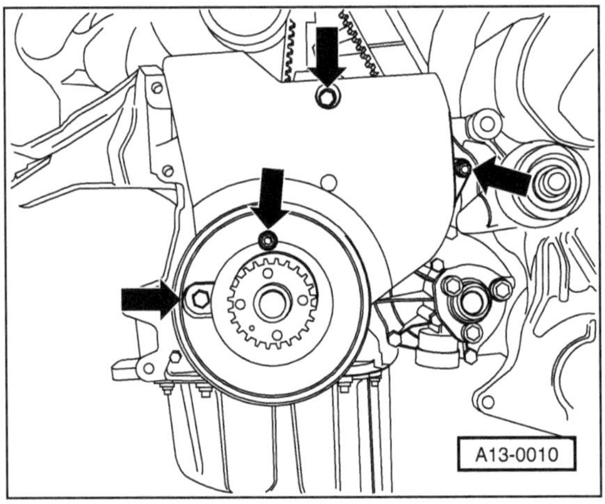

A13-0010

- Untere Zahnriemenabdeckung abschrauben –Pfeile–.

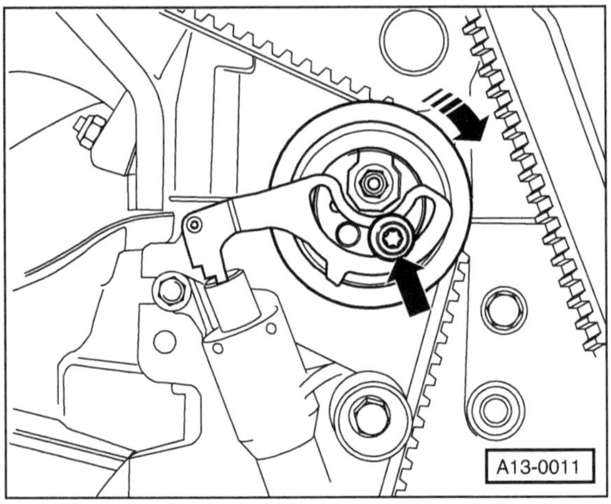

A13-0011

- Befestigungsschraube für Zahnriemenspannrolle lösen.
- Zahnriemen abnehmen.
- Anschließend Kurbelwelle etwas zurückdrehen.

Achtung: Der Zahnriemen darf nicht geknickt werden. Ein einmal geknickter Zahnriemen muß immer ersetzt werden, da der Riemen im späteren Betrieb reißen kann, was zu schweren Motorschäden führt.

- Stellung der Zahnriemenräder möglichst nicht verändern.

Achtung: OT-Stellung von Nockenwelle und Kurbelwelle bei ausgebautem Zahnriemen **nicht** mehr verändern. Falls die Nockenwelle bei ausgebautem Zahnriemen verdreht werden muß, darauf achten, daß die Kurbelwelle nicht auf OT steht, sonst Beschädigungsgefahr für Ventile und Kolbenböden. Dazu Stellung des Kurbelwellenrades markieren: Mit Farbe Markierungen auf Kurbelwellenrad und Zylinderblock anbringen. Anschließend Kurbelwellenrad um ¼ Umdrehung (90°) vor- oder zurückdrehen.

Einbau

- Der Motor muß beim Spannen des Zahnriemens kalt sein, er darf maximal handwarm sein.
- OT-Stellung des Motors prüfen, siehe Abbildung A15-0024. Gegebenenfalls Motor auf Zünd-OT für Zylinder 1 stellen. Dazu Kurbelwellen-Riemenscheibe mit einer Schraube anschrauben (Fixierung beachten) und Motor auf OT stellen. **Achtung:** Beim Drehen der Nockenwelle darf die Kurbelwelle nicht auf OT stehen. Beschädigungsgefahr von Ventilen und /oder Kolbenboden.
- Zahnriemen auflegen, dabei an der Kurbelwellen-Riemenscheibe beginnen und anschließend den Zahnriemen auf Spannrolle und Nockenwellenrad auflegen.
- Prüfen, ob alle OT-Markierungen noch übereinstimmen.

Achtung: Wird der bisherige Zahnriemen wiederverwendet, unbedingt Laufrichtung beachten. Der Einbau des Zahnriemens in umgekehrter Laufrichtung kann zum Reißen des Riemens und dadurch zu Motorschäden führen. Daher Zahnriemen immer so einbauen, daß der angebrachte Pfeil in Drehrichtung des Motors zeigt. Der Motor dreht, von vorn gesehen, im Uhrzeigersinn.

- Untere Zahnriemenabdeckung einsetzen und anschrauben.
- Kurbelwellen-Riemenscheibe mit **25 Nm** anschrauben. **Hinweis:** Die Riemenscheibe läßt sich nur in einer Stellung richtig aufsetzen, Fixierung beachten.

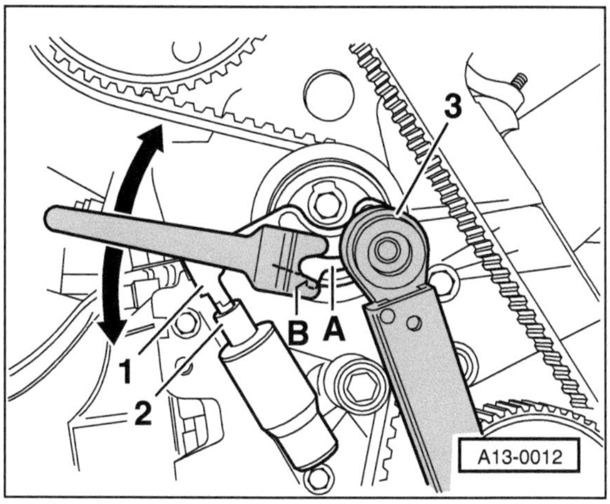

- Spannrolle mit Mutterndreher –B–, zum Beispiel HAZET 2587, rechtsherum im Halter –A– drehen (im Uhrzeigersinn), bis der Kolben –1– ganz ausgefahren ist und der Kolben –2– der Spannvorrichtung etwa 1 mm abhebt. In dieser Stellung Schraube –3– mit **25 Nm** anziehen.
- Motor 2 Umdrehungen in Motordrehrichtung, also rechtsherum, durchdrehen und wieder auf OT-Markierung der Nockenwelle stellen.

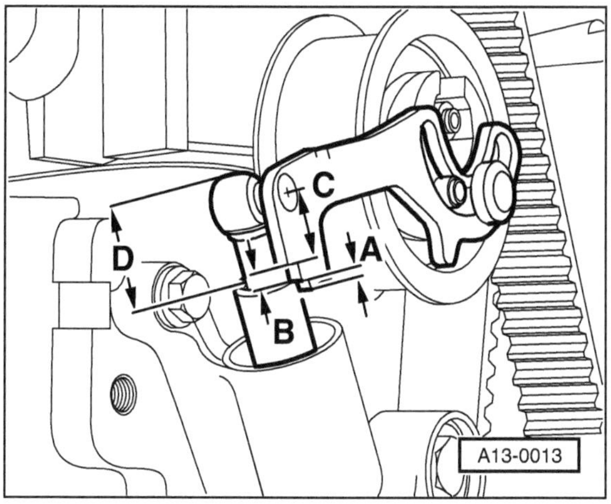

- Prüfen, ob der Bereich –A– mit der Oberkante vom Kolben übereinstimmt oder das Maß –D– 25 mm bis 29 mm beträgt. Dann ist die Einsstellung in Ordnung.

Hinweise: Steht die Kolbenoberkante im Bereich –B–, oder beträgt Maß –D– mehr als 29 mm, Spannrolle nachstellen. Wird Bereich –C– erreicht, muß die Spannrolle nachgestellt werden, und auch der Zahnriemen einschließlich der Spannrolle müssen auf Verschleiß geprüft werden. Gegebenenfalls Neuteile einbauen.

- Klemmschraube –3– an der Spannrolle mit **25 Nm** festziehen. Dabei mit Mutterndreher –B– gegenhalten, damit sich die Spannrolle nicht verstellt, siehe Abbildung A13-0012.
- Zahnriemenschutz-Oberteil einbauen.
- Spannvorrichtung für Keilrippenriemen mit **25 Nm** anschrauben.
- Keilrippenriemen einbauen, siehe Seite 189.
- Schlossträger einbauen, siehe Seite 279.

Ausführung 2 – 1,8-l-Benzinmotor

Ausbau

Achtung: Das Zahnriemenspannelement ist ölgedämpft und lässt sich nur langsam mit gleichmäßiger Kraft zusammendrücken. Dabei sollte das Spannelement eine Temperatur von mindestens +30 °C haben, da es sich sonst nicht mehr zusammendrücken lässt. Aus diesem Grund soll die Kühlmitteltemperatur beim Ausbau mindestens +30 °C betragen.

Achtung: Hier werden nur die Unterschiede zur Ausführung 1 beschrieben.

- Nach dem Ausbau der unteren Zahnriemenabdeckung den Zahnriemen folgendermaßen entspannen:

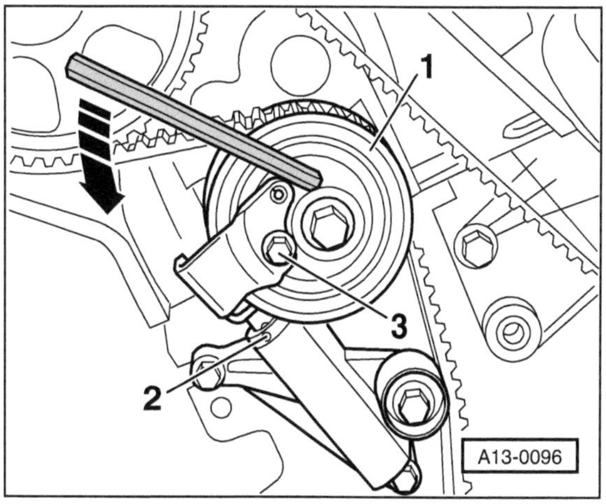

- Zahnriemenspannrolle –1– mit einem 8 mm-Innensechskantschlüssel langsam mit gleichmäßiger Kraft in Pfeilrichtung drehen, bis die Bohrungen –2– von Spannkolben und Gehäuse fluchten und sich ein kleiner Dorn, beispielsweise Bohrerschaft mit 1,5 mm Ø, einsetzen läßt. Das Spannelement ist ölgedämpft und läßt sich nur bei einer Temperatur oberhalb +30° C zusammendrücken. **Achtung:** Schraube –3– darf nicht gelöst werden.

Einbau

- Nach dem Einbau den Zahnriemen folgendermaßen spannen:

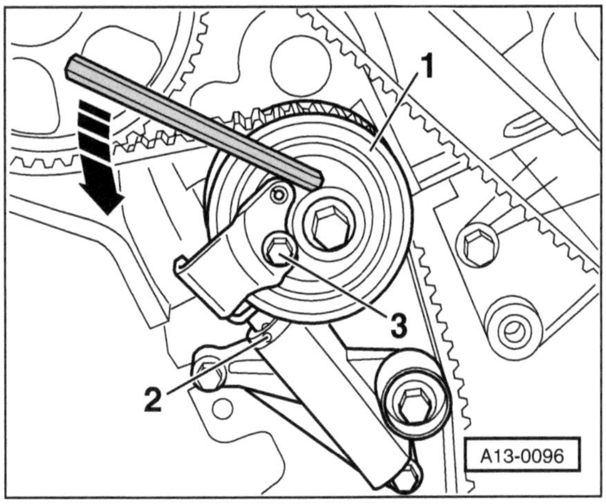

- Zahnriemenspannrolle –1– mit einem 8 mm-Innensechskantschlüssel in Pfeilrichtung drehen, bis sich der Dorn aus der Bohrung –2– herausnehmen läßt. **Achtung:** Schraube –3– nicht lösen oder anziehen.
- Zahnriemenspannrolle entgegen der Pfeilrichtung drehen, bis der Spannkolben ganz ausgefahren ist. Zur Kontrolle hierzu einen Spiegel benutzen.
- Motor 2 Umdrehungen in Motor-Laufrichtung, also rechtsherum, durchdrehen und wieder auf OT-Markierung der Nockenwelle stellen.
- Der weitere Einbau erfolgt wie bei Ausführung 1.

Speziell 1,6-l-Motor ADP

Der Aus- und Einbau des Zahnriemens erfolgt wie beim 1,8-l-Benzinmotor, Ausführung 1. Hier wird nur auf die Unterschiede hingewiesen.

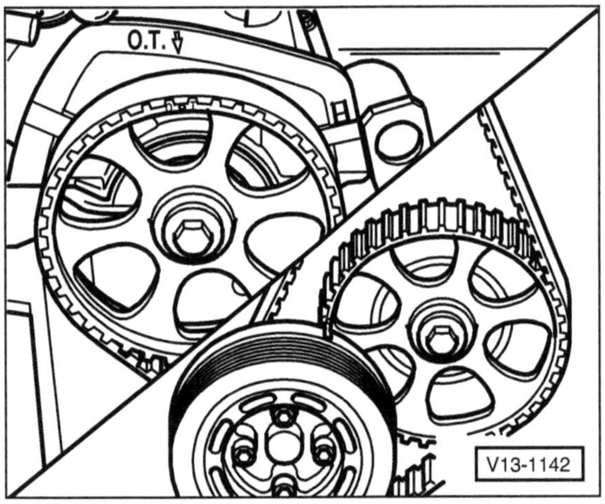

- **Markierungen für die OT-Stellung des Motors:** Beim Motor ADP ist ein Zündverteiler vorhanden, der von der Zwischenwelle angetrieben wird. Steht das Nockenwellenrad auf OT-Markierung, müssen gleichzeitig die Markierungen an Kurbelwellen- und Zwischenwellenrad fluchten, siehe rechten unteren Teil der Abbildung.

Speziell 1,6-l-Benzinmotor AHL/ANA/ALZ/ARM 2,0-l-Benzinmotor AZM

Der Aus- und Einbau des Zahnriemens erfolgt wie beim 1,8-l-Benzinmotor, Ausführung 1. Hier wird nur auf die Unterschiede hingewiesen.

Zahnriemen entspannen

- Mutter der Spannrolle lösen

Zahnriemen spannen

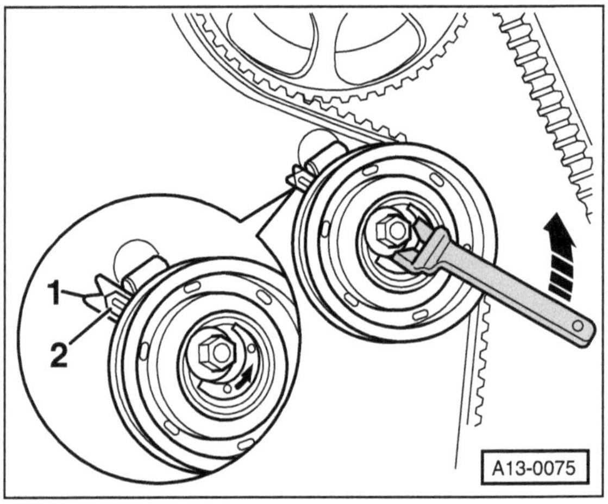

- Spannrolle am Exzenter mit Mutterndreher, zum Beispiel HAZET 2587, fünfmal in beide Richtungen bis zum Anschlag drehen.
- Spannrolle mit Mutterndreher linksherum –Pfeilrichtung– bis zum Anschlag drehen. Dabei wird der Zahnriemen gespannt.
- Zahnriemen an Spannrolle entspannen, bis sich die Kerbe –1– und der Zeiger –2– gegenüberstehen. Zur Kontrolle gegebenenfalls einen Spiegel verwenden. In dieser Stellung Befestigungsmutter mit **20 Nm** anziehen.
- Motor 2 Umdrehungen in Motordrehrichtung, also rechtsherum, durchdrehen und wieder auf OT-Markierung der Nockenwelle stellen. Dabei ist es wichtig, daß die letzten 45° (⅛ Umdrehung) ohne Absetzen gedreht werden.
- Stellung von Kerbe –1– und der Zeiger –2– überprüfen, sie müssen sich gegenüberstehen, sonst Spannrolle nochmals einstellen.

Speziell 2,0-l-Benzinmotor ALT

Der Aus- und Einbau des Zahnriemens erfolgt wie beim 1,8-l-Benzinmotor, Ausführung 1. Hier wird nur auf die Unterschiede hingewiesen.

Zahnriemen entspannen

Achtung: Das Spannelement der Zahnriemenspannvorrichtung –A– ist ölgedämpft und lässt sich nur langsam und mit gleichmäßiger Kraft zusammendrücken. Zu großer Kraftaufwand beim Zusammendrücken kann die Spannrolle beschädigen.

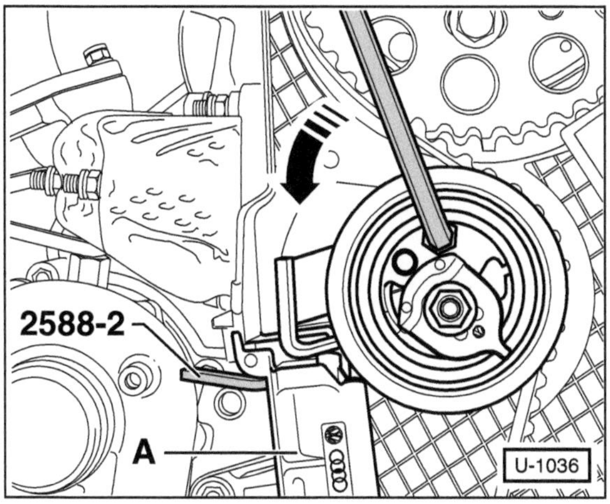

- Innensechskantschlüssel bis zum Anschlag in den Innensechskant der Spannrolle einsetzen und die Spannrolle entgegen dem Uhrzeigersinn –Pfeilrichtung– drehen, bis die Spannvorrichtung mit dem Absteckplättchen HAZET 2588-2 arretiert werden kann, siehe Abbildung U-1036. **Achtung:** Spannrolle mit gleichmäßigem, nicht zu großem Kraftaufwand drehen.

Achtung: Innensechskantschlüssel bis zum Anschlag einstecken, damit der Innensechskant an der Spannrolle beim Drehen nicht beschädigt wird.

Hinweis: Das Zahnriemenspannelement ist ölgedämpft und lässt sich nur langsam mit gleichmäßiger Kraft zurückdrücken.

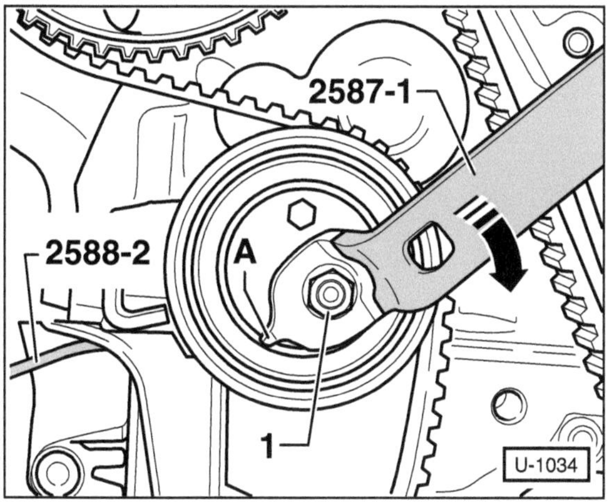

Hinweis: Die Anschlagnase –A –des Exzenterhebels darf nicht verbogen werden.

- Um den Zahnriemen zu entspannen, Mutter –1– der Spannrolle lösen und den Exzenter mit Mutterndreher HAZET 2587-1 in Pfeilrichtung drehen.

Zahnriemen auflegen und spannen

Achtung: Ist das Zahnriemenspannelement ganz ausgefahren, muss es im eingebauten Zustand mit der Spannrolle zurückgedrückt werden. Dieser Vorgang kann bis zu 5 Minuten dauern. Zu großer Kraftaufwand beim Zusammendrücken kann die Spannrolle beschädigen.

- Falls das Zahnriemenspannelement ganz ausgefahren ist: Spannrolle mit einem Innensechskantschlüssel entgegen dem Uhrzeigersinn in Pfeilrichtung drücken, bis der Kolben der Spannvorrichtung mit dem Sperrplättchen HAZET 2588-2 arretiert werden kann. **Achtung:** Spannrolle mit gleichmäßigem, nicht zu großen Kraftaufwand drehen, siehe Abbildung U-1036.
- Zahnriemen in der Reihenfolge Kühlmittelpumpe, Spannrolle, Nockenwellenrad auflegen.

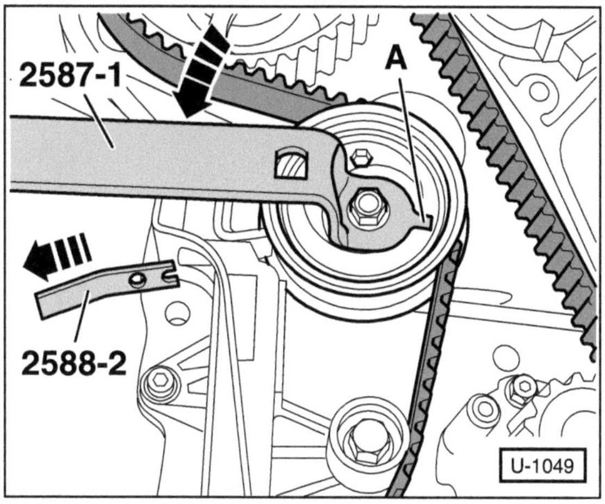

Hinweis: Die Anschlagnase –A– des Exzenterhebels darf nicht verbogen werden.

- Exzenter mit Mutterndreher HAZET 2587-1 gegen den Uhrzeigersinn in Pfeilrichtung drehen, bis das Sperrplättchen HAZET 2588-2 herausgezogen werden kann.

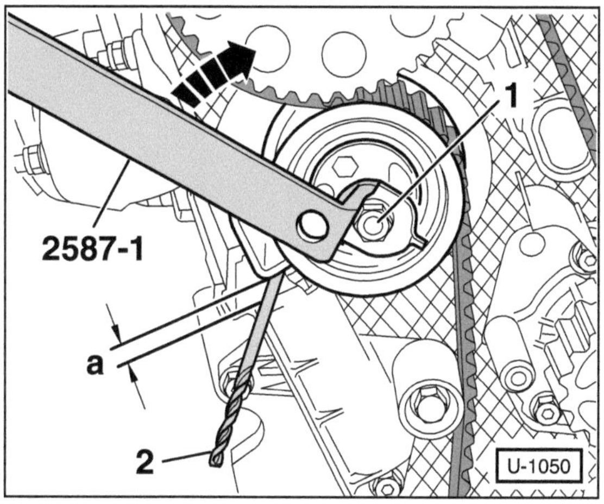

- Anschließend den Exzenter im Uhrzeigersinn so weit nach rechts in Pfeilrichtung drehen, bis sich ein Bohrerschaft –2– mit Maß a = 8 mm zwischen Spannhebel und Gehäuse der Spannvorrichtung durchziehen lässt.
- Exzenter in dieser Lage festhalten und die Mutter –1– der Spannrolle mit **27 Nm** festziehen. Anschließend Mutterndreher abnehmen.

- Motor an der Zentralschraube der Kurbelwelle zwei Umdrehungen in Motordrehrichtung (im Uhrzeigersinn) durchdrehen und wieder auf Zünd-OT stellen.
- Maß –a– zwischen Spannhebel und Gehäuse der Spannvorrichtung mit geeignetem Bohrerschaft prüfen. Sollwert a = 6 – 10 mm.
- Wird das Maß –a– nicht erreicht, Zahnriemen entspannen, ölgedämpftes Spannelement zusammendrücken und Zahnriemen erneut spannen.
- Wird Maß –a– erreicht, Einbauvorgang vervollständigen.
- Im weiteren Arbeitsablauf die Kurbelwellen-Riemenscheibe in 2 Stufen festschrauben.

  1. Stufe: .... **10 Nm**

  2. Stufe: .... **90°** weiterdrehen.

Zylinderkopf

1,8-l-Benzinmotor

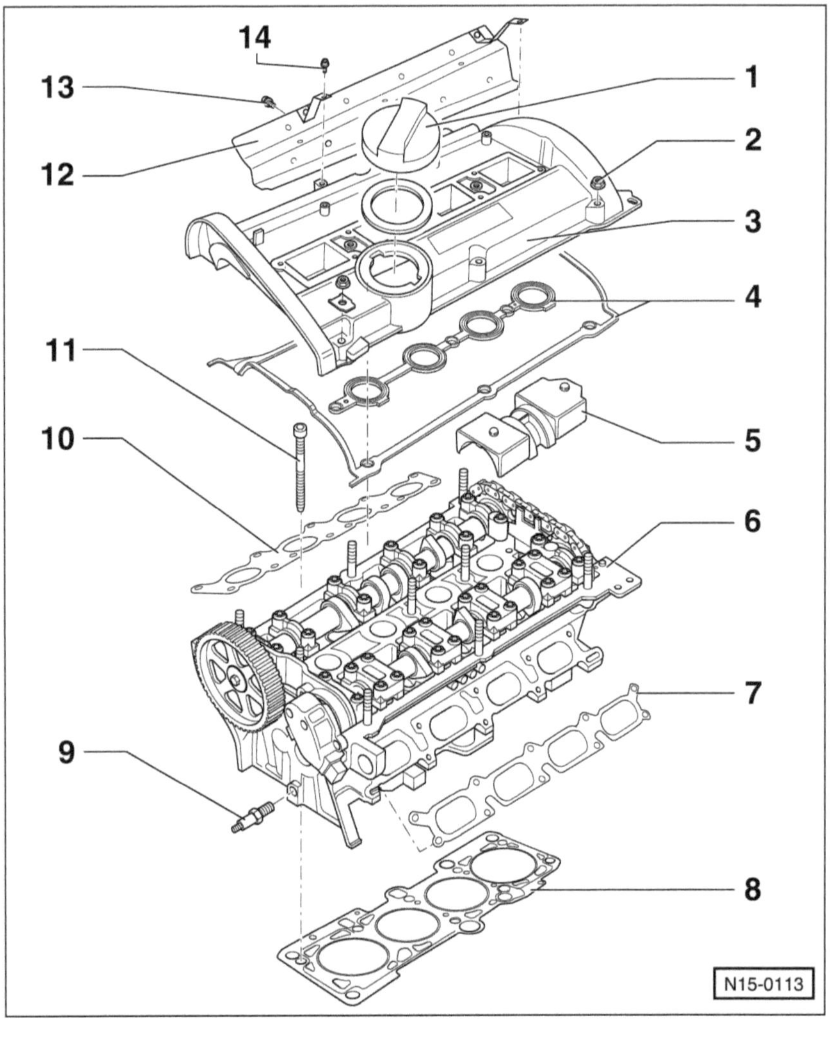

1 – **Öleinfülldeckel**

2 – **Mutter, 10 Nm**

3 – **Zylinderkopfdeckel**

4 – **Dichtung für Zylinderkopfdeckel**
Vor dem Auflegen Übergänge Lagerdeckel/Zylinderkopf mit VW-Dichtmittel »D2« bestreichen.

5 – **Ölabweiser**

6 – **Zylinderkopf**

7 – **Dichtung für Ansaugrohr**
Immer erneuern.

8 – **Zylinderkopfdichtung**
Immer erneuern, auf Einbaulage achten. Nach Einbau des Zylinderkopfs neues Kühlmittel einfüllen.

9 – **Bolzen, 25 Nm**
Für Spannrolle.

10 – **Dichtung für Abgaskrümmer**
Immer erneuern, auf Einbaulage achten.

11 – **Zylinderkopfschrauben**
Immer erneuern.

12 – **Wärmeschutzblech**

13 – **Schraube, 25 Nm**

14 – **Schraube, 10 Nm**

Zylinderkopf aus- und einbauen

1,6-/1,8-/2,0-l-Benzinmotor

Achtung: Es wird der Ausbau am 1,8-l-Benzinmotor beschrieben, auf Abweichungen für den 1,6-/2,0-l-Benzinmotor wird hingewiesen. Es kann jedoch nicht auf jede Modellvariante eingegangen werden, daher vor dem Abheben des Zylinderkopfes nochmals prüfen, ob alle Leitungen und sonstigen Verbindungen zum Zylinderkopf gelöst wurden.

Die angegebenen **Anzugsdrehmomente für die Zylinderkopfschrauben gelten für alle 4-Zylinder-Benzin- und Dieselmotoren.**

Zylinderkopf nur bei abgekühltem Motor (Raumtemperatur) ausbauen. Der Abgaskrümmer bleibt angeschlossen, beim Benziner wird der Ansaugkrümmer ausgebaut.

Eine defekte Zylinderkopfdichtung ist an einem oder mehreren der folgenden Merkmale erkennbar:

- Leistungsverlust.
- Kühlflüssigkeitsverlust. Weiße Abgaswolken bei warmem Motor.
- Ölverlust.
- Kühlflüssigkeit im Motoröl, Ölstand nimmt nicht ab, sondern zu. Graue Farbe des Motoröls, Schaumbläschen am Peilstab, Öl dünnflüssig.
- Motoröl in der Kühlflüssigkeit.
- Kühlflüssigkeit sprudelt stark.
- Keine Kompression auf 2 benachbarten Zylindern.

Ausbau

- Der Motor darf höchstens handwarm sein, andernfalls abkühlen lassen.
- Batterie-Massekabel (–) bei ausgeschalteter Zündung abklemmen. **Achtung:** Wenn ein codiertes Radio eingebaut ist, Anti-Diebstahl-Codenummer feststellen, sonst kann es nicht wieder in Betrieb genommen werden. Hinweise im Kapitel »Batterie aus- und einbauen« durchlesen.
- Kühlmittel ablassen, siehe Seite 201.
- Zündkerzen ausbauen, siehe Seite 26.

Sicherheitshinweis:
Das Kraftstoffsystem steht unter Druck! Vor dem Lösen der Schlauchverbindungen dicken Putzlappen um die Verbindungsstelle legen. Dann durch vorsichtiges Abziehen des Schlauches den Druck abbauen. **Schutzbrille tragen, Spritzgefahr!**

- Kraftstoffvorlauf- und Rücklaufschlauch am Kraftstoffverteiler abziehen. Vorher Klemmschelle lösen und ganz zurückschieben. Leitungen für den leichteren Einbau mit Tesaband markieren.
- Kraftstoffleitungen mit Plastiktüten und Gummiringen verschließen, damit kein Schmutz in die Leitungen gelangt.
- Stecker an den Einspritzventilen abziehen, Leitung nach hinten legen.
- Alle elektrischen Leitungen vom Zylinderkopf zum Aufbau abklemmen. Markierungen mit Tesaband an den Leitungen anbringen, damit sie beim Einbau wieder an gleicher Stelle angeschlossen werden.
- Halter zwischen Zylinderkopf und Saugrohr im Bereich des Kraftstoffdruckreglers abschrauben.

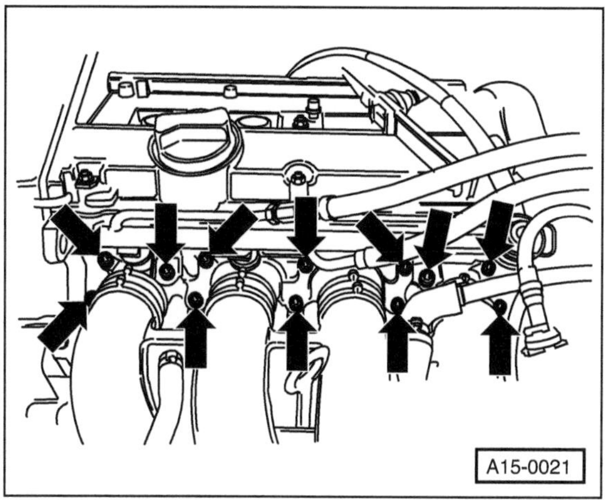

- Ansaugrohr am Zylinderkopf abschrauben. **Hinweis:** Die Abbildung zeigt den 125-PS-Benzinmotor.
- Ansaugrohr unten an beiden Gummimetallagern abschrauben und etwas vom Zylinderkopf wegziehen.
- Alle Kühlmittelschläuche am Zylinderkopf abbauen, dazu Schlauchklemmen lösen und Kühlmittelschläuche abziehen. Gegebenenfalls Markierungen an den Schläuchen und zugehörigen Stutzen anbringen, damit sie beim Einbau nicht vertauscht werden.
- Vorderes Abgasrohr mit Katalysator am Krümmer abschrauben, siehe Seite 237.
- Oberen Zahnriemenschutz ausbauen, Motor auf OT für Zylinder 1 stellen, siehe Seite 161.
- Zahnriemen durch Lösen der Spannrolle entspannen. Zahnriemen nur oben vom Nockenwellenrad abnehmen, er muß nicht ausgebaut werden. Zahnriemen-Spannrolle lösen, siehe Seite 161.
- Stellung des Kurbelwellenrades markieren: Mit Farbe Markierungen auf Kurbelwellenrad und Zylinderblock anbringen. Anschließend Kurbelwellenrad um ¼ Umdrehung (90°) vor- oder zurückdrehen, damit kein Kolben ganz oben im oberen Totpunkt steht. Vor dem Einbau des Zahnriemens muß die Kurbelwelle wieder auf OT für Zylinder 1 gestellt werden.
- Zylinderkopfdeckel abschrauben und mit Dichtungen abnehmen, siehe Seite 166.

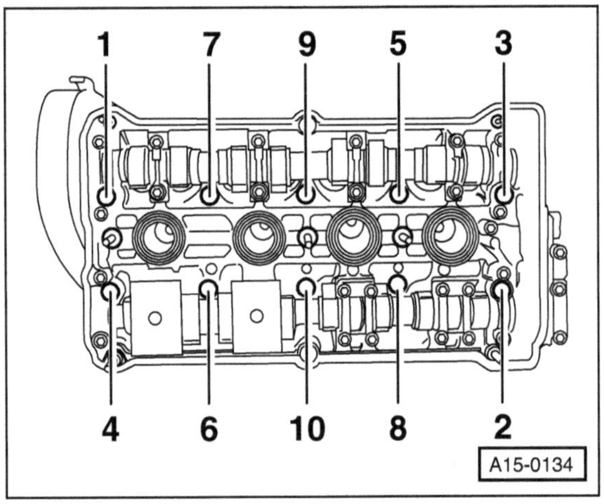

Achtung: Die Schrauben müssen in der Reihenfolge der Numerierung von 1 bis 10 gelöst werden.

- Zylinderkopfschrauben mit langem 8 mm Innensechskantschlüssel herausdrehen. **Achtung:** Beim 1,6-l-Benzinmotor sind Innenvielzahnschrauben eingebaut, daher wird ein Innenvielzahnschlüssel (z. B. HAZET 990 Slg-12) benötigt.
- Prüfen, ob sämtliche Leitungen und Schläuche, die zum Zylinderkopf führen, abgezogen sind.
- Zylinderkopf abheben und auf zwei Holzleisten legen.
- Zylinderkopfdichtung abnehmen.

Einbau

Achtung: Bei einem neuen Zylinderkopf sind Plastikunterlagen zum Schutz der offenen Ventile vorhanden. Plastikunterlagen erst unmittelbar vor dem Aufsetzen des Zylinderkopfes abnehmen.

Zylinderkopfdichtung erst unmittelbar vor dem Einbau aus der Verpackung nehmen. Dichtung äußerst sorgfältig behandeln. Beschädigungen führen zu späteren Undichtigkeiten.

- Vor dem Einbau Zylinderkopf und Motorblock mit geeignetem Schaber vorsichtig von Dichtungsresten freimachen. Darauf achten, daß kein Schmutz in die Motorblock-Öffnungen fällt. Bohrungen mit Lappen verschließen. **Achtung:** Darauf achten, daß keine langgezogenen Riefen oder Kratzer entstehen. Falls Schleifpapier verwendet wird, darf die Körnung nicht unter 100 liegen.
- Prüfen, ob die Bohrungen für die Zylinderkopfschrauben frei von Öl sind, gegebenenfalls Öl entfernen. Dazu einen sauberen Lappen in die Bohrungen einführen und Öl aufsaugen. **Achtung:** Verbleibt Öl in den Bohrungen, kann beim Anziehen der Schrauben der Zylinderblock beschädigt werden.

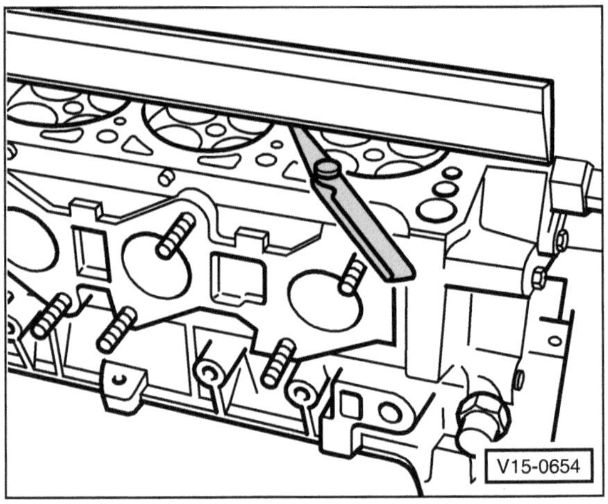

- Verzug mit Stahllineal und Fühlerblattlehre an verschiedenen Stellen des Zylinderkopfes prüfen. Die zulässigen Unebenheiten dürfen maximal 0,1 mm nicht überschreiten.

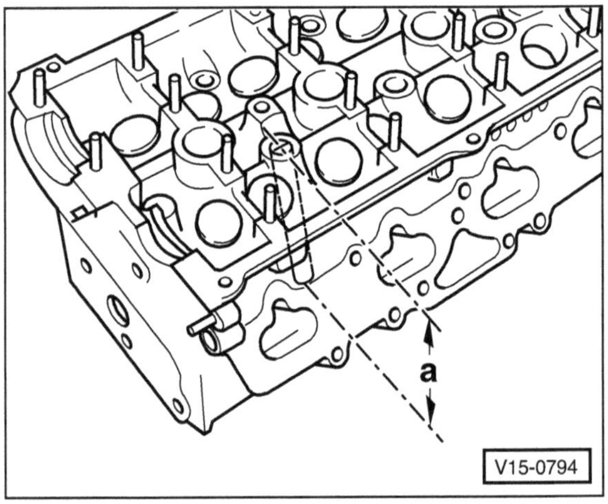

Achtung: Werden die Dichtflächen des Zylinderkopfes plangeschliffen, darf die zulässige Mindesthöhe a = 139,2 mm nicht unterschritten werden.

Beim 1,6-l-Motor beträgt die Mindesthöhe des Zylinderkopfs, von Dichtfläche zu Dichtfläche gemessen, 132,6 mm.

- Zylinderköpfe mit Rissen zwischen den Ventilsitzen beziehungsweise dem Ventilsitzring und den ersten Gewindegängen des Zündkerzengewindes können ohne Herabsetzung der Lebensdauer weiterverwendet und überholt werden, wenn die Risse eine Breite von max. 0,5 mm nicht überschreiten.
- Zylinderkopfschrauben und Zylinderkopfdichtung **immer erneuern**.

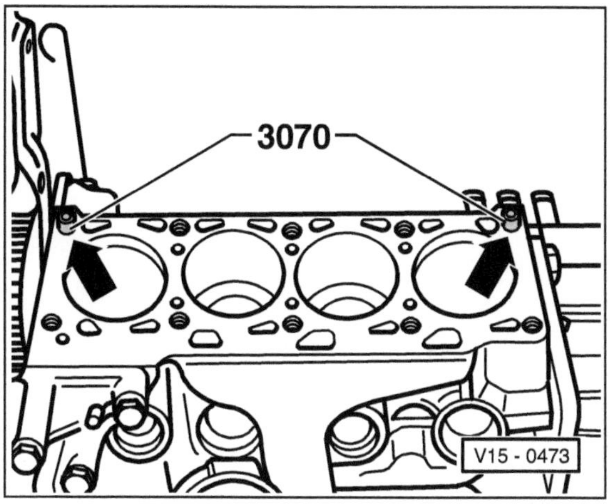

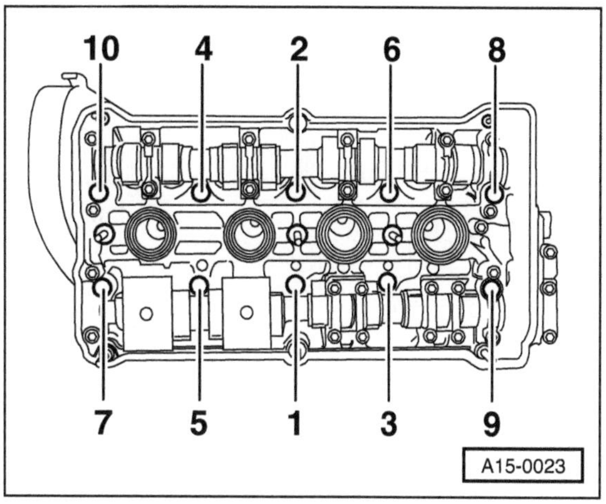

- Zum Zentrieren des Zylinderkopfes Führungsbolzen VW-3070 in die hinteren äußeren Bohrungen für die Zylinderkopfschrauben einschrauben. **Hinweis:** Falls die Führungsbolzen nicht zur Verfügung stehen, können stattdessen auch 2 alte Zylinderkopfschrauben mit abgesägten Köpfen verwendet werden. Zum späteren Herausdrehen empfiehlt es sich, oben jeweils eine Nut für den Schraubendreher einzusägen.
  1,6-l-Benzinmotor AHL/ANA: Führungsbolzen VW-3450.
  1,6-/2,0-l-Benzinmotor ALZ/AZM: Führungsbolzen VW-3450/2A mit 3450/3 in die vorderen äußeren Bohrungen einschrauben
- **Neue** Zylinderkopfdichtung so auflegen, daß die Beschriftung (Ersatzteil-Nr.) lesbar ist, also zum Zylinderkopf zeigt. Zylinderkopfdichtung ohne Dichtungsmittel so auflegen, daß keine Bohrungen verdeckt werden. **Achtung:** Zylinderkopfdichtung sorgfältig behandeln. Selbst kleine Beschädigungen führen zu Undichtigkeiten. Neue Dichtung erst unmittelbar vor dem Einbau aus der Verpackung nehmen.
- Zylinderkopf aufsetzen, dabei Führungsstifte im Zylinderblock beachten.
- Die 8 Zylinderkopfschrauben mit Unterlegscheiben ansetzen und handfest anziehen. **Zylinderkopfschrauben grundsätzlich ersetzen.**
- Führungsbolzen mit Bolzendreher beziehungsweise mit Schraubendreher herausdrehen und 2 restliche Zylinderkopfschrauben einsetzen und handfest anziehen.

Achtung: Das Anziehen der Zylinderkopfschrauben ist mit größter Sorgfalt durchzuführen. Vor dem Anziehen der Schrauben Drehmomentschlüssel auf seine Genauigkeit prüfen. Die Schrauben bei kaltem Motor anziehen.

- Die Zylinderkopfschrauben werden in mehreren Stufen angezogen. Schrauben in jeder Stufe jeweils in der Reihenfolge von 1 bis 10 anziehen.

1,6-/1,8-l-Benzinmotor (außer AHL/ANA) sowie 1,9-/2,0-l-Dieselmotor:

1. Stufe: mit Drehmomentschlüssel **40 Nm**
2. Stufe: mit Drehmomentschlüssel **60 Nm**
3. Stufe: **1/4 Umdrehung (90°)** mit **starrem** Schlüssel ohne abzusetzen weiterdrehen.
4. Stufe: **1/4 Umdrehung (90°)** mit **starrem** Schlüssel ohne abzusetzen weiterdrehen.

1,6-/2,0-l-Benzinmotor mit Kennbuchstaben AHL/ANA/ALZ/AZM/ALT:

1. Stufe: mit Drehmomentschlüssel **40 Nm**
2. Stufe: **1/4 Umdrehung (90°)** mit **starrem** Schlüssel ohne abzusetzen weiterdrehen.
3. Stufe: **1/4 Umdrehung (90°)** mit **starrem** Schlüssel ohne abzusetzen weiterdrehen.

Hinweis: Beim Anziehen der Zylinderkopfschrauben Drehwinkel abschätzen. Schlüsselgriff längs zum Motor ansetzen und in einem Zug drehen, bis der Griff quer zum Motor steht (1/4 Umdrehung = 90°).

Achtung: Ein Nachziehen der Zylinderkopfschrauben bei warmem Motor, im Rahmen der Wartung oder nach Reparaturen, ist **nicht zulässig.**

Achtung: Beim Einbau eines Austausch-Zylinderkopfes mit montierter Nockenwelle müssen die Berührungsflächen zwischen Tassenstößel und Nockenbahn nach Einbau des Zylinderkopfes geölt werden.

- Nockenwelle und Kurbelwelle auf OT für Zylinder 1 stellen, siehe Seite 161.

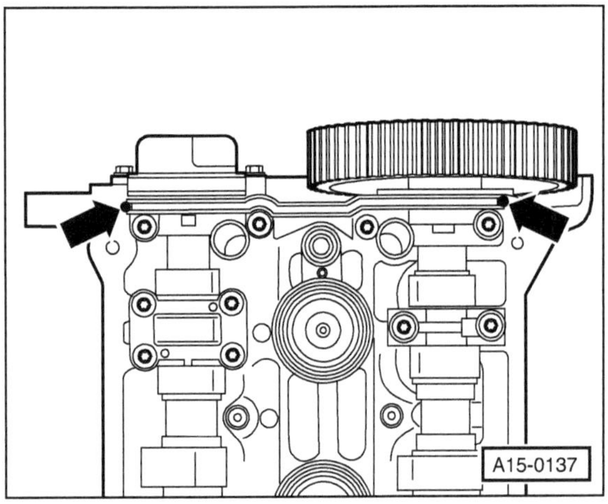

- Vor dem Auflegen der Zylinderkopfdeckel-Dichtung die Übergänge vom Lagerdeckel zum Zylinderkopf mit VW-Dichtmittel »D2« bestreichen, ebenso auf der gegenüberliegenden Seite. Dichtung für Zylinderkopfdeckel auflegen.
- Zylinderkopfdeckel auflegen und mit **10 Nm** über Kreuz anschrauben.
- Zahnriemen auf das Nockenwellenzahnrad auflegen und spannen, siehe Seite 161.
- Vorderes Abgasrohr mit Katalysator am Krümmer anschrauben, siehe Seite 235.
- Ansaugrohr mit **neuer** Dichtung und **10 Nm** über Kreuz am Zylinderkopf anschrauben.
- Ansaugrohr unten an beiden Gummimetallagern anschrauben.
- Halter zwischen Zylinderkopf und Saugrohr im Bereich des Kraftstoffdruckreglers anschrauben.
- Kraftstoffvor- und -rücklaufleitungen am Verteilerrohr anschrauben.
- Elektrische Leitungen, beispielsweise am Hallgeber und an den Einspritzventilen, entsprechend der beim Ausbau angebrachten Kennzeichnungen aufschieben und einrasten beziehungsweise anklemmen.
- Zahnriemenabdeckung einbauen, siehe Seite 161.
- Zündkerzen einbauen, siehe Seite 26.
- Prüfen, ob alle elektrischen Leitungen, Unterdruck-, Kühlmittel- und Kraftstoffschläuche entsprechend den angebrachten Markierungen angeschlossen sind.
- Ölstand im Motor prüfen, gegebenenfalls auffüllen. **Achtung:** Wurde der Zylinderkopf aufgrund einer defekten Zylinderkopfdichtung abgebaut, empfiehlt sich ein vorgezogener Ölwechsel einschließlich eines Ölfilterwechsels, da sich im Motoröl Kühlflüssigkeit befinden kann.
- **Neues** Kühlmittel aus G12 und Wasser mischen und auffüllen, siehe Seite 201.
- Batterie-Massekabel (–) anklemmen. Zeituhr einstellen. Diebstahlcode für Radio eingeben.
- Probefahrt unternehmen, anschließend Ölstand und Kühlmittelstand überprüfen und sämtliche Schlauchanschlüsse auf Dichtheit prüfen.

2,3-l-Benzinmotor

Hinweis: Die Abbildungen zeigen den Motor AGZ.

Kettentrieb

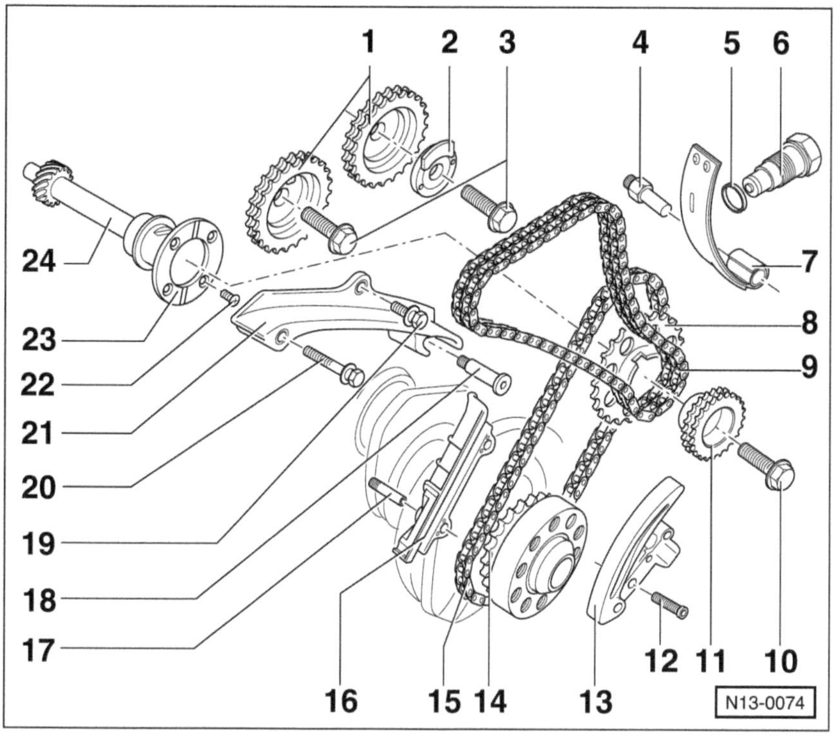

1 – Nockenwellenkettenrad

2 – Geberrad
Für Hallgeber.

3 – Schraube, 100 Nm
Anlagefläche des Schraubenkopfes vor dem Einbau ölen. Mit Gabelschlüssel SW24 an Nockenwelle gegenhalten.

4 – Lagerbolzen, 18 Nm

5 – Dichtring
Bei Beschädigung ersetzen.

6 – Kettenspanner, 40 Nm

7 – Spannschiene

8 – Kettenrad

9 – Rollenkette
Vor Ausbau Laufrichtung (Einbaulage) kennzeichnen.

10 – Schraube, 100 Nm

11 – Kettenrad

12 – Schraube, 10 Nm

13 – Kettenspanner mit Spannschiene
Vor dem Einbau Sperrverzahnung im Kettenspanner mit kleinem Schraubendreher entspannen und Spannschiene gegen den Kettenspanner drücken. Motor nur mit eingebautem Kettenspanner durchdrehen.

14 – Antriebszahnrad
OT Zyl. 1 = Angeschliffener Zahn zeigt zur Lagertrennfuge.

15 – Einfachrollenkette
Vor Ausbau Laufrichtung (Einbaulage) kennzeichnen.

16 – Gleitschiene

17 – Bolzen ohne Bund, 10 Nm
Für Gleitschiene –16–.

18 – Bolzen mit Bund, 10 Nm
Für Gleitschiene –21–.

19 – Schraube, 20 Nm
Mit Schrauben-Sicherungsmittel, z. B. VW-D6, einsetzen.

20 – Schraube, 20 Nm

21 – Gleitschiene

22 – Schraube, 10 Nm
Mit Schrauben-Sicherungsmittel, z. B. VW-D6, einsetzen.

23 – Anlaufscheibe

24 – Zwischenwelle

Einfach- und Doppelrollenkette kennzeichnen

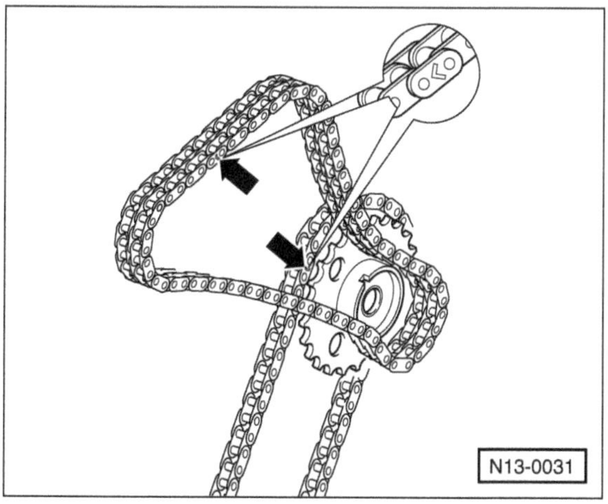

- Auf der Doppelrollenkette vor dem Ausbau mit Farbe einen Pfeil in Laufrichtung anbringen.

Achtung: Kette nicht durch Körnerschlag, Kerbe oder ähnlichem kennzeichnen.

Steuerzeiten prüfen

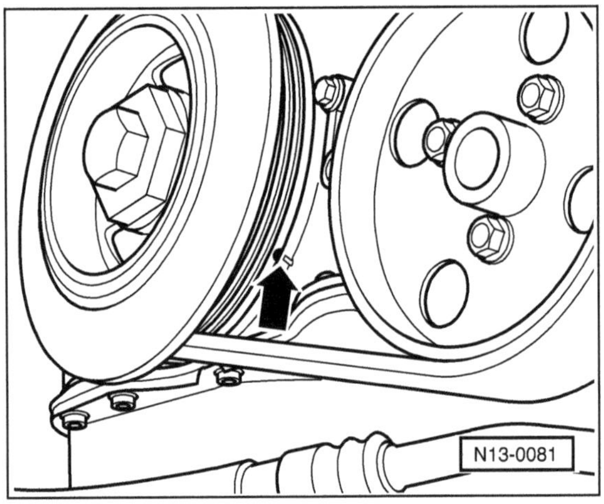

- OT-Stellung Zylinder 1 der Kurbelwelle: Die Markierung auf dem Schwingungsdämpfer muß mit der Markierung auf der Kettenabdeckung übereinstimmen.

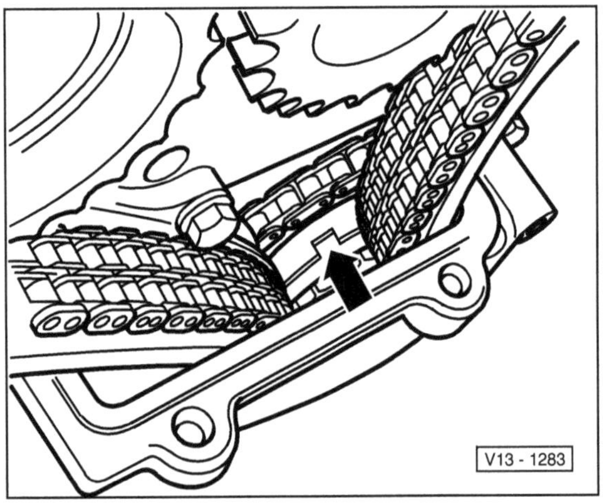

- OT-Stellung der Zwischenwelle bei eingebautem Motor: An den Kettenrädern der Zwischenwelle muß eine Nut –Pfeil– zu erkennen sein. Andernfalls Kurbelwelle um eine Umdrehung durchdrehen, bis die Markierungen auf dem Schwingungsdämpfer wieder übereinstimmen. Dieser Zustand wird nur bei jeder 2. OT-Stellung erreicht.

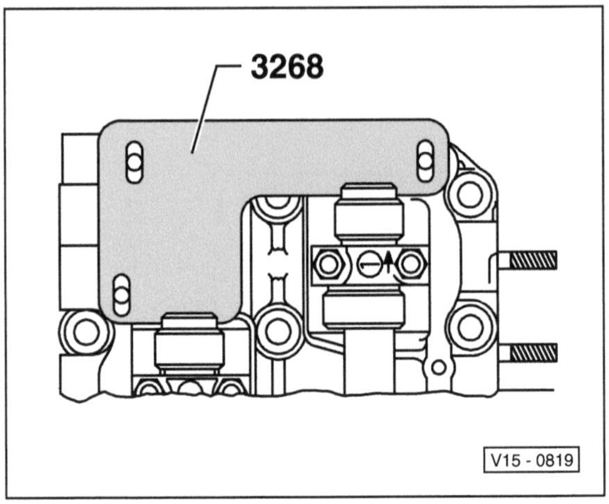

- Die Nockenwellen werden mit dem Einstellineal (Motor AGZ: VW-3268, Motor AZX: T10068) in OT-Stellung arretiert. Es muß sich in die Wellennut der längeren Nockenwelle einlegen lassen und am Absatz der kurzen Nockenwelle fluchten.
- **Motor AZX:** Die Pfeile auf den Nockenwellenverstellern müssen mit den Kerben am Steuergehäuse übereinstimmen.

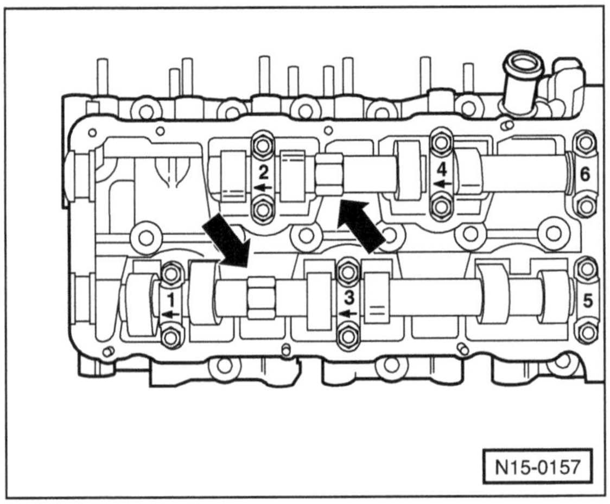

- Beim Abschrauben der Kettenräder von den Nockenwellen, diese mit Maulschlüssel SW 24 an den Abflachungen –Pfeile– gegenhalten. **Achtung:** Das Nockenwellenlineal VW-3268 darf dabei **nicht** eingelegt sein.

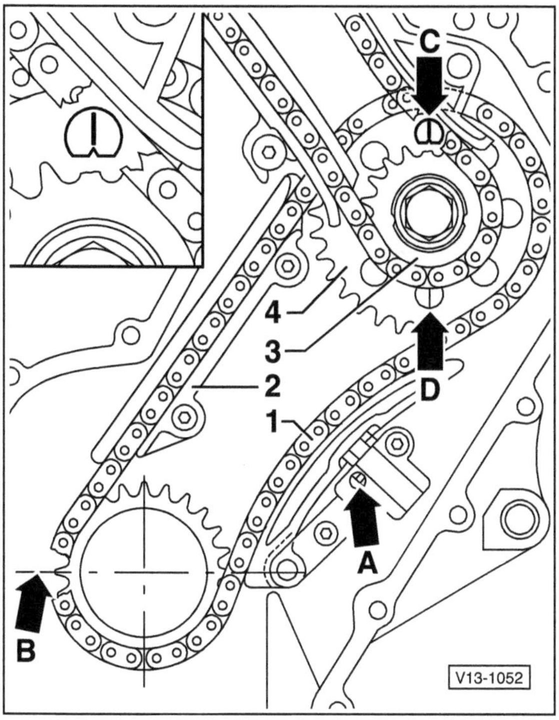

- OT-Stellung von Kurbel- und Zwischenwelle bei ausgebautem Motor:
  1 – Rollenkette
  2 – Gleitschiene
  3 – Vorderes Kettenrad Zwischenwelle
  4 – Hinteres Kettenrad Zwischenwelle
  A – Sperrverzahnung für Kettenspanner

  Der angeschliffene Zahn –B– des Kurbelwellen-Kettenrades muß mit der Lagerfuge fluchten, also waagerecht stehen (OT-Stellung), siehe Abbildung.

  Gleichzeitig muß die Markierung am hinteren Kettenrad –4– mit der Kerbe –C– oder –D– auf der Anlaufscheibe fluchten.

Zylinderkopf aus- und einbauen

Achtung: Arbeitsschritte und Hinweise, die für alle Motoren gelten, stehen im Kapitel für den 1,6-/1,8-l-Benzinmotor. In diesem Kapitel sind nur die Abweichungen beschrieben, die speziell den 2,3-l-Benzinmotor betreffen.

- Anbauteile/Zylinderkopfdeckel ausbauen, dabei Hinweise beachten, siehe Abbildung auf Seite 174.

Hinweis: Gelöst werden die Zylinderkopfschrauben in entgegengesetzter Anzugs-Reihenfolge.

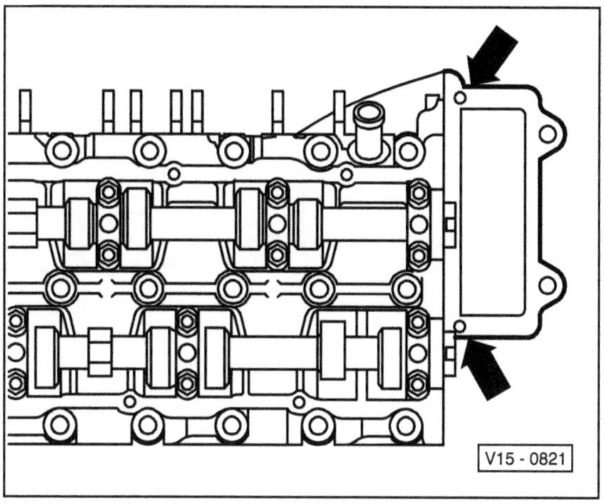

- Zylinderkopfdichtung zur Montage vorbereiten: Die 3 mm-Bohrungen im Abdeckteil und Dichtflansch von alter Dichtmasse säubern –Pfeile–.
- Die 3 mm-Bohrungen in der neuen Zylinderkopfdichtung mit Dichtmittel, z. B. VW-AMV18800102, auffüllen.

Achtung: Bei eingebautem Zylinderkopf sind die Bohrungen in der Zylinderkopfdichtung nur zur Hälfte sichtbar. Wenn nur die Nockenwellenradabdeckung abgebaut wurde, müssen die Bohrungen in der alten Zylinderkopfdichtung gereinigt und mit Dichtmittel aufgefüllt werden.

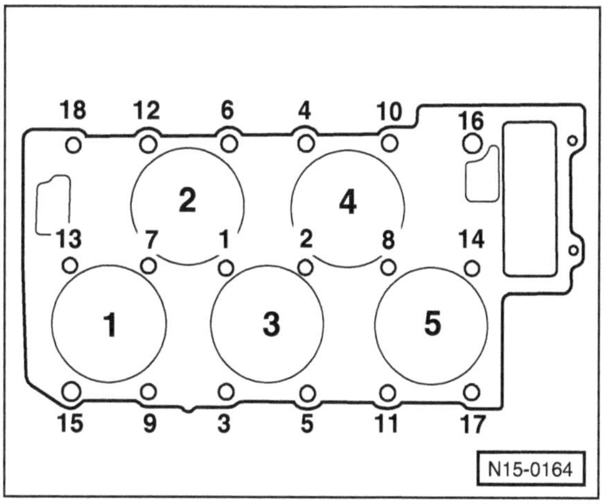

- Vor Aufsetzen der Zylinderkopfdichtung sicherstellen, daß die Paßhülsen in Bohrung 15 und 16 im Zylinderblock eingesetzt sind.
- **Neue** Zylinderkopfschrauben in der angegebenen Reihenfolge festziehen. **Achtung:** Die langen Zylinderkopfschrauben in die mittleren Bohrungen einsetzen.
- Die Zylinderkopfschrauben werden in mehreren Stufen angezogen. Schrauben in jeder Stufe jeweils in der Reihenfolge von 1 bis 18 anziehen.

1. Stufe: mit Drehmomentschlüssel **30 Nm**
2. Stufe: mit Drehmomentschlüssel **50 Nm**
3. Stufe: **¼ Umdrehung (90°)** mit **starrem** Schlüssel ohne abzusetzen weiterdrehen.
4. Stufe: **¼ Umdrehung (90°)** mit **starrem** Schlüssel ohne abzusetzen weiterdrehen.

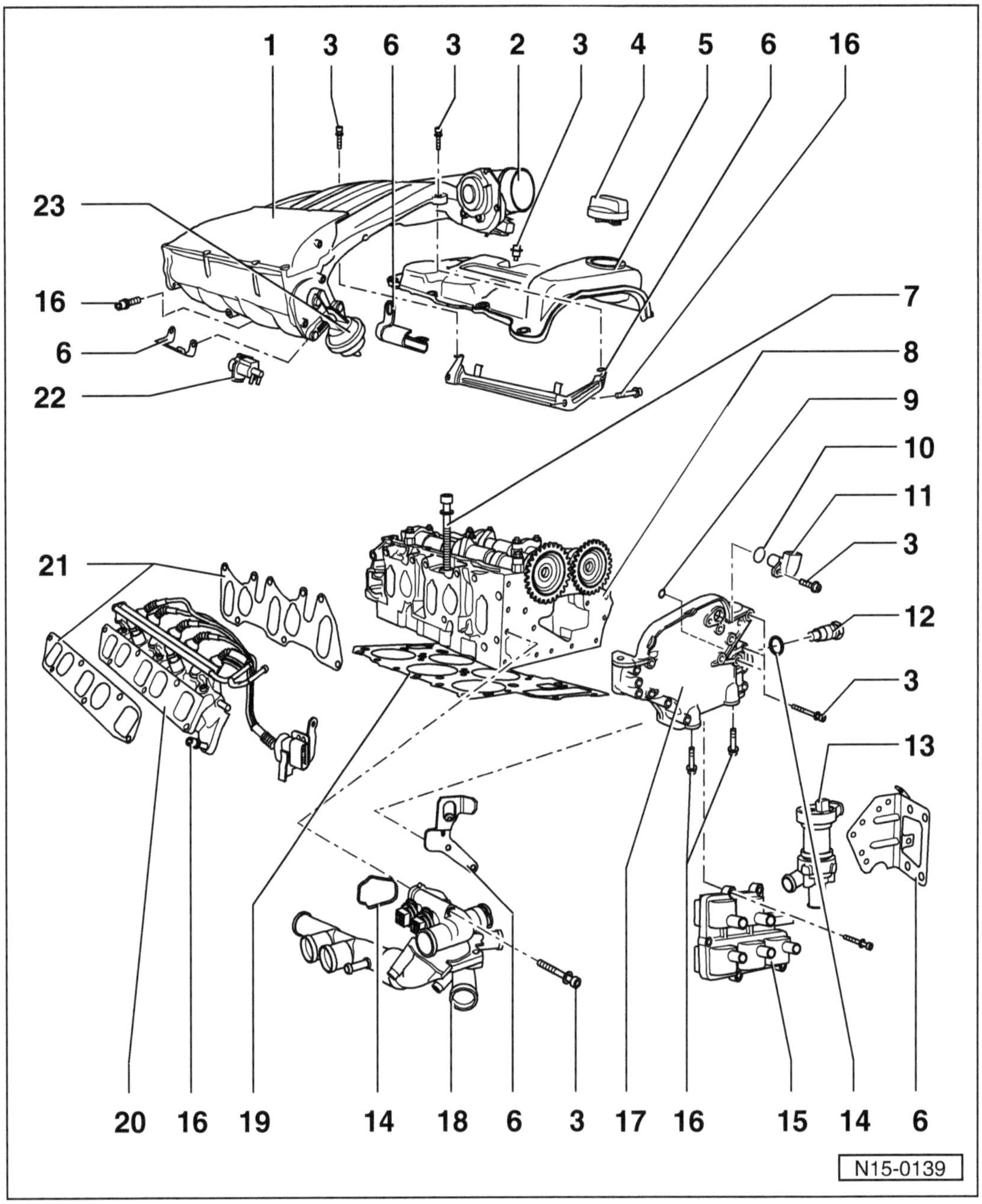

1 – Saugrohr-Oberteil
Zuerst am Saugrohr-Unterteil, danach an den beiden Abstützungen festziehen.

2 – Drosselklappen-Steuereinheit

3 – Schraube, 10 Nm

4 – Verschlußdeckel

5 – Zylinderkopfdeckel

6 – Halter

7 – Zylinderkopfschraube
Immer ersetzen. Reihenfolge beim Lösen und Anziehen beachten.

8 – Zylinderkopf
Bei Verzug über 0,1 mm, nacharbeiten. Mindesthöhe: 139,5 mm.

9 – O-Ring
Immer ersetzen. Vor der Montage mit sauberem Motoröl einölen.

10 – O-Ring

11 – Hallgeber

12 – Kettenspanner, 40 Nm
Für Nockwellenkette. **Achtung:** Motor nur mit eingebautem Kettenspanner durchdrehen.

13 – Pumpe für Kühlmittelnachlauf

14 – Dichtring
Bei Undichtigkeit ersetzen.

15 – Zündtrafo

16 – Schraube, 25 Nm

17 – Abdeckteil
Kann bei eingebautem Zylinderkopf aus- und eingebaut werden. Dichtflächen mit Dichtmittel, z. B. VW-AMV18800102, einstreichen. Wenn nur das Abdeckteil abgebaut wurde, Bohrungen in der vorhandenen Zylinderkopfdichtung reinigen und mit Dichtmittel einstreichen, siehe Abbildung V15-0821.

18 – Kühlmittelregler-Gehäuse

19 – Zylinderkopfdichtung*

20 – Saugrohr-Unterteil

21 – Dichtung für Saugrohr-Unterteil*

22 – Ventil für Registersaugrohr-Umschaltung

23 – Unterdruck-Stellelement

*) Immer ersetzen.

2,8-l-Benzinmotor

Zahnriemen aus- und einbauen/spannen

Achtung: Arbeitsschritte und Hinweise, die für alle Motoren gelten, stehen im Kapitel für den 1,6-/1,8-/2,0-l-Benzinmotor. In diesem Kapitel sind nur die Abweichungen beschrieben, die den 2,8-l-Benzinmotor betreffen.

- Keilrippenriemen ausbauen, siehe Seite 189.
- Spannvorrichtung für Keilrippenriemen abschrauben.

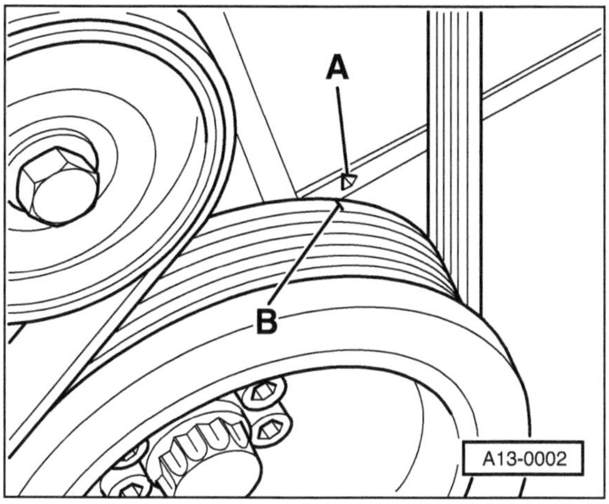

- Kurbelwelle auf OT für Zylinder 3 drehen. Die Markierung an der Riemenscheibe –B– muß der Bezugsmarke –A– gegenüberstehen.

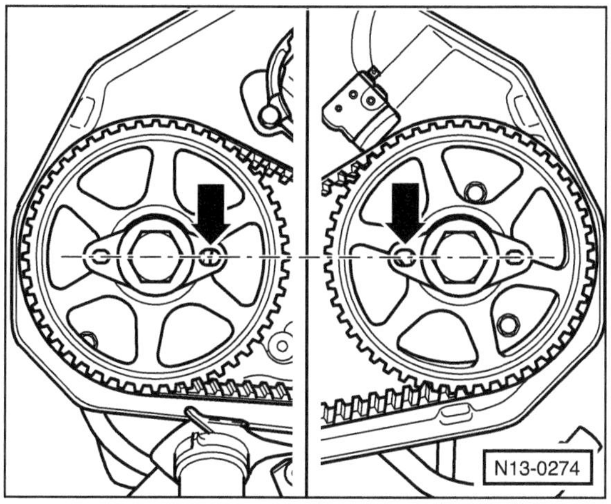

- Gleichzeitig müssen die großen Bohrungen der Fixierplatten an den Nockenwellenrädern nach innen zueinander stehen, andernfalls Kurbelwelle um eine Umdrehung weiterdrehen.

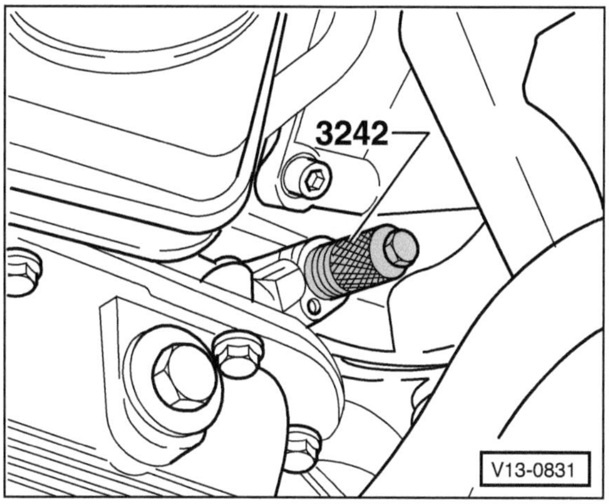

- Kurbelwelle in dieser Stellung arretieren. Dazu Verschlußstopfen auf der linken Seite aus dem Kurbelgehäuse herausschrauben. Der Stopfen befindet sich oberhalb der Ölwanne auf Höhe des mittleren Zylinders.
- Anstelle des Stopfens den Dorn VW-3242 in die Bohrung einschrauben und leicht festziehen. Der Dorn greift dabei in eine Bohrung oder Nut am Gegengewicht der Kurbelwelle ein und arretiert diese. Bevor der Dorn eingeschraubt wird, prüfen ob die Bohrung/Nut sicht- oder fühlbar ist.
- Schwingungsdämpfer mit 8 Innensechskantschrauben abschrauben.

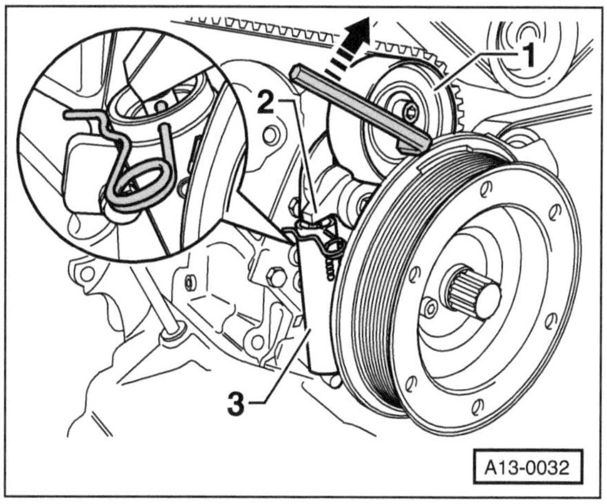

- Zahnriemenspannrolle –1– mit 8 mm-Innensechskantschlüssel langsam nach rechts drehen, bis der Spannhebel –2– das Spannelement –3– so weit zusammengedrückt hat, daß ein Federsplint mit ∅ 2 mm in die Bohrung und in den Stößel paßt. Splint einsetzen, die Spannrolle ist jetzt arretiert. Innensechskantschlüssel loslassen.

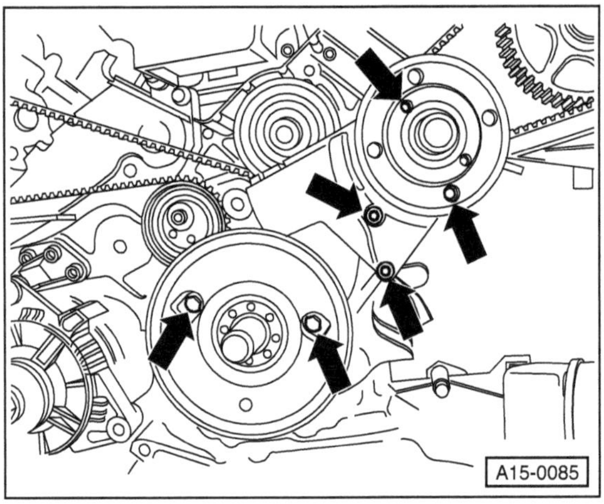

- Lüfterhalter und unteren Zahnriemenschutz abschrauben.
- Zahnriemen abnehmen. **Achtung:** Wird der bisherige Zahnriemen wiederverwendet, unbedingt Laufrichtung des Motors (von vorn gesehen in Uhrzeigersinn) mit Kreide oder Fettstift am Zahnriemen kennzeichnen, damit er in gleicher Lage wieder eingebaut wird. Sonst kann er reißen, was schwere Motorschäden verursacht.
- Befestigungsschrauben der beiden Nockenwellenräder um ca. 3 Umdrehungen lösen, nicht abschrauben.
- Beide Nockenwellenräder mit handelsüblichem Klauenabzieher vom Konus der Nockenwelle lösen. Der Abzieher stützt sich auf der Befestigungsschraube für das Nockenwellenrad ab.

Achtung: Die Nockenwellenräder müssen auf dem Konus so lose sein, daß sie sich auf den Nockenwellen verdrehen lassen, jedoch nicht kippen können. Dazu Befestigungsschrauben bis zur Anlage wieder leicht anschrauben.

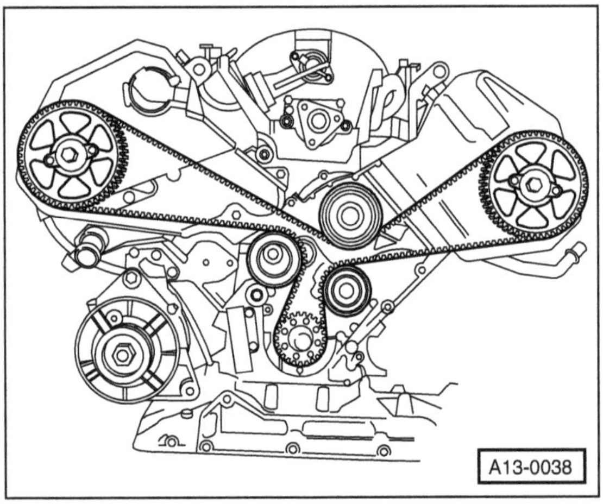

- Zahnriemen auflegen. **Achtung:** Wird der bisherige Zahnriemen wiederverwendet, unbedingt Laufrichtung beibehalten, der angebrachte Pfeil zeigt in Drehrichtung des Motors (von vorn gesehen in Uhrzeigersinn).

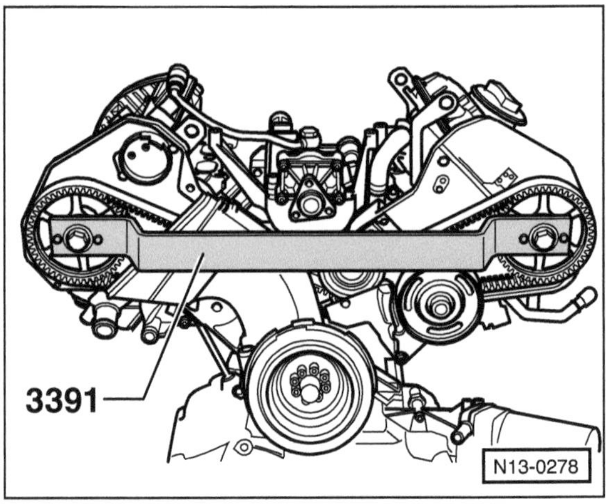

- Nockenwellenbefestigung VW-3391 einsetzen. Dadurch wird verhindert, daß sich die Nockenwellen beim Spannen des Zahnriemens verdrehen.
- Zahnriemen-Spannrolle entlasten und Splint herausziehen. Spannrolle loslassen, der Zahnriemen wird nun automatisch gespannt. Drehmomentschlüssel am Innensechskant der Spannrolle ansetzen und mit **15 Nm** in Spannrichtung drehen und halten, damit der Zahnriemen richtig vorgespannt ist.
- Bei vorgespanntem Zahnriemen beide Nockenwellenräder mit **55 Nm** festziehen. Drehmomentschlüssel abnehmen.
- Spannvorrichtung für Keilrippenriemen mit **55 Nm** festziehen.

Achtung: Fixierdorn an der Kurbelwelle, sowie Nockenwellenbefestigung entfernen. Verschlußstopfen mit 10 Nm in den Zylinderblock einschrauben.

- Schwingungsdämpfer mit Innensechskantschrauben am Kurbelwellenrad mit **25 Nm** anschrauben.

Zylinderkopf aus- und einbauen

Achtung: Arbeitsschritte und Hinweise, die für alle Motoren gelten, stehen im Kapitel für den 1,6-/1,8-l-Benzinmotor. In diesem Kapitel sind nur die Abweichungen beschrieben, die speziell den 2,8-l-Benzinmotor betreffen.

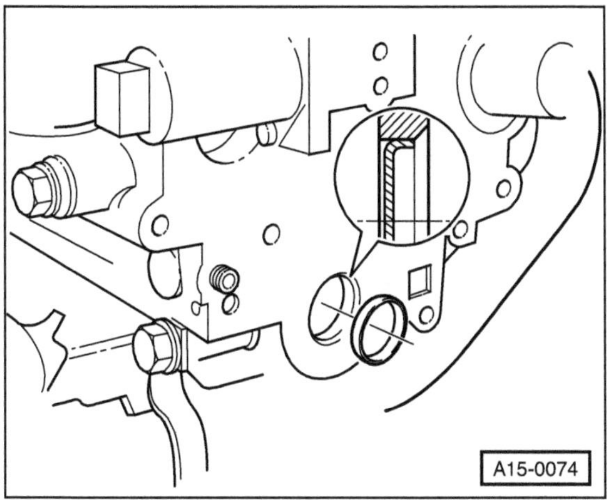

Hinweis: Der Ersatzteil-Zylinderkopf ist einheitlich und kann sowohl auf der rechten als auch an der linken Motorseite eingebaut werden. Wird ein neuer Zylinderkopf eingebaut, muß an der vorn liegenden Stirnseite ein Verschlußdeckel eingebaut werden. Rand des Verschlußdeckels mit VW-Dichtpaste AMV 1880002 einstreichen. Anschließend Verschlußdeckel mit Dorn VW-295 so weit eintreiben, bis der äußere Rand des Verschlußdeckels mit dem Fasenende am Zylinderkopf abschließt.

- Kraftstoffverteiler am Saugrohr abschrauben und mit den Einspritzventilen zusammen herausziehen.
- Kraftstoffverteiler seitlich ablegen, die Kraftstoffschläuche bleiben angeschlossen.
- Zündspulen mit Halter abschrauben.
- Saugrohr abschrauben. Drehmoment für Wiedereinbau: 10 Nm.
- Kühlmittelrohr hinten am Zylinderkopf abschrauben.
- Motor ALG: Sekundärluft-Einblasventil und Halteplatte für Register-Saugrohrumschaltung am Zylinderkopf abschrauben.
- Am linken Zylinderkopf, hinteren Zahnriemenschutz abschrauben.
- Zylinderkopfschrauben entgegen ihrer Numerierung von 8 nach 1 zunächst ½ Umdrehung lösen, dann herausdrehen, siehe Abbildung A15-0063.

Achtung: Anstelle der bisherigen Innenvielzahn-Zylinderkopfschrauben werden auch Schrauben mit Polydriveprofil verwendet. Zum Lösen und Anziehen dieser Schrauben Spezialschlüssel, zum Beispiel VW 3452, verwenden.

- Verzug des Zylinderkopfes mit Stahllineal und Fühlerblattlehre prüfen. Die zulässigen Unebenheiten dürfen **maximal 0,05 mm** nicht überschreiten. Werden die Dichtflächen des Zylinderkopfes nachgearbeitet, darf die zulässige Mindesthöhe von **139,2 mm** nicht unterschritten werden.
- Zylinderkopfdichtung grundsätzlich ersetzen. Die Aufschrift muß nach oben, also zum Zylinderkopf zeigen.

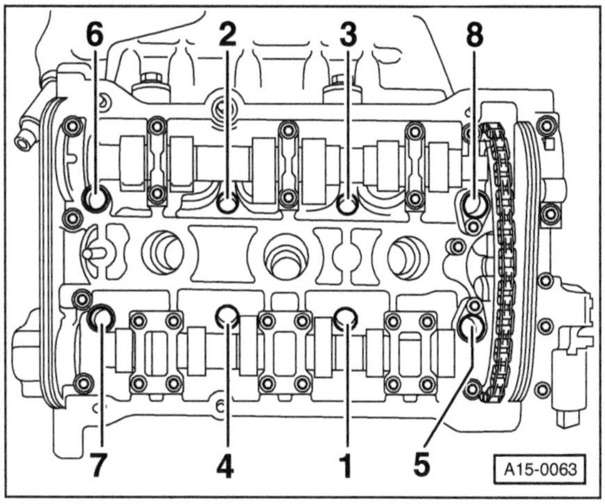

- Die Zylinderkopfschrauben werden in 3 Stufen angezogen. Schrauben in jeder Stufe jeweils in der Reihenfolge von 1 bis 8 anziehen.

1. Stufe: mit Drehmomentschlüssel **60 Nm**

2. Stufe: **¼ Umdrehung (90°)** mit **starrem** Schlüssel ohne abzusetzen weiterdrehen.

3. Stufe: **¼ Umdrehung (90°)** mit **starrem** Schlüssel ohne abzusetzen weiterdrehen.

- Vor dem Auflegen der Zylinderkopfdeckel-Dichtung die Übergänge der Lagerdeckel zum Zylinderkopf mit VW-Dichtmittel »D 454 300 A3« bestreichen.

1,9-l-Dieselmotor

Zahnriementrieb (90-/110-PS-Dieselmotor)

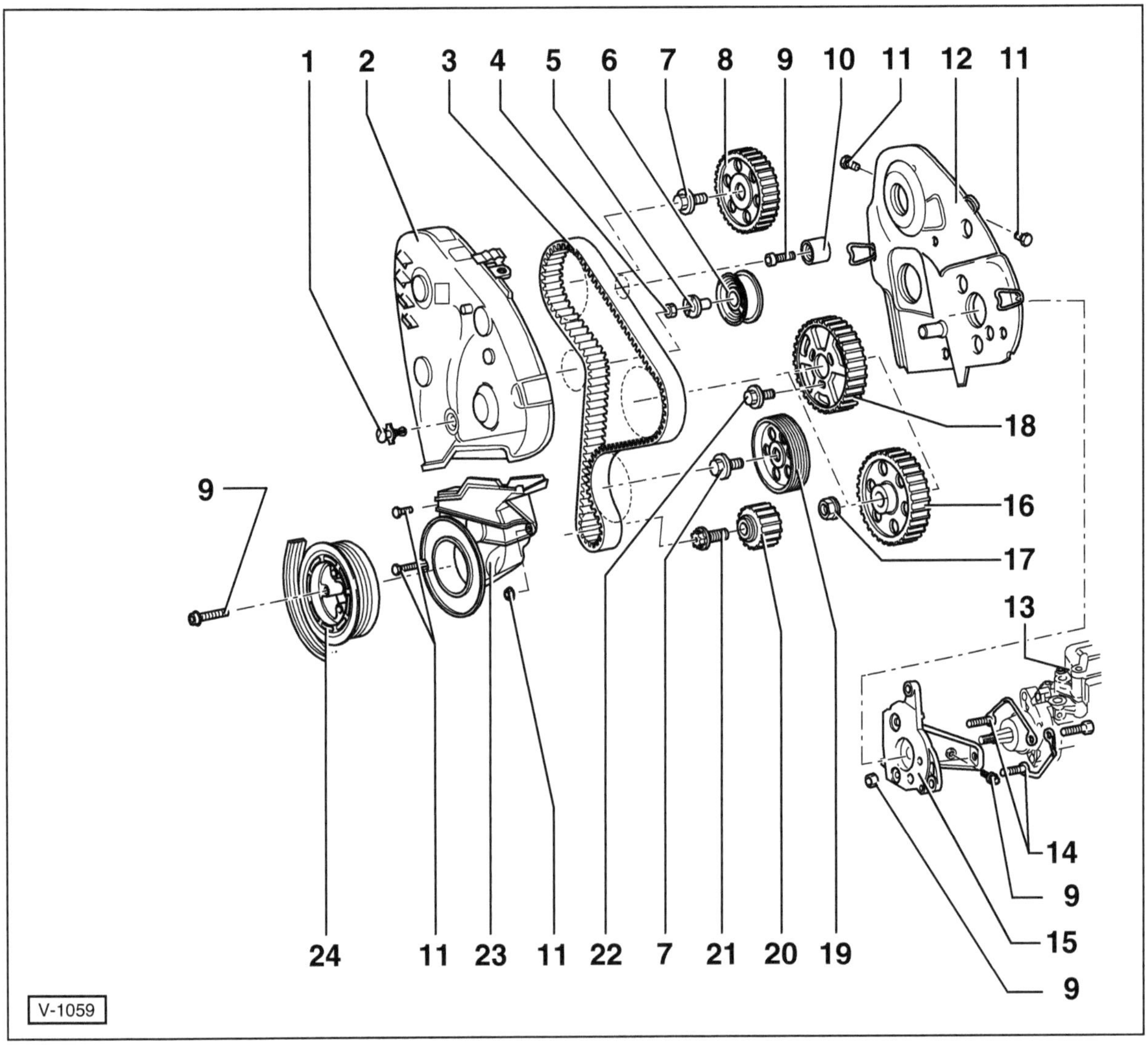

1 – **Spreizclip**

2 – **Zahnriemenabdeckung oben**

3 – **Zahnriemen**
Auf Verschleiß prüfen. Vor dem Ausbau Laufrichtung markieren. Zahnriemen nicht knicken.

4 – **Schraube, 20 Nm**

5 – **Exzenter**

6 – **Spannrolle**

7 – **Schraube, 45 Nm**

8 – **Nockenwellenrad**

9 – **Schraube, 25 Nm**

10 – **Umlenkrolle**

11 – **Schraube, 10 Nm**

12 – **Zahnriemenabdeckung hinten**

13 – **Einspritzpumpe**

14 – **Halter**

15 – **Konsole**

16 – **Einspritzpumpenrad, einteilige Ausführung**

17 – **Schraube, 55 Nm**
Für einteiliges Einspritzpumpenrad.

18 – **Einspritzpumpenrad, zweiteilige Ausführung**

19 – **Zwischenwellenrad**

20 – **Kurbelwellen-Zahnriemenrad**

21 – **Schraube, Anzugsdrehmoment: 90 Nm + ¼ Umdrehung (90°)**
Schraube immer ersetzen. Zum Lösen und Anziehen wird der Gegenhalter VW-3099 benötigt. Gewinde und Bund müssen **öl- und fettfrei** sein. Das Weiterdrehen der Schraube um 90° kann in mehreren Stufen erfolgen.

22 – **Schraube, Anzugsdrehmoment: 20 Nm + ¼ Umdrehung (90°)**
3 Stück, für zweiteiliges Einspritzpumpenrad. Schrauben immer ersetzen.

23 – **Zahnriemenabdeckung unten**

24 – **Kurbelwellen-Riemenscheibe/ Schwingungsdämpfer**
Montage nur in einer Stellung möglich, da Bohrungen versetzt.

Nockenwellen-Einstellineal

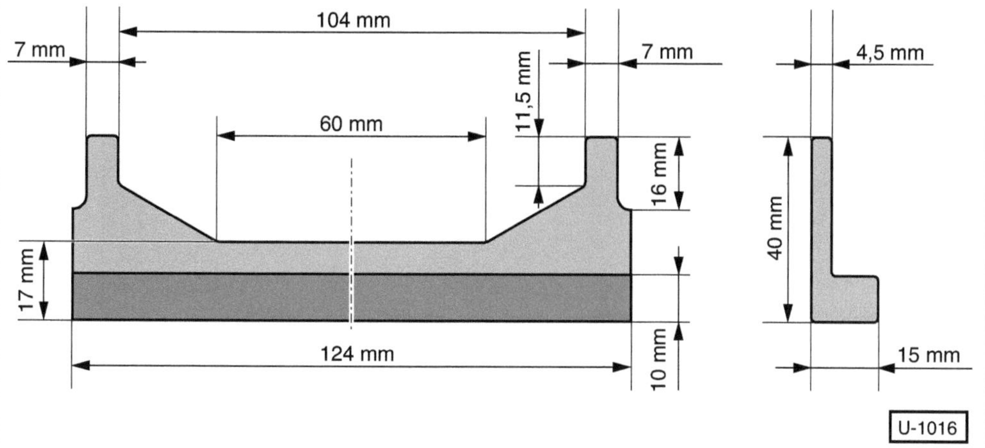

Zahnriemen aus- und einbauen/spannen

90-/110-PS-Dieselmotor

Achtung: Arbeitsschritte und Hinweise, die für alle Motoren gelten, stehen im Kapitel für den 1,6-/1,8-/2,0-l-Benzinmotor. In diesem Kapitel sind nur die Abweichungen beschrieben, die speziell den 1,9-l-Dieselmotor mit 66/81 kW beziehungsweise 90/110 PS betreffen.

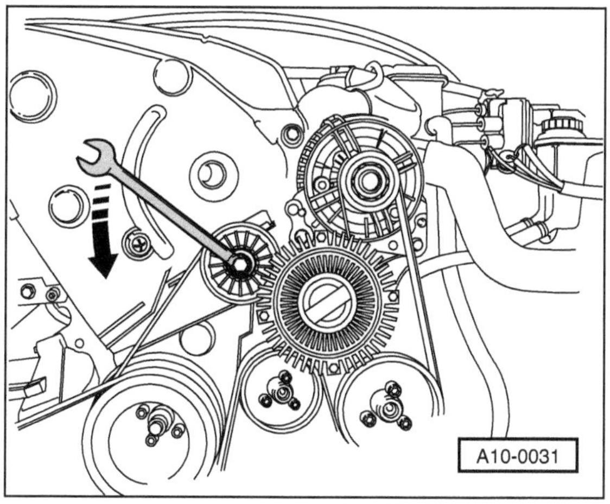

- Spannrolle für Keilrippenriemen mit einem Ringschlüssel bis zum Anschlag linksherum drehen. In dieser Stellung den oberen Zahnriemenschutz abnehmen.

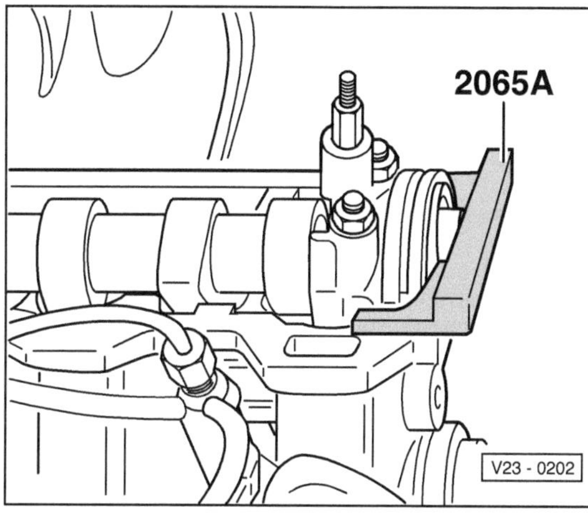

- Motor auf OT stellen. In dieser Stellung läßt sich das Einstellineal 2065A in den Schlitz der Nockenwelle einsetzen. Das Einstellineal kann auch selbst angefertigt werden, siehe Abbildung U-1016. Das Einstellineal verhindert, daß sich die Nockenwelle verdrehen kann.
- **Einstellineal parallel zum Zylinderkopf ausrichten (ausmitteln):** Dazu Motor an der Kurbelwelle etwas verdrehen, bis ein Ende des Einstellineals am Zylinderkopf anschlägt. Am anderen Ende des Einstellineals mit Fühlerlehre das entstandene Spiel messen. Fühlerlehre mit halbiertem Spielmaß zwischen Einstellineal und Zylinderkopf einschieben. Motor nun so drehen, bis das Einstellineal auf der Fühlerlehre aufliegt. Zweite Fühlerlehre mit dem gleichen Maß am anderen Ende zwischen Einstellineal und Zylinderkopf einführen.

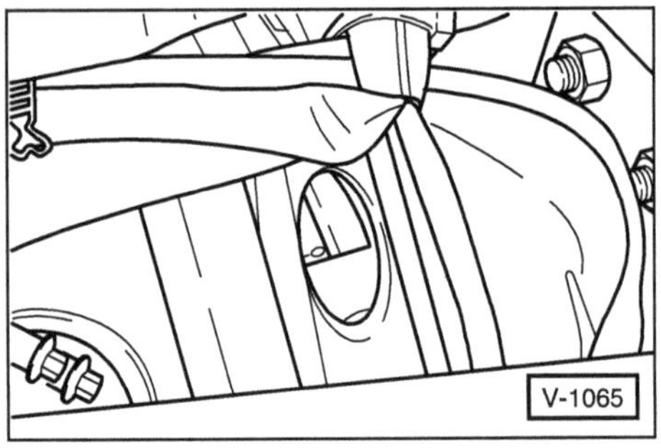

- In der Öffnung am Kupplungsgehäuse müssen sich die OT-Markierung am Schwungrad und die Bezugsmarke gegenüberstehen.

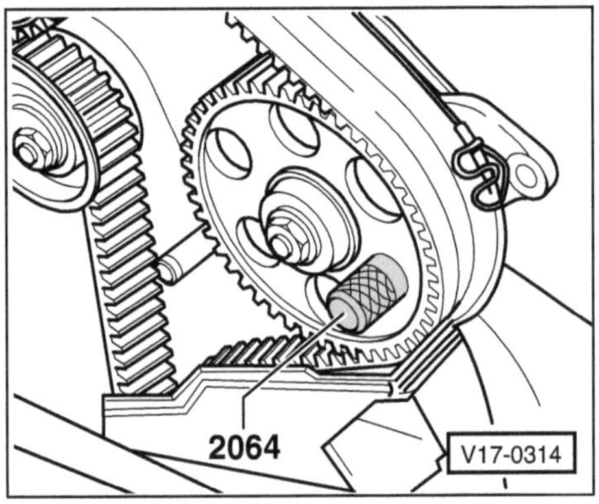

- Motoren mit **einteiligem** Einspritzpumpenrad: Absteckdorn VW-2064 in die Bohrung für Einspritzpumpenrad und Einspritzpumpenhalter einstecken und dadurch Einspritzpumpenrad arretieren. Anstelle des VW-Dorns kann auch ein anderer Dorn 15 mm ∅ und einer Länge von 36 mm verwendet werden, zum Beispiel ein Bohrerschaft.

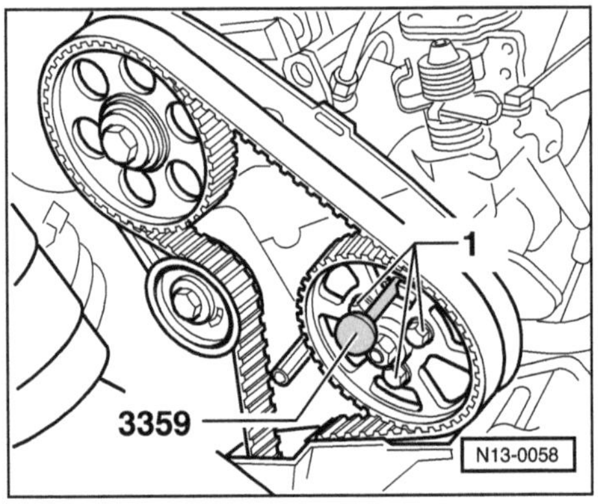

- Motoren mit **zweiteiligem** Einspritzpumpenrad: Pumpenrad mit Absteckdorn VW-3359 arretieren. Schrauben –1– nacheinander ausschrauben und durch neue Schrauben ersetzen. Schrauben mit **20 Nm** anziehen. **Achtung:** Die Zentralschraube an der Pumpennabe darf **nicht** gelöst werden, da sonst die Pumpe verstellt wird. Anstelle des VW-Dorns kann auch ein anderer Dorn mit 6 mm ∅ genommen werden, beispielsweise ein Bohrerschaft.
- Vor Abnehmen des Zahnriemens die Umlenkrolle –10– abschrauben, siehe Abbildung V-1059.

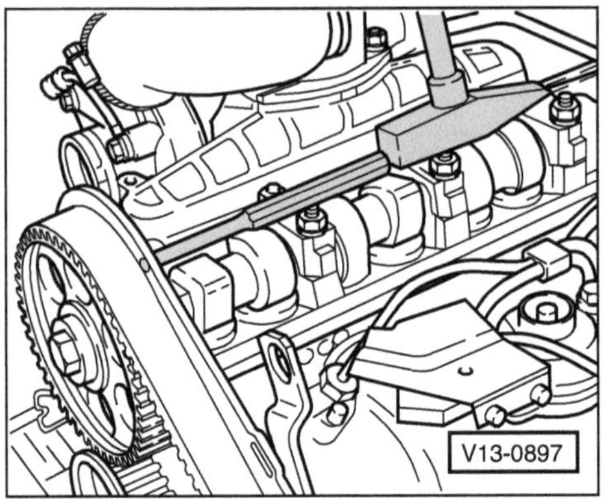

- Befestigungsschraube des Nockenwellenrades um ½ Umdrehung lösen. Nockenwellenrad durch Hammerschlag mit einem Dorn durch die Bohrung im hinteren Zahnriemenschutz vom Konus der Nockenwelle lösen.
- Umlenkrolle mit **25 Nm** anschrauben.
- Zahnriemen auflegen, bei gebrauchtem Zahnriemen unbedingt Laufrichtung beibehalten. Der angebrachte Pfeil zeigt in Drehrichtung des Motors, in Uhrzeigersinn.
- Absteckdorn für Einspritzpumpenrad entfernen.

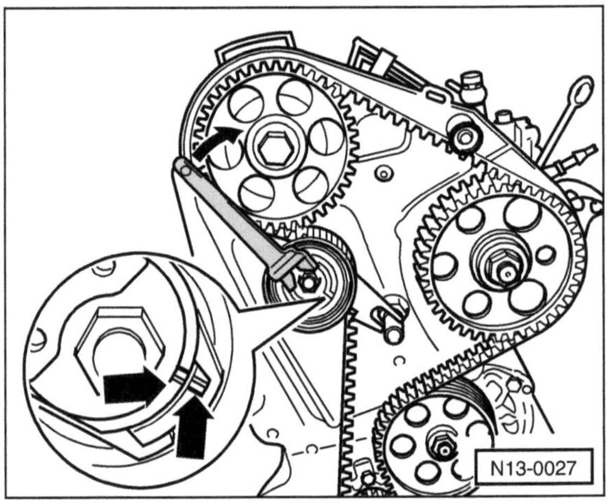

- Spannrolle mit Mutterndreher, zum Beispiel HAZET 2587, nach rechts drehen, bis sich an der Spannrolle Kerbe und Erhebung –Pfeile– gegenüber stehen.
- Klemmutter an der Spannrolle mit **20 Nm** festziehen.
- Nochmals prüfen, ob OT-Markierung am Schwungrad und Bezugsmarke übereinstimmen.
- Nockenwellenrad mit **45 Nm** anschrauben.
- Einstellineal an der Nockenwelle entfernen.
- Zahnriemenschutz, Schwingungsdämpfer, Riemenscheibe und Zylinderkopfdeckel einbauen.
- Keilrippenriemen einbauen, siehe Seite 189.
- Einspritzbeginn der Einspritzpumpe prüfen (Werkstattarbeit).

Achtung: Beim zweiteiligen Einspritzpumpenrad müssen nach der Einstellung des Einspritzbeginns die 3 Befestigungsschrauben des Rads mit **20 Nm** angezogen, dann um **90°** (¼ Umdrehung) nachgezogen werden.

Zylinderkopf aus- und einbauen

90-/110-PS-Dieselmotor

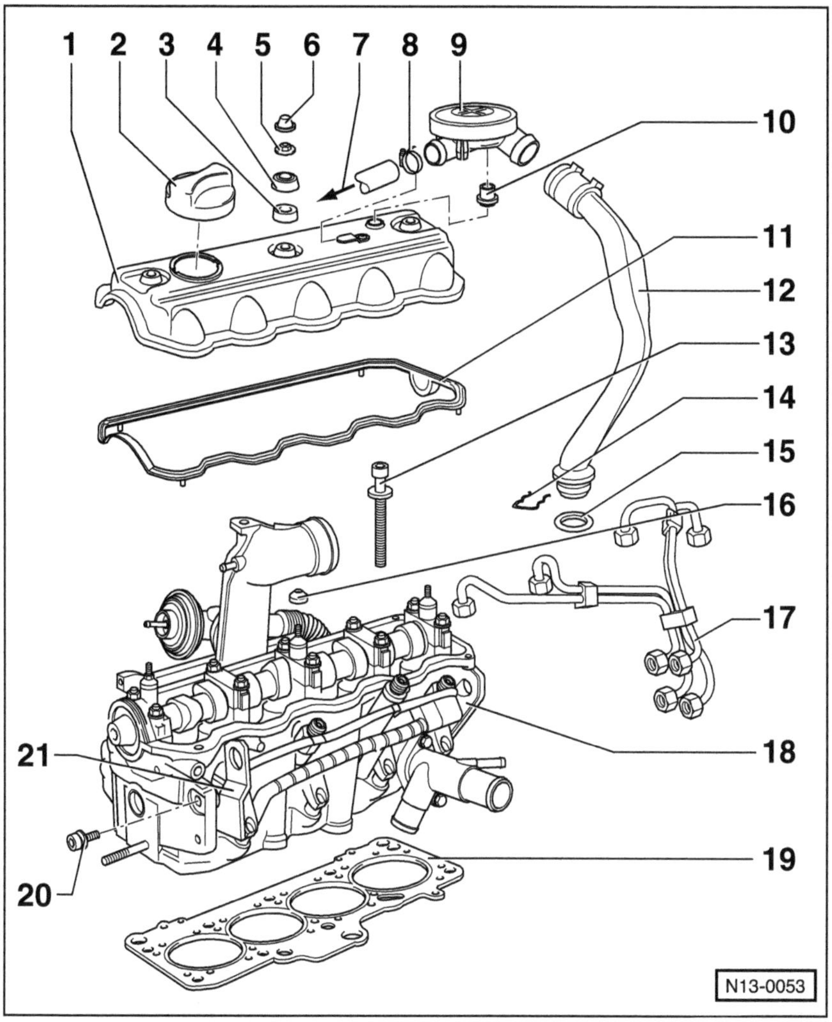

1 – **Zylinderkopfdeckel**

2 – **Öleinfülldeckel**
Dichtung bei Undichtigkeit ersetzen.

3 – **Dichtscheibe oben**
Bei Beschädigung ersetzen.

4 – **Tellerscheibe**

5 – **Mutter, 10 Nm**

6 – **Abdeckkappe**

7 – **zum Ansaugschlauch**

8 – **Halteschelle**

9 – **Druckregelventil**

10 – **Dichtung**
Bei Beschädigung ersetzen.

11 – **Dichtung für Zylinderkopfdeckel**
Noppen in die Bohrungen am Zylinderkopf einsetzen.

12 – **Kurbelgehäuse-Entlüftung**

13 – **Zylinderkopfschraube**
Immer ersetzen. Reihenfolge beim Lösen und Anziehen beachten.
Die Schrauben werden auf die gleiche Weise angezogen, wie beim 4-Zylinder-Benzinmotor.

14 – **Halteklammer**

15 – **O-Ring**
Immer ersetzen.

16 – **Dichtkegel unten**

17 – **Einspritzleitungen**
Leitungssatz immer komplett ausbauen. Biegeform nicht verändern. Mit **25 Nm** festziehen.

18 – **Zylinderkopf**
Der Diesel-Zylinderkopf darf **nicht** nachgearbeitet werden.

19 – **Zylinderkopfdichtung**
Kennzeichnung beachten.

20 – **Schraube, 20 Nm**

21 – **Aufhängeöse**

Achtung: Arbeitsschritte und Hinweise, die für alle Motoren gelten, stehen im Kapitel für den 1,6-/1,8-l-Benzinmotor. In diesem Kapitel sind nur die Abweichungen beschrieben, die speziell den 90-/110-PS-Dieselmotor betreffen.

- Zahnriemen ausbauen, siehe Seite 179.
- Elektrische Leitungen vom Absteller und den Glühkerzen abklemmen.
- Einspritzleitungen an den Anschlüssen der Pumpe und den Einspritzdüsen mit Kaltreiniger reinigen und abschrauben. Öffnungen mit entsprechenden Kappen verschließen.
- Glühkerzen/Einspritzdüsen ausbauen, siehe Seite 229/231.
- Für die Zylinderkopfschrauben wird ein Innenvielzahnschlüssel, z. B. HAZET 990 Slg-12, benötigt.
- Die Zylinderkopfschrauben anziehen wie beim 1,6-/1,8-l-Benzinmotor, siehe Seite 167.
- Der Dieselmotor-Zylinderkopf darf **nicht** nachgearbeitet werden.

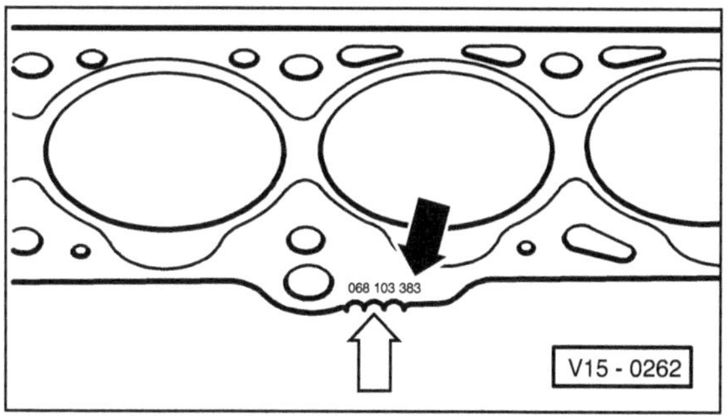

- Je nach Kolbenüberstand werden in der Dicke unterschiedliche Zylinderkopfdichtungen eingebaut. Beim Ersetzen der Zylinderkopfdichtung nur eine neue Dichtung gleicher Kennzeichnung einbauen. Schwarzer Pfeil = Ersatzteil-Nummer, weißer Pfeil = Kennzeichnung (Löcher oder Kerben), ist auch bei eingebauter Dichtung sichtbar.
- Wenn neue Kolben eingebaut werden, Kolbenüberstand prüfen und entsprechende Dichtung verwenden (Werkstattarbeit).

Zahnriemen aus- und einbauen/spannen

100-/115-/130-/136-PS-Dieselmotor

Achtung: Arbeitsschritte und Hinweise, die für alle Motoren gelten, stehen im Kapitel für den 1,6-/1,8-/2,0-l-Benzinmotor. In diesem Kapitel sind nur die Abweichungen beschrieben, die speziell den 100-/115-/130-/136-PS-Dieselmotor betreffen. Die folgende Beschreibung bezieht sich auf Fahrzeuge mit hydraulischem Spannsystem, erkennbar am vorhandenen Riemenspanndämpfer (befestigt mit den Schrauben –1– in Abbildung V-1077). Hinweise für Fahrzeuge mit reibgedämpftem Spannsystem stehen am Ende des Kapitels.

Ausbau

Achtung: Zahnriemen nur bei kaltem Motor (ca. 20° C) aus- und einbauen/spannen.

- Schloßträger in Service-Stellung bringen, siehe Seite 279/280.
- Lüfterrad von der Visco-Lüfterkupplung abschrauben.
- Umlenkhebel für den Keilrippenriemen vom Halter abschrauben.
- Mittlere Zahnriemenabdeckung ausbauen.
- Kühlmittelleitungen für den Kraftstoffkühler am Motor abschrauben und etwas nach vorn ziehen. **Achtung:** Die Kühlmittelschläuche bleiben angeschlossen.

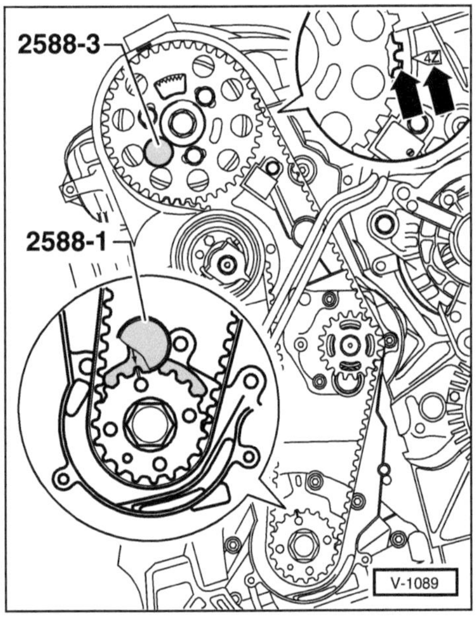

- Kurbelwelle auf OT für Zylinder 1 stellen. Dabei Kurbelwelle soweit drehen, daß die Markierung auf dem Zahnriemenrad der Kurbelwelle oben steht und der Pfeil am hinteren Zahnriemenschutz den Nasen vom Geberrad der Nabe –Pfeile– gegenübersteht. Kurbelwelle drehen, siehe Seite 161.
- Nabe des Nockenwellen-Zahnriemenrades mit Absteckstift HAZET-2588-3 arretieren. Dazu den Absteckstift durch das linksseitige freie Langloch in den Zylinderkopf stecken. **Hinweis:** Anstelle des HAZET-Werkzeuges kann auch ein Dorn mit 6 mm ∅ genommen werden.
- Zahnriemenrad der Kurbelwelle mit Spezialwerkzeug HAZET-2588-1 (Kurbelwellenstop) arretieren. Dazu »Kurbelwellenstop« von der Stirnseite des Zahnriemenrades her, so in dessen Verzahnung schieben, daß der Zapfen des Werkzeuges in den Dichtflansch eingreift.

Achtung: Die Markierungen auf dem Kurbelwellen-Zahnriemenrad und dem Arretierungswerkzeug müssen sich gegenüberstehen. Dabei muß der Zapfen des Werkzeuges in die Bohrung des Dichtflansches eingreifen. Steht das Werkzeug nicht zur Verfügung, OT-Markierung auf dem Dichtflansch anbringen.

- Laufrichtung des Zahnriemens kennzeichnen.

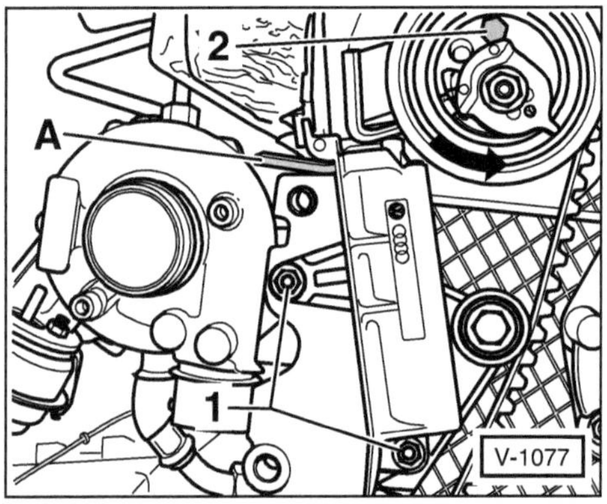

- Spannrolle am Innensechskant –2– gegen den Uhrzeigersinn –Pfeilrichtung– drehen, bis das Sperrblättchen HAZET 2588-2 –A– eingesetzt werden kann. Dadurch wird die Spannrolle arretiert.

Achtung: Wenn der Inbusschlüssel nicht weit genug in die Spannrolle eingesteckt wird, besteht die Gefahr, daß der Innensechskant ausbricht.

- Befestigungsmutter der Spannrolle lösen.
- Befestigungsschrauben –1– herausdrehen und Spannvorrichtung abnehmen.
- Zahnriemen abnehmen.

Einbau

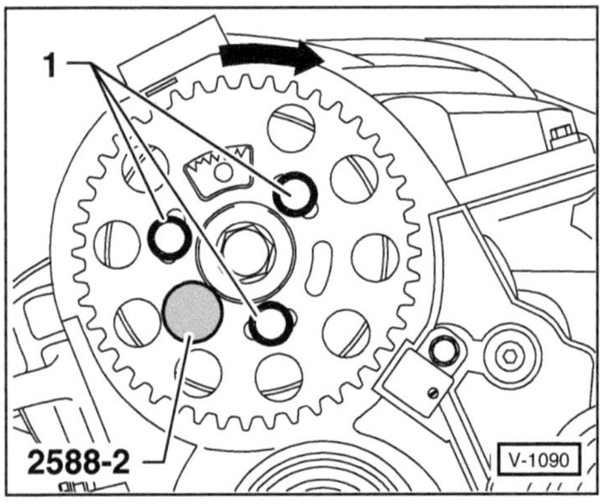

- Befestigungsschrauben –1– lösen, bis sich das Nockenwellenrad in den Langlöchern verdrehen läßt.
- Nockenwellenrad im Uhrzeigersinn –Pfeilrichtung– in den Langlöchern auf Anschlag drehen.

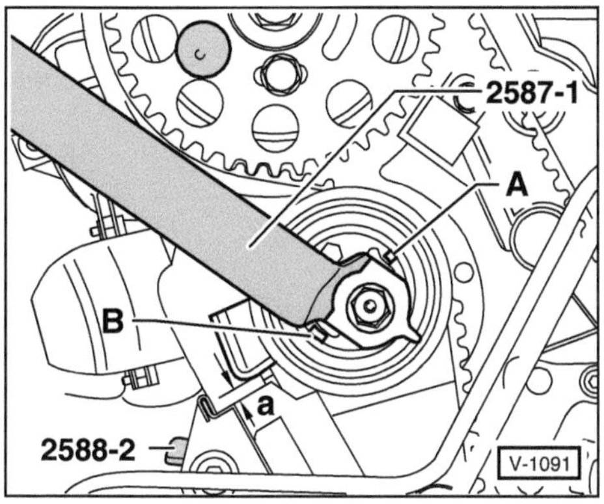

- Exzenter mit dem Mutterndreher HAZET 2587-1 vorsichtig im Uhrzeigersinn drehen, bis die Nase des Exzenters unmittelbar vor dem Anschlag –B– liegt.
- Zahnriemen auflegen auf Nockenwellenrad, Spannrolle, Kurbelwellenrad und zuletzt auf das Kühlmittelpumpenrad.
- Spannvorrichtung für Zahnriemen einbauen.
- Exzenter mit dem Mutterndreher HAZET 2587-1 gegen den Uhrzeigersinn, in Richtung Anschlag –A–, drehen, bis das Sperrplättchen leicht herausgezogen werden kann.
- Zahnriemen spannen. Dazu Exzenter im Uhrzeigersinn, in Richtung Anschlag –B–, drehen, bis das Maß a = 4 ± 1 mm beträgt. **Achtung:** Maß –a– mit einem Bohrerschaft von 4 mm ∅ **großzügig** einstellen. **Hinweis:** Bei warmem Motor kann sich das Maß –a– von 4 mm bis auf 1 mm verringern, daher Einstellung nur bei kaltem Motor vornehmen.
- In dieser Stellung die Spannrolle festhalten und die Klemmutter mit **20 Nm** + **45°** (1/8 Umdrehung) festziehen.
- Befestigungsschrauben des Nockenwellen-Zahnriemenrades mit **25 Nm** festziehen.
- Absteckstift und Kurbelwellen-Arretierwerkzeug abnehmen.
- Kurbelwelle 2 Umdrehungen in Motordrehrichtung weiterdrehen und wieder auf OT für Zylinder 1 stellen.
- Kurz bevor die OT-Stellung nach der zweiten Umdrehung erreicht wird, Kurbelwellen-Arretierwerkzeug in der Drehbewegung mit dem Zapfen in den Dichtflansch einsetzen. Läßt sich das Werkzeug nicht einsetzen, Kurbelwelle 1/4 Umdrehung zurückdrehen und erneut auf OT stellen. **Achtung:** Zum Einsetzen des Arretierwerkzeuges darf der Motor **nicht** zurückgedreht werden. Steht das Arretierwerkzeug nicht zur Verfügung, Übereinstimmung der beim Ausbau angebrachten OT-Markierungen prüfen.
- Nabe des Nockenwellen-Zahnriemenrades mit dem Absteckstift HAZET 2588-3 arretieren und Maß –a– prüfen.
- Wird das Maß –a– nicht erreicht, Zahnriemen nachspannen. Dazu Spannrolle mit Mutterndreher festhalten und Klemmutter lösen. Spannvorrichtung auf das Maß a = 4 mm einstellen. Klemmutter mit **20 Nm** + **45°** (1/8 Umdrehung) festziehen.
- Läßt sich der Absteckstift nicht einstecken, Befestigungsschrauben für Nockenwellenrad lösen und Nabe soweit verdrehen, bis der Absteckstift paßt.
- Wurde die Einstellung der Zahnriemenspannung oder die Stellung der Nabe des Nockenwellenrades geändert, Kurbelwelle 2 Umdrehungen in Motordrehrichtung weiterdrehen und wieder auf OT für Zylinder 1 stellen. Anschließend Arretierung von Kurbelwelle, Nabe des Nockenwellenrades und Maß –a– erneut prüfen.
- Kurbelwellen-Riemenscheibe mit **10 Nm** anschrauben. Anschließend Befestigungsschrauben 1/4 **Umdrehung (90°)** weiterdrehen.
- Kühlmittelleitungen für den Kraftstoffkühler am Motor anschrauben.
- Mittlere Zahnriemenabdeckung einbauen.
- Umlenkhebel für den Keilrippenriemen am Halter anschrauben.
- Lüfterrad an die Visco-Lüfterkupplung anschrauben.
- Schloßträger einbauen, siehe Seite 279.
- Scheinwerfereinstellung prüfen, siehe Seite 87.

Speziell Zahnriemen spannen beim Pumpe-Düse-Dieselmotor mit reibgedämpftem Zahnriemen-Spannsystem

Achtung: Hier werden nur die Abweichungen gegenüber dem Dieselmotor mit hydraulischem Spannsystem beschrieben.

Entspannen

- Befestigungsschrauben für Nockenwellenrad lösen.

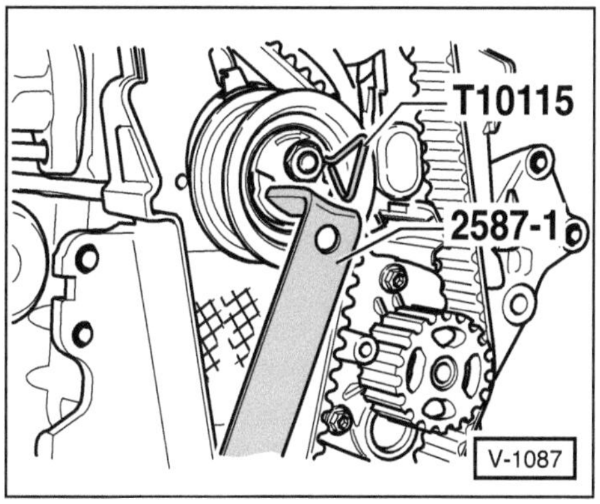

- Mutter der Spannrolle lösen. Spannrolle mit Mutterndreher im Gegenuhrzeigersinn drehen, bis sie mit einem geeigneten Absteckstift, zum Beispiel VW-T10115, arretiert werden kann. Anschließend Mutterndreher im Uhrzeigersinn bis zum Anschlag drehen und Befestigungsmutter handfest anziehen.
- Zahnriemen abnehmen, zuerst von der Kühlmittelpumpe.

Spannen

- Prüfen, ob die Lasche der Spannrolle in den Zahnriemenschutz hinten eingreift.

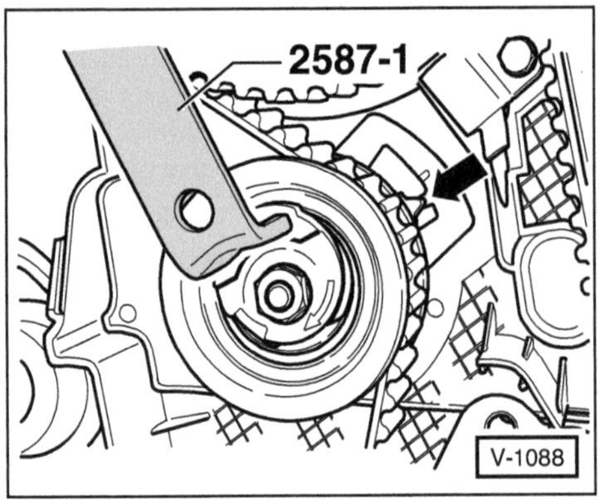

- Klemmutter lösen, Spannrolle mit Mutterndreher im Gegenuhrzeigersinn drehen und Absteckstift herausziehen.
- Spannrolle mit Mutterndrehr im Uhrzeigersinn drehen, bis der Zeiger mittig in der Lücke der Grundplatte steht –Pfeil–.
- Spannrolle in dieser Position festhalten und Befestigungsmutter mit **20 Nm** und **45°** (⅛ Umdrehung) festziehen.

Zylinderkopf aus- und einbauen

100-/115-/130-PS-Dieselmotor

Achtung: Arbeitsschritte und Hinweise, die für alle Motoren gelten, stehen im Kapitel für den 1,6-/1,8-l-Benzinmotor. In diesem Kapitel sind nur die Abweichungen beschrieben, die speziell den 100-/115-/130-PS-Dieselmotor betreffen.

- Zahnriemen ausbauen, siehe Seite 182.
- Spannrolle abschrauben.
- Hintere Zahnriemenabdeckung abschrauben.
- Zentralsteckverbindung für Pumpe-Düse-Einheiten abziehen.
- Kraftstoffleitungen von der Tandempumpe für Kraftstoff- und Unterdruckversorgung abziehen.
- Zylinderkopf abnehmen und vorsichtig auf 2 Holzleisten ablegen. Darauf achten, daß geöffnete Ventile, Einspritzdüsen und Glühkerzen nicht beschädigt werden.
- Der Diesel-Zylinderkopf darf **nicht** nachgearbeitet werden.

Achtung: Vor dem Einsetzen der Zylinderkopfschrauben, Unterlegscheiben in den Zylinderkopf einlegen.

- Die Zylinderkopfschrauben werden wie beim 1,6-/1,8-l-Benzinmotor angezogen, siehe Seite 167.
- Kraftstoffleitungen an der Tandempumpe für Kraftstoff- und Unterdruckversorgung aufschieben und mit Federbandschellen sichern. **Achtung:** Leitungen nicht vertauschen. Der Vorlaufschlauch vom Kraftstoffilter ist weiß beziehungsweise hat eine weiße Markierung; der Rücklaufschlauch ist blau beziehungsweise hat eine blaue Markierung. Im Rücklaufschlauch sitzt im Bereich des Filteranschlusses der Geber für Kraftstofftemperatur.

Anzugsdrehmomente für den Einbau:

Nabe für Nockenwellenrad an Nockenwelle	**100 Nm**
Hintere Zahnriemenabdeckung	**10 Nm**
Zylinderkopfdeckel, zuerst alle Schrauben handfest anziehen, dann mit	**10 Nm**
Aufhängeöse	**20 Nm**
Glühkerze	**15 Nm**
Zahnriemen-Spannrolle	**30 Nm**
Tandempumpe	**25 Nm**
Halter für Kraftstoffilter	**20 Nm**

2,5-l-Dieselmotor

Zahnriemen aus- und einbauen/spannen

Achtung: Arbeitsschritte und Hinweise, die für alle Motoren gelten, stehen im Kapitel für den 1,6-/1,8-l-Benzinmotor. In diesem Kapitel sind nur die Abweichungen beschrieben, die den 2,5-l-Dieselmotor betreffen.

- Keilrippenriemen und Viscolüfter ausbauen, siehe Seite 189/200.

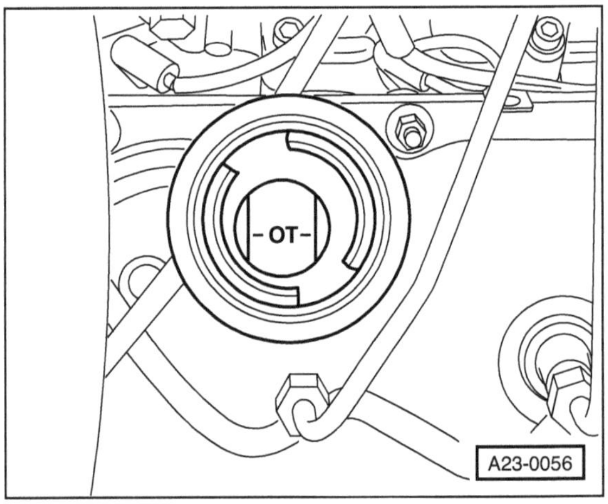

- Motor auf OT für Zylinder 3 drehen. Dazu Öleinfülldeckel abnehmen und Kurbelwelle mit Steckschlüssel an der Zentralschraube der Riemenscheibe rechtsherum durchdrehen, bis auf der Nockenwelle die Aufschrift »OT« sichtbar wird.
- Kurbelwelle in dieser Stellung mit dem Dorn VW-3242 oder KLANN KL-0280-10 arretieren, siehe dazu Abbildung V13-0831 auf Seite 175.

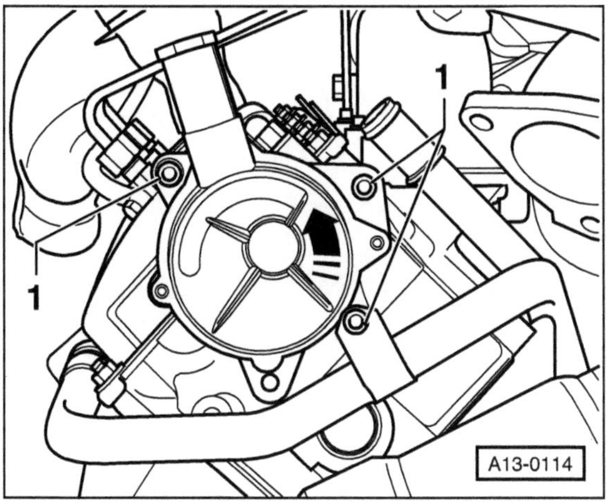

- Vakuumpumpe an linker Zylinderkopf-Stirnseite ausbauen, dazu Schrauben –1– ausschrauben und Pumpe linksherum drehen.
- An der rechten Zylinderkopf-Stirnseite befindet sich ein Verschlußdeckel. Verschlußdeckel abschrauben. **Hinweis:** Nach dem Ausbau muß der Verschlußdeckel immer erneuert werden.

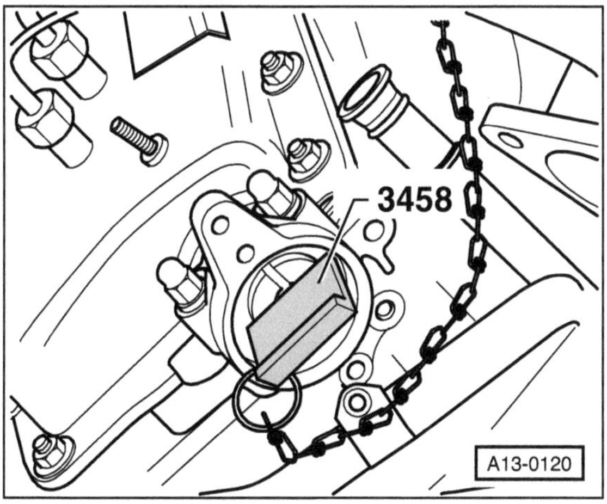

- Nockenwellenfixierungen VW-3458 an beiden Zylinderköpfen in den Schlitz der Nockenwelle einsetzen und mit der Kette gegen Herunterfallen sichern. Steht das Werkzeug nicht zur Verfügung, passende Lineale (Breite 40 mm, Dicke 5 mm) anfertigen und in die Nockenwelle einsetzen.

Achtung: Die Nockenwellenfixierungen dürfen nicht als Gegenhalter beim Lösen der Nockenwellenräder verwendet werden.

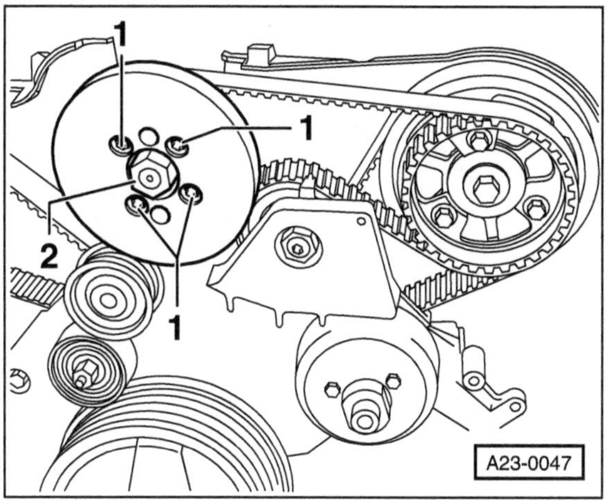

- Schwingungsdämpfer des Einspritzpumpenrades mit Schrauben –1– abschrauben.

Achtung: Die Mutter –2– des Einspritzpumpenrades darf auf keinen Fall gelöst werden. Die Grundeinstellung der Einspritzpumpe ist sonst verstellt und kann mit Werkstattmitteln nicht eingestellt werden.

- Spanner für Einspritzpumpenzahnriemen lösen, siehe Abbildung U-1009. Zahnriemen für Einspritzpumpe abnehmen. **Achtung:** Wird der bisherige Zahnriemen wiederverwendet, Laufrichtung, von vorn gesehen in Uhrzeigersinn, mit Kreide oder Fettstift am Zahnriemen kennzeichnen. Er muß in gleicher Lage wieder eingebaut werden.
- Riemenscheibe (Schwingungsdämpfer) mit Innensechskantschrauben von der Kurbelwelle abschrauben. **Hinweis:** Das Lösen der Zentralschraube ist nicht erforderlich.

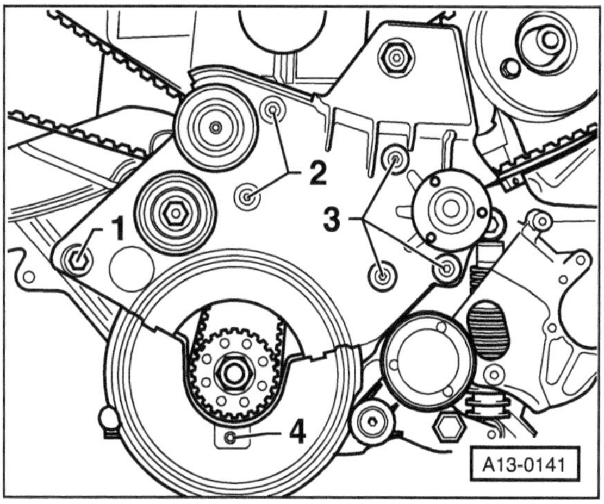

- Viscolüfterhalter und Umlenkrollen mit Schrauben –1–, –2–, –3– abschrauben.
- Unteren Deckel für das Kurbelwellenrad mit Schraube –4– abschrauben.
- Antriebsrad für Einspritzpumpen-Zahnriemen mit 3 Schrauben am Nockenwellenrad abschrauben. Die Zentralschraube muß dazu nicht gelöst werden.

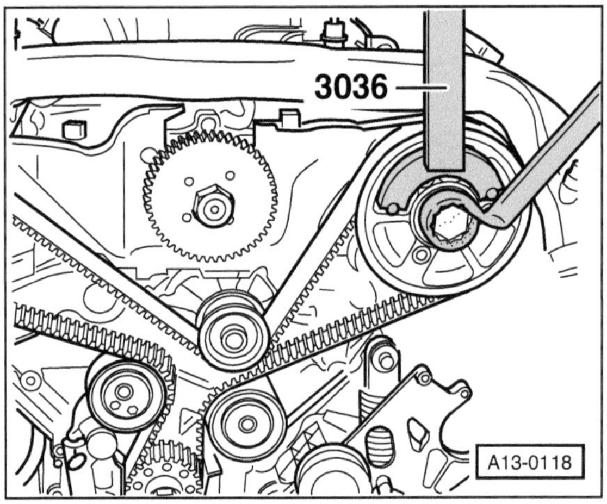

- Zahnriemenräder an beiden Nockenwellen abschrauben, dabei die Zahnriemenräder mit einem geeigneten Werkzeug, zum Beispiel VW-3036 oder KLANN-0315, gegenhalten.

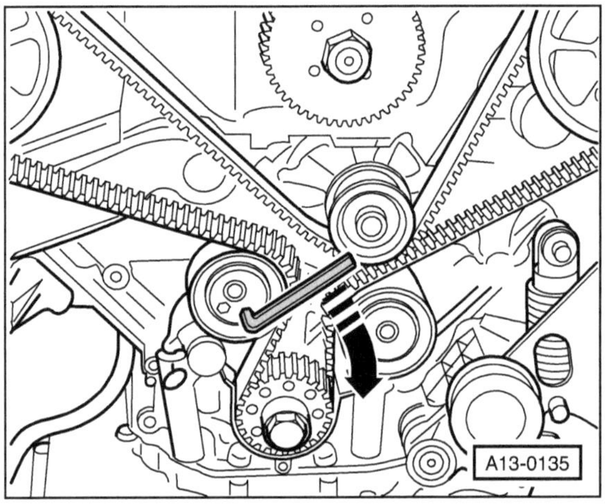

- Zahnriemenspannrolle mit 8 mm-Innensechskantschlüssel langsam nach rechts drehen, bis das Spannelement so weit zusammengedrückt ist, daß ein Federsplint mit 2 mm ∅ in die Bohrung und in den Stößel paßt. Splint einsetzen, die Spannrolle ist jetzt arretiert. Innensechskantschlüssel loslassen.
- Befestigungsschrauben der beiden Nockenwellenräder um ca. 5 Umdrehungen lösen, nicht abschrauben.
- Beide Nockenwellenräder mit handelsüblichem Klauenabzieher vom Konus der Nockenwelle lösen. Der Abzieher stützt sich auf der Befestigungsschraube für das Nockenwellenrad ab.
- Linkes Nockenwellenrad zusammen mit dem Zahnriemen abnehmen. **Achtung:** Wird der bisherige Zahnriemen wiederverwendet, unbedingt Laufrichtung des Motors, von vorn gesehen in Uhrzeigersinn, mit Kreide oder Fettstift am Zahnriemen kennzeichnen Er muß in gleicher Lage wieder eingebaut werden. Sonst kann er reißen, was schwere Motorschäden verursacht.

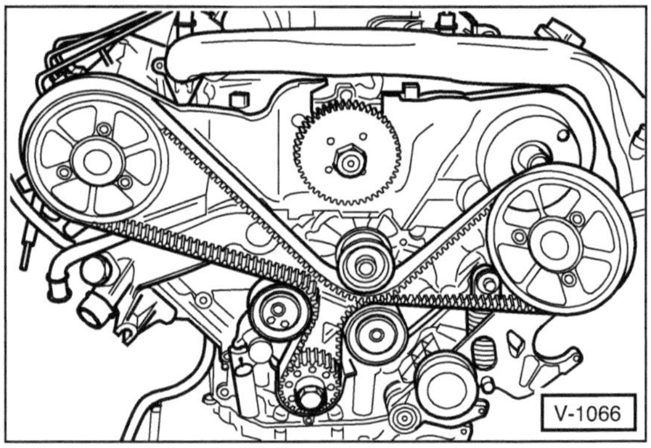

- Zahnriemen zuerst auf Kurbelwellenrad, dann auf die Spannrolle, rechte Nockenwelle und Kühlmittelpumpe auflegen.
- Linkes Nockenwellenrad zusammen mit dem Zahnriemen aufsetzen. Nockenwellenrad leicht anschrauben.

Achtung: Beide Nockenwellenräder müssen auf dem Konus so lose sein, daß sie sich auf den Nockenwellen verdrehen lassen, jedoch nicht kippen können. Dazu Befestigungsschrauben bis zur Anlage leicht anschrauben.

- Zahnriemen-Spannrolle entlasten und Splint herausziehen. Spannrolle loslassen, dadurch wird der Zahnriemen automatisch gespannt. Drehmomentschlüssel am Innensechskant der Spannrolle ansetzen und mit **15 Nm** in Spannrichtung (linksherum) drehen und halten, damit der Zahnriemen richtig vorgespannt ist.
- Sicherstellen, daß die Schraube an der Zahnriemenspannrolle mit **45 Nm** festgezogen ist.
- Bei vorgespanntem Zahnriemen von einem Helfer beide Nockenwellenräder mit **80 Nm** festziehen lassen, dabei Nockenwellenräder mit Werkzeug gegenhalten. Drehmomentschlüssel an der Spannrolle abnehmen. **Achtung:** Die beim Ausbau angebrachten Fixierwerkzeuge an der Nockenwellen-Stirnseite dürfen nicht als Gegenhalter verwendet werden.
- Viscolüfterhalter, Umlenkrollen und unteren Deckel mit Schrauben –1– bis –4– anschrauben, siehe Abbildung A13-0141. **Anzugsdrehmomente:** Schraube 1 = **45 Nm;** Schrauben 2 = **10 Nm**; Schrauben 3 = **20 Nm**; Schraube 4 = **10 Nm.**

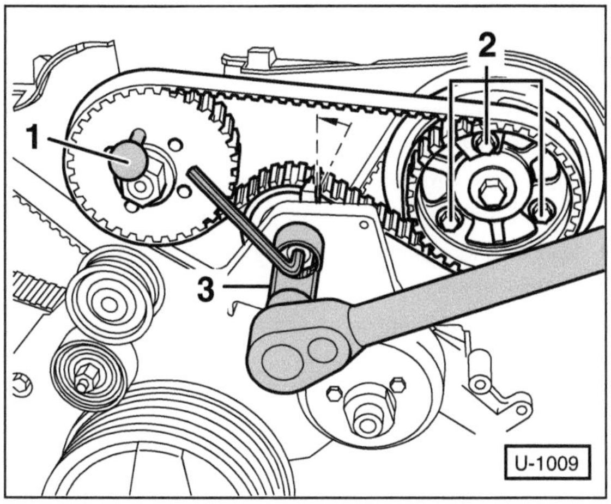

- Einspritzpumpenrad mit dem Dorn VW-3359 –1– arretieren, dazu Dorn durch die Bohrung des Einspritzpumpenrades in die dahinter liegende Bohrung im Motorblock stecken. Steht das Werkzeug nicht zur Verfügung, kann auch ein anderer Dorn ∅ 6 mm, Länge 59 mm verwendet werden. **Hinweis:** Der Zahnriemen für die Einspritzpumpe ist noch nicht aufgelegt, im Unterschied zur Abbildung.
- Zahnriemenrad für Einspritzpumpenantrieb an das Nockenwellenrad mit Schrauben –2– leicht anschrauben, noch nicht festziehen. Zahnriemenrad so ausrichten, daß die Schrauben –2– in der Mitte der Langlöcher liegen.
- Zahnriemen für Einspritzpumpenantrieb auflegen. Wird der bisherige Zahnriemen wieder eingebaut, die vor Ausbau gekennzeichnete Laufrichtung beibehalten.
- Zahnriemenspannrolle mit Innensechskantschlüssel entgegen dem Uhrzeigersinn drehen, bis der Zeiger an der Spannrolle gegenüber der angebrachten Markierung steht. In dieser Stellung die Befestigungsmutter mit einem tiefgekröpften Ringschlüssel oder Sonderwerkzeug –3– (VW-3078) mit **36 Nm** festziehen.
- Schrauben –2– am Zahnriemenrad für Einspritzpumpenantrieb mit **20 Nm** festziehen.

Achtung: Fixierdorne an der Kurbelwelle und am Einspritzpumpenrad entfernen. Verschlußstopfen mit 10 Nm in den Zylinderblock einschrauben.

- Nockenwellenfixierungen an der Hinterseite der Zylinderköpfe entfernen.
- Kurbelwelle um 2 Umdrehungen weiterdrehen und wieder auf OT für Zylinder 3 stellen. Stellung der Nockenwellen mit Fixierwerkzeug überprüfen.
- Markierungen am Zahnriemenspanner der Einspritzpumpe überprüfen, sie müssen übereinstimmen, andernfalls Zahnriemenspannung korrigieren.
- Nockenwellen-Fixierwerkzeug abnehmen.
- Schwingungsdämpfer des Einspritzpumpenrades mit Schrauben –1– und **20 Nm** anschrauben, siehe Abbildung A23-0047.
- Schwingungsdämpfer mit Innensechskantschrauben an der Kurbelwelle mit **25 Nm** anschrauben. Der Schwingungsdämpfer läßt sich durch die Arretiernasen am Zahnriemenrad nur in einer Stellung aufsetzen.
- Vakuumpumpe am linken Zylinderkopf mit **10 Nm** anschrauben.
- Verschlußdeckel am rechten Zylinderkopf immer erneuern, mit **10 Nm** anschrauben.
- Keilrippenriemen und Viscolüfter einbauen, siehe Seite 189/200.
- Einspritzbeginn der Einspritzpumpe dynamisch prüfen lassen (Werkstattarbeit).

Anzugsreihenfolge der Zylinderkopfschrauben

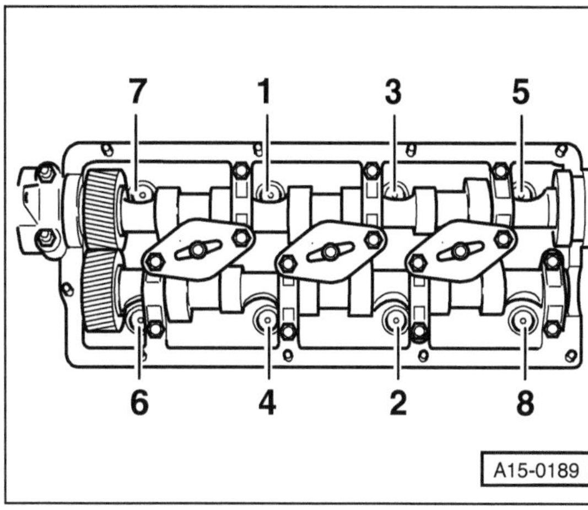

- Die Zylinderkopfschrauben werden in 4 Stufen angezogen. Schrauben in jeder Stufe jeweils in der Reihenfolge von 1 bis 8 anziehen.

1. Stufe: mit Drehmomentschlüssel **35 Nm**

2. Stufe: mit Drehmomentschlüssel **60 Nm**

3. Stufe: **1/4 Umdrehung (90°)** mit **starrem** Schlüssel ohne abzusetzen weiterdrehen.

4. Stufe: **1/4 Umdrehung (90°)** mit **starrem** Schlüssel ohne abzusetzen weiterdrehen.

Kompression prüfen

Die Kompressionsprüfung erlaubt Rückschlüsse über den Zustand des Motors. Und zwar läßt sich bei der Prüfung feststellen, ob die Ventile oder die Kolben (Kolbenringe) in Ordnung beziehungsweise verschlissen sind. Außerdem zeigen die Prüfwerte an, ob der Motor austauschreif ist beziehungsweise komplett überholt werden muß. Für die Prüfung wird ein Kompressionsdruckprüfer benötigt, der für Benzinmotoren recht preiswert in Fachgeschäften angeboten wird.

Achtung: Für den Dieselmotor wird ein Kompressionsdruckprüfer mit größerem Meßbereich, bis ca. 40 bar, benötigt.

Der Druckunterschied zwischen den einzelnen Zylindern darf maximal 3,0 bar (Dieselmotor 5,0 bar) betragen. Falls ein oder mehrere Zylinder gegenüber den anderen einen Druckunterschied von mehr als 3,0 bar (Dieselmotor 5,0 bar) haben, ist dies ein Hinweis auf defekte Ventile, verschlissene Kolbenringe beziehungsweise Zylinderlaufbahnen. Ist die Verschleißgrenze erreicht, muß der Motor überholt beziehungsweise ausgetauscht werden.

Motor	Kompressionsdruck in bar	
	Neu	Verschleißgrenze
1,6-/2,0-/2,3-l-Benziner	10 – 13	7,5
1,8-/2,8-l-Benz. (außer Turbo)	9 – 14	7,5
1,8-l-Benziner (Turbo)	10 – 13	7,0
1,9-/2,0-l-Diesel	25 – 31	19,0
2,5-l-Diesel	27 – 33	24,0

- Zur Prüfung der Kompression muß die Motoröltemperatur mindestens +30° C betragen. Der Ölfilter ist dann gut handwarm, gegebenenfalls Motor warmfahren. Die Motortemperatur darf nicht zu hoch sein, da sonst beim Herausschrauben der Zündkerzen das Gewinde im Zylinderkopf beschädigt werden kann.
- Zündung ausschalten.
- Sämtliche Zündkerzen ausbauen, siehe Seite 26.
- **1,6-/1,8-/2,0-l-Benzinmotor:** Mehrfachstecker von Zündspule(n) abziehen. **Motor ALZ/AWT/ALT:** Sicherung Nr. 32, **Motor AZM:** Sicherung Nr. 34 herausziehen.
- **2,3-l-Benzinmotor:** Luftansaugschlauch zwischen Luftfilter und Saugrohr ausbauen, dazu Schlauchschellen lösen und Stecker vom Luftmassenmesser abziehen. Ansaugschlauch zusammen mit dem Kurbelgehäuse-Entlüftungsventil abnehmen.
- **2,3-/2,8-l-Benzinmotor:** Stecker von der Leistungsendstufe der Zündung abziehen. Die Leistungsendstufe ist zwischen Steuergerät und Zündspulen geschaltet.
- **2,8-l-Benzinmotor:** Alle elektrischen Stecker von den Einspritzventilen abziehen, oder Sicherung Nr. 28 für Kraftstoffpumpe abziehen.
- Motor mit Anlasser durchdrehen, damit Rückstände und Ruß herausgeschleudert werden. **Achtung:** Getriebe in Leerlaufstellung und Handbremse angezogen.

Sicherheitshinweis:
Bei diesem Vorgang **nicht** über den Motor beugen, Verletzungsgefahr durch herausgeschleuderte Rußpartikel.

- Kompressionsdruckprüfer entsprechend der Bedienungsanleitung in die Zündkerzenöffnung drücken oder einschrauben.
- Von Helfer Gaspedal ganz durchtreten lassen und während der ganzen Prüfung mit dem Fuß festhalten.
- Motor ca. 8 Umdrehungen drehen lassen, bis kein Druckanstieg mehr auf dem Meßgerät erfolgt.
- Nacheinander sämtliche Zylinder prüfen und mit Sollwert vergleichen.
- Anschließend Zündkerzen einbauen, siehe Seite 26.
- Stecker für Leistungsendstufe/Zündspule, beim 6-Zylinder-Motor Stecker für Einspritzventile beziehungsweise Sicherung für Kraftstoffpumpe aufstecken.
- **2,3-l-Benzinmotor:** Luftansaugschlauch zwischen Luftfilter und Saugrohr mit Schlauchschellen befestigen. Stecker für Luftmassenmesser aufstecken.

Achtung: Beim Benziner wird durch Abziehen der Anschlußstecker ein Fehler im Motor-Steuergerät abgespeichert. Es empfiehlt sich, den gespeicherten Fehler baldmöglichst von einer VW-Werkstatt löschen zu lassen.

Speziell Dieselmotor

- **90-/110-PS-Dieselmotor:** Steckverbindung zum Mengenstellwerk an der Einspritzpumpe abziehen. Elektrische Leitung vom Absteller an der Einspritzpumpe abziehen, damit kein Kraftstoff eingespritzt wird.
- **100-/115-/130-/136-PS-Dieselmotor:** Zentralstecker von den Pumpe-Düse-Einheiten abziehen. **Achtung:** Dadurch wird ein Fehler im Fehlerspeicher des Motorsteuergerätes abgelegt. Daher nach der Kompressionsprüfung Fehlerspeicher löschen (Werkstattarbeit).
- **150-PS-Dieselmotor:** Steckverbindung zur Einspritzpumpe trennen.
- Alle Glühkerzen ausbauen, siehe Seite 229.

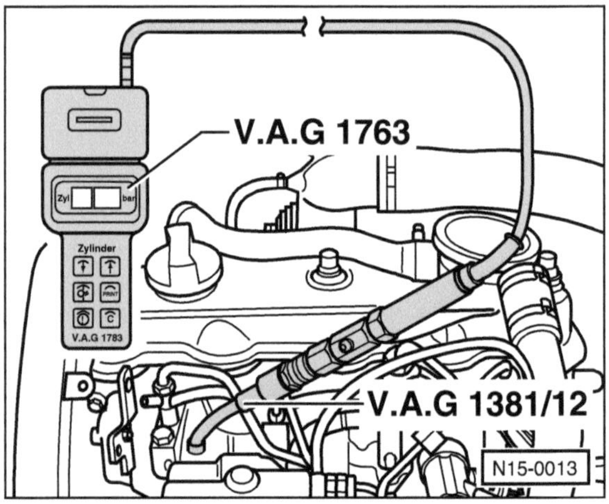

- Kompressionsdruckprüfer mit flexiblem Verbindungsschlauch anstelle der Glühkerzen einschrauben.

Achtung: Der angegebene Kompressionsdruck hat nur für die Prüfung mit dem in der Abbildung angegebenen V.A.G-Kompressionsdruckprüfer Gültigkeit. Mit anderen Meßgeräten kann nur die Abweichung der einzelnen Zylinder untereinander geprüft werden.

- Motor ca. 8 Umdrehungen drehen lassen, bis kein Druckanstieg mehr auf dem Meßgerät angezeigt wird.
- Glühkerzen einschrauben und mit **15 Nm** festziehen. Leitungen anschließen.
- Leitung an Absteller und Kraftstoffmengensteller der Einspritzpumpe aufstecken.

Achtung: Beim Dieselmotor wird durch das Trennen der Steckverbindungen zur Einspritzpumpe ein Fehler im Motor-Steuergerät abgespeichert. Es empfiehlt sich, den gespeicherten Fehler baldmöglichst von einer VW-Werkstatt löschen zu lassen.

Keilrippenriemen aus- und einbauen

Ein Keilrippenriemen ist breiter als ein herkömmlicher Keilriemen und besitzt mehrere längslaufende Rippen. Der Keilrippenriemen treibt Nebenaggregate wie Generator, Servopumpe, Kühlerlüfter und je nach Motor auch den Klimakompressor oder die Kühlmittelpumpe an. 4-Zylinder-Motoren mit Klimaanlage haben einen separaten Keilrippenriemen für den Antrieb des Klimakompressors. **Achtung:** Beim 1,6-/1,8-l-Benzinmotor wird die Kühlmittelpumpe durch einen zusätzlichen, schmalen Keilriemen angetrieben, der Ausbau wird in einem separaten Kapitel beschrieben.

1,6-/1,8-l-Benziner/1,9-/2,0-l-Diesel

Keilrippenriemen für Klimakompressor ausbauen

- Keilrippenriemen für Hydraulikpumpe, Generator und Kühlerlüfter ausbauen.
- Wird der bisherige Keilrippenriemen wieder eingebaut, Laufrichtung kennzeichnen. Dazu mit Filz- oder Fettstift auf dem Riemen einen Pfeil in Laufrichtung anbringen. Der Motor dreht, von vorn gesehen, rechts herum, also im Uhrzeigersinn.

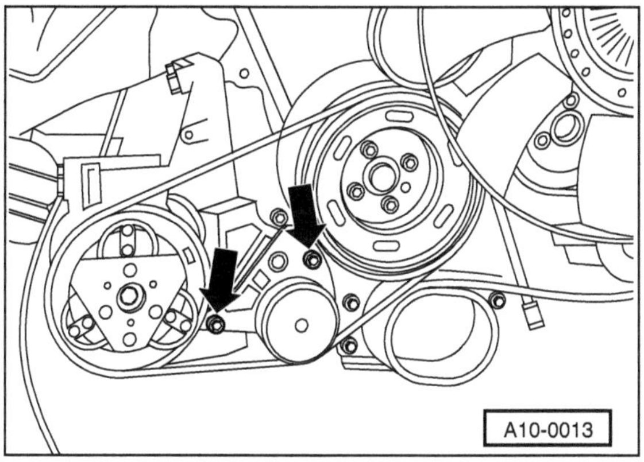

- Schrauben –Pfeile– für Riemenspanner lösen, Keilrippenriemen abnehmen.

Einbau

- Keilrippenriemen auflegen.

Achtung: Wird der bisherige Riemen wieder eingebaut, Markierung der Laufrichtung beachten. Ein Einbau entgegen der bisherigen Laufrichtung erhöht den Verschleiß des Riemens beziehungsweise kann diesen zerstören. Daher Keilrippenriemen immer so einbauen, daß der angebrachte Pfeil in Laufrichtung des Motors zeigt, also in Uhrzeigersinn.

- Sicherstellen, daß der Keilrippenriemen in sämtlichen Riemenscheiben bündig sitzt.

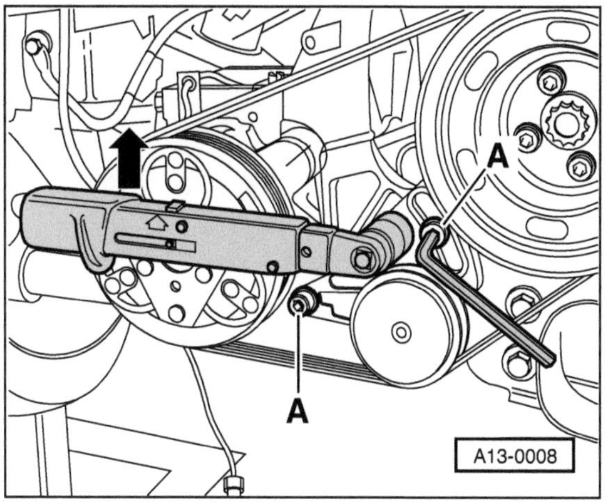

- Drehmomentschlüssel an Spannrollenhalter ansetzen und mit **25 Nm** spannen. In dieser Stellung Schrauben –A– mit **20 Nm** festziehen. **Motor BGW:** Drehmomentschlüssel in 7-Uhr-Stellung (30° von der Senkrechten) ansetzen und Spanner mit **30 Nm** spannen.
- Keilrippenriemen für Hydraulikpumpe, Generator und Kühlerlüfter einbauen.

1,6-/1,8-l-Benzinmotor:

Keilrippenriemen für Generator, Kühlerlüfter und Servopumpe ausbauen

- Wird der bisherige Keilrippenriemen wieder eingebaut, Laufrichtung kennzeichnen. Dazu mit Filz- oder Fettstift auf dem Riemen einen Pfeil in Laufrichtung anbringen. Der Motor dreht, von vorn gesehen, im Uhrzeigersinn.
- Schloßträger/vorderes Abschlußblech nach vorn klappen, siehe Seite 279/280.

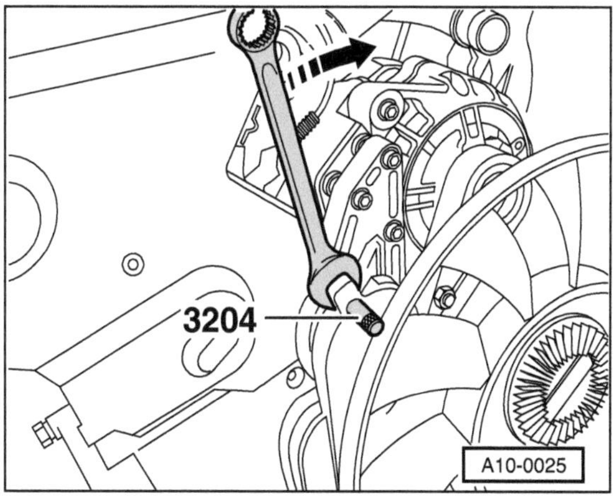

- Keilrippenriemen entspannen. Dazu Spannvorrichtung mit Maulschlüssel in Pfeilrichtung drehen und geeigneten Absteckdorn (∅ 5 mm) einsetzen, zum Beispiel VW-3204 oder Bohrerschaft.
- Keilrippenriemen abnehmen.

Einbau

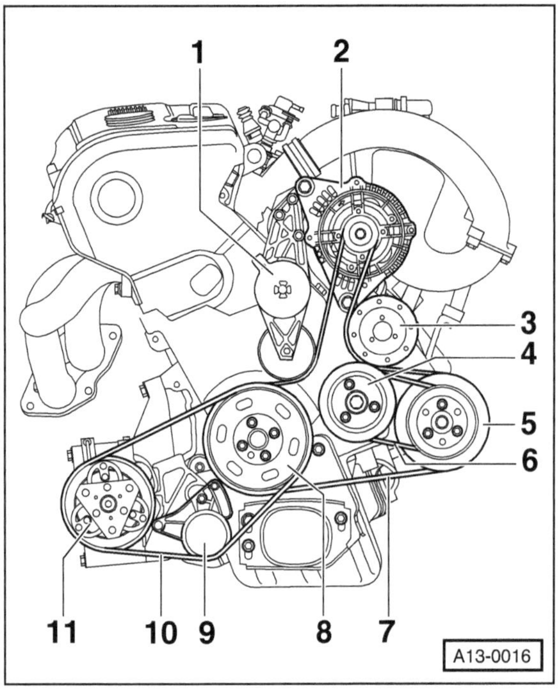

1 – Keilrippenriemenspanner
2 – Generator
3 – Viscolüfter
4 – Kühlmittelpumpe
5 – Hydraulikpumpe
6 – Keilriemen für Kühlmittelpumpe
7 – Keilrippenriemen für Servopumpe, Lüfter, Generator
8 – Schwingungsdämpfer
9 – Keilrippenriemenspanner für Klimakompressor
10 – Keilrippenriemen für Klimakompressor
11 – Klimakompressor

- Sicherstellen, daß alle angetriebenen Aggregate und Riemenscheiben fest montiert sind, andernfalls Schrauben nachziehen.
- Keilrippenriemen auf die Riemenscheiben auflegen. **Achtung:** Gebrauchten Keilrippenriemen immer so einbauen, daß der beim Ausbau angebrachte Pfeil in Drehrichtung des Motors zeigt, von vorn gesehen im Uhrzeigersinn. Ein Einbau entgegen der bisherigen Laufrichtung erhöht den Verschleiß.
- Spannvorrichtung etwas in Pfeilrichtung drücken, Absteckdorn VW-3204 herausziehen, siehe Abbildung A10-0025. Anschließend Spanner langsam nach links drehen, dabei auf richtige Lage der Keilriemenrippen auf den Riemenscheiben achten. Die Spannung stellt sich automatisch ein.
- Schloßträger/vorderes Abschlußblech in Normalstellung bringen und befestigen, siehe Seite 279.
- Motor starten und Riemenlauf kontrollieren.

1,9-/2,0-l-Dieselmotor:

Keilrippenriemen für Servopumpe, Generator, Kühlmittelpumpe und Kühlerlüfter ausbauen

Achtung: Arbeitsschritte und Hinweise, die für alle Motoren gelten, stehen im Abschnitt für den 1,6-/1,8-l-Benzinmotor. In diesem Kapitel sind nur die Abweichungen beschrieben.

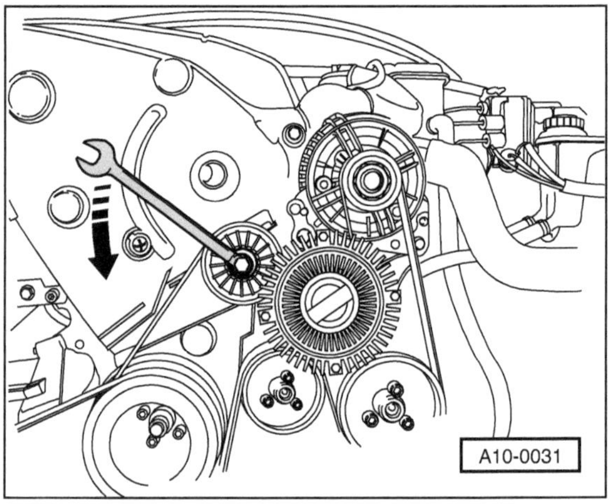

- Spannrolle mit Ringschlüssel an der Schraube nach links drehen und Keilrippenriemen abnehmen. Die Schraube hat Linksgewinde, lockert sich also nicht in dieser Richtung.

Einbau

- Spannrolle mit Ringschlüssel rechtsherum drehen und Keilrippenriemen auflegen. Spannrolle langsam loslassen, dabei auf richtige Lage der Keilriemenrippen auf den Riemenscheiben achten. Die Spannung stellt sich automatisch ein.

2,3-l-Benzinmotor:

Ausbau

Achtung: Arbeitsschritte und Hinweise, die für alle Motoren gelten, stehen im Kapitel für den 1,6-/1,8-l-Benzinmotor. In diesem Kapitel sind nur die Abweichungen für den 2,3-l-Benzinmotor beschrieben.

- Kühlerlüfter für Kühler an der Nabe mit 4 Schrauben abschrauben und abnehmen.

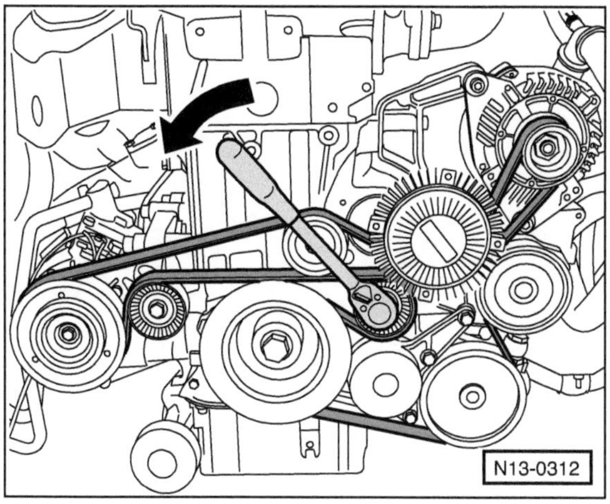

- Spannrolle mit 15 mm Steckschlüssel an der Schraube nach links drehen und Keilrippenriemen abnehmen.

Einbau

- Spannrolle mit Ringschlüssel rechtsherum drehen und Keilrippenriemen auflegen. Spannrolle langsam loslassen, dabei auf richtige Lage der Keilriemenrippen auf den Riemenscheiben achten. Die Spannung stellt sich automatisch ein.
- Kühlerlüfter für Kühler an der Nabe anschrauben.

2,8-l-Benzinmotor:

Ausbau

Achtung: Arbeitsschritte, die für alle Motoren gelten, stehen im Kapitel für den 1,6-/1,8-l-Benzinmotor. In diesem Kapitel sind nur die Abweichungen für den 2,8-l-Benziner beschrieben.

- Motorabdeckung abschrauben.

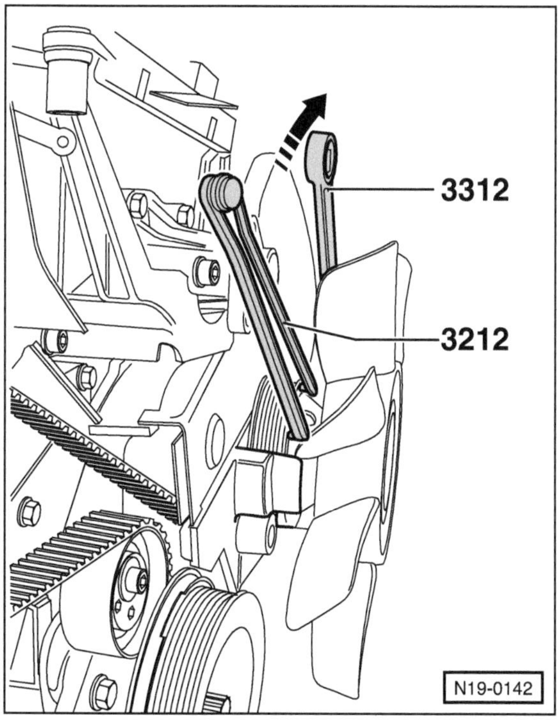

- Riemenscheibe für Kühlerlüfter mit handelsüblichem Zweilochmutterndreher (VW-3212) gegenhalten und Lüfter am Sechskant mit einem Maulschlüssel (VW-3312) **rechtsherum** abschrauben. **Achtung: Linksgewinde**, zum Lösen also rechtsherum drehen.

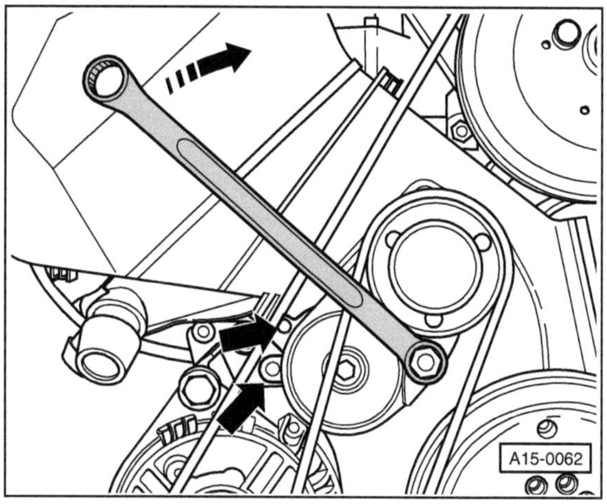

- Spannvorrichtung mit Ringschlüssel rechtsherum drehen bis beide Bohrungen übereinander stehen, und mit geeignetem Dorn (∅ 5 mm), z. B. VW-3204 oder Bohrerschaft arretieren.

Einbau

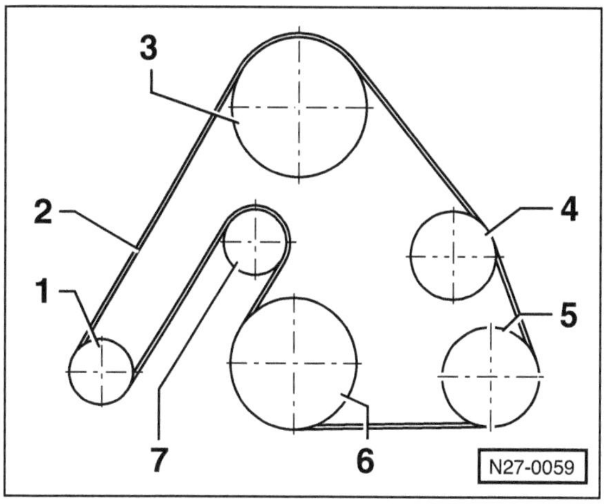

1 – Generator
2 – Keilrippenriemen
3 – Hydraulikpumpe für Servolenkung
4 – Viscolüfter
5 – Klimakompressor
6 – Kurbelwelle
7 – Spannrolle

- Keilrippenriemen gegen den Uhrzeigersinn, zuerst auf die Kurbelwellen-Riemenscheibe, zuletzt auf die Spannrolle auflegen. Bei Fahrzeugen ohne Klimaanlage verläuft der Riemen direkt von Riemenscheibe -6- zu -4-.
- Absteckdorn an der Spannvorrichtung herausziehen.

- Lüfter mit **40 Nm** festziehen. **Achtung: Linksgewinde**, also Lüfter linksherum festschrauben. Das Anzugsmoment gilt nur in Verbindung mit dem VW-Schlüssel 3312.
- Motorabdeckung anschrauben.

2,5-l-Dieselmotor:

Ausbau

Achtung: Arbeitsschritte und Hinweise, die für alle Motoren gelten, stehen im Kapitel für den 1,6-/1,8-l-Benzinmotor. In diesem Kapitel sind nur die Abweichungen für den 2,5-l-Dieselmotor beschrieben.

- Schloßträger in Servicestellung bringen, siehe Seite 279.
- Obere Motorabdeckung abschrauben, vorher Abdeckkappen für Befestigungsschrauben abhebeln.

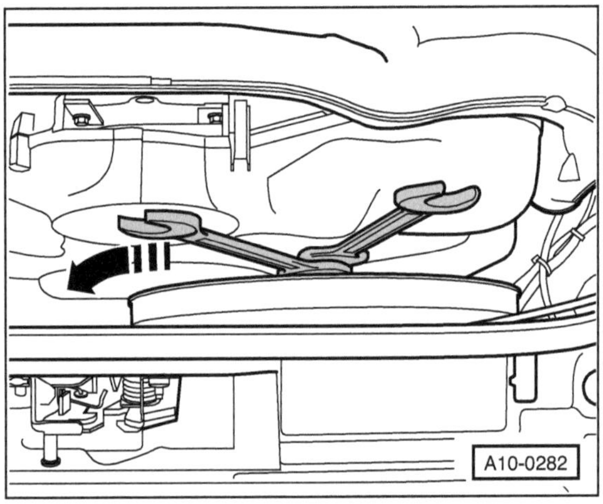

- Visco-Kühlerlüfter abschrauben, dabei mit zweitem Gabelschlüssel die Nabe gegenhalten.
- Obere Zahnriemenabdeckungen abschrauben.

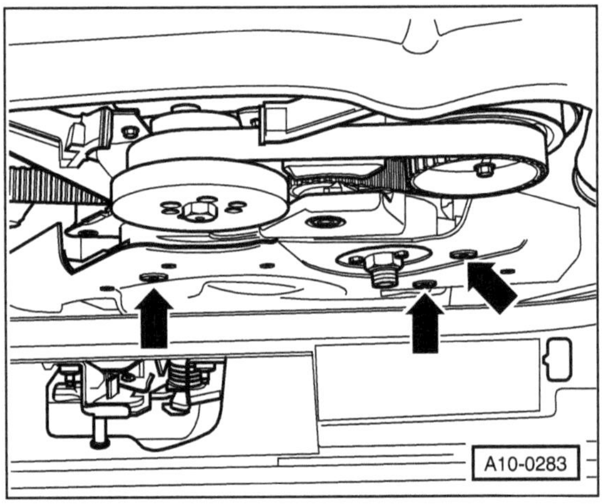

- Keilrippenriemenabdeckung abschrauben –Pfeile–. **Achtung:** Einbaulage der Schrauben-Abstandshülsen für den Wiedereinbau notieren.
- **Fahrzeuge mit Klimaanlage:** Abdeckkappe von der Spannrolle abnehmen, Klemmschraube –A– lösen und Keilrippenriemen abnehmen, siehe Abbildung A87-0175.

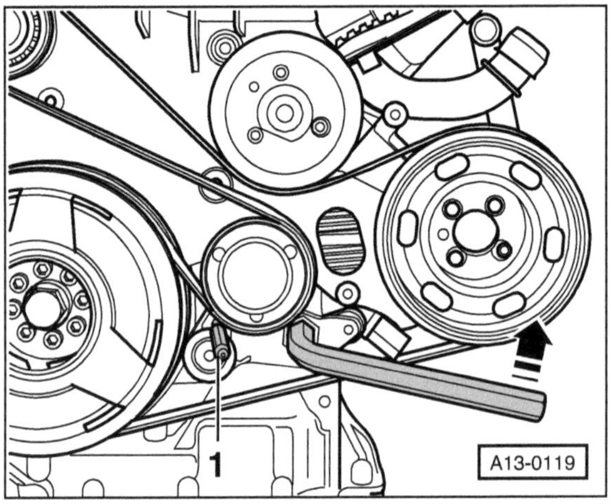

- Haupt-Keilrippenriemen entspannen. Dazu Spannvorrichtung mit Innensechskantschlüssel in Pfeilrichtung drehen und Arretierdorn mit 4 mm ∅ –1– in die Bohrung einsetzen. Als Dorn kann beispielsweise ein Bohrerschaft verwendet werden.
- Laufrichtung markieren, Keilrippenriemen abnehmen.

Einbau

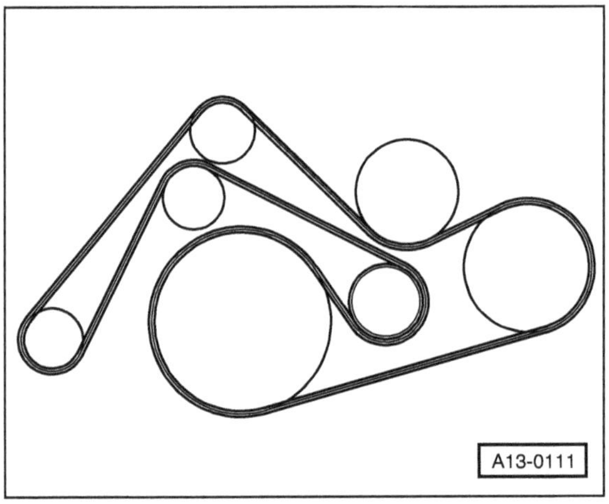

- Haupt-Keilrippenriemen gegen den Uhrzeigersinn, zuerst auf die Kurbelwellen-Riemenscheibe, zuletzt auf die Spannrolle auflegen.
- Spannvorrichtung mit Innensechskantschlüssel etwas nach links drehen und Arretierdorn –1– herausziehen, siehe Abbildung A13-0119. Anschließend Spannrolle langsam nach rechts drehen, dadurch wird der Keilrippenriemen gespannt.

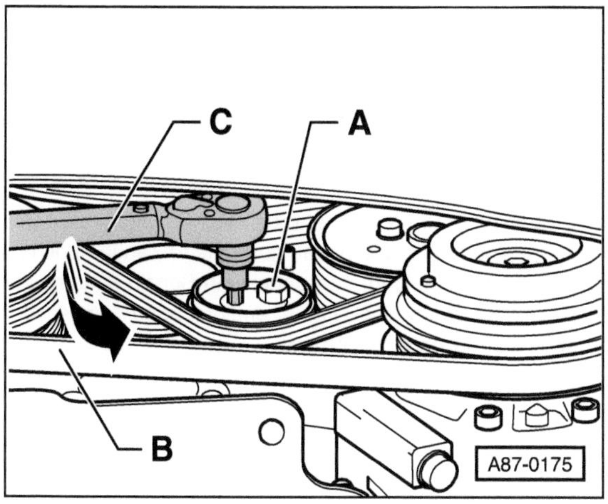

- **Fahrzeuge mit Klimaanlage:** Keilrippenriemen –B– für Klimakompressor auflegen. Drehmomentschlüssel –C– am 8 mm-Innensechskant der Spannrolle einsetzen und mit **7 Nm** linksherum vorspannen –Pfeilrichtung–. In dieser Stellung Schraube –A– mit **25 Nm** festziehen.
- Keilrippenriemenabdeckung und obere Zahnriemenabdeckungen anschrauben.
- Obere Motorabdeckung anschrauben.
- Visco-Kühlerlüfter anschrauben, dabei mit zweitem Gabelschlüssel die Nabe gegenhalten.
- Schloßträger einbauen, siehe Seite 279.

Keilriemen aus- und einbauen

1,6-/1,8-l-Benzinmotor (außer 1,6-l-Motor AHL)

Ein schmaler Keilriemen sorgt für den Antrieb der Kühlmittelpumpe. **Hinweis:** Beim 1,6-l-Motor mit Kennbuchstaben AHL wird die Kühlmittelpumpe vom Zahnriemen der Motorsteuerung angetrieben. Motorzuordnung, siehe Seite 13.

Ausbau

- Wird der bisherige Keilriemen wieder eingebaut, Laufrichtung kennzeichnen. Dazu mit Filz- oder Fettstift auf dem Riemen einen Pfeil in Laufrichtung anbringen. Der Motor dreht, von vorn gesehen, rechts herum, also im Uhrzeigersinn.
- Schloßträger/vorderes Abschlußblech nach vorn klappen, siehe Seite 280.
- Keilrippenriemen für Hydraulikpumpe, Generator und Kühlerlüfter entspannen. Spannrolle mit Dorn fixieren, siehe Kapitel »Keilrippenriemen ausbauen«.

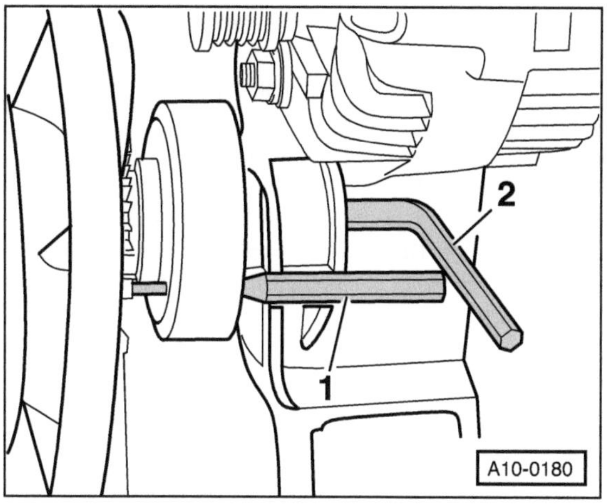

- Riemenscheibe für Kühlerlüfter mit 5 mm starkem Splinttreiber –1– arretieren und mit 8 mm Innensechskantschlüssel –2– abschrauben. Kühlerlüfter abnehmen.

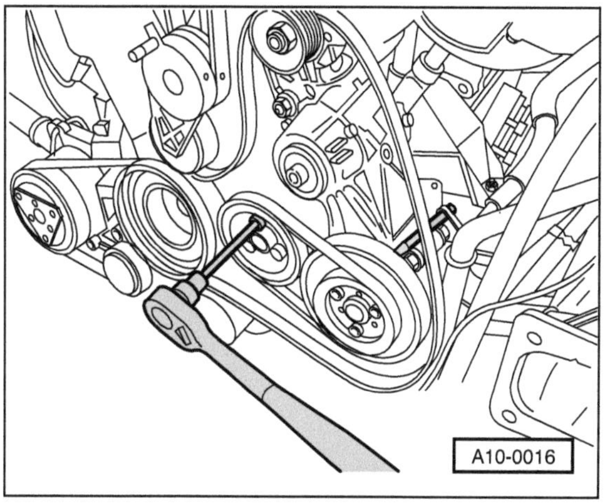

- Keilriemenscheibe an der Kühlmittelpumpe abschrauben. Damit die Riemenscheibe nicht mitdreht, geeigneten Schraubendreher oder Dorn an der Riemenscheibe der Hydraulikpumpe einsetzen, siehe Abbildung. **Achtung:** Dorn nach Lösen der Schrauben entfernen.
- Keilriemen abnehmen.

Einbau

- Keilriemen auflegen.
- Keilriemenscheibe an der Kühlmittelpumpe gleichmäßig zusammenschrauben, bis der Keilriemen ganz außen sitzt.
- Kurbelwelle etwas weiter drehen, damit der Riemen die richtige Lage einnimmt. Kurbelwelle drehen, siehe Seite 161.
- Befestigungsschrauben der Riemenscheibe mit **25 Nm** festziehen. Eine Einstellung der Keilriemenspannung ist nicht erforderlich.
- Kühlerlüfter einsetzen und Keilrippenriemen am Kühlerlüfter auflegen.
- Kühlerlüfter mit **45 Nm** anschrauben.
- Keilrippenriemen einbauen, siehe entsprechendes Kapitel.

Störungsdiagnose Motor

Wenn der Motor nicht anspringt, Fehler systematisch einkreisen. Damit der Motor überhaupt anspringen kann, müssen beim Benzinmotor immer zwei Grundvoraussetzungen erfüllt sein: Das Kraftstoff-Luftgemisch muß bis in die Zylinder gelangen und der Zündfunke muß an den Zündkerzenelektroden überschlagen. Als erstes ist deshalb immer zu prüfen, ob überhaupt Kraftstoff gefördert wird. Wie man dabei vorgeht, steht in den Kapiteln »Kraftstoffanlage« und »Einspritzanlage«.

Um festzustellen, ob ein Zündfunke vorhanden ist, Zündkerzen herausschrauben, in Zündkerzenstecker stecken und einzeln gegen Masse halten. Dabei Kerzenstecker oder Zündkabel **nicht** mit der Hand festhalten, sondern eine gut isolierte Zange nehmen. Von Hilfsperson Motor starten lassen. **Achtung:** Um Schäden am Katalysator zu vermeiden, darf dabei kein Benzin eingespritzt werden. Daher Stecker von den Einspritzventilen abziehen. Wenn kein Zündfunke überspringt, Fehler entsprechend dem Kapitel »Zündanlage« aufspüren. **Achtung: Sicherheitshinweise für elektronische Zündanlage beachten.**

Störung: Der Motor springt schlecht oder gar nicht an

Ursache		Abhilfe
Bedienungsfehler beim Starten	**Benzinmotor**	■ Handbremse anziehen, Kupplung treten. Bei Automatikgetriebe, Wählhebel in Stellung »P« oder »N« bringen. Zündschlüssel drehen und starten bis der Motor anspringt. Sobald der Motor anspringt, Zündschlüssel loslassen. Kein Gas geben. Grundsätzlich sofort losfahren, auch bei Frost. Springt der Motor nicht an, Startvorgang nach 10 Sekunden unterbrechen und nach etwa einer halben Minute wiederholen. **Achtung:** Mehrere vergebliche Startversuche hintereinander schädigen den Katalysator.
		■ **Nur bei heißem Motor** nach dem Anspringen etwas Gas geben.
	Dieselmotor	■ **Bei kaltem Motor und Außentemperatur unter +5° C:** Handbremse anziehen, Kupplung treten. Bei Automatikgetriebe, Wählhebel in Stellung »P« oder »N« bringen. Zündschlüssel auf Stellung 2 drehen und warten, bis die Vorglüh-Kontrollampe erlischt. Sofort nach Verlöschen der Kontrollampe Motor anlassen, kein Gas geben. Springt der Motor nicht an, nochmals vorglühen und Startvorgang wiederholen. **Achtung:** Solange vorgeglüht wird, dürfen keine größeren elektrischen Verbraucher (Licht, heizbare Heckscheibe) eingeschaltet sein, sonst wird die Batterie unnötig belastet.
		■ **Bei kaltem Motor und Außentemperatur über +5° C sowie bei warmem Motor:** Es braucht nicht vorgeglüht zu werden, der Motor kann sofort angelassen werden. Kein Gas geben.
Sicherung defekt für: – Elektrische Kraftstoffpumpe, – Elektronische Einspritzanlage, – Streifen-Sicherung für Vorglühanlage.		■ Sicherungen prüfen, siehe Kapitel »Elektrische Anlage«.
Kraftstoffanlage defekt, verschmutzt Leitung geknickt, verstopft.		■ Kraftstoff-Fördermenge überprüfen.
Anlasser dreht zu langsam.		■ Batterie laden. Anlasserstromkreis überprüfen.
Kompressionsdruck zu niedrig.		■ Zylinderkopfdichtung erneuern, gegebenenfalls kompletten Motor überholen.
Falsche Steuerzeiten.		■ Steuerzeiten überprüfen. Zahnriemenspannung, beim 2,3-l-Benzinmotor Steuerkette kontrollieren.
Wegfahrsperre sperrt den Motor. Der Motor springt normal an und geht kurz danach wieder aus. Dabei leuchtet das Symbol für Wegfahrsperre im Kombiinstrument kurz auf.		■ Zündung ausschalten, etwas warten, dann Zündung einschalten, dabei Zündschlüssel langsam drehen. Wenn die Kontrollleuchte für Wegfahrsperre jetzt leuchtet (nicht blinkt) kann der Motor gestartet werden. Fehlerspeicher der Wegfahrsperre auslesen lassen. Steckverbindung zwischen Lesespule und Kombiinstrument reparieren.

Motor-Schmierung

Aus dem Inhalt:

- Ölvorschriften
- Ölverbrauch
- Ölkreislauf im Motor
- Öldruckkontrolle
- Ölpumpe/Ölfilter

Für die Motor-Schmierung sind **Mehrbereichsöle** vorgeschrieben, so daß ein jahreszeitbedingter (Sommer/Winter) Ölwechsel nicht erforderlich ist. Mehrbereichsöle bauen auf einem dünnflüssigen Einbereichsöl auf (z. B. 10 W) und werden durch sogenannte »Viskositätsindexverbesserer« im heißen Zustand stabilisiert. Dadurch ist sowohl für den kalten wie auch für den heißen Motor die richtige Schmierfähigkeit gegeben.

Die SAE-Bezeichnung gibt die Viskosität des Motoröls an. Beispiel: SAE 10 W 40:

10 – Viskosität des Öls in kaltem Zustand. Je kleiner die Zahl, desto dünnflüssiger ist das kalte Motoröl.

W – Das Motoröl ist wintertauglich.

40 – Viskosität des Öls in heißem Zustand. Je größer die Zahl, desto dickflüssiger ist das heiße Motoröl.

Es können auch **Leichtlauföle** (Hochleistungsöle) verwendet werden. Dabei handelt es sich um Mehrbereichsöle, denen unter anderem Reibwertverminderer zugesetzt wurden, wodurch sich die Reibung innerhalb des Motors vermindert. Für das Leichtlauföl wird als Grundöl ein Synthetiköl verwendet.

Anwendungsbereich/Viskositätsklassen

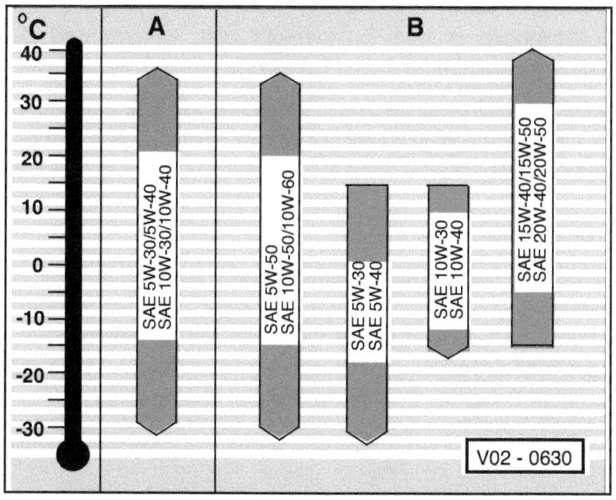

Benziner

A – Mehrbereichs-Leichtlauföle, Spezifikation VW-500 00.

B – Mehrbereichsöle, Spezifikation VW-501 01 beziehungsweise API-SF oder SG.

90-/110-/150-PS-Dieselmotor

B – Mehrbereichsöle, Spezifikation VW-505 00.

In der Abbildung wird die Motoröl-Viskosität in Abhängigkeit von der Außentemperatur für Benzin- und Dieselmotoren dargestellt. Da die Einsatzbereiche benachbarter SAE-Klassen sich überschneiden, können kurzfristige Temperaturschwankungen unberücksichtigt bleiben. Es ist zulässig, Öle verschiedener Viskositätsklassen miteinander zu mischen, wenn einmal Öl nachgefüllt werden muß und die Außentemperaturen nicht mehr der Viskositätsklasse des im Motor befindlichen Öles entsprechen.

Achtung: Bei Verwendung von Mehrbereichsöl SAE 5W-30 müssen anhaltend hohe Motordrehzahlen und ständige starke Belastung vermieden werden. Diese Einschränkung gilt nicht für Mehrbereichs-Leichtlauföle.

Zusatzschmiermittel – gleich welcher Art – sollen weder dem Kraftstoff noch den Schmierölen beigemischt werden.

Spezifikation des Motoröls

Die Qualität eines Motoröls wird durch Normen der Automobil- sowie der Ölhersteller gekennzeichnet.

Die Klassifikation der Motoröle amerikanischer Ölhersteller erfolgt nach dem **API**-System (API: American Petroleum Institut): Die Kennzeichnung erfolgt durch jeweils zwei Buchstaben. Der erste Buchstabe gibt den Anwendungsbereich an: **S** = Service, für **Ottomotoren** geeignet; **C** = Commercial, für **Dieselmotoren** geeignet. Der zweite Buchstabe gibt die Qualität in alphabetischer Reihenfolge an. Von höchster Qualität sind Öle der API-Spezifikation **SJ** für Ottomotoren und **CF** für Dieselmotoren.

Europäische Ölhersteller klassifizieren ihre Öle nach der »ACEA«-Spezifikation (Association des Constructeurs Européens de l'Automobile), die vor allem die europäische Motorentechnologie berücksichtigt. Öle für PKW-Benzinmotoren haben die ACEA-Qualitätsklassen A1-96 bis A3-96; Dieselmotoröle von B1-96 bis B4-96, wobei A3 beziehungsweise B3 die höchsten Qualitätsstufen markieren, B4 ist speziell auf Diesel-Direkteinspritzer abgestimmt. **»96«** steht für den Beginn der Gültigkeit der ACEA-Klassifikation im Jahr 1996 an. Motoröle mit höheren Jahreszahlangaben können ebenfalls verwendet werden.

Das richtige Motoröl für den VW PASSAT

VW hat für seine Modelle **eigene Ölnormen** festgelegt. Grundsätzlich sollen nur Öle verwendet werden, die diese Normen erfüllen. Die VW-Norm steht dann auf der Öldose.

Fahrzeuge ab Modelljahr 2000 (ab ca. 5/99) werden nach dem Longlife-Service-System gewartet. Dafür ist ein spezielles Longlife-Motoröl erforderlich. Fahrzeuge mit Longlife-Service tragen die »PR«-Nummer QG1 im Fahrzeugdatenträger.

Fahrzeuge	**VW-Norm Benziner**	**VW-Norm Diesel**
bis einschließlich Modelljahr 1999 (Herstellungs-Kennbuchstabe **X**) sowie ab Modelljahr 2000 bzw. ab ca. 5/99 (Herstellungs-Kennbuchstabe **Y**) **ohne** Longlife-Service	500 00 501 01 502 00	505 00 505 01
ab Modelljahr 2000 bzw. ab ca. 5/99 (Herstellungs-Kennbuchstabe **Y**) **mit** Longlife-Service	503 00	506 00
Pumpe/Düse-Dieselmotor (100/115/130 PS) bis einschl. Modelljahr 2001 (Herstellungs-Kennbuchstabe **1**) **ohne** Longlife-Service	–	505 01
Pumpe/Düse-Dieselmotor (100/130 PS) ab Modelljahr 2002 (Herstellungs-Kennbuchstabe **2**) **mit** Longlife-Service	–	506 01

Achtung: Motoröl der Spezifikation 503 00/506 00/506 01 ist nur für Motoren **mit** Longlife-Service vorgesehen und darf **nicht** in Motoren vor Modelljahr 2000 eingefüllt werden, **sonst können Motorschäden auftreten.**

Hinweise zu den VW-Motoröl-Normen

- Hinter der VW-Norm muß ein Datum nicht älter als 10/91 stehen.
- Das Mehrbereichs-Leichtlauföl VW-502 00 ist besonders für Turbo-Benzinmotoren **ohne** Longlife-Service geeignet.
- Wenn bei Fahrzeugen **ohne** Longlife-Service Motoröl nachgefüllt werden muß und kein Öl der VW-Norm zur Verfügung steht, kann vorübergehend auch ein Motoröl der folgenden Spezifikation verwendet werden.
  Benzinmotor: ACEA-A2/A3 oder API-SF/SG.
  Dieselmotor (außer Pumpe/Düse): ACEA-B2/B3 oder API-CD.
- Wird bei Fahrzeugen ab Modelljahr 2000 **mit** Longlife-Service Motoröl für Fahrzeuge bis Modelljahr 2000 verwendet, dann muß die flexible Service-Intervallanzeige auf »nicht flexibel« umprogrammiert werden, siehe Seite 44.
- Bei Fahrzeugen **mit** Longlife-Service empfiehlt es sich, für längere Fahrten oder Fahrten ins Ausland eine Öldose mit dem richtigen Motoröl im Kofferraum mitzuführen. Falls zum Nachfüllen kein Longlife-Öl verfügbar ist, kann beim Benzinmotor bis zu 0,5 l Motoröl der VW-Norm 502 00 nachgefüllt werden, ohne daß die Service-Intervallanzeige auf »nicht flexibel« umgestellt werden muß. Beim Dieselmotor (außer Pumpe/Düse) für diesen Fall Motoröl der VW-Norm 505 00 verwenden.

Der Ölkreislauf

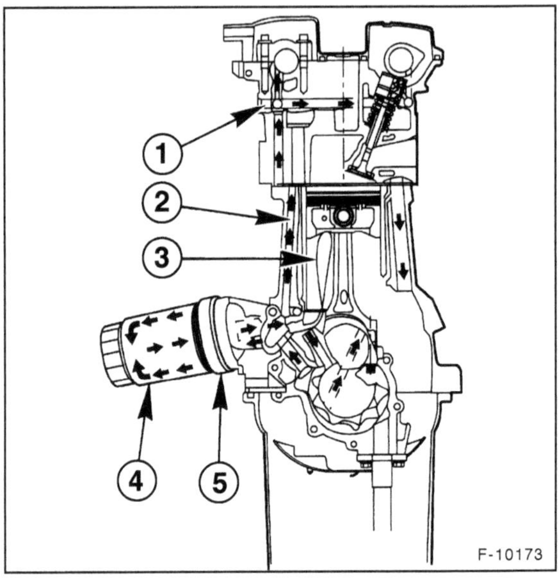

1 – Ölkanal Zylinderkopf
2 – Hauptölkanal
3 – Spritzöl für Kolbenkühlung
4 – Hauptstrom-Ölfilter
5 – Ölkühler

Die Motoren sind mit einer sogenannten Druckumlaufschmierung ausgestattet. Die Ölpumpe saugt über ein Ölsieb das Motoröl aus der Ölwanne an und drückt es durch den Ölfilter. An der Druckseite der Ölpumpe befindet sich ein Überdruckventil (Druckregelventil), das bei zu hohem Öldruck öffnet und einen Teil des Öls in die Ölwanne zurückfließen läßt.

Durch die Mittelachse der Filterpatrone gelangt das gefilterte Öl direkt in den Hauptölkanal. Dort sitzt auch der Öldruckschalter, der über die Öldruck-Kontrollampe im Schalttafeleinsatz dem Fahrer einen zu niedrigen Öldruck anzeigt. Bei einem verstopften Ölfilter leitet ein Kurzschlußventil das Öl direkt und ungefiltert in den Hauptölkanal.

Vom Hauptölkanal zweigen Kanäle ab zur Schmierung der Kurbelwellenlager. Gleichzeitig gelangt das Motoröl über Steigleitungen in den Zylinderkopf und versorgt dort die Nockenwellenlager und die Hydrostößel.

Je nach Ausführung wird das Öl durch einen Wärmetauscher am Ölfilterflansch gekühlt, der am Kühlmittelkreislauf angeschlossen ist.

Ölverbrauch

Bei einem Verbrennungsmotor versteht man unter dem Ölverbrauch diejenige Ölmenge, die als Folge des Verbrennungsvorganges verbraucht wird. Auf keinen Fall ist Ölverbrauch mit Ölverlust gleichzusetzen, wie er durch Undichtigkeiten an Ölwanne, Zylinderkopfdeckel usw. auftritt.

Normaler Ölverbrauch entsteht durch Verbrennung jeweils kleiner Mengen im Zylinder; durch Abführen von Verbrennungsrückständen und Abrieb-Partikeln. Zudem verschleißt das Öl durch hohe Temperaturen und hohe Drücke, denen es im Motor fortwährend ausgesetzt ist. Auch äußere Betriebsverhältnisse, wie Fahrweise sowie Fertigungstoleranzen haben einen Einfluß auf den Ölverbrauch. Der Ölverbrauch darf höchstens 1,0 l/1000 km betragen.

Achtung: Auf keinen Fall Öl über die »Maximal«-Markierung einfüllen. Wurde zuviel Öl eingefüllt, muß das überschüssige Öl abgelassen werden. Sonst kann der Katalysator beschädigt werden, da unverbranntes Öl in die Abgasanlage gelangt.

Die dynamische Öldruckkontrolle

Blinkt während der Fahrt die Öl-Warnleuchte und der Summer ertönt, so kann das folgende Ursachen haben:

1. Ölstand zu niedrig
2. Störung in der Elektrik von Schalter und Warnleuchte
3. Ölpumpe fördert nicht
4. Lager der Kurbelwelle defekt

Zunächst also sofort den Motor abstellen und den Ölstand am Ölmeßstab kontrollieren, gegebenenfalls Öl nachfüllen. Anschließend Motor starten und im Leerlauf drehen lassen, die Warnleuchte darf nun nicht mehr blinken. Drehzahl auf über 1500/min erhöhen, Leuchte darf nicht blinken und der Summer darf nicht ertönen. Ist dies der Fall, kann die Fahrt fortgesetzt werden.

Ist der Ölstand jedoch in Ordnung und besteht am Ort keine weitere Prüfmöglichkeit, keinesfalls weiterfahren, sondern Fahrzeug abschleppen lassen und Öldruck prüfen.

Bei ausreichendem Öldruck den Öldruckschalter und die elektrische Zuleitung prüfen. In der Fachwerkstatt kann zusätzlich das Steuergerät im Schalttafeleinsatz geprüft werden.

Öldruck und Öldruckschalter prüfen

Zur Prüfung ist ein Manometer mit Einschraubmöglichkeit für den Öldruckschalter erforderlich. Der Öldruckschalter befindet sich am Ölfilterhalter.

Prüfen

- Ölstand kontrollieren, gegebenenfalls richtigstellen.
- Motor warmfahren, die Öltemperatur soll ca. +80° C betragen. Diese Temperatur wird erreicht, wenn die Kühlmittel-Temperaturanzeige normale Betriebstemperatur anzeigt.

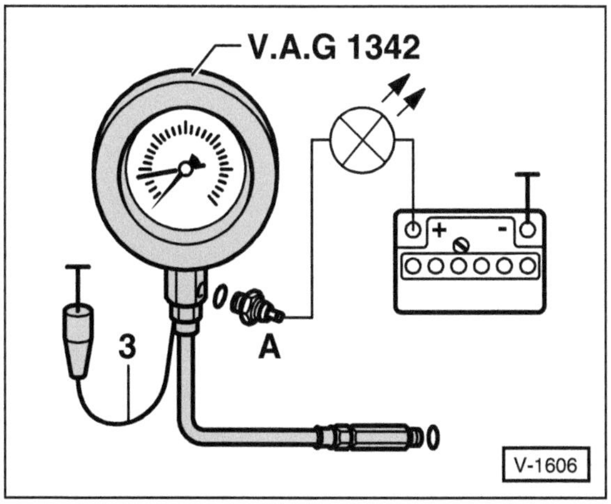

- Öldruckschalter –A– am Ölfilterhalter abschrauben und in das Manometer einschrauben.
- Manometer anstelle des Öldruckschalters in den Zylinderkopf einschrauben.
- Braune Leitung –3– des VW-Prüfgerätes (V.A.G 1342) an Masse (–) legen.

Farbe Öldruckschalter	Prüfdruck
schwarz	1,2 – 1,6 bar
grau	0,75 – 1,05 bar
braun	0,55 – 0,85 bar

1,6-l-Benzinmotor (AHL/ANA/ALZ), 1,8-/2,0-/2,3-/2,8-l-Benzinmotor, 1,9-l-Dieselmotor (AVB/AJM/ATJ/AWX/AVF), 2,0-l-Dieselmotor, 2,5-l-Dieselmotor

- Diodenprüflampe mit Hilfsleitungen an Batterie-Pluspol (+) und Öldruckschalter –A– anschließen. Die Leuchtdiode darf nicht aufleuchten, andernfalls Öldruckschalter ersetzen.
- Motor anlassen und Drehzahl langsam erhöhen. Sobald der Prüfdruck erreicht wird, muß die Leuchtdiode aufleuchten, andernfalls Öldruckschalter ersetzen.

1,6-l-Benzinmotor (ADP),
1,9-l-Dieselmotor (AFN/AHU/AHH/AVG)

- Diodenprüflampe mit Hilfsleitungen an Batterie-Pluspol (+) und Öldruckschalter –A– anschließen. Die Leuchtdiode muß aufleuchten.
- Motor anlassen und Drehzahl langsam erhöhen. Sobald der Prüfdruck erreicht wird, muß die Leuchtdiode verlöschen, andernfalls Öldruckschalter ersetzen.

- Drehzahl weiter erhöhen. Bei **2000/min** und +80 °C Öltemperatur soll der Öldruck mindestens den folgenden Wert erreichen:

Motor	Öldruck
1,6-l ADP, 2,3-l AGZ, 2,8-l, 1,9-/2,0-/2,5-l-Diesel	2,0 bar
1,6-l ALZ, 2,0-l	2,7 – 4,5 bar
1,6-l AHL/ANA, 1,8-l	3,0 – 4,5 bar
2,3-l AZX	3,0 – 5,5 bar

- Geringerer Öldruck weist auf verschlissene Kurbelwellenlager hin.
- Drehzahl weiter erhöhen. Der Öldruck darf dabei den Maximalwert 7,0 bar **nicht** überschreiten. Andernfalls Ölpumpendeckel mit Überdruckventil ersetzen.
- Öldruckschalter einsetzen und mit **25 Nm** (2,0-/2,3-l-Motor: **20 Nm**) festziehen. Bei Undichtigkeit Dichtring mit Seitenschneider aufkneifen und ersetzen.

Motor-Kühlung

Aus dem Inhalt:

- **Kühlmittelkreislauf**
- **Kühlflüssigkeit mischen**
- **Kühlmittel wechseln**
- **Kühler**
- **Kühlmittelpumpe**
- **Kühlsystem prüfen**

Kühlmittelkreislauf

Zur Kühlung des Motors wird das Kühlmittel von der Kühlmittelpumpe ständig in Bewegung gehalten. Solange der Motor kalt ist, zirkuliert das Kühlmittel nur im Zylinderkopf sowie im Motorblock und im Wärmetauscher der Innenraumheizung. Mit zunehmender Erwärmung öffnet ein Thermostat (Kühlmittelregler) den großen Kühlmittelkreislauf. Die Kühlflüssigkeit durchströmt dann den Kühler und wird dabei durch die an den Kühlrippen vorbeistreichende Luft abgekühlt.

Der Kühlluftstrom wird durch einen hinter dem Kühler angebrachten Lüfter verstärkt. Der Lüfter wird über einen Keilrippenriemen von der Kurbelwelle angetrieben. Bei niedrigeren Temperaturen wird der Lüfter durch eine Visco-Kupplung in der Nabe des Lüfterrotors ausgekuppelt. Sobald sich die Temperatur auf einen festgelegten Wert erhöht, wird der Lüf-

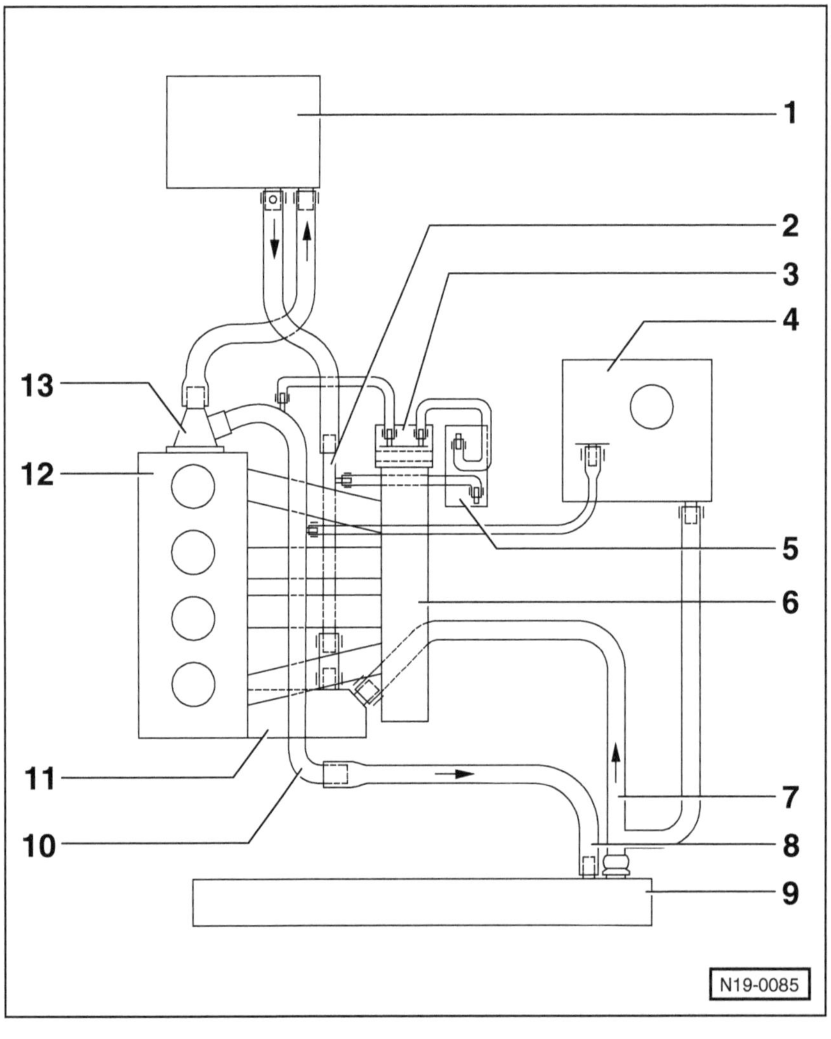

Kühlmittelkreislauf
1,6-/1,8-l-Benzinmotor

1 – **Heizungs-Wärmetauscher**
2 – **Kühlmittelrohr unten**
3 – **Drosselklappen-Steuereinheit**
4 – **Ausgleichsbehälter**
5 – **Ölkühler**
6 – **Saugrohr**
7 – **Kühlmittelschlauch unten**
8 – **Kühlmittelschlauch oben**
9 – **Kühler**
10 – **Kühlmittelrohr oben**
11 – **Kühlmittelpumpe/Kühlmittelregler**
12 – **Zylinderkopf/Motorblock**
13 – **Anschlußstutzen**

Hinweis: Beim 1,8-l-Turbomotor ist auch der Abgas-Turbolader an den Kühlmittelkreislauf angeschlossen.

terrotor eingekuppelt und dadurch die Lüftergeschwindigkeit erhöht. Allerdings kann die Lüfterdrehzahl nicht die Motordrehzahl übersteigen.

Je nach Ausstattung, zum Beispiel mit Klimaanlage, ist ein zusätzlicher, elektrisch betriebener Kühlerlüfter vorhanden. Angesteuert wird der Elektrolüfter über einen 2stufigen Thermoschalter, der links unten in den Kühler eingeschraubt ist. Bei einer bestimmten Kühlmitteltemperatur schaltet der Thermoschalter den Lüfter in der ersten Stufe (halbe Drehzahl) ein. Steigt die Kühlmitteltemperatur weiter an, wird der Lüfter auf volle Drehzahl geschaltet.

Durch die nicht ständig mitlaufenden Lüfter und die thermostatische Regelung des Kühlmittelstroms wird die Betriebstemperatur schneller erreicht und der Kraftstoffverbrauch vermindert sich.

Achtung: Bei Arbeiten am Kühlsystem unbedingt darauf achten, daß **kein Kühlmittel auf den Zahnriemen** gelangt. Der Glykolanteil des Kühlmittels kann das Gewebe des Zahnriemens so schädigen, daß der Riemen nach einiger Betriebszeit reißt, wodurch schwerwiegende Motorschäden auftreten können.

Sicherheitshinweis:
Der Elektrolüfter kann sich auch bei ausgeschalteter Zündung einschalten. Durch Stauwärme im Motorraum ist auch **mehrmaliges Einschalten möglich.** Abhilfe: **Stecker für Kühlerlüfter abziehen.**

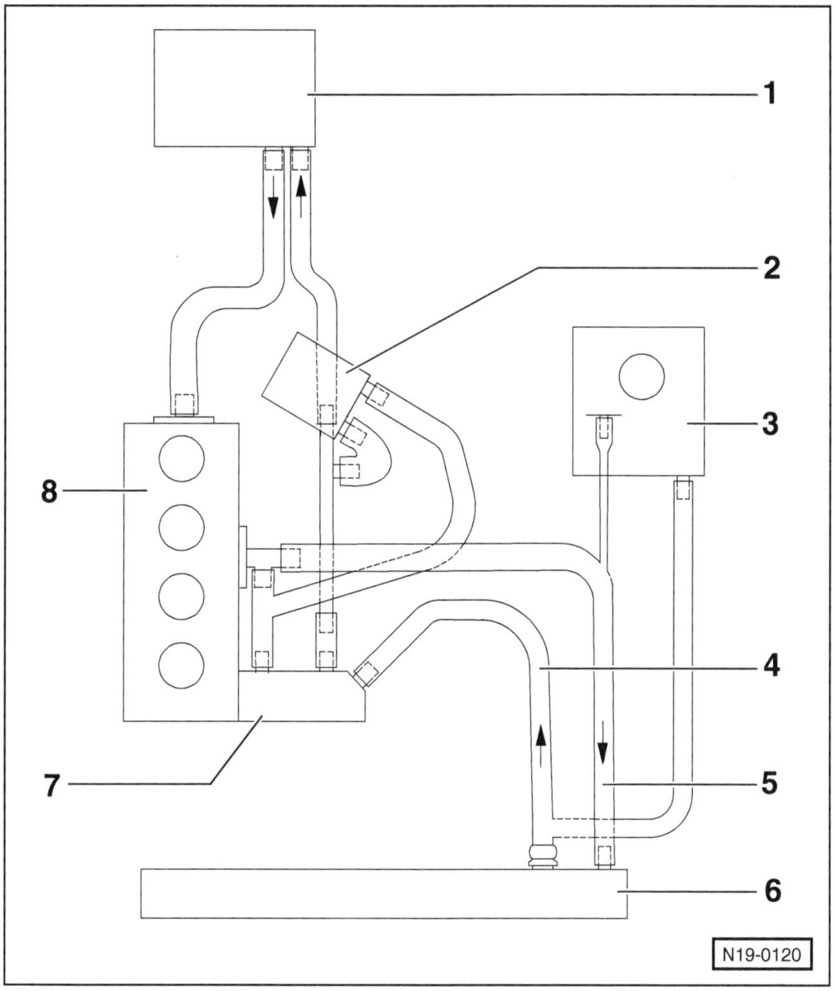

Kühlmittelkreislauf
90-/110-PS-Dieselmotor

1 – **Heizungswärmetauscher**
2 – **Ölkühler**
Einbaulage: Ölfilterflansch.
3 – **Ausgleichbehälter**
4 – **Kühlmittelschlauch oben**
5 – **Kühlmittelschlauch unten**
6 – **Kühler**
7 – **Kühlmittelpumpe**
Eingebaut im Gehäuse für Kühlmittelregler/Generatorhalter.
8 – **Motorblock**

Schaltstufen für Thermoschalter

Der Thermoschalter befindet sich unten am Kühler.

Motor	**1,6-/1,8-/1,9-/2,0-/2,5-/2,8-l-Motor, 2,3-l-Motor AZX**				**2,3-l-Motor AGZ**			
Lüfter-geschwindigkeit	1. Stufe		2. Stufe		1. Stufe		2. Stufe	
	ein	aus	ein	aus	ein	aus	ein	aus
Schalttemperatur	92 – 97° C	84 – 91° C	99 – 105° C	91 – 98° C	84 – 89° C	76 – 83° C	90 – 95° C	82 – 89° C

Kühlmittelpumpe, Kühlmittelregler, Ölkühler

1,8-l-Benzinmotor

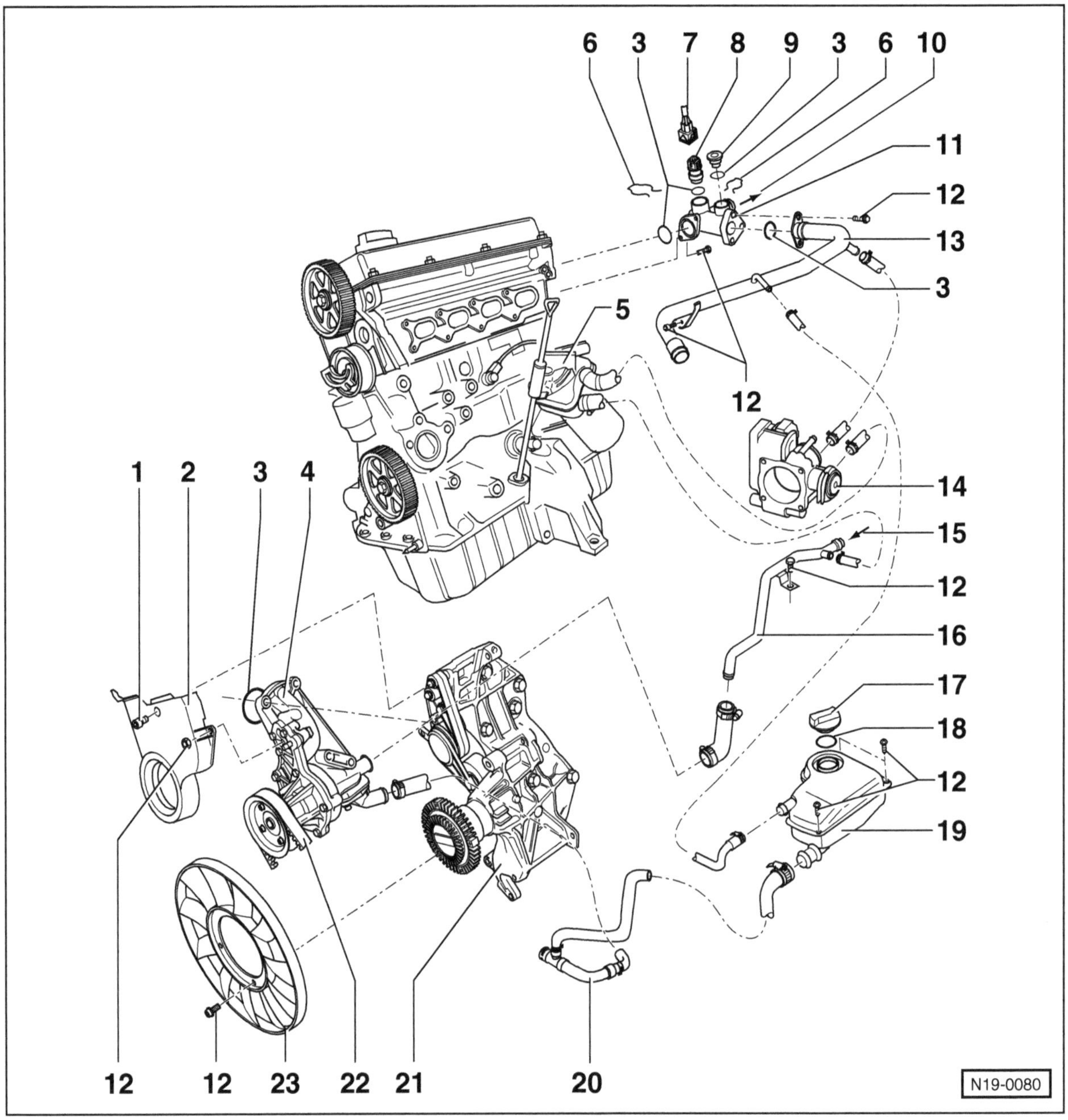

1 – **Schraube, 20 Nm**

2 – **Zahnriemenschutz-Unterteil**

3 – **O-Ring**
Nach Ausbau, immer erneuern.

4 – **Kühlmittelpumpe**
Kühlmittelregler sitzt im Gehäuse der Kühlmittelpumpe.

5 – **Ölkühler**
Einbaulage: Ölfilterflansch.

6 – **Halteklammer**

7 – **Anschlußstecker**

8 – **Geber für Kühlmitteltemperatur**
Für Motorsteuergerät und Temperaturanzeige Kombiinstrument.

9 – **Verschlußstopfen**

10 – **zum Wärmetauscher Heizung**

11 – **Anschlußstutzen**

12 – **Schraube, 10 Nm**

13 – **Kühlmittelrohr oben**

14 – **Drosselklappen-Steuereinheit**
Kühlmittelbeheizt, nur bei Motor ADR/APT/ARG.

15 – **vom Wärmetauscher Heizung**

16 – **Kühlmittelrohr unten**

17 – **Verschlußdeckel**

18 – **Dichtung**

19 – **Ausgleichbehälter**

20 – **Kühlmittelschlauch unten**

21 – **Kompakthalter**
Für Keilrippenriemen-Spannvorrichtung, Visco-Lüfterkupplung, Flügelpumpe für Servolenkung und Drehstromgenerator.

22 – **Keilriemen**

23 – **Lüfterrad**

Kühler-Frostschutzmittel

Die Kühlanlage wird ganzjährig mit einer Mischung aus Wasser und VW-Kühlerfrost- und Korrosions-Schutzmittel »G12« befüllt. Dies verhindert Frost- und Korrosionsschäden, Kalkansatz und hebt außerdem die Siedetemperatur des Kühlmittels an. Im Kühlkreislauf entsteht durch die Ausdehnung der Flüssigkeit bei Erwärmung ein Überdruck, was ebenfalls zur Siedepunkterhöhung der Kühlflüssigkeit beiträgt. Der Druck wird durch ein Ventil im Verschlußdeckel am Ausgleichbehälter begrenzt, das bei 1,2 - 1,5 bar öffnet. Erforderlich ist der höhere Siedepunkt der Kühlflüssigkeit für ein einwandfreies Funktionieren der Motor-Kühlung. Bei zu niedrigem Siedepunkt der Flüssigkeit kann es zu einem Hitzestau kommen, wodurch der Kühlkreislauf behindert und die Kühlung des Motors vermindert wird.

Für den Kühmittelwechsel oder zum Nachfüllen – auch in der warmen Jahreszeit – nur eine Mischung aus VW-Kühlerfrost- und Korrosionsschutzmittel »**G12 Plus**« (Farbe **lila**, Spezifikation TL-VW-774-**F**) oder »**G12 PlusPlus**« (Farbe **lila**, Spezifikation TL-VW-774-**G**) und kalkarmem, sauberem Wasser verwenden. Auch im Sommer darf der Kühlerfrostschutz-Anteil im Kühlmittel nicht unter 40% liegen, weil sonst eine ausreichende Motor-Kühlung nicht gewährleistet ist. **Hinweis:** Falls noch G12 (rote Farbe) eingefüllt ist: G12++ (lila) und G12+ (lila) sind mit G12 (rot) mischbar.

Achtung: Das in älteren VW-Modellen verwendete, **grüne** VW-Kühlerfrost- und Korrosionsschutzmittel »**G11**« darf **nicht** verwendet werden.

Kühlmittel-Mischungsverhältnis in Litern

Motor	Frostschutz				Füll-menge
	bis –25° C		bis –35° C		
	G 12	Wasser	G 12	Wasser	
1,6-/1,8-l-Benziner	3,0	4.0	3,5	3,5	7,0
2,3-l-Benziner	3,6	5,4	4,5	4,5	9,0
2,8-l-Benziner	3,5	4,5	4,0	4,0	8,0
1,9-l-Diesel (90/110 PS)	3,0	4,5	3,8	3,8	7,5
1,9-/2,0-l-Diesel (100/115/130/136 PS)	3,0	4.0	3,5	3,5	7,0
2,5-l-Diesel	4,0	6,0	5,0	5,0	10,0

Der Frostschutz sollte in unseren Breiten bis ca. –25° C reichen. Der Anteil des Frostschutzmittels darf 60 % (Frostschutz dann bis –40° C) nicht überschreiten, sonst verringern sich Frostschutz und Kühlwirkung wieder. Die Kühlmittel-Füllmengen können je nach Ausstattung des Fahrzeuges von den angegebenen Werten etwas abweichen.

Achtung: Ist versehentlich ein falsches Frostschutzmittel eingefüllt worden, Kühlsystem vollständig entleeren. Kühlsystem mit reinem Wasser auffüllen und Motor 2 Minuten laufen lassen, damit es durchgespült wird. Wasser wieder ablassen und anschließend mit Druckluft in den Ausgleichbehälter blasen, damit das Kühlsystem vollständig entleert wird. Ablaßöffnung schließen und neue Wasser/G12-Plus- oder Wasser/G12PlusPlus-Mischung einfüllen.

Kühlmittel wechseln

Das Kühlmittel muß nur nach Reparaturen am Kühlsystem, bei denen das Kühlmittel abgelassen wurde, erneuert werden. Ein Wechsel im Rahmen der jährlichen Wartung ist nicht vorgesehen. Falls bei Reparaturen der Zylinderkopf, die Zylinderkopfdichtung, der Kühler, der Wärmetauscher oder der Motor ersetzt wurden, muß die Kühlflüssigkeit auf jeden Fall ersetzt werden. Das ist erforderlich, weil sich die Korrosionsschutzanteile in der Einlaufphase an den neuen Leichtmetallteilen absetzen und somit eine dauerhafte Korrosionsschutzschicht bilden. Bei gebrauchter Kühlflüssigkeit ist der Korrosionsschutzanteil in der Regel nicht mehr groß genug, um eine ausreichende Schutzschicht an den neuen Teilen zu bilden.

Hinweis: Kühlmittel ist leicht giftig. Gemeinde- und Stadtverwaltungen informieren darüber, wie das alte Kühlmittel entsorgt werden soll.

Ablassen

Sicherheitshinweis:
Bei heißem Motor vor dem Öffnen des Deckels einen dicken Lappen auflegen, um Verbrühungen durch heiße Kühlflüssigkeit oder Dampf zu vermeiden. Deckel nur bei Kühlmitteltemperaturen unter +90° C abnehmen.

- Verschlußdeckel am Ausgleichbehälter öffnen.
- Fahrzeug aufbocken und untere Motorraumabdeckung ausbauen, siehe Seite 160.
- Sauberes Gefäß unter den Kühler stellen.

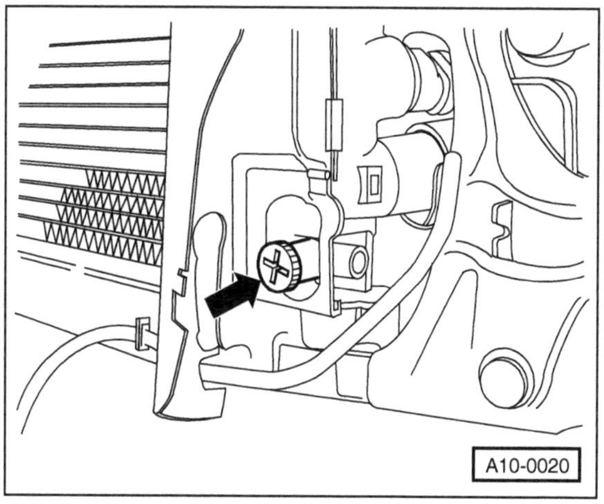

- **90-/110-/150-PS-Dieselmotor, 2,3-l-Benzinmotor:** Ablaßschraube –Pfeil– mit Münze oder breitem Schraubendreher öffnen. Es empfiehlt sich, einen Schlauch am Ablaßstutzen aufzuschieben. Kühlmittel auffangen.
- **90-/110-PS-Dieselmotor:** Kühlmittel an der Kühlmittelpumpe ablassen. Dazu Kühlmittelregler ausbauen, siehe entsprechendes Kapitel.

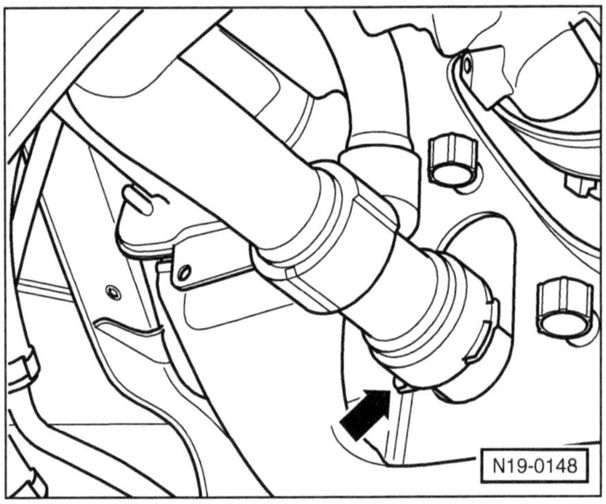

- **100-/115-/130/136-PS-Dieselmotor, 1,6-/1,8-/2,0-/2,8-l-Benzinmotor:** Unteren Schlauch am Kühler abziehen. Dazu Halteklammer –Pfeil– am Anschlußstutzen seitlich abziehen, dann Schlauch abziehen. Kühlmittel auffangen.
- **100-/115-/130-/150-PS-Dieselmotor:** Beide Kühlmittelschäuche am Ölkühler abziehen.

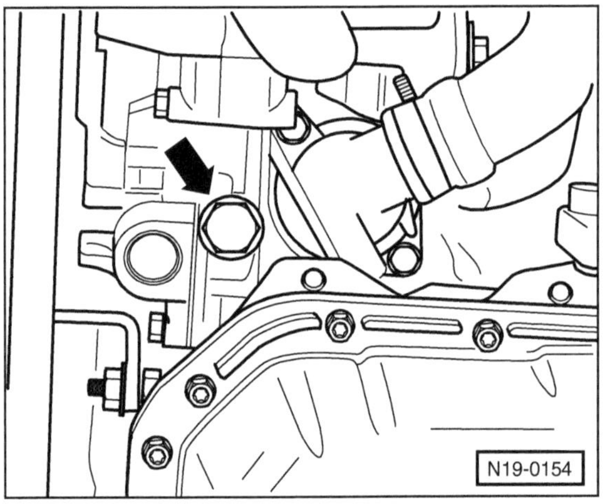

- **1,6-/1,8-/2,0-/2,3-l-Benzinmotor:** Ablaßschraube an der Kühlmittelpumpe –Pfeil– herausschrauben und Kühlmittel auffangen. Beim **1,6-l-Benzinmotor** mit Kennbuchstaben **AHL** ist keine Ablaßschraube vorhanden, daher Anschlußstutzen für den Kühlmittelregler abschrauben, siehe Kapitel »Kühlmittelregler ausbauen«.

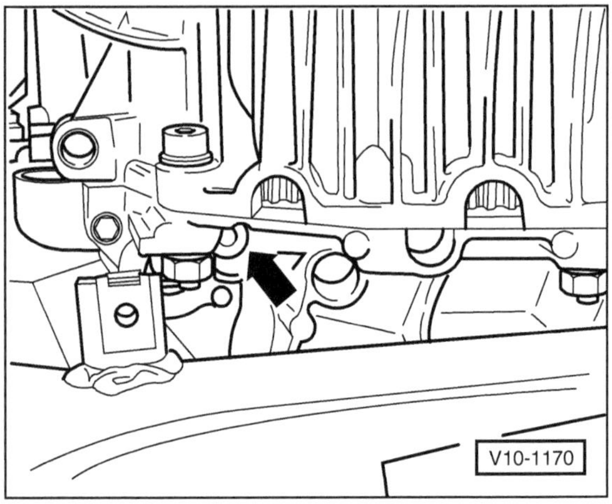

- **2,8-l-Benzinmotor:** Ablaßschraube –Pfeil– am Motorblock mit Innensechskantschlüssel herausdrehen. Die Schraube befindet sich unten auf der linken Seite im Bereich des Flanschs Motor/Getriebe. Kühlmittel vollständig ablassen und auffangen.

Auffüllen

- Kühlmittelmischung aus 50 % Wasser und 50 % VW-Kühlerfrost- und Korrosions-Schutzmittel herstellen.
- **100-/115-/130-/136-PS-Dieselmotor, 1,6-/1,8-/2,8-l-Benzinmotor:** Unteren Kühlmittelschlauch am Kühler aufschieben und mit Halteklammer am Anschlußflansch befestigen.
- **90-/110-/150-PS-Dieselmotor, 2,3-l-Benzinmotor:** Ablaßschraube am Kühler schließen, Schraube nicht zu fest anziehen, etwa mit 10 Nm.
- Ablaßschraube an der Kühlmittelpumpe mit **neuem** Dichtring und **30 Nm** einschrauben.
- Falls ausgebaut, Kühlmittelregler einbauen, siehe entsprechendes Kapitel.
- **2,8-l-Benzinmotor:** Ablaßschraube am Motorblock mit **neuer** Dichtung und **20 Nm** einschrauben. Unteren Kühlerschlauch aufschieben.
- **100-/115-/130-/136-/150-PS-Dieselmotor:** Beide Kühlmittelschäuche am Ölkühler aufschieben und mit Schellen sichern.
- Untere Motorraumabdeckung einbauen, Fahrzeug ablassen.
- Regulierung für Innenraumheizung ganz auf Position »heiß« stellen. **100-/115-/130-/136-PS-Dieselmotor:** Heizungsbetätigung auf »aus« stellen.

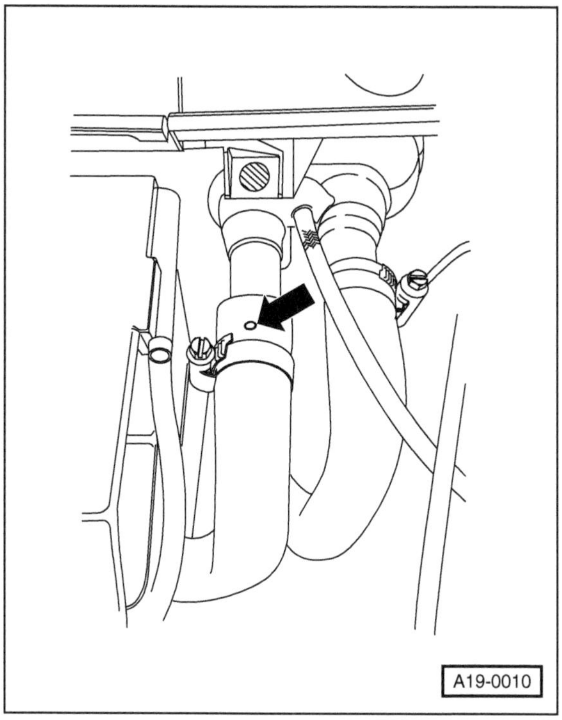

- An der Motorraum-Stirnwand die Schlauchschelle für den Heizungs-Rücklaufschlauch lösen und Schlauch soweit vom Anschlußstutzen zurückziehen, daß die Entlüftungsbohrung nicht mehr vom Anschlußstutzen verdeckt wird.
- **2,8-l-Benzinmotor:** 2 Entlüftungsschrauben an den Kühlmittelrohren im Bereich unterm Ausgleichbehälter öffnen.

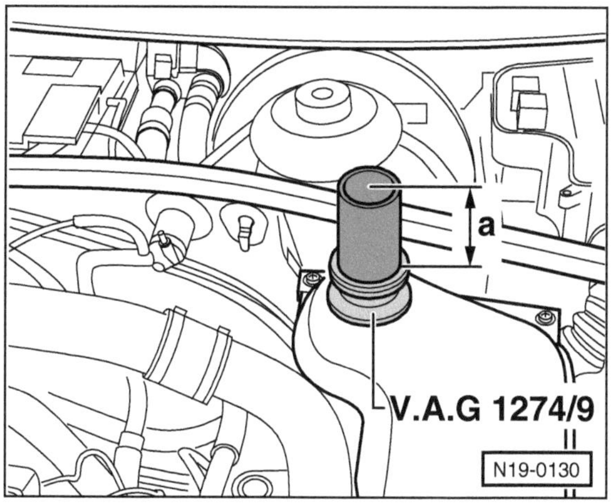

- Am Ausgleichbehälter den Schraubstutzen V.A.G 1274/9 mit einem Hilfsschlauch ∅ 42 mm und Länge –a– = 100 mm aufschrauben. Dies dient dazu, ein Überquellen der Kühlflüssigkeit nach dem Starten des Motors zu vermeiden und die erforderliche Füllmenge zu erreichen, damit das Kühlmittel an den Entlüftungsbohrungen austritt. Steht der Stutzen nicht zur Verfügung, ähnliches Werkzeug selbst anfertigen. Es kann stattdessen auch der Ausgleichbehälter vom Halter abgeschraubt, mit angeschlossenen Leitungen 10 cm angehoben und in dieser Position mit Draht aufgehängt werden.
- **2,8-l-Benzinmotor:** Kühlmittel am Ausgleichbehälter einfüllen, bis es an den Entlüftungsschrauben an den Kühlmittelrohren austritt. Schrauben mit **20 Nm** festziehen.
- Kühlmittel auffüllen, bis es an der Entlüftungsbohrung am Heizungs-Rücklaufschlauch austritt. Heizungsschlauch vollständig aufschieben und mit Schlauchschelle sichern.
- Falls ausgebaut, Ausgleichbehälter am Halter anschrauben. Einfüllvorrichtung abbauen. Deckel am Ausgleichbehälter schließen.

Achtung: Beim **2,3-l-Benzinmotor** mit den speziellen Hinweisen am Ende des Kapitels fortfahren.

- Motor starten und Drehzahl durch Gasgeben für ca. 3 Minuten auf 2000/min halten.
- Motor im Leerlauf so lange weiter laufen lassen, bis der untere Kühlerschlauch heiß wird.
- Motor abstellen.
- Kühlmittelstand prüfen. Bei betriebswarmem Motor muß der Kühlmittelstand an der MAX-Markierung liegen, gegebenenfalls Kühlflüssigkeit ergänzen. **Achtung:** Bei heißem Motor vor dem Öffnen des Deckels einen **dicken Lappen auflegen, um Verbrühungen durch heiße Kühlflüssigkeit oder Dampf zu vermeiden.**
- Schalter für Heizung in normale Stellung bringen.
- **100-/115-/130-PS-Dieselmotor bis 12/01:** Funktion der Kraftstoffkühlung prüfen, siehe Seite 205.

Speziell 2,3-l-Benzinmotor

- Heizung und Klimaanlage ausschalten.
- Motor starten und Drehzahl durch Gasgeben für etwa 4 Minuten auf 1300/min halten. Dann Motor im Leerlauf weiterlaufen lassen, bis der Elektrolüfter einschaltet.
- Motor abstellen, Zündung ausschalten.
- Verschlußdeckel am Ausgleichbehälter **vorsichtig** öffnen. **Achtung:** Vor dem Öffnen des Deckels einen **dicken Lappen auflegen, um Verbrühungen durch heiße Kühlflüssigkeit oder Dampf zu vermeiden.**
- VW-Adapter am Ausgleichbehälter erneut aufschrauben beziehungsweise Ausgleichbehälter hochhängen.
- Heizungsschlauch zurückziehen und Kühlmittel auffüllen, bis es an der Entlüftungsöffnung austritt.
- Heizungs-Rücklaufschlauch vollständig aufschieben und mit Schlauchschelle sichern.
- Falls ausgebaut, Ausgleichbehälter anschrauben bzw. Einfüllvorrichtung abbauen und Deckel schließen.
- Entlüftungsschlauch vom oberen Kühlmittelschlauch mit geeigneter Schlauchklemme abklemmen.
- Motor starten und etwa 4 Minuten mit 3000/min, anschließend ca. 3 Minuten mit 1300/min laufen lassen.
- Schlauchklemme vom Entlüftungsschlauch abnehmen.
- Motor ca. 15 Minuten im Leerlauf laufen lassen.
- Motor abstellen und Zündung ausschalten.
- Motor abkühlen lassen, Kühlmittelstand prüfen, gegebenenfalls ergänzen. Bei kaltem Motor muß der Kühlmittelstand zwischen der MAX- und MIN-Markierung liegen.

Kühlmittelregler (Thermostat) aus- und einbauen/prüfen

1,6-/1,8-l-Benzinmotor und 1,9-/2,0-l-Dieselmotor

Ausbau

Der Kühlmittelregler befindet sich im Gehäuse der Kühlmittelpumpe, nur beim **1,6-l-Benzinmotor AHL** im Kühlmittel-Auslaßstutzen seitlich am Motorblock.

- Kühlmittel ablassen, siehe entsprechendes Kapitel.

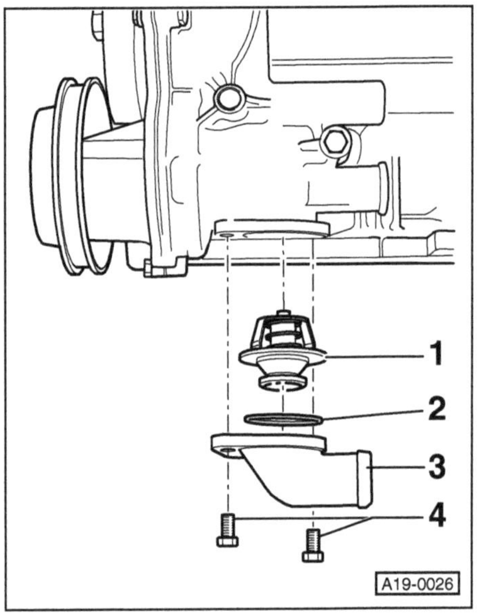

- **1,6-/1,8-/1,9-l-Motoren außer 1,6-l-Benzinmotor AHL und 100-/115-/130-/136-PS-Dieselmotor:** Anschlußstutzen –3– von der Kühlmittelpumpe abschrauben –4–, auslaufendes Kühlmittel auffangen. Anschlußstutzen mit angeschlossenem Schlauch zur Seite legen.
- Kühlmittelregler –1– und Dichtring –2– abnehmen. Dichtring immer erneuern.

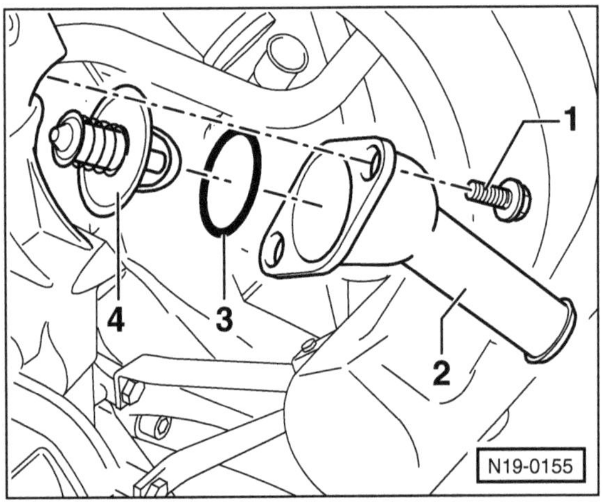

- **1,6-/1,8-/2,0-l-Benziner AHL/ALZ/AWT/AZM; 100-/115-/130-/136-PS-Diesel:** Anschlußstutzen –2– vom Motorblock abschrauben –1–, auslaufendes Kühlmittel auffangen. Stutzen mit Dichtring –3– und Kühlmittelregler –4– abnehmen.
- **1,6-l-Benzinmotor AHL:** Kühlmittelregler aus dem Anschlußstutzen herausnehmen.
- **100-/115-/130-/136-PS-Dieselmotor:** Kühlmittelregler ¼ Umdrehung (90°) nach links drehen und aus dem Anschlußstutzen herausnehmen.

Prüfen

- Maß –a– am Regler messen, siehe Abbildung SX-1802.

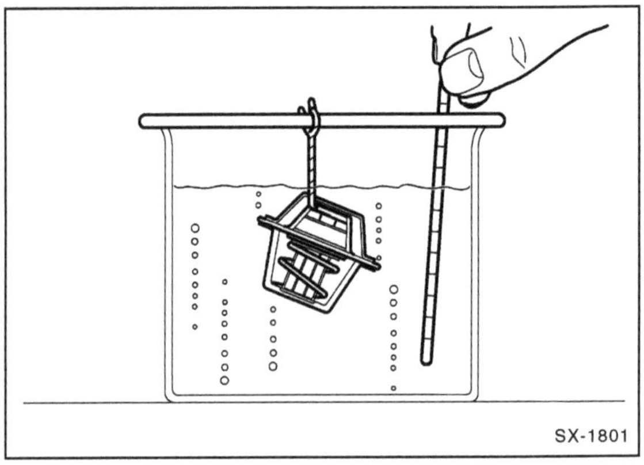

- Regler im Wasserbad erwärmen. Dabei darf der Thermostat nicht die Wände des Behälters berühren.
- Temperatur mit einem Thermometer kontrollieren.
  Regler-Öffnungsbeginn ca. +85° C
  Regler-Öffnungsende ca. +105° C.

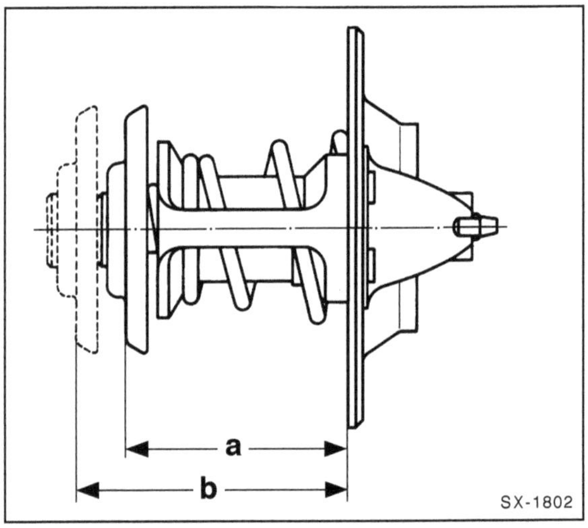

- Nach Erhitzen des Reglers auf ca. +100° C muß Maß –b– gegenüber Maß –a– um ca. 7 mm größer sein. Von Öffnungsbeginn bis Öffnungsende muß der Öffnungshub mindestens 7 mm betragen.

Einbau

- Kühlmittelregler mit **neuem** Dichtring einsetzen und Anschlußstutzen mit **10 Nm** anschrauben.

- **100-/115-/130-PS-/136-Dieselmotor:** O-Ring mit Kühlmittel benetzen und in den Anschlußstutzen einsetzen. Kühlmittelregler in den Anschlußstutzen einsetzen und ¼ Umdrehung (90°) nach rechts drehen. **Hinweis:** Die Bügel des Kühlmittelreglers müssen nahezu senkrecht stehen. Anschlußstutzen mit **15 Nm** festziehen.
- Kühlmittel auffüllen, siehe entsprechendes Kapitel.
- Kühlsystem auf Dichtigkeit überprüfen.

Speziell 2,3-l-Benzinmotor

Der Kühlmittelregler befindet sich im Kühlmittelregler-Gehäuse, das an der Stirnseite des Zylinderkopfes angeschraubt ist, siehe Abbildung N15-0139 auf Seite 173.

- Einbaulage des Kühlmittelreglers: Die Entlüfterkerbe beziehungsweise das Entlüfterventil zeigt nach oben.
- Kühlmittelregler prüfen:
  Öffnungsbeginn: ca. +80° C,
  Öffnungsende: ca. +105° C,
  Öffnungshub: mind. 7 mm.

Speziell 2,8-l-Benzinmotor

Der Kühlmittelregler befindet sich im Kühlmittelschlauch-Anschlußstutzen vorn am Motorblock.

- Kühlmittel ablassen.
- Keilrippenriemen ausbauen, siehe Seite 189.
- Zahnriemen entspannen und nur von den Nockenwellenrädern abnehmen, siehe Seite 175.

Achtung: Zum Schutz vor auslaufendem Kühlmittel, Zahnriemen mit Lappen abdecken.

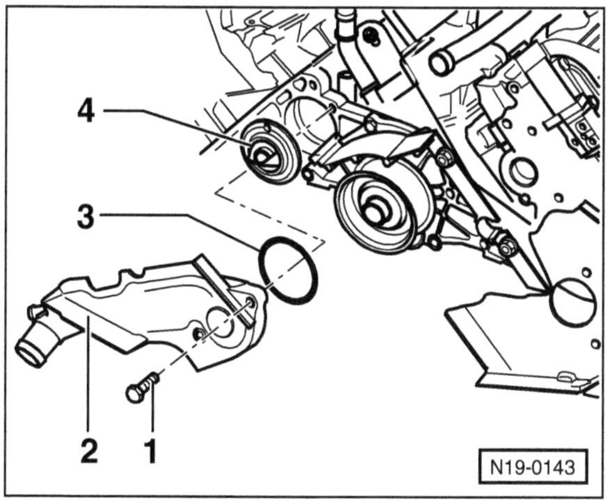

- Anschlußstutzen –2– mit 2 Schrauben –1– abschrauben.
- Dichtring –3– und Kühlmittelregler –4– herausnehmen. Kühlmittelregler im Wasserbad erwärmen und prüfen.

Einbau

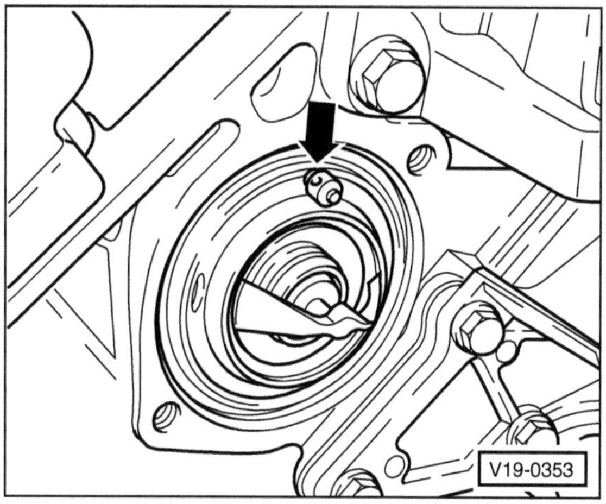

- Regler so einsetzen, daß sich das Entlüftungsventil –Pfeil– oben befindet.
- Gehäuse mit **neuem** Dichtring und **10 Nm** anschrauben.
- Zahnriemen einbauen, siehe Seite 175.
- Keilrippenriemen einbauen, siehe Seite 189.
- Kühlmittel auffüllen, siehe entsprechendes Kapitel.
- Kühlsystem auf Dichtheit sichtprüfen.

Pumpe für Kraftstoffkühlung prüfen

100-/115-/130-PS-Motor bis 12/01

Die Pumpe für Kraftstoffkühlung sitzt am Kühlmitteleinlaß für den Zusatzkühler, vor dem Radhaus rechts. Die Pumpe wird bei einer Kraftstofftemperatur von ca. +70° C automatisch eingeschaltet.

Prüfvoraussetzungen:

- Sicherung Nr. 262 und Relais J445 sind in Ordnung. Sicherungen und Relais prüfen, siehe Kapitel »Elektrische Anlage«.

Prüfen

- Untere Motorraumabdeckung ausbauen, siehe Seite 160.
- Zweipoligen Stecker von der Pumpe für Kraftstoffkühlung abziehen.
- Mit Hilfsleitungen Batteriespannung an die Pumpe für Kraftstoffkühlung anlegen. Die Pumpe muß anlaufen. Gegebenenfalls Pumpe ersetzen.
- Falls die Pumpe nur bei angeschlossenem Bordnetz nicht läuft, Anschlußleitungen auf Unterbrechung prüfen beziehungsweise Geber für Kraftstofftemperatur prüfen.
- Zweipoligen Stecker an der Pumpe für Kraftstoffkühlung aufstecken und untere Motorraumabdeckung einbauen.

Kühler aus- und einbauen

Ausbau

- Kühlmittel ablassen und auffangen, siehe entsprechendes Kapitel.
- Vorderen Stoßfänger ausbauen, siehe Seite 280.
- Falls ein elektrischer Zusatzlüfter vorhanden ist, elektrischen Stecker vom Thermoschalter unten am Kühler abziehen. Elektrische Leitung für Lüftermotor trennen.
- Elektrische Leitungen aus den Kabelbindern lösen.
- Kühlmittelschlauch oben und unten vom Kühler abnehmen, dazu Halteklammern seitlich herausziehen.
- **Fahrzeuge mit Automatikgetriebe:** Verschraubungen vor dem Lösen reinigen. ATF-Leitungen am Kühler abschrauben. **Achtung:** Auslaufendes Öl mit Lappen auffangen. Darauf achten, daß kein Schmutz in die Leitungen gelangt. Offene Leitungen mit Kunststofftüten und Gummiringen vor Verschmutzungen schützen.

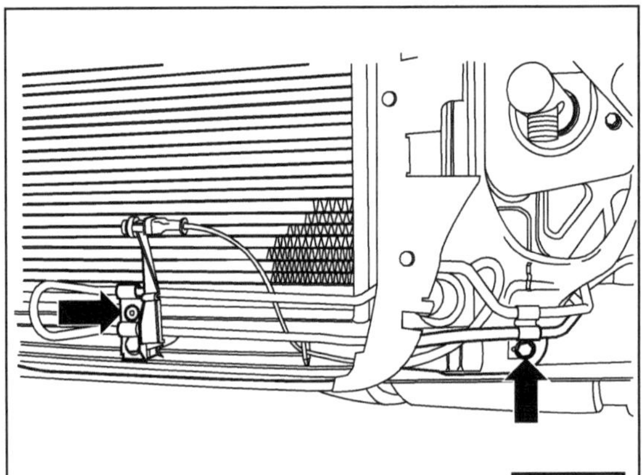

A10-0019

- Hydraulikölkühler der Servolenkung am Kühler unten abschrauben. **Achtung:** Leitungen nicht trennen, sonst läuft Öl aus.

Fahrzeuge mit Klimaanlage:

Sicherheitshinweis:
Der Kältemittelkreislauf der Klimaanlage darf nicht geöffnet werden. Das Kältemittel kann bei Hautberührung zu Erfrierungen führen.

Achtung: Die Leitungen und Schläuche der Klimaanlage dürfen nicht überdehnt, geknickt oder verbogen werden.

- Halteschellen der Kältemittelleitungen abschrauben.
- Kondensator vom Kühler abschrauben und soweit wie möglich nach vorn ziehen.
- Kondensator so am Aufbau aufhängen, daß die Kältemittelleitungen/-schläuche entlastet sind.

- Obere Befestigungsclips des Kühlers aushebeln.
- Kühler unten links und rechts von den Gummimetallagern abnehmen.
- Kühler nach vorn schwenken und komplett mit Lüfterring und Lüfter herausheben.

Einbau

- Verschlissene Gummibuchsen an den Kühlerhaltern ersetzen.
- Kühler mit Lüfter von oben einsetzen.
- Obere Clips einrasten.
- Neue Dichtringe für Kühlmittelschläuche verwenden. Kühlmittelschläuche am Kühler aufschieben und mit Halteklammern sichern.
- **Fahrzeuge mit Klimaanlage:** Kondensator am Kühler anschrauben. Halteschellen der Kältemittelleitungen anschrauben.
- **Fahrzeuge mit Automatikgetriebe:** ATF-Leitungen mit **neuen** Dichtringen am Kühler anschrauben. Dichtringe vor dem Einsetzen mit ATF benetzen. ATF auffüllen, siehe Seite 31.
- Elektrische Leitungen für Lüfter und Thermoschalter verbinden beziehungsweise aufschieben, Leitungen mit Kabelbindern befestigen.
- Stoßfänger vorn einbauen, siehe Seite 280.
- Kühlmittel auffüllen und Kühlsystem entlüften, siehe entsprechendes Kapitel.

Achtung: Wird ein neuer Kühler eingebaut, muß das gesamte Kühlmittel erneuert werden.

- Nach Probefahrt sämtliche Anschlüsse auf Dichtigkeit überprüfen.
- Scheinwerfereinstellung kontrollieren, siehe Seite 87.

Kühlmittelpumpe aus- und einbauen

1,8-l-Benzinmotor und 1,6-l-Benzinmotor ADP

Ausbau

- Kühlmittelregler ausbauen, siehe entsprechendes Kapitel.
- Generator ausbauen, siehe Seite 67.
- Keilriemen für Kühlmittelpumpe ausbauen, siehe Seite 191.
- Spanner für Keilrippenriemen mit 3 Innensechskantschrauben vom Halter abschrauben.
- Schellen für Kühlmittelschläuche am Kühlmittelpumpengehäuse lösen, Kühlmittelschläuche abziehen.

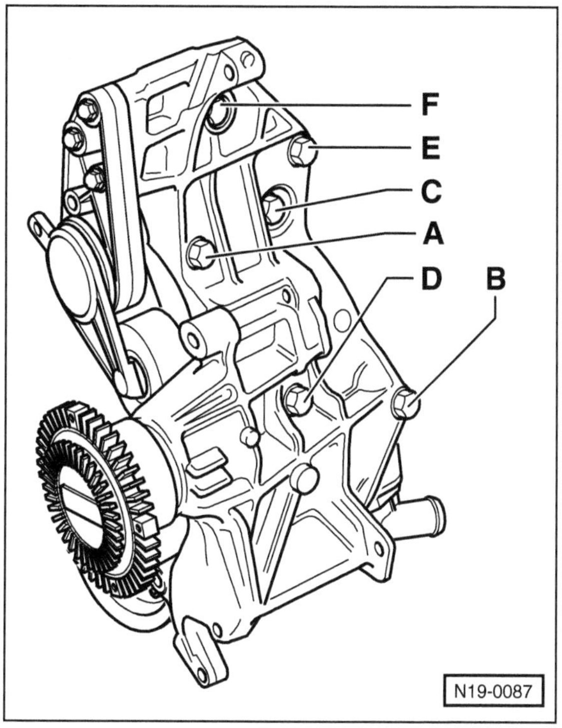

N19-0087

- Der Halter für Generator, Hydraulikpumpe und Viscolüfter ist mit unterschiedlich langen Schrauben befestigt, daher Einbaulage notieren, oder Schrauben geordnet ablegen, damit sie an gleicher Stelle wieder eingebaut werden. Halter mit Schrauben –A– bis –F– abschrauben und herausheben.
- Befestigungsschrauben herausdrehen und Pumpe abnehmen.
- Welle der Kühlmittelpumpe drehen und auf leichten Lauf prüfen. Bei Beschädigung sowie Undichtigkeiten am Pumpenlager, Teile ersetzen.

Einbau

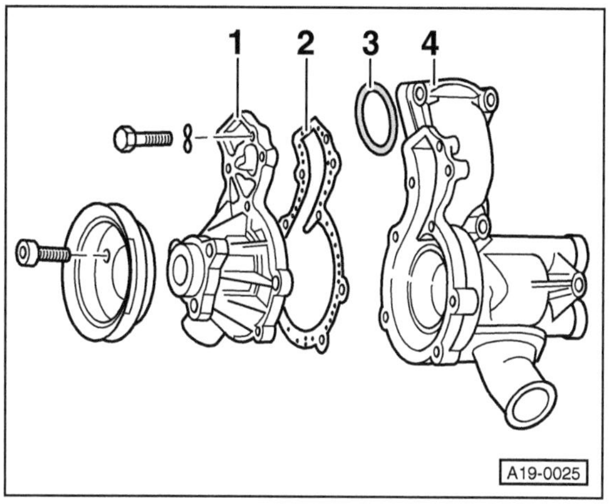

A19-0025

Achtung: Wurde die Papierdichtung –2– oder das Lagergehäuse –1– mit Pumpenrad ersetzt, Pumpe mit **10 Nm** zusammenschrauben. Schrauben auf keinen Fall zu stark anziehen. 4 – Gehäuse.

- Schrauben für Halter an gleicher Stelle einsetzen, wie ausgebaut. Kühlmittelpumpe mit **neuem** Dichtring –3– zusammen mit Halter ansetzen und mit **30 Nm** am Motorblock anschrauben. Die Schrauben müssen beim Einbau in der Reihenfolge A-B-C-D-E-F festgezogen werden, siehe Abbildung N19-0087.
- Kühlmittelregler einbauen, siehe entsprechendes Kapitel.
- Kühlmittelschläuche aufschieben und Schellen festziehen.
- Spanner für Keilrippenriemen mit 3 Innensechskantschrauben und **25 Nm** anschrauben.
- Generator einbauen, siehe Seite 67.
- Keilriemen montieren, siehe Seite 193.
- Kühlmittel auffüllen und Kühlsystem entlüften.
- Nach Probefahrt Kühlmittelschläuche und Kühlmittelpumpe auf Dichtheit überprüfen.

Störungsdiagnose Motor-Kühlung

Störung: Die Kühlmitteltemperatur ist zu hoch, die Kontrolleuchte im Kombiinstrument leuchtet während der Fahrt.

Ursache	Abhilfe
Zu wenig Kühlflüssigkeit im Kreislauf.	■ Ausgleichbehälter muß bis zur Markierung voll sein. Gegebenenfalls Kühlmittel nachfüllen. Druckprüfung von Werkstatt durchführen lassen, um gegebenenfalls Leckstelle aufzuspüren.
Kühlmittelregler (Thermostat) öffnet nicht, Kühlflüssigkeit zirkuliert nur im kleinen Kreislauf.	■ Prüfen, ob die Kühlmittelschläuche zum Kühler warm werden. Wenn nicht, Kühlmittelregler ausbauen und prüfen, ggf. Regler ersetzen. Unterwegs: Thermostat ausbauen. Ohne Thermostat erreicht der Motor seine normale Betriebstemperatur später oder gar nicht, deshalb defekten Thermostat alsbald ersetzen.
Kühlerlamellen verschmutzt.	■ Kühler von der Motorseite her mit Preßluft durchblasen.
Kühler innen durch Kalkablagerungen oder Rost zugesetzt, Kühlerschläuche werden nicht warm.	■ Kühler erneuern.
Lüfter läuft nicht.	■ Keilrippenriemen für Viscolüfter erneuern. ■ Elektrischer Zusatzlüfter: Stecker an Thermoschalter und Lüftermotor auf festen Sitz und guten Kontakt prüfen. Thermoschalter prüfen. Stecker abziehen und Kontakte mit Hilfskabel überbrücken. Bei eingeschalteter Zündung muß der Lüfter anlaufen. Andernfalls Lüfterrelais prüfen, siehe Kapitel »Elektrische Anlage«. Wenn bei überbrücktem Thermoschalter am Stecker des Lüftermotors Spannung anliegt, der Lüfter aber nicht anläuft, Lüftermotor ersetzen. **Hinweis:** Bei 2-stufigem Lüfter am Stecker des Thermoschalters die Anschlüsse für grün/schwarzes und braunes Kabel überbrücken, damit der Lüfter in Stufe 1 läuft. Für Stufe 2 Steckkontakte für rot/grünes und braunes Kabel überbrücken.
Ventil im Kühler-Verschlußdeckel defekt.	■ Druckprüfung durchführen.
Kühlmitteltemperaturanzeige defekt.	■ Anzeigegerät/Geber überprüfen lassen.
Kühlmittelpumpe läuft nicht.	■ Keilriemen erneuern.

Kraftstoffanlage

Aus dem Inhalt:

- Tank/Tankgeber
- Kraftstofffilter erneuern
- Gaszugbetätigung
- Kraftstoff sparen

Zur Kraftstoffanlage gehören der Kraftstoffbehälter, die Kraftstoffleitungen, der Kraftstofffilter, die Kraftstoffpumpe und die Einspritzanlage (separates Kapitel).

Der aus Kunststoff gefertigte Kraftstoffbehälter ist am Fahrzeugunterboden hinter der Hinterachse angeordnet. Der jeweilige Kraftstoffvorrat wird dem Fahrer im Schalttafeleinsatz angezeigt. Durch ein geschlossenes Entlüftungssystem wird der Tank belüftet. Die schädlichen Benzindämpfe der Tankentlüftung werden in einem Aktivkohlespeicher aufgefangen und dem Motor kontrolliert zur Verbrennung zugeführt.

Sicherheits- und Sauberkeitsregeln bei Arbeiten an der Kraftstoffversorgung

Bei Arbeiten an der Kraftstoffversorgung sind die folgenden Regeln zur Sicherheit und Sauberkeit sorgfältig zu beachten:

Sicherheitshinweise:

- **Kein offenes Feuer, nicht rauchen, keine glühenden oder sehr heißen Teile in die Nähe des Arbeitsplatzes bringen. Unfallgefahr! Feuerlöscher bereitstellen.**
- **Unbedingt für gute Belüftung des Arbeitsplatzes sorgen. Kraftstoffdämpfe sind giftig.**
- Das Kraftstoffsystem steht unter Druck. Beim Öffnen der Anlage kann Kraftstoff herausspritzen, daher austretenden Kraftstoff mit einem Lappen auffangen. **Schutzbrille tragen.**
- **2,3-l-Motor ab 10/98:** Vor Öffnen des Kraftstoffsystems unbedingt die **Sicherung Nr. 28** aus dem Sicherungshalter herausziehen, da die Kraftstoffpumpe durch den Türkontaktschalter aktiviert werden kann.

- Schlauchverbindungen sind mit Federband- beziehungsweise Klemmschellen gesichert. Klemmschellen grundsätzlich durch Federbandschellen ersetzen. Die Verwendung von Klemm- oder Schraubschellen ist nicht erlaubt. Zur Montage der Federbandschellen gibt es spezielle Zangen, zum Beispiel HAZET 798-5 oder VW-1921.
- Verbindungsstellen und deren Umgebung vor dem Lösen gründlich reinigen.
- Ausgebaute Teile auf einer sauberen Unterlage ablegen und abdecken. Folien oder Papier verwenden. Keine fasernden Lappen benutzen!
- Geöffnete Bauteile sorgfältig abdecken bzw. verschließen, wenn die Reparatur nicht umgehend ausgeführt wird.
- Nur saubere Teile einbauen.
- Ersatzteile erst unmittelbar vor dem Einbau aus der Verpackung nehmen.
- Keine Teile verwenden, die unverpackt (z. B. in Werkzeugkästen usw.) aufgehoben wurden.
- Bei geöffneter Kraftstoffanlage möglichst nicht mit Druckluft arbeiten. Das Fahrzeug möglichst nicht bewegen.
- Keine silikonhaltigen Dichtmittel verwenden. Vom Motor angesaugte Spuren von Silikonbestandteilen werden im Motor nicht verbrannt und schädigen die Lambdasonde.

Kraftstoff sparen beim Fahren

Wesentlichen Einfluß auf den Kraftstoffverbrauch hat die Fahrweise des Fahrzeuglenkers. Hier einige Tips für den intelligenten Umgang mit dem Gaspedal.

- Nach dem Motorstart gleich losfahren, auch bei Frost.
- Motor abschalten bei voraussichtlichen Stops über 40 Sekunden Dauer.
- Im höchstmöglichen Gang fahren.
- Möglichst gleichmäßige Geschwindigkeiten über längere Strecken fahren, hohe Geschwindigkeiten meiden. Vorausschauend fahren. Nicht unnötig bremsen.
- Keine unnötige Zuladung mitführen, Aufbauten am Fahrzeug, beispielsweise Dachgepäckträger, möglichst abbauen.
- Immer mit richtigem, nie mit zu niedrigem Reifendruck fahren.

Kraftstoffbehälter/Kraftstoffpumpe/Kraftstoffilter

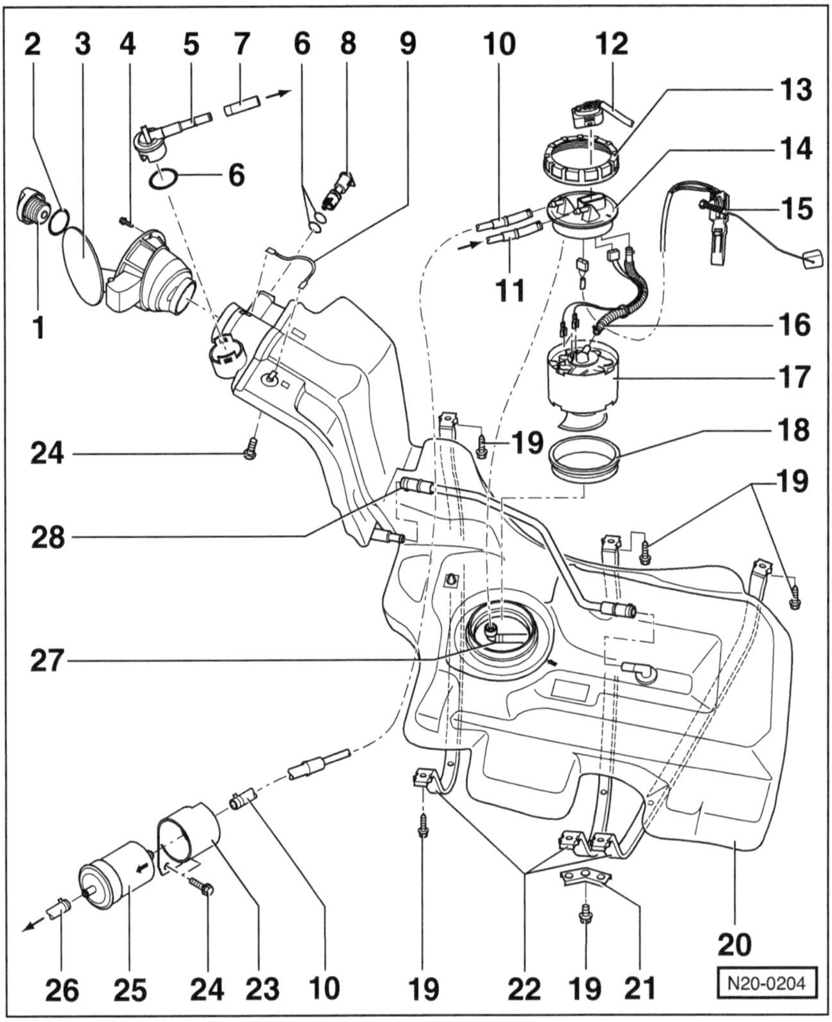

1 – Verschlußdeckel

2 – Dichtring
Bei Beschädigung ersetzen.

3 – Tankklappeneinheit
Mit Gummitopf.

4 – Befestigungsschraube

5 – Schwerkraftventil
Zum Ausbau Ventil nach oben aus dem Einfüllstutzen herausclipsen. Ventil auf Durchgang prüfen: Ventil senkrecht: –offen–, Ventil um 45° gekippt: –geschlossen–.

6 – O-Ring
Bei Beschädigung ersetzen.

7 – Entlüftungsleitung*
Zum Aktivkohlebehälter. Schwarz, seitlich am Tank eingeclipst.

8 – Entlüftungsventil*
Zum Ausbau Ventil seitlich aus dem Einfüllstutzen herausclipsen. Vor dem Einbau Tankdeckel abnehmen.

9 – Masseverbindung

10 – Vorlaufleitung, schwarz
Zum Kraftstoffilter. Auf festen Sitz achten, mit Federbandschellen sichern.

11 – Rücklaufleitung, blau
Vom Motor. Auf festen Sitz achten, mit Federbandschellen sichern.

12 – Anschlußstecker
4polig, für Tankgeber und Kraftstoffpumpe.

13 – Überwurfmutter, 60 Nm

14 – Flansch
Einbaulage am Kraftstoffbehälter beachten: Markierung am Flansch muß mit Markierung am Kraftstoffbehälter übereinstimmen.

15 – Tankgeber

16 – Vorlaufleitung*

17 – Kraftstoff-Fördereinheit (Kraftstoffpumpe)*
Nur komplett mit Flansch und Vorlaufleitung ersetzen.

18 – Dichtring
Bei Beschädigung ersetzen. Zur Montage mit Kraftstoff benetzen.

19 – Schrauben, 25 Nm

20 – Kraftstoffbehälter (Tank)

21 – Halter
Für Spannbänder. Einbaulage beachten.

22 – Spannband
Unterschiedliche Länge beachten. Fixierung (Bohrung) zeigt in Fahrtrichtung.

23 – Halter*
Für Kraftstoffilter.

24 – Schraube, 10 Nm

25 – Kraftstoffilter*
Der Pfeil auf dem Filtergehäuse zeigt in Durchflußrichtung.

26 – Vorlaufleitung, schwarz
Zum Kraftstoffverteiler. Auf festen Sitz achten, mit Federbandschellen sichern.

27 – Rücklaufleitung*

28 – Entlüftungsleitung

***) Nur Benzinmotor**

Hinweis: Dieselmotoren in Kombination mit Allradantrieb haben eine Kraftstoff-Vorförderpumpe im Tank.

Sicherheitshinweise zum Tankausbau

- **Kein offenes Feuer**, nicht rauchen, keine glühenden oder sehr heißen Teile in die Nähe des Arbeitsplatzes bringen. **Unfallgefahr!** Feuerlöscher bereitstellen. Sicherheits- und Sauberkeitshinweise beachten, siehe Seite 209.
- Tank vor dem Ausbau weitgehend leerfahren, oder Kraftstoff mit dafür vorgesehener Spezialpumpe abpumpen.
- Der Tank wird von der Fahrzeugunterseite her ausgebaut. Vor dem Lösen der Spannbänder, Tank mit Wagenheber und Unterlagen abstützen.
- Ein leerer Tank ist explosionsfähig und darf so nicht entsorgt werden. Zum Entsorgen muß der Tank auf ungefährliche Weise geöffnet werden, daher Tank bei einer Fachwerkstatt abgeben.
- Nach dem Einbau des Tanks, Motor laufen lassen und sämtliche Anschlüsse auf Dichtheit sichtprüfen.

Kraftstoffpumpe/Tankgeber aus- und einbauen

Die Kraftstoffpumpe befindet sich beim Benziner zusammen mit dem Tankgeber im Kraftstoffvorratsbehälter. Beim PASSAT mit 90-/110-PS-Dieselmotor und Frontantrieb wird der Kraftstoff durch die Einspritzpumpe angesaugt, im Tank befindet sich deshalb nur der Tankgeber. 90-/110-PS-Dieselmotoren in Kombination mit Allradantrieb besitzen ebenso wie der 150-PS-Dieselmotor eine Vorförderpumpe im Tank. Beim 115-PS-Dieselmotor wird der Kraftstoff durch die am Zylinderkopf angeflanschte Tandempumpe zu den Pumpe-Düse-Einheiten gefördert.

Der Tankgeber besteht aus einem Schwimmer und einem Potentiometer. Mit sinkendem Kraftstoffspiegel sinkt auch der Schwimmer des Tankgebers ab. Ein mit dem Schwimmer verbundenes Potentiometer erhöht dabei den elektrischen Widerstand des Gebers. Dadurch sinkt die Spannung am Anzeigeinstrument, und der Zeiger der Kraftstoffanzeige geht in Richtung »leer« zurück.

Sicherheitshinweis:
Beim Ausbau der Kraftstoffpumpe kann etwas Kraftstoff austreten. Kraftstoffdämpfe sind giftig und feuergefährlich, deshalb auf besonders gute Belüftung des Arbeitsplatzes achten. Hautkontakt mit Kraftstoff vermeiden. Kraftstoffbeständige Handschuhe tragen. Kein offenes Feuer, Brandgefahr! Feuerlöscher bereitstellen.

Vor Ausbau von Kraftstoffpumpe und Tankgeber Tank möglichst leer fahren. Zur Belüftung des Arbeitsplatzes kann auch ein Radiallüfter verwendet werden, **dessen Motor außerhalb des Luftstromes liegt.**

Ausbau

- Batterie-Massekabel (–) bei ausgeschalteter Zündung abklemmen. **Achtung:** Dadurch werden elektronische Speicher gelöscht, wie zum Beispiel der Radiocode. Ohne Code kann das Radio nur vom Hersteller wieder in Betrieb genommen werden. Deshalb Hinweise im Kapitel »Batterie aus- und einbauen« durchlesen.
- Im Kofferraum rechts Bodenteppich zurückschlagen und Abdeckung für Tankgeber und Kraftstoffpumpe abschrauben.

Achtung: Bei Fahrzeugen mit Allradantrieb, Rücksitzbank ausbauen, um an die Abdeckung für Tankgeber und Kraftstoffpumpe zu gelangen.

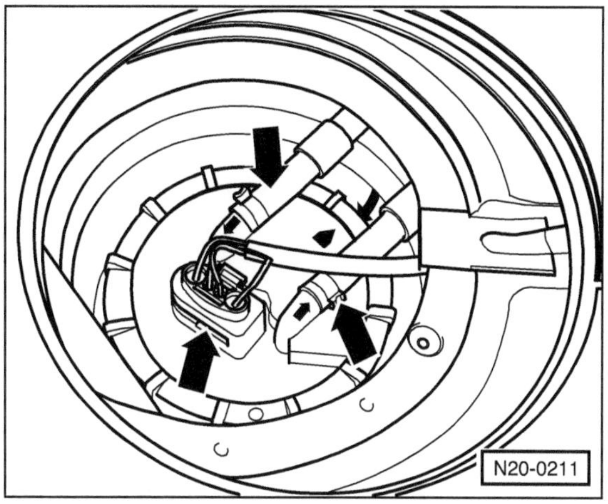

- Steckverbindung für Tankgeber und Kraftstoffpumpe abziehen.

Sicherheitshinweis:
Die Kraftstoffvorlaufleitung steht unter Druck! Vor dem Lösen der Schlauchverbindungen dicken Putzlappen um die Verbindungsstelle legen. Dann durch vorsichtiges Abziehen des Schlauches den Druck abbauen. **Schutzbrille tragen.**

- Vor- und Rücklaufleitung –Pfeile– abziehen, vorher Schellen lösen. Leitungen mit geeigneten Stopfen verschließen, zum Beispiel jeweils eine saubere Schraube mit geeignetem Durchmesser in die Leitungen stecken.

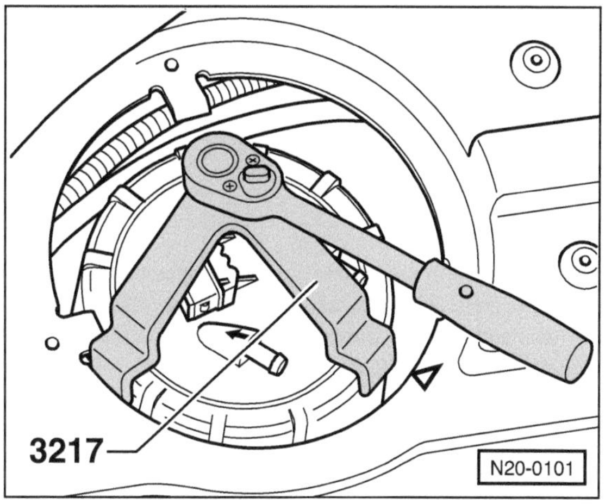

- Überwurfmutter mit Spezialwerkzeug VW-3217 lösen. Bei Fahrzeugen mit Allradantrieb wird das Werkzeug VW-3087 benötigt. **Hinweis:** Falls das Werkzeug nicht zur Verfügung steht, Überwurfmutter mit Holzstange und leichten Hammerschlägen lösen. **Achtung: Auf jeden Fall Funkenschlag verhindern.**
- Flansch und Dichtring aus der Öffnung des Kraftstoffbehälters ziehen.
- Kraftstoffleitungen und Anschlußstecker an der Unterseite des Flansches abziehen. Einbaulage für Wiedereinbau notieren.

- Tankgeber im Tank ausclipsen und herausnehmen. **Achtung:** Beim Herausziehen Lappen unterlegen und eventuell austretenden Kraftstoff auffangen.

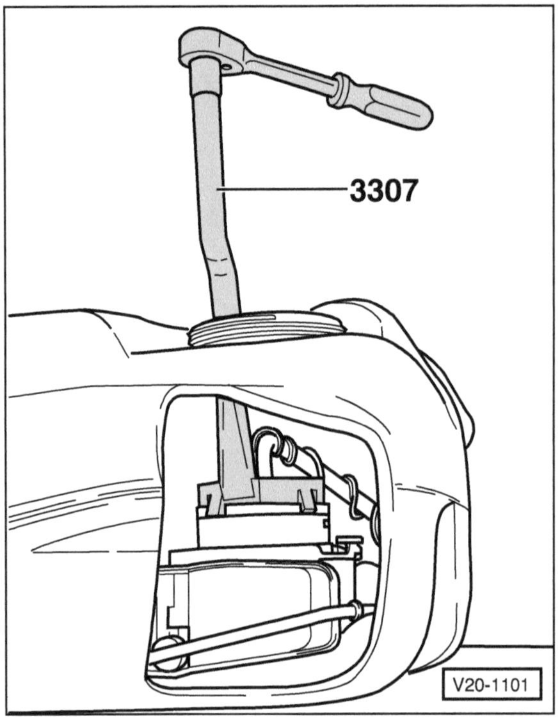

- **Benzinmotor:** Kraftstoff-Fördereinheit mit Sonderwerkzeug VW-3307 durch Drehen um ca. 15° nach links aus dem Bajonettverschluß lösen und herausnehmen. Das Werkzeug greift in die Nuten des Staugehäuses ein. **Achtung:** Beim Herausziehen Lappen unterlegen und eventuell austretenden Kraftstoff auffangen.
- Kraftstoff aus der Fördereinheit in geeigneten Behälter entleeren.

Einbau

- Kraftstoff-Fördereinheit in den Kraftstoffvorratsbehälter einsetzen. Darauf achten, daß dabei der Geber für Kraftstoffvorratsanzeige nicht verbogen wird. Dichtring vor dem Einbau mit Kraftstoff benetzen.
- Kraftstoff-Fördereinheit nach rechts drehen und dadurch Bajonettverschluß arretieren.
- Tankgeber in Tank einclipsen.
- Kraftstoffleitungen und Anschlußstecker an der Unterseite des Flansches aufstecken.

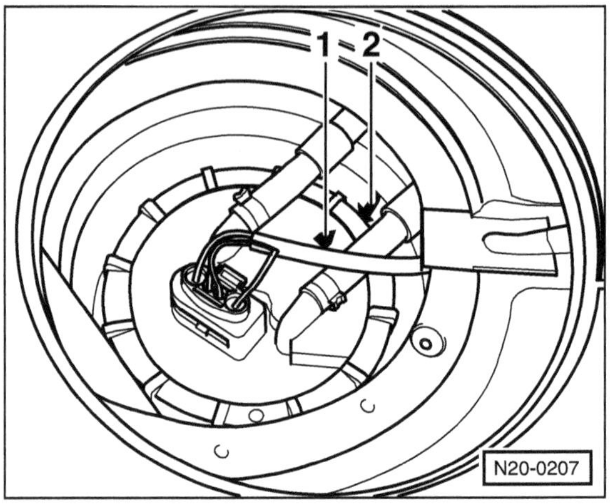

- Einbaulage des Flansches kontrollieren. Der Pfeil –1– auf dem Flansch muß zum Pfeil –2– auf dem Tank zeigen.
- Überwurfmutter ansetzen und mit Spezialwerkzeug VW-3217 festschrauben, Anhaltswert 60 bis 80 Nm. Oder Überwurfmutter mit Holzstange und leichten Hammerschlägen festschrauben.
- Vor- und Rücklaufschlauch aufstecken und mit Federbandschellen sichern. Der Rücklaufschlauch ist blau, die Pfeile auf dem Flansch zeigen jeweils in Durchflußrichtung. Falls Klemmschellen eingebaut sind, diese grundsätzlich durch Federbandschellen ersetzen. Die Verwendung von Klemm- oder Schraubschellen ist nicht erlaubt. Zur Montage der Federbandschellen gibt es spezielle Zangen, zum Beispiel HAZET 798-5 oder VW-1921.
- Elektrischen Anschlußstecker aufschieben.
- Abdeckung für Tankgeber anschrauben.
- Nach dem Einbau prüfen, ob die Kraftstoff- und Entlüftungsleitungen noch ordnungsgemäß am Tank eingeclipst sind.
- Bodenteppich einlegen. Bei Fahrzeugen mit Allradantrieb, Rücksitzbank einbauen.
- Batterie-Massekabel (–) anklemmen. **Achtung:** Elektronische Speicher sowie Zeituhr aktualisieren, siehe Kapitel »Batterie aus- und einbauen«.

Kraftstoffilter aus- und einbauen

Benzinmotor

Hinweis: Kraftstoffilter Dieselmotor, siehe Kapitel »Wartung«.

Ausbau

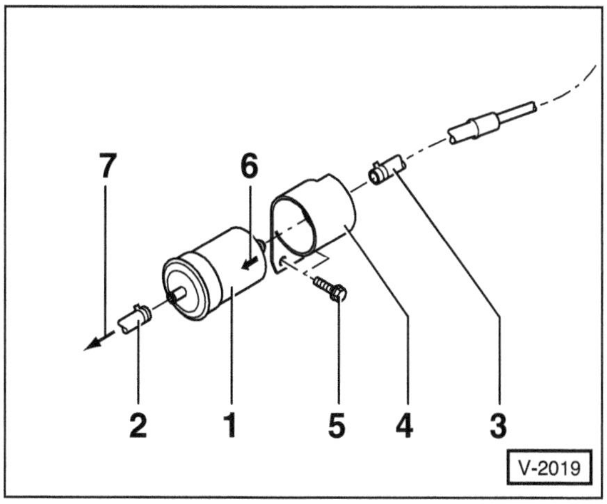

Der Kraftstoffilter –1– befindet sich am Unterboden vor dem Tank, in Fahrtrichtung gesehen.

Sicherheitshinweis:
Beim Ausbau des Kraftstoffilters kann etwas Kraftstoff austreten. Kraftstoffdämpfe sind giftig und feuergefährlich, deshalb auf besonders gute Belüftung des Arbeitsplatzes achten. Hautkontakt mit Kraftstoff vermeiden. Kraftstoffbeständige Handschuhe tragen. Kein offenes Feuer, Brandgefahr! Feuerlöscher bereitstellen.

- Fahrzeug aufbocken. Geeignetes Gefäß unter den Kraftstoffilter stellen, um auslaufenden Kraftstoff aufzufangen.
- Kraftstoffschläuche –2/3– mit geeigneten Klemmschellen abklemmen, zum Beispiel HAZET 4590.
- Schlauchklemmen mit Seitenschneider durchschneiden. Beim Einbau stattdessen Federbandschellen verwenden.
- Halter –4– lösen –5–.
- Kraftstoffilter –1– aus beiden Kraftstoffschläuchen herausziehen. Dabei dicken Lappen um den Anschluß legen. Dann durch vorsichtiges Abziehen des Schlauches eventuellen Druck abbauen.

Achtung: Der Filter ist vollständig mit Kraftstoff gefüllt.

Einbau

- Neuen Kraftstoffilter so einsetzen, daß die Pfeilmarkierung –6– auf dem Filter in Durchflußrichtung vom Tank zum Motor zeigt. 7 – zum Kraftstoffverteiler am Motor.
- Schläuche aufschieben und mit Federbandschellen befestigen. Zur Montage der Federbandschellen gibt es spezielle Zangen, zum Beispiel HAZET 798-5 oder VW-1921.
- Nach einer Probefahrt sichtprüfen, ob die Schlauchanschlüsse dicht sind.

Kraftstoffilter

100-/115-/130-/136-PS-Dieselmotor ab 1/02

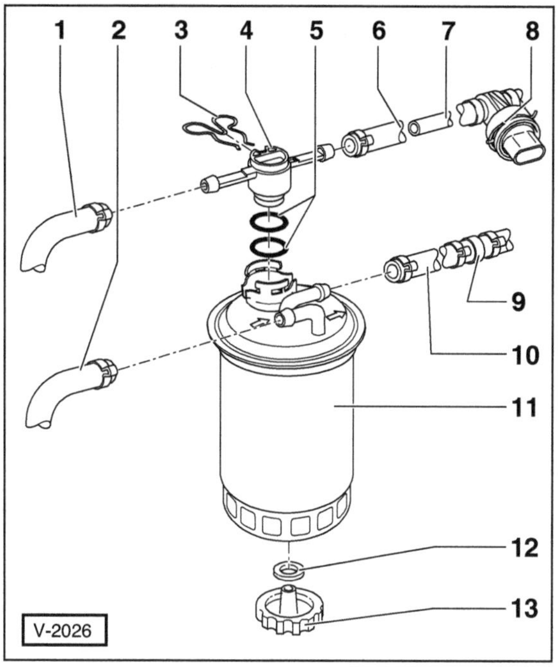

1 – **Rücklaufleitung**
Zum Kraftstoffkühler; blau bzw. blaue Markierung. Auf festen Sitz achten.

2 – **Vorlaufleitung**
Vom Kraftstoffbehälter; weiß bzw. weiße Markierung. Auf festen Sitz achten.

3 – **Halteklammer**

4 – **Regelventil**
Einbaulage: Pfeil zeigt zum Kraftstoffbehälter. Bei Filterwechsel Halteklammer entfernen und Regelventil mit angeschlossenen Kraftstoffleitungen abnehmen.
Bei einer Kraftstofftemperatur **unter +15° C:** Durchgang zum Filter geöffnet.
Über +31° C: Durchgang zum Filter geschlossen.

5 – **O-Ring**
Immer ersetzen.

6 – **Rücklaufleitung**
Von der Tandempumpe; blau bzw. blaue Markierung. Auf festen Sitz achten.

7 – **Kraftstoffleitung**

8 – **Geber für Kraftstofftemperatur**

9 – **Rückschlagventil**
Einbaulage: Pfeil zeigt zur Tandempumpe.

10 – **Vorlaufleitung**
Zur Tandempumpe; weiß bzw. weiße Markierung. Auf festen Sitz achten.

11 – **Kraftstoffilter**
Vor dem Einbau mit Dieselkraftstoff befüllen. Durchflußrichtung ist mit Pfeilen gekennzeichnet. Anschlüsse nicht vertauschen.

12 – **Dichtung**
Bei Beschädigung ersetzen.

13 – **Entwässerungsschraube**
Zum Belüften des Filters beim Entwässern, Halteklammer für Regelventil entfernen und Regelventil mit angeschlossenen Kraftstoffleitungen abnehmen.

Gaszug/Gasbetätigung

1,6-l-Benzinmotor/1,8-/2,8-l-Benzinmotor bis 12/98

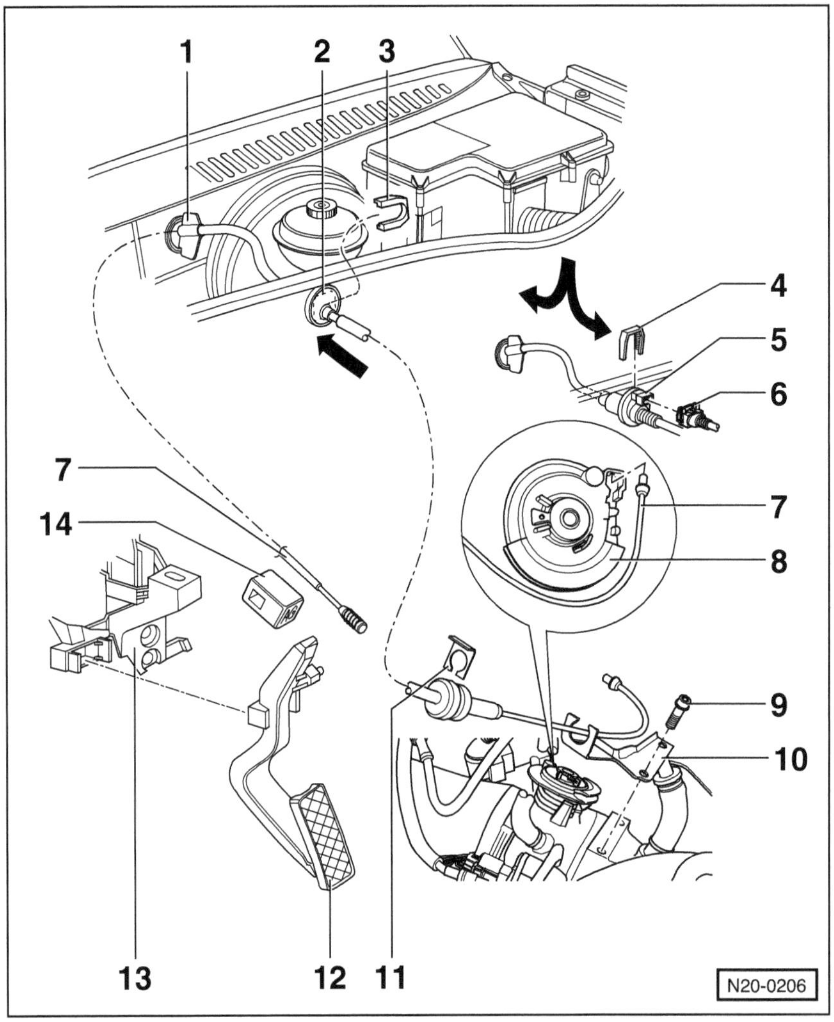

1 – **Gaszugbefestigung**
Zum Ausbau ca. 90° entgegen dem Uhrzeigersinn drehen.

2 – **Halter an Spritzwand**
Nur bei Fahrzeugen mit Schaltgetriebe.

3 – **Halteklammer**
Ausführung bei Fahrzeugen mit Schaltgetriebe.

4 – **Halteklammer**
Ausführung bei Fahrzeugen mit Automatikgetriebe.

5 – **Kickdown-Schalter, Automatikgetriebe**

6 – **Anschlußstecker, 2polig**

7 – **Gaszug**

8 – **Seilscheibe am Drosselklappenteil**

9 – **Schraube, 10 Nm**

10 – **Widerlager für Gaszug**

11 – **Steckraste für Gaszugeinstellung**

12 – **Gaspedal**

13 – **Pedalbock**

14 – **Gaspedalanschlag**
Einbaurichtung darf nicht verändert werden.

1,8-/2,8-l-Motor ab 1/99: Es ist kein Gaszug vorhanden. Die Drosselklappensteuerung erfolgt durch das E-Gas-System. Das E-Gas-System (Elektronisches Gaspedal) besteht hauptsächlich aus dem Drosselklappensteller (Elektromotor) und den beiden Gebern für Gaspedalstellung. Die Geber sitzen in einem Gehäuse direkt am Gaspedal. Das Motorsteuergerät regelt die Drosselklappenstellung entsprechend der Gaspedalstellung und den Betriebswerten des laufenden Motors.

Dieselmotor: Die Gaspedalstellung wird ebenfalls durch einen Geber an das Motorsteuergerät gemeldet, das dementsprechend die Einspritzmenge bestimmt. Anders als beim Benziner ist der Geber beim Dieselmotor über ein Gestänge mit dem Gaspedal verbunden.

Gaszug einstellen

2,3-l-Benzinmotor bis 12/00, 1,8-/2,8-l-Benzinmotor bis 12/98, 1,6-l-Benzinmotor bis 7/00

Hinweis: Fahrzeuge mit Dieselmotor sowie neuere Modelle mit Benzinmotor haben keinen Gaszug mehr. Die Gaspedalstellung wird von einem beziehungsweise zwei Geber(n) am Gaspedal an das Motor-Steuergerät übermittelt. Es handelt sich dabei um eine sogenannte elektronische Motorleistungsregelung (E-Gas oder elektronisches Gaspedal).

Achtung: Der Gaszug ist sehr knickempfindlich und daher beim Einbau besonders sorgfältig zu behandeln. Ein einziger leichter Knick kann zum späteren Bruch im Fahrbetrieb führen. Züge, die geknickt wurden, dürfen deswegen **nicht** eingebaut werden.

- Gaspedal in Vollgasstellung drücken und in dieser Stellung festklemmen oder durch Helfer halten lassen.
- Prüfen, ob der Drosselklappenhebel am Vollastanschlag anliegt, andernfalls Gaszug einstellen.

1,6-/1,8-l-Benzinmotor

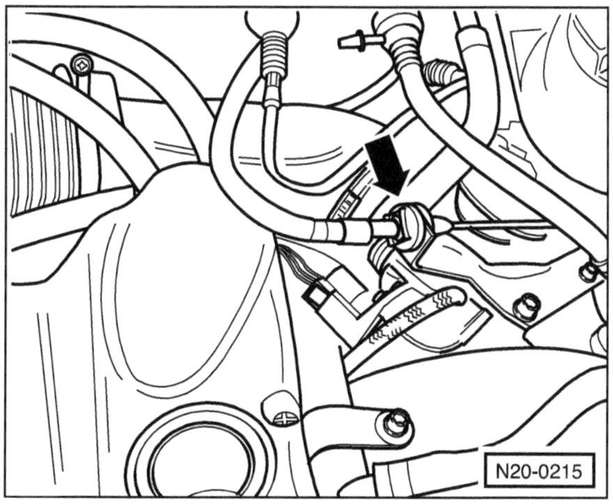

2,3-l-Benzinmotor

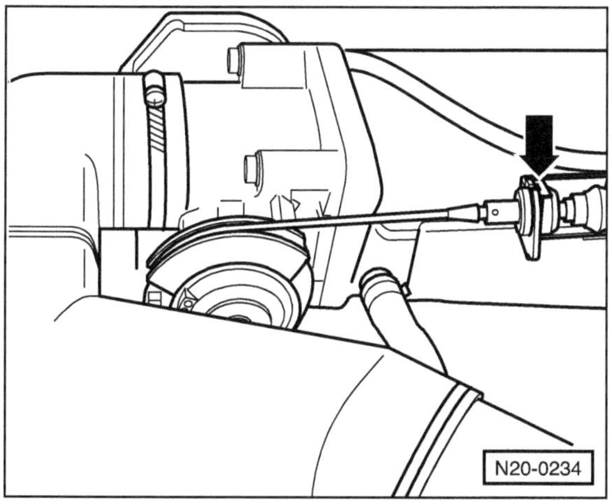

2,8-l-Benzinmotor:

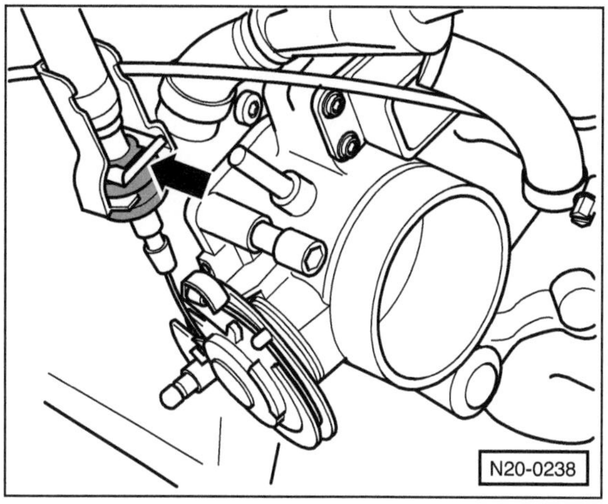

- Steckraste –Pfeil– herausziehen.
- Gaszug am Widerlager herausziehen bis der Drosselklappenhebel am Vollastanschlag anliegt. In dieser Stellung Steckraste aufstecken.
- Gaspedal loslassen.

Zusätzlich bei Automatikgetriebe:

- 2poligen Stecker vom Kickdown-Schalter im Motorraum vorn, an der Querwand, abziehen.

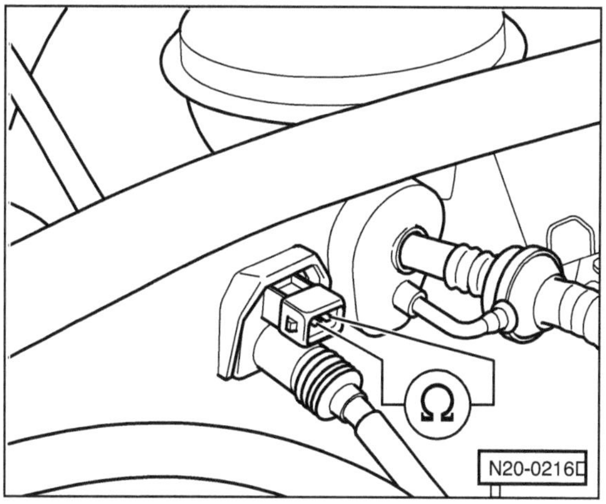

- Ohmmeter an die Kontakte des Kickdown-Schalters anschließen und Widerstand messen. Sollwert: ∞ Ω.
- Gaspedal langsam in Richtung Vollgas bewegen.
- Kurz nach den Kickdown-Druckpunkt muß der Widerstand auf 0 Ω abfallen. Das Gaspedal muß sich dabei kurz vor dem Anschlag befinden.
- Andernfalls Gaszug erneut einstellen, beziehungsweise defekten Kickdown-Schalter ersetzen.

Motorregelung

Aus dem Inhalt:

- Benzineinspritzung
- Systemübersicht
- Zündung
- Zündverteiler
- Dieseleinspritzung
- Diesel-Vorglühanlage

Bei den im VW PASSAT verwendeten **Benzinmotoren** kommen unterschiedliche elektronische Motorsteuerungen zum Einsatz.

Motor	Kennbuchst.	Motorsteuerung
1,6 l	AHL	Simos 2
1,6 l	ADP	Motronic 3.8.2
1,6 l	ALZ/ANA	Simos 3.4
1,8 l bis 12/98	ADR/AEB	Motronic 3.8.2
1,8 l/125 PS seit 1/99	APT/ARG	Motronic ME 7.1
1,8 l/150 PS seit 1/99	ANB/APU/AWT	Motronic ME 7.5
2,0 l	AZM	Simos 3.2
2,0 l	ALT	Motronic ME 7.5
2,3 l bis 9/98	AGZ	Motronic 3.8.2
2,3 l 10/98 – 9/00	AGZ	Motronic 3.8.3
2,3 l seit 10/00	AZX	Motronic ME 7.1
2,8 l bis 12/98	ACK/ALG	Motronic 3.8.2
2,8 l seit 1/99	APR/AQD/AMX	Motronic ME 7.5

Vorteile der elektronischen Benzineinspritzung:

- Genau dosierte Kraftstoffmenge in jedem Betriebszustand des Motors, dadurch geringer Verbrauch bei guten Fahrleistungen.
- Reduzierung der Abgas-Schadstoffe durch exakte Kraftstoffzumessung und Katalysator.
- Eigendiagnose der Motorsteuerung, dadurch schnelleres Auffinden von Defekten. Die Motorsteuerung ist mit einem Fehlerspeicher ausgestattet. Treten während des Betriebs Defekte auf, werden diese Informationen im Speicher abgelegt. Läuft der Motor nicht einwandfrei, so kann die Fachwerkstatt gegen Kostenerstattung eine Fehlerliste ausdrucken. Gegebenenfalls kann der Defekt dann selbst behoben werden.

Das Motor-Steuergerät ist ein kleiner, sehr schnell arbeitender Computer. Es bestimmt den optimalen Zündzeitpunkt, den Einspritzzeitpunkt und die Kraftstoffeinspritzmenge. Dabei erfolgt eine Abstimmung des Steuergeräts mit anderen Fahrzeugsystemen, beispielsweise der Getriebesteuerung oder der Wegfahrsperre.

Die Bauteile der Motorsteuerung sind langzeitstabil und praktisch wartungsfrei. Nur der Luftfilter sowie die Zündkerzen müssen im Rahmen der Wartung regelmäßig gewechselt werden. Wesentliche Einstell- und Reparaturarbeiten können nur mit Hilfe von teuren Prüfgeräten durchgeführt werden, so daß diese Arbeiten nur noch von entsprechend ausgerüsteten Fachwerkstätten ausgeführt werden können.

Das Einstellen von Leerlaufdrehzahl und CO-Wert ist im Rahmen der Fahrzeugwartung nicht erforderlich.

Sicherheitsmaßnahmen bei Arbeiten an der Motorregelung

Das Kraftstoffsystem steht unter Druck! Vor dem Lösen der Schlauchverbindungen dicken Putzlappen um die Verbindungsstelle legen. Dann durch vorsichtiges Abziehen des Schlauches den Druck abbauen.
Um Verletzungen von Personen und/oder eine Zerstörung der Einspritz- und Zündanlage zu vermeiden, ist folgendes zu beachten:

- Zündleitungen bei laufendem Motor bzw. bei Anlaßdrehzahl nicht berühren oder abziehen.
- Leitungen der Einspritz- und Zündanlage –auch Meßgeräteleitungen– nur bei ausgeschalteter Zündung ab- und anklemmen.
- Personen mit einem Herzschrittmacher sollen keine Arbeiten an der elektronischen Zündanlage durchführen.
- Bei der Kompressionsdruckprüfung darf kein Kraftstoff eingespritzt werden, daher Hinweise im Kapitel »Kompressionsdruck prüfen« beachten.

Achtung: Bei Arbeiten an der Einspritzanlage sind auch die allgemeinen Sicherheits- und Sauberkeitsregeln zu beachten, siehe Kapitel »Kraftstoffanlage«.

Hinweise für die Überprüfung der Motorsteuerung:

- Vor Reparaturen, Einstellarbeiten und zur Fehlersuche Fehlerspeicher abfragen sowie die Unterdruckanschlüsse auf Dichtigkeit beziehungsweise Falschluft prüfen.
- Zur einwandfreien Funktion der elektrischen Bauteile ist eine Spannung von mindestens 11,5 V erforderlich.

- Springt der Motor nach Fehlersuche, Reparatur oder Prüfungen von Bauteilen nur kurz an und geht dann aus, kann das daran liegen, daß die Wegfahrsicherung das Motor-Steuergerät sperrt. Dann muß der Fehlerspeicher abgefragt werden und gegebenenfalls das Steuergerät angepaßt werden (Werkstattarbeit).

Funktion der Motorregelung

Der Kraftstoff wird aus dem Kraftstoffbehälter von der elektrischen Benzinpumpe angesaugt und über den am Fahrzeugunterboden angebrachten Kraftstoffilter zu den Einspritzventilen gefördert. Ein Druckregler hält den Druck im Kraftstoffsystem konstant.

Über elektrisch angesteuerte Einspritzdüsen wird der Kraftstoff stoßweise in das entsprechende Ansaugrohr direkt vor die Einlaßventile des Motors gespritzt. Das Motor-Steuergerät regelt die Einspritzzeit und dadurch die Einspritzmenge.

Die vom Motor über den Luftfilter angesaugte Verbrennungsluft gelangt über das Drosselklappenteil sowie das Ansaugrohr bis zu den Einlaßventilen.

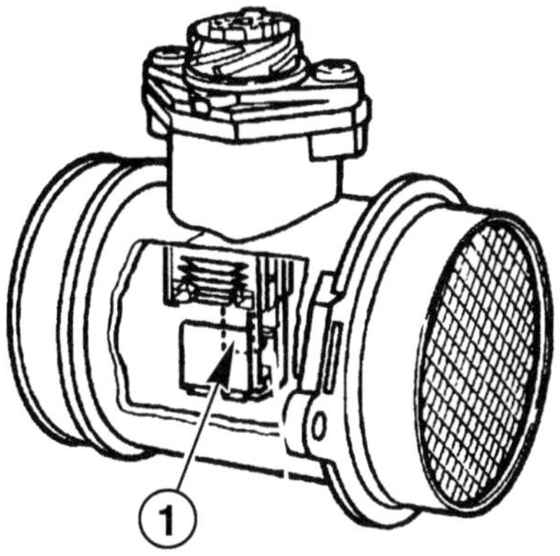

M-2208

Die angesaugte Luftmasse bestimmt die einzuspritzende Kraftstoffmenge. Gemessen wird die Luftmasse im Ansaugrohr von einem Heißfilm-Luftmassenmesser. Im Gehäuse des Luftmassenmessers befindet sich eine elektrisch erwärmte Sensorplatte –1–, die durch die vorbeistreichende Ansaugluft abgekühlt wird. Um die Temperatur der Sensorplatte konstant zu halten, ändert sich der Heizstrom entsprechend der angesaugten Luftmasse. Anhand des Heizstromes erkennt das Steuergerät somit den Lastzustand des Motors und regelt dementsprechend die Einspritzmenge.

Informationen von verschiedenen Sensoren (Fühlern) und Befehle an Stellglieder (Aktoren) sorgen in jeder Fahrsituation für einen optimalen Motorbetrieb. Fallen wichtige Sensoren aus, schaltet das Steuergerät auf ein Notlaufprogramm um, damit Motorschäden vermieden werden und weitergefahren werden kann. Der Ausfall von Sensoren kann nicht unbedingt durch schlechteren Motorlauf wahrgenommen werden, spätestens bei der nächsten Abgasuntersuchung (AU) wird er jedoch beim Abfragen des Fehlerspeichers der Motorsteuerung angezeigt.

Sensoren und Aktoren der Motorregelung

- Die **Drosselklappe** sitzt in einer zentralen **Steuereinheit**, in der verschiedene Funktionen integriert sind. Vornehmliche Aufgabe der Steuereinheit ist, unter allen Betriebsbedingungen und Motorbelastungen den Leerlauf des Motors zu stabilisieren: Der Leerlaufschalter übermittelt dem Steuergerät die Leerlaufstellung der Drosselklappe. Das Steuergerät öffnet oder schließt über einen Stellmotor (Drosselklappensteller) die Drosselklappe und regelt so die Leerlaufdrehzahl auf den Sollwert.
- Die **Geber für Kühlmitteltemperatur** und **Geber für Ansauglufttemperatur** übermitteln die aktuelle Temperatur durch ihren elektrischen Widerstand. Der Widerstand verringert sich bei steigender Temperatur.
- Die Tankentlüftung besteht aus dem **Aktivkohlebehälter** und einem **Magnetventil.** Im Aktivkohlebehälter werden Kraftstoffdämpfe gespeichert, die sich durch Erwärmung des Kraftstoffs im Tank bilden. Bei laufendem Motor werden die Kraftstoffdämpfe aus dem Aktivkohlebehälter abgesaugt und dem Motor zur Verbrennung zugeführt.
- Die **Lambdasonde** (Sauerstoffsensor) mißt den Sauerstoffgehalt im Abgasstrom und schickt entsprechende Spannungssignale an das Motor-Steuergerät.
- Eine **Anti-Klopfregelung** dient der Ermittlung und Einstellung des optimalen Zündzeitpunkts. Bei einer Zündstörung wird die Kraftstoffzufuhr zum betreffenden Zylinder abgeschaltet.
- **1,8-l-Benzinmotor ADR/APT, 2,8-l-Benzinmotor:** Es kommt ein **Schaltsaugrohr** zum Einsatz, das in Abhängigkeit von der Motordrehzahl die Luftstrecke zu den Zylindern variiert. Dazu ist im Ansaugrohr eine pneumatisch betätigte Umlenkwalze eingebaut. Ein langer Ansaugweg sorgt bei niedrigen Drehzahlen durch Resonanzeffekte für eine gute Zylinderfüllung und damit für ein hohes Drehmoment. Bei hohen Drehzahlen wird der Ansaugweg verkürzt, um das Leistungspotential des Motors voll nutzen zu können.
- **1,8-l-Benzinmotor APT, 2,8-l-Benzinmotor:** Mit Hilfe einer **Nockenwellenverstellung** werden die Steuerzeiten der Einlaßnockenwelle der Motordrehzahl angepaßt. Durch ein elektrisch/hydraulisches Stellglied wird die Einlaßnockenwelle gegenüber der Auslaßnockenwelle verstellt. Durch Verstellung in Richtung »spät« wird die Laufruhe des Motors im Leerlauf verbessert, beziehungsweise bei hohen Drehzahlen die Leistung gesteigert. Im unteren und mittleren Drehzahlbereich wird bei frühem Schließen der Einlaßventile die Zylinderfüllung und dadurch das Drehmoment verbessert.

Drosselklappen-Steuereinheit

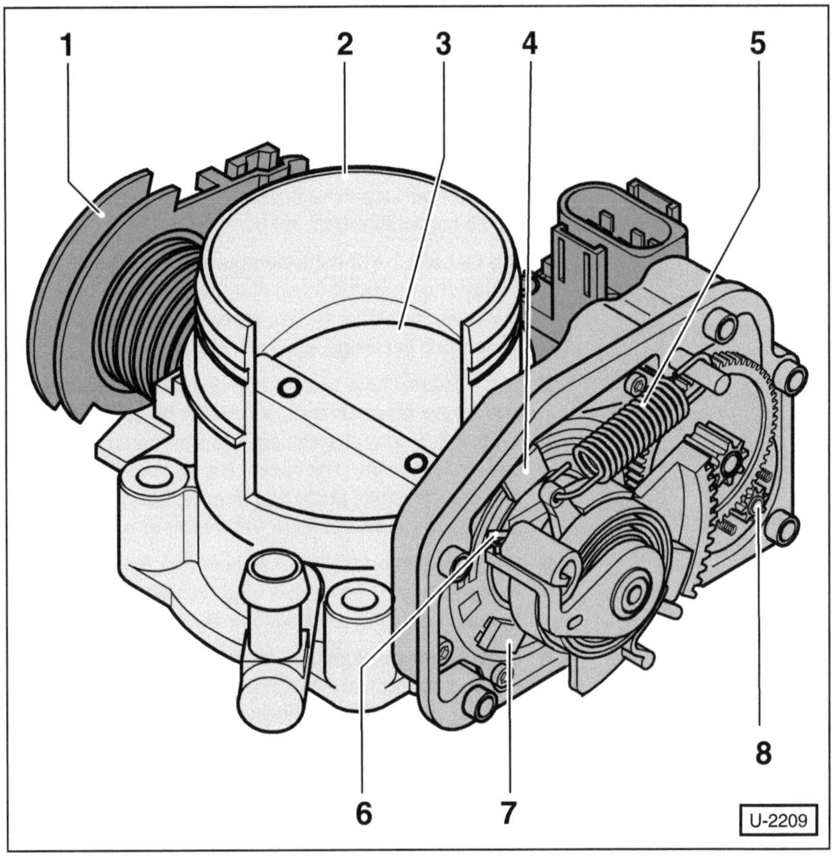

1 – **Gaszug-Seilscheibe**
Dient zur Führung und Befestigung des Gaszuges.

2 – **Ansaugstutzen**

3 – **Drosselklappe**

4 – **Drosselklappensteller-Potentiometer**
Übermittelt dem Steuergerät die Stellung des Drosselklappenstellers.

5 – **Notlauffeder**
Stellt bei Spannungsunterbrechung die Drosselklappe in Grundstellung. Die Verstellung der Drosselklappe durch den Fahrer über den Gaszug wird dadurch nicht beeinflußt.

6 – **Leerlaufschalter**

7 – **Drosselklappenpotentiometer**
Übermittelt dem Steuergerät die Stellung der Drosselklappe.

8 – **Drosselklappensteller**

Zündsystem

Zur Ermittlung des richtigen Zündzeitpunktes stützt sich das Steuergerät auf ein elektronisch gespeichertes Zündkennfeld. Synchronisiert wird die Zündanlage durch Signale, die ein Hall- beziehungsweise Impulsgeber an das Motor-Steuergerät abgibt. Eine Antiklopfregelung ermöglicht den wirtschaftlichen Betrieb mit hoher Verdichtung und gleicht unterschiedliche Kraftstoffqualitäten aus. Klopfsensoren am Motorblock registrieren klopfende Verbrennungen im Motor und beeinflussen durch entsprechende Impulse das Motor-Steuergerät, die Zündung in Richtung »spät« zu verstellen. Dadurch wird das Klopfen des Motors verhindert und Motorschäden werden vermieden.

Das Zündsystem arbeitet verschleiß- und wartungsfrei.

Direktzündung

1,6-l-Benzinmotor AHL/ANA/ALZ,
1,8-/2,3-/2,8-l-Benzinmotor

Die Hochspannungsverteilung auf die einzelnen Zylinder erfolgt durch elektronisch gesteuerte Bauteile, die den herkömmlichen mechanisch arbeitenden Verteiler mit Verteilerläufer ersetzen. Die Zündanlage besitzt für jede Zündkerze eine Zündspule, die am Zylinderkopf befestigt ist, siehe auch Abbildungen im Kapitel »Zündkerzen aus- und einbauen«.

Zündanlage mit Verteiler

1,6-l-Benzinmotor ADP

- Der Zündverteiler ist mit einem wartungsfreien Hallgeber ausgestattet. Der Hallgeber besteht aus einer berührungslos arbeitenden Magnetschranke und einer an der Verteilerwelle befestigten Rotorblende. Er bestimmt über das Steuergerät der Zündanlage den Aus- und Einschaltzeitpunkt des Zündspulenstromes und damit den Zündzeitpunkt.
- Der Zündtrafo vereinigt Zündspule, Schaltgerät und Leistungsendstufe in einem Gehäuse. Dadurch werden Spannungsverluste, wie sie in elektrischen Leitungen und Steckverbindungen auftreten, verringert.

Zündkerzentechnik

Die Zündkerze besteht aus der Mittel-Elektrode, dem Isolator mit Gehäuse und der Masse-Elektrode. Zwischen Mittel- und Masse-Elektrode springt der Zündfunke über, der das Kraftstoffluftgemisch entzündet. Man sollte niemals vom vorgeschriebenen Zündkerzentyp abweichen, der unter anderem von der Wärmewert-Kennzahl bestimmt wird.

Die Wärmewert-Kennzahl gibt den Grad der Wärmebelastbarkeit einer Zündkerze an. Je niedriger die Wärmewert-Kennzahl einer Kerze ist, desto höher ist die Wärmebelastbarkeit. Die Kerze kann also die Wärme besser ableiten, wodurch schädliche Glühzündungen (Motorklopfen) verhindert werden. Eine Kerze mit hoher Wärmebelastbarkeit hat allerdings den Nachteil, daß ihre Selbstreinigungstemperatur ebenfalls höher liegt. Sie neigt daher schneller zum Verrußen, insbesondere dann, wenn der Motor häufig seine Betriebstemperatur während der Fahrt nicht erreicht (Stadtverkehr, Kurzstreckenverkehr im Winter).

Der richtige Zündkerzen-Wärmewert wird vom Automobilhersteller festgelegt. Es gibt Zündkerzen mit einem oder mehreren Polen, mit unterschiedlicher Gewindelänge und unterschiedlichem Gewindedurchmesser. Beim Auswechseln von Zündkerzen ist es deshalb wichtig, daß nur solche Kerzen verwendet werden, die der Vorschrift des Automobilherstellers entsprechen.

Die durchschnittliche Lebensdauer von Zündkerzen ist recht unterschiedlich. Dabei spielt auch der Elektrodenwerkstoff eine wichtige Rolle. Die Chrom-Nickel-Legierung zeichnet sich durch sehr hohe Wärmeableitung und hohe Korrosionsfestigkeit aus; Silber bietet das beste Wärmeleitvermögen aller Metalle und Platin-Elektroden verfügen über eine hohe Korrosions- und Abbrandfestigkeit. Die Lebensdauer von Zündkerzen beträgt zwischen 20.000 Kilometer und bis zu 100.000 Kilometer, je nachdem, welcher Elektrodenwerkstoff verwendet wurde und ob ein- oder mehrpolige Zündkerzen zum Einsatz kommen.

Je nach Bauart der Motoren unterscheidet man zwischen zwei verschiedenen Abdichtungsarten zwischen Zündkerze und Zylinderkopf.

Der Flachdichtsitz hat einen unverlierbaren Außendichtring, der am Kerzenkörper angebracht ist. Beim Kegeldichtsitz ist keine zusätzliche Dichtung erforderlich. Bei beengten Einbauverhältnissen werden häufig Zündkerzen mit Flachdichtsitz und kleiner Schlüsselweite des Sechskants verwendet oder aber man verwendet Kegeldichtsitzkerzen, die aufgrund ihrer kompakten Bauart kleinere Außenmaße haben.

Hinweis: Zündkerzen erneuern, siehe Kapitel »Wartung«.

Zündverteiler aus- und einbauen

1,6-l-Benzinmotor ADP

Im Zündverteiler sitzt der Hallgeber. Er übermittelt dem Motor-Steuergerät ein Signal, wenn sich der Motor in OT-Stellung für Zylinder 1 befindet.

Ausbau

- Kurbelwelle auf Zünd-OT für Zylinder 1 stellen und Einstellung nicht mehr verändern, siehe Seite 161.
- Verteilerkappe am Verteiler abnehmen, dazu Klemmbügel mit Schraubendreher seitlich abhebeln.
- Stecker am Hallgeber abziehen.
- Klemmschraube am Verteilerfuß herausdrehen. Halter abnehmen und Zündverteiler herausziehen.

Achtung: Motorstellung bei ausgebautem Verteiler **nicht** verändern.

Einbau

Vor dem Einbau sicherstellen, daß der Motor auf Zünd-OT für Zylinder 1 steht. Das heißt, die Markierungen an Kurbelwellen-Riemenscheibe beziehungsweise Schwungrad und Nockenwellenrad müssen gleichzeitig übereinstimmen, siehe Seite 161.

- O-Ring für Verteiler auf Beschädigung und richtigen Sitz prüfen. Gegebenenfalls O-Ring erneuern.

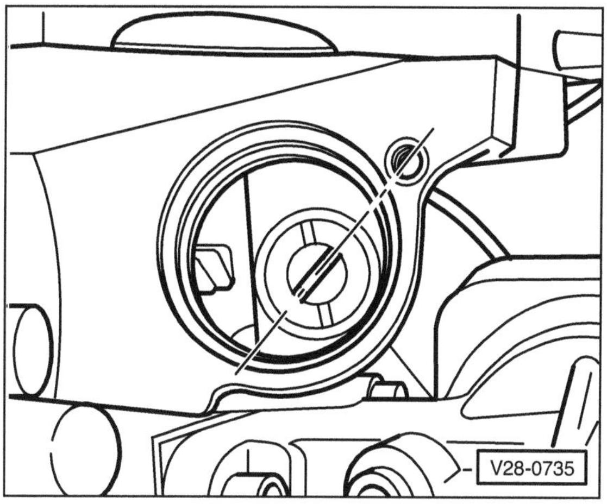

- Falls der Motor verdreht wurde, in der Zündverteilerbohrung den Aufnahmezapfen der Ölpumpenwelle zur Gewindebohrung fluchtend stellen, siehe Abbildung.

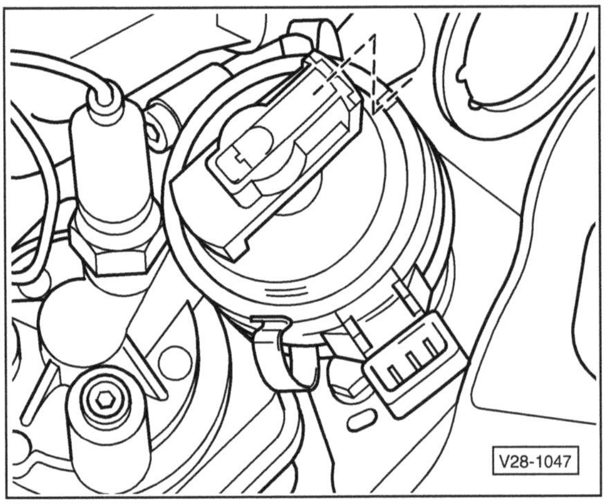

- Verteilerläufer am ausgebauten Zündverteiler auf Zünd-OT drehen, dabei muß die Kerbe auf dem Läufer mit der Markierung am Verteilergehäuse übereinstimmen. Anschließend Verteilerläufer etwas nach rechts von der Markierung am Verteilergehäuse wegdrehen. Beim Einsetzen dreht sich der Verteilerläufer dann in Richtung Markierung zurück.
- Stellung des Verteilerläufers zur Markierung nochmals überprüfen. Sollte die Markierung nicht übereinstimmen, Zündverteiler verdrehen, bis die Markierung übereinstimmt. Anschließend Klemmschraube mit **25 Nm** festziehen.
- Verteilerkappe auf Risse und Spuren von Kriechströmen (unregelmäßige dunkle Linien) prüfen, gegebenenfalls ersetzen.
- Zündverteilerkappe aufsetzen, Blechklammern aufdrücken.
- Falls ausgebaut, Zündkabel entsprechend der Zünd-Reihenfolge 1-3-4-2 auf die Verteilerkappe aufstecken. Der Anschluß für das Zündkabel für Zylinder 1 befindet sich über der OT-Marke am Zündverteilerrand, dann folgen im Uhrzeigersinn der Anschluß für Zylinder 3, dann für Zylinder 4 und schließlich der Anschluß für Zylinder 2. Die Zylinder des Motors werden von vorn nach hinten gezählt, der 1. Zylinder liegt in Fahrtrichtung vorn.
- Stecker am Hallgeber aufstecken.
- Fehlerspeicher von VW-Werkstatt abfragen und löschen lassen. Zusätzlich Verteilerstellung kontrollieren lassen, da die Werkstatt den Zündverteiler mit dem Diagnosegerät VW 1551 einstellt.

Zündspule/Zündkerze/Klopfsensor

2,0-l-Motor ALT (96 kW/130 PS)

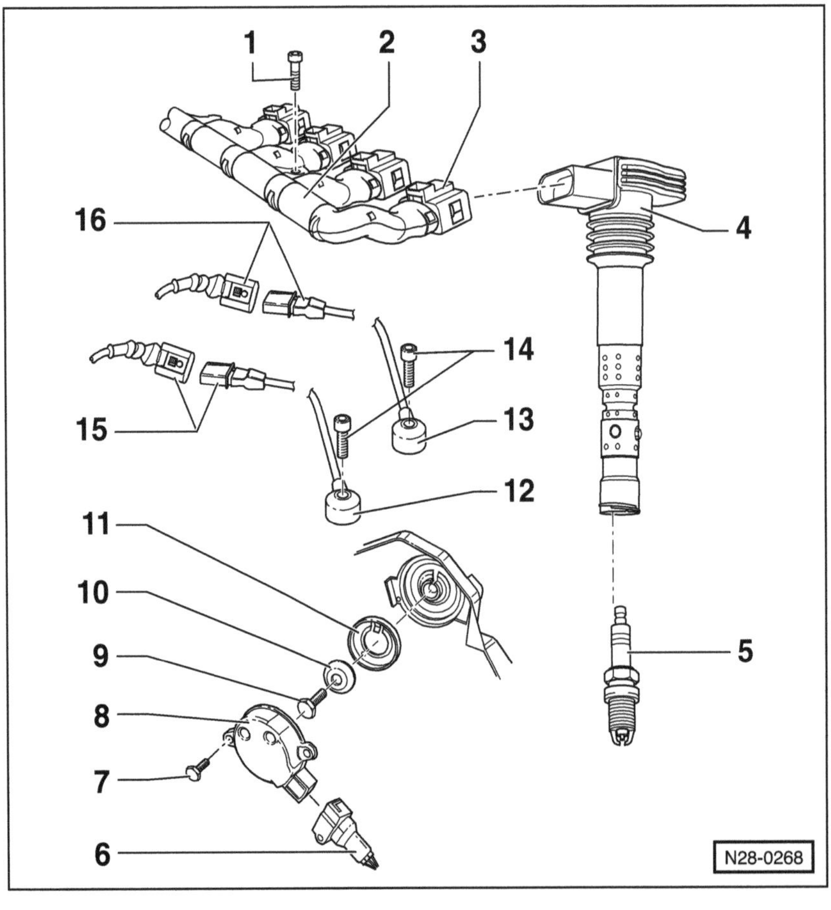

1 – **Schraube**
2 – **Steckerleiste**
3 – **Stecker für Zündspule**
4 – **Zündspule**
5 – **Zündkerze, 30 Nm**
6 – **Stecker für Hallgeber**
7 – **Schraube, 10 Nm**
8 – **Hallgeber**
9 – **Schraube, 25 Nm**
10 – **Scheibe, konisch**
11 – **Blende für Hallgeber**
Bei Montage Fixierung beachten.
12 – **Klopfsensor 1**
13 – **Klopfsensor 2**
14 – **Schraube, 20 Nm**
Achtung: Anzugsdrehmoment hat Einfluß auf die Funktion des Klopfsensors.
15 – **3-fach-Steckverbindung**
Grün; für Klopfsensor 1. Ist an der Spritzwand, in Fahrtrichtung links, unterhalb vom Ausgleichbehälter, befestigt.
16 – **3-fach-Steckverbindung**
Blau; für Klopfsensor 2.

Einbauübersicht Motronic

1,8-l-Benzinmotor mit 125 PS

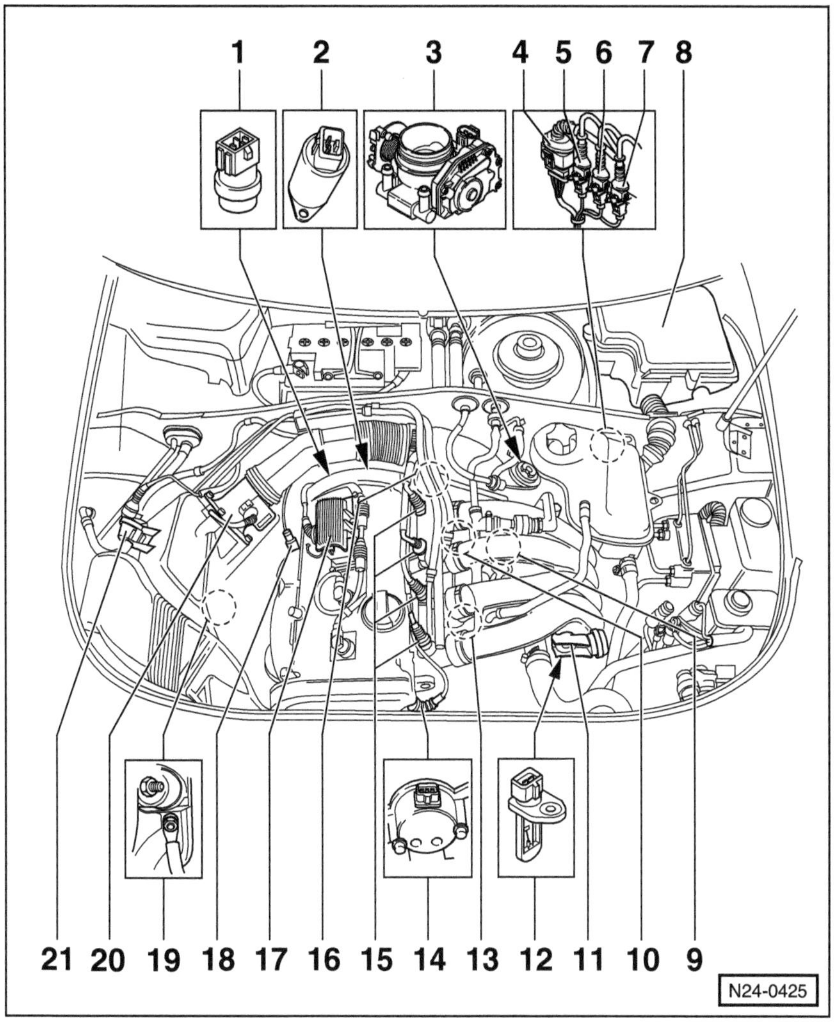

1 – **Geber für Kühlmitteltemperatur**

2 – **Ventil für Nockenwellenverstellung**

3 – **Drosselklappen-Steuereinheit**

4 – **Steckverbindung**
Für Lambdasonde (schwarz).

5 – **Steckverbindung**
Für Motordrehzahlgeber (grau).

6 – **Steckverbindung**
Für Klopfsensor 1 (grün).

7 – **Steckverbindung**
Für Klopfsensor 2 (blau).

8 – **Motronic-Steuergerät**

9 – **Geber für Motordrehzahl, 10 Nm**

10 – **Klopfsensor 2**

11 – **Ventil für Registersaugrohr-Umschaltung**

12 – **Geber für Ansauglufttemperatur, 10 Nm**

13 – **Klopfsensor 1**

14 – **Hallgeber**

15 – **Einspritzventile**

16 – **Kraftstoff-Druckregler**

17 – **Zündspulen, Leistungsendstufe**

18 – **Lambdasonde, beheizt, 50 Nm**

19 – **Masseanschluß**
An der Motorstütze rechts.

20 – **Luftmassenmesser**

21 – **Magnetventil für Aktivkohlebehälter**
Am Luftfilter.

Luftfilter/Luftmassenmesser

1,8-l-Benzinmotor mit 150 PS

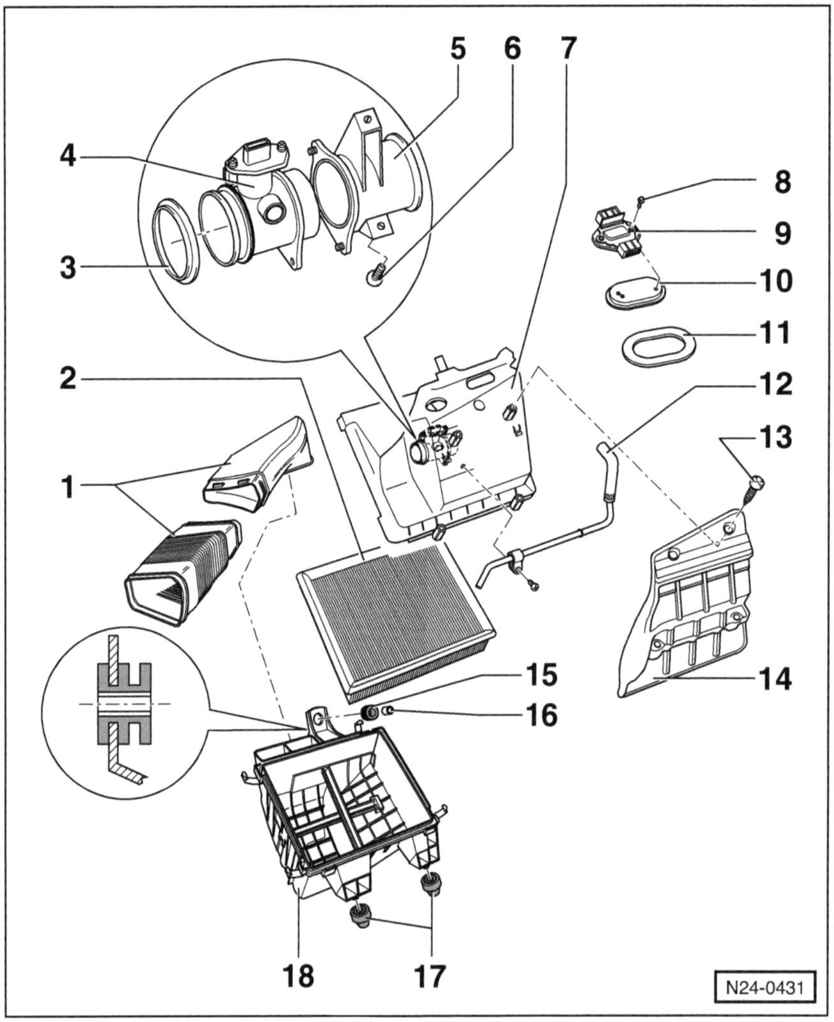

1 – **Luftführungen**
ZumSchloßträger.

2 – **Filtereinsatz**

3 – **Dichtring**
Bei Beschädigung ersetzen.

4 – **Luftmassenmesser**

5 – **Luftführung**

6 – **Schraube, 6 Nm**

7 – **Luftfilter-Oberteil**

8 – **Schraube, 6 Nm**

9 – **Leistungsendstufe**
Für Zündung.

10 – **Kühlkörper**

11 – **Gummiring**

12 – **Leitung**
Für Aktivkohlebehälter-Anlage.

13 – **Schraube, 10 Nm**

14 – **Wärmeschutzblech**

15 – **Gummitülle**

16 – **Abstandshülse**

17 – **Unterlagen**

18 – **Luftfilter-Unterteil**

Kraftstoffverteiler/Einspritzventile aus- und einbauen

1,6-/1,8-l-Benzinmotor

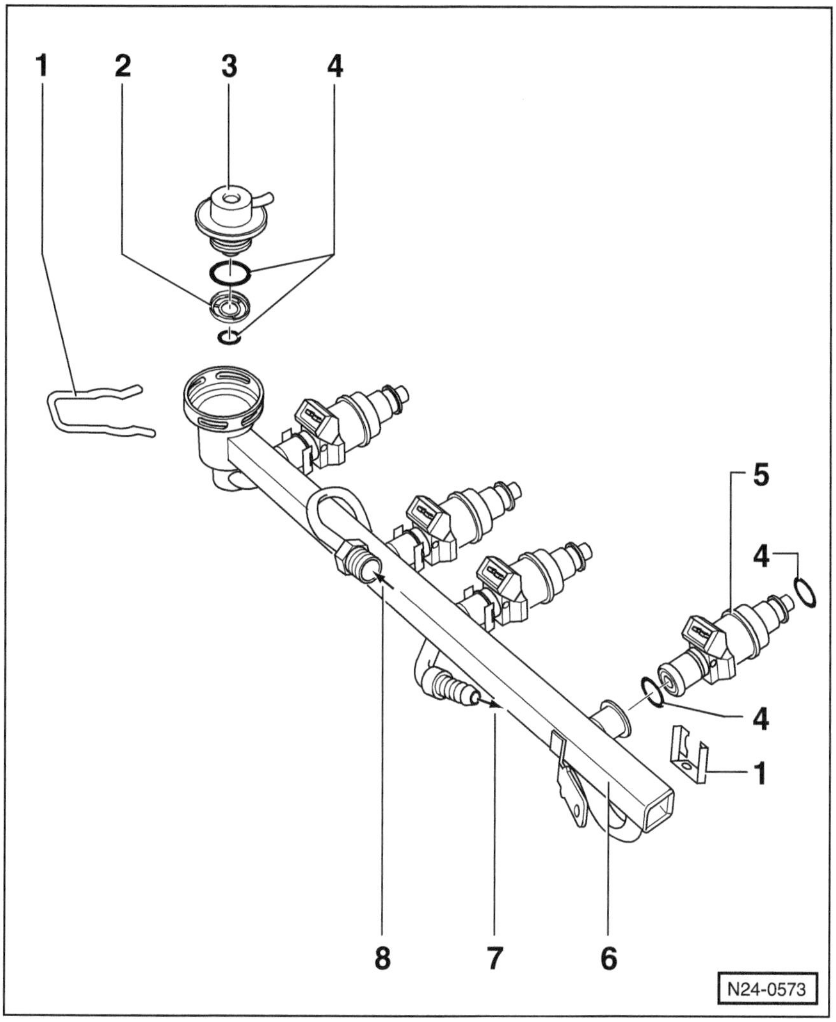

1 – **Halteklammer**
Auf richtigen Sitz am Einspritzventil und Kraftstoffverteiler achten.

2 – **Sieb**

3 – **Kraftstoff-Druckregler**

4 – **O-Ring**
Bei Beschädigung erneuern.

5 – **Einspritzventil**

6 – **Kraftstoffverteiler**

7 – **Anschluß Rücklaufleitung**

8 – **Anschluß Vorlaufleitung**

Ausbau

- Motorabdeckung abschrauben.
- Unterdruckschlauch vom Kraftstoffdruckregler abziehen.

Sicherheitshinweis:
Die Kraftstoffanlage steht unter Druck! Beim Öffnen der Anlage kann Kraftstoff herausspritzen, daher austretenden Kraftstoff mit einem Lappen auffangen. **Schutzbrille tragen. Nicht rauchen, kein offenes Feuer, Brandgefahr! Feuerlöscher bereitstellen.**

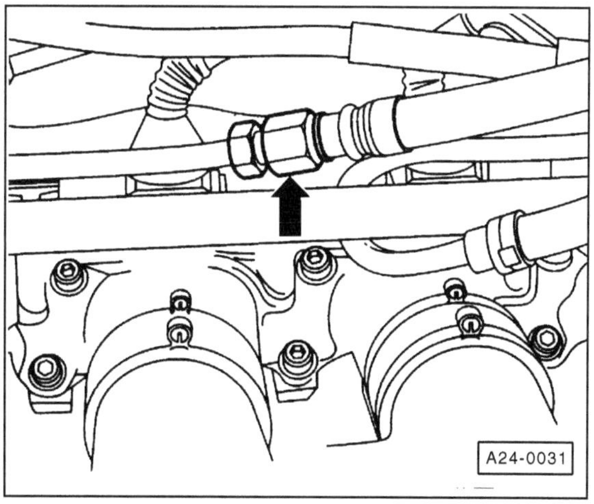

- Vorlaufleitung vom Kraftstoffverteiler abschrauben, dabei austretenden Kraftstoff mit einem Lappen auffangen.

- Stecker an den Einspritzventilen abziehen.
- **1,8-l-Motor:** Stecker vom Hallgeber am Zylinderkopf abziehen.

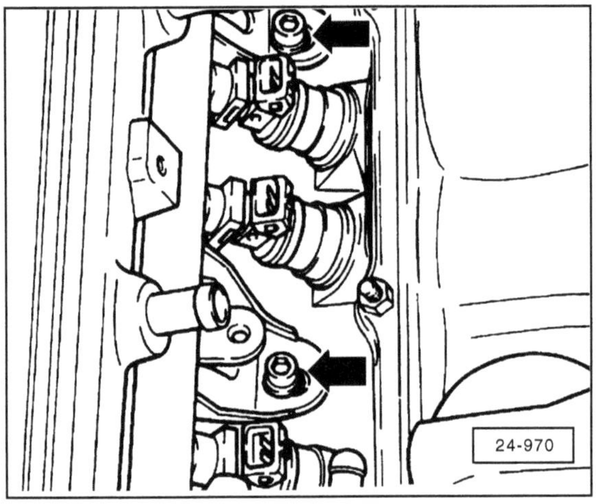

- Befestigungsschrauben des Kraftstoffverteilers herausschrauben und Einspritzventile komplett mit Kraftstoffverteiler aus dem Ansaugkrümmer ziehen.
- Halteklammern an der Verbindung von Einspritzventilen und Kraftstoffverteiler abziehen. Einspritzventile aus dem Kraftstoffverteiler herausziehen. Die Einspritzventile sind nur eingesteckt. **Achtung:** Einspritzdüsen nicht vertauschen, an gleicher Stelle wieder einbauen.

Einbau

Achtung: Beim Wiedereinstecken der Ventile darauf achten, daß die O-Dichtringe und Düseneinsätze im Zylinderkopf nicht beschädigt werden. O-Ringe immer ersetzen. Dabei darf die vordere Kunststoffhülse **nicht** vom Einspritzventil abgezogen werden.

- Dichtringe vor dem Einsetzen leicht mit sauberem Motoröl bestreichen.
- Einspritzventile bis zum Anschlag senkrecht in den Kraftstoffverteiler einsetzen und mit Halteklammern sichern.
- Kraftstoffverteiler mit gesicherten Einspritzventilen vorsichtig in den Ansaugkrümmer einsetzen und bis zum Anschlag eindrücken
- Befestigungsschrauben ansetzen, Kraftstoffverteiler von Hand leicht in Richtung Saugrohr drücken und Schrauben mit 10 Nm anziehen.
- Stecker der Einspritzventile aufstecken.
- Vorlaufleitung am Kraftstoffverteiler anschrauben.
- Unterdruckleitung am Druckregler aufstecken.
- **1,8-l-Motor:** Stecker am Hallgeber aufstecken.
- Motorabdeckung anschrauben.

Einspritzventile prüfen

1,6-/1,8-l-Benzinmotor

Die Einspritzventile spritzen den Kraftstoff stoßweise in den Ansaugtrakt. Dabei spritzt das Ventil den Kraftstoff kegelförmig ein und schließt nach dem Abspritzen dicht ab. Undichte Ventile bewirken Heißstartschwierigkeiten. Defekte Einspritzventile lassen den Motor bisweilen nachdieseln und führen zu Motoraussetzern.

Prüfvoraussetzung: Sicherung für Einspritzanlage, Geber für Motordrehzahl und Kraftstoffpumpenrelais sind in Ordnung, gegebenenfalls prüfen.

- Motorabdeckung abschrauben.
- **1,8-l-Motor, 1,6-l-Motor ADP:** Mehrfachstecker an der Leistungsendstufe der Zündspulen abziehen.

Spannungsversorgung prüfen

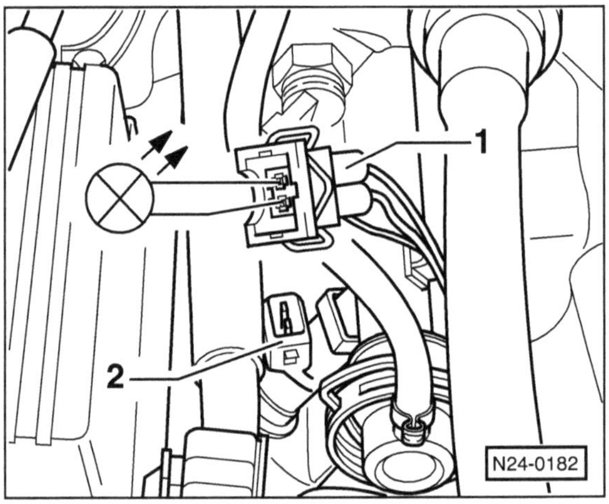

- Stecker –1– vom Einspritzventil für Zylinder 1 –2– abziehen.
- Diodenprüflampe am Stecker anschließen. Anlasser betätigen (Helfer). Die Leuchtdiode muß flackern.
- Prüfung für Zylinder 2 bis 4 wiederholen.

Falls Leuchtdiode an keinem Zylinder flackert:

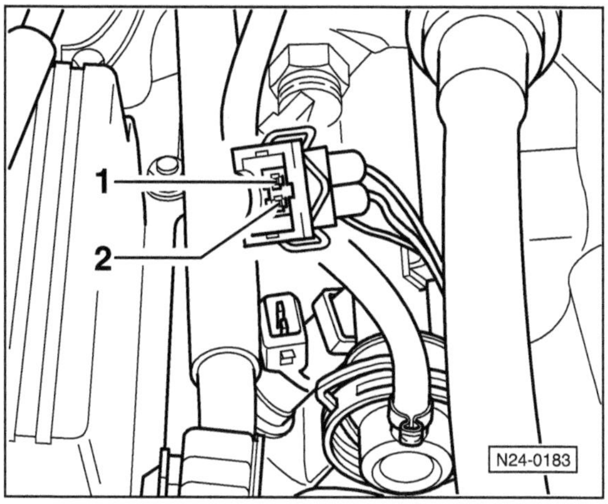

- Diodenprüflampe an Kontakt 1 des Steckers für Zylinder 1 und an Masse, z. B. Motorblock, anschließen. 2 – Massekontakt des Steckers.
- Anlasser betätigen: Die Leuchtdiode muß leuchten. Andernfalls Leitungsverbindung zum Kraftstoffpumpenrelais nach Stromlaufplan auf Durchgang prüfen (Leitungswiderstand: max. 1,5 Ω).
- Falls eingeschaltet, Zündung ausschalten.

Falls Leuchtdiode an einem oder mehreren Zylindern nicht flackert:

- Leitungsunterbrechung zwischen Ventilen und Steuergerät beziehungsweise Kurzschluß der Leitungen untereinander (Sollwert: ∞ Ω) ermitteln und beseitigen. Einspritzanlage elektrisch prüfen lassen. Unter Umständen muß das Steuergerät ersetzt werden.

Widerstand prüfen

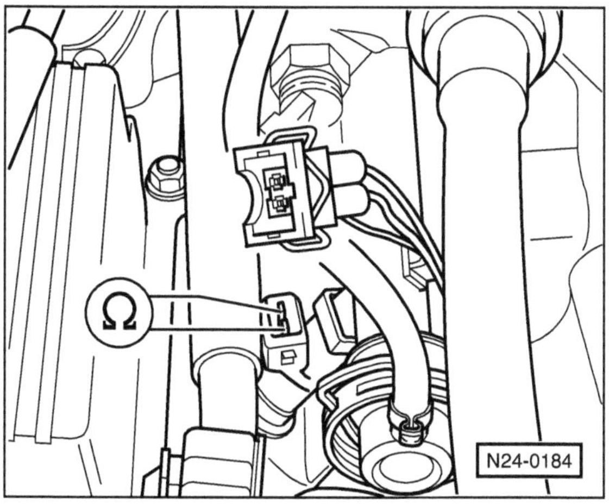

- Widerstand an jedem Einspritzventil prüfen. **Sollwert:** Je nach Motor 12 Ω – 17 Ω, siehe Tabelle Seite 226.

Hinweis: Bei betriebswarmem Motor erhöht sich der Widerstand um etwa 4 Ω – 6 Ω.

- Beträgt der Meßwert 0 Ω, Kurzschluß ermitteln und beseitigen, defektes Einspritzventil ersetzen.

Strahlbild und Dichtheit prüfen

- **1,6-l-Motor AHL:** 4fach-Stecker vom Kühlmitteltemperaturgeber abziehen. Der Temperaturgeber sitzt am Thermostatgehäuse.

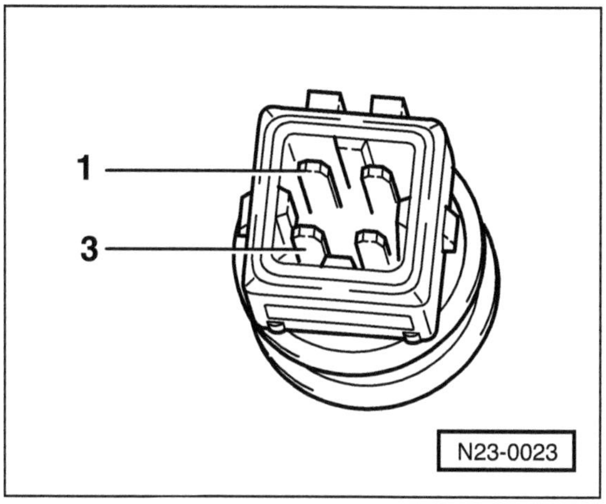

- **1,6-l-Motor AHL:** Kontakte 1 und 3 des Steckers mit einem 15 kΩ-Widerstand überbrücken. Hinweis: Die Abbildung zeigt den Temperaturgeber, entsprechende Kontakte des Steckers beachten.
- Kraftstoffverteiler komplett mit Einspritzventilen und angeschlossenen Kraftstoffschläuchen ausbauen.

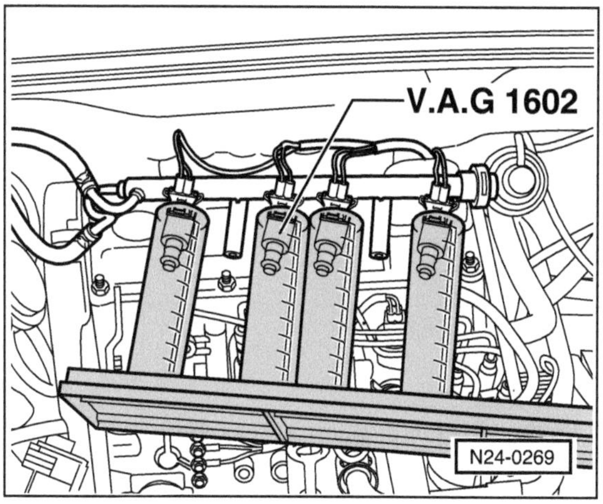

- Einspritzventile in geeignete Meßgefäße, zum Beispiel V.A.G 1602, einsetzen.
- Anlasser von Hilfsperson einige Sekunden betätigen lassen. Die Einspritzventile müssen entsprechend der Zündfolge pulsierend abspritzen. Strahlbilder der Einspritzventile miteinander vergleichen. Der Kraftstoff muß kegelförmig austreten und bei allen Einspritzventilen gleich aussehen.

Sicherheitshinweis:
Augen mit Schutzbrille schützen, Spritzgefahr!

- Anschließend Zündung ausschalten und Dichtheit der Einspritzventile prüfen. Es dürfen nicht mehr als 2 Tropfen pro Minute austreten.
- Kraftstoffverteiler mit Einspritzventilen einbauen.

Achtung: Beim Wiedereinstecken der Ventile darauf achten, daß die O-Ringe nicht beschädigt werden. Dichtringe auf Beschädigungen prüfen, gegebenenfalls ersetzen. Dichtringe vor dem Einsetzen mit sauberem Motoröl benetzen.

- Mehrfachstecker aufschieben.
- **1,8-l-Motor, 1,6-l-Motor ADP:** Mehrfachstecker an der Leistungsendstufe für Zündspulen aufstecken.
- Motorabdeckung anschrauben.

Technische Daten Benzin-Einspritzanlage

Motor-Kennbuchstaben Einspritzanlage		**ADP** Motr. 3.8.2	**AHL/AZM** Simos	**ANA/ALZ** Simos 3.4	**ADR** Motr. 3.8.2	**APT/ARG** Motr. ME 7.1	**AEB** Motr. 3.8.2
Leerlaufdrehzahl	1/min	760 – 960	760 – 960 [1]	760 – 960	760 – 960	810 – 910	760 – 960
	1/min	–	740 – 860 [2]	–	–	–	–
CO-Gehalt	Vol.%	max. 0,5	max. 0,5	max. 0,5	max. 0,3	max. 0,5	max. 0,5
Drehzahlbegrenzung	1/min	6500	6500	6500	6500	6800	6500
Kraftstoffdruck							
bei Leerlaufdrehzahl und							
Unterdruckschlauch **aufgesteckt**	bar	3,5	3,5	3,5	3,5	3,5	3,5
abgezogen	bar	4,0	4,0	4,0	4,0	4,0	4,0
Haltedruck nach 10 Minuten	bar	2,5	2,5	2,0	2,0	2,0	2,0
Einspritzventile							
Abspritzmenge/30 sec.	ml	85 –105	–	–	85 –105	133 – 157	110 – 130
Widerstand am einzelnen Ventil [3]	Ω	12 – 15	14 – 17	14 – 18	12 – 15	12 – 17	12 – 15

Motor-Kennbuchstaben Einspritzanlage		**ANB/ APU** Motr. ME 7.5	**AWT** Motr. ME 7.5	**AGZ** Motr. 3.8.2	**AZX** Motr. ME 7.1	**ACK/ ALG** Motr. 3.8.2	**APR/AQD AMX** Motr. ME 7.5
Leerlaufdrehzahl Frontantrieb	1/min	750 – 850	740 – 920	650 – 750	650 – 750	710 – 860	710 – 860
Allrad	1/min	–	–	–	–	620 – 740	620 – 740
CO-Gehalt	Vol.%	max. 0,5	max. 0,5	max. 0,5	max. 0,5	max. 0,5	max. 0,5
Drehzahlbegrenzung	1/min	6800	6800	6500	6500	6500	6800
Kraftstoffdruck							
bei Leerlaufdrehzahl und							
Unterdruckschlauch **aufgesteckt**	bar	3,5	3,5	2,5	2,5	3,5	3,5
abgezogen	bar	4,0	4,0	3,0	3,0	4,0	4,0
Haltedruck nach 10 Minuten	bar	2,0	2,0	2,0	2,0	2,2	2,2
Einspritzventile							
Abspritzmenge/30 sec.	ml	133 – 157	133 – 157	90 – 125	110 – 130	90 – 125	90 – 125
Widerstand am einzelnen Ventil [3]	Ω	12 – 17	12 – 17	14 – 17	13 – 19	15 – 21,5	13,5 – 15,5

[1]) Motor AHL. [2]) Motor AZM. [3]) Die Widerstandswerte gelten für eine Temperatur von +20° C, bei höherer Temperaturen steigt der Wert um 4 – 6 Ω an.

Störungsdiagnose Benzin-Einspritzanlage

Bevor anhand der Störungsdiagnose der Fehler aufgespürt wird, müssen folgende Prüfvoraussetzungen erfüllt sein: Bedienungsfehler beim Starten ausgeschlossen. Sowohl für den kalten wie warmen Motor gilt: Vor und während des Startens kein Gas geben. Bei heißem Motor kann es nach dem Anspringen des Motors erforderlich sein, etwas Gas zu geben.

Kraftstoff im Tank, Motor mechanisch in Ordnung, Batterie geladen, Anlasser dreht mit ausreichender Drehzahl, Zündanlage ist in Ordnung, keine Undichtigkeiten an der Kraftstoffanlage, Verschmutzungen im Kraftstoffsystem ausgeschlossen, Kurbelgehäuse-Entlüftung in Ordnung, elektrische Masseverbindung (Motor-Getriebe-Aufbau) vorhanden. Fehlerspeicher des Steuergerätes abfragen (Werkstattarbeit). **Achtung: Die Kraftstoffanlage steht unter Druck.** Wenn Kraftstoffleitungen gelöst werden, dicken Lappen darüberlegen, um eventuelle Kraftstoffspritzer aufzufangen. Kraftstoffleitungen vorher mit Kaltreiniger säubern.

Störung	Ursache	Abhilfe
Motor springt nicht an.	Elektro-Kraftstoffpumpe läuft beim Betätigen des Anlassers nicht an (keine Laufgeräusche hörbar).	■ Prüfen, ob Spannung an der Pumpe anliegt. Elektrische Kontakte auf gute Leitfähigkeit überprüfen.
	Sicherung defekt.	■ Sicherungen für Kraftstoffpumpe/Einspritzanlage überprüfen.
	Kraftstoffpumpenrelais defekt.	■ Relais überprüfen.
	Einspritzventile erhalten keine Spannung.	■ Stromversorgung prüfen.
Der kalte Motor springt schlecht an, läuft unrund.	Temperaturfühler defekt.	■ Temperaturfühler Kühlmittel/Ansaugluft prüfen.
Der Motor setzt aus.	Elektrische Verbindungen zur Kraftstoffpumpe zeitweise unterbrochen.	■ Steckverbindungen und Anschlüsse von elektrischen Leitungen an der Kraftstoffpumpe und dem Kraftstoffpumpen-Relais auf feste und widerstandslose Verbindung prüfen. Sicherung und Kontaktstellen am Kraftstoffpumpen-Relais prüfen. Kontakte reinigen bzw. erneuern.
	Kraftstoff-Fördermenge zu gering.	■ Kraftstoffpumpen-Fördermenge prüfen.
	Kraftstoffilter verstopft.	■ Kraftstoffilter erneuern.
	Kraftstoffpumpe defekt.	■ Kraftstoffpumpe prüfen.
	Einspritzventil defekt.	■ Einspritzventile prüfen.
Der Motor hat Übergangsstörungen.	Luftansaugsystem undicht.	■ Ansaugsystem prüfen. Dazu Motor im Leerlauf drehen lassen und Dichtstellen sowie Anschlüsse im Ansaugtrakt mit Benzin bestreichen. Wenn sich die Drehzahl kurzfristig erhöht, undichte Stelle beseitigen. **Achtung:** Benzindämpfe sind giftig, nicht einatmen!
	Temperaturfühler Kühlmittel/Ansaugluft defekt.	■ Prüfen (Werkstattarbeit).
	Kraftstoffsystem undicht.	■ Sichtprüfung an allen Verbindungsstellen im Bereich des Motors und der elektrischen Kraftstoffpumpe. Alle Anschlüsse nachziehen.
Der heiße Motor springt nicht an.	Druck im Kraftstoffsystem zu hoch.	■ Kraftstoffdruck prüfen lassen, gegebenenfalls Druckregler ersetzen.
	Rücklaufleitung zwischen Druckregler und Tank verstopft oder geknickt.	■ Leitung reinigen oder ersetzen.
Der Motor läuft nach.	Einspritzventil undicht.	■ Einspritzventil prüfen.

Dieselmotor

Diesel-Prinzip

Beim Dieselmotor wird reine Luft in die Zylinder angesaugt und dort sehr hoch verdichtet. Dadurch steigt die Temperatur in den Zylindern über die Zündtemperatur des Dieselöls an. Wenn der Kolben kurz vor dem oberen Totpunkt steht, wird in die hochverdichtete und etwa +700° bis +900° C heiße Luft Dieselöl eingespritzt. Das Dieselöl zündet von selbst, Zündkerzen sind also nicht erforderlich.

Der Kraftstoff wird direkt von der Verteiler-Einspritzpumpe aus dem Kraftstoff-Vorratsbehälter angesaugt. In der Einspritzpumpe wird der für die Diesel-Einspritzung erforderliche hohe Druck aufgebaut und der Kraftstoff entsprechend der Zündfolge auf die einzelnen Zylinder verteilt.

Um die Schadstoffe im Abgas zu verringern, besitzen die Dieselmotoren einen speziellen Diesel-Oxidationskatalysator. Gleichzeitig sorgt eine Abgasrückführung für eine weitgehende Verminderung der Stickoxide im Abgas. Erreicht wird das durch Beimischung von Abgas zur angesaugten Frischluft, wodurch der Sauerstoffgehalt der Verbrennungsluft reduziert wird. Dies führt zu kürzerem Zündverzug und zu niedrigeren Verbrennungstemperaturen und vermindert damit die NO_X-Bildung. Die Abgasrückführung muß jedoch genau dosiert werden, da sonst die Rußemission ansteigen würde. Dazu wird die angesaugte Luftmenge mittels eines Luftmengenmessers festgestellt und die Abgasrückführung durch das elektronische Steuergerät entsprechend geregelt.

Für die Diesel-Einspritzung gibt es unterschiedliche Verfahren: Die Vor- und Wirbelkammereinspritzung sowie die Direkteinspritzung.

Bei der **Vorkammereinspritzung** wird der Diesel-Kraftstoff in die Vorkammer des betreffenden Zylinders eingespritzt. Das heiße Gemisch entzündet sich sofort. Die Sauerstoffmenge, die in der Vorkammer vorhanden ist, reicht aber nur zur Verbrennung eines Teils des eingespritzten Kraftstoffs. Der übrige, unverbrannte Teil wird durch den bei der Verbrennung entstandenen Überdruck in den Verbrennungsraum geblasen. Dort verbrennt der Kraftstoff vollständig.

Auch bei der **Wirbelkammereinspritzung** wird der Kraftstoff in eine vom Hauptverbrennungsraum abgeteilte Kammer eingespritzt. Hauptunterschied zur Vorkammereinspritzung ist die andere Auslegung des Verbindungskanals zwischen Wirbelkammer und Zylinder. Beim Verdichten entsteht ein starker Luftwirbel in der Wirbelkammer. Dadurch vermischt sich der eingespritzte Kraftstoff gut mit der Luft und verbrennt weich, das heißt nicht schlagartig.

Direkteinspritzung – 90-/110-/150-PS-Dieselmotor

Der Kraftstoff wird von der Hochdruck-Einspritzpumpe direkt in den Brennraum eingespritzt, und zwar in die Brennmulde im Kolben. Die Einspritzpumpe bei VW baut einen Druck von 900 bar auf und spritzt den Kraftstoff in 2 Stufen ein.

Über die Mehrstrahl-Einspritzdüsen und durch den Zwei-Federn-Düsenhalter erfolgt zunächst eine Voreinspritzung von einer geringen Menge Kraftstoff, wodurch die Zündbedingungen für die Hauptkraftstoffmenge verbessert werden. Daraus resultiert eine weichere und damit auch leisere Verbrennung, ähnlich wie bei der Wirbelkammereinspritzung. Die Einspritzmenge wird dabei durch das Motor-Steuergerät vollelektronisch geregelt. Die Vorteile liegen in geringerem Kraftstoffverbrauch und höherer Leistung.

Die Einspritzpumpe ist wartungsfrei. Alle beweglichen Teile der Pumpe werden mit Dieselöl geschmiert. Angetrieben wird die Einspritzpumpe von der Kurbelwelle über den Zahnriemen.

Direkteinspritzung – 100-/115-/130-/136-PS-Dieselmotor

Die Diesel-Direkteinspritzung erfolgt durch ein »Pumpe-Düse-System«. Im Gegensatz zu den bisherigen Diesel-Einspritzsystemen, bei denen **eine** Einspritzpumpe den Kraftstoffdruck für alle Einspritzdüsen aufbaut, hat das Pumpe-Düse-System für jeden Zylinder eine eigene Einspritzpumpe. Einspritzpumpe, Steuerventil und Einspritzdüse sind wiederum zu einem Bauteil zusammengefaßt.

Der Dieselkraftstoff wird durch die Kraftstoffpumpe aus dem Kraftstofftank angesaugt und zu den Pumpe-Düse-Einheiten gefördert. Bei der Kraftstoffpumpe handelt es sich um eine Tandempumpe, die zusätzlich den Unterdruck für den Bremskraftverstärker erzeugt. Angetrieben wird die Tandempumpe direkt von der Nockenwelle. Die Hochdruckpumpen der Pumpe-Düse-Einheiten werden über zusätzliche Nocken an der Nockenwelle und Rollenkipphebel betätigt. Durch den hohen Druck von ca. 2.000 bar wird der Kraftstoff sehr fein zerstäubt. Die Kraftstoff-Einspritzmenge wird vom Motor-Steuergerät über Magnetventile den Pumpe-Düse-Einheiten exakt zugeteilt.

Durch den hohen Druck in den Pumpe-Düse-Einheiten erwärmt sich der Kraftstoff sehr stark, was sich auf die Funktion des Tankgebers negativ auswirkt. Um den Kraftstoff zu kühlen ist im Kraftstoff-Rücklauf ein Kraftstoffkühler vorhanden. Ab einer Kraftstofftemperatur von +70° C wird eine Elektro-Kühlmittelpumpe zugeschaltet, um die Abkühlung des Kraftstoffs zu beschleunigen. Die Kühlkreisläufe für Motor und Kraftstoff sind getrennt, dennoch wird für den Volumenausgleich der Kühlflüssigkeit und zum Nachfüllen ein gemeinsamer Ausgleichbehälter verwendet.

Bevor der Kraftstoff in die Einspritzpumpe beziehungsweise zu den Pumpe-Düse-Einheiten gelangt, durchfließt er den Kraftstoffilter. Dort werden Verunreinigungen und Wasser zurückgehalten. Es ist deshalb äußerst wichtig, den Kraftstoffilter entsprechend der Wartungsvorschrift zu entwässern beziehungsweise auszuwechseln.

Achtung: Bei Arbeiten an der Kraftstoffanlage Sicherheits und Sauberkeitsregeln beachten, siehe Seite 209.

Vorglühanlage prüfen

Prüfvoraussetzungen:

- Batteriespannung beträgt mindestens 11,5 V.
- Steuergerät der Diesel-Direkteinspritzanlage ist in Ordnung.
- Sicherung für Glühkerzen ist in Ordnung. Sicherungsbelegung, siehe Kapitel »Elektrische Anlage«.

Prüfen

- Zündung ausschalten.

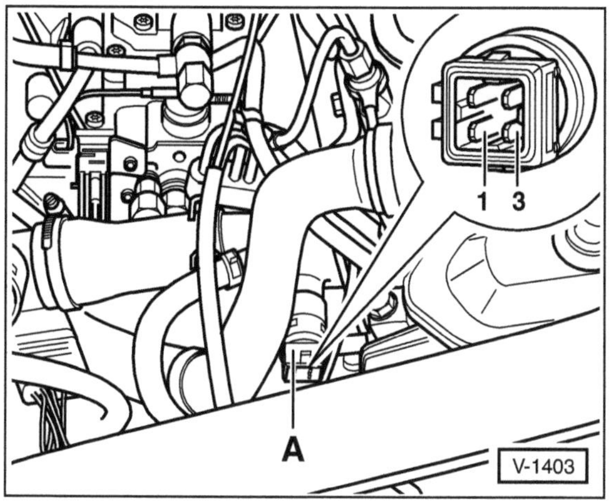

- Anschlußstecker vom Geber –A– für Kühlmitteltemperatur abziehen. –1, 3– Steckkontakte.

Achtung: Dadurch wird der Motorzustand »kalt« simuliert und beim Einschalten der Zündung ein entsprechender Vorglühvorgang durchgeführt.

- Glühkerzenstecker von den Glühkerzen abziehen.
- Voltmeter zwischen einen Glühkerzenstecker und Fahrzeugmasse anschließen.
- Zündung einschalten.
  Sollwert: Für ca. 20 Sekunden muß Batteriespannung angezeigt werden.
- Andernfalls Leitungsunterbrechung gemäß Stromlaufplan suchen und beseitigen, siehe Seite 50.

Glühkerzen prüfen

Prüfvoraussetzungen:

- Batteriespannung beträgt mindestens 11,5 V.
- Steuergerät der Diesel-Direkteinspritzanlage ist in Ordnung.
- Sicherung für Glühkerzen ist in Ordnung. Sicherungsbelegung, siehe Kapitel »Elektrische Anlage«.

Prüfen

- Zündung ausschalten.
- Glühkerzenstecker von den Glühkerzen abziehen.

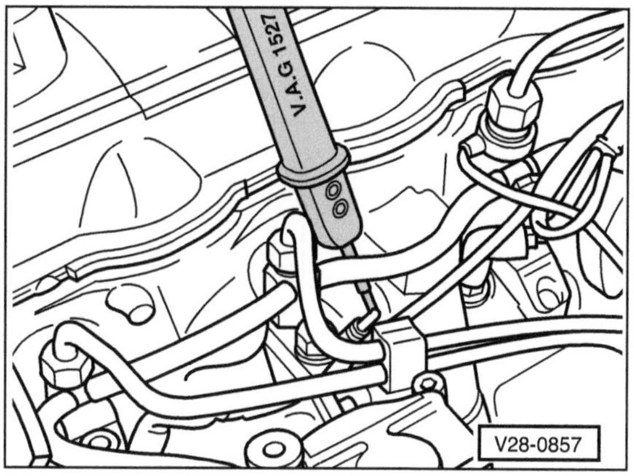

- Diodenprüflampe an den Pluspol der Batterie (+) anklemmen und nacheinander an jede Glühkerze anlegen.
  Diode leuchtet: Glühkerze ist in Ordnung.
  Diode leuchtet nicht: Glühkerze ersetzen.

Glühkerzen aus- und einbauen

Ausbau

Achtung: Die Keramik-Glühkerzen beim 2,0-l-Dieselmotor BGW sind gegen Stoß und Biegung empfindlich und müssen daher besonders vorsichtig behandelt werden. Selbst bei einem Fall aus geringer Höhe (ca. 2 cm) müssen die Glühkerzen ersetzt werden. Keramik-Glühkerzen sind an der weißen Farbmarkierung über dem Sechskant erkennbar.

- Elektrische Leitungen an den Glühkerzen abschrauben.
- Glühkerzen herausschrauben. **Achtung:** Dazu wird ein Gelenkschlüssel, zum Beispiel HAZET-2530 oder VW-3220, benötigt.

Einbau

- Glühkerze einschrauben und mit **15 Nm** festziehen.

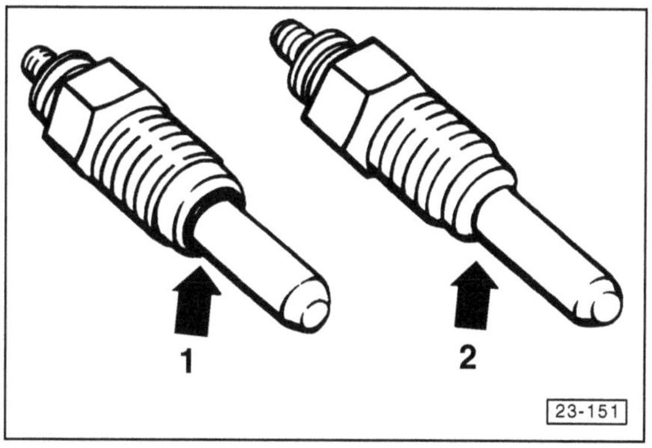

Achtung: Anzugsdrehmoment **nicht** überschreiten, sonst wird der Ringspalt zwischen Glühstab und Gewindeteil zugezogen –2–. Die Größe des Ringspalts –1– beträgt normalerweise 0,5 mm. Ein zugezogener Ringspalt führt zu vorzeitigem Ausfall der Glühkerze.

- Keramik-Glühkerzen: Widerstand prüfen; Sollwert: max. 1 Ω, gegebenenfalls defekte Glühkerze ersetzen.
- Elektrische Leitungen anschrauben.

Motorraum-Übersicht

90-/110-PS-Dieselmotor

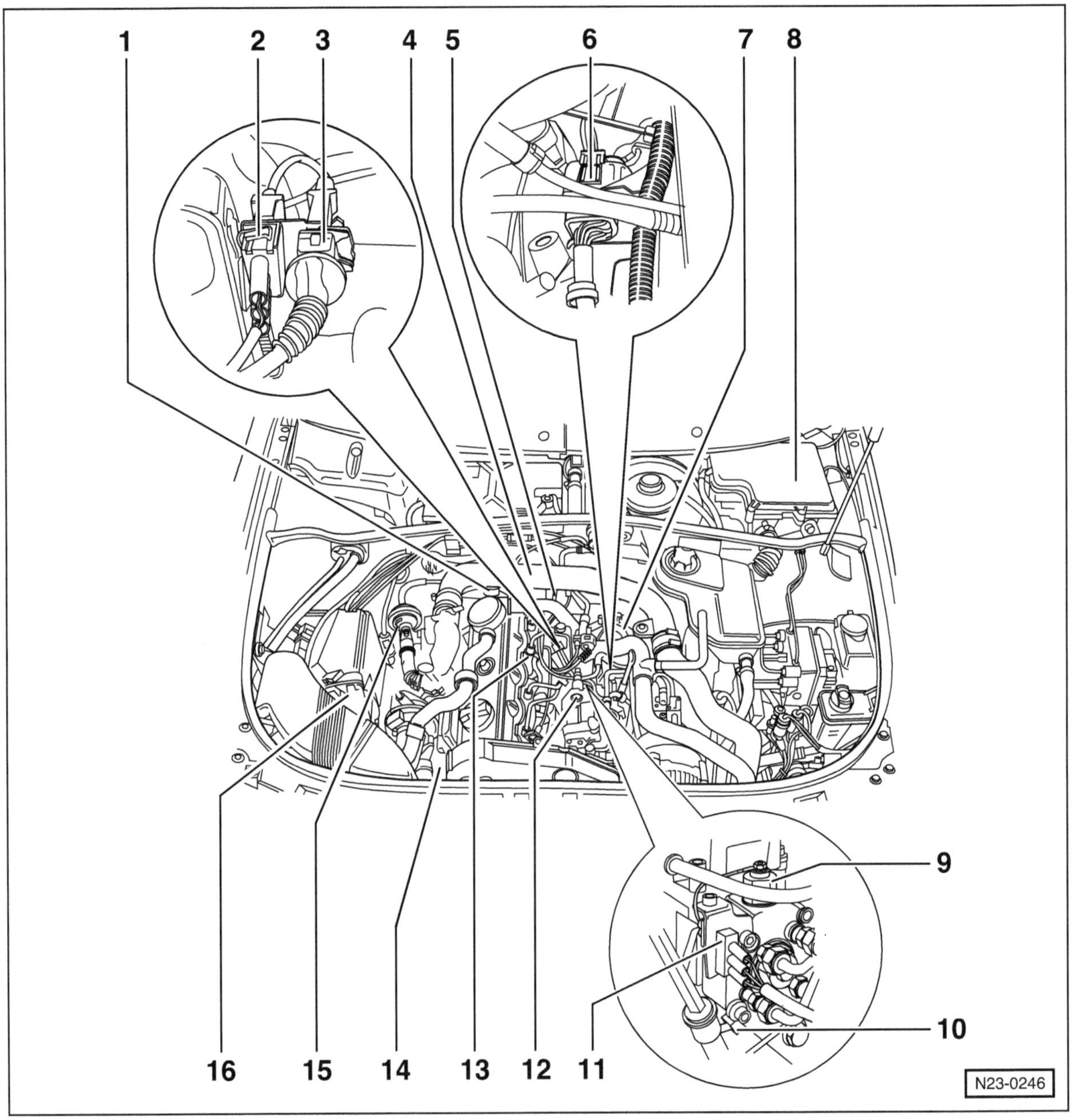

A – **Bremspedalschalter**

B – **Bremslichtschalter**

C – **Geber für Gaspedalstellung**

D – **Kupplungspedalschalter**

1 – **Geber für Saugrohrdruck mit Geber für Saugrohrtemperatur**
Fahrzeuge bis 8/97: Geber für Saugrohrdruck ist im Steuergerät der Diesel-Direkteinspritzanlage integriert.

2 – **Steckverbindung für Geber Motordrehzahl**

3 – **Steckverbindung**
Für Geber Nadelhub.

4 – **Ventil für Abgasrückführung**

5 – **Geber für Kühlmitteltemperatur**

6 – **Steckverbindung Einspritzpumpe**
Für Geber Kraftstofftemperatur, Mengensteller, Geber Regelschieberweg. Bei 10poligem Stecker zusätzlich für Kraftstoffabschaltventil und Ventil für Einspritzbeginn.

7 – **Geber für Motordrehzahl**

8 – **Steuergerät**
Für Diesel-Direkteinspritzanlage. Höhengeber ist im Steuergerät integriert.

9 – **Kraftstoffabschaltventil**

10 – **Ventil für Einspritzbeginn**

11 – **Steckverbindung**
Nur bei 7poligem Stecker für Einspritzpumpe: Für Kraftstoffabschaltventil und Ventil für Einspritzbeginn.

12 – **Mengenstellwerk der Einspritzpumpe**
Mit Geber Kraftstofftemperatur, Mengensteller und Geber für Regelschieberweg.

13 – **Einspritzdüse mit Geber für Nadelhub**

14 – **Magnetventil**
Für Ladedruckbegrenzung.

15 – **Ventil für Abgasrückführung**

16 – **Luftmassenmesser**

Kraftstoffilter-Vorwärmanlage

Damit der Kraftstoff bei niedrigen Außentemperaturen fließfähig bleibt, wird er vorgewärmt. Das geschieht durch den zuviel geförderten Kraftstoff, der normalerweise von der Einspritzpumpe in den Tank zurückfließt. Dieser Kraftstoff ist durch den Durchfluß durch die Einspritzpumpe erwärmt. In der Kraftstoffrücklaufleitung befindet sich ein Regelventil, welches in Abhängigkeit von der Filtertemperatur den erwärmten Kraftstoff umleitet. Bei Temperaturen unter +15° C wird der wärmere Kraftstoff von der Einspritzpumpe in den Filter geleitet. Steigt die Kraftstofftemperatur im Filter auf über +31° C, schaltet das Regelventil um, und der zuviel geförderte Kraftstoff gelangt über die Rücklaufleitung direkt in den Tank. Das Regelventil sitzt oben im Kraftstoffilter.

Bleibt der Motor bei großer Kälte aufgrund versulzten Dieselkraftstoffs stehen, ist es mitunter sehr schwierig, den Motor wieder zum Laufen zu bringen. Dabei bieten sich folgende Möglichkeiten an:

- Kraftstoffilter ausbauen und im Wasserbad erwärmen, bis der Dieselkraftstoff wieder flüssig wird.
- Kraftstoffilter ausbauen und durch neuen Filter ersetzen.
- Fahrzeug in Garage schieben oder abschleppen und Garage heizen.
- Einspritzanlage mit heißem Wasser abspritzen.

Achtung: Auf keinen Fall dürfen die Einspritzanlage oder der Tank mit einer Lötlampe oder einem vergleichbaren Gerät erhitzt werden. Explosionsgefahr!

Einspritzdüsen aus- und einbauen

90-/110-/150-PS-Dieselmotor

Defekte Einspritzdüsen können zu starkem Klopfen des Motors führen und Lagerschäden vermuten lassen. Bei derartigen Beanstandungen Motor im Leerlauf laufen lassen und Einspritzleitungs-Überwurfmuttern der Reihe nach lösen. Verschwindet das Klopfen nach dem Lösen einer Überwurfmutter, so zeigt dies eine defekte Düse an. Geprüft werden kann die Einspritzdüse mit Hilfe eines Manometers (Werkstattarbeit).

Achtung: Defekte Düsen müssen ersetzt werden, da weder Druckeinstellung noch Instandsetzungen möglich sind.

Die ersten Anzeichen von Düsenstörungen treten wie folgt auf:

- Leistungsabfall des Motors
- Übermäßig starker schwarzer Auspuffqualm
- Verstärkter Blaurauch beim Kaltstart
- Hoher Kraftstoffverbrauch
- Motor überhitzt
- Klopfen in einem oder mehreren Zylindern
- Fehlzündungen

Ausbau

- Einspritzleitungen mit Kaltreiniger reinigen.

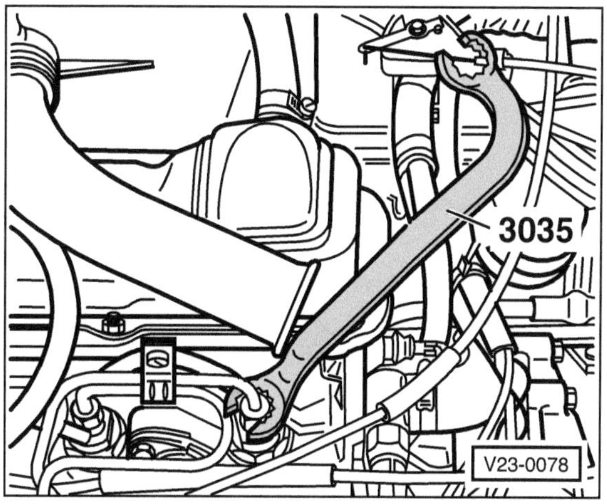

- Einspritzleitungen komplett ausbauen, dazu Überwurfmuttern mit offenem Ringschlüssel, zum Beispiel HAZET 4560 oder VW-3035, lösen. **Achtung:** Biegeform nicht verändern. Leitungssatz immer komplett ausbauen. **Hinweis:** In der Abbildung ist der Ausbau beim 90-/110-PS-Dieselmotor dargestellt.
- Leckölleitungen zwischen den Einspritzdüsen abschrauben.
- **150-PS-Dieselmotor:** Zylinderkopfdeckel ausbauen.

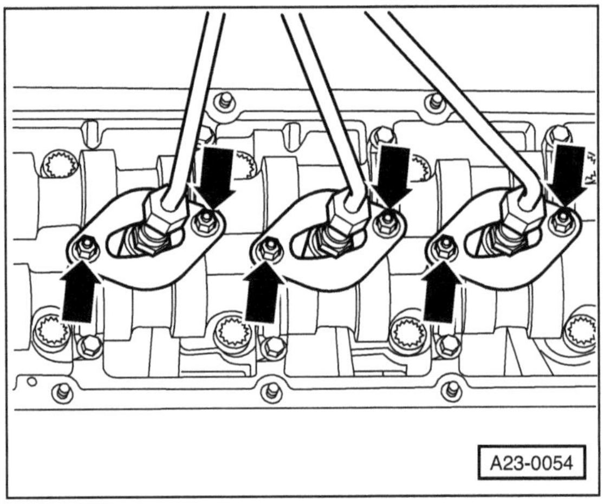

- Spannbügel für Einspritzdüsen abschrauben –Pfeile– und Einspritzdüse herausziehen. Falls sich die Einspritzdüse nicht herausziehen läßt, nachfolgende Hinweise beachten. **Hinweis:** In der Abbildung ist der Ausbau beim 150-PS-Dieselmotor dargestellt.

90-/110-PS-Dieselmotor:

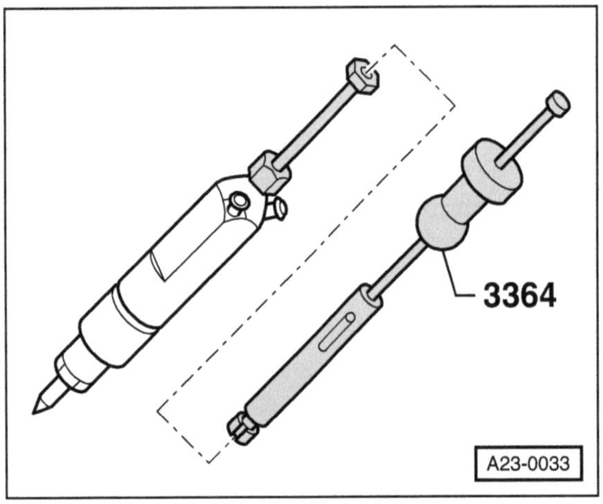

Achtung: Festsitzende Einspritzdüsen können mit einem Schlagauszieher, zum Beispiel VW-3364 oder HAZET-1966, herausgezogen werden. Zum Ansetzen des Schlagausziehers ein Hilfswerkzeug anfertigen, welches auf die Einspritzdüse aufgeschraubt wird, siehe Abbildung.

Hilfswerkzeug folgendermaßen anfertigen: Eine alte Einspritzleitung ca. 5 cm hinter der Düsen-Überwurfmutter absägen. Durch Hartlöten eine M6-Mutter am abgesägten Ende des Leitungsstücks befestigen. **Achtung:** Angefertigtes Werkzeug gründlich reinigen, durch eindringenden Schmutz wird die Einspritzdüse unbrauchbar!

- Hilfswerkzeug auf die festsitzende Einspritzdüse schrauben und Schlagauszieher an der angelöteten Mutter des Hilfswerkzeugs ansetzen. Einspritzdüse herausziehen.

150-PS-Dieselmotor:

- **Schaltgetriebe:** Sollte ein Nocken der Nockenwelle das Herausziehen einer Einspritzdüse behindern, 4. Gang einlegen. Fahrzeug verschieben und dadurch Motor verdrehen, bis der Nocken nicht mehr im Weg ist.
- **Automatikgetriebe:** Sollte ein Nocken der Nockenwelle das Herausziehen einer Einspritzdüse behindern, Spannbügel für alle Einspritzdüsen wieder anschrauben. Mehrfachstecker von der Einspritzpumpe abziehen. Anlasser kurz betätigen, bis der Nocken nicht mehr im Weg ist. **Achtung:** Anlasser nur betätigen, wenn alle Einspritzdüsen durch Spannbügel befestigt sind und der Mehrfachstecker von der Einspritzpumpe abgezogen ist.

- Wärmeschutzdichtung abnehmen.

Einbau

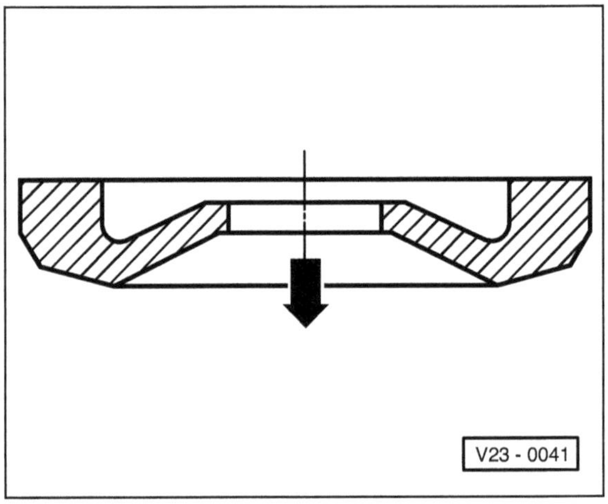

- Grundsätzlich **neue** Wärmeschutzdichtung zwischen Zylinderkopf und Einspritzdüse verwenden. Die Vertiefung muß nach oben zeigen, der Pfeil zeigt zum Zylinderkopf.
- Einspritzdüse einsetzen.
- Spannbügel für Einspritzdüse auflegen. Beim **90-/110-PS-Dieselmotor** dabei auf richtigen Sitz des Lagerbockes achten.
- Muttern für Einspritzdüsen-Spannbügel festziehen.
  Anzugsdrehmoment 90-/110-PS-Dieselmotor. . **20 Nm**
  150-PS-Dieselmotor. . . . **10 Nm**
- **150-PS-Dieselmotor:** Zylinderkopfdeckel einbauen und mit **10 Nm** anschrauben.
- Leckölleitungen zwischen den Einspritzdüsen anschrauben.
- Überwurfmuttern für Einspritzleitungen festziehen.
  Anzugsdrehmoment 90-/110-PS-Dieselmotor. . **25 Nm**
  150-PS-Dieselmotor. . . . **30 Nm**

Unterdruckanschlüsse

90-/110-PS-Dieselmotor

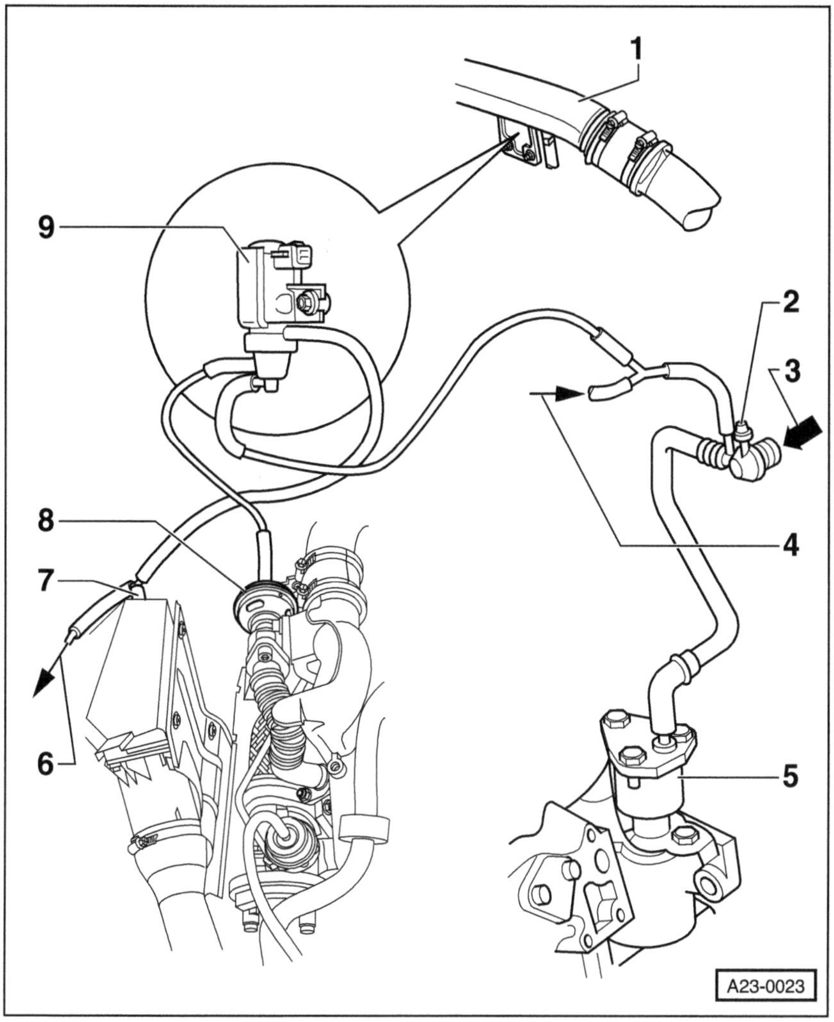

1 – Verbindungsrohr
Ladeluftkühler/Ansaugrohr.

2 – Unterdruckanschluß
Für Ladedruckregelung, nur Motor AFN.

3 – Unterdruckanschluß
Für Bremskraftverstärker.

4 – Unterdruckanschluß
Für Ladedruckregelung, nur Motor AFN.

5 – Vakuumpumpe

6 – Belüftungsleitung
Für Ladedruckregelung, nur Motor AFN.

7 – Belüftungsleitung
Am Luftfilter.

8 – Abgasrückführungsventil

9 – Modulierventil
Für Abgasrückführung.

Technische Daten Diesel-Einspritzanlage

Motor-Kennbuchstaben		AHU	AFN	AHH	AJM/ATJ/ AVB/AWX/AVF	AFB
Leerlaufdrehzahl mit Automatikgetriebe	1/min 1/min	860 – 940 –	835 – 910 795 – 870	795 – 910 –	790 – 950 –	700 – 840 –
Höchstdrehzahl	1/min	5000 ± 200	5000 ± 200	5000 ± 100	5000 ± 200	5000 ± 500
Abspritzdruck neue Düsen Verschleißgrenze	bar bar	190 – 200 170	190 – 200 170	220 – 230 200	– –	– –
Widerstandswerte: Geber für Motordrehzahl zwischen Kontakt 1 und 2 (1,9-l-Motor)) zwischen Kontakt 2 und 3 (2,5-l-Motor) Schalter für Kupplungspedal Pedal getreten Pedal nicht getreten	 kΩ kΩ Ω Ω	 1,0 – 1,5 – ∞ unter 10	 1,0 – 1,5 – ∞ unter 10	 1,0 – 1,5 – ∞ unter 10	 0,45 – 0,55 – ∞ unter 10	 – ca. 1,0 ∞ unter 10

Störungsdiagnose Diesel-Einspritzanlage

Bevor anhand der Störungsdiagnose der Fehler aufgespürt wird, müssen folgende Prüfvoraussetzungen erfüllt sein: Bedienungsfehler beim Starten ausgeschlossen. Kraftstoff im Tank, Motor mechanisch in Ordnung, Batterie geladen, Anlasser dreht mit ausreichender Drehzahl, elektrische Masseverbindung (Motor-Getriebe-Aufbau) vorhanden. Fehlerspeicher abfragen (Werkstattarbeit). **Achtung:** Wenn Kraftstoffleitungen gelöst werden, müssen diese vorher mit Kaltreiniger gesäubert werden.

Störung	Ursache	Abhilfe
1. Motor springt nicht oder schlecht an.	1. Motor glüht nicht vor.	■ Vorglühanlage prüfen.
	2. Kraftstoffabschaltventil schaltet nicht.	■ Kraftstoffabschaltventil, Motor-Steuergerät sowie Steuergerät für Wegfahrsicherung prüfen (Werkstattarbeit).
	3. Kraftstoffversorgung defekt.	■ Prüfen, ob Kraftstoff gefördert wird.
	a) Kraftstoffleitungen geknickt, verstopft, undicht, porös.	■ Kraftstoffleitungen reinigen.
	b) Kraftstoffilter verstopft.	■ Kraftstoffilter ersetzen.
	c) Im Winter: Eis oder Wachs in Filter und Leitungen.	■ Fahrzeug in beheizte Garage schieben.
	d) Tankbelüftung verschlossen. Kraftstoffsieb im Tank verschmutzt.	■ Reinigen.
	4. Einspritzbeginn verstellt.	■ Einspritzbeginn prüfen, einstellen lassen.
	5. Einspritzdüsen defekt.	■ Einspritzdüsen prüfen, Überwurfmuttern nacheinander lösen und prüfen, ob die Zylinder arbeiten.
	6. Einspritzpumpe defekt.	■ Versuchsweise neue Pumpe einbauen.
2. Motor ruckelt im Leerlauf, beim Anfahren.	1. Kraftstoffschläuche an der Einspritzpumpe bzw. am Kraftstofffilter lose.	■ Kraftstoffschläuche ersetzen, mit Schlauchschellen befestigen, Hohlschrauben festziehen.
	2. Zu- und Rücklaufleitung an der Einspritzpumpe vertauscht.	■ Anschlüsse der Kraftstoffleitungen prüfen.
	3. Wie unter 1.3 – 1.5.	■ Wie unter 1.3 – 1.5.
3. Kraftstoffverbrauch zu hoch.	1. Luftfilter verschmutzt.	■ Filtereinsatz ersetzen.
	2. Kraftstoffanlage undicht.	■ Sichtprüfung an allen Kraftstoffleitungen (Saug- Rücklauf- und Einspritzleitungen), Kraftstoffilter und Einspritzpumpe durchführen, Kraftstoffanlage auf Dichtheit prüfen.
	3. Rücklaufleitung verstopft.	■ Rücklaufleitung von Einspritzpumpe zum Kraftstoffbehälter mit Luft durchblasen. Überströmdrossel in der Hohlschraube der Rücklaufleitung ersetzen.
	4. Wie unter 1.4 – 1.5.	■ Wie unter 1.4 – 1.5.

Abgasanlage

Aus dem Inhalt:

- Katalysatorsysteme
- Abgasanlagen-Übersicht
- Abgasanlage demontieren
- Abgasanlage prüfen

Die Abgasanlage besteht aus folgenden Teilen: Abgaskrümmer, gegebenenfalls Turbolader, Katalysator, vorderes Abgasrohr sowie Mittel- und Nachschalldämpfer. In Abhängigkeit von der Motorisierung und dem Antrieb – Front oder Allrad – weisen die Abgasanlagen Unterschiede auf. Beim V6-Motor ist die Abgasanlage durchgehend zweiflutig, das heißt es sind 2 Abgasrohre und 2 Katalysatoren vorhanden. Allradgetriebene Fahrzeuge haben ein doppeltes Endrohr mit zwei Nachschalldämpfern und beim 2,0-l-Dieselmotor ist zusätzlich ein Dieselpartikelfilter eingebaut.

Mittel- und Nachschalldämpfer sind serienmäßig als ein Teil eingebaut. Sie können im Reparaturfall getrennt werden und sind einzeln als Ersatzteil erhältlich. Die Teile der Abgasanlage sind miteinander verschraubt beziehungsweise mit Klemmschellen verbunden und lassen sich einzeln auswechseln. Selbstsichernde Muttern und Dichtungen sind nach dem Ausbau zu ersetzen. Halteringe und Gummipuffer auf Porosität und Beschädigung prüfen, gegebenenfalls auswechseln.

Funktion des Katalysators

Alle Motoren sind mit einem oder mehreren Katalysatoren zur Abgasreinigung ausgestattet.

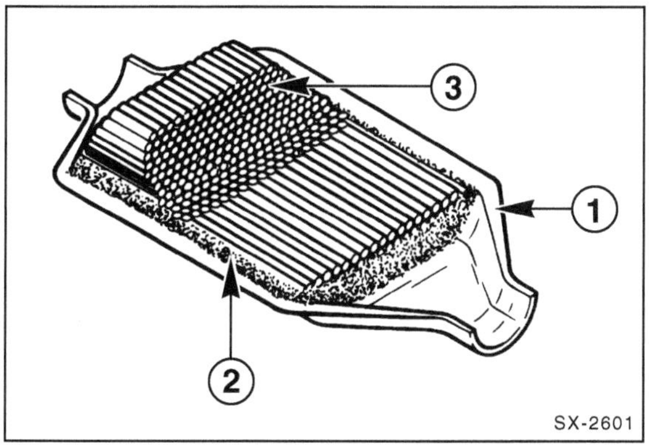

Der Katalysator besteht aus einem Keramik-Wabenkörper –3–, der mit einer Trägerschicht überzogen ist. Auf der Trägerschicht befinden sich Edelmetallsalze, die den Umwandlungsprozeß bewirken. Im Gehäuse –1– wird der Katalysator durch eine Isolations-Stützmatte –2– fixiert, die außerdem Wärmeausdehnungen ausgleicht.

Benzinmotoren

Damit der Katalysator die Schadstoffe optimal reduzieren kann, muß die Einspritzanlage mit Hilfe der Lambdasonde die Kraftstoffmenge für die Verbrennung exakt dosieren. Die Lambdasonde sitzt im Abgasrohr vor dem Katalysator und wird vom Abgasstrom umspült. Bei der Lambdasonde handelt es sich um einen elektrischen Meßfühler, der den Restgehalt an Sauerstoff im Abgas durch elektrische Spannungsschwankungen anzeigt und Rückschlüsse auf die Zusammensetzung des Luft-Kraftstoff-Gemisches ermöglicht. In Bruchteilen von Sekunden kann die Lambdasonde entsprechende Signale an die Steuereinheit der Einspritzanlage weitergeben und dadurch das Kraftstoff-Luftverhältnis ständig verändern. Das ist einerseits erforderlich, da sich ja die Betriebsverhältnisse (Leerlauf, Vollgas) ständig ändern, zum anderen aber auch, weil nur dann eine optimale Nachverbrennung im Katalysator erfolgt, wenn noch genügend Kraftstoffanteile im Motorabgas vorhanden sind.

Damit es also bei einer Temperatur von +300° bis +800° C im Katalysator überhaupt zu einer Nachverbrennung kommen kann, muß das Kraftstoff-Luftgemisch mehr Kraftstoffanteile aufweisen, als für die reine Verbrennung erforderlich wären.

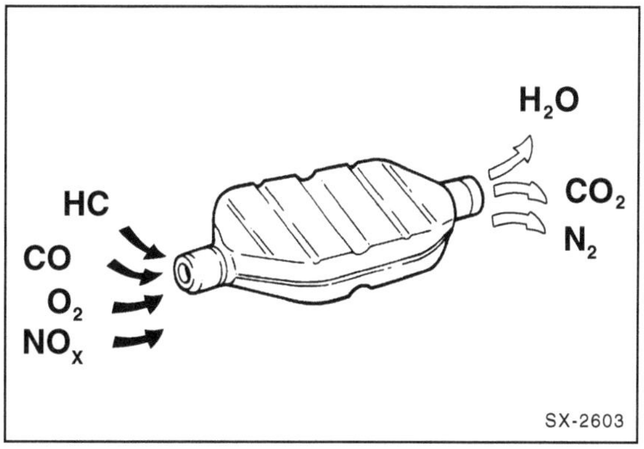

Bei den verwendeten Katalysatoren für Benzinmotoren handelt es sich um sogenannte 3-Wege-Katalysatoren. Das bedeutet, daß aufgrund der Lambda-Regelung die Oxidation von Kohlenmonoxid (CO) und Kohlenwasserstoffen (HC) sowie die Reduktion der Stickoxide (NO_X) gleichzeitig durchgeführt werden.

Katalysator und Abgasrückführung beim Dieselmotor

Auch die Abgase beim Dieselmotor werden über einen Katalysator gereinigt. Es handelt sich hierbei um einen ungeregelten Oxidationskatalysator. Dieser Katalysator wandelt die im Abgas befindlichen Kohlenmonoxide und Kohlenwasserstoffverbindungen in CO_2 und H_2O um.

Der Anteil von Stickoxiden (NO_X) im Abgas wird beim Dieselmotor durch ein zusätzliches Abgas-Rückführungssystem (EGR-System) auf geringem Niveau gehalten.

Das Abgasrückführungsventil (EGR-Ventil) sitzt am Ansaugkrümmer und wird über Unterdruck angesteuert. Seine Aufgabe besteht darin, bei heißem Motor einen Teil der Abgase in die Verbrennungsräume des Motors zurückzuführen, um die Verbrennungstemperatur zu mindern und dadurch den Schadstoffanteil der Abgase zu reduzieren.

Der Umgang mit Katalysator-Fahrzeugen

Um Beschädigungen an der Lambdasonde und am Katalysator zu vermeiden, sind folgende Hinweise unbedingt zu beachten:

Benzinmotoren

- Grundsätzlich nur bleifreies Benzin tanken.
- Das Anlassen des **betriebswarmen** Benzinmotors durch Anschieben oder Anschleppen ist nur in einem Versuch und über eine Strecke von maximal **50 Metern** erlaubt. Besser: Starthilfekabel verwenden. Unverbrannter Kraftstoff könnte bei einer Zündung zur Überhitzung des Katalysators und zu seiner Zerstörung führen.
- Bei Startschwierigkeiten nicht unnötig lange den Anlasser betätigen. Während des Anlassens wird permanent Kraftstoff eingespritzt. Fehlerursache ermitteln und beseitigen.
- Kraftstofftank nie ganz leerfahren.
- Treten Zündaussetzer auf, hohe Motor-Drehzahlen vermeiden und Fehler umgehend beheben.
- Treten Zündstörungen auf, muß bei der Fehleridentifizierung verhindert werden, daß während der Betätigung des Anlassers Kraftstoff eingespritzt wird. Dazu das Steuerrelais der Kraftstoffeinspritzung beziehungsweise das Kraftstoffpumpenrelais abziehen.
- Nur die vorgeschriebenen Zündkerzen verwenden.
- Keine Funkenprüfung mit abgezogenem Zündkerzenstecker durchführen.
- Es darf kein Zylindervergleich (Balancetest) durch Zündabschaltung eines Zylinders durchgeführt werden. Bei Zündabschaltung der einzelnen Zylinder – auch über Motortester – gelangt unverbrannter Kraftstoff in den Katalysator.

Benzin- und Dieselmotoren

- Fahrzeug nicht über trockenem Laub oder Gras abstellen. Die Abgasanlage wird im Bereich des Katalysators sehr heiß und strahlt die Wärme auch nach Abstellen des Motors noch ab.
- Keinen Unterbodenschutz auf die Abgasanlage bringen.
- Die Hitzeschilder der Abgasanlage dürfen nicht verändert werden.
- Beim Ein- oder Nachfüllen von Motoröl besonders darauf achten, daß auf keinen Fall die Maximum-Markierung am Ölpeilstab überschritten wird. Das überschüssige Öl gelangt sonst aufgrund unvollständiger Verbrennung in den Katalysator und kann das Edelmetall beschädigen oder den Katalysator vollständig zerstören.

Abgasturbolader

Die Dieselmotoren sind ebenso wie der 1,8-l-Benzinmotor mit 150 PS mit einem Abgas-Turbolader ausgerüstet.

Beim Turbolader sitzen auf einer Welle zwei Turbinenräder, die in zwei voneinander getrennten Gehäusen untergebracht sind. Für den Antrieb der Turbinenräder sorgen die Abgase. Sie bringen die Laderwelle auf bis zu 120.000 Umdrehungen in der Minute. Und da Abgas- und Frischluftrotor auf gleicher Welle sitzen, wird mit gleicher Drehzahl Frischluft in die Zylinder gedrückt. Zur Schmierung ist der Lader an den Ölkreislauf des Motors angeschlossen, beim Benziner wird er zusätzlich durch Kühlmittel gekühlt.

Aufgrund des guten Füllungsgrades lassen sich bei vorhandenen Motoren Leistungszuwachsraten von bis zu 100 Prozent verwirklichen. Abhängig ist der Leistungszuwachs unter anderem vom Ladedruck, der bei einem Pkw-Motor zwischen 0,4 bis 0,8 bar (Reifenfülldruck etwa 1,8 bar) liegt. Der Ladedruck wird über einen Druckfühler laufend vom Steuergerät überprüft und geregelt. Dadurch ist auch sichergestellt, daß ein maximaler Ladedruck nicht überschritten wird.

Neben der Motorleistung steigt bei der Verwendung eines Abgasladers auch das Drehmoment an, was vor allem im Hinblick auf einen elastischen Motorlauf wünschenswert ist. Voraussetzung ist allerdings, daß die Laderwelle mit ausreichender Drehzahl rotiert und somit einen ordentlichen Füllungsgrad garantiert. Deswegen ist beim Benziner ein relativ kleiner Turbolader eingebaut, der schon bei geringen Motordrehzahlen anspricht und das Drehmoment steigert.

Zwischen Turbolader und Einlaßkanal des Motors befindet sich ein Ladeluftkühler, der die vorverdichtete Luft abkühlt. Dadurch wird die Leistung erhöht, weil kühle Luft durch die höhere Luftdichte einen höheren Sauerstoffanteil besitzt.

In den Dieselmotoren mit den Kennbuchstaben AHH, AFN, AJM, AFB und BGW sorgt ein verstellbarer Turbolader für zusätzliche Leistung. Der Abgaslader besitzt verstellbare Leitschaufeln, die vom Motorsteuergerät über ein Magnetventil und eine Unterdruckdose stufenlos geregelt werden. Dadurch kann bei allen Drehzahlen der optimale Ladedruck erzeugt werden, was zu höherem Drehmoment und damit zu mehr Leistung führt, insbesondere bei niedrigen Drehzahlen.

Gegenüber dem Ottomotor ist es beim Dieseltriebwerk nicht erforderlich, aufgrund der Aufladung die normale Verdichtung zu verringern, so daß auch im unteren Drehzahlbereich der eingespritzte Kraftstoff vollständig ausgenutzt wird.

Der Turbolader ist ein äußerst präzise hergestelltes Bauteil. Deshalb wird er in der Regel bei einem Defekt komplett ausgetauscht.

Diesel-Partikelfilter mit Additiv-System

2,0-l-Dieselmotor BGW

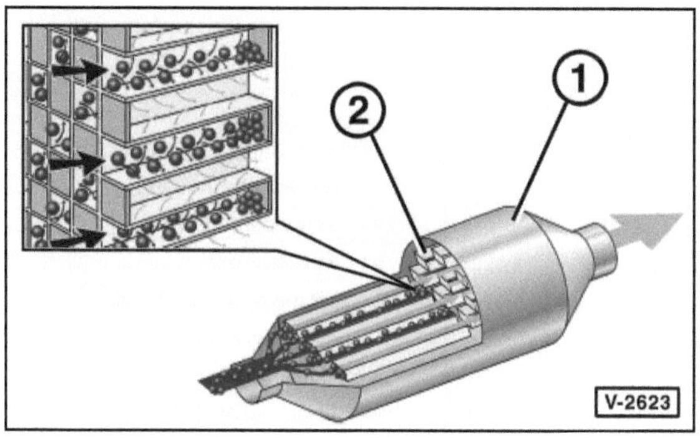

Der Dieselpartikelfilter –1– sitzt im Abgasstrang hinter dem Oxidationskatalysator. Wesentlicher Bestandteil des Filters ist ein wabenförmiger Keramikkörper –2– aus Siliziumcarbid. Durchströmt das Abgas den Filter, werden Rußpartikel in den mikroskopisch kleinen Eingangskanälen zurückgehalten, während gasförmige Abgasbestandteile durch die porösen Wände des Keramikfilters passieren können.

Damit die Rußpartikel den Filter nicht verstopfen, muss dieser in regelmäßigen Abständen regeneriert werden. Der vom Motor-Steuergerät gesteuerte Regenerationsvorgang wird in Abhängigkeit von der Fahrweise alle 500 bis 700 Kilometer durchgeführt und dauert 5 bis 10 Minuten. Um eine drohende Filterverstopfung zu erkennen, misst das Motor-Steuergerät den Abgasdruck vor und nach dem Partikelfilter. Steigt die Druckdifferenz über einen bestimmten Wert, erfolgt die Regenerierung des Partikelfilters. Dazu werden die Rußpartikel bei einer Abgastemperatur von etwa +500° C verbrannt.

Das zur Absenkung der Zündtemperatur des Rußes erforderliche Additiv wird bei jedem Tankvorgang automatisch dem Kraftstoff beigemischt. Es befindet sich in einem Kunststofftank, der in der Reserveradmulde untergebracht ist. Eine Additiv-Tankfüllung reicht für eine Fahrstrecke von etwa 120.000 km.

Abgasanlagen-Übersicht

1,6-/1,8-/2,0-/2,3-l-Benzinmotor mit Frontantrieb

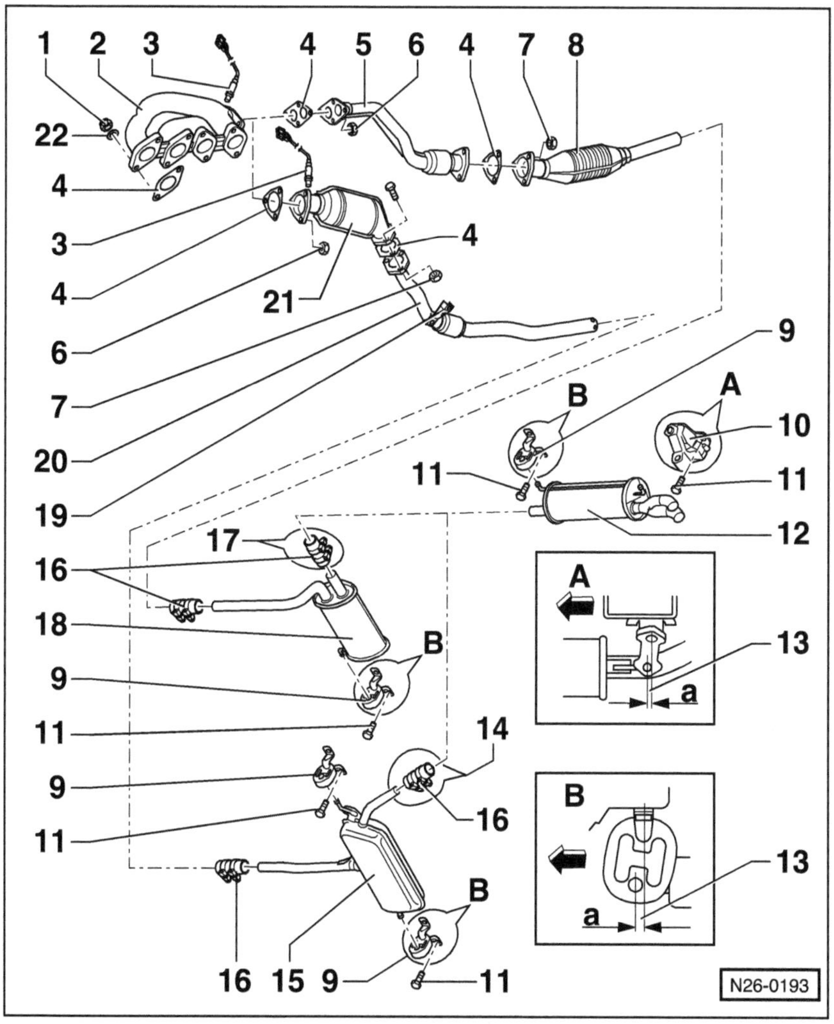

Achtung: Die im Fahrzeug eingebaute Abgasanlage kann je nach Modell etwas von der Abbildung abweichen.

1 – **Mutter, 25 Nm**

2 – **Abgaskrümmer**
In der Abbildung ist der 1,8-l-Benzinmotor ADR dargestellt.

3 – **Lambdasonde, 50 Nm**
Gewinde mit »G5« fetten.

4 – **Dichtung**

5 – **Abgasrohr vorn**

6 – **Mutter, 30 Nm**

7 – **Mutter, 25 Nm**

8 – **Katalysator**

9 – **Halteschlaufe**

10 – **Aufhängung**

11 – **Schraube, 25 Nm**

12 – **Nachschalldämpfer**

13 – **Maß –a– = ca. 7 mm bis 9 mm**
Beim Einbau beachten, Abgasanlage muß kalt sein. Der Pfeil zeigt in Fahrtrichtung.

14 – **Trennstelle**
Beim 1,8-l-Benzinmotor mit 150 PS durch eine Nut gekennzeichnet.

15 – **Mittelschalldämpfer**
Die Abbildung zeigt den 1,8-l-Benzinmotor mit 150 PS.

16 – **Klemmschelle, 40 Nm**

17 – **Trennstelle**
Bei allen Motoren außer 1,8-l-Turbo, durch Nut gekennzeichnet.

18 – **Mittelschalldämpfer**

19 – **Aufhängung**
Nur 1,8-l-Motor mit 150 PS.

20 – **Abgasrohr vorn**
Nur 1,8-l-Motor mit 150 PS.

21 – **Katalysator**
Nur 1,8-l-Motor mit 150 PS.

22 – **Unterlegscheibe**

Vorderes Abgasrohr/Mittel- und Nachschalldämpfer

90-/110-PS-Dieselmotor mit Frontantrieb

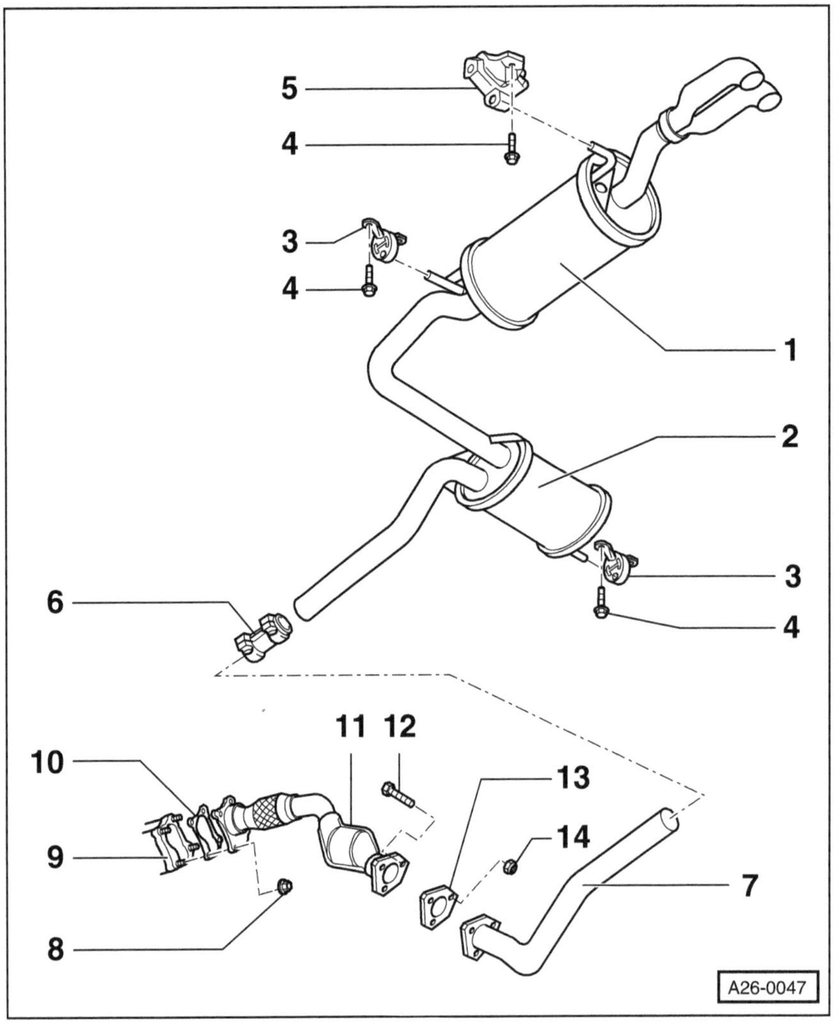

1 – **Nachschalldämpfer**

2 – **Mittelschalldämpfer**
Trennstelle für Ersatzteil-Schalldämpfer ca. 140 mm bis 150 mm vor dem Mittelschalldämpfer.

3 – **Halteschlaufe**

4 – **Schraube, 25 Nm**

5 – **Aufhängung**

6 – **Klemmschelle, 40 Nm**

7 – **Zwischenrohr**

8 – **Mutter, 25 Nm**

9 – **Abgasturbolader**

10 – **Dichtung**

11 – **Katalysator**

12 – **Schraube, 25 Nm**

13 – **Dichtung**

14 – **Mutter, 25 Nm**

Abgaskrümmer/Abgasrohr vorn

2,8-l-Benzinmotor

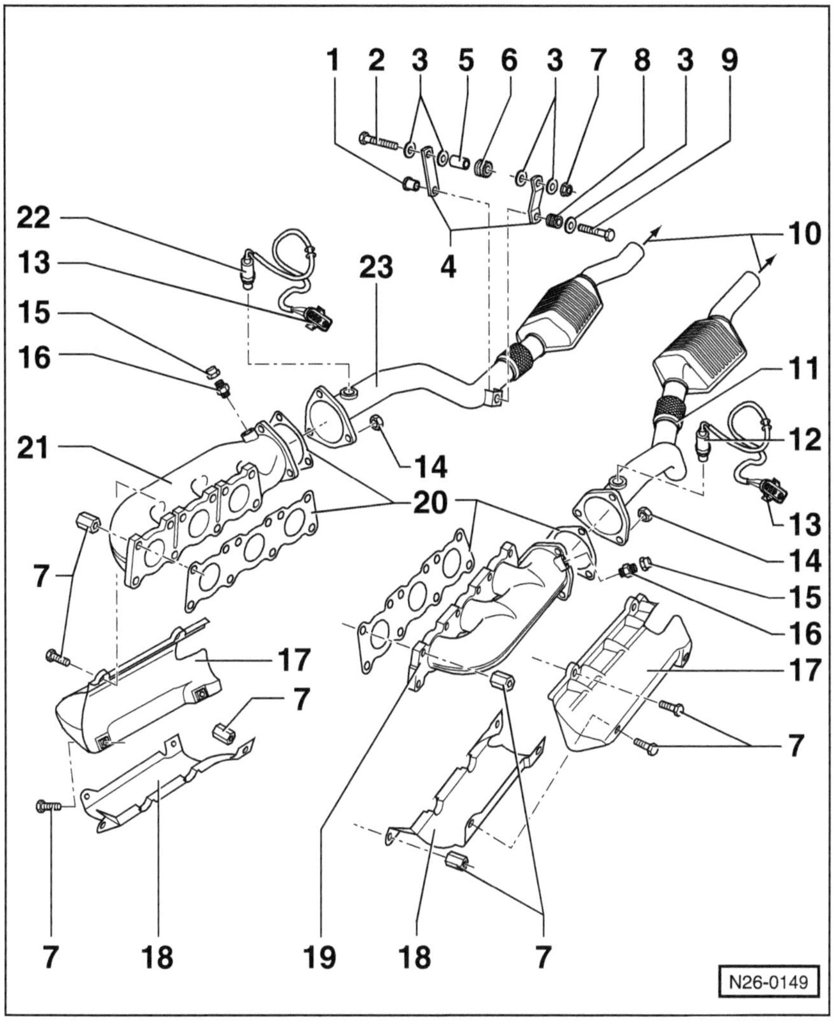

Hinweis: Das hintere Abgasrohr ist ähnlich wie bei den anderen Fahrzeugen mit Allradantrieb ausgeführt, siehe Abbildung N26-0101.

1 – **Distanzhülse**

2 – **Schraube**

3 – **Scheibe**

4 – **Halter**

5 – **Distanzbuchse**

6 – **Gummibuchse**

7 – **Mutter, 25 Nm**

8 – **Feder**

9 – **Schraube, 25 Nm**

10 – **zum Mittelschalldämpfer**

11 – **Abgasrohr links mit Katalysator**

12 – **Lambdasonde Nr. 2, 50 Nm**
Gewinde mit »G5« fetten.

13 – **4fach-Steckverbindung**
Schwarz, an der Spritzwand befestigt.

14 – **Mutter, 25 Nm**

15 – **Abdeckkappe, 10 Nm**

16 – **Stutzen**

17 – **Abschirmblech oben**

18 – **Abschirmblech unten**

19 – **Abgaskrümmer links**

20 – **Dichtung**
Immer erneuern.

21 – **Abgaskrümmer rechts**

22 – **Lambdasonde Nr. 1, 50 Nm**
Gewinde mit »G5« fetten.

23 – **Abgasrohr rechts mit Katalysator**

Vorderes Abgasrohr/Mittel- und Nachschalldämpfer

1,6-/1,8-/1,9-/2,0-/2,3-l-Motor mit Allradantrieb

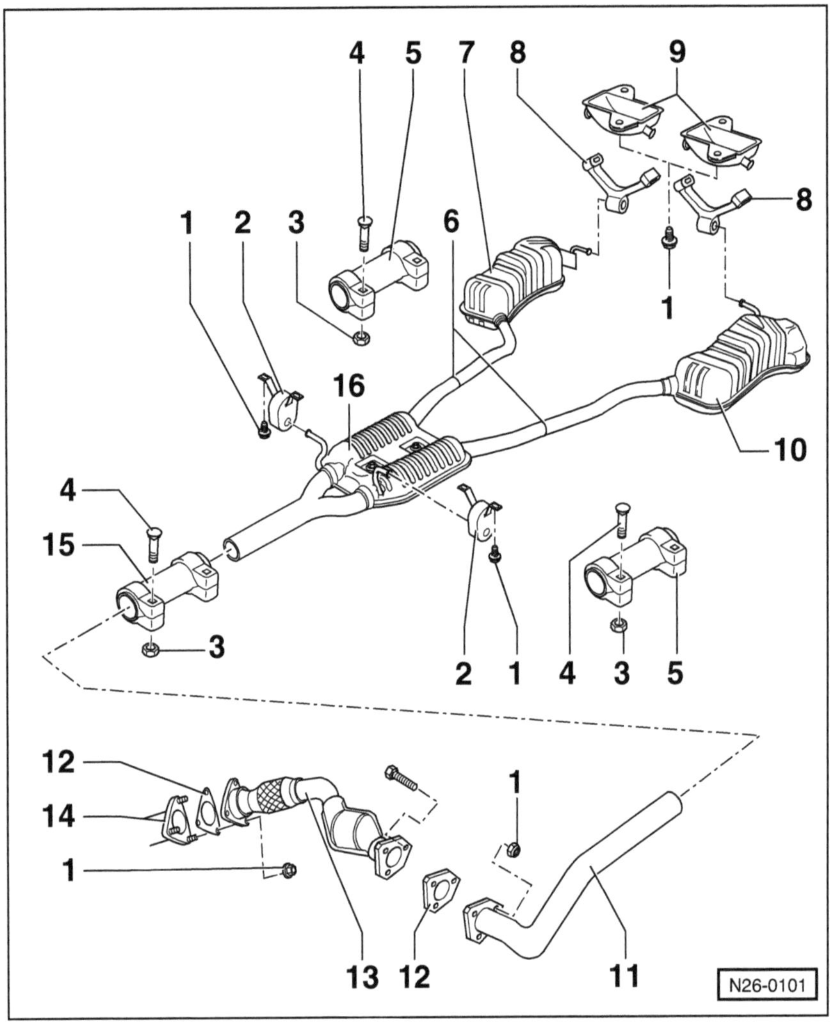

Hinweis: Abgebildet ist die Abgasanlage vom Dieselmotor mit Allradantrieb. Je nach Motorisierung ergeben sich Änderungen im Bereich des vorderen Abgasrohrs und Zwischenrohrs.

1 – **Schraube, 25 Nm**
2 – **Aufhängung**
3 – **Mutter, 40 Nm**
4 – **Flachrundschraube**
5 – **Klemmschelle, 40 Nm**
6 – **Trennstelle**
Durch Nut gekennzeichnet.
7 – **Nachschalldämpfer rechts**
8 – **Aufhängung**
9 – **Halter**
10 – **Nachschalldämpfer links**
11 – **Zwischenrohr**
12 – **Dichtung**
13 – **Katalysator**
14 – **Abgasturbolader**
15 – **Klemmschelle, 40 Nm**
16 – **Mittelschalldämpfer**

Abgasanlage aus- und einbauen

Ausbau

Achtung: Die Teile der Abgasanlage können auch einzeln ausgebaut werden. Mittel- und Nachschalldämpfer können getrennt werden und sind einzeln als Ersatzteil erhältlich, siehe Kapitel »Mittelschalldämpfer/Nachschalldämpfer ersetzen«.

- Fahrzeug aufbocken.
- Untere Motorraumabdeckung ausbauen, siehe Seite 160.
- Sämtliche Schrauben und Muttern der Abgasanlage mit rostlösendem Mittel einsprühen. Rostlöser einige Zeit einwirken lassen.
- **Benziner:** Steckverbindung für Lambdasonde trennen. **Hinweis:** Beim **2,8-l-Benzinmotor** sind 2 Lambdasonden vorhanden, beide Stecker trennen. Die Stecker befinden sich an der Motorraum-Querwand.
- Vorderes Abgasrohr am Abgaskrümmer beziehungsweise Turbolader von unten abschrauben.
- Abgasanlage abstützen oder mit Draht am Unterboden aufhängen, damit sie nicht nach unten fällt. **Achtung:** Die Abgasanlage darf auf keinen Fall herunterfallen, da hierdurch der Keramikkörper im Katalysator beschädigt wird. Dadurch wird der Katalysator unbrauchbar und muß ersetzt werden.
- **1,8-l-Benzinmotor mit 125 PS sowie 2,8-l-Benzinmotor:** Abgasrohr vorn am Getriebehalter abschrauben.
- Abgasanlage aus den Halteschlaufen aushängen und herausnehmen.

Einbau

Achtung: Dichtungen, Muttern und Schrauben grundsätzlich erneuern. Um die Muttern und Schrauben der Abgasanlage später leichter lösen zu können, empfiehlt es sich, diese mit einer Hochtemperaturpaste, zum Beispiel Liqui Moly LM-508-ASC, einzustreichen.

- Werden Abgasrohre nicht erneuert, Dichtflächen vor dem Zusammenfügen mit Schmirgelleinen von Verbrennungsrückständen und Dichtungsresten reinigen.

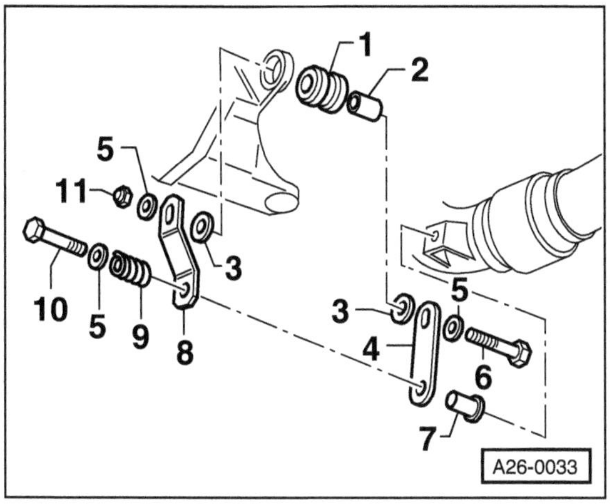

- **1,8-l-Benzinmotor mit 125 PS, 2,8-l-Benzinmotor:** Abgasrohr vorn am Getriebehalter anschrauben. Einzelteile der Aufhängung:

1 – Puffer	7 – Abstandhülse
2 – Abstandrohr	8 – Lasche links
3 – Scheibe	9 – Druckfeder
4 – Lasche rechts	10 – Sechskantschraube
5 – Scheibe	11 – Mutter, **25 Nm**, immer erneuern
6 – Sechskantschraube	

- Abgasanlage in die Gummihalterungen einhängen. Schrauben noch nicht festziehen.
- Vorderes Abgasrohr und Katalysator mit neuer Dichtung zusammenschrauben und leicht beiziehen. Beim Zusammensetzen der Rohre auf richtigen Sitz der Dichtung achten.
- Abgasanlage so ausrichten, daß sie spannungsfrei in den Aufhängungen sitzt. Dabei auf ausreichenden Abstand zum Aufbau achten (mindestens 25 mm), gegebenenfalls Anlage verdrehen oder in Längsrichtung verschieben. Die Halterungen müssen gleichmäßig belastet werden. Darauf achten, daß die Rohre weit genug in die Schellen geschoben werden.

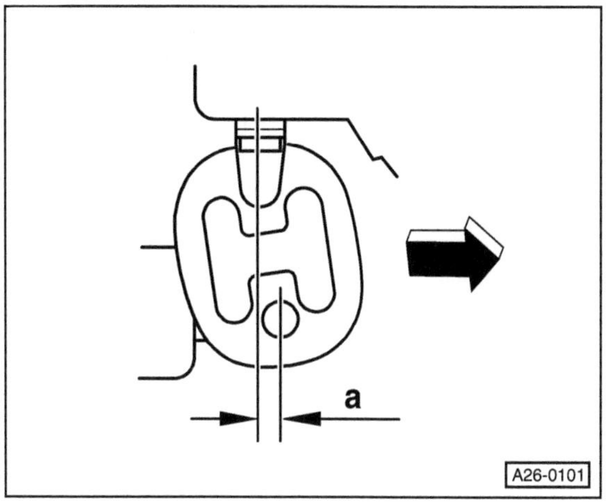

- Vorspannung –a– = 7 mm bis 9 mm an den Halteschlaufen von Mittel- und Nachschalldämpfer einstellen. Der Pfeil zeigt in Fahrtrichtung. Die Vorspannung ist nötig, weil sich die Abgasanlage im Betrieb durch Erwärmung ausdehnt und dann den richtigen Sitz hat.
- Endrohr so im Heck-Abschlußblech (Karosserieausschnitt) ausrichten, daß es links und rechts einen gleichmäßigen Abstand hat.
- Schrauben und Muttern festziehen.

Anzugsdrehmomente:

Abgaskrümmer an Zylinderkopf . . . . 25 Nm
Verbindungs-Klemmschellen . . . . 40 Nm
2,8-l-Benziner: Abgasrohr an Abgaskrümmer . . . . . 25 Nm
2,3-l-Benziner und 1,6-l-Benziner AHL:
Abgasrohr an Abgaskrümmer . . . . 40 Nm
Sonstige Flanschverbindungen . . . . 30 Nm
Benziner: Lambdasonde an Katalysator . . . . 50 Nm
Abgasrohr vorn an Getriebehalter . . . . 25 Nm

- Untere Motorraumabdeckung einbauen, siehe Seite 160.
- Kabel für Lambdasonde verbinden. Beim **2,8-l-Benzinmotor** sind 2 Lambdasonden vorhanden, beide Stecker verbinden.
- Fahrzeug ablassen.
- Abgasanlage auf Dichtheit prüfen, siehe entsprechendes Kapitel.

Mittelschalldämpfer/ Nachschalldämpfer ersetzen

Ab Werk sind das hintere Abgasrohr und die 2 Schalldämpfer eine Einheit; die Schalldämpfer können jedoch einzeln erneuert werden. Zum Trennen wird ein handelsüblicher Ketten-Abgasrohrschneider, zum Beispiel HAZET Nr. 4682, benötigt. Steht das Werkzeug nicht zur Verfügung, Abgasanlage mit Eisensäge durchsägen.

Hinweis: Wenn sich ein Schalldämpfer nicht aus der Klemmschelle ziehen läßt, gibt es zum Lösen zwei Möglichkeiten: 1. Möglichkeit: Abgasrohr etwa 5 cm hinter der Schelle durchsägen. Anschließend das Restrohr längs aufsägen und mit Hammer und Meißel abschlagen. 2. Möglichkeit: Steht ein Autogen-Schweißgerät zur Verfügung, die Klemmschelle erwärmen, dadurch dehnt sie sich aus, und das Rohr läßt sich abziehen.

Sicherheitshinweis:
Vor Einsatz des Schweißgerätes den Fahrzeugunterboden mit Asbest schützen, Brandgefahr. Feuerlöscher bereitstellen.

Ausbau

Hinweis: Es wird der Ausbau der einteiligen Abgasanlage im Bereich Mittelschalldämpfer/Nachschalldämpfer beschrieben

- Fahrzeug aufbocken.

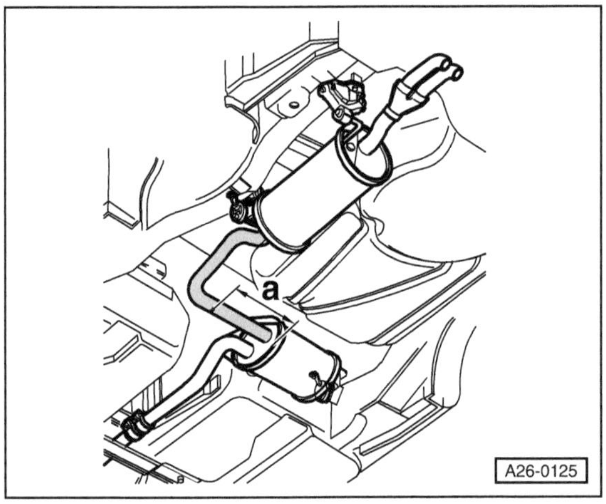

A26-0125

- **1,6-/1,8-/1,9-l-Motor mit Frontantrieb, außer 1,8-l-Benziner mit 150 PS:** Die Trennstelle ist durch eine Nut gekennzeichnet, das Maß –a– zum Mittelschalldämpfer beträgt ca. 140 – 150 mm.

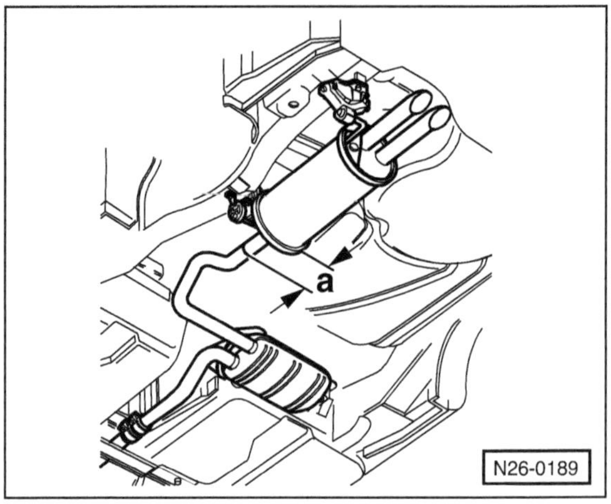

N26-0189

- **1,8-/2,3-l-Benziner mit 150 PS und Frontantrieb:** Die Trennstelle ist durch eine Nut gekennzeichnet, das Maß –a– zum Nachschalldämpfer beträgt beim **2,3-l-Motor** ca. 160 mm – 170 mm, beim **1,8-l-Turbomotor** ca. 160 mm – 180 mm.

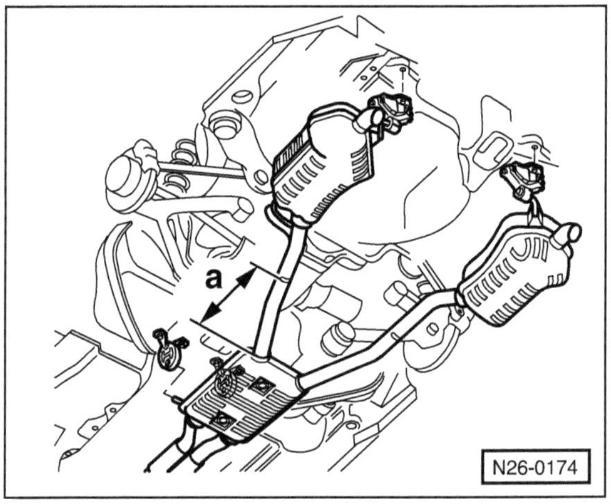

N26-0174

- **2,8-l-Benzinmotor mit Frontantrieb sowie alle Motoren mit Allradantrieb:** Die Trennstelle ist durch eine Nut gekennzeichnet, das Maß –a– zum Mittelschalldämpfer beträgt ca. 244 mm.
- Kette des Abgasrohrschneiders um das Rohr herumlegen und spannen. Kette hin- und herrollen und dabei nachspannen, jedoch nicht zu stark, damit sich das Rohr beim Schneiden nicht verformt.
- Schalldämpfer aus den Gummihalterungen aushängen und herausnehmen.

Einbau

- Schalldämpfer in die Gummihalteringe einhängen.
- Zum Verbinden der Abgasrohre wird eine Ersatzteil-Klemmschelle verwendet. **Achtung:** Bereits montierte Klemmschellen immer erneuern, nicht wiederverwenden. Da je nach Fahrzeug unterschiedliche Rohrdurchmesser verwendet werden, auf richtige Ersatzteilzuordnung achten.
- Abgasanlage ausrichten, siehe Kapitel »Abgasanlage einbauen«.
- Klemmschelle mit **40 Nm** festziehen.

Abgasanlage auf Dichtigkeit prüfen

Bei Fahrzeugen mit geregeltem Katalysator können Undichtigkeiten der Abgasanlage vor der Lambdasonde zu folgenden Störungen führen:

- ■ Startschwierigkeiten; Motor geht aus, schüttelt im Leerlauf, ruckelt beim Beschleunigen.
- Motor starten und bei laufendem Motor Abgasanlage mit einem Lappen oder Stöpsel verschließen.
- Abgasanlage auf Undichtigkeit abhören. Gegebenenfalls Verbindungsstellen Zylinderkopf/Krümmer und Krümmer/Abgasrohr vorn mit handelsüblichem »Leck-Sucher« einsprühen und auf Blasenbildung untersuchen.
- Undichtigkeit beseitigen.

Lambdasonde aus- und einbauen

Benzinmotor

Die Lambdasonde dient zur Regelung der Abgaszusammensetzung bei den Benzinmotoren. Sie ist in das vordere Abgasrohr in der Nähe des Katalysators eingeschraubt. Beim 2,8-l-Benzinmotor mit zweiflutiger Abgasanlage sind 2 Lambdasonden vorhanden.

Ausbau

- Elektrische Steckverbindung der Lambdasonde trennen. Der Stecker befindet sich an der Motorraum-Querwand. Kabelbinder öffnen. **Achtung:** Die Kabelbinder müssen beim Einbau unbedingt wieder an gleicher Stelle eingebaut werden, um eine Berührung des Kabels mit der Abgasanlage zu vermeiden.
- Fahrzeug aufbocken.
- Lambdasonde aus dem Abgasrohr herausschrauben. **Achtung:** Beim 1,8-l-Benzinmotor wird aus Platzgründen dafür der VW-Schlüssel 3337 benötigt. Falls dieser nicht vorhanden ist, Schrauben für Abgasanlage lösen, Anlage absenken und Lambdasonde herausschrauben.

Einbau

- Gewinde der Lambdasonde mit VW-Spezialfett »G5« bestreichen. Neue Sonden sind bereits damit bestrichen. **Achtung:** G5 darf **nicht** an die Schlitze des Sondenkörpers kommen. Sondenkörper der neuen Lambdasonde möglichst nicht berühren, nicht verschmutzen.
- Lambdasonde mit **50 Nm** in das vordere Abgasrohr einschrauben.
- Fahrzeug ablassen.
- Stecker für Lambdasonde zusammenfügen, Kabel verlegen und mit Kabelbindern fixieren.

Kupplung

Aus dem Inhalt:

- **Kupplungsbetätigung**
- **Kupplungsdemontage**
- **Hydrauliksystem entlüften**

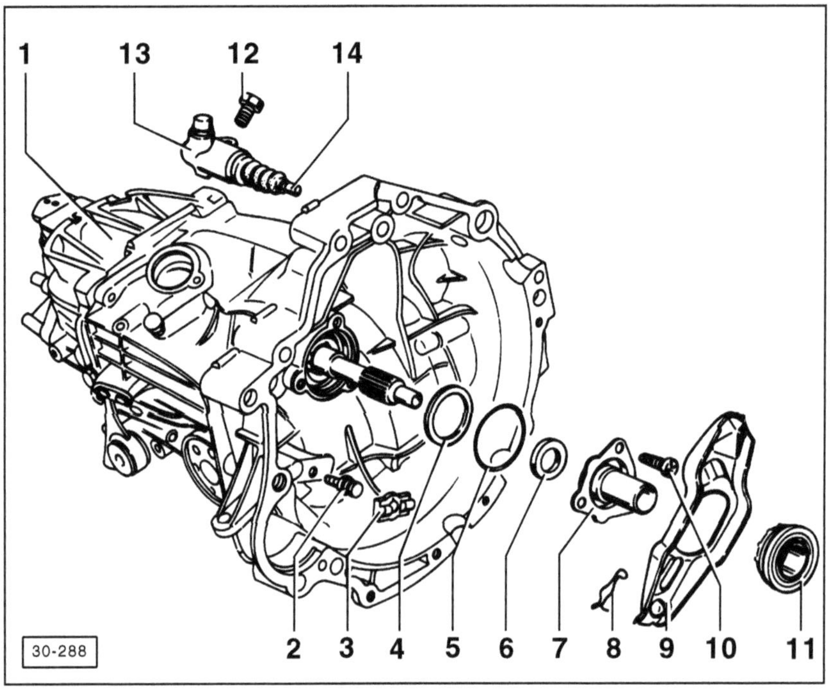

1 – **Getriebe**

2 – **Kugelzapfen***
Mit MoS_2-Fett bestreichen.
Bei Getriebe aus Aluminium: 25 Nm;
Getriebe aus Magnesium: 20 Nm.

3 – **Zwischenstück**

4 – **Tellerfeder**
Kleiner Durchmesser zeigt zur Führungshülse (gewölbte Seite).

5 – **Rundschnurring**
Immer ersetzen.

6 – **Dichtring für Antriebswelle**
Bis zum Anschlag eintreiben.

7 – **Führungshülse***

8 – **Haltefeder**
Am Kupplungsausrückhebel befestigen.

9 – **Kupplungsausrückhebel**

10 – **Torxschraube***
Selbstsichernd, immer ersetzen.
Bei Getriebe aus Aluminium: 35 Nm;
Getriebe aus Magnesium: 25 Nm.

11 – **Ausrücklager**
Lager nicht auswaschen, nur abwischen. Laute Lager ersetzen.

12 – **Schraube, 20 Nm**

13 – **Kupplungsnehmerzylinder**

14 – **Stößel**
Stößelende mit MoS_2-Fett bestreichen.

*) Teile sind je nach Getriebegehäuse aus unterschiedlichem Material, daher nach Ersatzteilkatalog zuordnen.

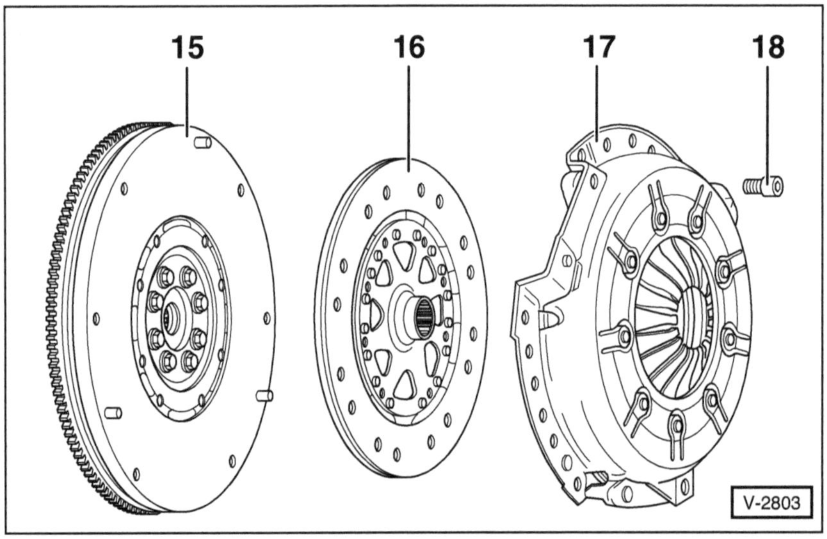

15 – **Schwungrad**
Anlagefläche für Kupplungsbelag muß frei von Rillen, Öl und Fett sein.

16 – **Kupplungsscheibe**
Einbaulage beim Zweimassenschwungrad: Der Belag der Kupplungsscheibe muß am Schwungrad anliegen.
Einbaulage ohne Zweimassenschwungrad: Federkäfig zeigt zur Druckplatte. Verzahnung der Antriebswelle hauchdünn mit VW-G 000 100 fetten.

17 – **Druckplatte**

18 – **Schraube, 25 Nm**
Stufenweise über Kreuz anziehen.

Die Kupplung hat 2 Aufgaben: Beim Schalten der Gänge trennt sie den Kraftschluß zwischen Motor und Getriebe und beim Anfahren sorgt sie durch Reibung für einen ruckfreien Kraftschluß.

Die Kupplung besteht aus der Kupplungsdruckplatte, der Kupplungsmitnehmerscheibe, dem Ausrücklager und der hydraulischen Betätigung.

Die Kupplungsdruckplatte ist fest mit dem Schwungrad verschraubt, das wiederum an der Kurbelwelle des Motors angeflanscht ist. Zwischen der Kupplungsdruckplatte und dem Schwungrad befindet sich die Kupplungsmitnehmerscheibe, die von der Kupplungsdruckplatte gegen das Schwungrad gepreßt wird. Die Mitnehmerscheibe ist über eine Verzahnung fest mit der Getriebewelle verbunden.

Beim Niedertreten des Kupplungspedals (auskuppeln) wird über den Geberzylinder im Fußraum des Fahrzeuges Druck aufgebaut und über eine Hydraulikleitung auf den Kupplungs-Nehmerzylinder übertragen. Der Kolben des Nehmerzylinders drückt das Ausrücklager gegen die Membranfeder der Druckplatte. Dadurch entspannt sich die Kupplungsdruckplatte, und die Mitnehmerscheibe wird nicht mehr gegen die Schwungscheibe gepreßt. Der Kraftschluß zwischen Motor und Getriebe ist also aufgehoben.

Das Hydrauliksystem der Kupplung arbeitet mit Bremsflüssigkeit und wird über den Ausgleichbehälter für Bremsflüssigkeit versorgt.

Bei jedem Ein- und Auskuppeln wird durch den leichten Schleifvorgang etwas Reibbelag von der Mitnehmerscheibe abgeschliffen. Die Mitnehmerscheibe ist also ein Verschleißteil, doch hat sie eine mittlere Lebensdauer von über 100.000 Kilometern. Der Verschleiß hängt im wesentlichen von der Belastung (Anhängerbetrieb) und der Fahrweise ab. Die Kupplung ist wartungsfrei, da sie sich selbst nachstellt.

Die Motoren sind vornehmlich mit einem **Zweimassenschwungrad** ausgerüstet. Das Zweimassenschwungrad besitzt ein Feder- und Dämpfersystem, um die Übertragung der vom Motor erzeugten Drehschwingungen zu reduzieren. Außerdem verringert sich dadurch auch die Geräuschübertragung im unteren Drehzahlbereich. Die Kupplungsscheibe für dieses Schwungrad besteht nur noch aus Nabe, Mitnehmerblech und Kupplungsbelag, Torsionsfedern sind nicht vorhanden.

Hydraulische Kupplungsbetätigung

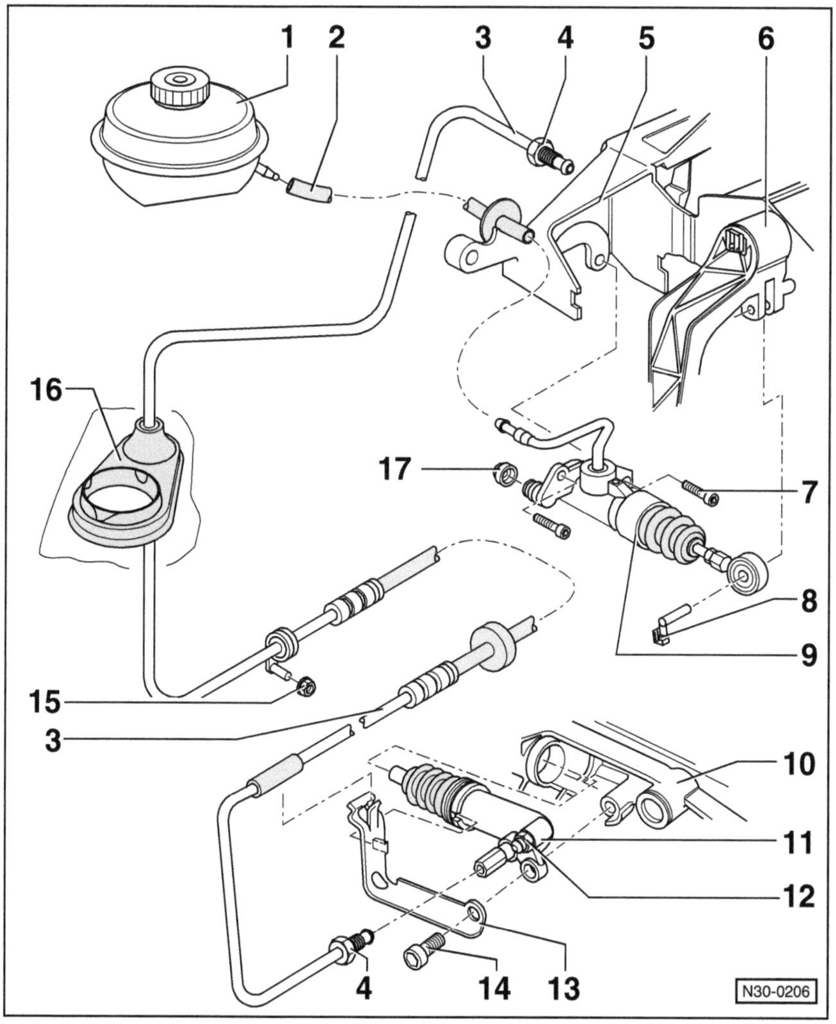

1 – **Bremsflüssigkeitsbehälter**
2 – **Nachlaufschlauch**
3 – **Rohr-Schlauchleitung**
4 – **Rohranschlußmutter, 15 Nm**
5 – **Lagerbock**
6 – **Kupplungspedal**
7 – **Innensechskantschraube, 20 Nm**
8 – **Bolzen**
9 – **Geberzylinder**
10 – **Getriebe**
11 – **Nehmerzylinder**
Achtung: Kupplungspedal nach dem Ausbau des Nehmerzylinders nicht mehr betätigen.
Bei Nehmerzylindern mit Kunststoffstützring Ringaußenfläche zum Einbau leicht einfetten. Stößelende mit MoS_2-Fett einfetten.
Beim Einsetzen Nehmerzylinder mit einem Montierhebel so weit nachdrücken, bis sich die Befestigungsschraube montieren läßt.
12 – **Entlüfterventil**
Nur zum Entlüften öffnen. Wenn die Hydraulikanlage mit einem Bremsentlüftungsgerät entlüftet wird, Arbeitsdruck max. 2,5 bar Überdruck. **Achtung:** Es darf keine Bremsflüssigkeit auf das Getriebegehäuse gelangen, gegebenenfalls sofort abwaschen.
13 – **Halter am Getriebe**
14 – **Innensechskantschraube, 25 Nm**
15 – **Sechskantmutter, 2 Nm**
16 – **Dichtung**
17 – **Dichtung**

Kupplung aus- und einbauen/prüfen

Ausbau

- Getriebe ausbauen, siehe Seite 250.

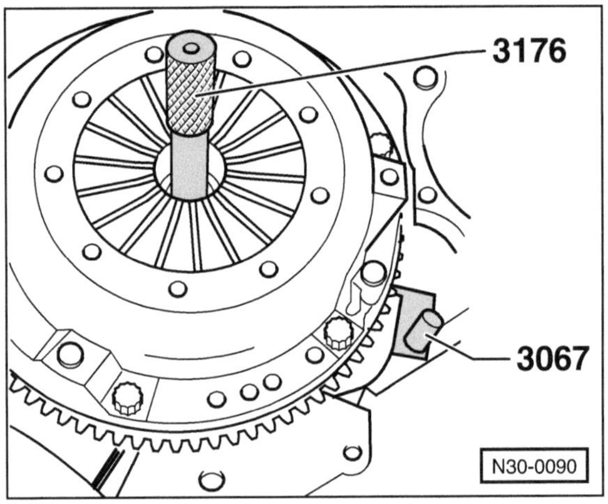

- Damit das Schwungrad beim Lösen der Schrauben nicht mitdreht, Schwungrad entweder mit VW-Arretierwerkzeug 3067 oder mit Schraubendreher und Dorn arretieren. **Hinweis:** Das VW-Werkzeug 3067 ist in »Einbaustellung« gezeigt, für den Ausbau das Werkzeug umstecken. Für den Einbau der Kupplung wird der Zentrierdorn VW-3176 oder ein handelsübliches Zentrierwerkzeug, z. B. HAZET 2174 zum Ausrichten beim Wiedereinbau der Kupplung benötigt.
- Befestigungsschrauben der Kupplungsdruckplatte über Kreuz jeweils 1 bis 1½ Umdrehungen lösen, bis die Druckplatte entspannt ist.

Achtung: Werden die Schrauben sofort ganz gelöst, kann die Membranfeder beschädigt werden.

- Nach dem Lösen, Schrauben ganz herausdrehen.
- Druckplatte und Kupplungsscheibe herausnehmen. **Achtung:** Druckplatte und Kupplungsscheibe beim Herausnehmen nicht fallen lassen, sonst können nach dem Einbau Rupf- und Trennschwierigkeiten auftreten.
- Ausrücklager abwischen, nicht auswaschen.
- Schwungrad mit benzingetränktem Lappen auswischen.

Prüfen

- Kupplungsdruckplatte auf Brandrisse und Riefen prüfen.

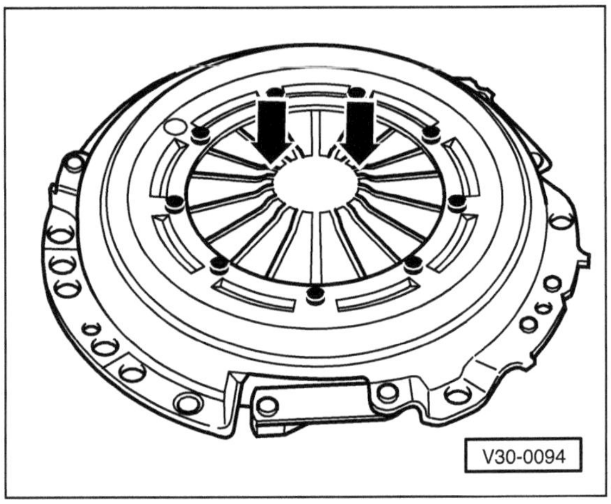

- Membranfeder auf Brüche untersuchen –Pfeile–. Eine Abnützung bis zur halben Membranfederdicke ist zulässig.
- Federverbindungen zwischen Druckplatte und Deckel auf Risse, Nietbefestigungen auf festen Sitz prüfen. Kupplungen mit beschädigten oder losen Nietverbindungen ersetzen.

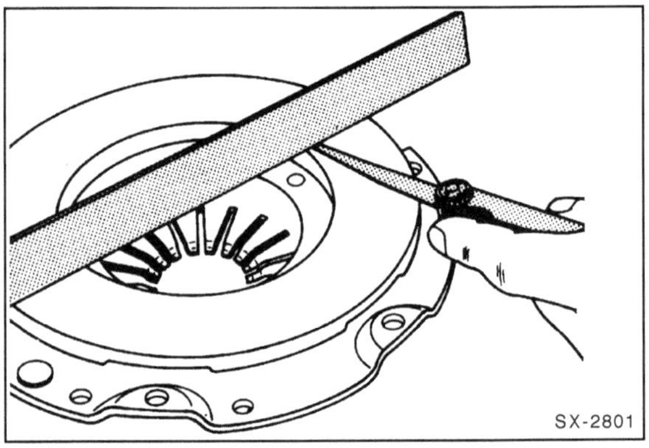

- Auflagefläche der Druckplatte auf Risse, Brandstellen und Verschleiß prüfen. Druckplatten, die bis zu 0,2 mm nach innen durchgebogen sind, dürfen noch eingebaut werden. Die Prüfung erfolgt mit Lineal und Fühlerblattlehre.
- Schwungrad auf Brandrisse und Riefen prüfen.
- Verölte, verfettete oder mechanisch beschädigte Kupplungsscheibe austauschen.
- Kupplungsscheibe auf ausreichende Belagstärke und auf Belagrisse prüfen.

- In der Werkstatt kann die Kupplungsscheibe auf Schlag geprüft werden. Der Seitenschlag darf bei der Kupplungsscheibe maximal 0,8 mm betragen (2,5 mm vom Außenrand gemessen). **Achtung:** Diese Prüfung ist nur dann notwendig, wenn die alte Kupplungsscheibe wieder eingebaut werden soll und die Kupplung vorher nicht richtig ausgekuppelt hat. Gegebenenfalls darf die Kupplungsscheibe vorsichtig ausgerichtet werden.

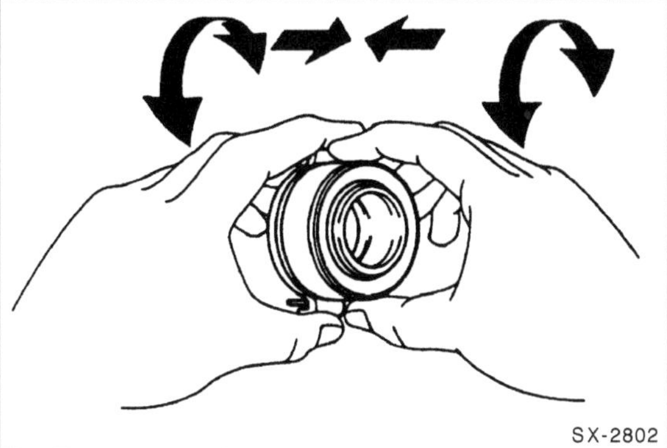

SX-2802

- Ausrücklager in eingebautem Zustand von Hand prüfen. Dazu Lager leicht zusammenpressen und drehen. Das Lager muß sich leicht drehen lassen.
- Im Fahrbetrieb macht sich ein defektes Ausrücklager durch Geräusche bei getretenem Kupplungspedal bemerkbar. In diesem Fall Lager austauschen. Ausrücklager, siehe Position –11– in Abbildung auf Seite 244.

Einbau

Achtung: Werden Neuteile eingebaut, unbedingt Kupplungsdruckplatte und Kupplungsscheibe über Motorkennbuchstaben und Motornummer nach dem Ersatzteilkatalog zuordnen lassen, damit keine falschen Teile eingebaut werden.

Werden die bisherigen Kupplungsteile eingebaut, so müssen diese zuvor geprüft werden.

- Vor dem Einbau einer neuen Kupplungsdruckplatte, Korrosionsschutzfett nur an der Anlauffläche restlos entfernen. An den anderen Stellen darf das Fett auf keinen Fall entfernt werden, da sonst die Lebensdauer der Kupplung erheblich verkürzt wird.
- Zentrierstifte am Schwungrad auf festen Sitz prüfen.
- Kerbverzahnung der Kupplungsscheibe von Korrosion reinigen. Verzahnung der Antriebswelle hauchdünn mit MoS_2-Fett schmieren. Die Fachwerkstatt verwendet das VW-Fett G000100. Danach Kupplungsscheibe auf der Antriebswelle hin- und herbewegen, bis die Nabe auf der Welle leichtgängig ist. Überschüssiges Fett unbedingt entfernen.
- Beim Einsetzen der Kupplungsscheibe darauf achten, daß der Federkäfig zur Druckplatte zeigt. Ist eine Kupplung mit Zweimassenschwungrad eingebaut, sind keine Federkäfige vorhanden. In diesem Fall ist die Kupplung so einzubauen, daß der Kupplungsbelag am Schwungrad anliegt. Die Nabe darf nicht am Schwungrad anliegen.

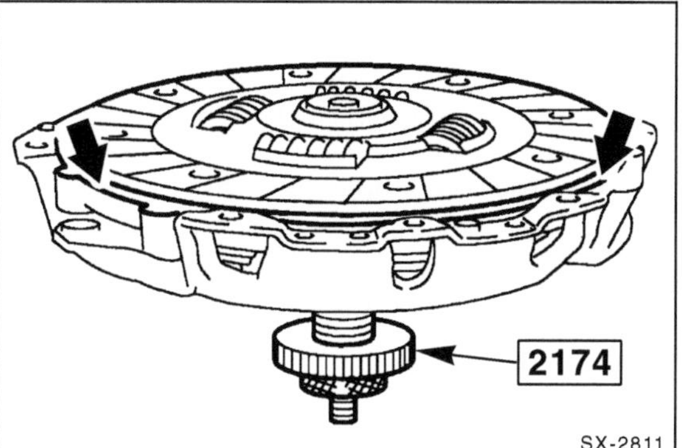

SX-2811

- Kupplungsscheibe mittig in der Druckplatte mit einem passenden Dorn, zum Beispiel HAZET 2174 oder VW-3176 zentrieren. Sitzt die Kupplungsscheibe nicht zentrisch, kann die Getriebeantriebswelle später nicht eingeführt werden. Als Zentrierdorn kann auch eine alte Getriebe-Antriebswelle verwendet werden.
- Die Kupplungsdruckplatte in die entsprechenden Paßstifte setzen.

Achtung: Die Druckplatte muß vollständig am Schwungrad anliegen. Dann erst Befestigungsschrauben einsetzen. Keinesfalls Druckplatte mit den Schrauben heranziehen, sonst werden die Zentrierbohrungen der Druckplatte und die Zentrierstifte am Schwungrad beschädigt.

- Befestigungsschrauben für Kupplungsdruckplatte einschrauben und über Kreuz mit 1 bis 1½ Umdrehungen anziehen, bis die Druckplatte festgezogen ist. Anzugsdrehmoment: **25 Nm**. Die Druckplatte darf sich nicht verkanten, da sonst Paßstifte und Zentrierbohrungen beschädigt werden.
- Zentrierdorn entfernen.
- Getriebe einbauen, siehe Seite 250.

Kupplungsbetätigung entlüften

Die Kupplungsbetätigung muß entlüftet werden, wenn die Kupplung beim Gangwechsel nicht richtig trennt, wenn das Kupplungspedal nicht oder nur verzögert zurückkommt, oder das Hydraulikdrucksystem geöffnet wurde.

Da das Hydrauliksystem der Kupplung mit Bremsflüssigkeit arbeitet, sind ebenfalls die entsprechenden Kapitel im Abschnitt »Bremsanlage entlüften« durchzulesen.

Sicherheitshinweis:
Bremsflüssigkeit ist giftig. Keinesfalls Bremsflüssigkeit mit dem Mund über einen Schlauch absaugen. Bremsflüssigkeit nur in Behälter füllen, bei denen ein versehentliches Einnehmen ausgeschlossen ist.

Achtung: Es darf keine Bremsflüssigkeit auf das Getriebe gelangen, gegebenenfalls sofort abwaschen. Vor allem das Getriebe mit Magnesiumgehäuse wird angegriffen.

- Fahrzeug aufbocken und untere Motorraumabdeckung ausbauen, siehe Seite 160.
- Bremsflüssigkeitsstand im gemeinsamen Vorratsbehälter prüfen, gegebenenfalls bis zur Max.-Markierung auffüllen.
- Staubkappen vom Entlüfterventil am Nehmerzylinder und am vorderen linken Bremssattel abziehen.
- Entlüfterventile vorsichtig gangbar machen.
- Durchsichtigen Schlauch auf das Entlüfterventil am Bremssattel aufschieben.
- Schlauch mit Bremsflüssigkeit füllen. Dazu Entlüfterschraube am Bremssattel öffnen. Bremspedal langsam durchtreten (Helfer) und in dieser Stellung halten. Entlüfterventil schließen und Bremspedal loslassen. Anschließend Entlüfterventil wieder öffnen und Bremspedal erneut durchtreten. Vorgang so lange wiederholen, bis der Schlauch vollständig mit Bremsflüssigkeit gefüllt ist. Schlauch mit dem Finger zuhalten, damit keine Bremsflüssigkeit ausläuft. **Achtung:** Der Flüssigkeitsstand im Vorratsbehälter darf nicht zu weit absinken, gegebenenfalls **neue** Bremsflüssigkeit nachfüllen.
- Freies Schlauchende auf die Entlüfterschraube am Kupplungs-Nehmerzylinder stecken und beide Entlüfterschrauben öffnen.
- Bremspedal durchtreten, Entlüfterschraube am Bremssattel schließen und Bremspedal entlasten. Diesen Vorgang so oft wiederholen, bis im Ausgleichbehälter keine Luftblasen mehr herausgedrückt werden. Dabei stets neue Bremsflüssigkeit nachfüllen.
- Entlüfterschrauben am Bremssattel und am Nehmerzylinder verschließen. Schlauch abziehen und Staubkappen aufschieben.
- Fahrzeug ablassen.
- Bremsflüssigkeit bis zur Max.-Markierung auffüllen.
- Kupplungspedal mehrmals betätigen. Dadurch wird sichergestellt, daß eventuelle Restluft im System in den Bremsflüssigkeitsbehälter entweichen kann.
- Funktion von Brems- und Kupplungssystem prüfen. **Achtung:** Bei diesem Entlüftungsvorgang kann etwas Luft im Hydrauliksystem bleiben. Erkennbar ist das am Kratzen beim Einlegen der Gänge und nicht richtigen Trennen der Kupplung. In diesem Fall Kupplungshydraulik umgehend in der Werkstatt mit einem Entlüftergerät entlüften lassen.
- Untere Motorraumabdeckung einbauen, siehe Seite 160.

Entlüften mit Entlüftergerät

In den Werkstätten wird die Kupplungshydraulik in der Regel mit einem Entlüftergerät entlüftet. Das Entlüftergerät gibt Druck (max. 2,5 bar) auf die Bremsflüssigkeit im Vorratsbehälter.

- Verschraubung am Bremsflüssigkeits-Ausgleichbehälter abschrauben. Entlüftergerät nach Vorschrift anschließen.

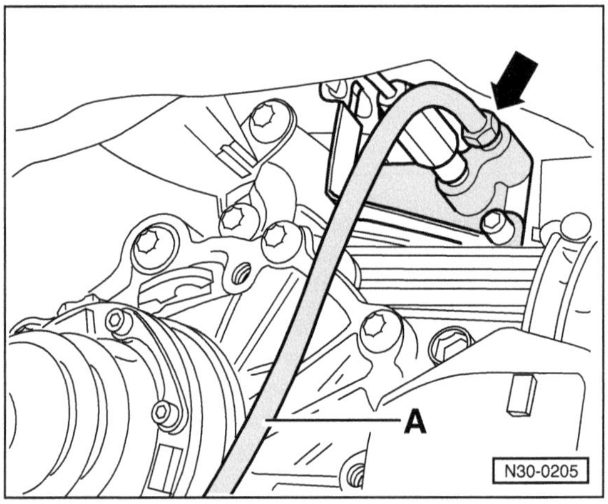

- Am Kupplungsnehmerzylinder Schlauch –A– auf die Entlüfterschraube –Pfeil– aufschieben. Schlauchende in eine mit Bremsflüssigkeit gefüllte Flasche stecken.
- Entlüfterschraube so lange öffnen, bis keine Luftblasen mehr entweichen.
- Kupplungspedal mehrmals betätigen.
- Bremsflüssigkeit bis zur Max.-Markierung auffüllen. Deckel für Bremsflüssigkeitsbehälter aufschrauben.

Störungsdiagnose Kupplung

Störung	Ursache	Abhilfe
Kupplung rupft.	Motor- und Getriebelagerung defekt.	■ Prüfen, gegebenenfalls auswechseln.
	Getriebe liegt in der Aufhängung nicht fest.	■ Befestigungsschrauben nachziehen.
	Druckplatte trägt ungleichmäßig.	■ Druckplatte auswechseln.
	Mitnehmerscheibe kein Originalteil.	■ Original-Kupplungsscheibe einbauen.
	Kurbelwelle fluchtet nicht zur Getriebe-Antriebswelle.	■ Zentrierflächen von Motor und Getriebe überprüfen.
	Ausrücker drückt einseitig.	■ Ausrücker überprüfen.
Kupplung rutscht.	Kupplungsscheibe verschlissen.	■ Dicke der Kupplungsscheibe prüfen, gegebenenfalls auswechseln.
	Nehmerzylinder der Hydraulikbetätigung klemmt.	■ Nehmerzylinder ersetzen.
	Spannung der Membranfeder zu gering.	■ Druckplatte auswechseln.
	Nehmerzylinder der Hydraulikbetätigung undicht.	■ Sichtprüfung durchführen.
	Belag verhärtet oder verölt.	■ Kupplungsscheibe austauschen.
	Kupplung wurde überhitzt.	■ Originalteil einbauen.
Kupplung trennt nicht richtig.	Belag durch Abrieb verklebt.	■ Kupplungsscheibe austauschen.
	Kupplungsscheibe klemmt auf der Antriebswelle, Kerbverzahnung trocken oder verklebt.	■ Kerbverzahnung reinigen, entgraten, ggf. Rost entfernen und neu schmieren; z. B. MoS_2-Puder einbürsten.
	Kupplungsscheibe hat Seitenschlag.	■ Kupplungsscheibe prüfen lassen, ersetzen.
	Geberzylinder der Hydraulikbetätigung undicht.	■ Bei durchgetretenem Kupplungspedal beobachten, ob Flüssigkeit im Bremsflüssigkeitsvorratsbehälter aufwallt, ggf. Kupplung entlüften oder Geberzylinder austauschen.
	Kupplungspedal erreicht den Begrenzungsanschlag nicht.	■ Prüfen, ob Begrenzungsanschlag erreicht wird, ggf. Fußmatte ausschneiden.
	Ausrücker defekt.	■ Ausrücker auf Verformung prüfen.
	Luft im Hydrauliksystem.	■ Kupplungshydraulik entlüften.
	Führungslager für die Getriebe-Antriebswelle in der Kurbelwelle defekt.	■ Führungslager in der Kurbelwelle ersetzen.
	Mitnehmerscheibe stark verbogen, oder Belag gebrochen.	■ Mitnehmerscheibe ersetzen.
Geräusch bei betätigtem Kupplungspedal.	Ausrücklager defekt.	■ Ausrücklager prüfen, ersetzen.
	Kupplungsscheibe schlägt an die Druckplatte.	■ Kupplungsscheibe auswechseln.
Auf- und abschwellendes Geräusch bei Zug- oder Schubzustand, oder wenn das Fahrzeug in ausgekuppeltem Zustand rollt.	Torsionsdämpfer der Kupplungsscheibe schwergängig.	■ Kupplungsscheibe erneuern.
	Nietverbindungen der Kupplung locker.	■ Kupplung ersetzen.
	Unwucht der Kupplung zu groß.	■ Kupplung und Mitnehmerscheibe ersetzen.

Getriebe/Schaltung/Allrad

Aus dem Inhalt:

- **Komplettausbau**
- **Schaltung einstellen**
- **Automatikgetriebe**
- **Funktion Allradantrieb**

Das Schalt- oder Automatikgetriebe kann ohne Ausbau des Motors ausgebaut werden. Ein Ausbau ist dann erforderlich, wenn die Kupplung ausgewechselt werden soll oder wenn das Getriebe erneuert beziehungsweise überholt werden muß. Da es jedoch in keinem Fall anzuraten ist, Reparaturen am Getriebe mit Heimwerkermitteln in Angriff zu nehmen, wird nur der Ausbau des Aggregates beschrieben.

Getriebe aus- und einbauen

Zum Ausbau muß das Fahrzeug ausreichend hoch aufgebockt werden. Außerdem ist zum Ablassen des Getriebes ein geeigneter Werkstattwagenheber erforderlich. Grundsätzlich gelten die folgenden Arbeitsschritte für das Schaltgetriebe. Hinweise zum Automatikgetriebe stehen am Ende des Kapitels.

Ausbau

- Batterie-Massekabel (–) bei ausgeschalteter Zündung abklemmen. **Achtung:** Dadurch werden elektronische Speicher gelöscht, wie zum Beispiel der Radiocode. Ohne Code kann das Radio nur vom Hersteller wieder in Betrieb genommen werden. Deshalb Hinweise im Kapitel »Batterie aus- und einbauen« durchlesen.
- Kühlmittel-Ausgleichbehälter am Halter abschrauben und mit angeschlossenen Leitungen zur Seite legen.
- Ansaugluftschlauch zwischen Luftfilter und Motor ausbauen, dazu Schlauchschellen aufschrauben.
- Stellung vom rechten Vorderrad zur Radnabe mit Farbe kennzeichnen. Dadurch kann das ausgewuchtete Rad wieder in derselben Position montiert werden. Radschrauben lösen, dabei muß das Fahrzeug auf dem Boden stehen. Fahrzeug aufbocken und rechtes Vorderrad abnehmen.
- Untere Motorraumabdeckung ausbauen, siehe Seite 160.

- Halter für Motorraumabdeckung abschrauben.
- Vorderes Abgasrohr und Katalysator ausbauen, siehe Seite 235.

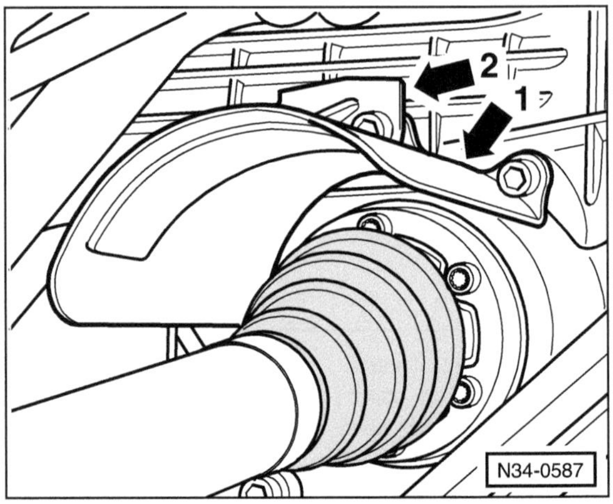

- Abdeckblech über der rechten und, falls vorhanden, auch über der linken Gelenkwelle mit Schrauben –1– und –2– abschrauben.

- Gelenkwellen rechts und links am Getriebe abflanschen und beide Gelenkwellen mit Draht hochbinden, dabei Gelenkwellen-Oberfläche nicht beschädigen. Die Gelenkwellen dürfen nicht herunterhängen, da sonst die Außengelenke beschädigt werden.
- Anlasser ausbauen, siehe Seite 69.

Achtung: Die Anlasserkabel müssen nicht gelöst werden, wenn der Anlasser abgeflanscht und mit Draht am Aufbau aufgehängt wird.

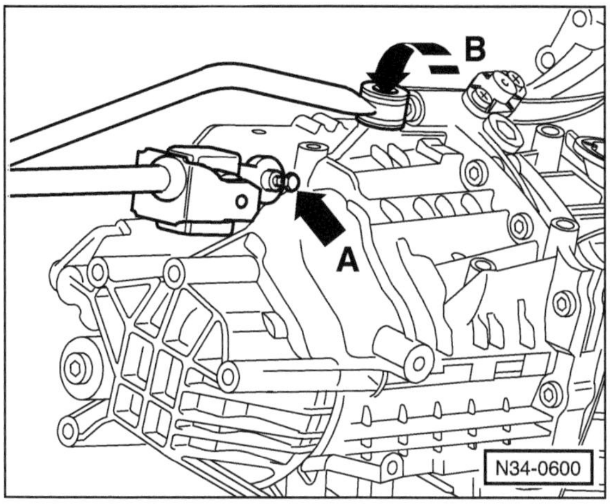

- Befestigungsschraube –A– für Schaltstange am Getriebe herausdrehen und Schaltgelenk von der Schaltwelle abziehen. Schubstange mit Innensechskantschraube –B– am Getriebe abschrauben.

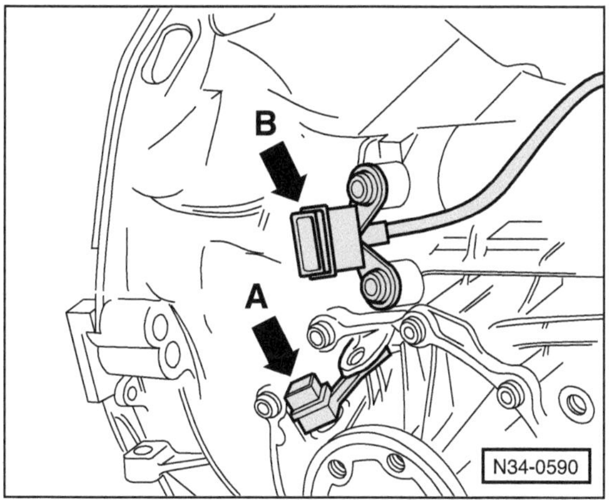

- Stecker für Tachogeber –A– und Rückfahrlicht –B– links am Getriebe ausclipsen.
- Massekabel am Getriebe abschrauben.

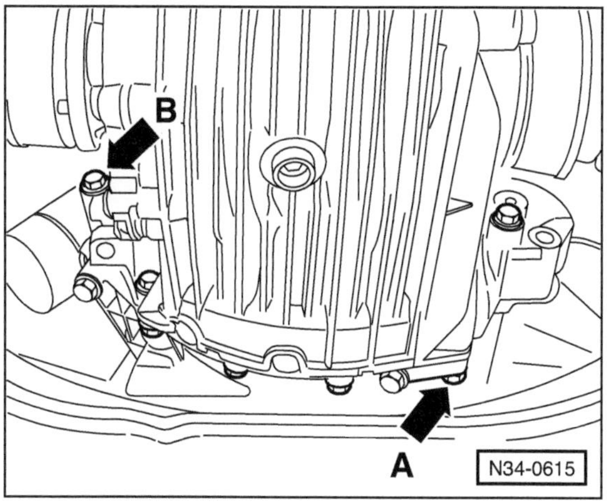

- Verbindungsschrauben Motor/Getriebe, **außer Schrauben –A– und –B–**, herausschrauben. Lage der Verbindungsschrauben, siehe Abbildungen unter »Einbau«.

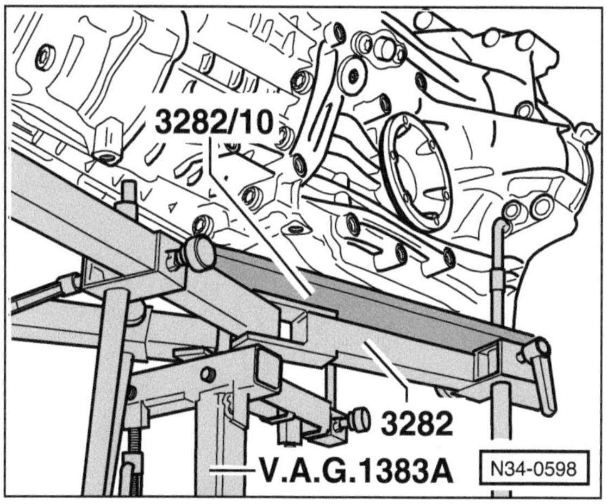

- Getriebeheber mit Getriebeaufnahme 3282, Justierplatte 3282/10 für »012/01A«-Getriebe und Aufnahmeelemente am Getriebe ausrichten und anschrauben. Getriebe mit Getriebeheber V.A.G-1383A leicht anheben.

Achtung: Steht der VW-Getriebeheber nicht zur Verfügung, Werkstattwagenheber mit breiter Holzauflage unter das Getriebe fahren und Getriebe leicht vorspannen.

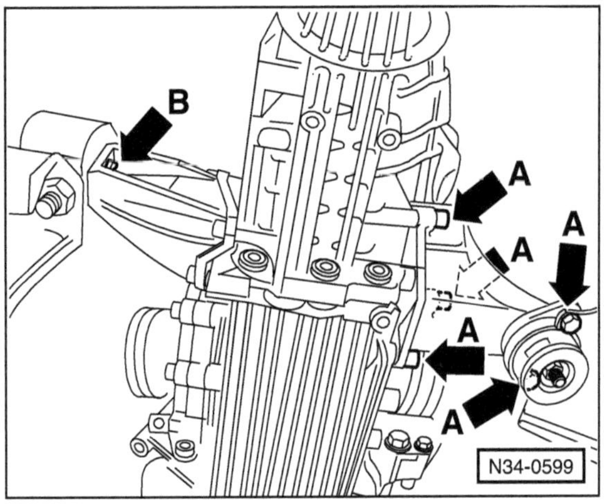

- Getriebestütze rechts mit Schrauben –A– abschrauben.
- Getriebestütze links mit Schraube –B– vom Lager abschrauben.
- Verbindungsschrauben –A– und –B– herausschrauben, siehe Abbildung N34-0615.
- Getriebe von den Paßhülsen abdrücken und ca. 15 cm absenken, bis der Kupplungsnehmerzylinder zugänglich ist.

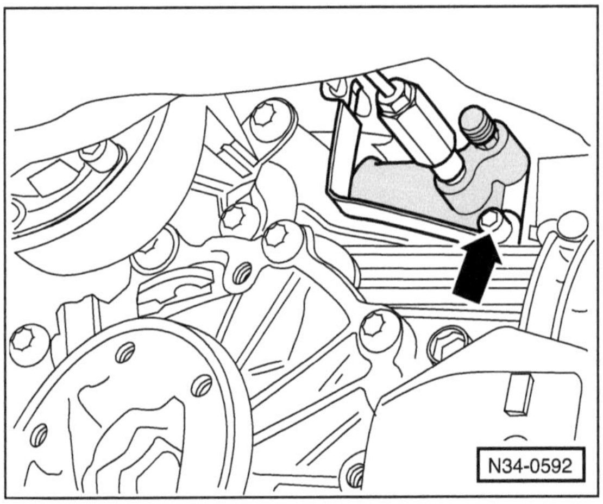

- Kupplungsnehmerzylinder abschrauben –Pfeil– und am Aufbau mit Draht aufhängen. **Achtung:** Die Hydraulikleitung bleibt angeschlossen, sonst muß die Anlage nach dem Einbau entlüftet werden. **Bei ausgebautem Nehmerzylinder nicht auf das Kupplungspedal treten.**
- Getriebe vorsichtig absenken und nach hinten abnehmen.

Einbau

Achtung: Beim Ersetzen von Anbauteilen oder Schrauben beachten: Das Getriebegehäuse ist entweder aus Magnesium oder Aluminium gefertigt. Darauf abgestimmt sind dann alle Anbauteile wie Deckel und Schrauben. Werden Teile vom Aluminium-Getriebe an ein Magnesiumgehäuse angebaut, wird dieses durch Korrosion beschädigt. Das gilt auch für die Flanschschrauben Motor/Getriebe, diese sind für das Getriebe mit Magnesiumgehäuse speziell beschichtet. Erkennbar ist ein Magnesiumgetriebe an der Aufschrift »Mg AL 9 Zn 1« an der Getriebeunterseite und im Bereich der Öleinfüllschraube.

- Vor dem Einbau Kupplung prüfen, siehe Seite 246.
- Kerbverzahnung der Antriebswelle reinigen und leicht mit MoS_2-Schmierfett oder VW-G 000 100 schmieren. **Achtung:** Die Kupplungsscheibe muß sich auf der Antriebswelle leicht hin- und herschieben lassen. Überschüssiges Fett unbedingt abwischen.
- Anlagefläche für Stößel am Kupplungs-Ausrückhebel leicht mit MoS_2-Schmierfett schmieren.
- Prüfen, ob die Paßhülsen zur Zentrierung Motor/Getriebe im Motorblock vorhanden sind, gegebenenfalls einsetzen.
- Auf richtigen Sitz des Zwischenblechs am Motor achten.
- Getriebe waagerecht in die Kupplung einfahren. Falls beim Einsetzen die Getriebe-Antriebswelle nicht in die Kupplungsscheibe einrastet, Antriebswelle am Flansch für die Gelenkwellen von Hand entsprechend verdrehen.
- Kupplungsnehmerzylinder mit Halter für Zuleitung einbauen. Kupplungsnehmerzylinder mit Montierhebel so weit vorspannen, daß sich die Befestigungsschraube leicht einsetzen läßt. Schraube mit **25 Nm** festziehen.
- Anlasser einbauen, siehe Seite 69.

Befestigungsschrauben Motor/Getriebe

1,6-/1,8-/1,9-l-Motor

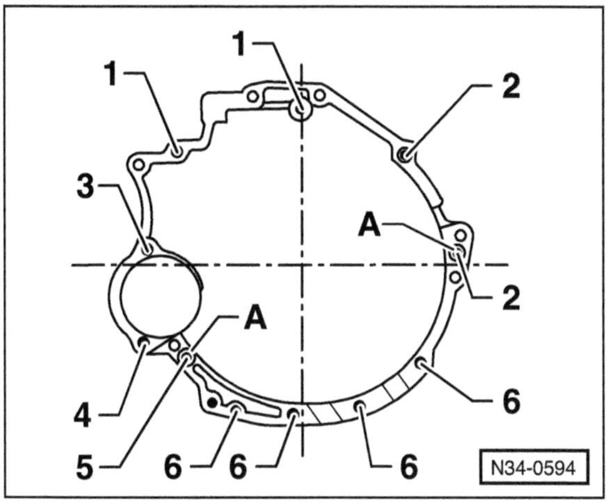

Position	Schraube	Anzugsdrehmoment
1	M12 x 75	65 Nm
2	M12 x 110	65 Nm
3	M12 x 90	65 Nm
4	M12 x 67	65 Nm
5	M10 x 135	45 Nm
6	M10 x 45	45 Nm
A	Paßhülsen	–

2,3-l-Benzinmotor

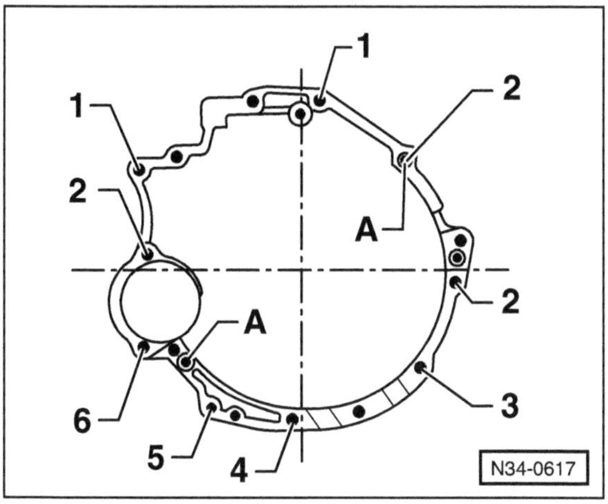

Position	Schraube	Anzugsdrehmoment
1	M12 x 75	65 Nm
2	M12 x 130	65 Nm
3	M10 x 45	45 Nm
4	M10 x 70	45 Nm
5	M10 x 60	45 Nm
6	M10 x 80	65 Nm
A	Paßhülsen	–

2,8-l-Benzinmotor

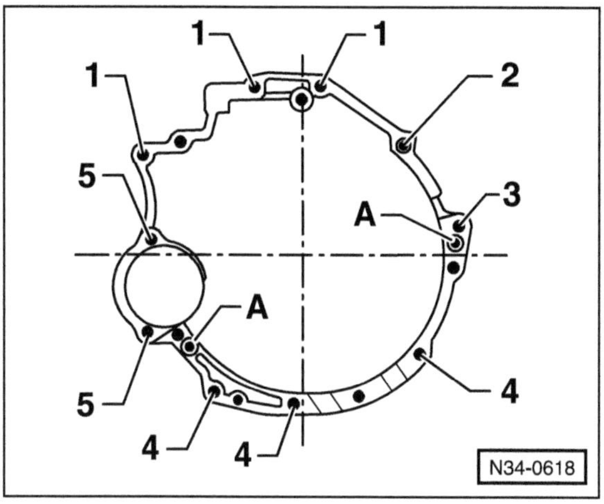

Position	Schraube	Anzugsdrehmoment
1	M12 x 67	65 Nm
2	M12 x 90	65 Nm
3	M12 x 80	65 Nm
4	M10 x 45	45 Nm
5	M10 x 135	65 Nm
A	Paßhülsen	–

- Verbindungsschrauben Motor/Getriebe abwechselnd festziehen.
- Massekabel am Getriebe anschrauben.

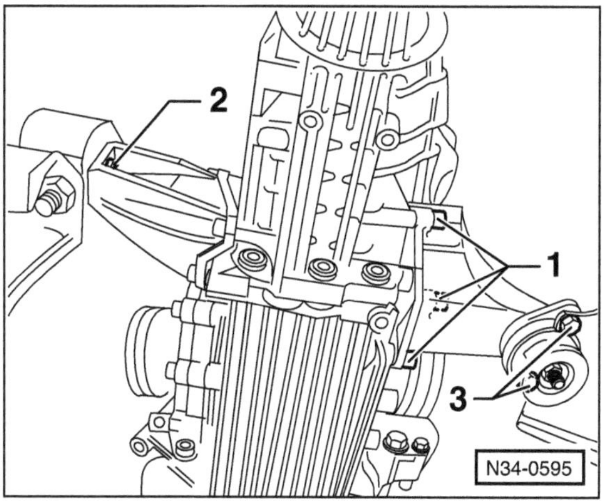

- Befestigungsschrauben –1– bis –3– für Getriebestützen/Aggregateträger nach Tabelle einsetzen und anziehen.

Position	Schraube	Anzugsdrehmoment
1	M10 x 30	40 Nm
2	M10 x 35	40 Nm
3	M8 x 20	20 Nm

- Getriebeheber entfernen.
- Gelenkwellen einbauen, siehe Seite 114.
- Abdeckblech für rechte und, falls vorhanden, linke Gelenkwelle mit **20 Nm** anschrauben.

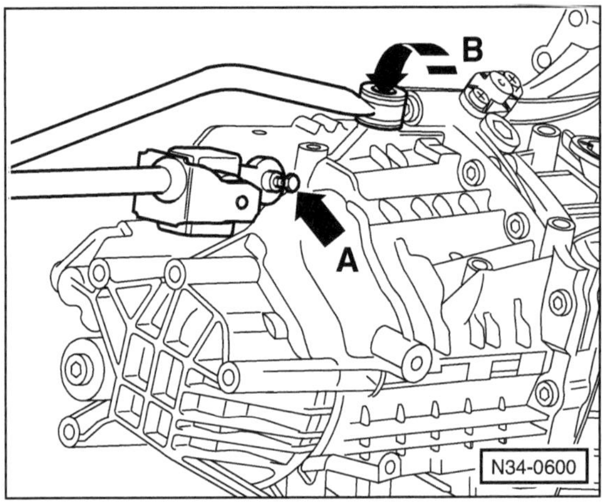

- Schaltstange –A– am Getriebe mit **20 Nm** anschrauben, Schubstange –B– mit **40 Nm** anschrauben.
- Stecker für Tachogeber und Rückfahrlicht links am Getriebe aufstecken.
- Abgasanlage einbauen, siehe Seite 235.
- Ausgleichbehälter für Kühlsystem festschrauben.
- Ansaugluftschlauch an Saugrohr und Luftmassenmesser aufschieben und mit Schraubschellen befestigen.
- Batterie-Massekabel (–) anklemmen. **Achtung:** Elektronische Speicher sowie Zeituhr aktualisieren, siehe Kapitel »Batterie aus- und einbauen«.
- Ölstand im Getriebe kontrollieren, siehe Seite 29.
- Schaltbetätigung einstellen, siehe Seite 257.
- Halter für Motorraumabdeckung anschrauben.
- Untere Motorraumabdeckung einbauen, siehe Seite 160.

Speziell Automatikgetriebe

Achtung: Arbeitsschritte und Hinweise, die für alle Getriebe gelten, stehen im Kapitel für das Schaltgetriebe. In diesem Kapitel sind nur die Abweichungen beschrieben, die speziell das Automatikgetriebe betreffen.

- Motor abfangen, dazu Kran an den Aufhängeösen am Zylinderkopf einhängen.

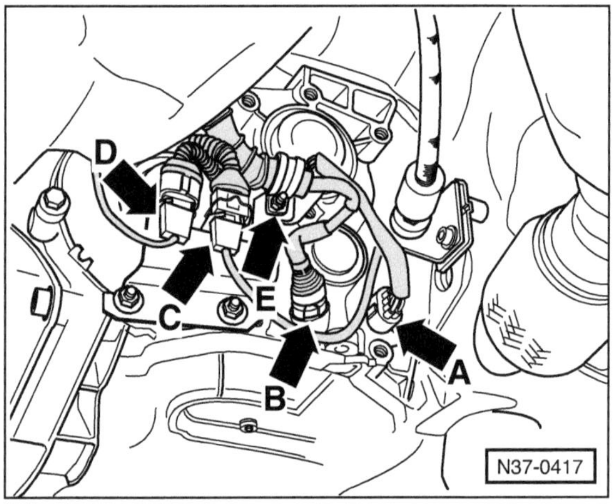

- Für den Wiedereinbau Anschlüsse –C– und –D– kennzeichnen. Elektrische Anschlüsse –A bis D– am Getriebe abziehen.
- Schelle für Kabelbaum –Pfeil E– abschrauben.
- ATF-Leitungen von der Motor-/Getriebeeinheit abschrauben und mit Draht am Aufbau aufhängen.

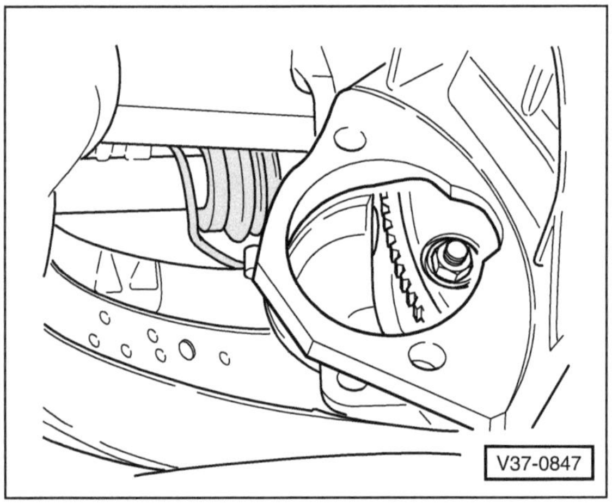

- Drehmomentwandler von der Mitnehmerscheibe mit 3 Muttern abschrauben. Motor mit Stecknuß an der Kurbelwellen-Riemenscheibe rechtsherum drehen, damit die Muttern in der Öffnung für den Anlasser liegen.

Hinweis: Der Drehmomentwandler sitzt zwischen Motor und Getriebe und dient als Flüssigkeitskupplung.

- Wählhebel in Stellung »P« stellen und Wählhebelseilzug von der Getriebeschaltwelle nach oben abziehen.

- Schraube am Widerlager des Wählhebelseilzugs ausschrauben und Wählhebelseilzug abnehmen.
- Getriebe vom Motor abdrücken, dabei Drehmomentwandler aus dem Mitnehmerblech drücken.
- Drehmomentwandler in Richtung Getriebe drücken, dabei Getriebe absenken.

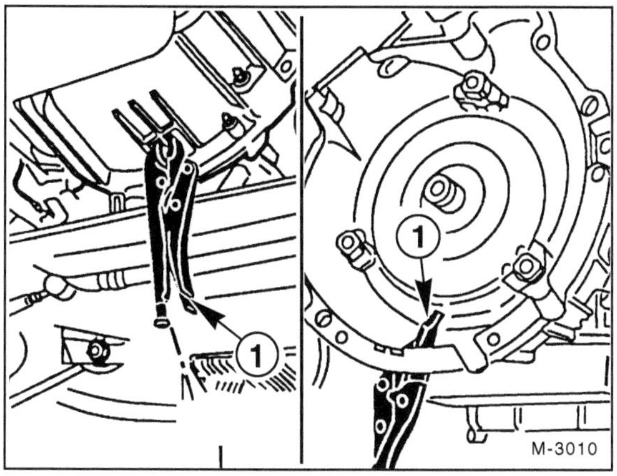

- Drehmomentwandler im Getriebe gegen herausfallen sichern, dazu eine Gripzange –1– am Getriebegehäuse ansetzen und festklemmen. Kann keine Gripzange angesetzt werden, beim Abziehen des Getriebes darauf achten, daß der Wandler nicht aus dem Getriebe herausrutscht. **Hinweis:** Die Abbildung zeigt nicht das PASSAT-Getriebe.

Einbau

- Gripzange entfernen.
- Drehmomentwandler an die Mitnehmerscheibe mit 3 Schrauben und 80 Nm anschrauben.

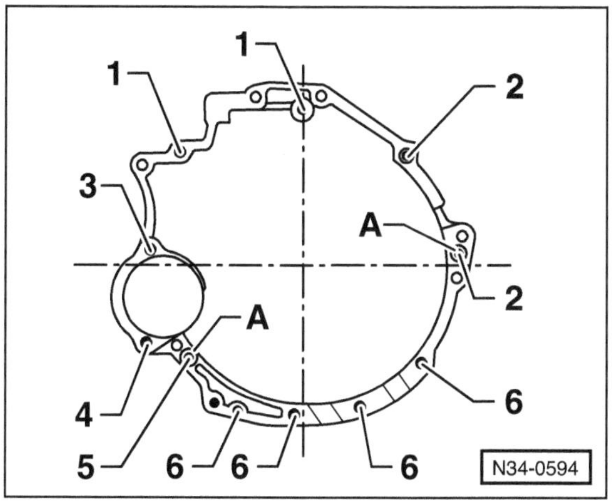

- Verbindungsschrauben Motor/Getriebe entsprechend der Abbildung einsetzen und mit folgendem Anzugsdrehmoment festziehen.

Pos.	Schraube	Anzugs-drehmoment
1	M12x75	65 Nm
2	M12x90	65 Nm
3	M12x67	65 Nm
4	M12x67	65 Nm
5	M12x90	65 Nm
6	M10x45	45 Nm

A – Paßhülsen.

- Wählhebelseilzug an der Getriebe-Schaltwelle aufdrücken, dabei steht der Wählhebel auf Stellung »P«.
- Schraube am Widerlager des Wählhebelseilzugs anschrauben und Wählhebelseilzug einstellen, siehe Seite 259.
- ATF-Leitungen mit neuen Rundschnurringen von Hand bis zum Anschlag in das Getriebe einstecken. Schraube erst bei vollständig eingesteckten ATF-Leitungen mit **20 Nm** festziehen, andernfalls können die Dichtringe beschädigt werden.
- Ölstand im Automatikgetriebe und Achsantrieb prüfen, gegebenenfalls korrigieren, siehe Seite 30/31.
- Nach einer Probefahrt Anschlüsse der ATF-Leitungen auf Dichtheit prüfen.

Schaltung

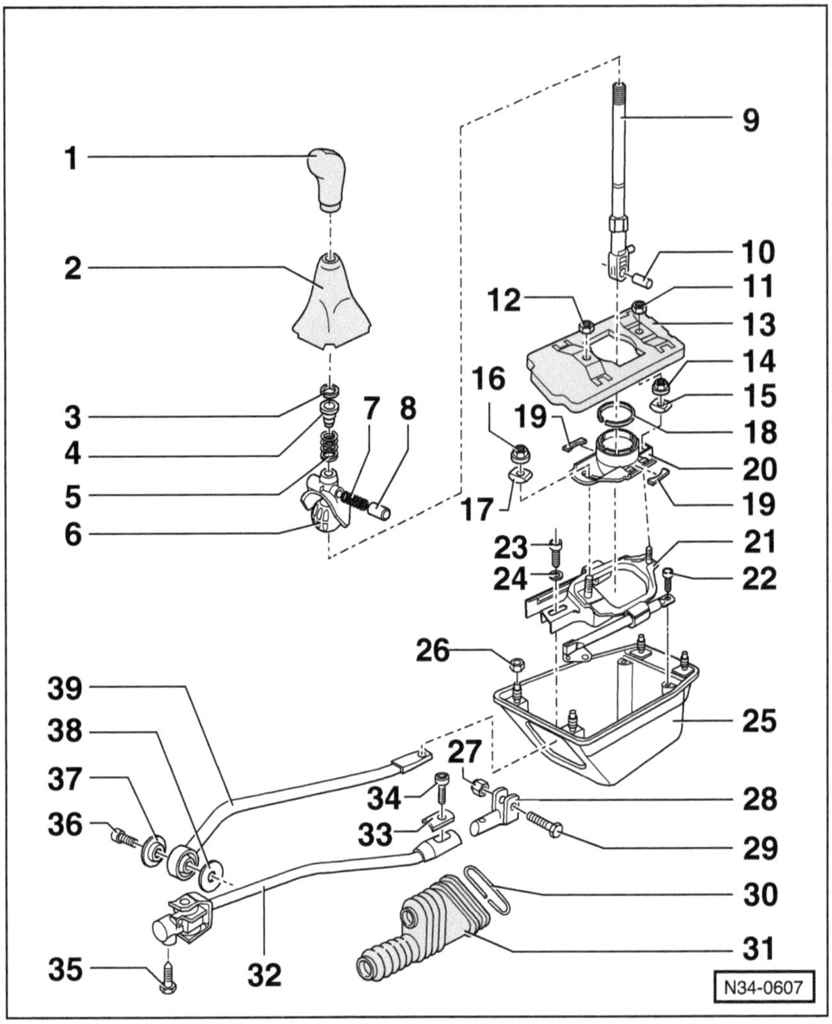

1 – **Schaltknopf**
Zusammen mit Faltenbalg vom Schalthebel abschrauben.

2 – **Faltenbalg**
Mit Schaltknopf verrastet.

3 – **Sicherungsring**

4 – **Distanzbuchse**

5 – **Druckfeder**

6 – **Kugelanschlag**
Druckfeder -7- und Buchse -8- in den Kugelanschlag setzen und so auf den Schalthebel montieren, daß Buchse und Feder in Fahrtrichtung rechts angeordnet sind.

7 – **Druckfeder**

8 – **Buchse**
Rundung zeigt zum Schalthebel.

9 – **Schalthebel**
Läßt sich nur in einer Stellung einsetzen.

10 – **Distanzrohr**

11 – **Mutter, 10 Nm**

12 – **Mutter, 10 Nm**

13 – **Abdeckung**

14 – **Mutter, 25 Nm**

15 – **Verbindungsstück**

16 – **Mutter, 25 Nm**

17 – **Verbindungsstück**

18 – **Sicherungsring**
Immer ersetzen. Abgerundete Seite zeigt zum Kugelgehäuse.

19 – **Puffer**

20 – **Kugelgehäuse**

21 – **Schubstange hinten**

22 – **Innensechskantschraube, 10 Nm**

23 – **Innensechskantschraube, 25 Nm**

24 – **Scheibe**

25 – **Gehäuse für Schaltbetätigung**

26 – **Mutter, 10 Nm**

27 – **Mutter, 10 Nm**
Selbstsichernd, immer erneuern.

28 – **Schaltgabel**

29 – **Schraube**

30 – **Spannring**

31 – **Faltenbalg**
Zum Aus- und Einbau Katalysator und Wärmeschutzblech ausbauen. Faltenbalg auf die Markierungen der Schaltstange und der Schubstange ausrichten.

32 – **Schaltstange**

33 – **Klemmstück**

34 – **Innensechskantschraube, 25 Nm**

35 – **Schraube, 20 Nm**
Selbstsichernd, immer erneuern.

36 – **Innensechskantschraube, 40 Nm**

37 – **Scheibe**
Die gewölbte Seite zeigt zur Schubstange.

38 – **Scheibe**

39 – **Schubstange vorn**

Hinweis: Zum Ausbau der kompletten Schaltung muß die Abgasanlage ausgebaut werden. Zum Zerlegen der Schaltung muß das Gehäuse für Schaltbetätigung abgeschraubt und abgesenkt werden.

Schaltbetätigung einstellen

Um die Schalteinstellung korrekt vornehmen zu können, müssen das Getriebe, die Kupplung und die Kupplungsbetätigung in Ordnung sein. Außerdem müssen die Betätigungs- und Übertragungselemente der Schaltbetätigung leichtgängig und in einem einwandfreien Zustand sein.

Einstellen

- Getriebe in Leerlaufstellung bringen, Handbremse anziehen.
- Faltenbalg für Schalthebel an der Mittelkonsole ausclipsen.
- Schaltknopf abschrauben und mit Faltenbalg abnehmen.

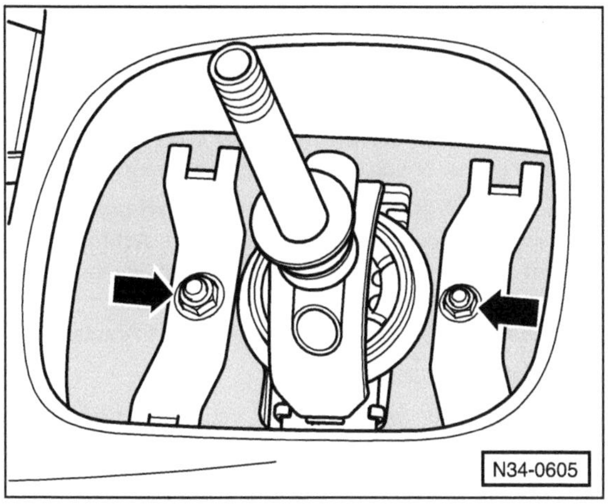

- Gummiabdeckung für Schaltgehäuse abschrauben.

Fahrzeuge bis 9/99

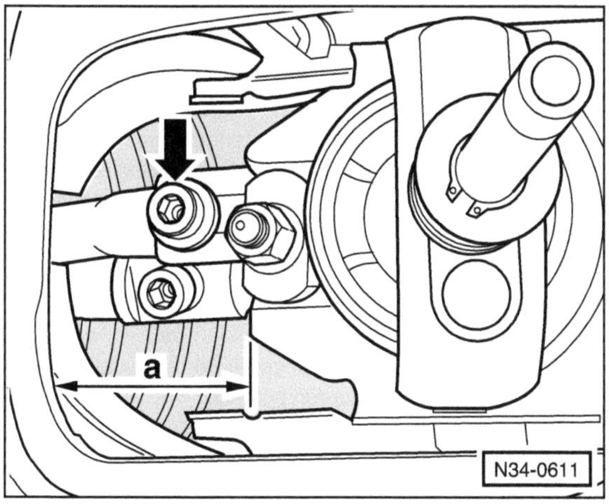

- Maß »a« zwischen Aufbau und Schaltbetätigung kontrollieren, es muß **37 mm** betragen. Andernfalls wie folgt einstellen:

  Schraube –Pfeil– für Schubstange lösen. Schubstange durch Verschieben auf Maß »a« = 37 mm einstellen. Anschließend Schraube mit **25 Nm** festziehen.

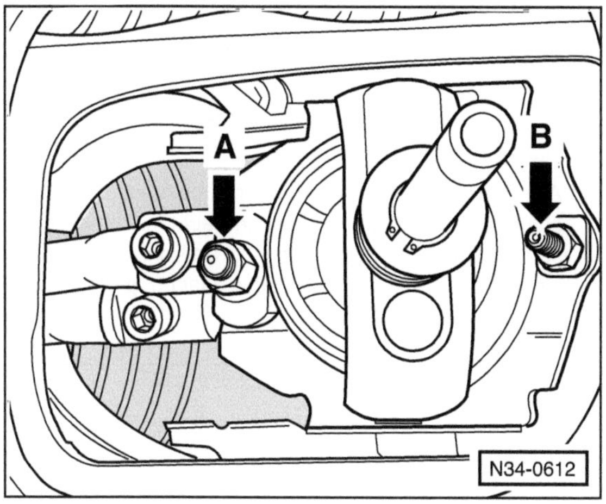

- Muttern –A– und –B– für Kugelgehäuse lösen.
- Kugelgehäuse in Fahrtrichtung waagerecht stellen.
- Muttern –A– und –B– mit **25 Nm** festziehen.

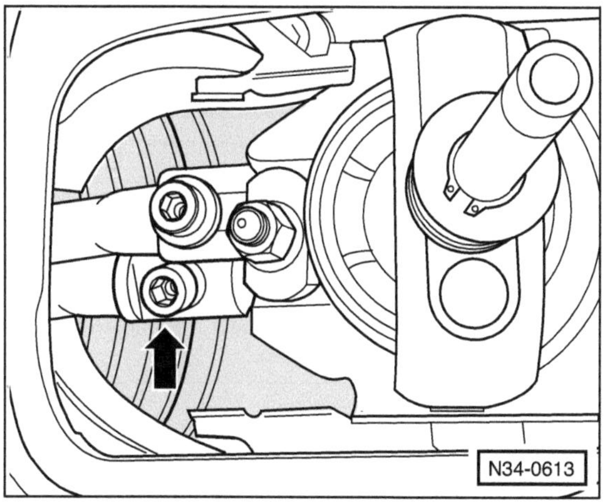

- Schraube –Pfeil– für Schaltstange lösen.
- Schalthebel etwas nach hinten geneigt stellen.

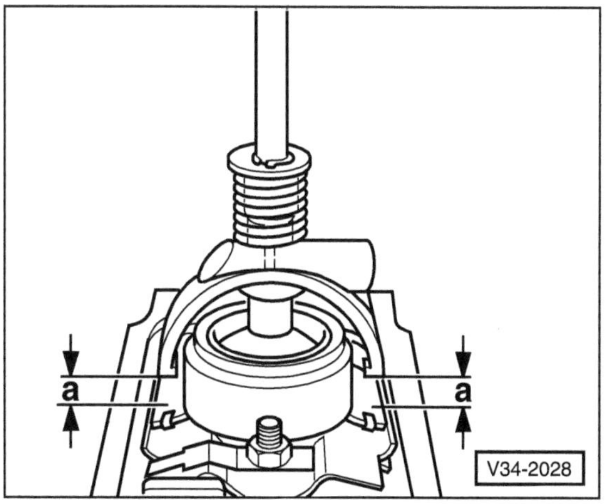

- Schalthebel so ausrichten, daß beide Nasen des Kugelanschlages den gleichen Abstand –a– zum Gehäuse haben.

- Schraube für Schaltstange mit **25 Nm** festziehen. **Achtung:** Dabei darf die Lage des Schalthebels nicht verändert werden.
- Funktion prüfen: Der Schalthebel muß im Leerlauf in der Gasse 3./4. Gang stehen.
- Alle Gänge durchschalten. Dabei besonders auf Wirksamkeit der Rückwärtsgangsperre achten. **Hinweis:** Lassen sich nur der Rückwärtsgang und der 5. Gang nicht einlegen, Sperreinheit für diese Gänge prüfen lassen, dazu Fachwerkstatt aufsuchen.

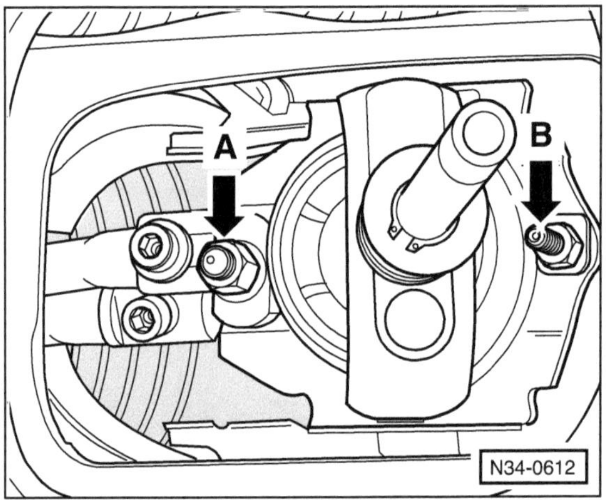

- Nachstellmöglichkeit bei Beanstandungen: Muttern –A– und –B– für Kugelgehäuse lösen. Schalthebel ganz nach rechts drücken. Dabei Kugelgehäuse nach links gegen den Schalthebel drücken. In dieser Stellung Muttern –A– und –B– mit **25 Nm** festziehen.

Fahrzeuge ab 10/99

Hinweis: Der Schalthebel kann zum Einlegen des Rückwärtsganges nicht heruntergedrückt werden.

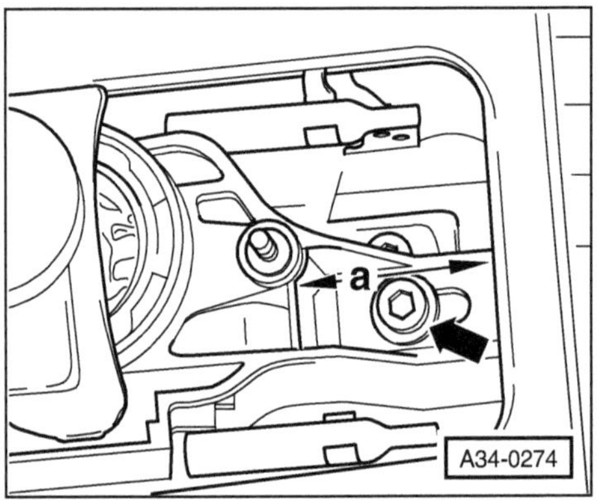

- Abstand zwischen Karosserie und Schubstange hinten in der Schaltbetätigung messen. Sollwert: a = 41 mm.
- Wird der Sollwert nicht erreicht, Abstand –a– folgendermaßen einstellen:
  - ◆ Schraube für Schubstange –Pfeil– so weit lösen, bis sich die Schubstange hinten in der Schaltbetätigung leicht auf dem Schiebestück vor- und zurückbewegen läßt.
  - ◆ Schubstange verschieben und so Maß –a– einstellen.
  - ◆ Schraube für Schubstange mit **25 Nm** anziehen.

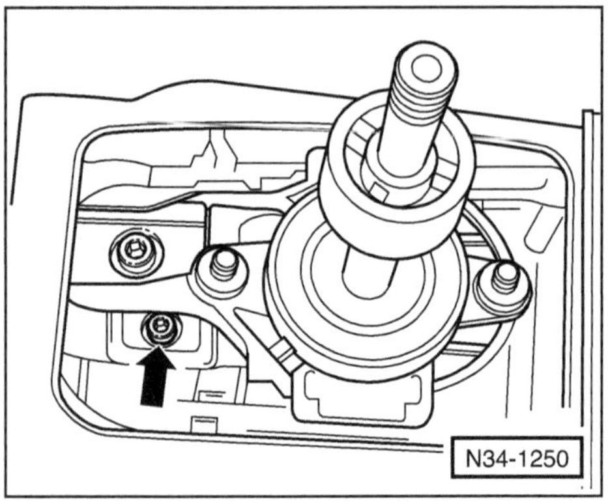

- Schraube für Schaltstange –Pfeil– lösen, bis die Verbindung Schaltstange/Schaltbetätigung leichtgängig ist.
- Schalthebel so ausrichten, daß er leicht nach hinten geneigt ist (ca. 5° von der Senkrechten abweichend).
- Schalthebel in dieser Stellung festhalten und Schraube für Schaltstange mit **25 Nm** festziehen. **Achtung:** Dabei darf sich die Lage des Schalthebels nicht verändern.

- Gummiabdeckung für Schaltgehäuse anschrauben.
- Schaltknopf aufschrauben.
- Faltenbalg für Schalthebel an der Mittelkonsole einclipsen.

Vollautomatik

Anstelle des Schaltgetriebes kann der VW PASSAT mit einer 4- oder 5-Gang-Getriebevollautomatik ausgestattet sein. Das Automatikgetriebe übernimmt beim Anfahren die Aufgaben der herkömmlichen Kupplung und während der Fahrt die Schaltarbeit.

Die wesentlichen Baugruppen eines Automatikgetriebes sind: Drehmomentwandler, Planetengetriebe und hydraulische beziehungsweise elektronische Getriebesteuerung. Zum Schalten der Übersetzungsstufen im Planetengetriebe werden hydraulisch betätigte Lamellen-Bremsen und Lamellen-Kupplungen verwendet.

Der Drehmomentwandler entspricht in seiner Funktion einer hydraulischen Kupplung. Er sorgt dafür, daß ohne mechanische Kupplungsbetätigung angefahren und die einzelnen Gangstufen geschaltet werden können.

Die Steuerung der Schaltdrücke übernimmt anstelle der in herkömmlichen Getrieben eingesetzten Hydraulik ein elektronisches Steuergerät. Damit stehen wesentlich umfassendere Informationen für eine noch bessere Getriebesteuerung zur Verfügung, um für jeden Betriebszustand des Fahrzeugs und für jeden Fahrerwunsch die sinnvollste Getriebeübersetzung auszuwählen und die Qualität der Gangschaltungen zu erhöhen.

Manuelle Fahrprogramme wie »Economy« oder »Sport« sind nicht vorhanden. Hingegen erkennt das Steuergerät an der

Geschwindigkeit, mit der das Gaspedal getreten wird, wie »sportlich« oder »verbrauchsorientiert« der Fahrer fahren möchte und regelt die Schaltpunkte entsprechend. In die Regelung der Schaltpunkte werden auch Fahrwiderstände wie Bergauf- und Bergabfahrten, Hängerbetrieb und Gegenwind miteinbezogen.

Bei Störungen der Eingangssignale oder der Magnetventile wird auf ein Notlaufprogramm umgeschaltet, gleichzeitig wird der im Fahrbetrieb aufgetretene Fehler im Fehlerspeicher abgespeichert. Er kann später mit einem Fehlerauslesegerät abgerufen werden.

Für die Beurteilung der Funktion der Getriebeautomatik und für die richtige Fehlersuche ist Erfahrung mit automatischen Getrieben und die Kenntnis der Arbeitsweise unerläßlich. Da diese Materie nur durch lange Berufserfahrung erworben werden kann, wird nur der Getriebeausbau und die Einstellung des Wählhebelseilzugs beschrieben. Die Prüfung des ATF-Ölstands und der Ölwechsel wird im Kapitel »Wartung« beschrieben. Beim 5-Gang-Automatikgetriebe muß das ATF nicht mehr gewechselt werden.

Hinweis: Fahrzeuge mit Automatikgetriebe dürfen abgeschleppt werden, und zwar bis zu einer Entfernung von 50 Kilometern bei einer Geschwindigkeit von maximal 50 km/h. Mit dem Abschleppwagen darf das Fahrzeug nur vorn angehoben werden, bei Allradantrieb darf nicht mit angehobener Vorder- oder Hinterachse abgeschleppt werden.

Wählhebelseilzug einstellen

Automatikgetriebe

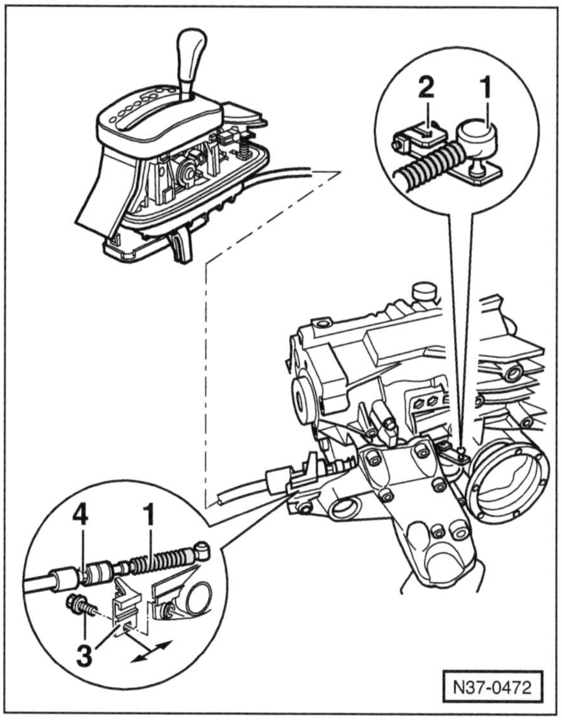

1 – Kugelpfanne
2 – Getriebe-Schaltwelle
3 – Schraube für Widerlager, **25 Nm**
4 – Mutter für Seilzug an Widerlager, 10 Nm

Einstellung prüfen

- Fahrzeug aufbocken oder über eine Grube fahren.
- Wählhebel in Stellung »P« schalten.
- Kugelpfanne –1– des Wählhebelseilzugs von Getriebe-Schaltwelle –2– nach oben abdrücken.
- Wählhebel von »P« nach »1« schalten. Dabei muß die Schaltbetätigung leichtgängig sein, sonst Seilzug erneuern.
- Wählhebel nach »P« schalten. Getriebe-Schaltwelle muß in hinterster Position sein, Parksperre ist eingerastet.
- In dieser Stellung muß sich der Wählhebelseilzug spannungsfrei auf den Hebel der Schaltwelle aufdrücken lassen, sonst Seilzug einstellen.

Einstellen

- Wählhebel nach »P« schalten.
- Schaltwelle am Getriebe in hinterste Position drücken, Parksperre muß einrasten.
- Schraube –3– für Widerlager am Getriebe etwas lösen. Widerlager verschieben, bis sich der Wählhebelseilzug spannungsfrei auf den Hebel der Schaltwelle aufdrücken läßt. In dieser Stellung Schraube –3– mit **25 Nm** anziehen.
- Probefahrt durchführen und Wählhebelfunktion prüfen. Der Motor darf sich nur in den Wählhebelstellungen »P« und »N« starten lassen.
- Zündung einschalten. Bei stehendem Fahrzeug darf der Wählhebel erst aus der Stellung »P« oder »N« herausgeführt werden können, wenn gleichzeitig das Bremspedal betätigt wird.

Allradantrieb

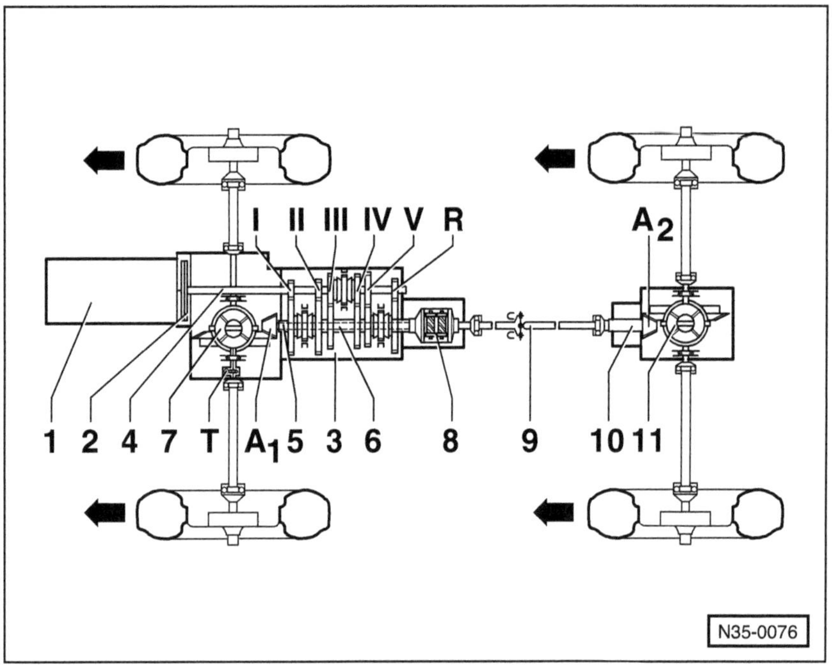

1 – **Motor**
2 – **Kupplung**
3 – **Schaltgetriebe**
4 – **Antriebswelle**
5 – **Triebling (Abtriebswelle)**
6 – **Hohlwelle**
7 – **Ausgleichgetriebe vorn**
8 – **Torsen-Differential**
9 – **Kardanwelle**
10 – **Triebling hinten**
11 – **Ausgleichgetriebe hinten**

I – **1. Gang**
II – **2. Gang**
III – **3. Gang**
IV – **4. Gang**
V – **5. Gang**
R – **Rückwärtsgang**
A_1 – **Achsantrieb vorn**
A_2 – **Achsantrieb hinten**
T – **Tachoantrieb**

Hinweis: Pfeile zeigen in Fahrtrichtung.

Den VW PASSAT gibt es unter der Zusatzbezeichnung »syncro« beziehungsweise »4motion« auch mit Allradantrieb. Um auch die Hinterräder antreiben zu können, sind zusätzlich folgende Bauteile erforderlich: Für die Hinterachse ein Ausgleichgetriebe sowie 2 Antriebswellen. Außerdem muß die Verbundlenker-Hinterachse einer Doppelquerlenker-Hinterachse weichen. Die Verbindung zwischen dem Vorder- und Hinterradantrieb erfolgt über eine Kardanwelle.

Um die unterschiedlichen Raddrehzahlen der Vorder- und Hinterachse auszugleichen, ist bei einem permanenten Allradantrieb, wie er den syncro/4motion-Modellen eigen ist, ein zusätzliches Ausgleichgetriebe zwischen Vorder- und Hinterachsantrieb notwendig.

Beim PASSAT syncro/4motion handelt es sich dabei um ein sogenanntes Torsen-Zwischendifferential (Torsen = torque-sensing = drehmomentfühlend). Dieses Differential sorgt dafür, daß die unterschiedlichen Drehzahlen von Vorder- und Hinterachse ausgeglichen werden. Zusätzlich verteilt das Differential je nach Bedarf auch noch die Antriebsmomente. Tendiert nämlich eine Antriebsachse zum Durchdrehen, wird automatisch mehr Antriebsmoment der anderen Achse zugeteilt. Dadurch packen immer die Räder mit der besseren Bodenhaftung kräftiger zu. An der Achse mit der geringeren Bodenhaftung wird die Antriebskraft reduziert, so daß sich die Sicherheit gegen seitliches Ausbrechen erhöht. Unabhängig von der Antriebsmoment-Aufteilung erlaubt das Torsen-Differential Drehzahlunterschiede an seinen beiden Ausgängen, so daß dieser Allradantrieb voll ABS-tauglich ist. Die Aufteilung der Antriebsmomente erfolgt im Torsen-Differential über Zahnräder und Schneckenradgetriebe.

Das Torsen-Differential arbeitet vollautomatisch und rein mechanisch ohne hydraulische oder elektronische Steuerelemente. Seine Regelungscharakteristik wird durch die Auslegung der Schneckenradgetriebe festgelegt. Man nutzt dabei den Effekt aus, daß Schneckenradgetriebe von einer Seite aus leicht und von der anderen Seite her schwer, beziehungsweise überhaupt nicht mehr durchgedreht werden können. Die innere Regelung funktioniert so schnell, daß der Regelvorgang nicht spürbar ist und keinerlei Beeinträchtigungen des Fahrverhaltens eintreten.

Das Torsen-Differential ist direkt am vorderen Getriebe angeflanscht, so daß es mit dem gleichen Öl befüllt ist. Ein Ölwechsel ist nicht erforderlich. Die Ölkontrolle erfolgt seitlich an der Ölkontrollbohrung für Getriebeöl.

Das Hinterachs-Differential ist mit 1,5 l Getriebeöl der **Spezifikation GL5 SAE 90** befüllt. Ein Ölwechsel ist nicht erforderlich. Die Ölkontrolle erfolgt seitlich an der Ölkontrollbohrung entsprechend der Prüfung des Getriebeölstandes.

Reparaturarbeiten am Torsen-Differential wie auch am Hinterachs-Differential sollten von einer Fachwerkstatt ausgeführt werden.

Innenausstattung

Aus dem Inhalt:

- Konsolen demontieren
- Türverkleidung erneuern
- Innenspiegel ersetzen
- Innenverkleidungen
- Ablagefächer ausbauen
- Sitze ausbauen

Innenspiegel aus- und einbauen

Ausbau

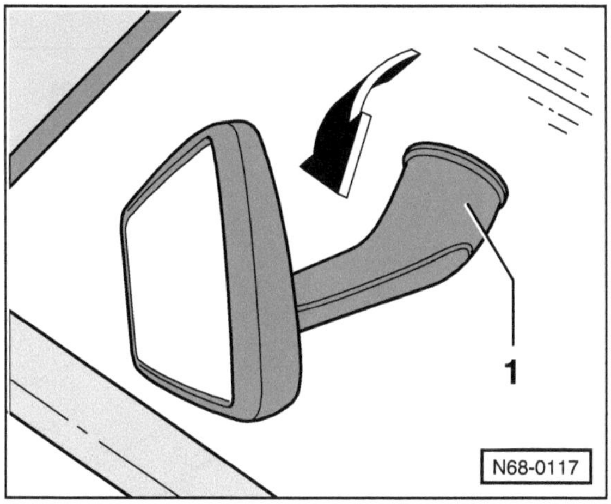

- Innenspiegel –1– schräg nach unten –Pfeil– von der Halteplatte abdrücken und dadurch mit den Klemmfedern im Spiegelfuß ausrasten.

Einbau

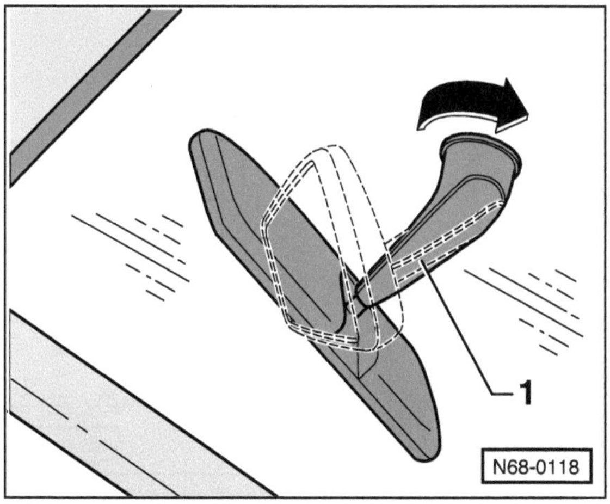

- Spiegel –1– um 60° bis 90° verdreht zur Anbaulage ansetzen und drehen –Pfeil– bis die Arretierfeder einrastet.

Achtung: Je nach Ausführung kann es erforderlich sein, das Spiegelglas vom Kugelkopf des Spiegelfußes abzudrücken. Zum Aufdrücken ist relativ großer Kraftaufwand erforderlich, um die Klemmfeder in den Kugelkopf einrasten zu lassen.

Mittelkonsole aus- und einbauen

Bis 9/00

Hinweise für Fahrzeuge ab 10/00 stehen am Ende des Kapitels.

Ausbau

- Batterie-Massekabel (–) bei ausgeschalteter Zündung abklemmen. **Achtung:** Dadurch werden elektronische Speicher gelöscht, wie zum Beispiel der Radiocode. Ohne Code kann das Radio nur vom Hersteller freigeschaltet werden. Deshalb Hinweise im Kapitel »Batterie aus- und einbauen« durchlesen.

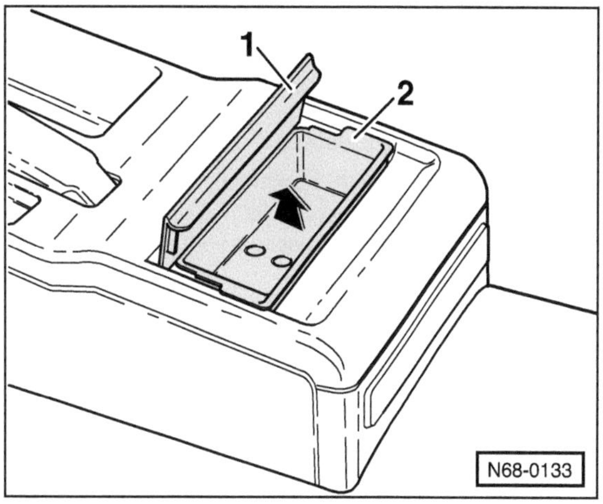

- Deckel für Aschenbecher –1– öffnen und Einsatz –2– herausziehen.

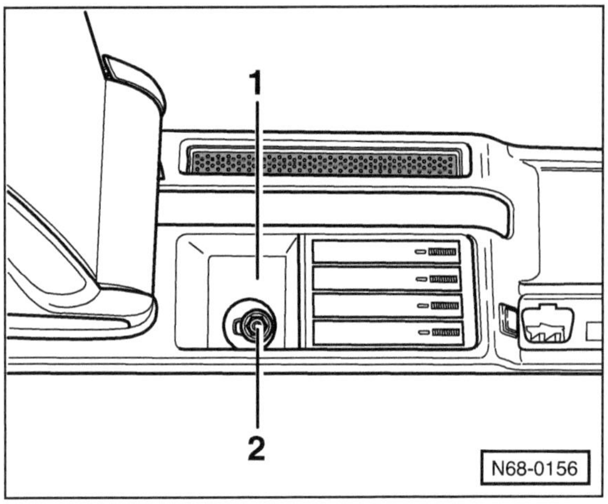

- Mittelarmlehne hochklappen.
- Gummiunterlage aus dem Ablagefach –1– herausnehmen.
- Sicherungsmutter –2– abschrauben.

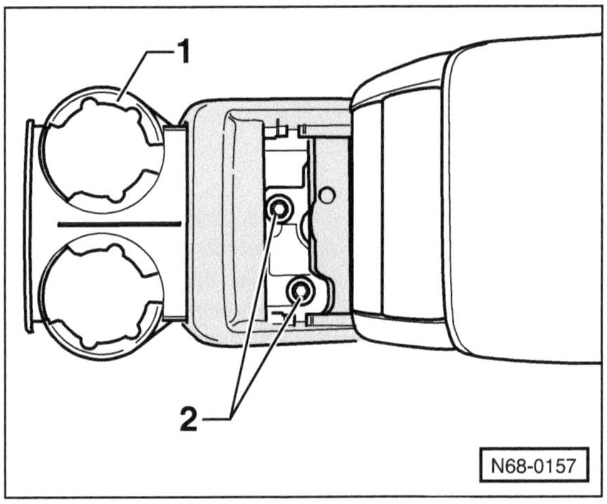

- Dosenhalter –1– ausklappen.
- Sicherungsmuttern –2– abschrauben. Hinweis: Bei Fahrzeugen ohne Mittelarmlehne ist nur eine Sicherungsmutter unterhalb des Aschenbechers vorhanden.

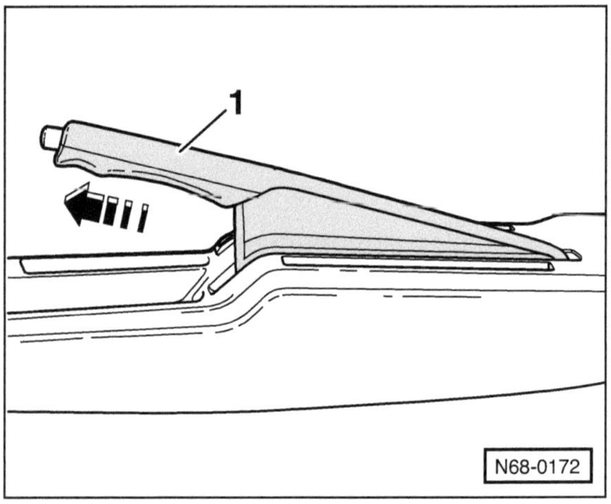

- Handbremshebel hochziehen.
- Verkleidung –1– vom Handbremshebel nach vorn –Pfeil– abziehen.

- Abdeckkappen –1– heraushebeln.
- Schrauben –2– herausdrehen.

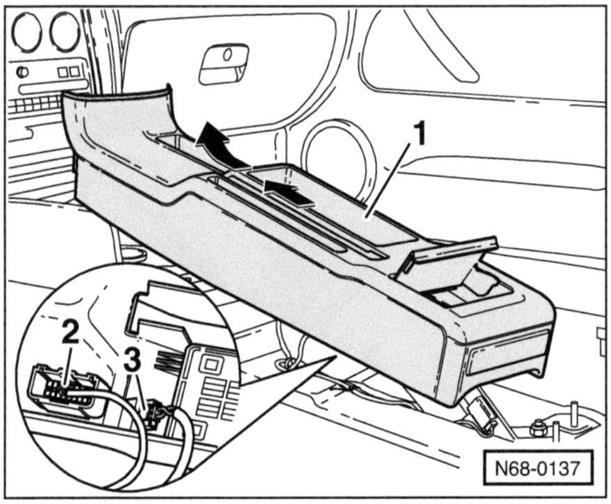

- Verlängerung für Mittelkonsole –1– vom Handbremshebel abnehmen.

- Diagnosestecker –2– ausclipsen.
- Steckverbindung –3– vom Schalter für Fernentriegelung der Tankklappe abziehen.

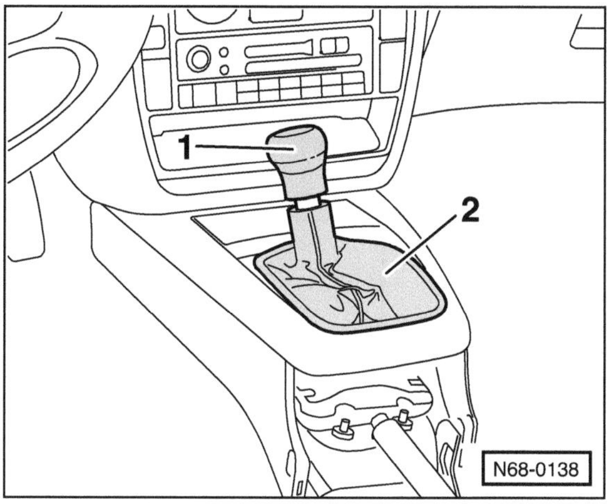

- Schaltgetriebe: Abdeckung –2– ausclipsen und Schalthebelgriff –1– zusammen mit der Abdeckung nach oben abnehmen.

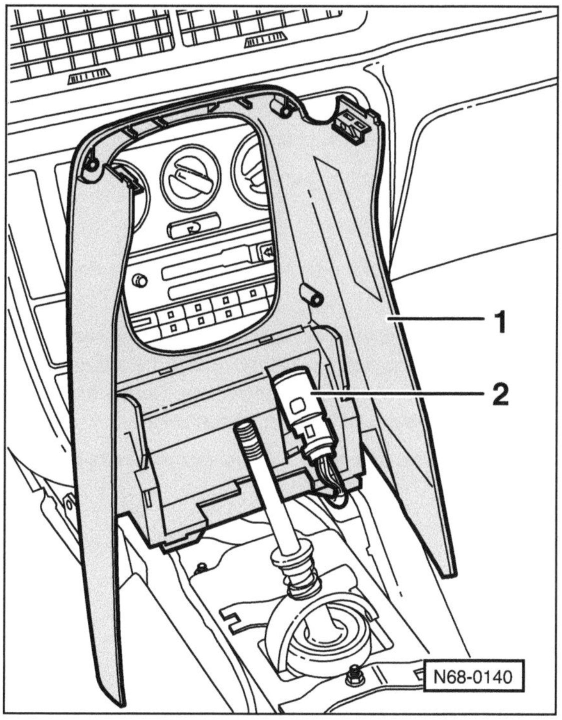

- Mittelkonsole –1– vom Armaturenbrett abziehen und nach oben vom Schalthebel abnehmen.
- Steckverbindung vom Zigarrenanzünder –2– abziehen.

Einbau

- Der Einbau erfolgt grundsätzlich in umgekehrter Ausbaureihenfolge.
- Batterie-Massekabel (–) anklemmen. **Achtung:** Elektronische Speicher sowie Zeituhr aktualisieren, siehe Kapitel »Batterie aus- und einbauen« .

Speziell Fahrzeuge ab 10/00

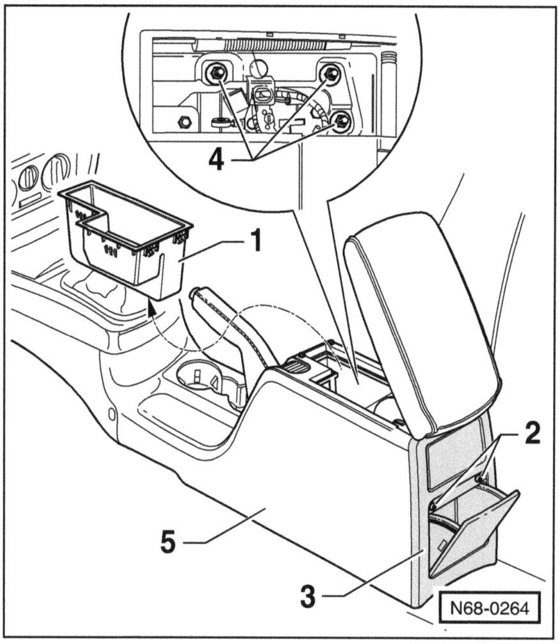

- Armlehne anheben und Ablage –1– herausnehmen.
- Aschenbecher öffnen und die zwei Schrauben –2– herausdrehen.
- Blende –3– lösen, Steckverbindung trennen und Blende abnehmen.
- Drei Muttern –4– abschrauben.
- Hinteren Teil der Mittelkonsole –5– abnehmen.

Vorderen Aschenbecher aus- und einbauen

Ausbau

- Mittelkonsole ausbauen, siehe entsprechendes Kapitel.

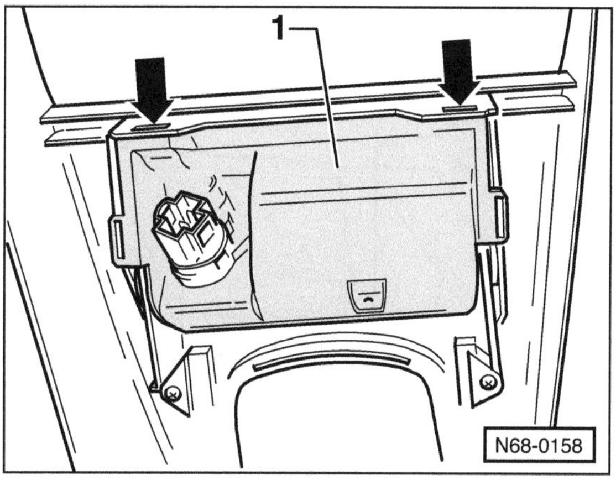

- Rastnasen –Pfeile– mit einem kleinen Schraubendreher aushaken und Aschenbecher –1– aus der Mittelkonsole herausschwenken.

Einbau

- Aschenbecher in Mittelkonsole einsetzen und einrasten.
- Mittelkonsole einbauen, siehe entsprechendes Kapitel.

Hinteren Aschenbecher aus- und einbauen

Ausbau

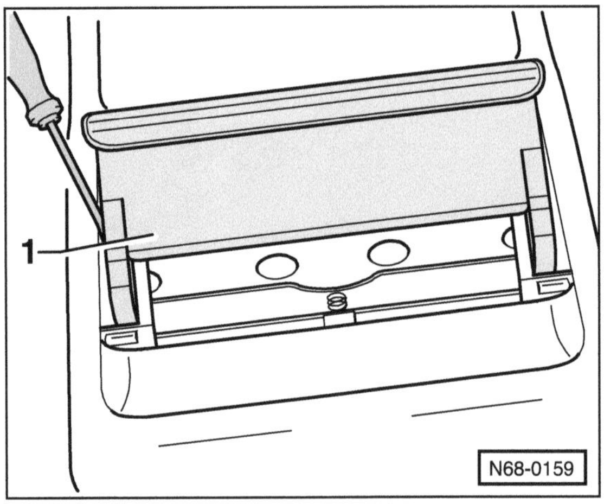

- Deckel für Aschenbecher –1– aus den seitlichen Bohrungen aushaken und abnehmen.

Einbau

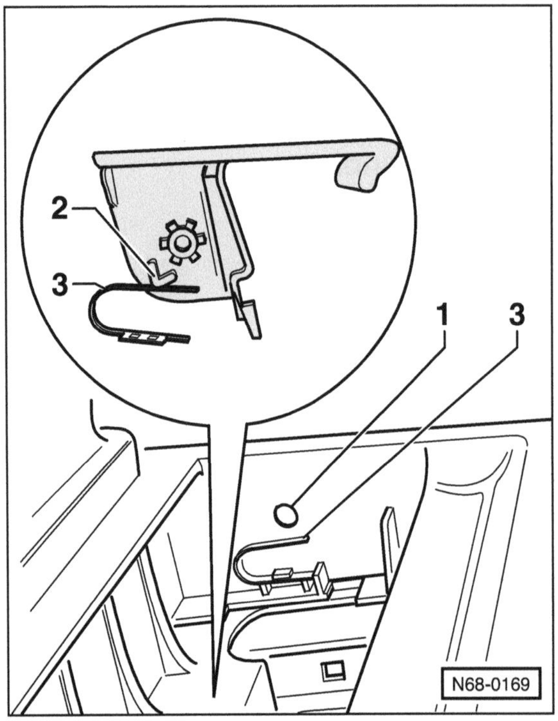

- Deckel in die seitlichen Bohrungen –1– einrasten. Darauf achten, daß der Rastzapfen –2– auf der Feder –3– aufliegt. Im Bildausschnitt ist das linke Deckelscharnier dargestellt.

Abdeckung für Wählhebel aus- und einbauen

Fahrzeuge mit Automatikgetriebe

Ausbau

- Mittelkonsole ausbauen, siehe entsprechendes Kapitel.
- Griff für Wählhebel ausbauen. Dazu die Hülse unter dem Griff nach unten drücken, Knopf bis zum Anschlag herausziehen und Griff nach oben wegziehen.

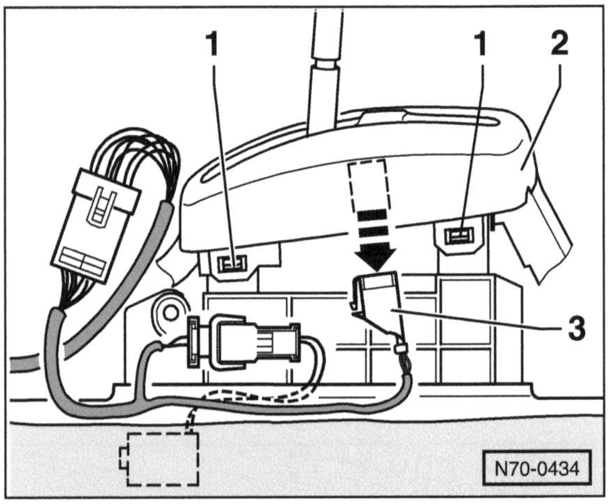

- 2 Clips –1– auf jeder Seite aushaken.
- Abdeckung –2– nach oben abnehmen.
- Steckverbindung –3– trennen –Pfeil–.

Einbau

- Der Einbau erfolgt grundsätzlich in umgekehrter Ausbaureihenfolge.
- Griff für Wählhebel einbauen. Dazu Wählhebel in Stellung »2« schalten, seitlichen Knopf herausziehen und Griff auf den Wählhebel aufdrücken. Darauf achten, daß die Schräge der Hülse nach hinten zeigt.
- Mittelkonsole einbauen, siehe entsprechendes Kapitel.

Blenden für Dosenhalter vorn aus- und einbauen

Ausbau

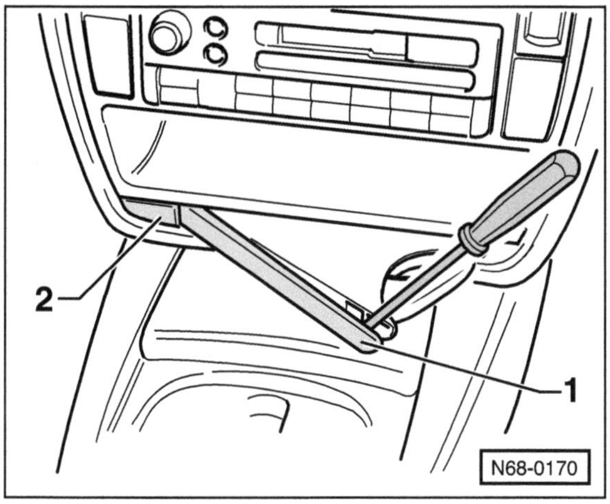

- Blende rechts –1– mit Schraubendreher vom Dosenhalter abhebeln.
- Blende links –2– abhebeln.

Einbau

- Blenden aufdrücken und einrasten.

Ablage Fahrerseite aus- und einbauen

Ausbau

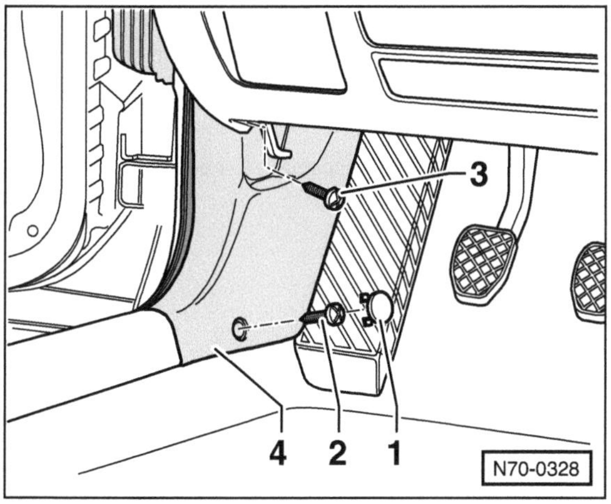

- Abdeckkappe –1– heraushebeln.
- Schrauben –2– und –3– herausschrauben.
- Untere Verkleidung für A-Säule –4– aus der Einstiegsleiste ausclipsen und herausnehmen.

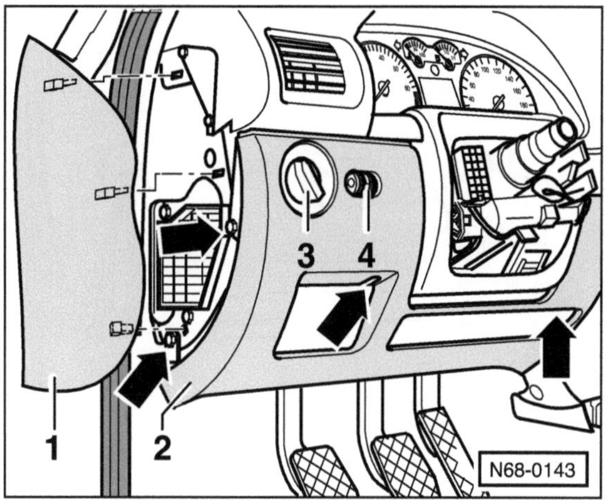

- Abdeckung –1– ausclipsen.
- Schrauben –Pfeile– herausdrehen.
- Ablage Fahrerseite –2– abnehmen.
- Stecker vom Lichtschalter –3– und vom Schalter für Leuchtweitenregulierung –4– abziehen.

Einbau

- Der Einbau erfolgt in umgekehrter Ausbaureihenfolge.

Handschuhfach aus- und einbauen

Ausbau

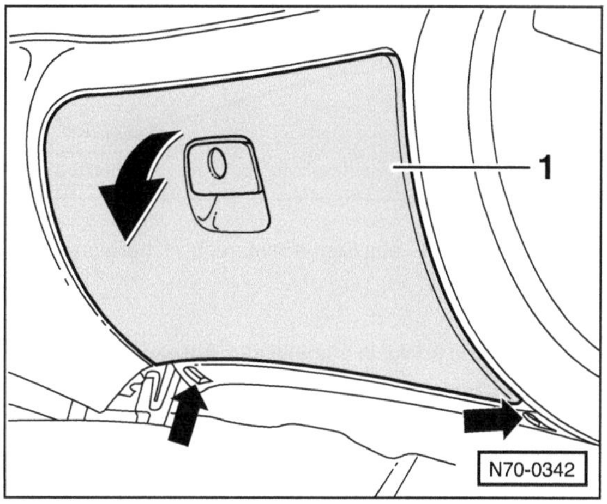

- Schrauben –Pfeile– herausdrehen.
- Ablagefach Beifahrerseite –1– öffnen.

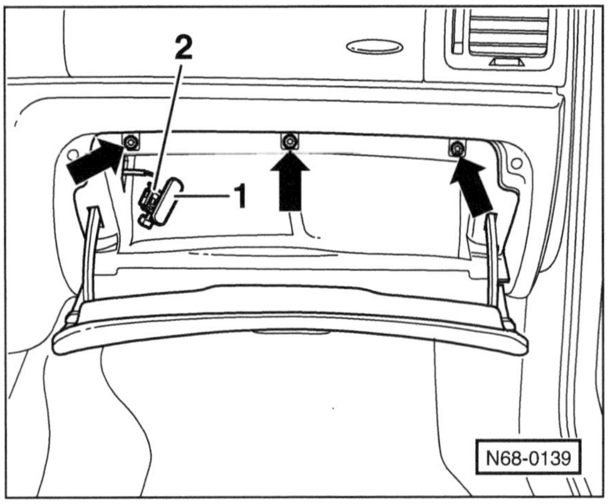

- Schrauben –Pfeile– herausdrehen.
- Leuchte –1– mit einem Schraubendreher vorsichtig, von oben beginnend, heraushebeln.
- Steckverbindung –2– für Lampe trennen.

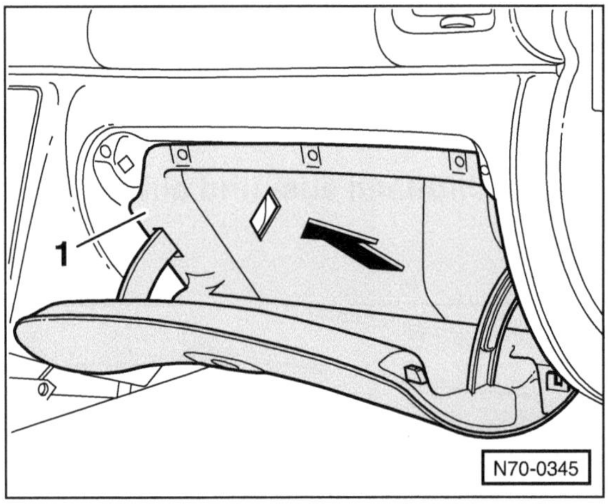

- Ablagefach –1– aus dem Armaturenbrett herausziehen.

Einbau

- Der Einbau erfolgt in umgekehrter Ausbaureihenfolge.

Innere Blende für Außenspiegel aus- und einbauen

Ausbau

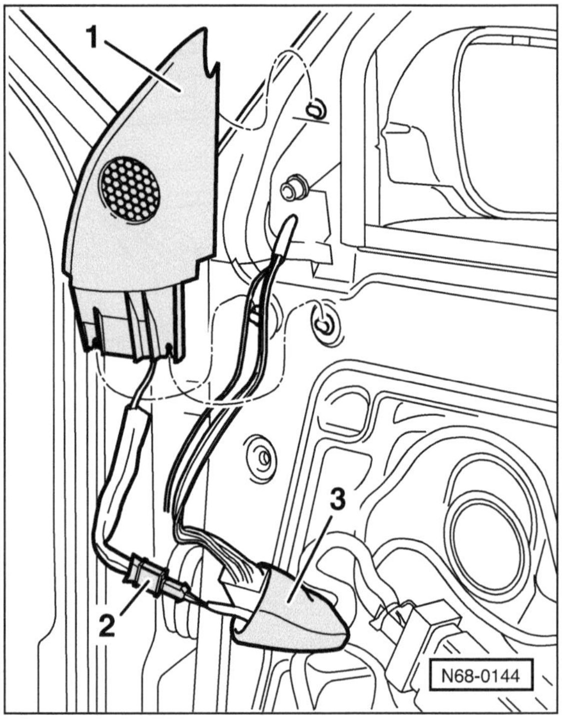

- Abdeckung für Außenspiegel –1– nach oben abziehen.

Befindet sich in der Abdeckung ein Lautsprecher (Hochtöner), dann ist folgendermaßen vorzugehen:

- Türinnenverkleidung ausbauen, siehe entsprechendes Kapitel.
- Schaumstoffhülle –3– von den Steckverbindungen abziehen.
- Steckverbindung für Hochtöner –2– trennen.
- Abdeckung für Außenspiegel –1– nach oben abziehen.

Haltegriff am Dach aus- und einbauen

Ausbau

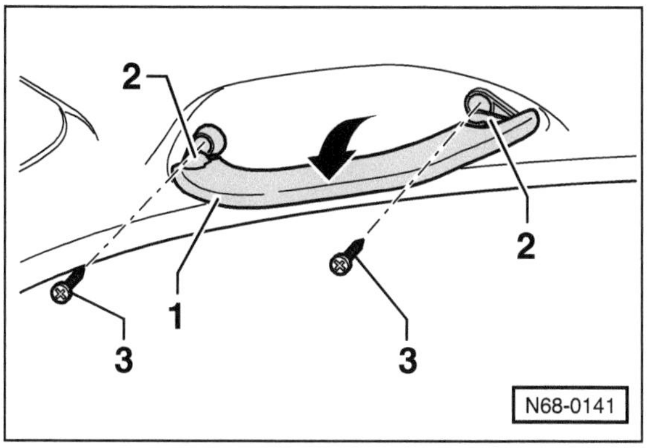

- Haltegriff -1- nach unten klappen.
- Abdeckungen -2- mit Schraubendreher aufhebeln.
- Kreuzschlitzschrauben -3- herausdrehen und Haltegriff -1- abnehmen.

Einbau

- Der Einbau erfolgt in umgekehrter Ausbaureihenfolge.

Sonnenblende aus- und einbauen

Ausbau

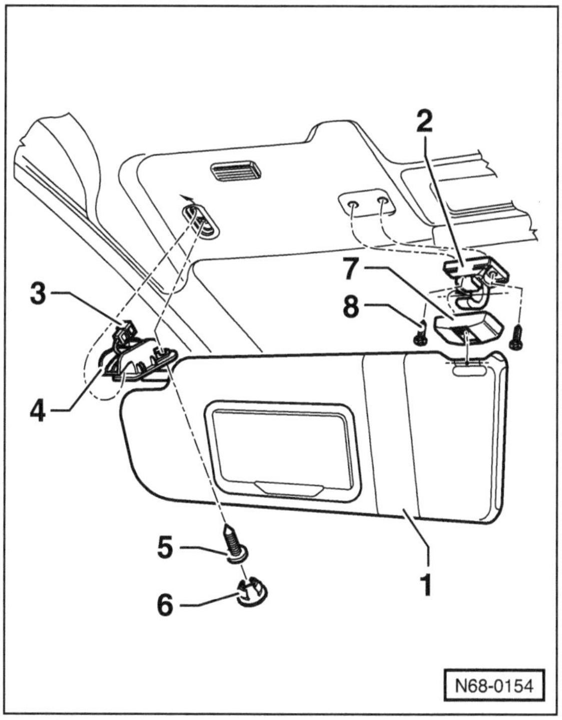

- Sonnenblende -1- aus dem Aufnahmelager -2- aushaken.
- Abdeckkappe -6- heraushebeln.
- Schraube -5- herausdrehen.
- Sonnenblendenlager -4- aus der Aufnahme aushaken.
- Steckverbindung -3- trennen.
- Abdeckkappe -7- abhebeln.
- Schrauben -8- herausdrehen und Aufnahmelager -2- abnehmen.

Einbau

- Der Einbau erfolgt in umgekehrter Ausbaureihenfolge.

Einstiegsleiste aus- und einbauen

Beschrieben wird der Ausbau der rechten Einstiegsleiste (Beifahrerseite). Beim Ausbau der linken Leiste (Fahrerseite) ist spiegelbildlich vorzugehen.

Ausbau

- Lehne für Rücksitzbank entriegeln und vorklappen.

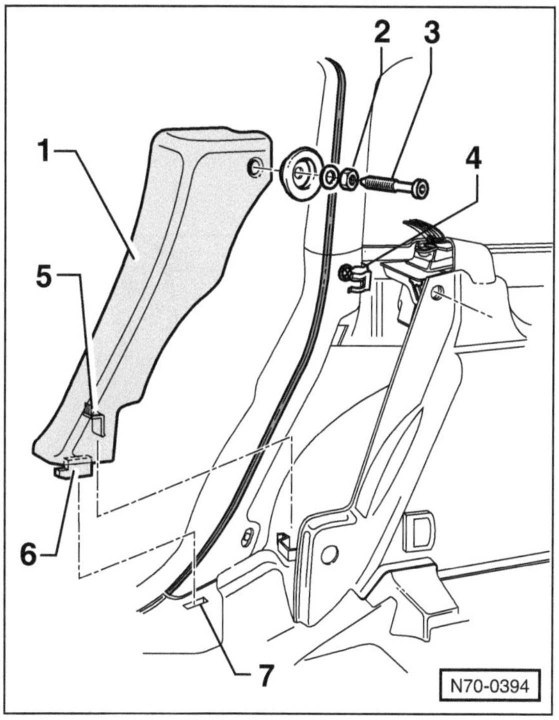

- Mutter -2- lösen und Schließbolzen -3- herausschrauben.
- Polster -1- im oberen Bereich aus der Klammer -4- ziehen, unten die Rastnase -6- nach hinten aus der Einstiegleiste -7- drücken und mit der Rastnase -5- nach oben herausziehen.

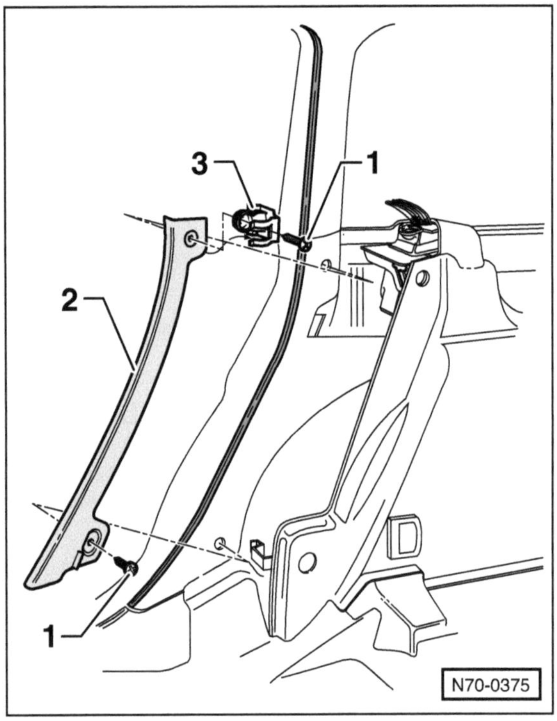

- Schrauben –1– herausdrehen.
- Verkleidung –2– aus der Klammer –3– und von der C-Säule abnehmen. C-Säule ist die Karosseriesäule vor dem hinteren Radhaus.

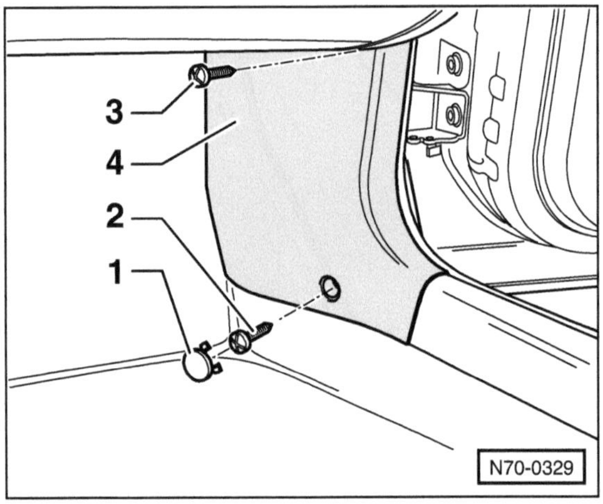

- Abdeckkappe –1– heraushebeln.
- Schrauben –2– und –3– herausschrauben.
- Untere Verkleidung der A-Säule Beifahrerseite –4– aus der Einstiegsleiste ausclipsen und herausnehmen. A-Säule ist die vordere Karosseriesäule, an der die Fahrer- beziehungsweise Beifahrertür angeschlagen ist.

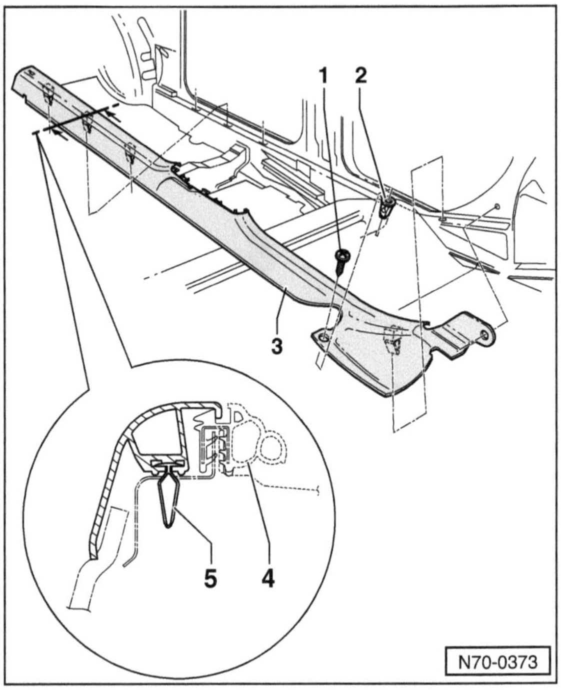

- Schraube –1– herausdrehen.
- Einstiegleiste –3– ausclipsen.

Einbau

Vor dem Einbau der Einstiegsleiste Spreizmutter –2– und Clips –5– sichtprüfen, bei Beschädigung ersetzen.

- Der Einbau erfolgt in umgekehrter Ausbaureihenfolge.

Nach dem Einbau der Einstiegsleiste richtigen Sitz der Dichtung –4– prüfen, siehe Abbildung N70-0373.

Türverkleidung aus- und einbauen

Ausbau

Die Beschreibung gilt für die Fahrertür, spezielle Hinweise für die Beifahrertür stehen am Ende des Kapitels. Die Türverkleidung für die Hintertür wird prinzipiell auf die gleiche Weise ausgebaut.

- Batterie-Massekabel (–) bei ausgeschalteter Zündung abklemmen. **Achtung:** Dadurch werden elektronische Speicher gelöscht, wie zum Beispiel der Radiocode. Ohne Code kann das Radio nur vom Hersteller freigeschaltet werden. Deshalb Hinweise im Kapitel »Batterie aus- und einbauen« durchlesen.

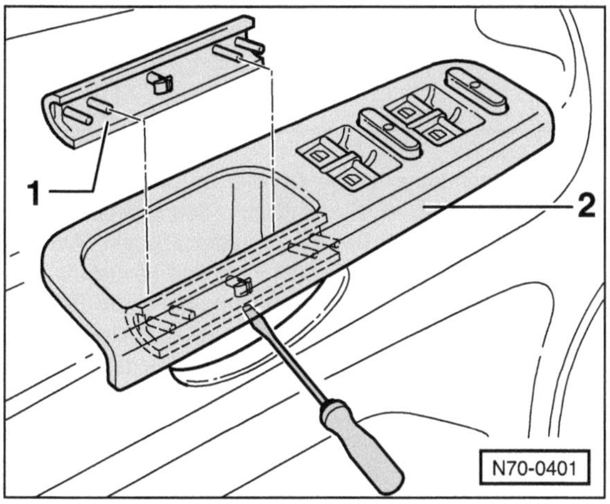

- Kleinen Schraubendreher in die untere Trennfuge zwischen Blende –1– und Griffschale –2– stecken und Blende vorsichtig in Richtung Türverkleidung abdrücken. **Achtung:** Da die Trennfuge sehr eng ist, besonders spitzen Schraubendreher verwenden, damit Blende und Griffschale nicht beschädigt werden.
- Griffschale –2– nach oben aus der Türverkleidung ausclipsen. **Achtung:** Beim Abziehen der Griffschale nicht in die Griffmulde fassen, da sich darunter eine an der Türverkleidung befestigte Strebe befindet.

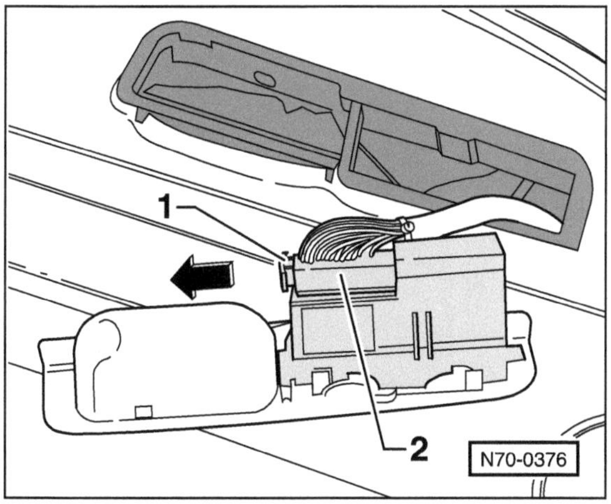

- Verriegelung –1– in Pfeilrichtung ziehen und Steckverbindung –2– abziehen.

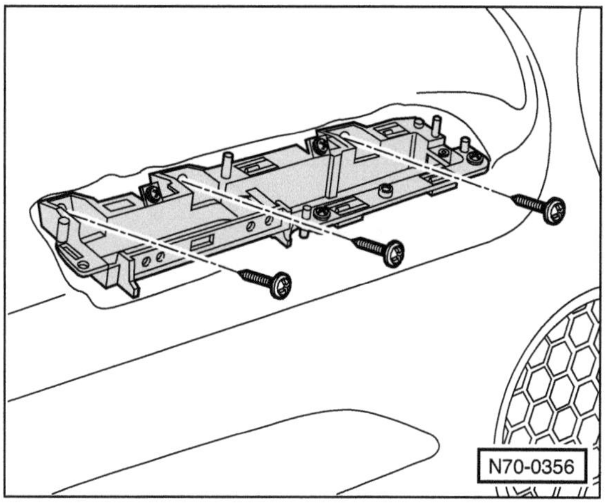

- 3 Kreuzschlitzschrauben herausdrehen.

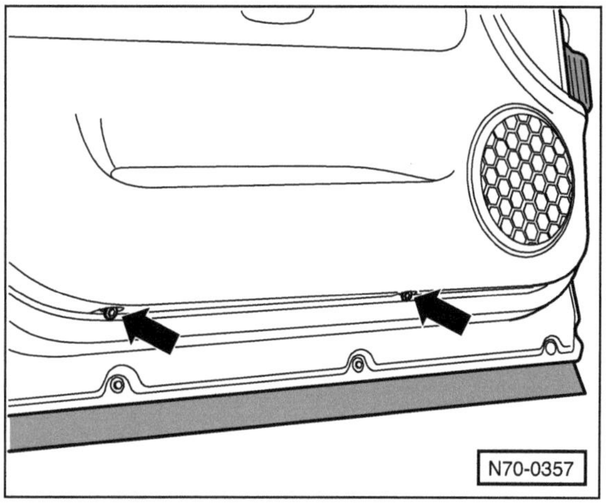

- Untere Schrauben –Pfeile– herausdrehen.

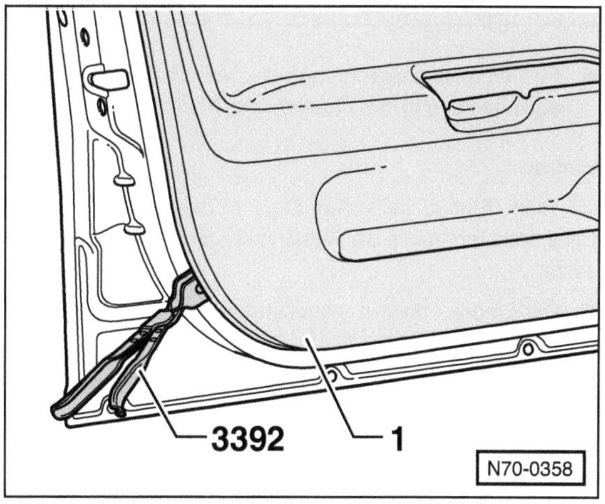

- Türverkleidung –1– mit den Fingern oder mit Hilfe einer Spezialzange, zum Beispiel VW-3392 oder HAZET-799/4, abziehen.
- Verkleidung nach oben aus dem Fensterschacht heben.

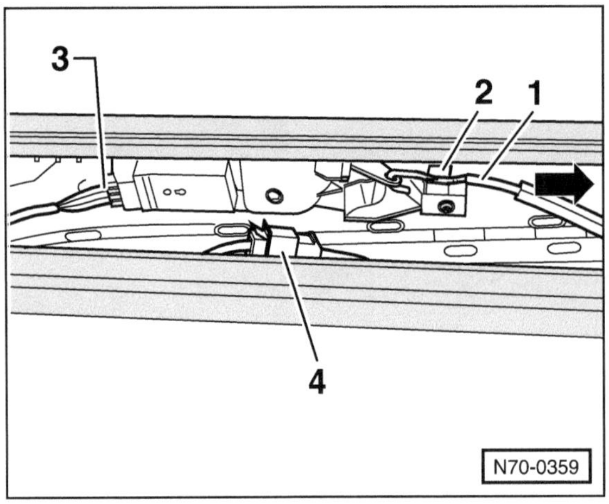

- Seilzug –1– in Pfeilrichtung aus der Führung –2– herausziehen und aushängen.
- Steckverbindungen –3– und –4– trennen.
- Türverkleidung abnehmen.

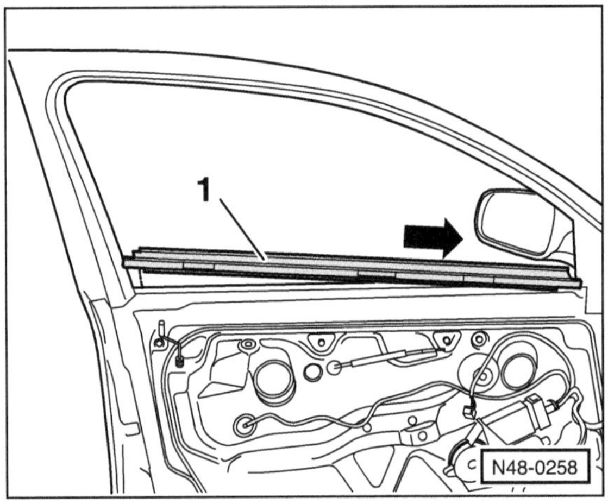

- Fensterschachtabdichtung –1– von der Türverkleidung abziehen und in den Fensterschacht einsetzen.

Einbau

Vor dem Einbau sämtliche Clips sichtprüfen. Beschädigte Clips ersetzen und in die Aufnahmen der Türverkleidung einsetzen.

- Der Einbau erfolgt in umgekehrter Ausbaureihenfolge.
- Batterie-Massekabel (–) anklemmen. **Achtung:** Elektronische Speicher sowie Zeituhr aktualisieren, siehe Kapitel »Batterie aus- und einbauen« .

Speziell Beifahrertür

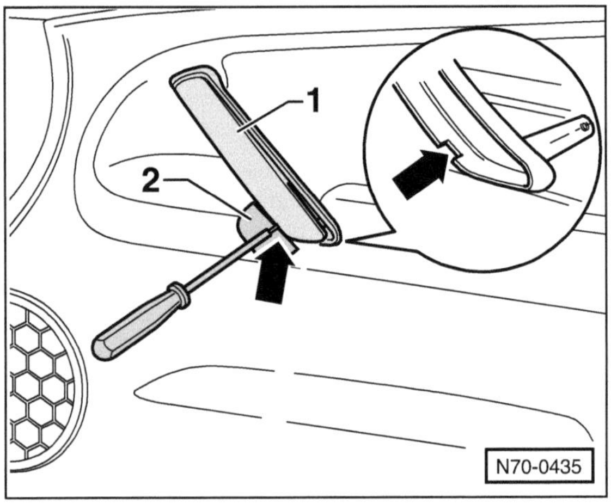

- Schraubendreher in die Öffnung an der Unterseite des Türinnengriffes –Pfeil– einführen. Schraubendreher drehen und dadurch Blende –1– heraushebeln. **Achtung:** Die Klinge des Schraubendrehers darf höchstens 5 mm breit sein, damit sie in die Öffnung paßt. Um Beschädigungen an der Türverkleidung zu vermeiden, Kunststoffspachtel –2– oder vergleichbare Unterlage zwischen Schraubendreher und Türverkleidung legen.

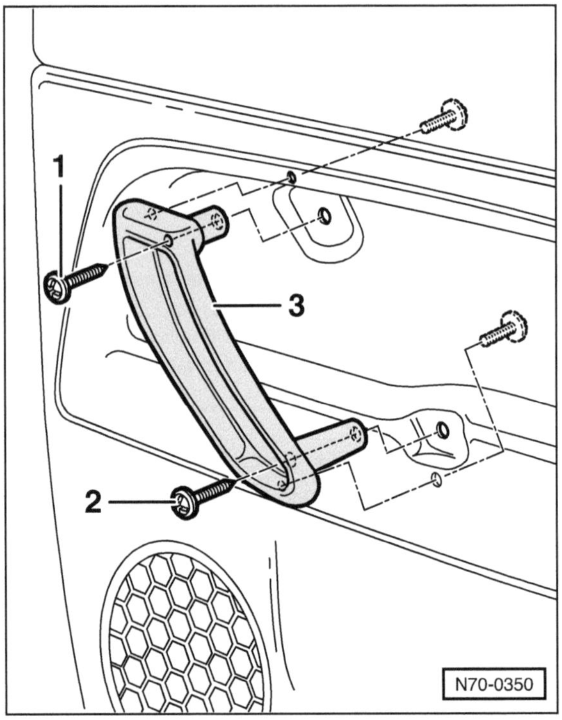

- Schrauben –1– und –2– herausdrehen.

Achtung: Der Türinnengriff –3– ist von der entgegengesetzten Seite mit der Türverkleidung verschraubt und läßt sich nur bei ausgebauter Türverkleidung abschrauben.

Türinnenbetätigung aus- und einbauen

Ausbau

- Türverkleidung ausbauen, siehe entsprechendes Kapitel.

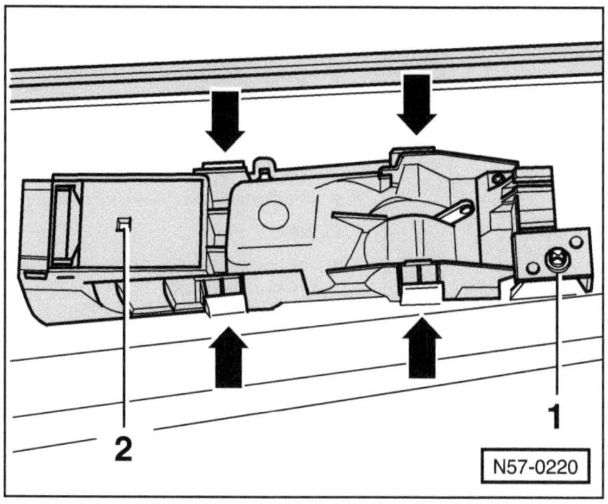

- Kreuzschlitzschraube –1– herausdrehen.
- Schalter für Fensterheber –2– ausclipsen.
- Türinnenbetätigung ausclipsen –Pfeile– und aus der Türverkleidung herausnehmen.

Einbau

- Der Einbau erfolgt in umgekehrter Ausbaureihenfolge.

Türinnendichtung aus- und einbauen

Ausbau

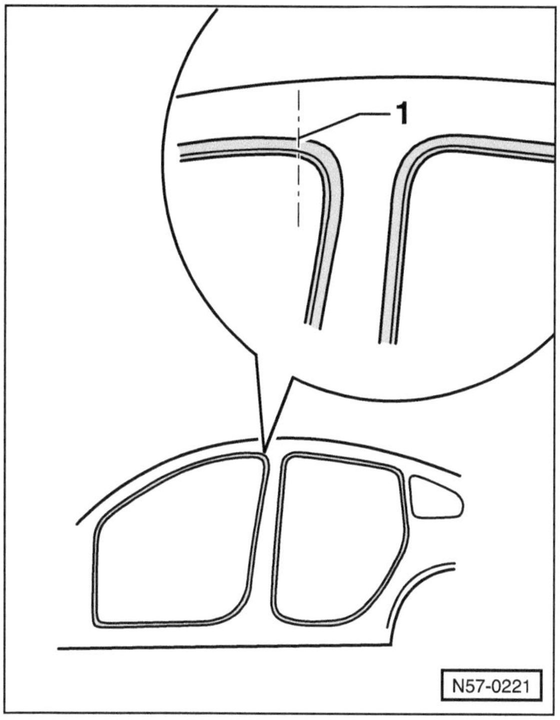

- Türinnendichtung vom Karosserieflansch abziehen.

Einbau

- Türinnendichtung auf den Karosserieflansch aufschieben, dabei im oberen Radius des Türausschnittes –1– beginnen.

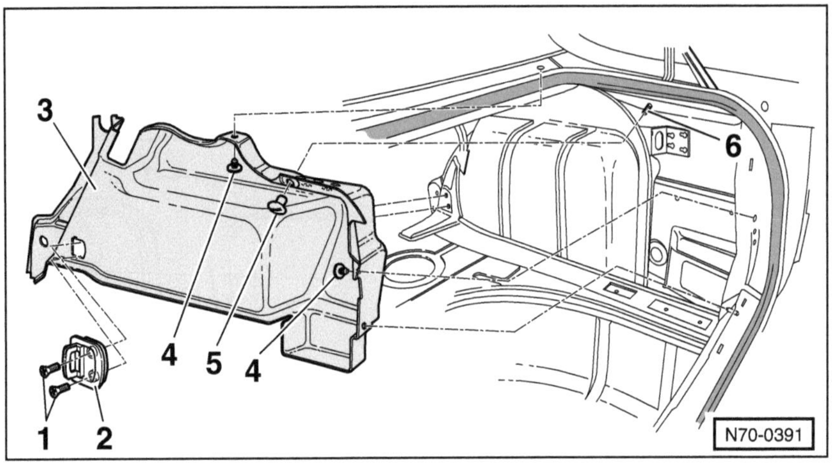

Stufenheck-Limousine

Ausbau

- Abdeckung Schloßträger ausbauen, siehe entsprechendes Kapitel.
- Seitliche Rückenlehne ausbauen.
- Seitliches Polster aus der Einstiegsleiste herausziehen.
- Schrauben –1– herausdrehen.
- Verzurröse –2– abnehmen.
- Clips –4– herausdrehen.
- Stopfen –5– vom Gewindestift –6– abdrehen.
- Seitenverkleidung –3– herausnehmen.

Einbau

- Der Einbau erfolgt in umgekehrter Ausbaureihenfolge.

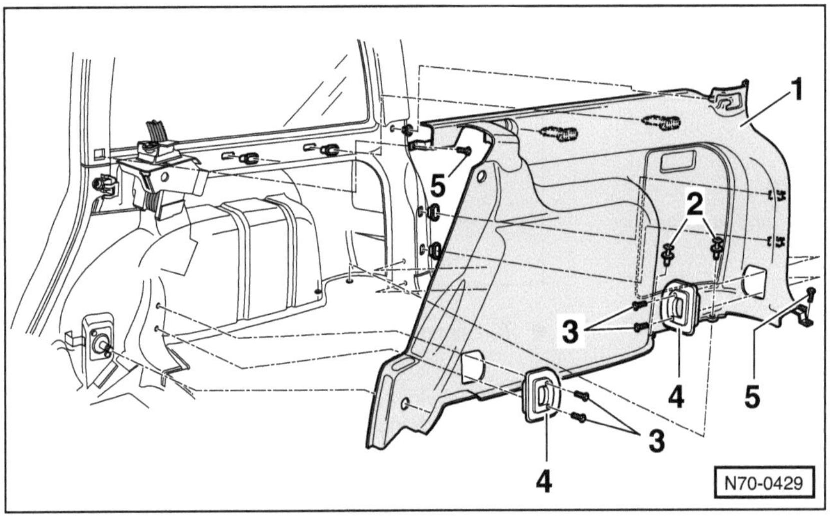

Variant

Ausbau

- Laderaumabdeckung ausbauen.
- Abdeckung Schloßträger ausbauen.
- Seitliche Rückenlehne ausbauen.
- Belag für Laderaumboden ausbauen.
- Seitliches Polster aus der Einstiegsleiste herausziehen.
- Spreizclips –2– mit kleinem Schraubendreher herausdrücken.
- Schrauben –3– herausdrehen und Verzurröse –4– abnehmen.
- Schrauben –5– herausdrehen und Seitenverkleidung –1– abnehmen.

Einbau

- Der Einbau erfolgt in umgekehrter Ausbaureihenfolge.

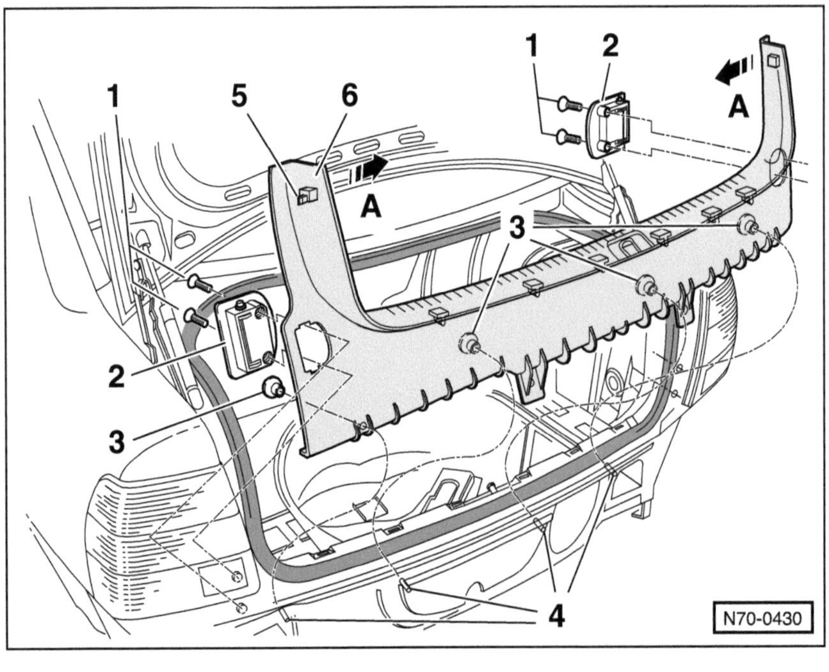

Schloßträger hinten

Ausbau

- Schrauben –1– herausdrehen.
- Verzurrösen –2– abnehmen.
- 4 Stopfen –3– mit Schraubendreher von den Gewindestiften –4– abdrehen.
- Die oberen Ecken der Abdeckung –6– ausclipsen –Pfeile A–.
- Abdeckung nach oben vom Schloßträger abclipsen.

Einbau

Vor dem Einbau Stopfen –3– und Clips –5– sichtprüfen, bei Beschädigung erneuern.

- Der Einbau erfolgt in umgekehrter Ausbaureihenfolge.

Verkleidung für Kofferraumdeckel aus- und einbauen

Bis 9/00

Ausbau

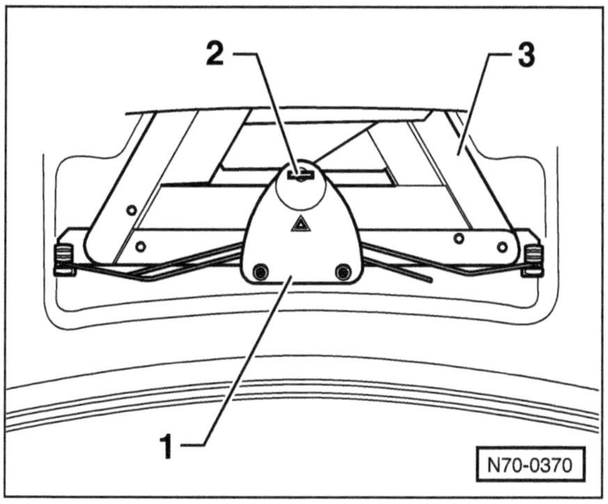

- Verriegelung für Warndreieck –2– losschrauben.
- Halter –1– aufklappen und Warndreieck –3– herausnehmen.

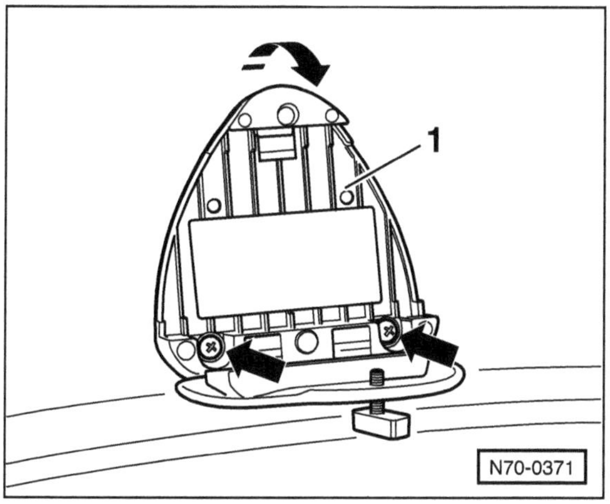

- Kreuzschlitzschrauben –Pfeile– herausdrehen.
- Halter –1– nach oben schieben und abnehmen.

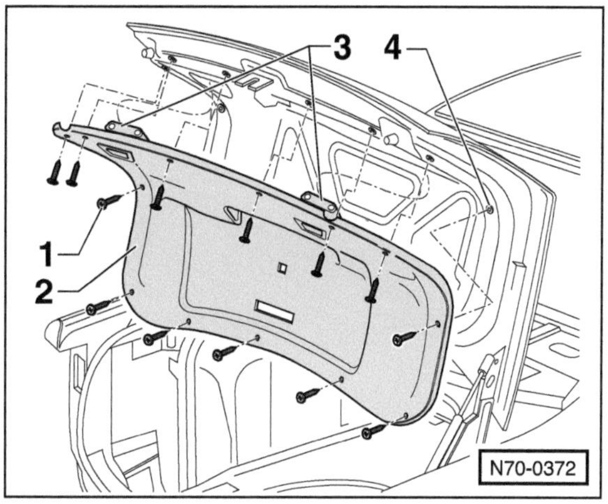

- 13 Schrauben –1– herausdrehen.
- Verkleidung –2– mit den Griffschalen –3– aus der Klappe herausziehen und abnehmen.

Einbau

- Spreizmuttern –4– sichtprüfen und bei Beschädigung erneuern.
- Verkleidung –2– an der Heckklappe ansetzen, ausrichten und festschrauben.
- Halter für Warndreieck einsetzen und festschrauben. Warndreieck in den Halter einsetzen. Halter zuklappen und Verriegelung zuschrauben.

Speziell Fahrzeuge ab 10/00

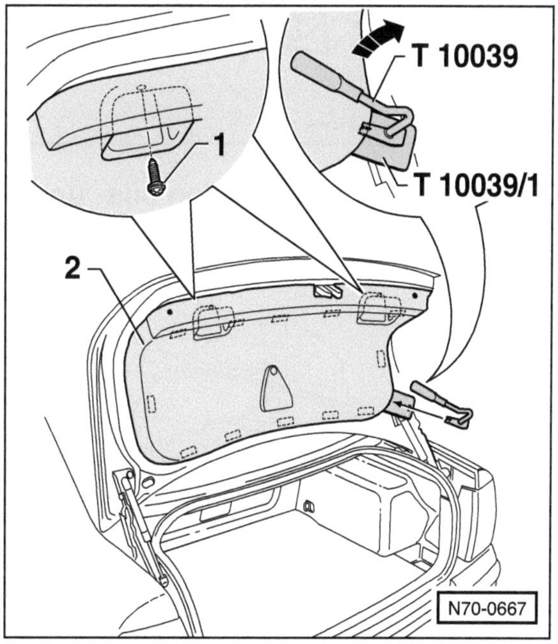

- Zwei Schrauben –1– aus den Griffmulden herausdrehen.
- Geeigneten Keil, zum Beispiel VW-T10039/1 im Bereich der Stahlklammern ansetzen und mit dem Lösehebel VW-T10039 die Verkleidung von der Klappe hinten abclipsen. **Hinweis:** Vor der Montage der Verkleidung –2– Stahlklammern überprüfen, gegebenenfalls erneuern.

Verkleidung für Heckklappe aus- und einbauen

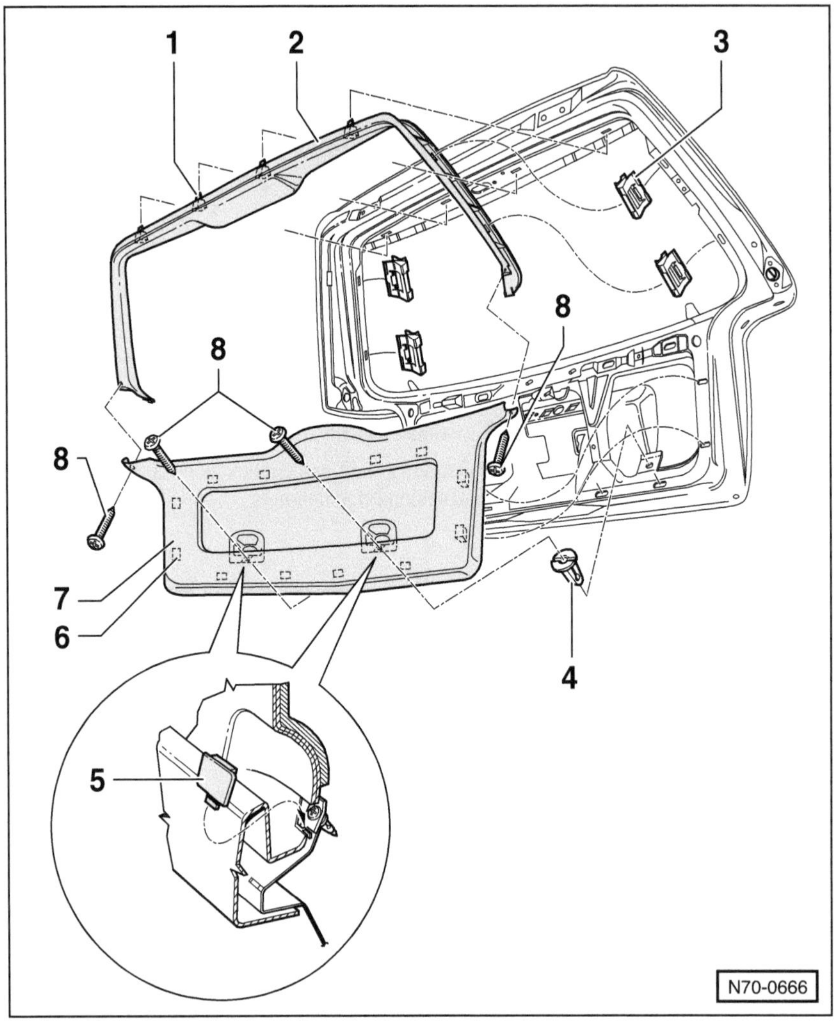

Variant

1 – Clip
4 Stück.

2 – Obere Verkleidung
Ausbau:
- Untere Verkleidung –7– ausbauen.
- Obere Verkleidung –2– zuerst seitlich aus den Klammern –3– ausclipsen, danach den oberen Bereich ausclipsen.

Einbau:
- Vor dem Einbau Clips –1– sichtprüfen und bei Beschädigung erneuern. Clips in die Aufnahmen der Verkleidung einsetzen.

3 – Klammer
4 Stück. Vor Einbau der oberen Verkleidung sichtprüfen und bei Beschädigung erneuern. Clips in die Aufnahmen der Verkleidung einsetzen.

4 – Spreizmutter
2 Stück.

5 – Abdeckkappe
2 Stück.

6 – Clip
12 Stück.

7 – Untere Verkleidung
Ausbau:
- Abdeckkappen –5– heraushebeln.
- Schrauben –8– herausdrehen.
- Untere Verkleidung –7– ausclipsen, dabei unten beginnen.

Einbau:
- Vor dem Einbau Clips –6– sichtprüfen und bei Beschädigung erneuern. Clips in die Aufnahmen der Verkleidung einsetzen.

8 – Schraube
Seit 10/00: 4 Stück. **Achtung:** Bei Fahrzeugen bis 9/00 sind nur die inneren beiden Schrauben vorhanden.

Belag für Laderaumboden aus- und einbauen

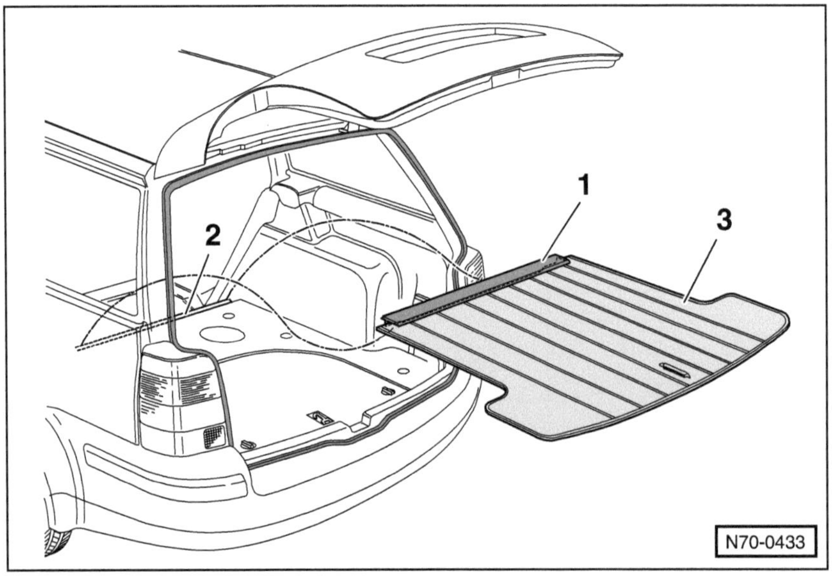

Variant

Ausbau

- Rücksitzlehnen entriegeln und vorklappen.
- Kederleiste –1– vom Belag –3– aus der Befestigungsschiene –2– herausziehen.
- Belag –3– nach hinten aus dem Fahrzeug herausnehmen.

Einbau

- Der Einbau erfolgt in umgekehrter Ausbaureihenfolge.

Sitz vorn aus- und einbauen

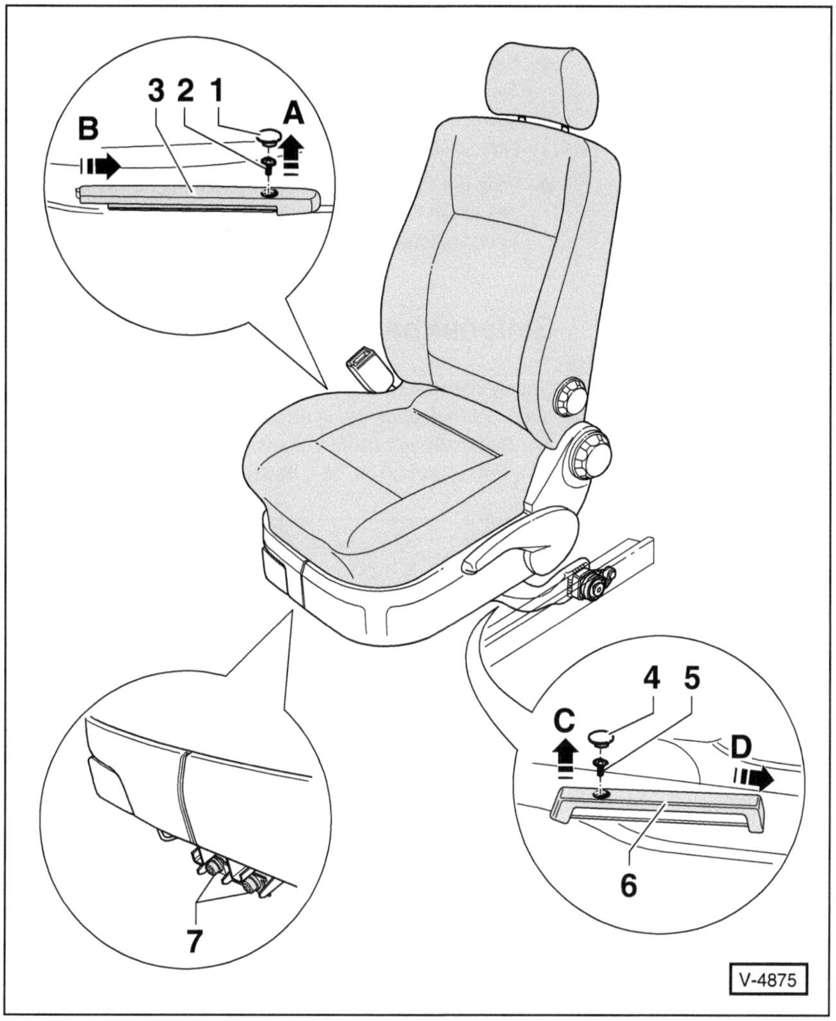

1 – **Abdeckkappe**
2 – **Schraube**
3 – **Abdeckleiste innen**
4 – **Abdeckkappe**
5 – **Schraube**
6 – **Abdeckleiste außen**
7 – **Schrauben, 23 Nm**

Sicherheitshinweise für Seitenairbag

- Für den Seitenairbag gelten die selben Sicherheitsvorschriften wie für den Fahrer- und Beifahrerairbag, siehe Seite 131.
- Für das Reparieren und Auswechseln der Sitzbezüge und Rücksitzbezüge sind zusätzliche Sicherheitsvorschriften zu beachten (Werkstattarbeit).
- Rückenlehnen dürfen nicht mit Schonbezügen überzogen werden.
- Keine Sitzplatzauflagen verwenden, die die Sitzbelegungserkennung beeinträchtigen. **Hinweis:** Der Fahrersitz besitzt keine Sitzbelegungserkennung.

Ausbau

Für den Ausbau des Sitzes wird der VW-Airbagadapter VAS-5094 benötigt. Durch den Adapter wird verhindert, daß bei ausgebautem Sitz der Seitenairbag aufgrund elektrostatischer Entladungen versehentlich gezündet wird.

- Batterie-Massekabel (–) bei ausgeschalteter Zündung abklemmen. **Achtung:** Dadurch werden elektronische Speicher gelöscht, wie zum Beispiel der Radiocode. Ohne Code kann das Radio nur vom Radiohersteller freigeschaltet werden, beziehungsweise beim VW-Radio von einer VW-Werkstatt. Deshalb Hinweise im Kapitel »Batterie aus- und einbauen« durchlesen.
- Sitz ganz nach vorn schieben.
- Abdeckkappe –1– aus der Abdeckleiste –3– der inneren Sitzschiene mit kleinem Schraubendreher heraushebeln und darunterliegende Schraube –2– herausdrehen.
- Abdeckleiste –3– hinten ausclipsen –Pfeil A– und abziehen –Pfeil B–.
- Abdeckkappe –4– aus der Abdeckleiste –6– der äußeren Sitzschiene mit kleinem Schraubendreher heraushebeln und darunterliegende Schraube –5– herausdrehen.
- Abdeckleiste –6– vorn ausclipsen –Pfeil C– und nach hinten abziehen –Pfeil D–.
- Sitz ganz nach hinten schieben.

- Schrauben –7– herausdrehen.
- Sitz nach hinten aus den Führungsschienen herausschieben.

Zünd- und Masseleitung vom Seitenairbag trennen und Airbag-Adapter VAS 5094 anschließen

Sicherheitshinweis:
Um ein unbeabsichtigtes Zünden des Seitenairbags durch elektrostatische Aufladung zu verhindern, ist es wichtig, vor dem Trennen und Verbinden der Steckverbindung für den Seitenairbag, eine eventuelle elektrostatische Aufladung abzubauen. Dazu den Schließkeil der Tür oder die Karosserie kurz anfassen.

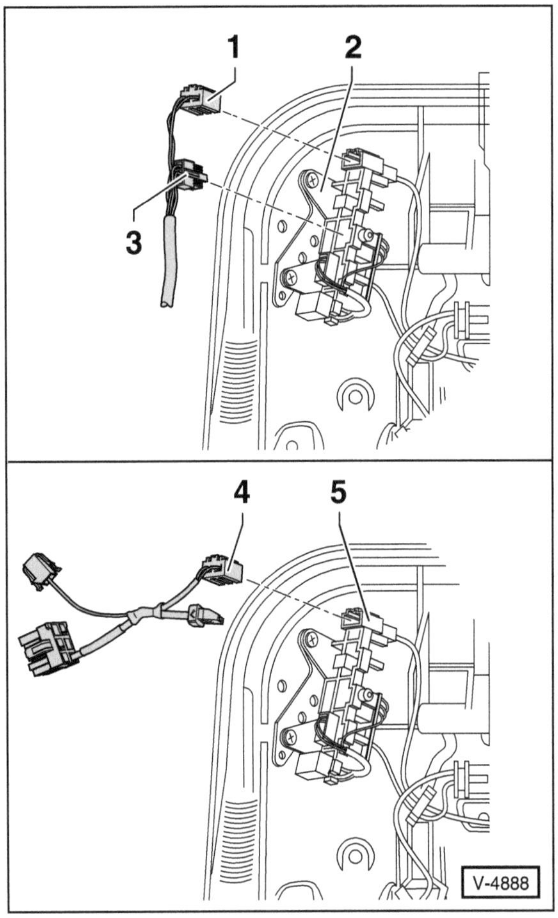

- Stecker für Seitenairbag –1– von der Steckerstation –2– unten am Sitz abziehen.
- Stecker für Sitzheizung –3– abziehen, falls vorhanden.
- Stecker –4– vom Airbagadapter VAS-5094 in das Steckgehäuse –5– stecken.

Achtung: Um den Massekreislauf des Airbagsystems im ausgebauten Zustand geschlossen zu halten, muß der Airbag-Adapter VAS 5094 so lange am Sitz eingesteckt bleiben, bis der Sitz wieder eingebaut und angeschlossen wird.

Einbau

- Der Einbau erfolgt in umgekehrter Ausbaureihenfolge.
- Sitz mit **23 Nm** anschrauben.
- Batterie-Massekabel (–) anklemmen. **Achtung:** Hoch-/Tieflaufautomatik für elektrische Fensterheber aktivieren sowie Zeituhr stellen und Radiocode eingeben, siehe Kapitel »Batterie aus- und einbauen«.
- Falls die Warnlampe für Airbag nach dem Einbau des Sitzes einen Fehler anzeigt, muß der Fehlerspeicher in der Fachwerkstatt gelöscht und neu abgefragt werden.

Seitenairbag/Kopfairbag

Neben den Fahrer- und Beifahrer-Airbags sind serienmäßig auch Seitenairbags sowie ab ca. 4/99 Kopfairbags eingebaut. Der Seitenairbag hat ein Volumen von ca. 12 l, Kopfairbag ca. 26 l, Fahrer-Airbag ca. 65 l, Beifahrer-Airbag ca. 120 l.

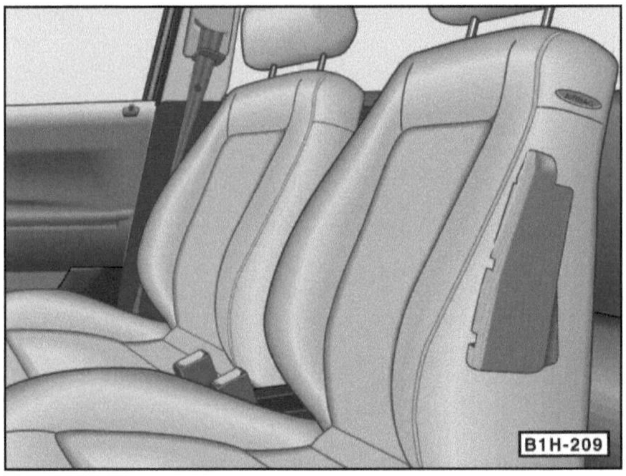

Die Seitenairbags befinden sich in den Lehnen der Vordersitze. Der Seitenairbag schützt hauptsächlich den Brustkorb und damit die Lungen sowie das Becken gegen seitliche Quetschungen. Die Funktion des Seitenairbags entspricht der des Fahrer-Airbags, siehe Seite 131.

Je nach Aufprallseite und Winkel werden nur die Airbags ausgelöst, die dem Gefahrenschwerpunkt am nächsten sind.

Ein Seitencrash wird durch den Crash-Sensor unter dem vorderen Sitz erkannt und dem Steuergerät für Airbag übermittelt. Dieses bewertet die Schwere des Unfalls und löst gegebenenfalls den Seitenairbag aus. Sollte während eines Unfalls die Stromversorgung ausfallen, kann ein zusätzlicher Energiespeicher im Steuergerät die Airbags gegebenenfalls zu zünden.

Die Kopfairbags sind am linken und rechten Dachrahmen plaziert und decken wie ein Vorhang nahezu den gesamten Bereich der Seitenscheiben ab. Sie schützen bei einer Seitenkollision sowohl die vorne als auch die hinten sitzenden Personen. Beim Auslösen des Seitenairbags wird ebenfalls der entsprechende Kopfairbag aktiviert.

Sitzbank hinten aus- und einbauen

Ausbau

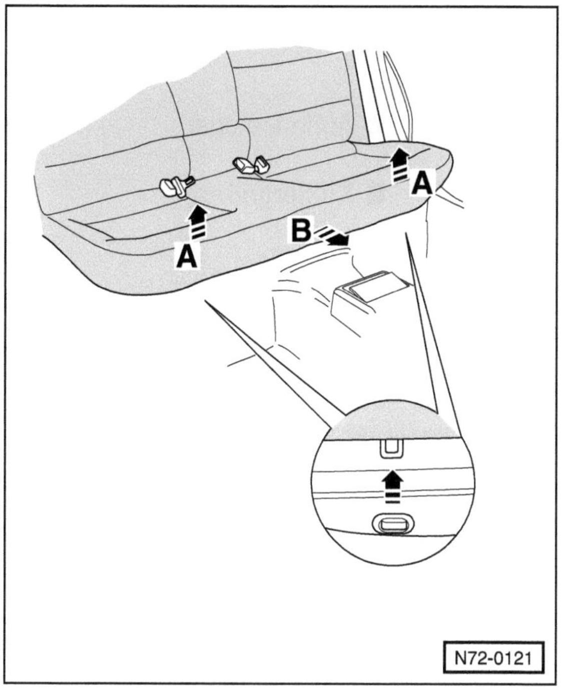

- Sitzbank vorne anheben –Pfeile A–, nach vorn ziehen –Pfeil B– und herausnehmen.

Einbau

- Sitzbank einsetzen und nach hinten schieben.
- Verankerungsösen über den Kunststoffhülsen ansetzen, siehe Bildausschnitt.
- Sitzbank vorn nach unten drücken und einrasten.

Sitzlehne hinten links aus- und einbauen

Ausbau

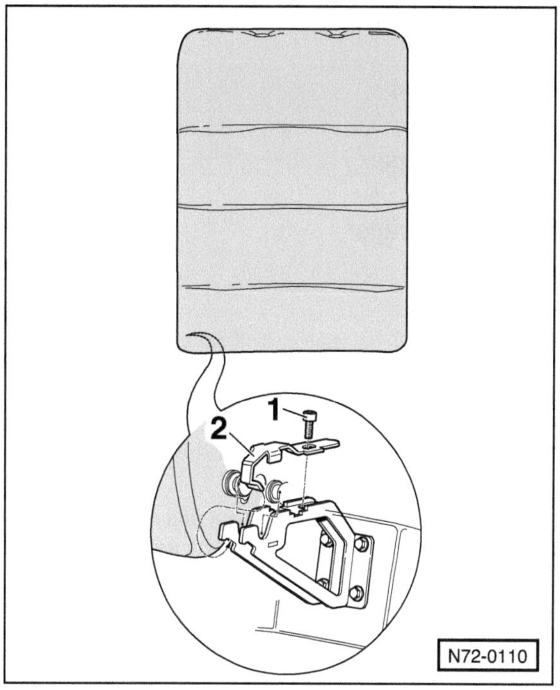

- Schraube –1– herausdrehen und Schelle –2– abnehmen.

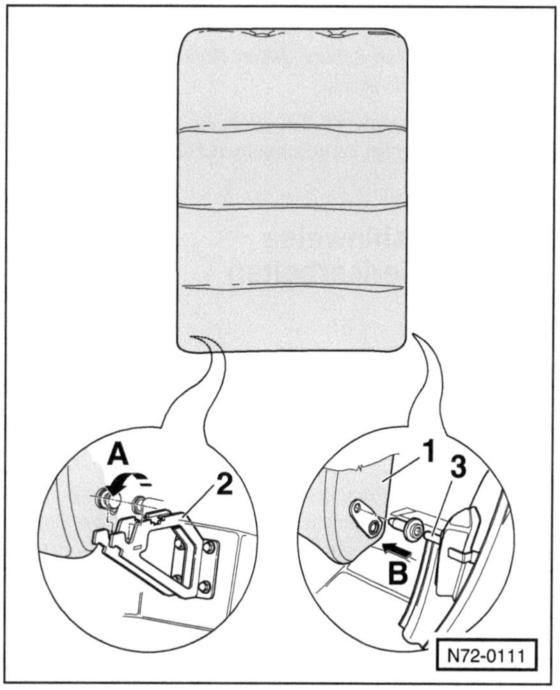

- Lehne –1– aus dem Mittellager –2– heben –Pfeil A– und von dem Beschlag –3– abziehen –Pfeil B–.

Einbau

- Der Einbau erfolgt in umgekehrter Ausbaureihenfolge.

Karosserie außen

Aus dem Inhalt:

- Kotflügel
- Motorhaube
- Außenspiegel
- Stoßfänger
- Heckklappe
- Kühlergrill
- Schloßträger
- Tür zerlegen

Der VW PASSAT hat eine selbsttragende Karosserie. Bodengruppe, Seitenteile, Dach und die hinteren Kotflügel sind miteinander verschweißt. Front- und Heckscheibe sind eingeklebt. Die Reparatur größerer Karosserieschäden sowie das Auswechseln der geklebten Scheiben sollten der Fachwerkstatt vorbehalten bleiben.

Motorhaube, Kofferraumdeckel, Türen und die vorderen Kotflügel sind angeschraubt und lassen sich leicht auswechseln. Beim Einbau ist dann unbedingt das richtige Luftspaltmaß (= Breite der Fugen zwischen jeweiliger Klappe und umliegender Karosserie) einzuhalten, sonst klappert beispielsweise die Tür, oder es können erhöhte Windgeräusche während der Fahrt auftreten. Der Luftspalt muß auf jeden Fall parallel verlaufen, das heißt, der Abstand zwischen den Karosserieteilen muß auf der gesamten Länge des Spaltes gleich groß sein. Abweichungen bis zu 1 mm sind zulässig.

Um einen größeren Schutz gegen Rost sicherzustellen, ist die Karosserie vollverzinkt.

Da an der Karosserie oft Torx-Befestigungsschrauben vorhanden sind, wird ein Torx-Schraubendrehersatz benötigt.

Sicherheitshinweise bei Karosseriearbeiten

Sicherheitshinweis:
Vor Beginn von Trenn-, Richt- und Ausbeularbeiten sind die Gurtstraffereinheiten der vorderen Sicherheitsgurte auszubauen.

- Soweit Schweißarbeiten oder andere funkenerzeugende Arbeiten durchgeführt werden, grundsätzlich die Batterie komplett abklemmen (Plus- und Minuskabel) und beide Klemmen (+) und (–) sorgfältig isolieren. Bei Arbeiten in Batterienähe muß die Batterie ausgebaut werden. **Achtung:** Dadurch werden elektronische Speicher gelöscht, wie zum Beispiel der Radiocode. Ohne Code kann das Radio nur vom Hersteller wieder in Betrieb genommen werden. Deshalb Hinweise im Kapitel »Batterie aus- und einbauen« durchlesen.

Muß an der Karosserie geschweißt werden, soll dies grundsätzlich durch Widerstandspunktschweißen (RP) durchgeführt werden. Nur wenn sich die Schweißzange nicht ansetzen läßt, ist das Schutzgas-Schweißverfahren anzuwenden. Da die Karosserie vollverzinkt ist, sind folgende Punkte zu beachten:

Sicherheitshinweis:
Beim Schweißen von verzinkten Stahlblechen entsteht giftiges Zinkoxid, daher für eine gute Arbeitsplatzbelüftung sorgen.

- Schweißstrom (Ampere) um 10 % bis max. 30 % erhöhen.
- Hartkupfer-Elektroden mit hoher Warmfestigkeit (größer als +400° C) verwenden.
- Elektroden häufig säubern, bzw. Kontaktflächendurchmesser auf 4 mm ∅ seitlich nacharbeiten.
- Elektroden-Anpreßkraft erhöhen.
- Schweißzeit verlängern. Die Schweißzeit ist richtig gesetzt, wenn sich die Schweißpunkte ohne Spritzer setzen lassen.
- An Teilen der gefüllten Klimaanlage darf weder geschweißt noch hart- oder weichgelötet werden. Das gilt auch für Schweiß- und Lötarbeiten am Fahrzeug, wenn die Gefahr besteht, daß sich Teile der Klimaanlage erwärmen.

Sicherheitshinweis:
Der Kältemittelkreislauf der Klimaanlage darf nicht geöffnet werden. Gelangt Kältemittel auf die Haut, kann dies zu Erfrierungen führen.

- Im Rahmen einer Reparatur-Lackierung darf im Trockenofen oder in seiner Vorwärmzone das Fahrzeug bis maximal **+80° C** aufgeheizt werden. Sonst können elektronische Steuergeräte im Fahrzeug beschädigt werden.
- PVC-Unterbodenschutz an der Reparaturstelle mit rotierender Drahtbürste entfernen oder mit Heißluftgebläse auf maximal +180° C erwärmen und mit Spachtel ablösen. Durch Abbrennen bzw. Erwärmen von PVC-Material über +180° C entsteht stark korrosionsfördernde Salzsäure, außerdem werden gesundheitsschädliche Dämpfe frei.

Schloßträger aus- und einbauen

Seit 10/00

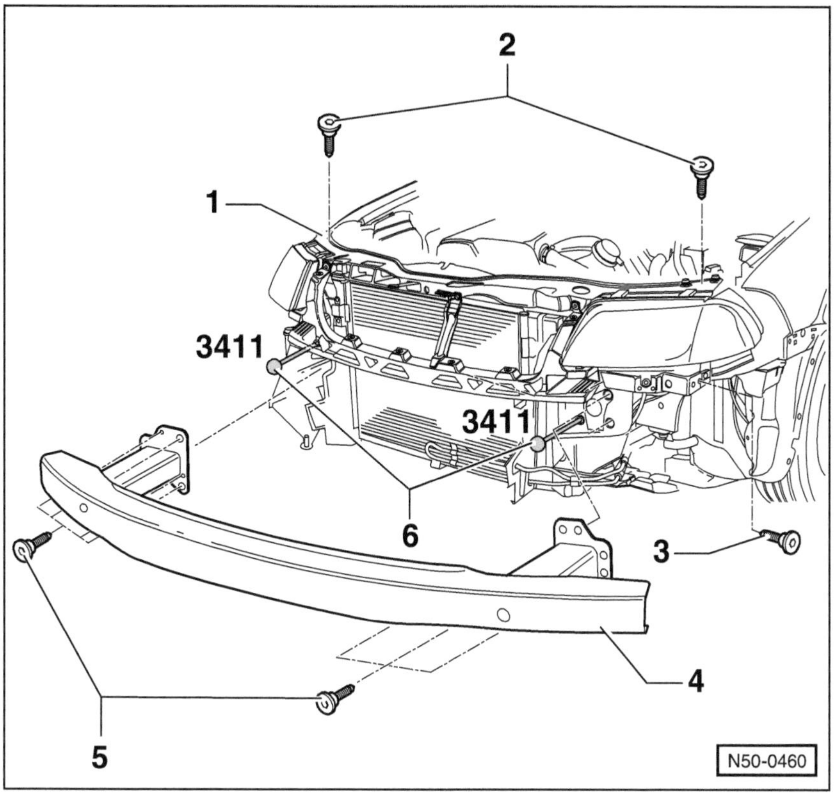

1 – Schloßträger mit Anbauteilen

2 – Schraube, 8 Nm
2 Stück

3 – Schraube
3 Stück

4 – Stoßfängerträger

5 – Schraube, 50 Nm
7 Stück

6 – Führungsstangen VW-3411

Schloßträger in Servicestellung bringen

- Stoßfänger vorn ausbauen, siehe Seite 280.
- Untere Motorraumabdeckung ausbauen, siehe Seite 160.
- Luftführung zwischen Schloßträger und Luftfilter am Schloßträger abschrauben.
- Schrauben –5– herausdrehen und Führungsstangen VW-3411 am rechten und linken Längsträger einschrauben.
- Schrauben –2– und –3– herausdrehen.
- Schloßträger –1– auf den Führungsstangen ca. 10 cm nach vorn ziehen.

Bis 9/00

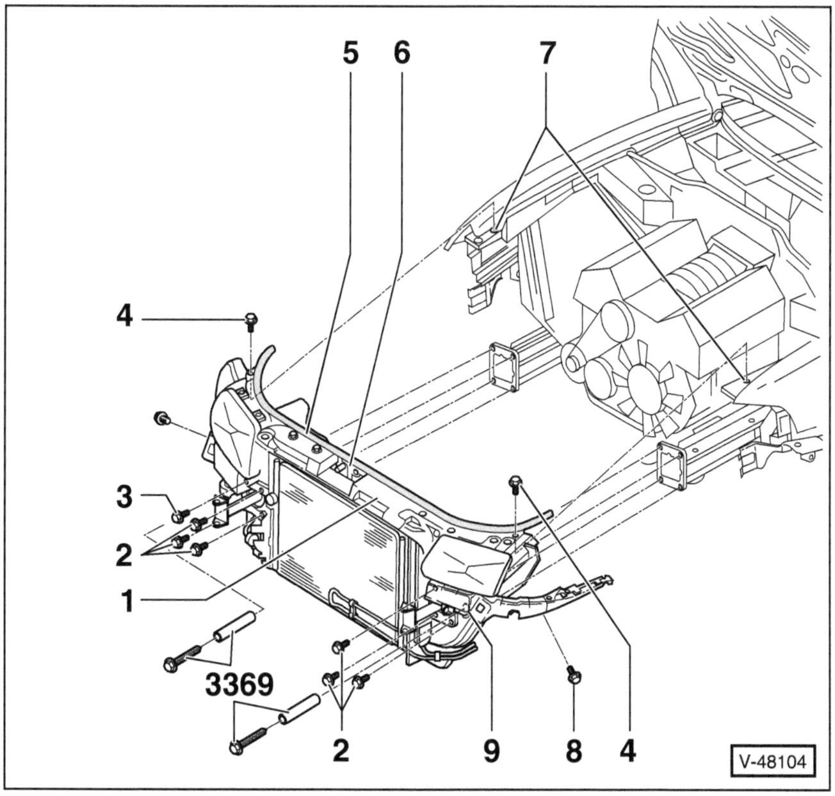

1 – Schloßträger

2 – Schraube, 50 Nm
6 Stück.

3 – Schraube, 50 Nm

4 – Schraube, 10 Nm
2 Stück.

5 – Dichtung für Klappe vorn

6 – Bowdenzug für Klappe vorn

7 – Bohrung für Seitenteil

8 – Schraube, 10 Nm
2 Stück.

9 – Bohrung für VW-Werkzeug 3369

3369 – VW-Werkzeug für Servicestellung des Schloßträgers.

Schloßträger in Servicestellung bringen

- Stoßfänger vorn ausbauen, siehe Seite 281.
- Luftführung zwischen Schloßträger und Luftfilter am Schloßträger abschrauben und ausbauen.
- Auf der rechten Seite Befestigungsschraube –3– herausdrehen und VW-Sonderwerkzeug 3369 einschrauben.
- Auf der linken Seite VW-3369 in Bohrung –9– einschrauben.
- Befestigungsschrauben –2– und –4– abschrauben.
- Schloßträger im Bereich des VW-Werkzeugs 3369 nach vorn ziehen.

Ausbau, Fahrzeuge bis 9/00

- Motor-Geräuschdämpfung ausbauen, siehe Seite 160.
- Blinkleuchten ausbauen, siehe Seite 86.
- Bowdenzug –6– für Schloß vorn aushängen, siehe Seite 289.
- Elektrische Steckverbindungen trennen.
- Stoßfänger vorn ausbauen, siehe Seite 280.
- Seitliche Führungsteile vom Kotflügel abbauen, siehe Seite 280.
- Falls vorhanden, Schläuche für Ladeluftkühler trennen.
- Kühlmittel ablassen und Kühlmittelleitungen trennen, siehe Seite 201.

Achtung: Kondensator und Hydraulikölkühler nicht an den Leitungen aufhängen. Leitungen dürfen auf keinen Fall geknickt werden.

- Klimaanlage: Kondensator vom Schloßträger abschrauben und mit Draht aufhängen. **Achtung:** Keine Leitungen trennen.
- Hydraulikölkühler für Servolenkung vom Schloßträger abschrauben –Pfeile– und mit Draht aufhängen, siehe Abbildung V-48105.
- Schrauben –4– und –8– herausdrehen, siehe Abbildung N50-0358.
- Dichtung –5– links und rechts am Schloßträger abziehen.
- Schloßträger –1– durch Hilfsperson festhalten lassen und Schrauben –2– und –3– herausdrehen.
- Schloßträger nach vorn herausziehen.

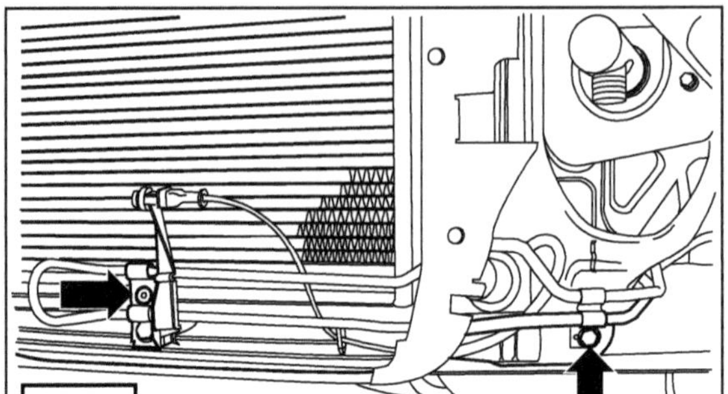

V-48105

Einbau

- Der Einbau erfolgt in umgekehrter Ausbaureihenfolge.
- Scheinwerfereinstellung prüfen lassen, siehe Seite 87.

Schloßträger einstellen

- Schloßträger –1– so ausrichten, daß zu den Kotflügeln links und rechts der gleiche Abstand vorhanden ist. **Achtung:** Werden die Kotflügel und die Motorhaube mitgewechselt, müssen diese zuerst mittig zueinander eingestellt werden.

Stoßfänger vorn aus- und einbauen

Seit 10/00

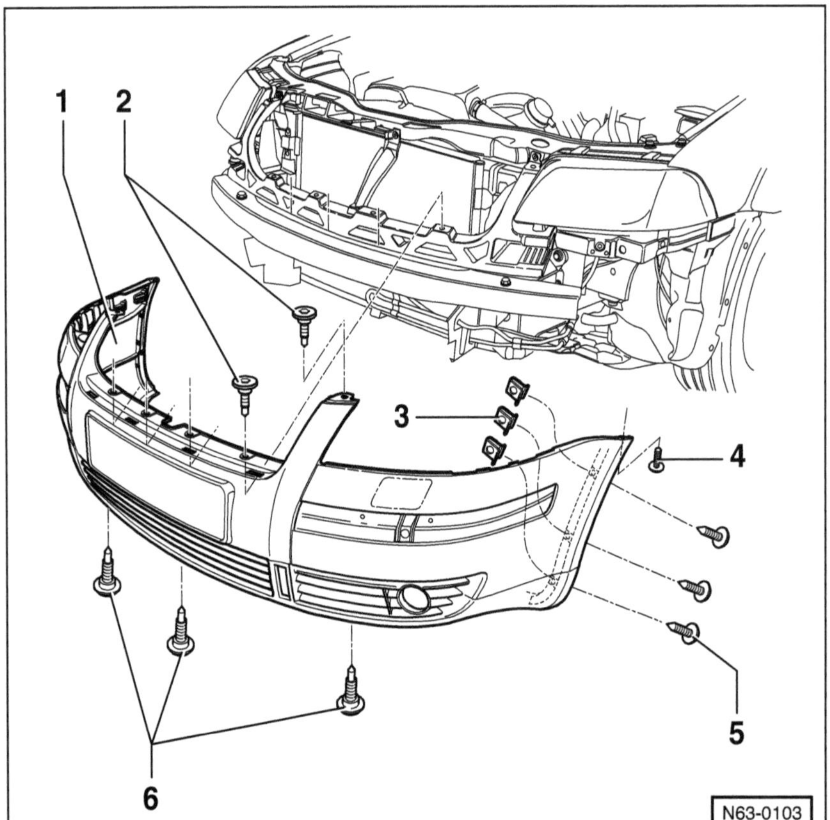

N63-0103

1 – Verkleidung

Ausbau

◆ Kühlergrill ausbauen.

◆ Schrauben –2/6/5– und –4– herausdrehen.

◆ Verkleidung mit einer Hilfsperson parallel aus den Führungen nach vorn abziehen.

◆ Falls vorhanden, Stecker für elektrische Bauteile abziehen.

Einbau

◆ Der Einbau erfolgt in umgekehrter Ausbaureihenfolge.

2 – Schraube, 6 Nm
6 Stück.

3 – Schnappmutter
6 Stück.

4 – Schraube, 1,5 Nm
2 Stück.

5 – Schraube, 1,5 Nm
2 Stück.

6 – Schraube, 2 Nm
3 Stück.

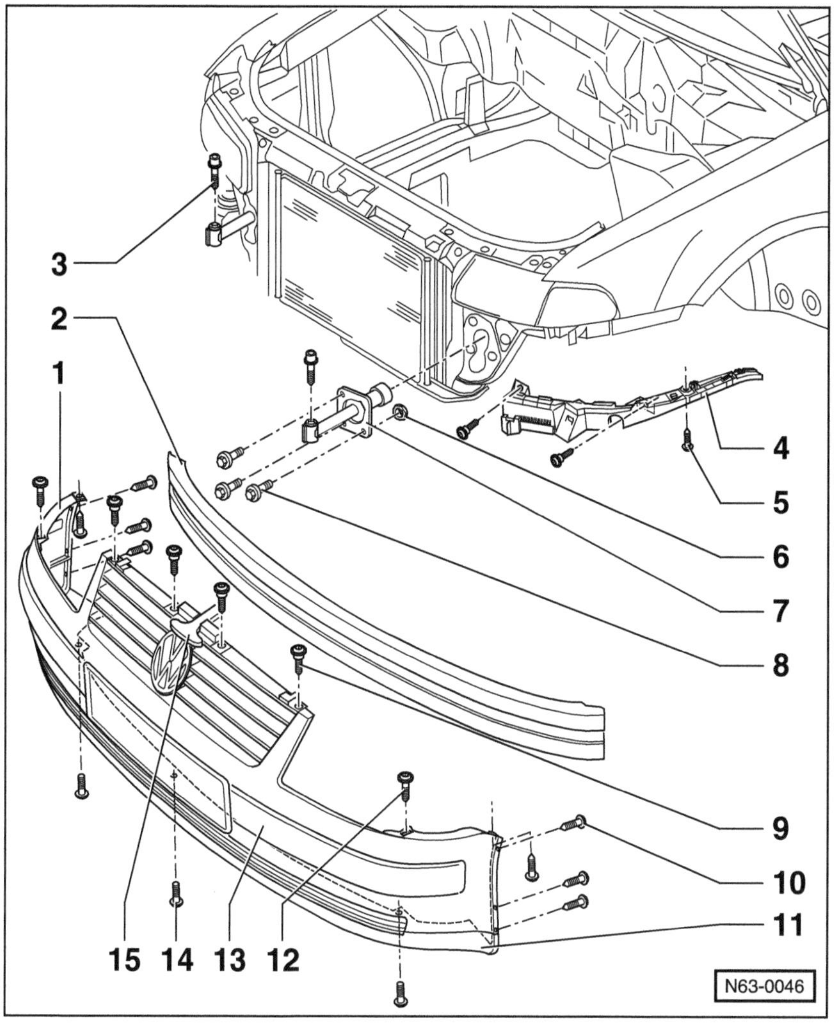

Hinweis: Der Stoßfänger besteht aus Abdeckung –1– und Träger –2–.

1 – **Abdeckung**
Ausbau:
- Blinkleuchten ausbauen.
- Entriegelungshebel –15– vom Motorhaubenschloß trennen, siehe unten.
- Schrauben –9–, –10– und –14– herausdrehen.
- Abdeckung von den Führungsteilen –4– links und rechts abziehen.

2 – **Träger**

3 – **Schraube (2x), 20 Nm**

4 – **Führungsteil**
Stoßfänger parallel aus den Führungsteilen links und rechts herausziehen bzw. einschieben. Führungsteil einstellen, siehe unten.

5 – **Schraube (6x), 2 Nm**

6 – **Mutter (2x)**

7 – **Pralldämpfer**

8 – **Schraube (7x), 50 Nm**

9 – **Schraube (4x), 3 Nm**

10 – **Schraube (8x), 2 Nm**

11 – **Spoiler**
Ist in die Abdeckung eingeclipst. Muß beim Ausbau der Abdeckung nicht abgebaut werden.

12 – **Schraube (2x)**

13 – **Stoßleiste**
In die Abdeckung eingeclipst.

14 – **Schnellverschlußschraube (3x), 2 Nm**

15 – **Entriegelungshebel**

Entriegelungshebel ausbauen

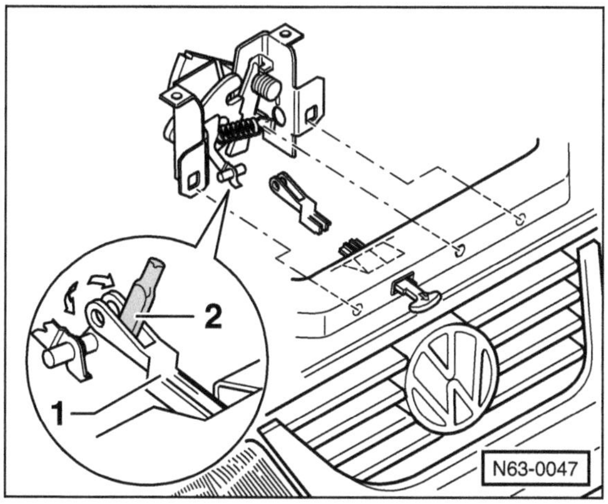

- Entriegelungshebel –1– mit einem Schraubendreher –2– spreizen und vom Klappenschloß abziehen.
- Entriegelungshebel –1– mit Führung aus dem Schloßträger herausziehen.

Führungsteil einstellen

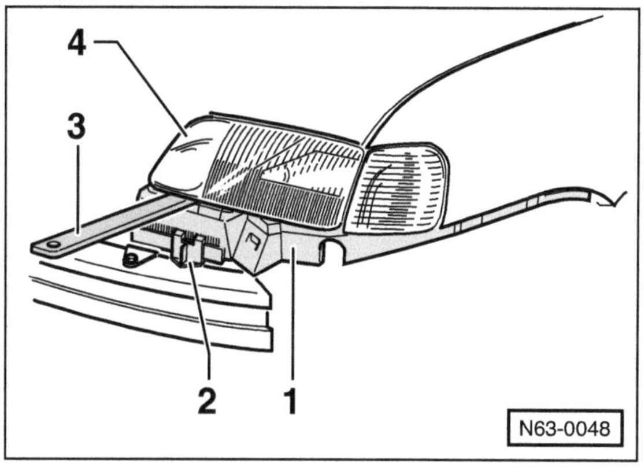

- Schieber –2– vom Führungsteil –1– so einstellen, daß zwischen Scheinwerfer –4– und Oberkante des Führungsteils –1– ein Spalt von 2 mm entsteht.
- Spaltmaße mit VW-Spezialwerkzeug 3371 –3– kontrollieren und einstellen.

Stoßfänger hinten aus- und einbauen

Seit 10/00

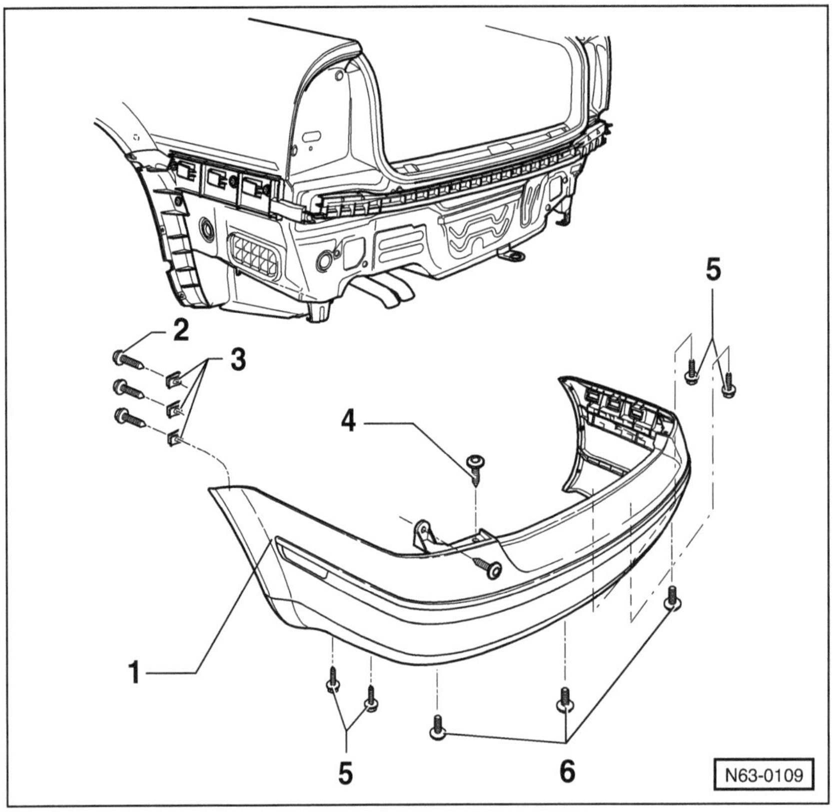

Limousine

1 – Verkleidung

Ausbau

- ◆ Heckleuchten ausbauen.
- ◆ Schrauben –2/5/6– und –4– herausdrehen.
- ◆ Verkleidung mit einer Hilfsperson parallel aus den Führungen nach hinten abziehen.
- ◆ Falls vorhanden, Stecker für elektrische Bauteile abziehen.

Einbau

- ◆ Der Einbau erfolgt in umgekehrter Ausbaureihenfolge.

2 – Schraube, 2 Nm
6 Stück.

3 – Schnappmutter
6 Stück.

4 – Schraube, 1,2 Nm
4 Stück; unter den Heckleuchten.

5 – Schraube, 1,2 Nm
4 Stück.

6 – Schraube, 6 Nm
3 Stück.

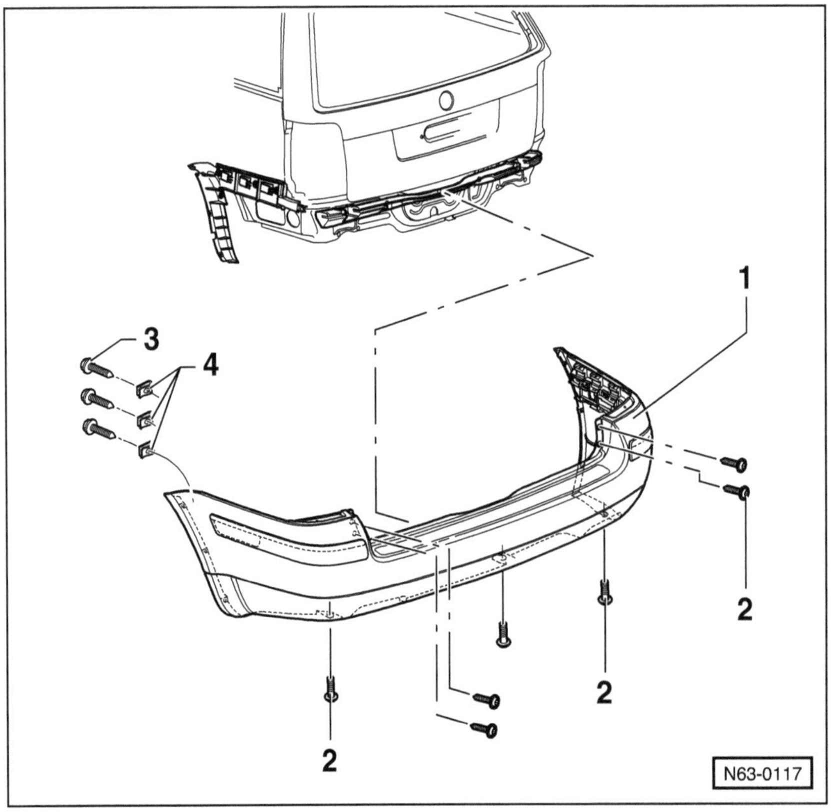

Variant

1 – Verkleidung

Ausbau

- ◆ Schrauben –2– und –3– herausdrehen.
- ◆ Verkleidung mit einer Hilfsperson parallel aus den Führungen nach hinten abziehen.
- ◆ Falls vorhanden, Stecker für elektrische Bauteile abziehen.

Einbau

- ◆ Der Einbau erfolgt in umgekehrter Ausbaureihenfolge.

2 – Schraube, 6 Nm
7 Stück.

3 – Schraube, 2 Nm
6 Stück.

4 – Schnappmutter
6 Stück.

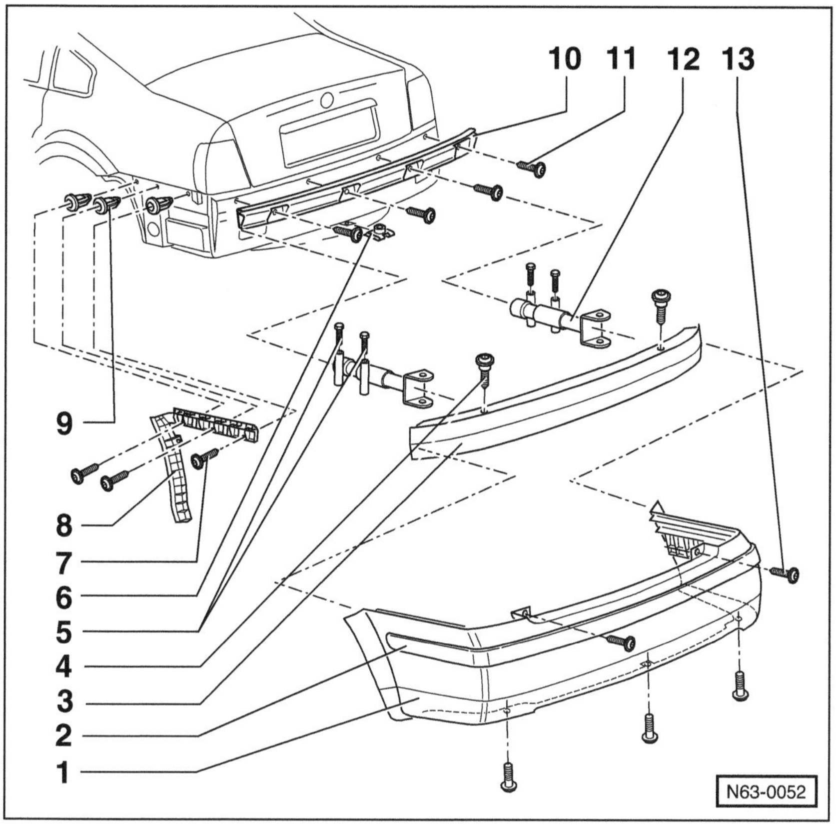

Limousine

Hinweis: Der Stoßfänger besteht aus Abdeckung –1– und Träger –3–.

1 – **Abdeckung**
Ausbau:
- Abdeckung im Bereich der Radhausschale lösen.
- Schrauben –13– herausdrehen.
- Abdeckung von den Führungsteilen –8– links und rechts abziehen.

2 – **Stoßleiste**
In Abdeckung eingeclipst.

3 – **Träger**

4 – **Schraube (2x), 15 Nm**

5 – **Schraube (4x), 30 Nm + ½ Umdrehung (180°) weiterdrehen**
Schrauben nach dem Lösen immer ersetzen.

6 – **Schnappmutter**

7 – **Schraube (6x), 2 Nm**

8 – **Führungsteil**
Stoßfänger parallel aus den Führungsteilen links und rechts herausziehen bzw. einschieben.

9 – **Spreizmutter (6x)**

10 – **Befestigungsleiste**

11 – **Schraube (4x), 1,2 Nm**

12 – **Pralldämpfer**

13 – **Schraube (5x), 6 Nm**

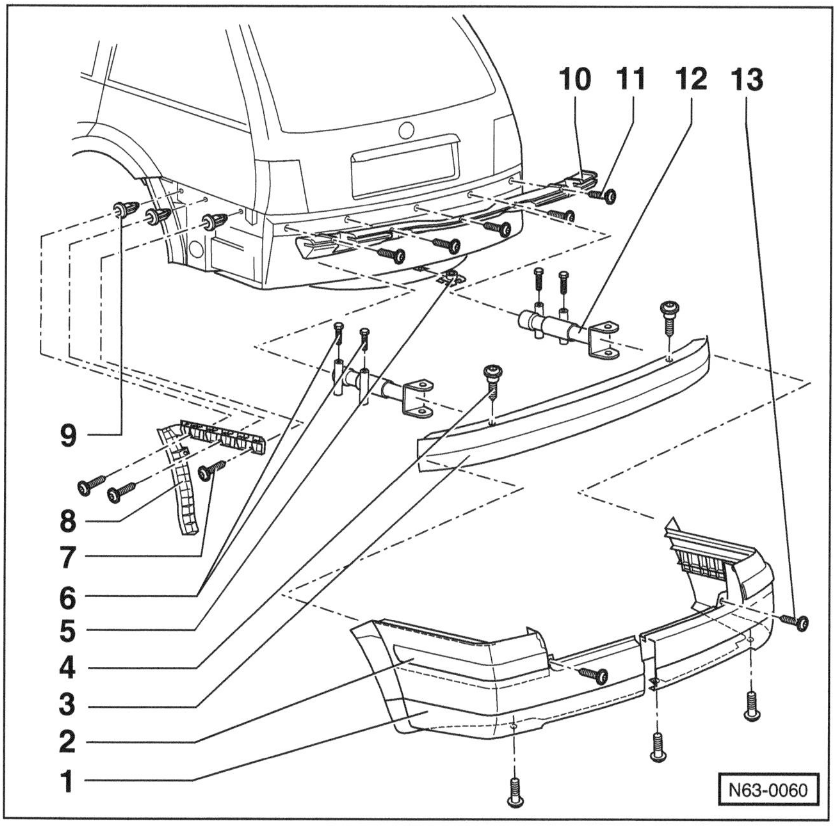

Variant

Hinweis: Der Stoßfänger besteht aus Abdeckung –1– und Träger –3–.

1 – **Abdeckung**
Ausbau:
- Abdeckung im Bereich der Radhausschale lösen.
- Schrauben –13– herausdrehen.
- Abdeckung von den Führungsteilen –8– links und rechts abziehen.

2 – **Stoßleiste**
In Abdeckung eingeclipst.

3 – **Träger**

4 – **Schraube (2x), 15 Nm**

5 – **Schnappmutter**

6 – **Schraube (4x), 30 Nm + ½ Umdrehung (180°) weiterdrehen**
Schrauben nach dem Lösen immer ersetzen.

7 – **Schraube (6x), 2 Nm**

8 – **Führungsteil**
Stoßfänger parallel aus den Führungsteilen links und rechts herausziehen bzw. einschieben.

9 – **Spreizmutter (6x)**

10 – **Befestigungsleiste**

11 – **Schraube (4x), 1,2 Nm**

12 – **Pralldämpfer**

13 – **Schraube (5x), 6 Nm**

Kotflügel vorn aus- und einbauen

Seit 10/00

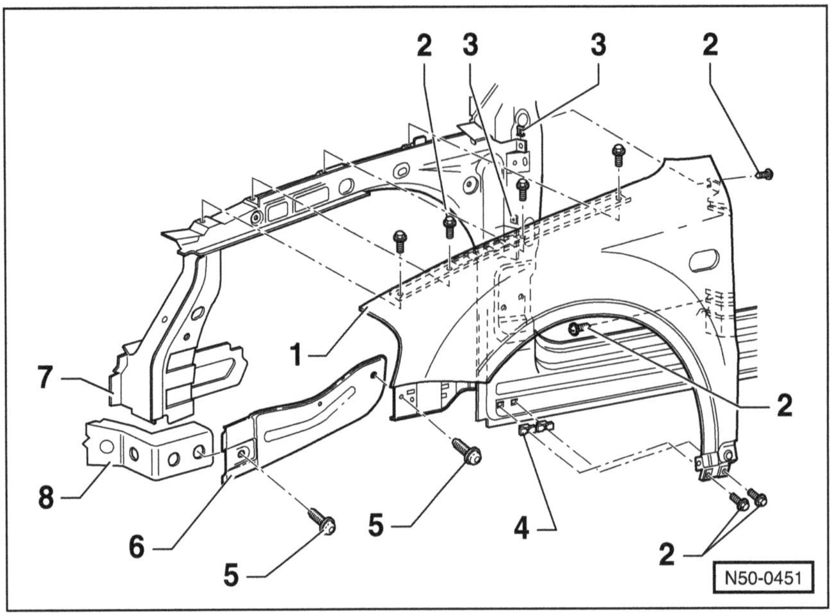

1 – **Kotflügel**
Vorher ausbauen: Stoßfänger, Innenkotflügel und Schließteil, siehe Abbildung N50-0421.

2 – **Schraube, 8 Nm**
8 Stück.

3 – **Schnappmutter**
2 Stück.

4 – **Spreizmutter**
2 Stück.

5 – **Torxschraube, 6 Nm**
2 Stück.

6 – **Halter**
Verbindet den Kotflügel mit dem Schloßträger.

7 – **Radhaus**

Bis 9/00

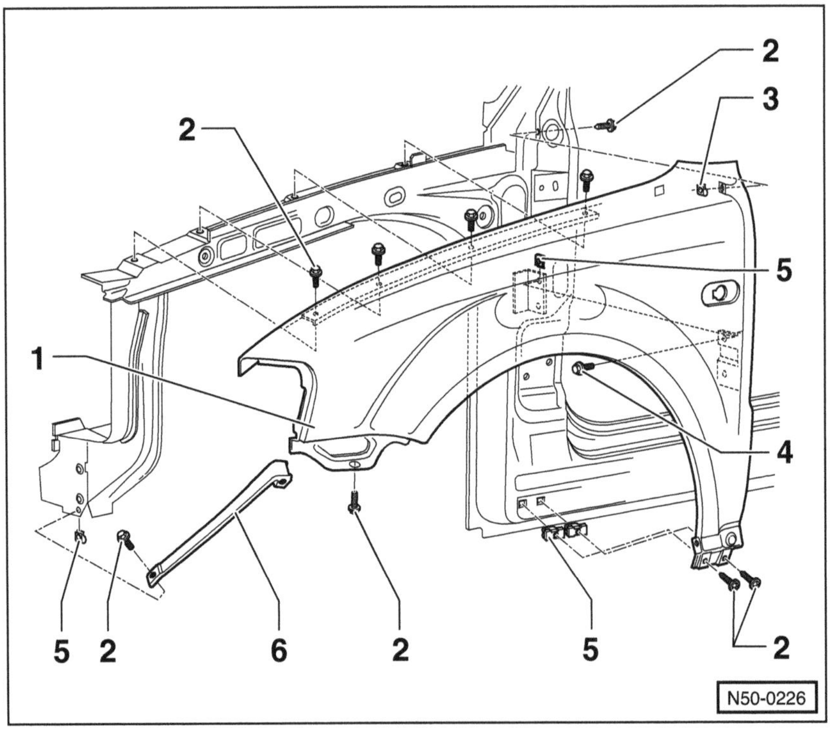

1 – **Kotflügel**

2 – **Schraube**
9 Stück.

3 – **Schnappmutter**

4 – **Torxschraube T25, 25 Nm**
Torxschraubendrehereinsatz T25.

5 – **Spreizmutter**
4 Stück.

6 – **Halter**

Ausbau

- Stoßfänger ausbauen, siehe Seite 280.
- Seitliche Blinker ausbauen, siehe Seite 79.
- Innenkotflügel ausbauen, siehe Seite 285.

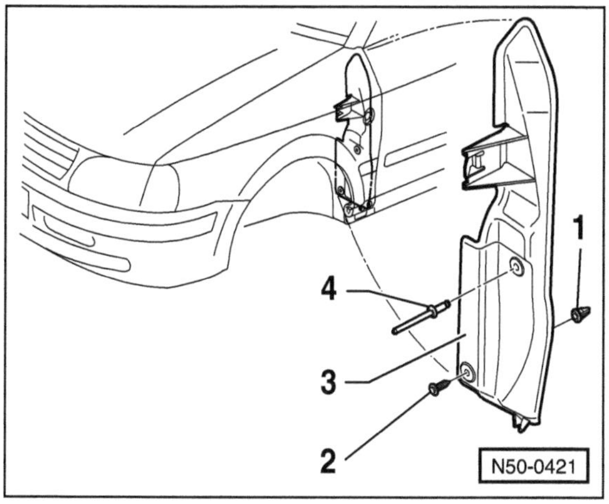

- Schraube –2– aus dem Spreizclip –1– herausdrehen.
- Kunststoffniet –4– abbohren.
- Schließteil –3– aus dem Kotflügel herausziehen.
- Kotflügel abschrauben.
- Durch den Unterbodenschutz und das Abdichtband sitzt der Kotflügel sehr fest. Zum Lösen des Kotflügels ist deshalb ein Fön erforderlich, der mindestens eine Temperatur von +450° C erreicht. Steht kein Fön zur Verfügung, empfiehlt es sich, den Unterbodenschutz an den Trennstellen mit einem scharfen Messer wegzuschneiden.

Sicherheitshinweis:
Unterbodenschutz (PVC-Material) nur leicht und kurzzeitig erwärmen. Das PVC darf sich farblich nicht verändern und keine Blasen bilden. Sonst entstehen gesundheitsgefährdende Dämpfe, außerdem entsteht stark korrosionsfördernde Salzsäure.

- Kotflügel im Bereich der A-Säule Stück für Stück erwärmen und vorsichtig abziehen.

Einbau

- Anlageflächen des Kotflügels reinigen, gegebenenfalls ausrichten.
- Kotflügel gegebenenfalls lackieren.
- Schraubpunkte im Kotflügel-Anlagebereich Radhaus und A-Säule (Säulen, an der die Fahrer- und Beifahrertür angeschlagen sind) mit je einer Zink-Zwischenlage (VW-Nr. AKL 381 035 50) versehen. Dies dient als Korrosionsschutz.
- Auf den Anlageflächen handelsübliches Kotflügelabdichtband auflegen.
- Kotflügel ansetzen, ausrichten und anschrauben. Dabei auf gleichmäßiges Fugenmaß zwischen Motorhaube und Kotflügel sowie Tür achten.
  Sollwerte der Fugenmaße:
  Kotflügel – Motorhaube: 3,0 mm;
  Kotflügel – Blinkleuchte: 1,0 mm;
  Kotflügel – Vordertür: 4,0 mm.

Achtung: Die Befestigungsschrauben (Blechschrauben) dürfen nur mit ca. 5 Nm, also nur leicht, festgezogen werden.

- Auf der Innenseite des Kotflügels Unterbodenschutz auftragen.
- Seitlichen Blinker einbauen, siehe Seite 79.
- Schließteil einbauen.
- Innenkotflügel einbauen, siehe Seite 285.
- Stoßfänger einbauen, siehe Seite 280.

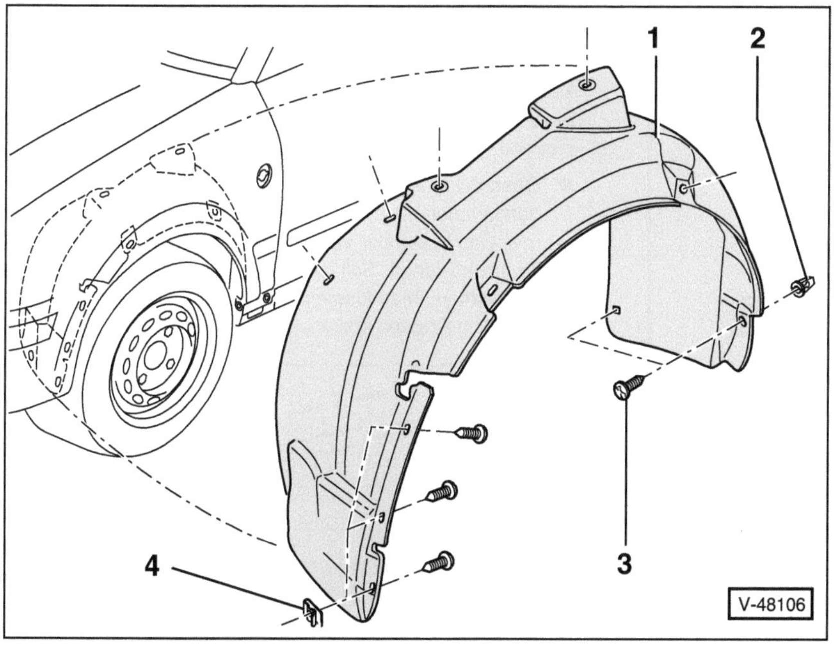

Innenkotflügel aus- und einbauen

Ausbau

- ◆ Stellung des Vorderrades zur Radnabe mit Farbe kennzeichnen. Dadurch kann das ausgewuchtete Rad wieder in derselben Position montiert werden. Radschrauben lösen, dabei muß das Fahrzeug auf dem Boden stehen. Fahrzeug vorn aufbocken und Vorderrad abnehmen.
- ◆ 9 Kreuzschlitzschrauben –3– herausdrehen.
- ◆ Innenkotflügel –1– aus dem Radhaus herausziehen. 2 – Spreizmutter, 4 – Schnappmutter.

Einbau

- ◆ Innenkotflügel in das Radhaus einsetzen und anschrauben.
- ◆ Vorderrad so ansetzen, daß die beim Ausbau angebrachten Markierungen übereinstimmen. Rad anschrauben. Fahrzeug ablassen und Radschrauben über Kreuz mit **120 Nm** festziehen.

Motorhaube aus- und einbauen/einstellen

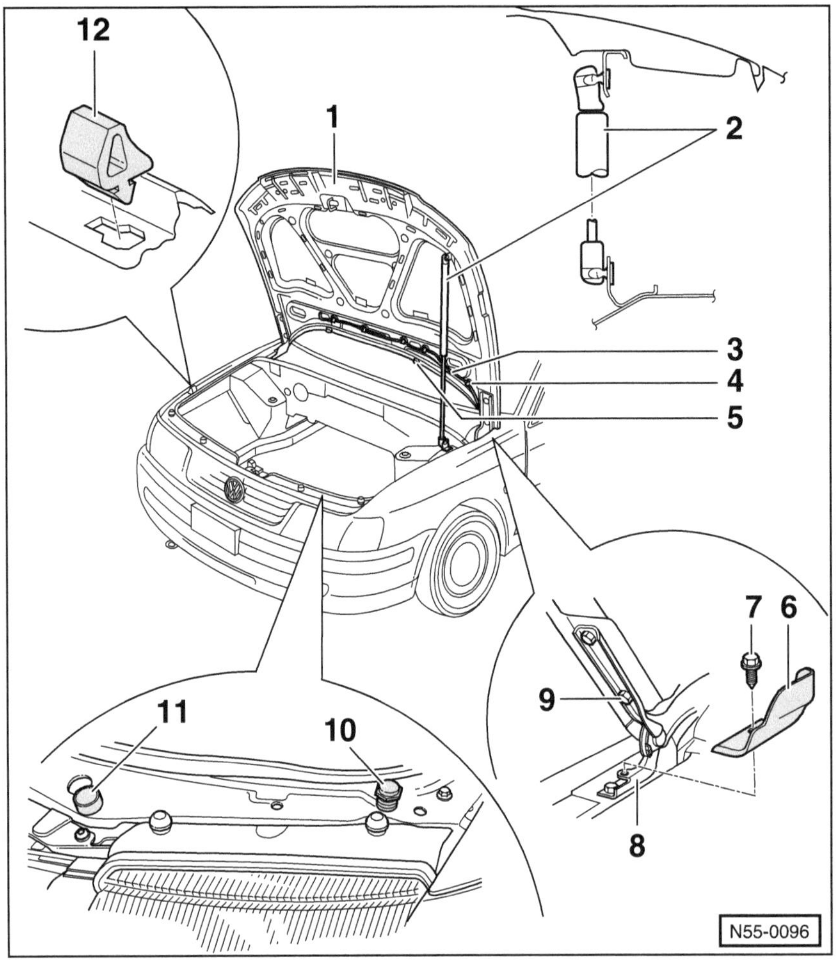

1 – **Motorhaube**
2 – **Gasdruckfeder**
3 – **Schlauch**
4 – **Clip**
5 – **Spritzdüse**
6 – **Scharnierabdeckung**
7 – **Schraube, 6 Nm**
8 – **Scharnier**
9 – **Schraube, 25 Nm**
10 – **Anschlagpuffer**
Mit dem Anschlagpuffer wird die Motorhaube in der Höhe zum Kotflügel eingestellt.
11 – **Gummipuffer**
12 – **Führungsstück**

Ausbau

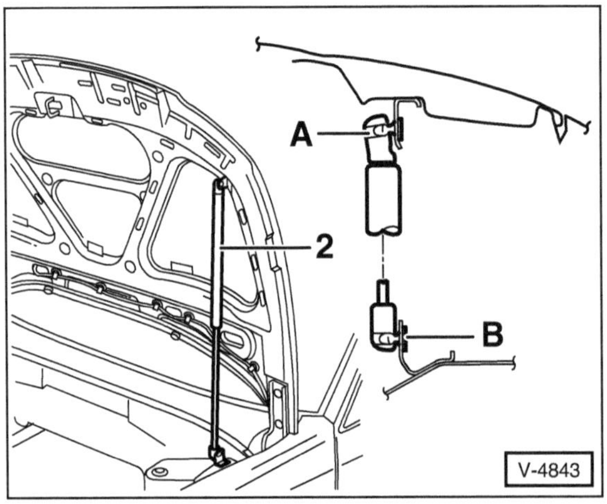

- Zuleitungsschlauch und elektrische Steckverbindung an der Scheibenwaschdüse abziehen. Leitung ausclipsen. **Hinweis:** Als spätere Montagehilfe kann man an den Kabelenden eine Schnur befestigen. Beim Herausziehen der Kabel wird die Schnur eingezogen und bleibt anschließend in der Haube.

- Einbaulage der Motorhaube kennzeichnen, dazu Schrauben –9– am Scharnier mit Filzstift umkreisen.
- Motorhaube durch Hilfsperson abstützen lassen.

Achtung: Für den Ausbau der Gasdruckfeder die Federklammer –A– (Abbildung V-4843) nicht ganz aus der Kugelpfanne heraushebeln, sonst wird die Federklammer beschädigt und die Gasdruckfeder muß ersetzt werden.

- Gasdruckfeder –2– von der Haube abbauen. Dazu Federklammer –A– mit einem Schraubendreher anheben und Gasdruckfeder vom Kugelzapfen –B– an der Motorhaube abziehen. Soll die Gasdruckfeder demontiert werden, unten Federklammer anheben und Gasdruckfeder vom Kugelzapfen abziehen.

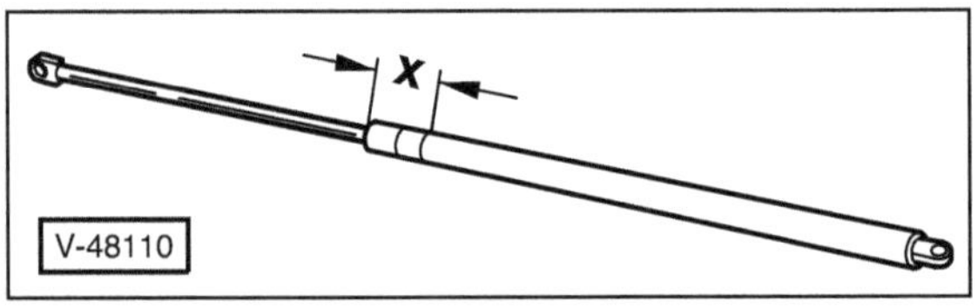

Achtung: Falls die Gasdruckfeder ersetzt wird, muß die alte Feder entgast werden, bevor sie entsorgt wird. Dazu Gasdruckfeder im **Bereich x = 50 mm** in den Schraubstock einspannen. **Achtung**: Feder unbedingt **nur in diesem Be-**

reich einspannen, sonst besteht Unfallgefahr! Anschließend Zylinder im ersten Drittel der Zylindergesamtlänge – ausgehend von der Bezugskante auf der Kolbenstangenseite – aufsägen. Um herausspritzendes Öl aufzufangen, Bereich des Sägetrennschnittes mit einem Lappen abdecken. Außerdem ist während des Sägevorganges eine Schutzbrille zu tragen.

- Schrauben –7– (Abbildung N55-0096) für Scharnierabdeckung –6– herausdrehen und Scharnierabdeckung abnehmen.
- Schrauben –9– am Scharnier herausdrehen und Motorhaube abnehmen. Dazu ist eine Hilfsperson erforderlich. Vor dem Lösen der Scharnierschrauben einen dicken Lappen als Lackschutz zwischen Haube und Karosserie legen.

Einbau

- Motorhaube ansetzen, Schrauben eindrehen, Haube nach den angebrachten Markierungen ausrichten und Schrauben festziehen.
- Gasdruckfeder auf den Kugelzapfen aufdrücken.
- Elektrischen Anschluß und Zuleitungsschlauch mit Schnur durch Motorhaube ziehen und an der Scheibenwaschdüse anschließen.

Motorhaube einstellen

- Schrauben –9– (Abbildung N55-0096) lösen und Motorhaube in Längs- und Querrichtung verschieben, bis die Klappe gleichmäßig und parallel zu den Kotflügeln steht. Fugenmaß zu den Kotflügeln prüfen. Wird das Maß nicht erreicht, Haube so ausmitteln, daß der Spalt links und rechts gleich groß ist. Gegebenenfalls Kotflügel entsprechend versetzen.
- Schrauben –9– mit 25 Nm festziehen.
- Soll die Motorhaube vorn in der Höhe verstellt werden: Schrauben –6– (Abbildung N55-0099) für Haubenschloß mit Filzstift umkreisen und anschließen lösen. Haubenschloß am Schloßträger entsprechend nach oben oder unten verschieben. Anschließend Schrauben mit 10 Nm festziehen.
- Prüfen, ob die Anschlagpuffer –10– (Abbildung N55-0096) bei geschlossener Motorhaube –1– leicht an der Motorhaube anliegen und die Motorhaube zu den Kotflügeln bündig ist. Andernfalls Höhe der Haube mit den Anschlagpuffern folgendermaßen einstellen: Anschlagpuffer bis zum Anschlag einschrauben, dann ½ Umdrehung herausdrehen.
- Anschließend Anschlagpuffer folgendermaßen einstellen: Plastilin oder Knetgummi auf beide Puffer aufkleben und Motorhaube schließen. Haube öffnen und Dicke des zusammengedrückten Knetgummis messen. Einstellpuffer entsprechend weit herausdrehen. Die Motorhaube muß in geschlossenem Zustand spannungsfrei auf beiden Anschlagpuffern aufliegen.

Windlaufabdeckung aus- und einbauen

Die Windlaufabdeckung unterhalb der Frontscheibe muß beispielsweise zur Demontage des Scheibenwischerantriebs ausgebaut werden.

Ausbau

- Scheibenwischerarme ausbauen, siehe Seite 74.

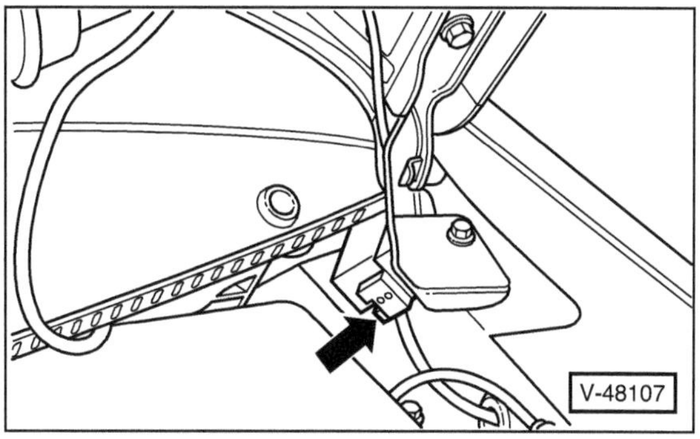

- Motorhaube öffnen. Blechklammer links –Pfeil– nach vorne abziehen.

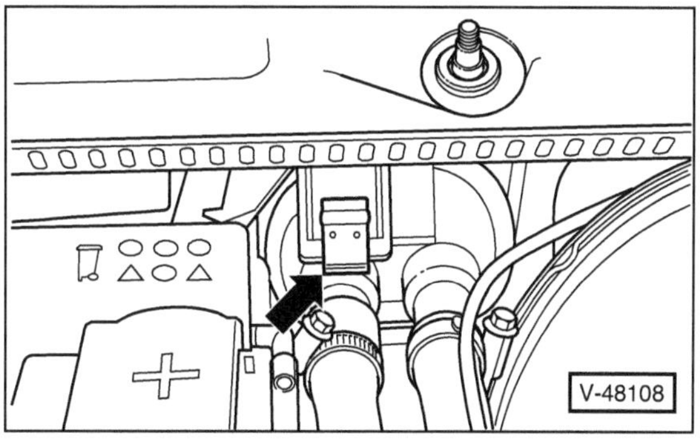

- Mittlere Blechklammer –Pfeil– nach vorne abziehen.

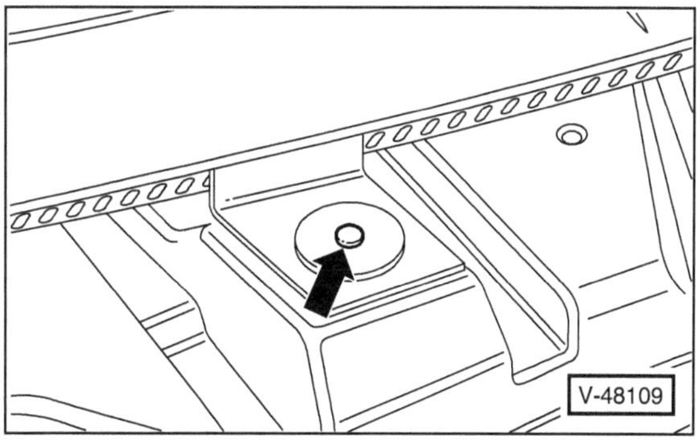

- Kreuzschlitzschraube an der rechten Fahrzeugseite herausdrehen und Windlaufgrill vorsichtig nach oben abziehen.

Einbau

- Der Einbau erfolgt in umgekehrter Ausbaureihenfolge.

Kühlergrill aus- und einbauen

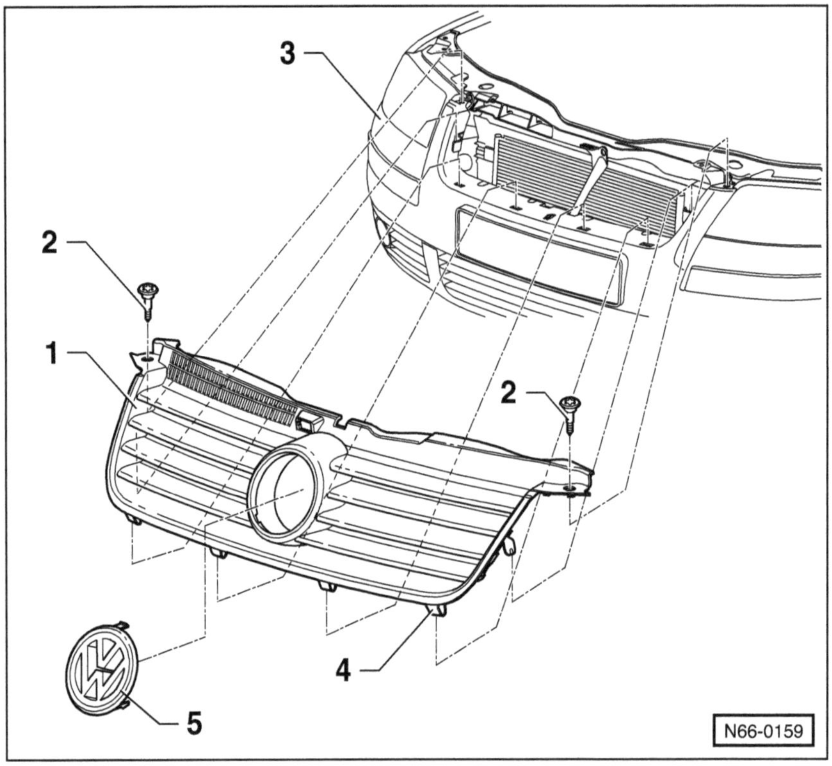

Seit 10/00

1 – **Kühlergrill**

Ausbau

◆ Schrauben –2– herausdrehen.

◆ Kühlergrill nach oben aus den Rasthaken –4– von der Verkleidung –3– abziehen.

◆ Entriegelungshebel ausbauen.

Einbau

◆ Kühlergrill ausrichten, einclipsen und festschrauben.

2 – **Schrauben**
2 Stück.

3 – **Stoßfänger-Verkleidung**

4 – **Rasthaken**
6 Stück.

5 – **Firmenzeichen**
In den Kühlergrill eingeclipst.

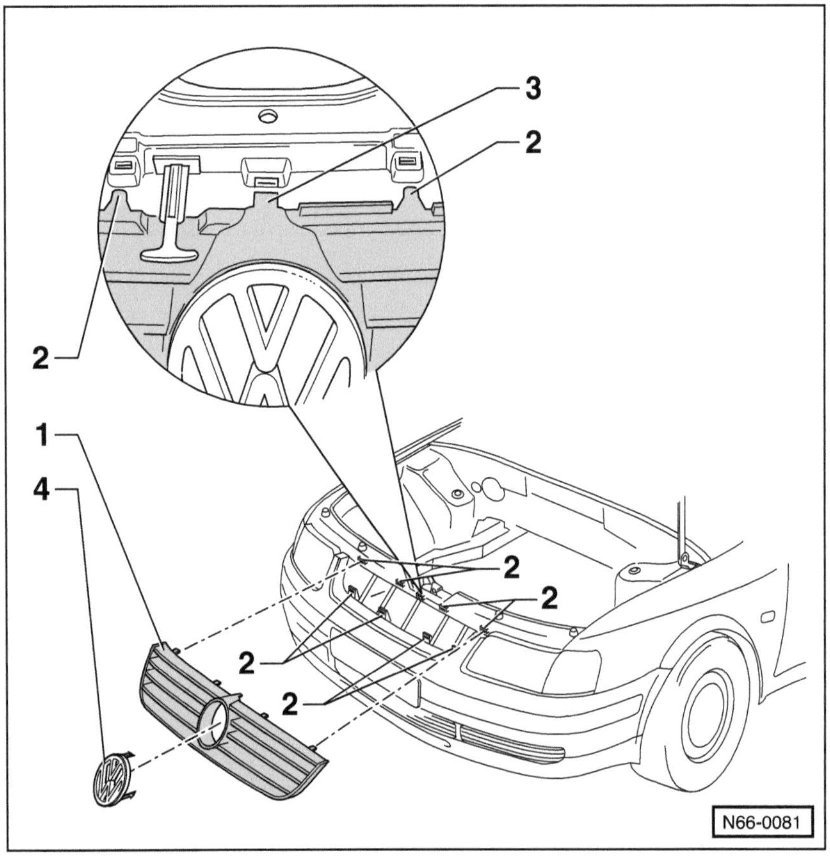

Bis 9/00

1 – **Kühlergrill**

Ausbau:

◆ Obere und untere Rasthaken –2– mit einem Schraubendreher entriegeln.

◆ Kühlergrill nach oben vom Schloßträger abziehen.

Einbau:

◆ Kühlergrill nach der Mittenfixierung –3– ausrichten und einclipsen.

2 – **Rasthaken**

3 – **Mittenfixierung**

4 – **Firmenzeichen**
In den Kühlergrill eingeclipst.

Seilzug für Motorhaube aus- und einbauen

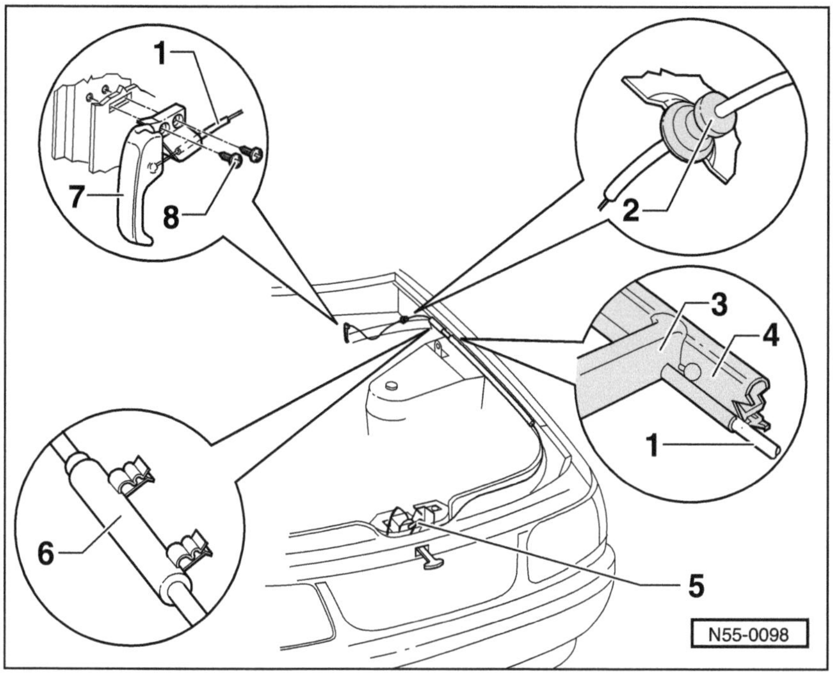

1 – Seilzug
Ausbau:
◆ Betätigungshebel und Haubenschloß abschrauben.
◆ Seilzug aushängen.
Der Seilzug ist durch die Seilzugkupplung geteilt. Zum Ausbau des Schloßträgers Seilzugkupplung trennen.

2 – Dichttülle

3 – Dichtung Wasserkasten
Seitliche Kontur der Dichtung an die Dichtung des Kotflügels zur Anlage bringen.

4 – Dichtung Kotflügel

5 – Haubenschloß

6 – Seilzugkupplung

7 – Betätigungshebel
Seilzug eingehängt.

8 – Kombiblechschraube

Seilzug für Motorhaube trennen

- Seilzugkupplung vom Kotflügel abziehen.

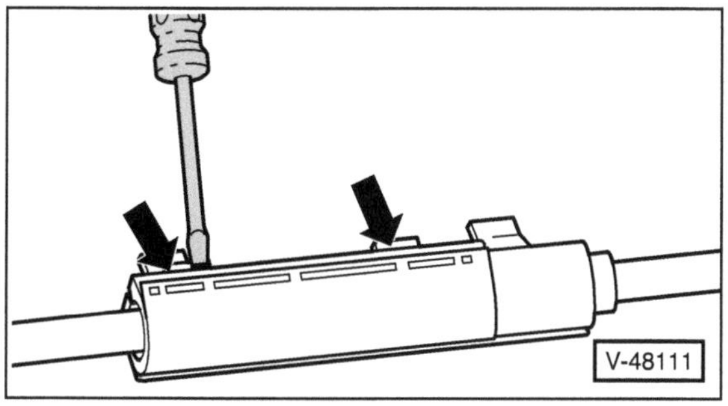

- Seilzugkupplung mit einem kleinen Schraubendreher an den Verrastungen –Pfeile– öffnen.

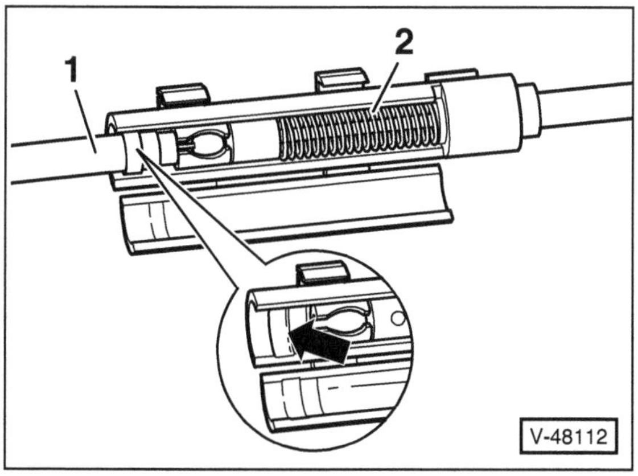

- Seilzug vorn –1– aus der Kupplung –2– herausnehmen.

Achtung: Beim Einbau darauf achten, daß die Hülle des Seilzuges richtig eingelegt ist –Pfeil–, und die Kupplung verrastet wird.

Entriegelungshebel aus- und einbauen

Ausbau

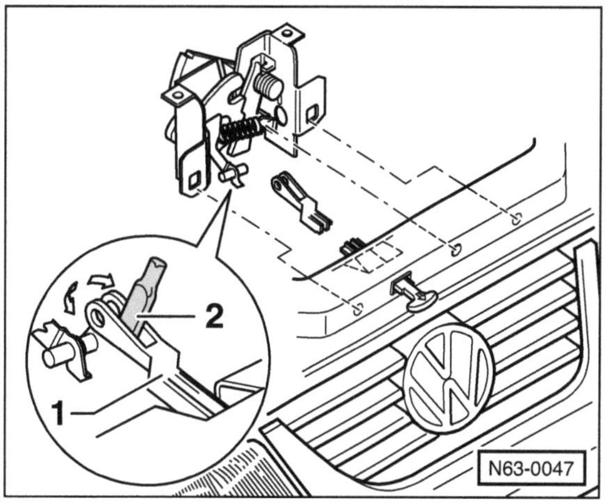

- Entriegelungshebel –1– mit einem Schraubendreher –2– spreizen und vom Klappenschloß abziehen.
- Entriegelungshebel –1– mit der Führung aus dem Schloßträger herausziehen.

Einbau

- Der Einbau erfolgt in umgekehrter Ausbaureihenfolge.

Motorhaubenschloß aus- und einbauen/einstellen

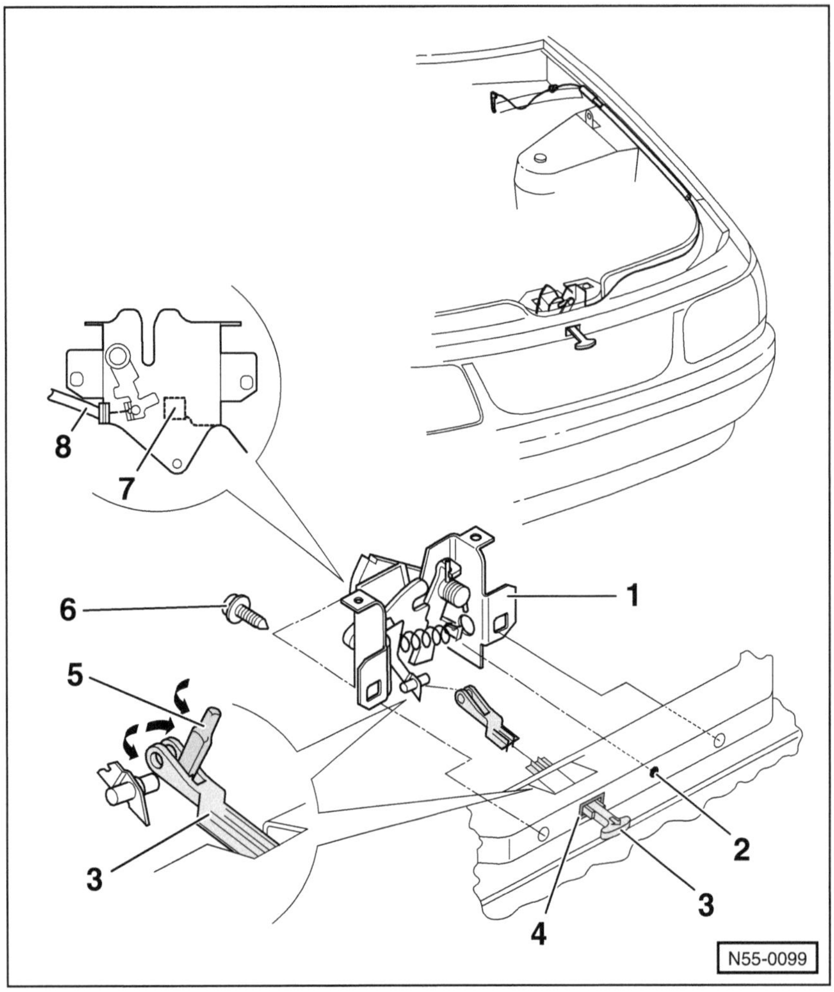

1 – **Haubenschloß**
Einstellen:
- ◆ Innerhalb der übergroßen Bohrungen verschieben.

Ausbau:
- ◆ Mit Hilfe eines Schraubendrehers –5– die Gabel des Entriegelungshebels –3– auseinanderdrücken und den Hebel abnehmen.
- ◆ Schrauben –6– herausdrehen.
- ◆ Seilzug –8– aushaken.
- ◆ Steckverbindung für Microschalter –7– trennen. **Hinweis:** Der Microschalter ist nur bei Fahrzeugen mit Diebstahlwarnanlage eingebaut.

2 – **Absteckdorn**

3 – **Entriegelungshebel**
Zum Ausbau, vorher Kühlergrill ausbauen.

4 – **Clip**

5 – **Schraubendreher**
Als Hilfswerkzeug wie abgebildet einsetzen.

6 – **Schraube, 12 Nm**
Selbstsichernd, daher grundsätzlich ersetzen.
Falls die Schraube wiederverwendet wird:
- ◆ Gewinde der Schraube mit Drahtbürste reinigen.
- ◆ Mutterngewinde mit Gewindebohrer reinigen.
- ◆ Schraube mit VW-Sicherungmittel D-185 400 A2 beschichten.

7 – **Microschalter**

8 – **Haubenzug**

Kofferraumdeckel aus- und einbauen

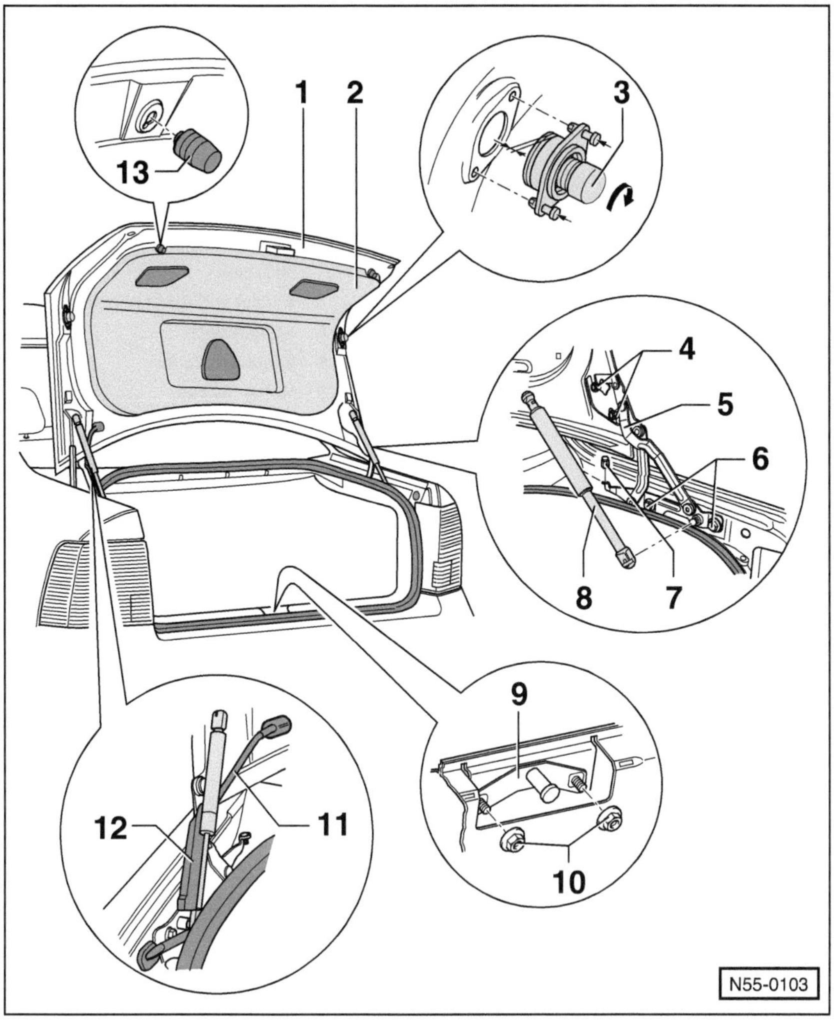

1 – **Kofferraumdeckel**

2 – **Verkleidung**

3 – **Einstellpuffer**

4 – **Muttern, 20 Nm**

5 – **Scharnier**

6 – **Schraube, 20 Nm**

7 – **Gummipuffer**

8 – **Gasdruckfeder**
Ausbau siehe unter »Motorhaube ausbauen«.

9 – **Schließblech**

10 – **Mutter, 7 Nm**

11 – **Leitung**

12 – **Scharnierabdeckung**

13 – **Gummipuffer**

Ausbau

- Verkleidung für Kofferraumdeckel ausbauen.
- Elektrische Leitungen trennen und ausclipsen.
- Leitung für Zentralverriegelung abziehen.
- Einbaulage von Scharnier und Befestigungsmuttern kennzeichnen, dazu Teile mit Filzstift umkreisen.
- Kofferraumdeckel abstützen beziehungsweise durch zweite Person festhalten lassen.
- Scharniere am Kofferraumdeckel abschrauben.

Einbau

- Kofferraumdeckel an den Scharnieren ansetzen, Befestigungsmuttern leicht beiziehen. Deckel nach den angebrachten Markierungen ausrichten und Muttern mit 20 Nm festziehen.
- Leitung für Zentralverriegelung aufstecken.
- Elektrische Leitungen verbinden und einclipsen.
- Verkleidung für Kofferraumdeckel einbauen.

Heckklappe aus- und einbauen

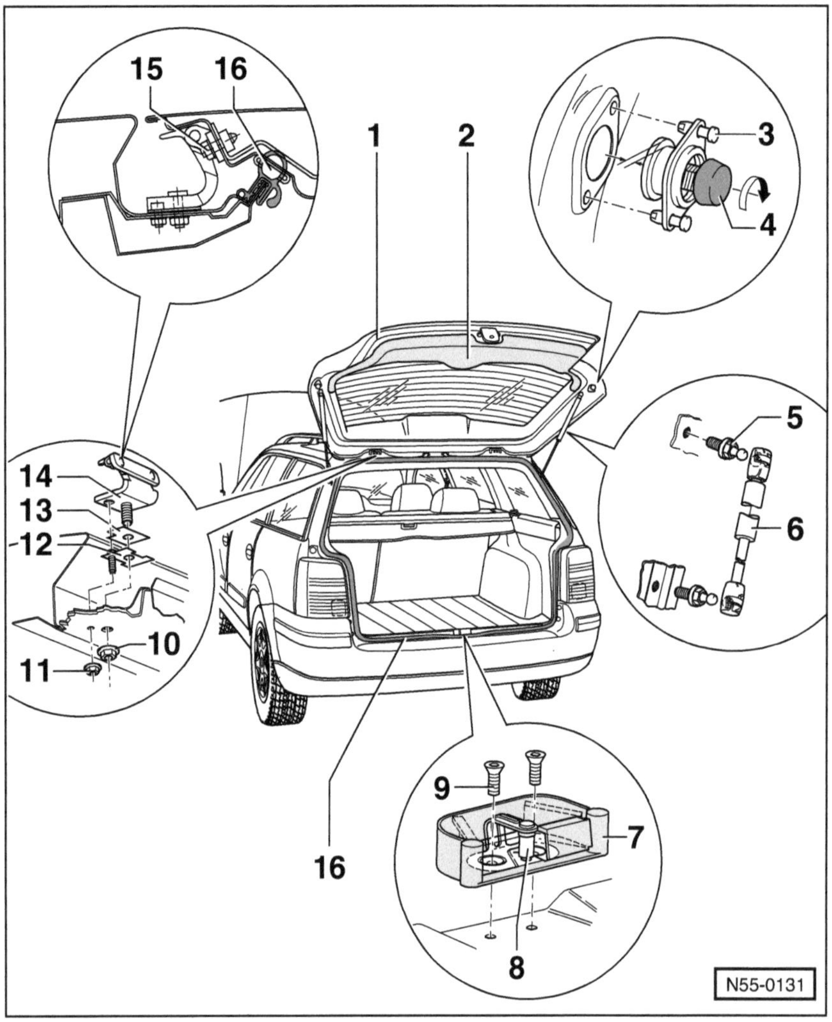

1 – **Heckklappe**
Zum Ausbau muß nur die Sechskantmutter –10– abgeschraubt werden.

2 – **Verkleidung**

3 – **Clip**

4 – **Einstellpuffer**

5 – **Kugelzapfen, 20 Nm**

6 – **Gasdruckfeder**
Ausbau siehe unter »Motorhaube ausbauen«.

7 – **Abdeckung für Schließblech**

8 – **Schließblech**

9 – **Schraube, 25 Nm**

10 – **Mutter, 20 Nm**
Die Heckklappe kann durch Abschrauben dieser Mutter ausgebaut werden.

11 – **Mutter, 10 Nm**

12 – **Adapterplatte**
Mit der Adapterplatte entfällt das Einstellen der Heckklappe.

13 – **Dichtung**

14 – **Scharnier**

15 – **Zwölfkantschraube, 10 Nm**

16 – **Dichtung**

Kofferraumschloß/Heckklappenschloß aus- und einbauen

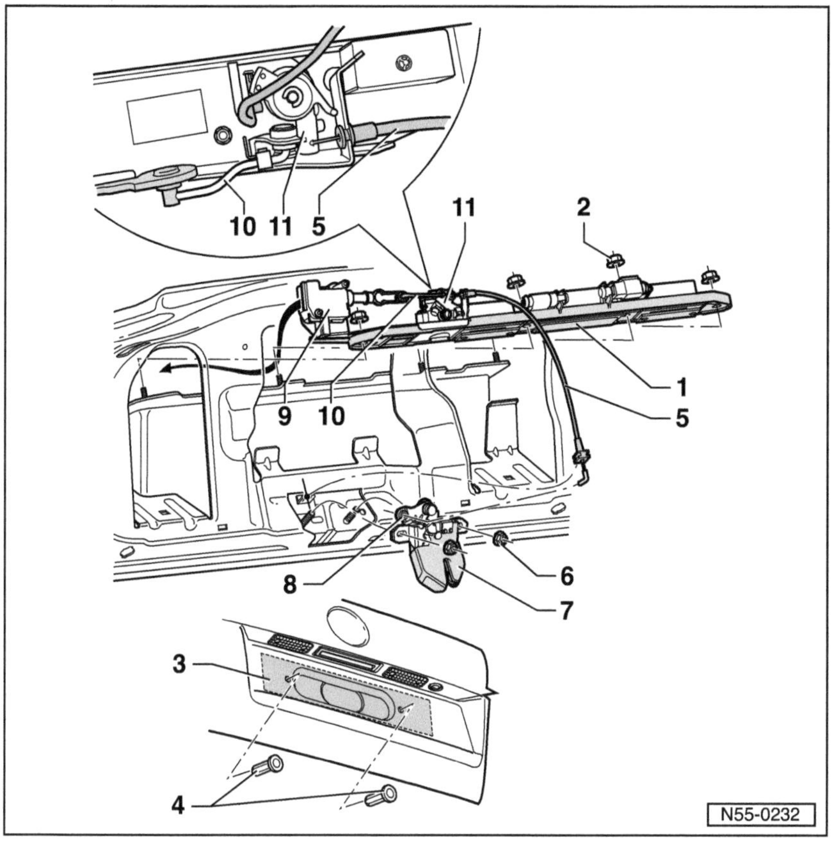

Seit 10/00 – Limousine

1 – **Träger Schließzylinder**

Ausbau

◆ Stecker für Kennzeichenbeleuchtung, Stellmotor Zentralverriegelung und Schließzylinder-Schalter abziehen.

◆ Bowdenzug –5– am Schloß ausclipsen und dann die Muttern –2– abschrauben.

◆ Träger für Schließzylinder aus der Klappe herausnehmen.

2 – **Mutter, 7 Nm**

3 – **Kennzeichenunterlage**

Nur den gerasterten Bereich andrücken. **Hinweis:** Das Ersatzteil hat 2 Folien; eine deckt die Klebefläche ab, die zweite muß nach der Montage abgezogen werden.

4 – **Blindnietenmutter**

5 – **Bowdenzug**

6 – **Mutter, 7 Nm**

7 – **Schloß**

Ausbau

◆ Verkleidung der Klappe ausbauen.

◆ Stecker am Schloß abziehen.

◆ Bowdenzug –5– ausclipsen, Muttern –6– abschrauben, und Schloß aus der Klappe herausnehmen.

8 – **Umlenkhebel**

9 – **Entriegelungsmotor**

10 – **Betätigungsstange**

11 – **Umlenkhebel**

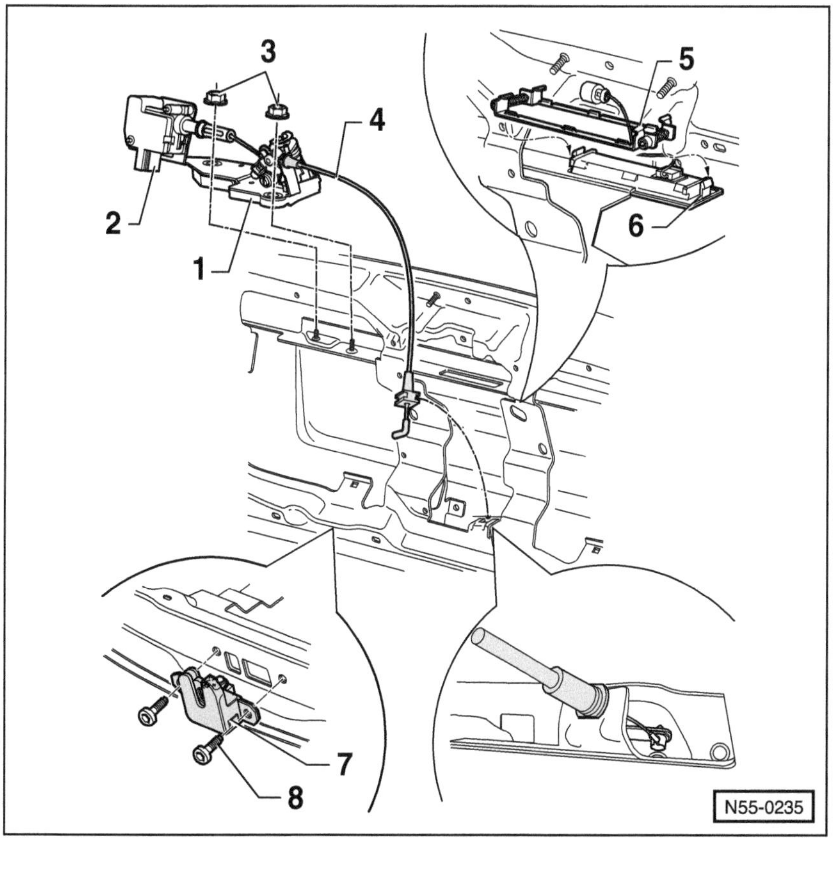

Seit 10/00 – Variant

1 – **Träger Schließzylinder**

Ausbau

◆ Stecker für Kennzeichenbeleuchtung, Stellmotor Zentralverriegelung und Schließzylinder-Schalter abziehen.

◆ Bowdenzug –4– am Schloß ausclipsen und dann die Muttern –8– abschrauben.

◆ Träger Schließzylinder aus der Klappe herausnehmen.

Einbau

◆ Der Einbau erfolgt in umgekehrter Ausbaureihenfolge.

2 – **Entriegelungsmotor**

3 – **Mutter, 7 Nm**

4 – **Bowdenzug**

5 – **Halterahmen**

6 – **Drucktaster für elektrische Schloßbetätigung**

7 – **Schloß**

Ausbau

◆ Verkleidung der Klappe ausbauen.

◆ Stecker am Schloß abziehen.

◆ Bowdenzug –4– ausclipsen, Muttern –8– abschrauben, und das Schloß aus der Klappe herausnehmen.

Einbau

◆ Der Einbau erfolgt in umgekehrter Ausbaureihenfolge.

8 – **Schraube, 23 Nm**

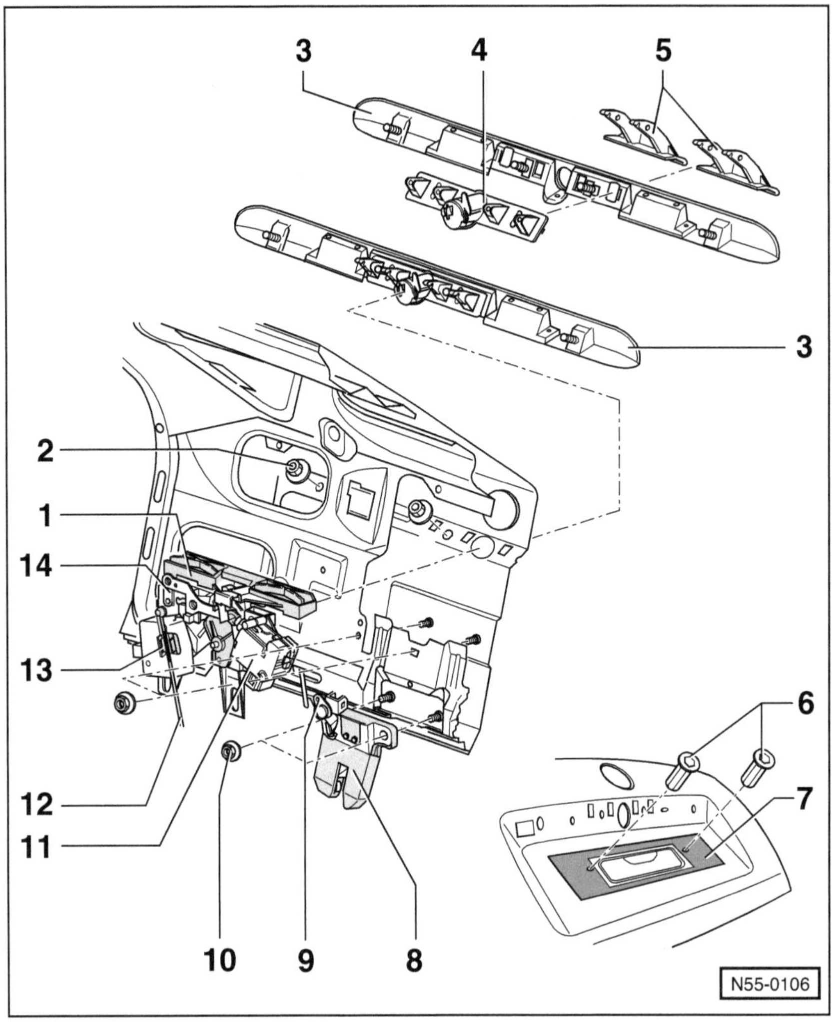

1 – **Träger Schließzylinder**
Der Schließzylinder kann nur in Verbindung mit dem Träger ausgebaut werden.

2 – **Mutter, 7 Nm**

3 – **Griffleiste**
Ausbau:
- ◆ Träger für Schließzylinder ausbauen.
- ◆ Muttern –2– abschrauben und Griffleiste vom Deckel abnehmen.

4 – **Griff**

5 – **Drücker**

6 – **Blindnietenmutter**
Werden mit der Blindnietmuttern-Hebelzange, z. B. VW-1765A, eingezogen.

7 – **Kennzeichenunterlage**
Nur den gerasterten Bereich andrücken.
Das Ersatzteil hat 2 Folien. Die eine Folie deckt die Klebefläche ab, die Zweite muß nach der Montage abgezogen werden.

8 – **Kofferraumschloß**
Ausbau:
- ◆ Verkleidung für Kofferraumdeckel ausbauen.
- ◆ Steckverbindung am Schloß trennen.
- ◆ Betätigungsstange –12– ausclipsen.
- ◆ Muttern –2– abschrauben und Schloß aus der Klappe herausnehmen.

9 – **Umlenkhebel**

10 – **Mutter, 7 Nm**

11 – **Stellmotor für Zentralverriegelung**
Ausbau:
- ◆ Träger für Schließzylinder ausbauen.
- ◆ Stellmotor abschrauben und aushängen.

12 – **Betätigungsstange**
Umlenkhebel –14– gegen den Anschlag drücken und Betätigungsstange spannungsfrei einhängen.

13 – **Gelenkbuchse**

14 – **Umlenkhebel**

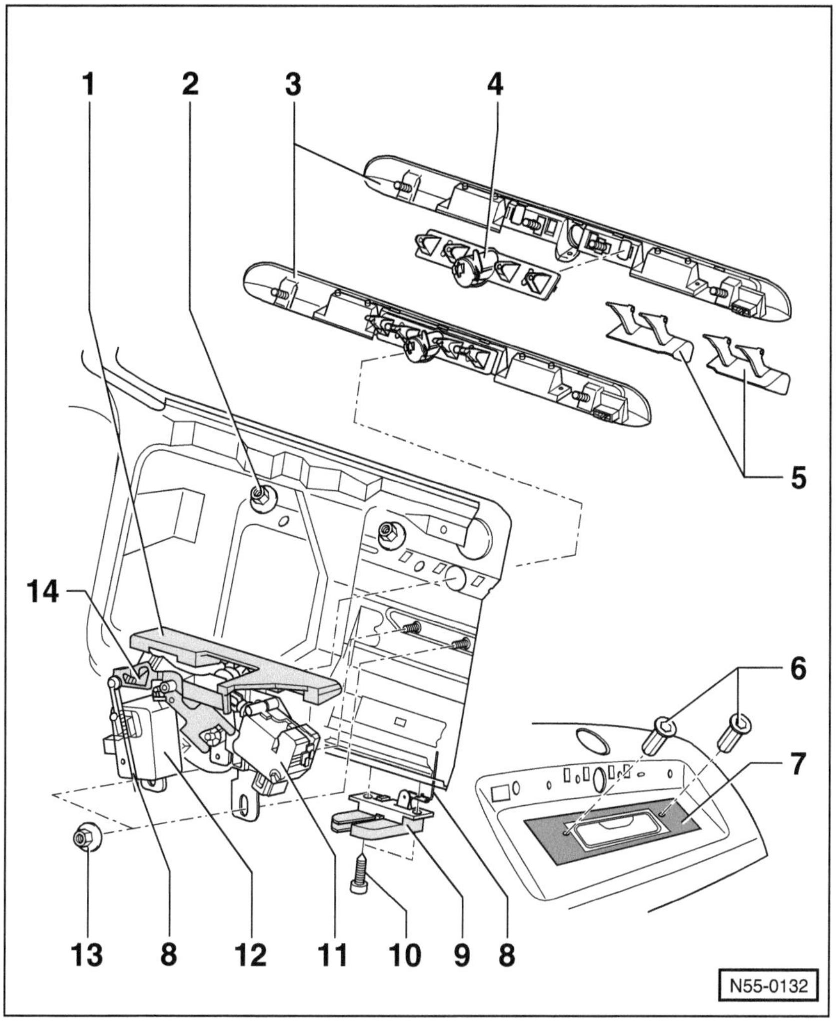

1 – **Träger Schließzylinder**
Der Schließzylinder kann nur in Verbindung mit dem Träger ausgebaut werden.

2 – **Mutter, 7 Nm**

3 – **Griffleiste**
Ausbau:
- ◆ Träger für Schließzylinder ausbauen.
- ◆ Steckverbindung für Kennzeichenleuchte trennen.
- ◆ Muttern –2– abschrauben und Griffleiste vom Deckel abnehmen.

4 – **Griff**

5 – **Drücker**

6 – **Blindnietenmutter**
Werden mit der Blinkdnietmuttern-Hebelzange, z. B. VW-1765A, eingezogen.

7 – **Kennzeichenunterlage**
Nur den gerasterten Bereich andrücken.
Das Ersatzteil hat 2 Folien. Die eine Folie deckt die Klebefläche ab, die Zweite muß nach der Montage abgezogen werden.

8 – **Betätigungsstange**
Umlenkhebel –14– gegen den Anschlag drücken und Betätigungsstange spannungsfrei einhängen.

9 – **Heckklappenschloß**
Ausbau:
- ◆ Verkleidung für Kofferraumdeckel ausbauen.
- ◆ Steckverbindung am Schloß trennen.
- ◆ Betätigungsstange –8– ausclipsen.
- ◆ Schraube –10– abschrauben und Schloß aus der Klappe herausnehmen.

10 – **Schraube, 25 Nm**

11 – **Stellmotor für Zentralverriegelung**
Ausbau:
- ◆ Träger für Schließzylinder ausbauen.
- ◆ Stellmotor abschrauben und aushängen.

12 – **Motor für Heckklappenentriegelung**
Nur USA-Ausführung.

13 – **Mutter, 7 Nm**

14 – **Umlenkhebel**

Träger für Schließzylinder aus- und einbauen

Stufenheck-Limousine

Ausbau

- Verkleidung für Kofferraumdeckel ausbauen.

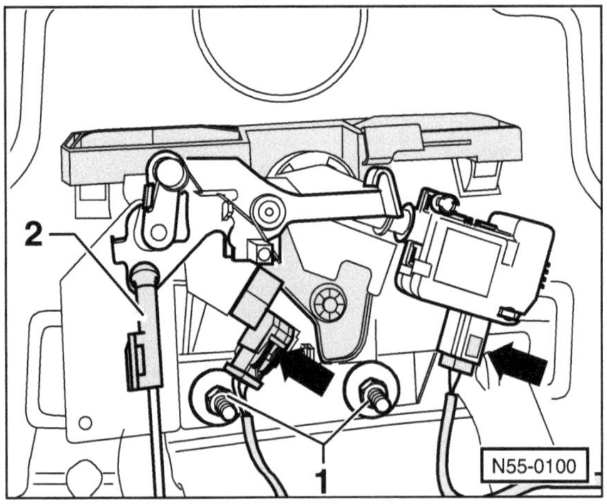

- Steckverbindungen –Pfeile– trennen.
- Betätigungsstange –2– für das Kofferraumschloß abclipsen.
- Muttern –1– abschrauben.

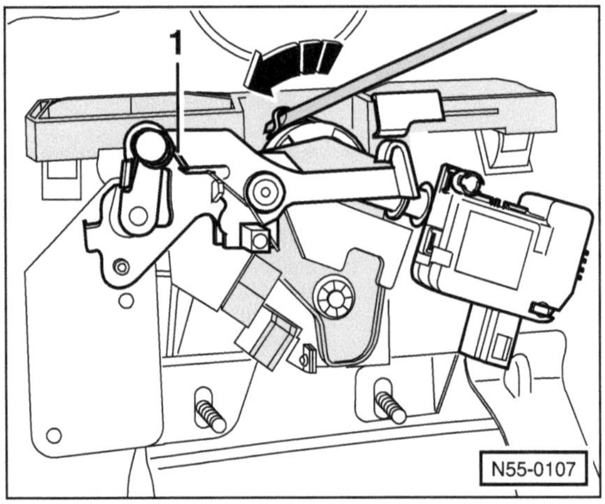

- Sicherungsklammer –Pfeil– mit einem Schraubendreher entgegen dem Uhrzeigersinn ausrasten und festhalten.
- Träger für Schließzylinder –1– vom Kofferraumdeckel, und somit von der Griffleiste abziehen.
- Schließzylinder aus dem Träger herausnehmen.

Einbau

- Sicherungsklammer wieder einrasten.
- Schließzylinder in den Träger einsetzen.
- Kompletten Träger auf die Griffleiste und die Schraubbolzen aufsetzen, und mit hörbarem Klicken in die Griffleiste einrasten.
- Muttern –1– anschrauben.
- Betätigungsstange einclipsen.
- Steckverbindungen zusammenstecken.
- Verkleidung für Kofferraumdeckel einbauen.

Kofferraumdeckel/Heckklappe einstellen

Bis 9/00 – Stufenheck-Limousine/Variant

Kofferraumdeckel und Heckklappe sind richtig eingestellt, wenn sie im geschlossenen Zustand überall ein gleichmäßiges Spaltmaß haben, nicht zu weit nach innen oder außen stehen und die Konturen mit den umliegenden Karosserieteilen fluchten.

Achtung: Für die Einstellung muß das Fahrzeug auf den Rädern stehen.

Bis 9/00

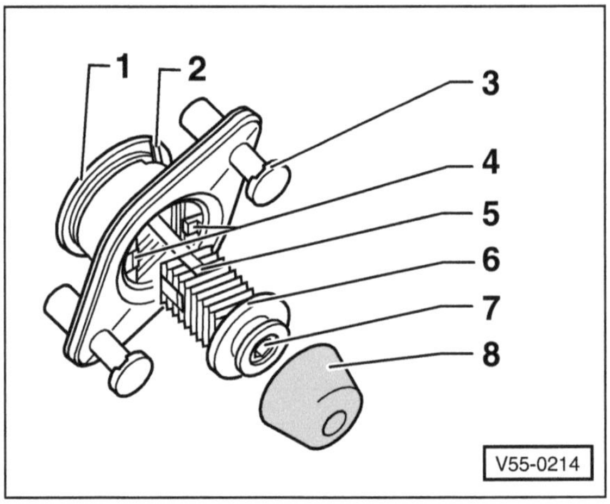

1 – Gewindehülse (mit Linksgewinde)
2 – Distanzsteg
3 – Spreizstifte mit Demontageschlitz
4 – Rastnasen für Grundeinstellung
5 – Vertiefung für Rastnasen
6 – Rastschieber
7 – Klemmschraube
8 – Gummipuffer

- Spreizstift im Demontageschlitz mit schmalem Schraubendreher heraushebeln und Einstellpuffer aus Kofferraumdeckel/Heckklappe herausnehmen.
- Gummipuffer abnehmen und Klemmschraube (Innensechskant 3 mm) bis zum Rand des Rastschiebers herausdrehen.

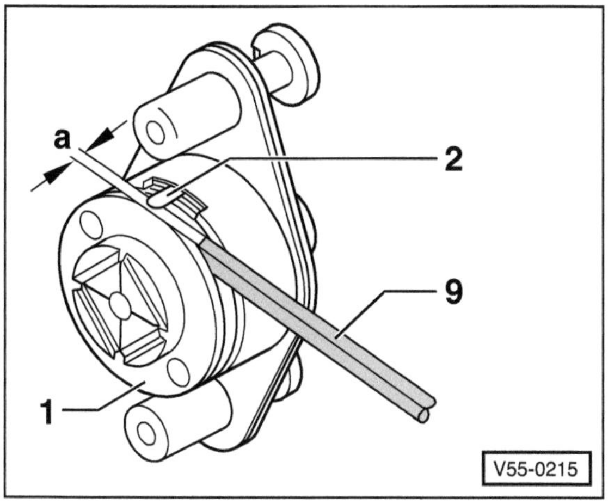

- Gewindehülse –1– (Linksgewinde) auf a = 3 mm Abstand einstellen. Abstand z. B. mit Innensechskantschlüssel –9– prüfen. Gummipuffer wieder montieren.

Achtung: Im Neuzustand ist der Einstellpuffer bereits auf 3 mm Abstand eingestellt. Der Distanzsteg –2– liegt dann an der Gewindehülse –1– an.

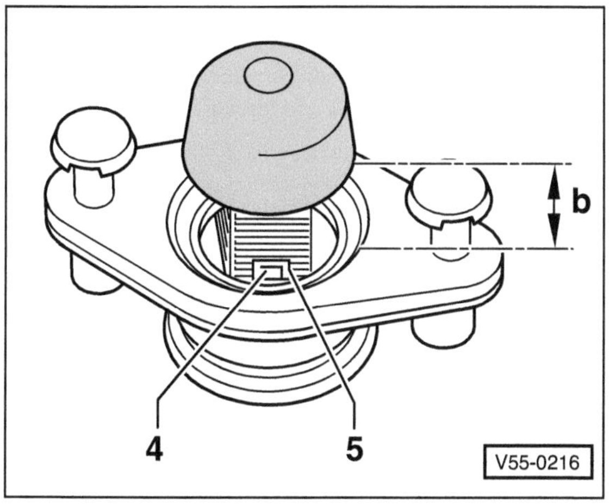

- Rastschieber herausziehen und wieder soweit eindrücken, bis die Rastnasen –4– in der Vertiefung –5– einrasten. Der Abstand zwischen Gehäuse und Gummipuffer beträgt dann b = 10 mm.
- Einstellpuffer einsetzen, Spreizstifte eindrücken.
- Kofferraumdeckel/Heckklappe mit leichtem Druck schließen.
- Kofferraumdeckel/Heckklappe wieder öffnen.

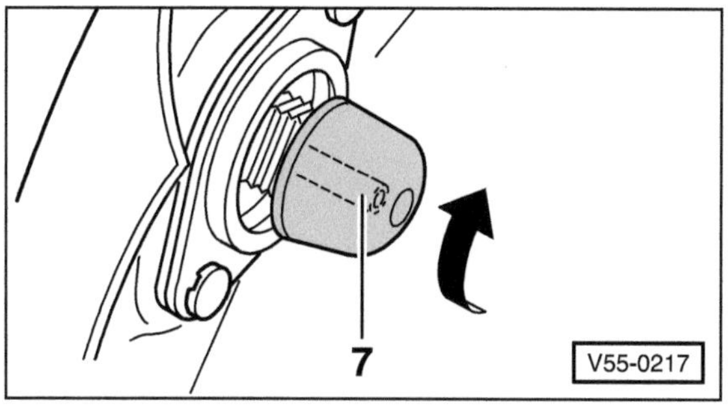

- Klemmschraube –7– mit Innensechskantschlüssel SW 3 ganz leicht mit 1 Nm, **also kaum merklich,** anziehen. Zum Einhalten des Anzugsdrehmoments verwendet die Werkstatt einen Drehmoment-Schraubendreher.

Seit 10/00

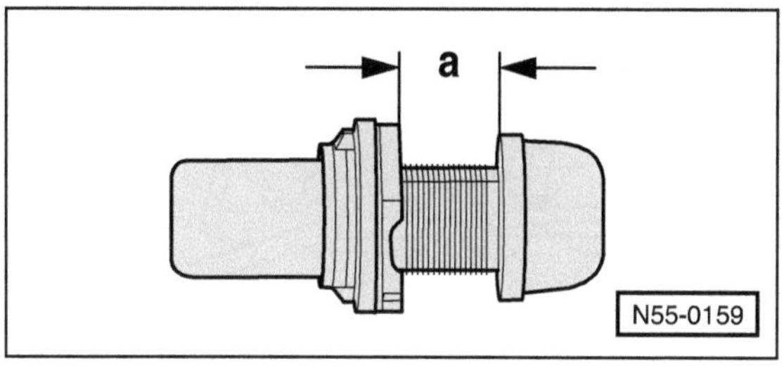

- Klemmschraube mit Innensechskantschlüssel SW-3 soweit lösen, bis sich der Rastschieber herausziehen läßt.
- Rastschieber aus dem Gehäuse herausziehen und auf das Maß a = 12,5 mm einstellen. **Hinweis:** Ein neuer Puffer ist bereits auf dieses Maß eingestellt.
- Klappe hinten mit leichtem Druck über der Mitte schließen, den Griff dabei anziehen.
- Klappe hinten wieder öffnen.
- Die Klappe ist nun mit einer Vorspannung von ca. 2 mm eingestellt.

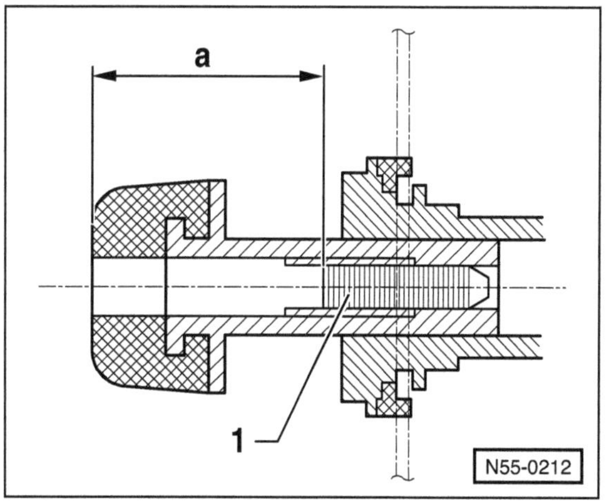

- Klemmschraube –1– bis auf das Maß a = 25 mm einschrauben.
- Einstellung überprüfen.

Träger für Schließzylinder aus- und einbauen

Bis 9/00 – Variant

Ausbau

- Verkleidung für Heckklappe ausbauen, siehe Seite 274.

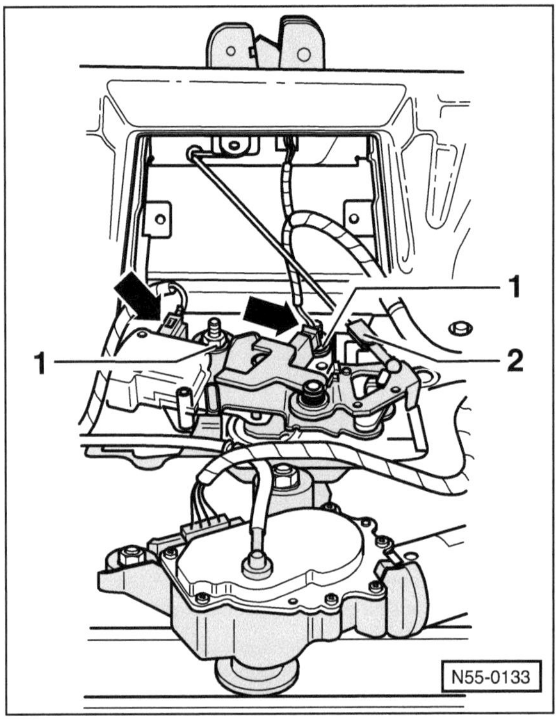

- Steckverbindungen –Pfeile– trennen.
- Betätigungsstange –2– für das Heckklappenschloß abclipsen.
- Muttern –1– abschrauben.

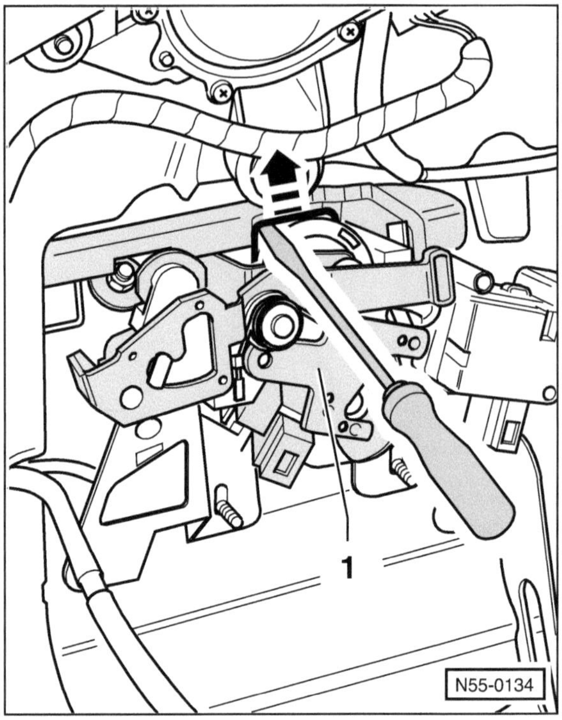

- Sicherungsklammer –Pfeil– mit einem Schraubendreher in Pfeilrichtung ausrasten und festhalten.
- Träger für Schließzylinder –1– von der Heckklappe, und somit von der Griffleiste abziehen.

Einbau

- Sicherungsklammer wieder einrasten.
- Kompletten Träger auf die Griffleiste und die Schraubbolzen aufsetzen und mit hörbarem Klicken in die Griffleiste einrasten.
- Muttern –1– anschrauben.
- Betätigungsstange einclipsen.
- Steckverbindungen zusammenstecken.
- Verkleidung für Heckklappe einbauen, siehe Seite 274.

Schließzylinder für Heckklappe aus- und einbauen

Bis 9/00 – Variant

Ausbau

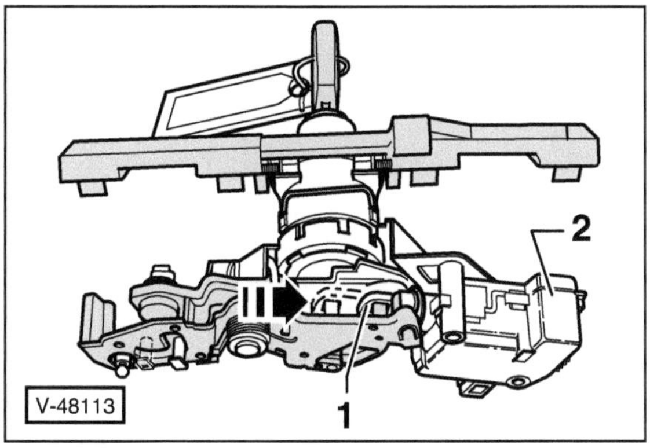

- Hubstange –1– in den Stellmotor –2– einschieben.

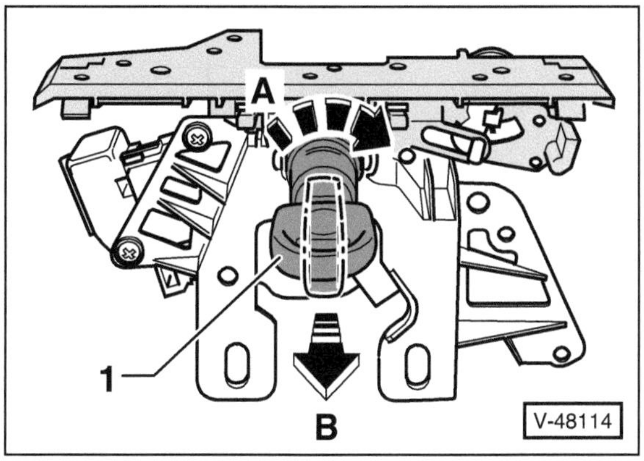

- Schließzylinder –1– im Uhrzeigersinn um 90° (¼ Umdrehung) drehen –Pfeil A– und dann nach vorn aus dem Träger herausnehmen –B–.

Einbau

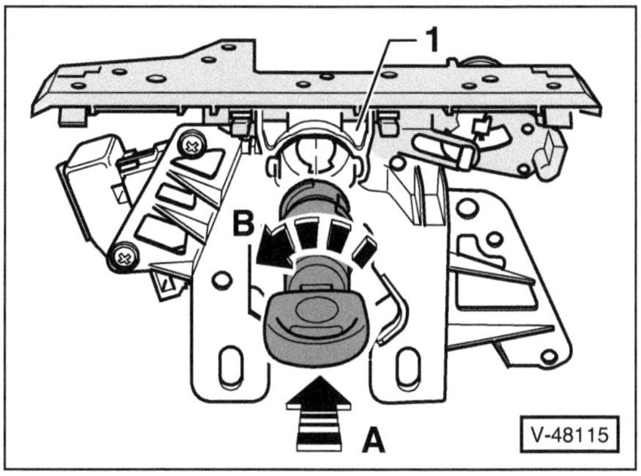

- Schließzylinder in den Träger –1– einsetzen –A– und entgegen dem Uhrzeigersinn 90° (¼ Umdrehung) drehen –B–.

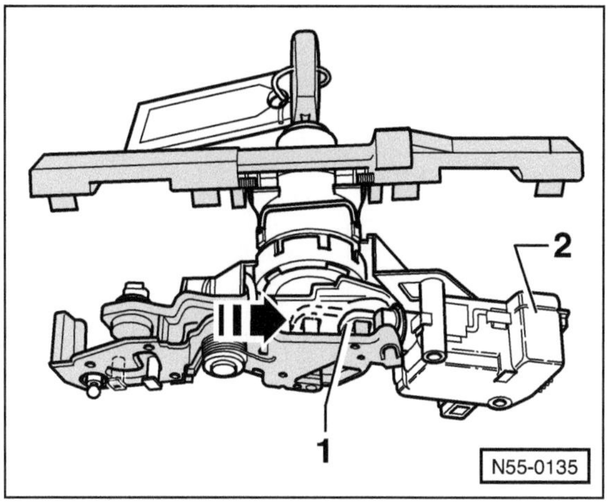

- In dieser Stellung muß die Hubstange –1– vom Stellmotor –2– ausgefahren werden. Gleichzeitig wird der Schließzylinder im Träger mit einem hörbaren Klicken verrastet.

Schließzylindergehäuse

Seit 10/00 – Variant

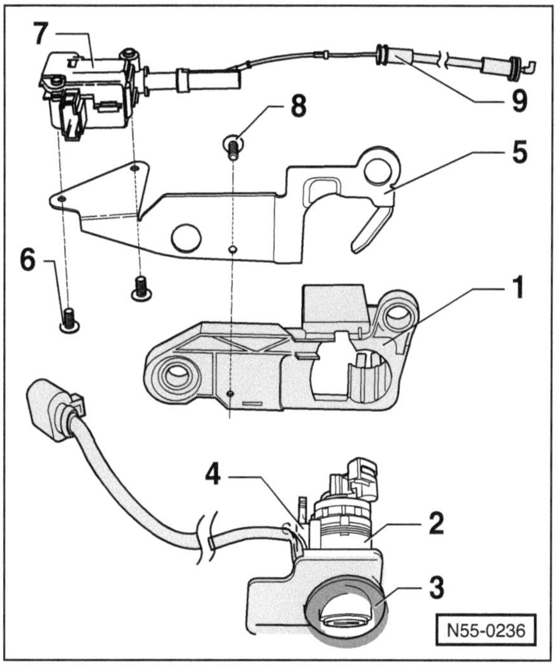

1 – Träger Schließzylinder

2 – Schließzylindergehäuse
In die Rückwand eingeclipst.

3 – Dichtung

4 – Entriegelungsschalter

5 – Trägerblech

6 – Schraube

7 – Entriegelungsmotor

8 – Schraube

9 – Bowdenzug

Vordertür aus- und einbauen

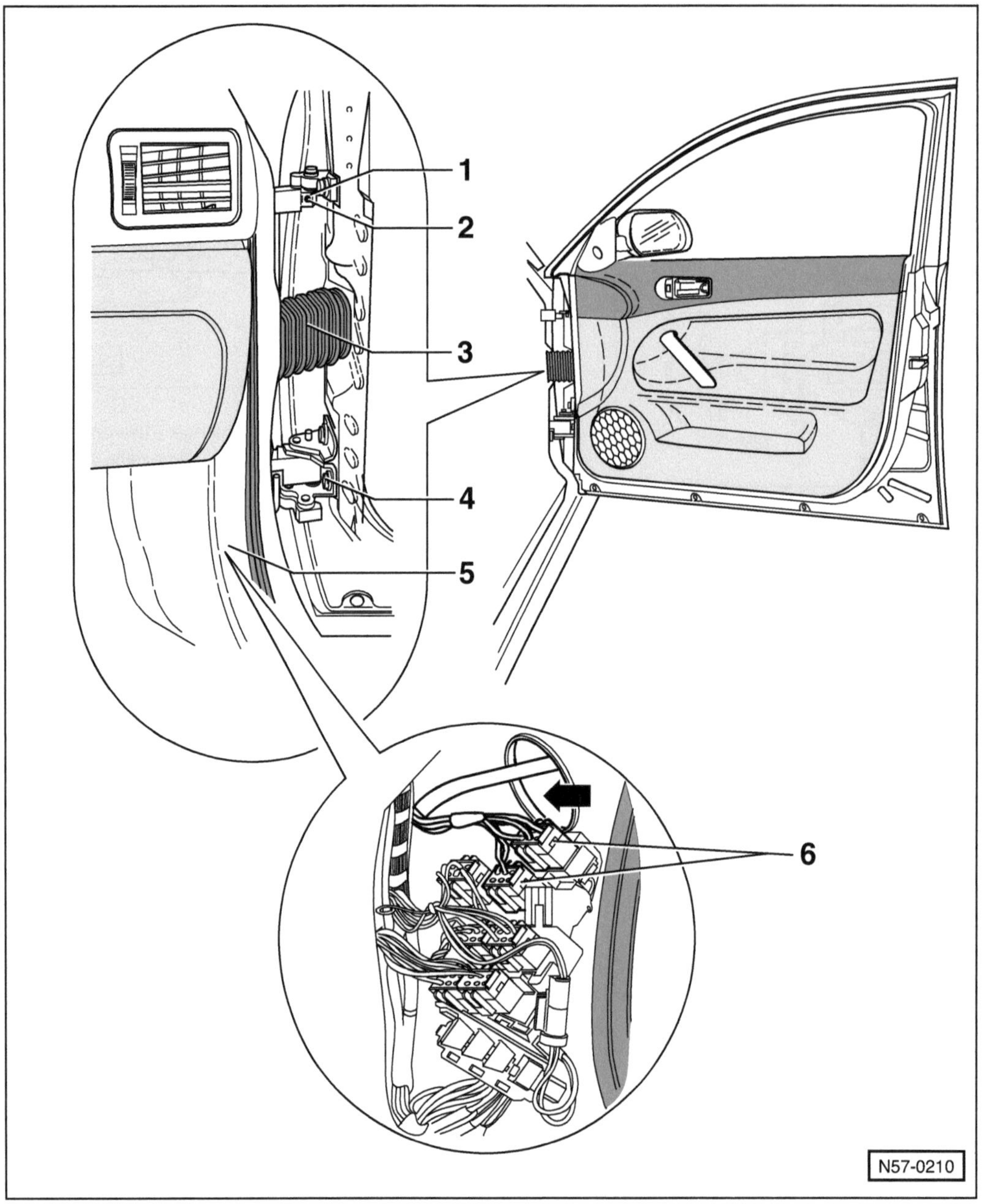

Ausbau

- Untere Verkleidung für A-Säule –5– ausbauen, siehe Seite 265.
- Steckverbindungen –6– an der A-Säule trennen.
- Faltenbalg –3– von der A-Säule abziehen.
- Elektrische Leitungen durch die Öffnung –Pfeil– aus der A-Säule herausfädeln.
- Abdeckkappe –1– abhebeln und Madenschraube –2– aus dem oberen Scharnier herausdrehen.
- Untere Schraube –4– aus dem Scharnier herausdrehen. **Achtung:** Diese Schraube muß immer ersetzt werden.
- Tür nach oben aus den Scharnierwinkeln herausheben.

Einbau

- Tür von oben in die Scharnierwinkel einsetzen.
- Neue untere Schraube am Scharnier ansetzen und mit **20 Nm** anziehen. Anschließend Schraube mit starrem Schlüssel ¼ **Umdrehung (90°)** weiterdrehen.
- Madenschraube am oberen Scharnier mit 25 Nm einschrauben. Abdeckkappe aufdrücken.
- Elektrische Leitungen durch die Öffnung in der A-Säule einführen, Stecker aufschieben.
- Faltenbalg über die Leitungen schieben und einhängen.
- Untere Verkleidung für A-Säule –5– einbauen, siehe Seite 265.

Schließzylindergehäuse aus- und einbauen

Ausbau

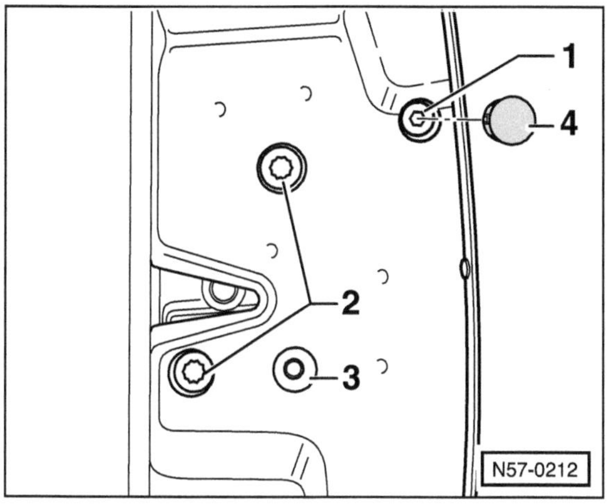

- Abdeckkappe –4– heraushebeln. 1 – Befestigungsschraube Schließzylinder, 2 – Befestigungsschraube Türschloß, 3 – Zentrierschraube Türschloß mit Innensechskant- oder Innenvielzahnkopf.

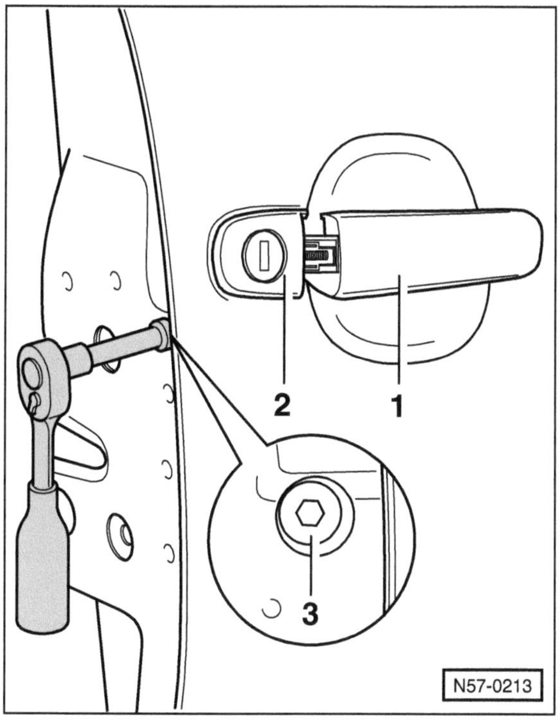

- Türgriff –1– ziehen und festhalten.
- Schraube –3– vorsichtig herausdrehen. Dadurch wird das Schließzylindergehäuse gelöst. **Achtung:** Schraube nicht zu weit herausdrehen, sonst kann sich der Arretierungsring vom Lagerbügel lösen und in die Tür fallen.
- Schließzylindergehäuse –2– im rechten Winkel zur Tür aus dem Lagerbügel des Türgriffes herausziehen.

Einbau

- Schließzylindergehäuse im rechten Winkel in den Lagerbügel des Türgriffs einstecken.
- Türgriff und Schließzylindergehäuse an das Türblech andrücken. In dieser Stellung Schraube –3– in den Lagerbügel einschrauben, bis der Türgriff mit einem gut hörbaren Klicken in das Schließzylindergehäuse einrastet, siehe Abbildung N57-0213.
- Der weitere Einbau erfolgt in umgekehrter Ausbaureihenfolge.

Achtung: Nach dem Einbau unbedingt Funktionsprüfung durchführen, da bei nicht korrekter Einstellung der Verclipsung des Bowdenzuges die Tür nicht geöffnet werden kann.

Türgriff aus- und einbauen

Achtung: Bevor die Tür nach dem Einbau des Türgriffs geschlossen wird, unbedingt Funktionsprüfung des Türgriffmechanismus durchführen. Bei nicht korrekter Einstellung und Verclipsung des Bowdenzuges kann die Tür nicht geöffnet werden.

Ausbau

- Schließzylindergehäuse ausbauen, siehe entsprechendes Kapitel.

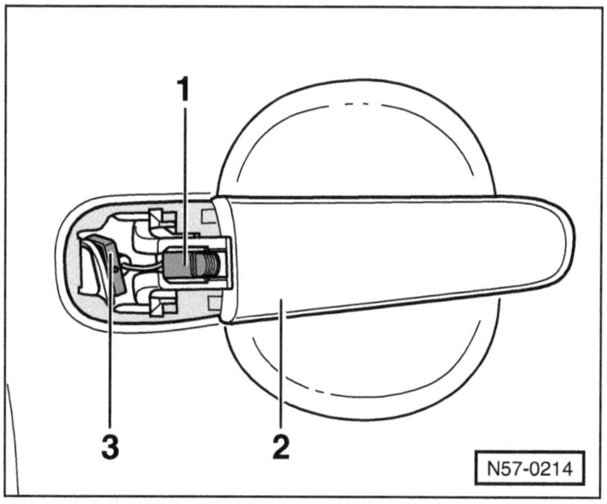

- Clip –1– aus dem Türgriff ausclipsen.
- Türgriff aus der Tür herausschwenken.

Einbau

Achtung: Ab Fahrgestellnummer 3B XE 060 000 und 3B SP 075 000 Feder am Türschloß einhängen, siehe Abschnitt am Ende des Kapitels auf Seite 301.

- Türgriff in die Tür einschwenken.
- Clip –1– in den Blechausschnitt ziehen und in den Türgriff –2– einrasten. Dabei Türgriff an das Türblech andrücken.

Achtung: Während der Clip montiert wird, darf der Schloßbetätigungshebel –3– nicht gezogen werden.

- Schließzylindergehäuse einbauen.

Feder am Türschloß einhängen

Fahrzeuge ab Fahrgestellnummer 3B XE 060 000 und 3B SP 075 000.

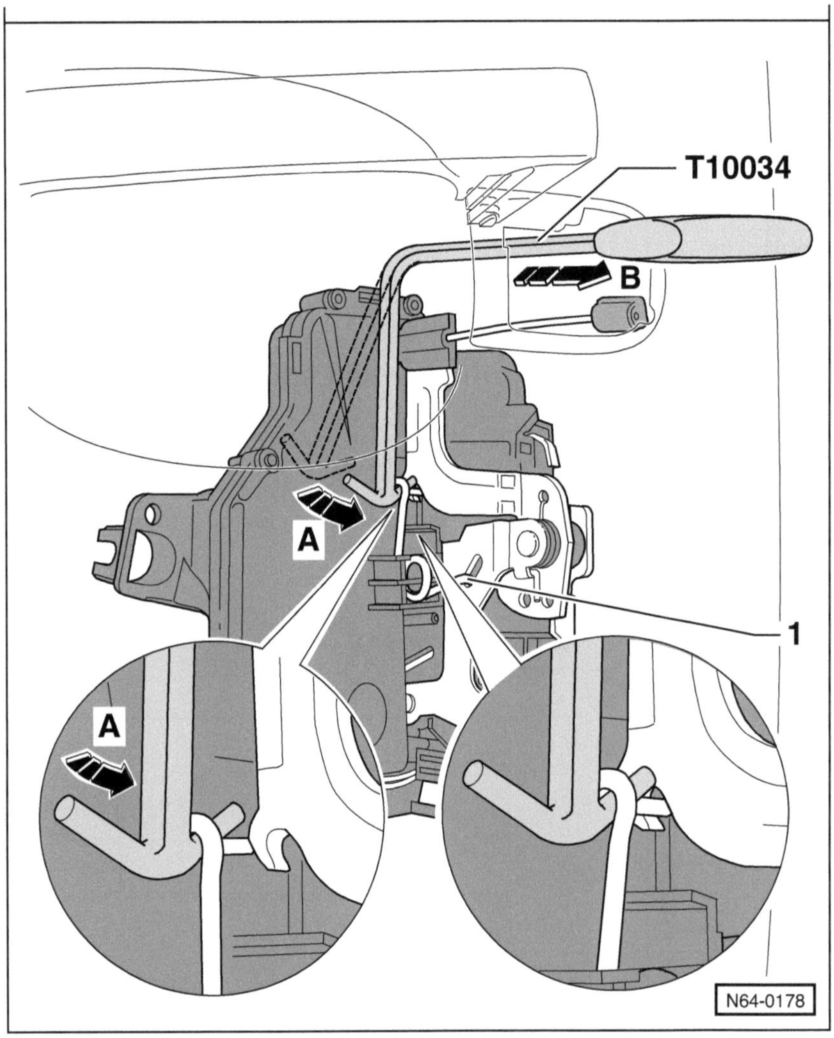

- Durch die Öffnung in der Tür geeigneten Drahthaken einführen. Falls das VW-Werkzeug T10034 nicht zur Verfügung steht, Drahthaken entsprechend der Abbildung selbst anfertigen.
- Zur besseren Sicht das Türinnenteil mit einer Taschenlampe ausleuchten.
- Drahthaken in die Feder –1– einhaken –Pfeil A–.
- Drahthaken zurückziehen –Pfeil B– und dadurch die Feder in das Türschloß einhängen.

Türschloß aus- und einbauen

Türschloß, Fensterheber und Lautsprecher sind am Aggregateträger der Tür befestigt.

Das Türschloß kann nur in Verbindung mit dem Aggregateträger ausgebaut werden.

Der Aggregateträger kann nur ausgebaut werden, wenn die Türfensterscheibe an den Klemmbacken des Fensterhebers abgeschraubt ist. Dazu muß die Türfensterscheibe bis auf die Höhe der Montagelöcher im Aggregateträger heruntergefahren und die Klemmbacken gelöst werden.

Sollte bei elektrischen Fensterhebern das Herunterfahren der Türfensterscheibe nicht möglich sein, muß erst mit dem Fehlerauslesegerät die genaue Fehlerursache ermittelt werden. Liegt ein Fehler im Komfortsystem des Fensterhebers vor, muß die Fensterscheibe manuell heruntergedrückt werden, siehe Abschnitt am Ende des Kapitels.

Ausbau

- Türverkleidung vorn ausbauen, siehe entsprechendes Kapitel.
- Schließzylindergehäuse ausbauen, siehe entsprechendes Kapitel.
- Clip aus dem Türgriff ausclipsen, siehe Kapitel »Türgriff aus- und einbauen«.
- Aggregateträger ausbauen, siehe entsprechendes Kapitel.

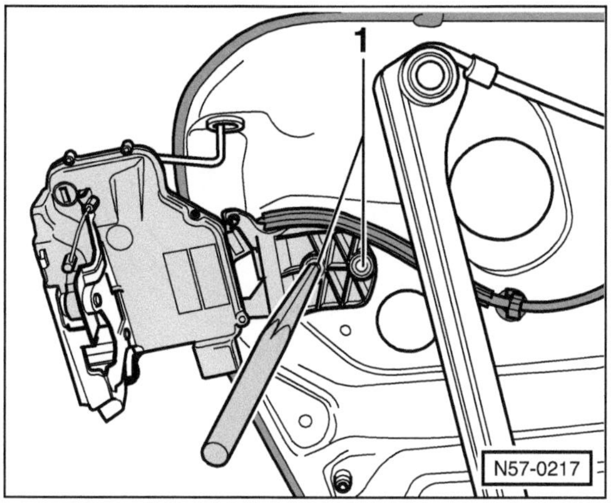

- Clips –1– mit einem Dorn austreiben.

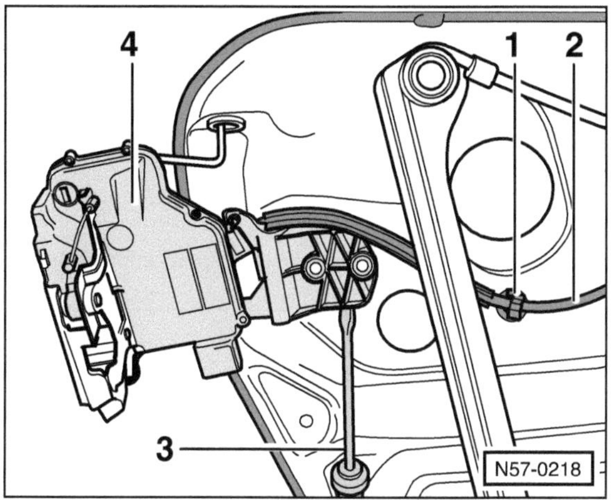

- Seilzug –2– aus Clip –1– ausclipsen.
- Mit einem Schraubendreher –3– das Türschloß –4– mit der Montagehilfe vom Aggregateträger abhebeln.

Hinweis: Der Haltewinkel gehört nicht zum Teileumfang des Türschloßes. Er ist am Türschloß mit einer Schraube und einem Blindniet befestigt.

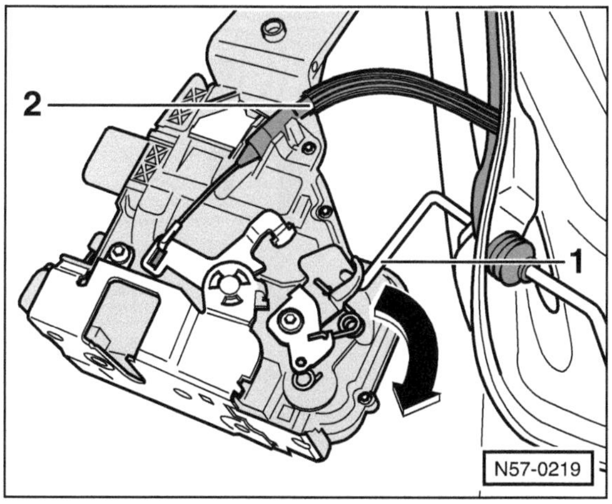

- Sicherungsstange –1– ausclipsen. Dazu das Türschloß in Pfeilrichtung drehen.

- Seilzug–2–ausclipsen.
- Nippel vom Seilzug um 90° drehen und aus der Öse herausnehmen.

Einbau

- Aggregateträger einbauen, siehe entsprechendes Kapitel.

Der weitere Einbau erfolgt in umgekehrter Ausbaureihenfolge.

- Anschließend ist eine Funktionsprüfung durchführen.

Türfensterscheibe manuell herunterdrücken

Bei einem Fehler im Komfortsystem der elektrischen Fensterheber, wenn sich die Fenster nicht herunterfahren lassen, ist folgendermaßen vorzugehen:

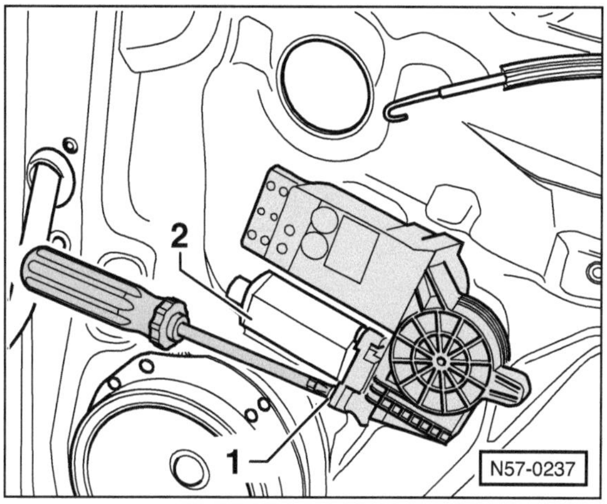

- 4 Schrauben –1– herausdrehen.
- Gehäuse –2– vom Fensterhebermotor abziehen.

Hersteller BOSCH – Fensterhebermotor

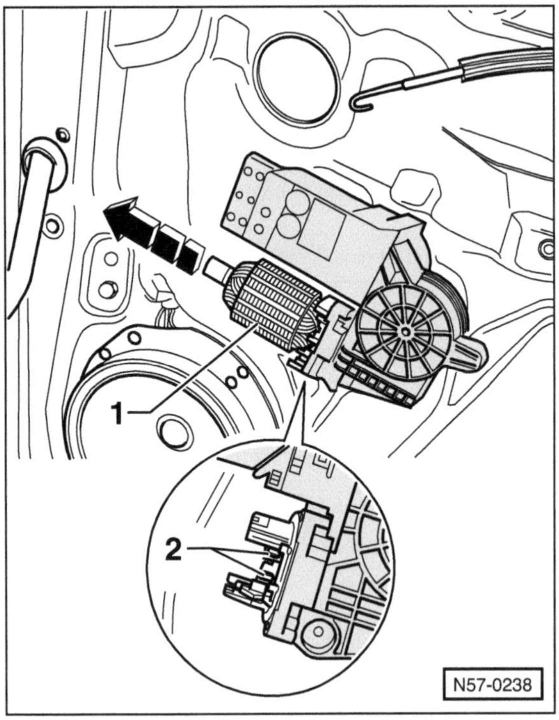

- Anker –1– vom Fensterhebermotor abziehen –Pfeil–. 2 – Ringmagnet und Hallsensor für die Kraftbegrenzung des Fensterhebers (Einklemmschutz).
- Die Türfensterscheibe kann jetzt bis auf die Höhe der Montagelöcher im Aggregateträger heruntergedrückt werden.

Hinweis: Der Motor darf nun nicht mehr wiederverwendet werden.

Hersteller SIEMENS – Fensterhebermotor

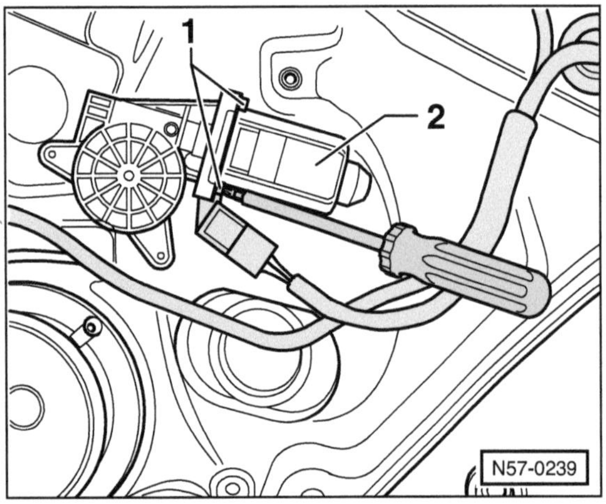

- 4 Schrauben –1– herausdrehen.
- Gehäuse –2– vom Fensterhebermotor abziehen.

Hinweis: Der Motor darf nun nicht mehr wiederverwendet werden.

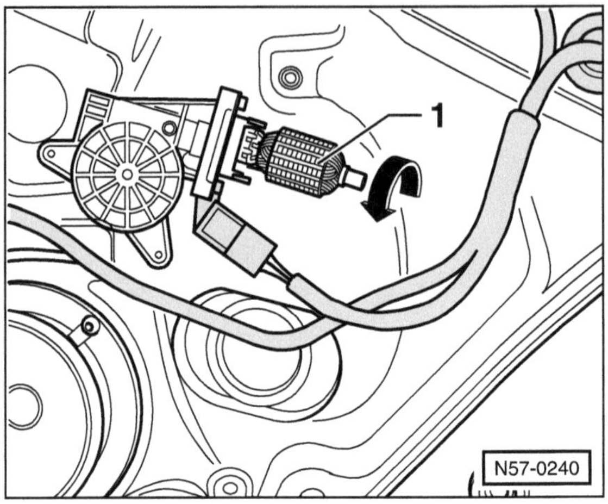

- Durch Drehen des Ankers –1– kann die Türfensterscheibe bis auf die Höhe des Montageloches herunterbewegt werden.

Türfensterscheibe vorn aus- und einbauen/einstellen

Ausbau

- Türverkleidung ausbauen, siehe entsprechendes Kapitel.

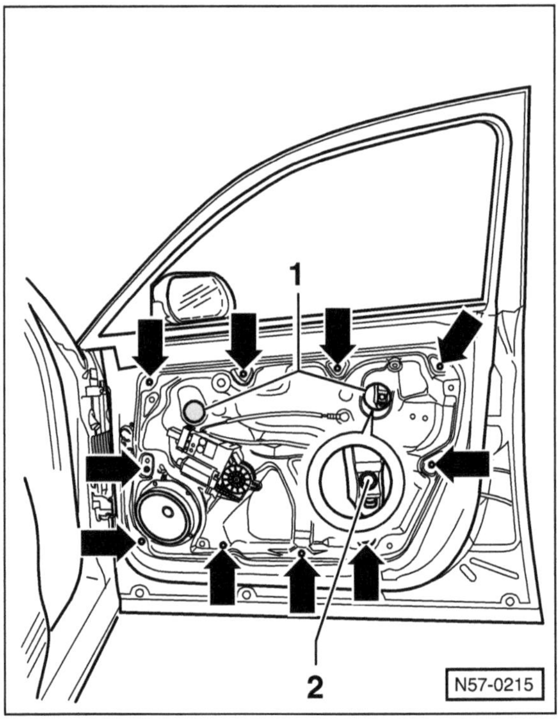

- Abdeckkappen –1– heraushebeln.
- Türfensterscheibe absenken bis die Befestigungsschrauben der Türfensterscheibe zugänglich sind.

Achtung: Sollte bei elektrischen Fensterhebern das Herunterfahren der Türfensterscheibe nicht möglich sein, muß erst mit dem Fehlerauslesegerät die genaue Fehlerursache ermittelt werden. Liegt ein Fehler im Komfortsystem des Fensterhebers vor, muß die Fensterscheibe manuell heruntergedrückt werden, siehe Abschnitt am Ende des Kapitels »Türschloß aus- und einbauen«.

- Schrauben –2– lösen und Klemmbacken auseinanderdrücken.

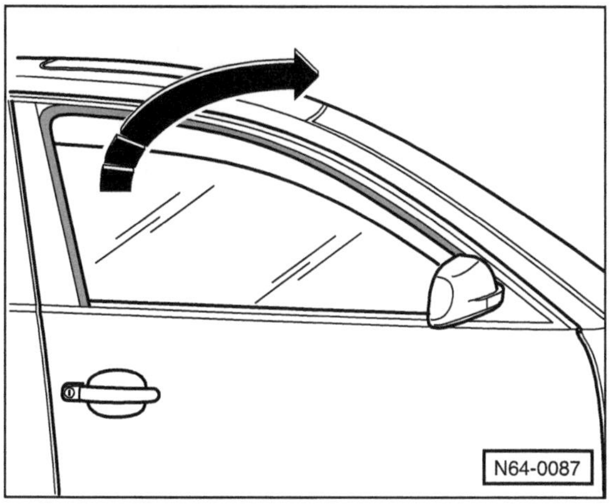

- Türfensterscheibe hinten anheben und in Pfeilrichtung nach vorn aus der Tür herausschwenken.

Einbau

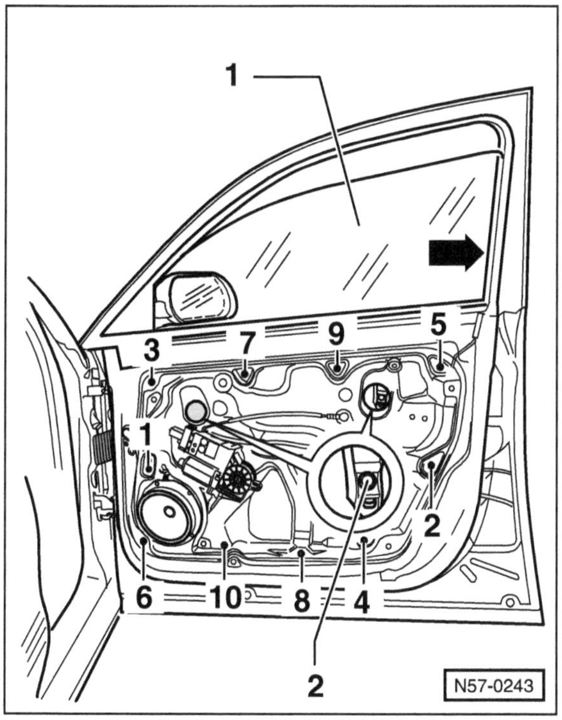

- Türfensterscheibe in die Tür und dort in die Klemmbacken einsetzen. **Achtung:** Die Klemmbacken müssen dabei in den Montageöffnungen stehen.
- Zum Einstellen Türfensterscheibe –1– in die Fensterführung drücken –Pfeil– und Klemmbacken mit den Schrauben –2– und 10 Nm festziehen.
- Abdeckkappen einsetzen.
- Türverkleidung einbauen, siehe entsprechendes Kapitel.

Tür-Aggregateträger mit Fensterheber aus- und einbauen

Am Aggregateträger der Tür sind die Anbauteile Türschloß, Fensterheber und Lautsprecher befestigt.

Aggregateträger und Fensterheber können nur zusammen ersetzt werden.

Der Aggregateträger kann nur ausgebaut werden, wenn die Türfensterscheibe an den Klemmbacken des Fensterhebers abgeschraubt ist. Dazu muß die Türfensterscheibe bis auf die Höhe der Montagelöcher im Aggregateträger heruntergefahren und die Klemmbacken gelöst werden.

Sollte bei elektrischen Fensterhebern das Herunterfahren der Türfensterscheibe nicht möglich sein, muß erst mit dem Fehlerauslesegerät die genaue Fehlerursache ermittelt werden. Liegt ein Fehler im Komfortsystem des Fensterhebers vor, muß die Fensterscheibe manuell heruntergedrückt werden, siehe Abschnitt am Ende des Kapitels »Türschloß aus- und einbauen«.

Ausbau

- Türverkleidung vorn ausbauen, siehe entsprechendes Kapitel.
- Schließzylindergehäuse ausbauen, siehe entsprechendes Kapitel.

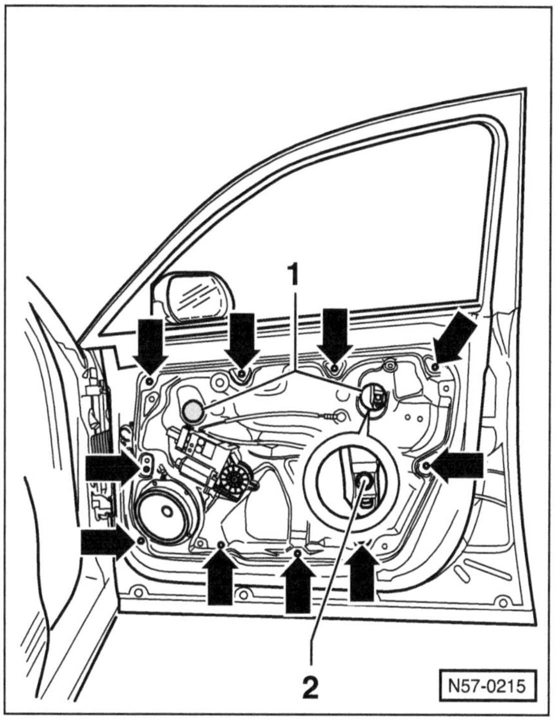

- Abdeckkappen –1– heraushebeln.
- Türfensterscheibe absenken bis die Befestigungsschrauben der Türfensterscheibe zugänglich sind.

Achtung: Läßt sich die Fensterscheibe nicht absenken, Fehlerspeicher der Komfortschaltung auslesen lassen. Gegebenenfalls Fensterscheibe manuell herunterdrücken, siehe Abschnitt am Ende des Kapitels »Türschloß aus- und einbauen«.

- Schrauben –2– lösen und Klemmbacken auseinanderdrücken.
- Türfensterscheibe nach oben schieben und festsetzen, beispielsweise mit Klebeband oder Kunststoffkeil.

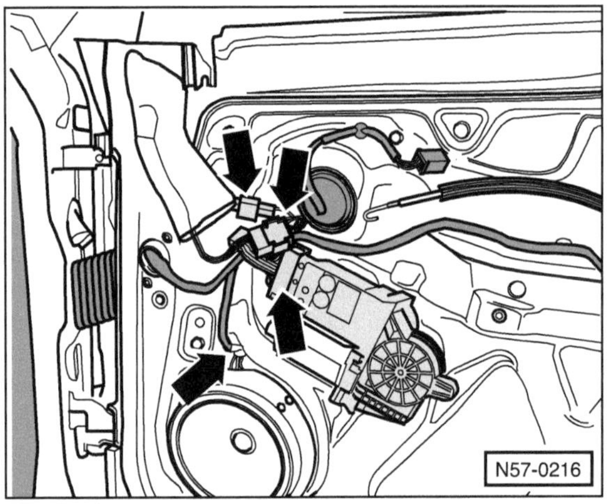

- Alle Steckverbindungen –Pfeile– trennen.

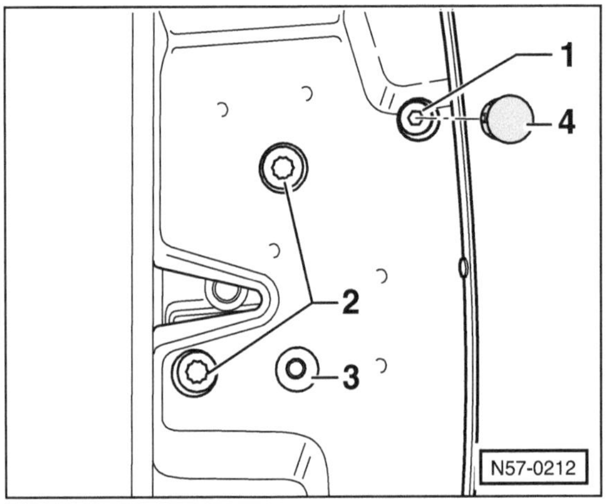

- Schrauben –2– herausschrauben; Anzugsdrehmoment: 20 Nm.

Achtung: Schraube –3– zentriert das Schloß bei der Montage. 1 – Befestigungsschraube Schließzylinder, 4 – Abdeckkappe.

- Schrauben –Pfeile– herausdrehen, siehe Abbildung N57-0215. Aggregateträger oben von der Tür abziehen, anheben und zur Scharnierseite der Tür aus der Tür herausheben.
- Aggregateträger herumdrehen und Steckverbindung vom Türschloß abziehen.
- Anschließend die Clips der elektrischen Leitungen von der Rückseite des Aggregateträgers ausclipsen.

Einbau

- Aggregateträger in die Tür einsetzen.

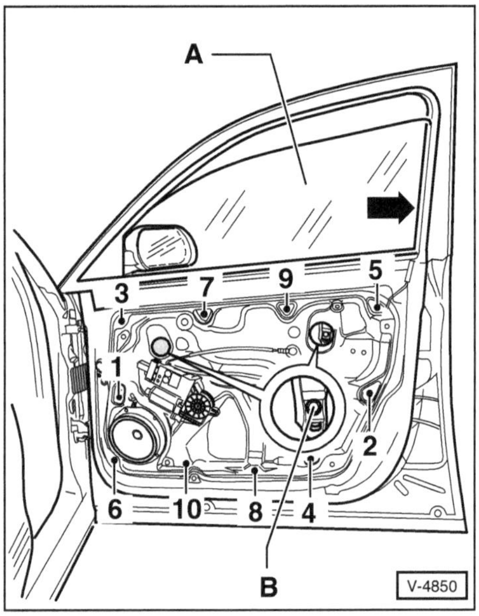

- Schrauben ansetzen und in der abgebildeten Reihenfolge von 1 bis 10 mit 8 Nm anziehen.
- Klemmbacken lösen, Türfensterscheibe –A– in die Fensterführung drücken –Pfeil– und Klemmbacken mit den Schrauben –B– und 10 Nm festziehen.
- Der weitere Einbau erfolgt in umgekehrter Ausbaureihenfolge.

Spiegelgehäuse aus- und einbauen

Ohne Seitenblinkleuchte

Achtung: Bei den Arbeiten am Spiegelglas Schutzbrille und Schutzhandschuhe tragen.

Ausbau

- Außenspiegel nach vorn klappen.

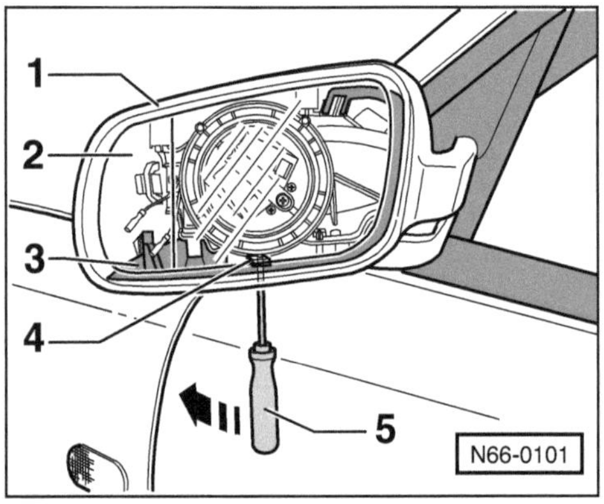

- Spiegelglas –2– senkrecht stellen. Andernfalls könnte das Gehäuse beim Abziehen am Spiegelglas hängenbleiben.

- Schraubendreher –5– durch die Montagebohrung des Spiegelträgers bis an die Klammer –4– einstecken.
- Schraubendreher in Pfeilrichtung drücken und dadurch mit Klammer –4– das Spiegelgehäuse entriegeln.

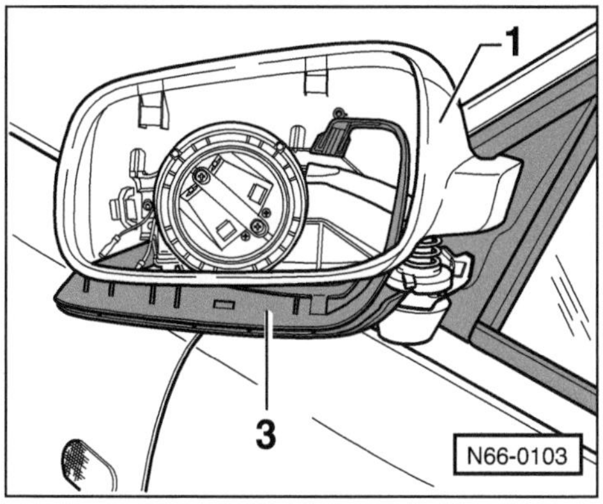

- Spiegelgehäuse –1– vom Spiegelträger –3– nach oben abziehen.

Einbau

- Der Einbau erfolgt in umgekehrter Ausbaureihenfolge.

Spiegelgehäuse mit Blinkleuchte

Hinweis: Die LEDs können nicht einzeln gewechselt werden. Bei einem Defekt komplette Blinkleuchte ersetzen.

Ausbau

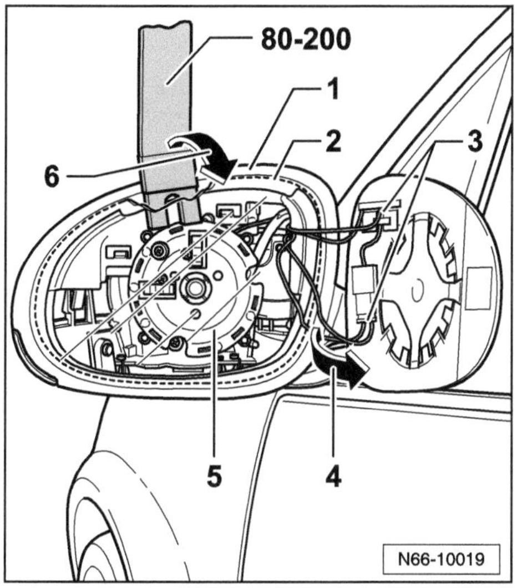

- Gehäusekante –1– mit textilverstärktem Klebeband abkleben und dadurch vor Lackbeschädigung schützen.
- Spiegelglas –2– unten in das Spiegelgehäuse –1– hineindrücken.
- Spiegelglas –2– mit den Abdrückhebel VW-80-200 oder HAZET 1965-21 von Halter –5– und Gehäuse –1– abdrücken –Pfeil 6–.
- Spiegelglas –2– zur Seite schwenken –Pfeil 4– und die vorhandenen Steckkontakte –3– für die automatische Abblendung, falls vorhanden, und die Spiegelheizung auf der Rückseite des Spiegelglases –2– abdrücken.

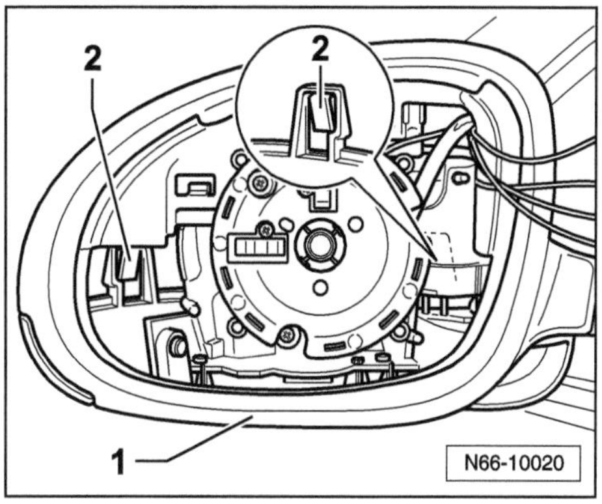

- Rückspiegel zur leichteren Montage nach vorn klappen.
- Beide Rasthaken –2– mit einen Schraubendreher lösen und Spiegelgehäuse –1– vom Spiegelgrundträger nach oben abziehen.

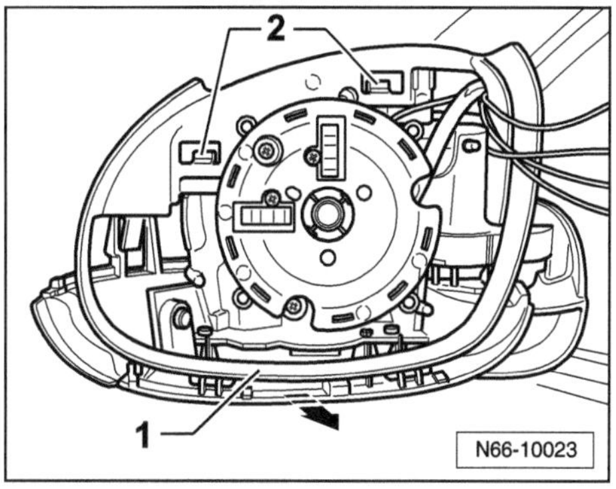

- Rasthaken –2– mit einem Schraubendreher aus den Spiegelgrundträger ausrasten.
- Blende –1– in Pfeilrichtung abziehen.

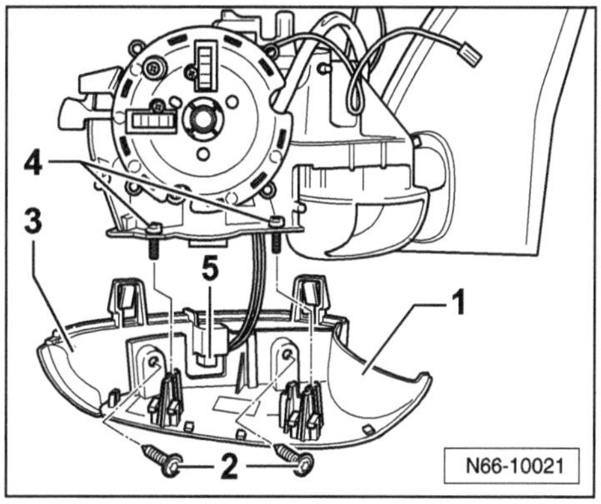

- Schrauben –4– herausdrehen und das Montageteil –1– nach unten abnehmen.
- Steckverbindung –5– an der Blinkleuchte –3– abziehen.
- Schrauben –2– herausdrehen und Blinkleuchte –3– vom Montageteil –1– abnehmen.

Einbau

- Der Einbau erfolgt in umgekehrter Ausbaureihenfolge.

Außenspiegel/Spiegelglas aus- und einbauen

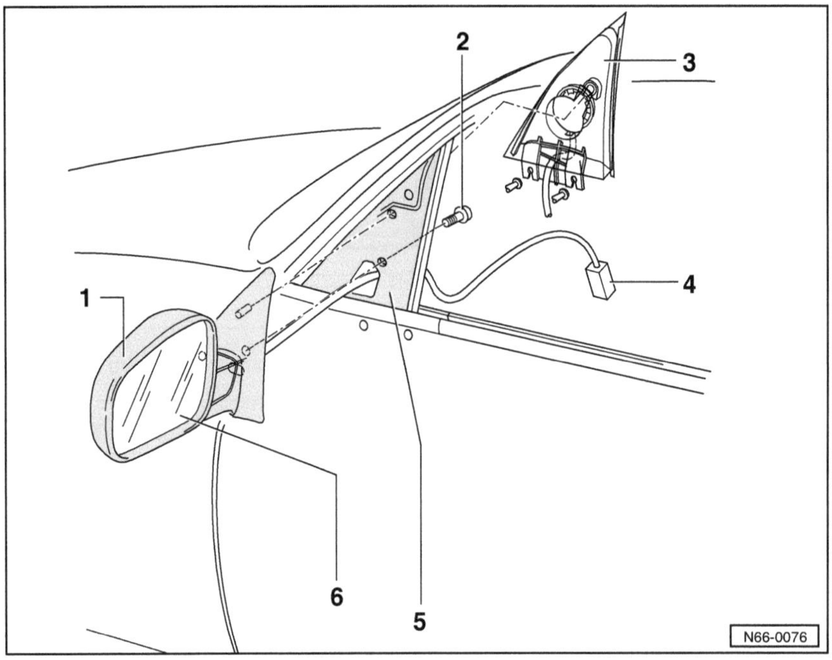

1 – **Spiegelgehäuse**

2 – **Schraube, 10 Nm**

3 – **Abdeckung für Außenspiegel**

4 – **Stecker**

5 – **Dämpfung**

6 – **Spiegelglas**

Ausbau:

◆ Gehäuse-Unterkante mit Tesaband abkleben und dadurch vor Beschädigung schützen.

◆ Spiegelglas mit flachem Kunststoffspachtel nach hinten vorsichtig abdrücken, zuerst unten, dann oben.

Einbau:

Sicherheitshinweis:
Beim Aufdrücken des Spiegelglases unbedingt Handschuhe anziehen oder sauberen Lappen unterlegen. Bruch- und Verletzungsgefahr!

◆ Spiegelglas in die Führungszapfen einsetzen und einclipsen. Dabei nur auf die Glasmitte drücken.

Seitenschutzleisten aus- und einbauen

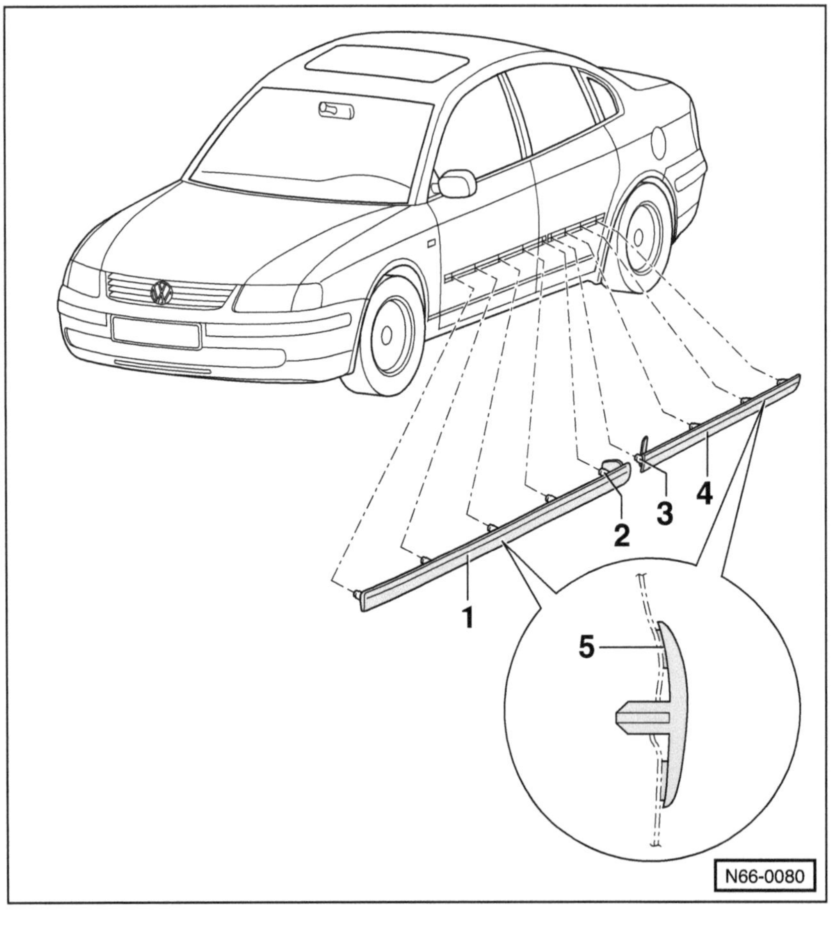

1 – **Schutzleiste Tür vorn**
Selbstklebend. Die Zentrierzapfen –2– und –3– bestimmen die Lage der Schutzleisten.

Ausbau:

◆ Seitenschutzleiste stückweise mit Heißluftfön erwärmen und abziehen.

◆ Außenblech mit Benzin reinigen, mit Silikonentferner nachbehandeln und trocken reiben.

Einbau

Achtung: Bei ca. +20° C werden optimale Klebewirkung und Verarbeitungsdauer erreicht.

◆ Außenblech mit Benzin reinigen, mit Silikonentferner nachbehandeln und mit sauberem Lappen trockenreiben.

◆ Schutzfolie von der Klebefläche der neuen Leiste abziehen.

◆ Seitenschutzleiste mit den Zentrierzapfen ansetzen und zunächst leicht andrücken.

◆ Bei korrektem Sitz der Schutzleiste in den Zapfen, Schutzleiste kräftig andrücken.

2 – **Zentrierzapfen**

3 – **Zentrierzapfen**

4 – **Schutzleiste Tür hinten**
Selbstklebend. Die Zentrierzapfen –2– und –3– bestimmen die Lage der Schutzleisten.
Aus- und Einbau erfolgt auf die gleiche Weise wie an der vorderen Tür.

5 – **Schutzfolie**

Dachreling/Dachleisten aus- und einbauen

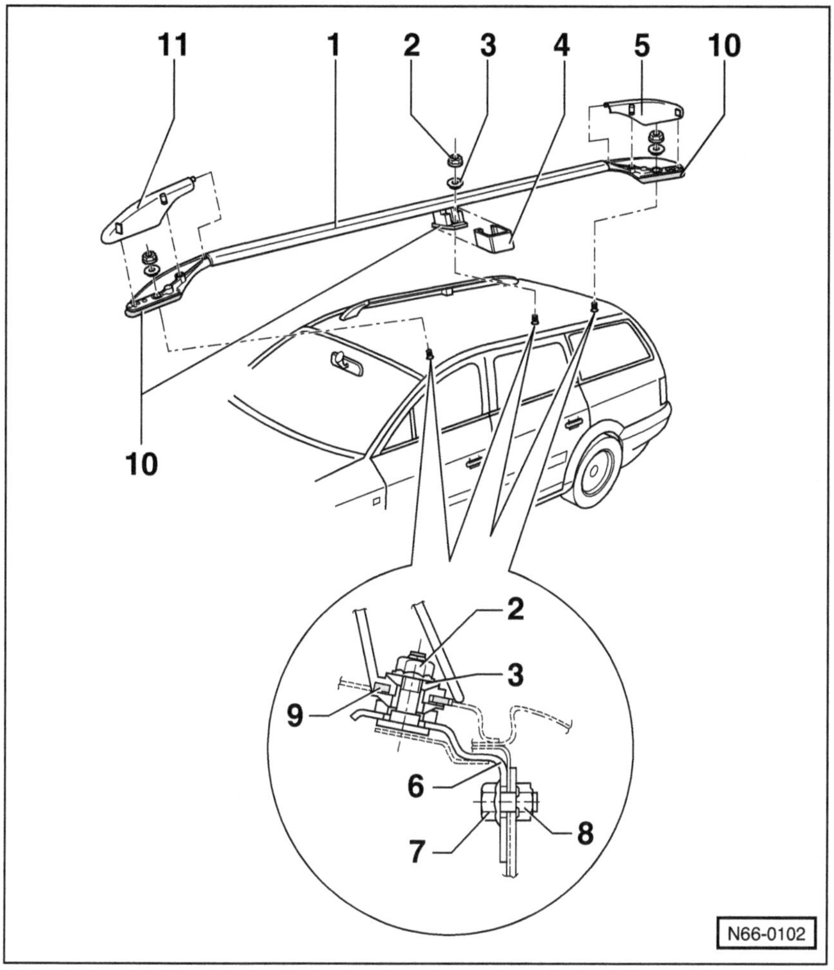

Variant

1 – **Dachreling**
Ausbau:
- ◆ Abdeckkappen –4–, –5– und –11– abhebeln.
- ◆ Muttern –2– abschrauben.
- ◆ Kegelscheiben –3– abnehmen.
- ◆ Dachreling von den Haltewinkeln abziehen.

2 – **Mutter, 20 Nm**

3 – **Kegelscheibe**

4 – **Abdeckkappe, mitte**

5 – **Abdeckkappe, hinten**
Aufclipsen:
- ◆ Zuerst Führungsnase der Abdeckkappe in die Dachreling stecken und dann die Abdeckkappe auf den Dachrelingfuß aufdrücken. Dabei Klemmhülse im Dachrelingfuß auf richtigen Sitz überprüfen.

6 – **Haltewinkel**
Einbau:
- ◆ Haltewinkel von unten an die Dachhaut drücken und in der Dachbohrung zentrieren.
- ◆ Haltewinkel am Dachrahmen anschrauben, dabei die untere Schraube zuerst anziehen.
- ◆ Dachreling aufsetzen und verschrauben.
- ◆ Abdeckkappen –4–, –5– und –11– aufstecken.

7 – **Schraube, 20 Nm**

8 – **Schweißmutter**

9 – **Dichtring**

10 – **Unterlage**

11 – **Abdeckkappe, vorn**
Aufclipsen wie Position –5–.

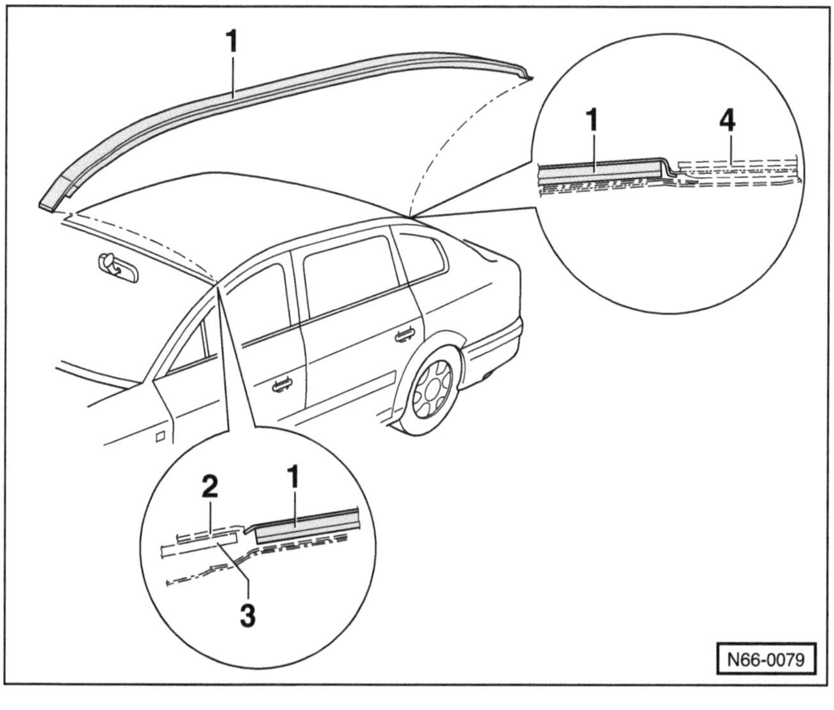

Stufenheck-Limousine

1 – **Dachleiste**
Achtung: Dachleiste beim Ausbau nicht knicken.
Ausbau:
- ◆ Dachleiste mit Kunststoffkeil abhebeln. Dabei an der Windschutzscheibe beginnen.

Einbau:
- ◆ Dachleiste am hinteren Dachkanalende anlegen und von hinten nach vorn bis zum Anschlag in den Dachkanal eindrücken.

2 – **Wasserfangleiste**

3 – **Windschutzscheibe**

4 – **Heckscheibe**

Zentralverriegelung

Die Zentralverriegelung wird durch Elektromotoren betätigt. Sie besteht aus 1 Zentralsteuergerät, 2 oder 4 Türsteuergeräten, 4 Türschließeinheiten sowie Motor und Schalter für die Kofferraumdeckel- beziehungsweise Heckklappenverriegelung.

Als Besonderheit läßt sich die Zentralverriegelung auf »Einzeltüröffnung« umstellen. Das heißt, wenn beispielsweise die Fahrertür aufgeschlossen wird, bleiben dann die anderen Türen verschlossen. Dazu muß das Steuergerät mit dem VW-Fehlerauslesegerät umcodiert werden.

Die Vorteile bei Verwendung von 5 Steuergeräten sind im wesentlichen:

- Bei Ausfall eines Steuergerätes kein Totalausfall des ganzen Systems.
- Die Verbindung vom Zentral- zu einem Türsteuergerät erfolgt durch 2 Kabel. Ohne Türsteuergerät wären 14 Kabel erforderlich.

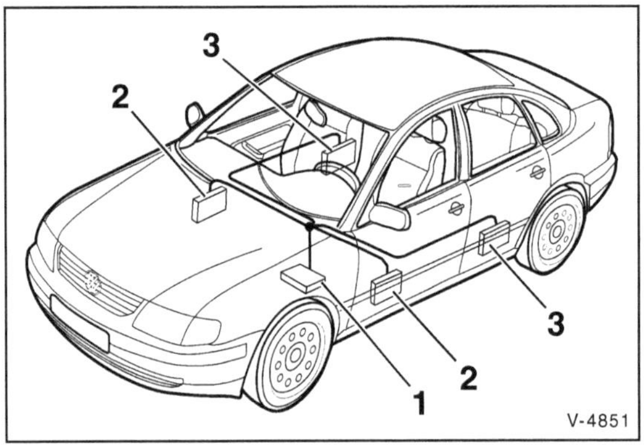

Das Zentralsteuergerät –1– befindet sich im Boden vor dem Fahrersitz unter der Teppichabdeckung. Die Türsteuergeräte –2/3– sitzen an den Fensterhebermotoren (hinten –3– nur, wenn elektrische Fensterheber eingebaut sind). In Modellen von 9/96 bis 9/97 sitzt das Steuergerät in der Fahrertür unterhalb vom Türbedienfeld.

Das Zentralsteuergerät regelt folgende Funktionen:

- Kofferraumdeckel-/Heckklappen-Zentralverriegelung.
- Innenleuchtensteuerung.
- Funk-Fernbedienung.
- Betätigung Schiebe-/Ausstelldach.
- Diebstahlwarnanlage.
- Zentralverriegelung der hinteren Türen, wenn dort manuelle Fensterheber eingebaut sind.
- Wird der Airbag ausgelöst, erfolgt vom Airbag-Steuergerät automatisch ein Signal an das Zentralsteuergerät zum Entriegeln sämtlicher Türen.
- Eigendiagnose und Schnittstelle zum elektrischen Bordnetz.

Ein Türsteuergerät steuert und überwacht folgende Funktionen:

- Ausführung der verschiedenen Schließfunktionen an den Türen.
- Elektrische Fensterheber mit Schließkraftbegrenzung.
- Elektrische Außenspiegel.
- Eigendiagnose.

Der Datenaustausch zwischen den Steuergeräten erfolgt über den sogenannten CAN-Datenbus. **CAN** ist die Abkürzung für **C**ontrolled **A**rea **N**etwork und bedeutet, daß die Steuergeräte in einem Netzwerk miteinander kommunizieren. Datenübertragungen zwischen den einzelnen Steuergeräten finden über einen einzigen Kanal statt, wodurch weniger Kabel im Fahrzeug eingebaut werden können. Außerdem können beispielsweise Informationen von Sensoren mehrfach genutzt werden. Zum Beispiel kann die Information »geöffnete Tür« zur Innenlichtsteuerung und auch zur Alarmauslösung bei unbefugter Öffnung benutzt werden.

Die Türschließeinheit besteht aus folgenden Bauteilen:

- Mechanisches Türschloß.
- 5 Microschalter, die die Stellung des Türschlosses an das Steuergerät melden. Die hintere Türschließeinheit besitzt 3 Microschalter.
- 2 Hebel für Türbetätigungshebel innen und außen.
- Betätigungsstange für Türknopf.
- Schließzylinder.
- Türschloßbetätigungsmotor.

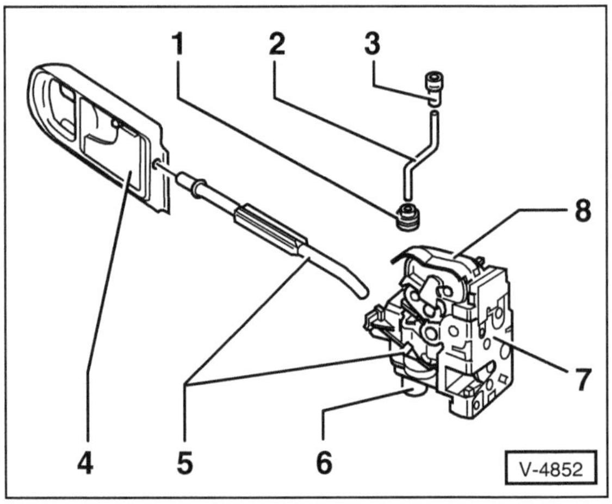

Bauteile für die Türschloßbetätigung:
1 – Faltenbalg
2 – Betätigungsstange für Türknopf
3 – Sicherungsknopf
4 – Türinnenbetätigung
5 – Bowdenzug für Türinnenbetätigung
6 – Stellmotor
7 – Mechanisches Türschloß
8 – Türschließeinheit

Stromlaufpläne

Aus dem Inhalt:

- **Zeichenerklärung**
- **Sicherungsbelegung**
- **Stromlaufplan-Übersicht**
- **Einzelpläne**
- **Relaisbelegung**

Der Umgang mit dem Stromlaufplan

In einem Personenwagen werden je nach Ausstattung bis über 1000 Meter Leitungen verlegt, um alle elektrischen Verbraucher (Scheinwerfer, Radio usw.) mit Strom zu versorgen.

Will man einen Fehler in der elektrischen Anlage aufspüren oder nachträglich ein elektrisches Zubehör montieren, kommt man nicht ohne Stromlaufplan aus; anhand dessen der Stromverlauf und damit die Kabelverbindungen aufgezeigt werden. Grundsätzlich muß der betreffende Stromkreis geschlossen sein, sonst kann der elektrische Strom nicht fließen. Es reicht beispielsweise nicht aus, wenn an der Plusklemme eines Scheinwerfers Spannung anliegt, wenn nicht gleichzeitig über den Masseanschluß der Stromkreis geschlossen ist.

Deshalb ist auch das Massekabel (–) der Batterie mit der Karosserie verbunden. Mitunter reicht diese Masseverbindung jedoch nicht aus, und der betreffende Verbraucher bekommt eine direkte Masseleitung, deren Isolierung in der Regel braun eingefärbt ist. In den einzelnen Stromkreisen können Schalter, Relais, Sicherungen, Meßgeräte, elektrische Motoren oder andere elektrische Bauteile integriert sein. Damit diese Bauteile richtig angeschlossen werden können, haben die einzelnen Kontakte entsprechende Klemmenbezeichnungen.

Um das Kabelgewirr zumindest auf dem Stromlaufplan übersichtlich zu ordnen, sind die einzelnen Strompfade senkrecht nebeneinander angeordnet und durchnumeriert.

Die senkrechten Linien münden oben in einem meist grau unterlegtem Feld. Dieses Feld symbolisiert die Relaisplatte mit Sicherungshalter und damit die plusseitigen Anschlüsse des Stromkreises. Allerdings befindet sich in der Relaisplatte auch eine interne Masseleitung (Klemme 31). Die feinen Striche in dem Feld machen deutlich, wie und welche Stromkreise intern in der Relaisplatte miteinander verschaltet sind. Unten mündet der Stromkreis auf einer waagerechten Linie, die den Masseanschluß symbolisiert. Die Masseverbindung wird normalerweise direkt über die Karosserie hergestellt oder aber über eine Leitung von einem an der Karosserie angebrachten Massepunkt.

Wenn der Stromkreis durch ein Quadrat unterbrochen wird, in dem eine Zahl steht, weist die Ziffer auf den Strompfad hin, in dem der Stromkreis weitergeführt wird.

Am sinnvollsten geht man bei der Benutzung des Stromlaufplanes folgendermaßen vor:

Man sucht in der Legende das betreffende Bauteil, zum Beispiel das »Frischluftgebläse«. Links neben der Bauteil-Benennung steht der Kennbuchstabe (V2), mit dem das Bauteil im Stromlaufplan bezeichnet ist.

Um den Stromlaufplan lesen zu können, ist die Kenntnis einiger Bauteil-Bezeichnungen erforderlich, außerdem sollte man die wichtigsten Schaltzeichen kennen.

Die Kennbuchstaben der wichtigsten Bauteile sind:

Kennbuchstabe	Bauteil
A	Batterie
B	Anlasser
C	Drehstromgenerator
D	Zündanlaßschalter
E	Schalter für Handbedienung,
F	Mechanische Schalter
G	Geber, Kontrollgeräte
H	Horn, Doppeltonhorn, Fanfare
J	Relais, Steuergerät
K, L, M, W, X	Kontrollampen, Lampen, Leuchten
N	Elektroventile, Widerstände, Schaltgeräte
O	Zündverteiler
P, Q	Zündkerzenstecker, Zündkerzen
R	Radio
S	Sicherungen
T	Steckverbindungen
V	Elektromotoren

Zur genaueren Unterscheidung werden zu den Kennbuchstaben noch Zahlen angefügt.

Relais und elektronische Steuergeräte sind in der Regel grau unterlegt. Die darin eingezeichneten Linien sind interne Verdrahtungen. Sie zeigen, wie Relais und andere elektrische/elektronische Bauteile sowohl zueinander als auch auf der Relaisplatte verschaltet sind.

Eine Ziffer im schwarzen Quadrat kennzeichnet den Relaisplatz auf der Relaisplatte mit Sicherungshalter. Direkt am eingezeichneten Relais befindet sich die Kontaktbezeichnung. Beispiel: Lautet die Kontaktbezeichnung im Stromlaufplan 17/87, dann ist 17 die Bezeichnung der Klemme auf der Relaisplatte, 87 ist die Bezeichnung der Klemme am Relais/Steuergerät.

Die Bezeichnung der Klemmen ist nach DIN genormt. **Die wichtigsten Klemmenbezeichnungen sind:**

Klemme 30. An dieser Klemme liegt immer die Batteriespannung an. Die Kabel sind meist rot oder rot mit Farbstreifen.

Klemme 31 führt zur Masse. Die Masse-Leitungen sind in der Regel braun.

Klemme 15 wird über das Zündschloß gespeist. Die Leitungen führen nur bei eingeschalteter Zündung Strom. Die Kabel sind meist grün oder grün mit farbigem Streifen.

Klemme X führt ebenfalls nur bei eingeschalteter Zündung Strom, dieser wird jedoch unterbrochen, wenn der Anlasser betätigt wird. Dadurch ist sichergestellt, daß während des Startvorganges der Zündanlage die volle Batterieleistung zur Verfügung steht. Alle größeren Stromaufnehmer liegen in diesem Stromkreis. Das Fernlicht wird ebenfalls über diese Klemme mit Strom versorgt. So wird bei eingeschaltetem Fernlicht und ausgeschalteter Zündung automatisch auf Standlicht umgeschaltet.

Im Stromlaufplan sind in den einzelnen Leitungen Ziffern und darunter Buchstabenkombinationen eingefügt.

Beispiel: **1,5**
ws/ge

Die Ziffern geben an, welchen Leitungsquerschnitt die Leitung hat. Die Buchstaben weisen auf die Leitungsfarben hin. Besteht die Kennzeichnung aus zwei Buchstabengruppen, die durch einen Schrägstrich getrennt sind, wie im Beispiel, dann nennt die erste Buchstabenfolge die Leitungsgrundfarbe: ws = weiß und die zweite: ge = gelb – die Zusatzfarbe. Da es vorkommt, daß gleichfarbige Leitungen für verschiedene Stromkreise verwendet werden, empfiehlt es sich, die Farbkombination an den betreffenden Anschlußklemmen zu kontrollieren. Weiße Leitungen sind zur Unterscheidung zusätzlich mit einer Kennummer versehen, die im Stromlaufplan unter der Farbkennzeichnung steht.

Schlüssel für Leitungsfarben

bl = blau
br = braun
ge = gelb
gn = grün
gr = grau
li = lila
or = orange
ro = rot
sw = schwarz
ws = weiß

Leitungen, die mittels Einzel- oder Mehrfachsteckverbindungen miteinander verbunden sind, haben zum Buchstaben »T« für die Steckverbindung eine zusätzliche Ziffern-Kombination.

Beispiel: T2p = Zweifachstecker, T32/27 = 32fach Steckverbindung mit Kontaktpunkt 27.

Im Stromlaufplan sind alle Verbraucher und Schalter in Ruhestellung gezeichnet. Der geänderte Stromverlauf nach Betätigung eines Schalters wird hier am Beispiel eines Zweistufen-Schalters erläutert:

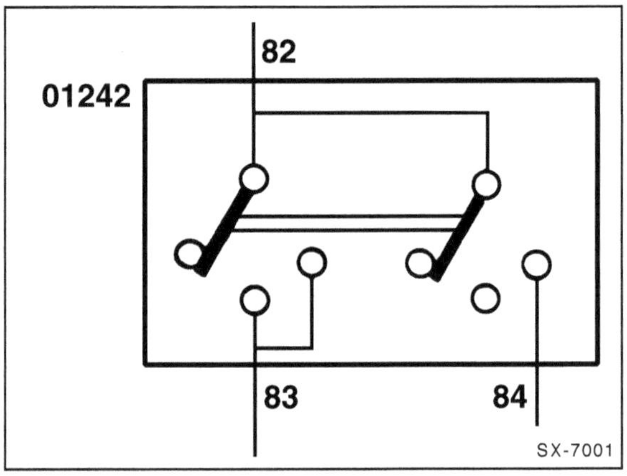

Wird am Schalter die erste Stufe gedrückt, fließt der Strom von der Klemme 82 kommend über die Klemme 83. Die Brücke der zweiten Schalterstufe rückt in Mittelstellung, jedoch ohne eine Verbindung herzustellen. Erst beim Drücken der zweiten Schalterstufe rückt die Brücke der zweiten Schalterstufe von der internen Leitung 82 auf 84 und gibt den Strom über 84 weiter. Dabei bleibt über die interne Verbindung im Schalter, also über die rechts abgewinkelte Leitung von 83 der Stromfluß der ersten Schalterstufe bestehen.

Achtung: Sicherungen im Sicherungshalter werden ab Sicherungsplatz Nr. 24 im Stromlaufplan mit »224« bezeichnet.

Zuordnung der Stromlaufpläne

VW PASSAT ab 05/02 (Modelljahr 2002)

Wegen des großen Umfangs können nicht alle Stromlaufpläne aus jedem Modelljahr berücksichtigt werden. Die abgedruckten Stromlaupläne beschränken sich daher auf eine Grundausstattung, die für alle Modelle ab dem angegebenen Modelljahr gelten.

Wenn das eigene Fahrzeug einem anderen Modelljahr angehört, kann man sich ebenfalls an den vorliegenden Stromlaufplänen orientieren, da die Änderungen in der Regel nur Teilbereiche betreffen.

Relais- und Sicherungsbelegung

Die Relais- und Sicherungsbelegung kann je nach Fahrzeugausstattung und Baujahr des Fahrzeuges abweichen.

Die Relais befinden sich in dem Träger der Zentralelektrik und im Hauptrelaisträger hinter der linken Fußraumabdeckung unterhalb des Armaturenbretts. Bei Fahrzeugen mit umfangreicher Ausstattung befindet sich hinter dem Hauptrelaisträgers ein Zusatzrelaisträger.

Relaisplatte –R– (Relais sind grau dargestellt)

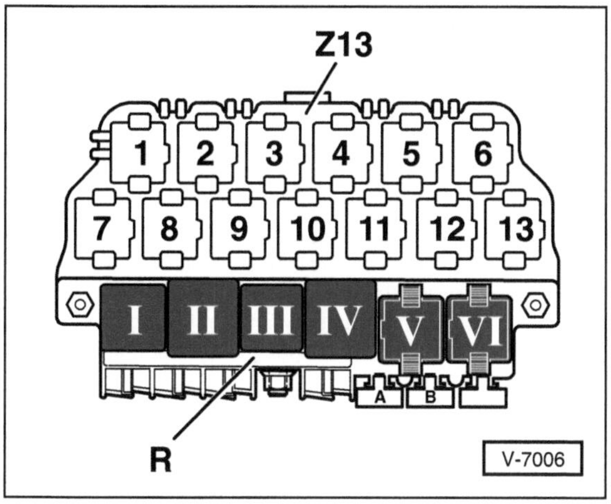

Relais-Nr.	**Verbraucher**
bis 9/00	
I	Relais für Signalhorn
II	Entlastungsrelais für X-Kontakt
III	Relais für Wisch-Wasch-Intervallautomatik
IV	Kraftstoffpumpenrelais beziehungsweise Relais für Glühkerzen
V	frei
VI	frei
A	Sicherung für Kofferraumsteckdose I
B	Sicherung für Kofferraumsteckdose II
seit 10/00	
I	Relais für Doppeltonhorn
II	Entlastungsrelais für X-Kontakt
III	frei
IV	Kraftstoffpumpenrelais beziehungsweise Relais für Glühkerzen
V	Relais für Wisch-Wasch-Intervallautomatik Relais für Wischer/Regensensor
VI	Relais für Wisch-Wasch-Intervallautomatik Relais für Wischer/Regensensor
A	Sicherung für Kofferraumsteckdose I, 20 A
B	Sicherung für Kofferraumsteckdose II, 20 A

Zusatzrelaisträger –Z13– oberhalb der Relaisplatte

Relais-Nr.	**Verbraucher**
bis 9/00	
1	Relais für Kühlerlüfter (Klimaanlage)
2	Relais für Fernentriegelung Heckklappe
3	Relais für Magnetkupplung (Klimaanlage)
4	Steuergerät für Klimaanlage
5	Relais für Dieselzusatzpumpe
6	Relais für Wählhebelbeleuchtung bzw. Steuergerät für Alarmanlage II/Taxi
7	Relais für Scheinwerferreinigungsanlage
8	Relais für Glühkerzen
9	frei
10	Relais für Nebelscheinwerfer
11	Umschaltrelais für Lautsprecher Radio/Telefon
12	Sperrelais für Anlasser
13	Relais für Anlaßsperre und Rückfahrlicht bzw. Relais für Anlaßsperre bzw. Sperrelais für Anlasser (Kupplungspedalschalter)
seit 10/00	
1	Relais für Kühlerlüfter (Klimaanlage)
2	Relais für Solardach
3	Relais für Magnetkupplung (Klimaanlage)
4	Seit 05/02: Relais für Wegfahrsicherung, Relais für Tagesfahrlichtabschaltung
5	Bis 04/02: Relais für Tagesfahrlichtabschaltung Seit 05/02: Relais für Fernlicht
6	Bis 04/02: Relais für Wählhebelbeleuchtung
7	Relais für Nebelscheinwerfer
8	Relais für Multifunktionslenkrad
9	Relais für Multifunktionslenkrad
10	Relais für Dieselzusatzpumpe Relais für Bremskraftverstärkung
11	frei
12	Bis 04/02: Sperrelais für Anlasser
13	Relais für Anlaßsperre und Rückfahrlicht bzw. Sperrelais für Anlasser (Kupplungspedalschalter)

Zusatzrelaisträger –Z8– hinter der Relaisplatte

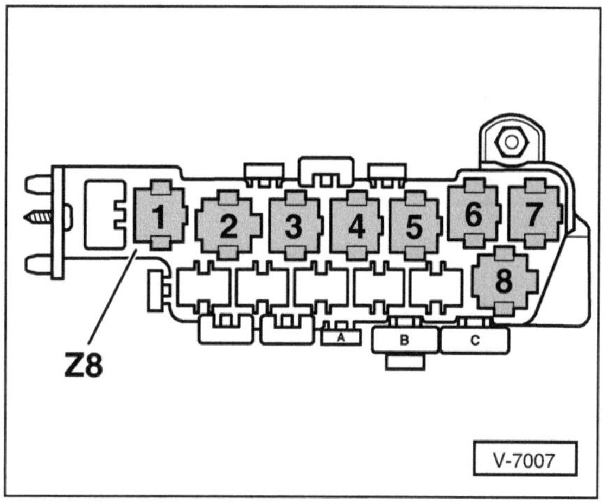

Relais-Nr.	**Verbraucher**
bis 9/00	
1	frei
2	Relais für ABS/EDS und ESC
3	Relais für ABS/EDS und ESC
4	Relais für Kühlerlüfter 80 W bzw. Relais für Kühlerlüfter 300 W, 1. Stufe
5	Relais für Kühlerlüfternachlauf
6	Relais für Kühlerlüfter 300 W, 2. Stufe
A	Sicherung für Kühlerlüfter, 5 A
B	Sicherung für Kühlerlüfter, 30 A
C	Sicherung für Hydraulikpumpe, 50 A

seit 10/00

1	frei
2	frei
3	Bis 04/02: Relais I für ABS und ESP Seit 05/02: Relais für Kühlerlüfter-Volllauf, 80W
4	Bis 04/02: Relais II für ABS und ESP
5	Relais für Kühlerlüfter 1. Stufe
6	Relais für Kühlerlüfternachlauf
7	Seit 05/02: Relais für ABS und ESP
8	Relais für Kühlerlüfter-Volllauf
◆	Sicherung für Kühlerlüfter, 5 A
◆	Sicherung für Kühlerlüfter, 30 A
◆	Sicherung für Kühlerlüfter, 40 A
◆	Sicherung für Kühlerlüfter, 60 A
◆	Sicherung für Hydraulikpumpe ABS, 50 A (nicht bei Fahrzeugen mit ESP)
◆	Sicherung für Rückförderpumpe ABS, 60 A (nicht bei Fahrzeugen mit ESP)
◆	Sicherung I für Diebstahlwarnanlage, 15 A
◆	Sicherung II für Diebstahlwarnanlage, 15 A
◆	Thermosicherung I für Sitzverstellung, 30 A
◆	Thermosicherung II für Sitzverstellung, 30 A
◆	Thermosicherung für Fensterheber, 30 A
◆	Einzelsicherung für Digitales Soundpaket, 30 A

Relais und Sicherungen in der Elektronikbox im Motorraum links

Verbraucher

bis 9/00

- ◆ Relais für kleine Heizleistung, Glühkerzen-Kühlmittel
- ◆ Relais für große Heizleistung, Glühkerzen-Kühlmittel
- ◆ Relais für Spannungsversorgung – Klemme 30
- ◆ Relais für Sekundärluftpumpe
- ◆ Sicherung für Kühlmittelpumpe, 5 A (nur Motor AGZ)
- ◆ Sicherung für Motorsteuergerät, 15 A
- ◆ Sicherung für Glühkerzen, 80 A
- ◆ Sicherung für Glühkerzen-Kühlmittel, 25 A
- ◆ Sicherung 2 für Glühkerzen-Kühlmittel, 50 A

seit 10/00

- ◆ Relais für kleine Heizleistung, Glühkerzen-Kühlmittel
- ◆ Relais für Zusatz-Kühlmittelpumpe, Glühkerzen-Kühlmittel
- ◆ Relais für große Heizleistung, Glühkerzen-Kühlmittel
- ◆ Relais für Spannungsversorgung – Klemme 30
- ◆ Relais für Sekundärluftpumpe
- ◆ Relais für Kraftstoffkühlung
- ◆ Relais für Crash-Kraftstoffabschaltung
- ◆ Steuergerät für Kühlmittelpumpe, Motor AGZ
- ◆ Sicherung für Sekundärluftpumpe, 40 A
- ◆ Sicherung für Kühlmittelpumpe, 5 A, Motor AGZ
- ◆ Sicherung für Motorsteuergerät, 15 A
- ◆ Sicherung für Glühkerzen-Motor, 80 A
- ◆ Sicherung für Glühkerzen-Kühlmittel, 25 A
- ◆ Sicherung 2 für Glühkerzen-Kühlmittel, 50 A
- ◆ Sicherung für Glühkerzen, 60 A
- ◆ Sicherung für Kraftstoffkühlung, 10 A

Sicherungsbelegung im Sicherungshalter, im Armaturenbrett, an der linken Stirnseite

Seit 10/00

Hinweis: Die Tabelle für Fahrzeuge bis 9/00 steht auf Seite 58.

Nr.	Amp.	Verbraucher
1	5 A	Heizbare Waschdüsen
2	10 A	Richtungsblinkanlage
3	5 A	Beleuchtung Handschuhfach, Klimaanlage, Wählhebel
4	5 A	Kennzeichenleuchte
5	10 A	Schalttafeleinsatz, Sitzheizung, Klimaanlage, Multifunktionslenkrad
6	5 A	Komfortsteuergerät
7	10 A	ABS (Anti-Blockier-System)
8	5 A	Automatische Leuchtweitenregelung bei Xenon-Licht, Telefon/Telematik
9	5 A	Bis 04/02: Spiegelheizung, Memory-Sitzverstellung Seit 05/02: Einparkhilfe
10	5 A	CD-Wechsler, Telematik, Multifunktionslenkrad
11	5 A	Bis 04/02: Tempomat bei Automatikgetriebe Seit 05/02: Memory-Sitzverstellung
12	10 A	Spannungsversorgung Eigendiagnose
13	10 A	Bremsleuchten
14	10 A	Komfortsteuergerät
15	10 A	Schalttafeleinsatz, Automatisches Getriebe, Navigation, Memory-Sitzverstellung
16	5 A	ABS
17	10 A	Navigation, Taxialarmanlage
18	10 A	Fernlicht rechts
19	10 A	Fernlicht links
20	10/15 A	Abblendlicht rechts, Leuchtweitenregelung
21	10/15 A	Abblendlicht links, Leuchtweitenregelung
22	5 A	Standlicht rechts
23	5 A	Standlicht links
24	25 A	Wischeranlage
25	30 A	Frischluftgebläse, Umluftanlage Klimaanlage
26	30 A	Heckscheiben-, Spiegelheizung
27	20/15 A	Heckwischer
28	15/20 A	Kraftstoffpumpe
29	20 A	Motorsteuerung
30	20 A	Schiebedach
31	15 A	Rückfahrleuchten, Geschwindigkeitsregelanlage, Automatisches Getriebe
32	20 A	Motorsteuerung
33	15 A	Zigarettenanzünder
34	15 A	Motorsteuerung, Einspritzventile
35	30 A	Steckdose Anhängevorrichtung
36	15 A	Nebelscheinwerfer und -schlußleuchte
37	20 A	Telefon, Radio
38	15 A	Komfort-Elektrik: Spiegelverstellung, Tankklappen-Fernentriegelung, Fensterheber, Zentralverriegelung
39	15 A	Warnblinkanlage
40	25 A	Signalhorn (Hupe)
41	25 A	ABS mit ESP
42	25 A	ABS mit ESP
43	15 A	Abgasrückführung
44	30 A	Sitzheizung

Achtung: Sicherungen im Sicherungshalter werden ab Sicherungsplatz 23 im Stromlaufplan mit 223 bezeichnet, Sicherung 24 mit 224 usw.

Gebrauchsanleitung für Stromlaufpläne

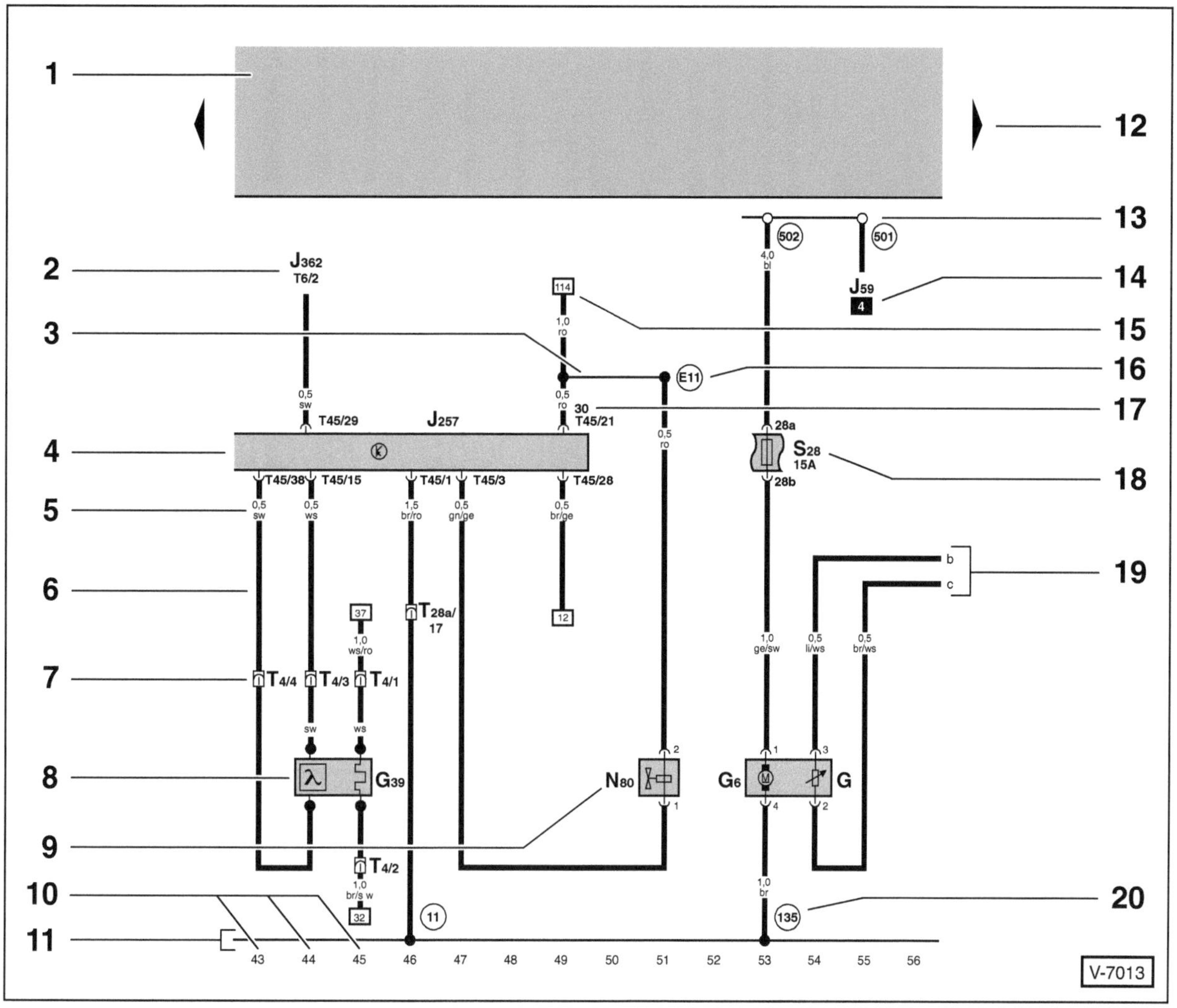

1 – Relaisplatte
Durch ein graues Feld gekennzeichnet. Stellt die plusseitigen Anschlüsse dar.

2 – Verweis auf Weiterführung der Leitung zu einem anderen Bauteil
J362 = Steuergerät für Wegfahrsicherung, T6/2 = 6-fach-Steckerverbindung, Kontakt 2.

3 – Interne Verbindung (dünner Strich)
Diese Verbindung ist nicht als Leitung vorhanden.

4 – Schaltzeichen
Die offen gezeichnete Seite des Schaltzeichens weist auf die Fortsetzung des Bauteils in einem anderen Stromlaufplan hin.

5 – Leitungsquerschnitt in mm² und Leitungsfarbe
0,5 = 0,5 mm², sw = schwarz. Abkürzungen für die Leitungsfarben stehen im Kapitel »Umgang mit dem Stromlaufplan«.

6 – Stromkreis mit Leitungsführung
Alle Schalter und Kontakte sind in mechanischer Ruhestellung dargestellt.

7 – Steckverbindung
T4 = 4-fach-Steckverbindung, /4 = Kontakt 4.

8 – Schaltzeichen für Bauteil
G39 = Lambdasonde mit Heizung.

9 – Teile-Bezeichnung
N80 = Magnetventil 1. In der Legende unterhalb des Stromlaufplans steht, wie das Teil heißt.

10 – Strompfad-Nummer

11 – Fahrzeugmasse

12 – Pfeil
Weist auf die Fortsetzung des Stromlaufplans auf der anschließenden Seite hin.

13 – Gewindebolzen an der Relaisplatte
Der weiße Kreis zeigt an, dass es sich hier um eine lösbare Verbindung handelt.

14 – Relaisplatz-Nummer
Kennzeichnet den Relaisplatz auf oder an der Relaisplatte.

15 – Verweis auf Weiterführung der Leitung zu einem anderen Bauteil
Die Zahl im Rechteck kennzeichnet, in welchem Strompfad die Leitung weitergeführt wird; hier in Strompfad 114.

16 – Verbindung im Leitungsstrang
Nicht lösbare Verbindung.

17 – Anschlussklemme
Hier: Klemme 30, 45-fach-Steckerverbindung, Kontakt 21.

18 – Sicherung
S28 = Sicherung Nr. 28, 15 Ampere.

19 – Verweis auf Weiterführung der Leitung im anschließenden Stromlaufplanteil
Der Buchstabe kennzeichnet, wo im nächsten Stromlaufplanteil die Leitung weitergeführt wird.

20 – Massepunkt oder Masseverbindung im Leitungsstrang
In der Legende stehen Angaben zur Lage des Massepunktes im Fahrzeug.

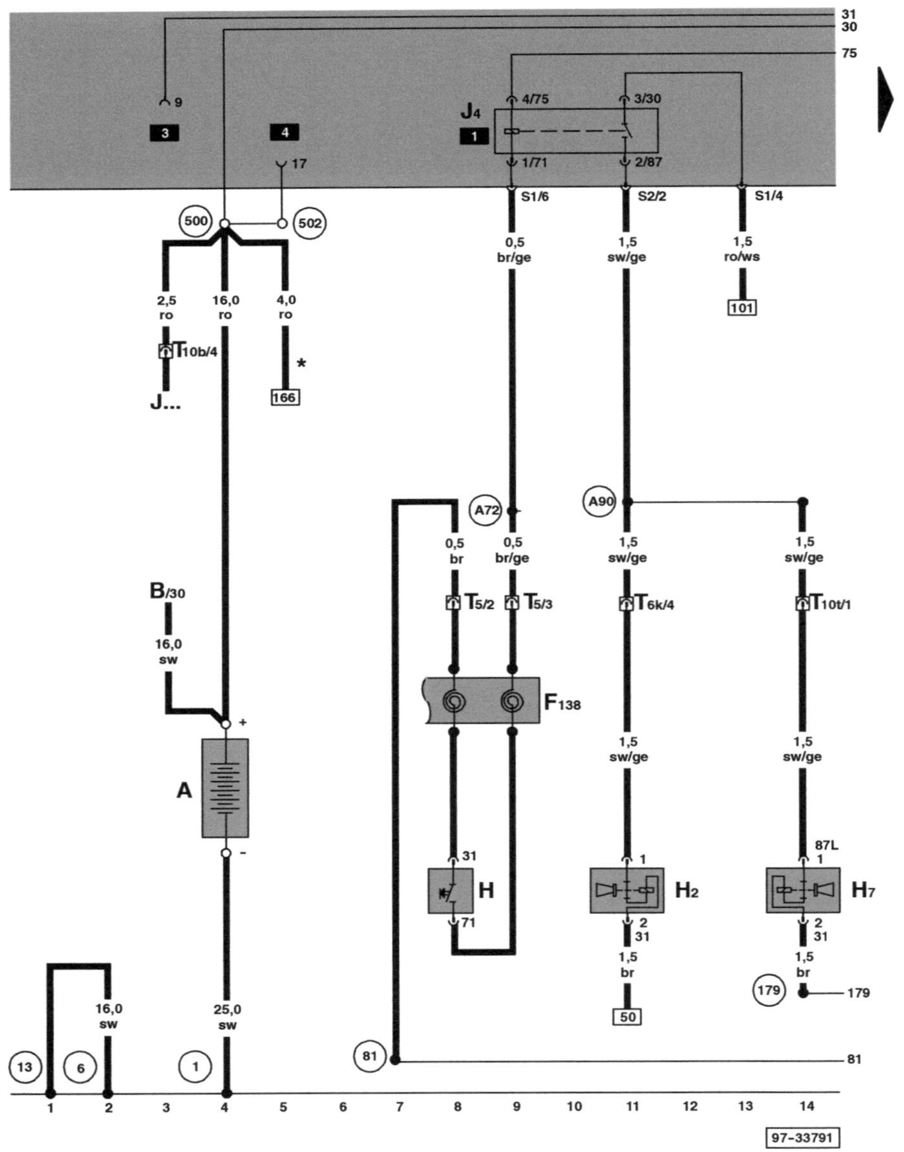

Batterie, Signalhornbetätigung, Hochtonhorn, Tieftonhorn, Relais für Doppeltonhorn, Wickelfeder für Airbag/Rückstellring mit Schleifring

A	-	Batterie
B	-	Anlasser
F138	-	Wickelfeder für Airbag/Rückstellring mit Schleifring
H	-	Signalhornbetätigung
H2	-	Hochtonhorn
H7	-	Tieftonhorn
J...	-	Motorsteuergerät
J4	-	Relais für Doppeltonhorn
T5	-	Steckverbindung, 5-fach, schwarz, hinter Verkleidung für Lenkstockschalter
T6k	-	Steckverbindung, 6-fach, rot, Kupplungsstation A-Säule rechts
T10b	-	Steckverbindung, 10-fach, schwarz, am Schutzgehäuse für Steuergeräte, im Motorraum links
T10t	-	Steckverbindung, 10-fach, rot, Kupplungsstation A-Säule links
(1)	-	Masseband, Batterie - Aufbau
(6)	-	Masseband, Motor - Generator
(13)	-	Massepunkt, im Motorraum rechts
(81)	-	Masseverbindung -1- im Schalttafelleitungsstrang
(179)	-	Masseverbindung, im Leitungsstrang Scheinwerfer links
(500)	-	Schraubverbindung -1- (30), an der Relaisplatte
(502)	-	Schraubverbindung -1- (30a), an der Relaisplatte
(A72)	-	Verbindung (71), im Schalttafelleitungsstrang
(A90)	-	Verbindung (Doppeltonhorn), im Schalttafelleitungsstrang
*	-	Nur bei Fahrzeugen mit Scheinwerferreinigungsanlage

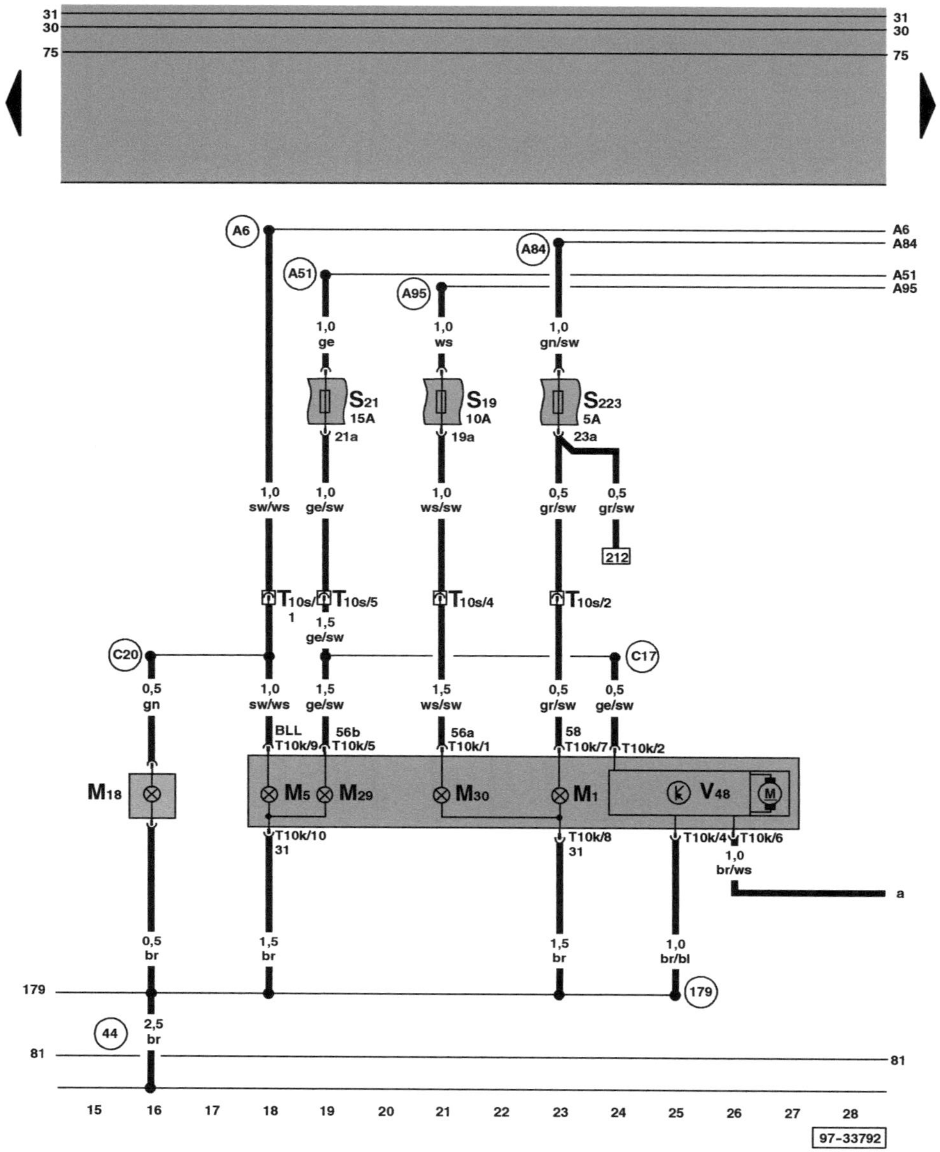

Lampen, Stellmotor links für Leuchtweitenregelung

M1 - Lampe für Standlicht links
M5 - Lampe für Blinklicht vorn links
M18 - Lampe für Seitenblinkleuchte links
M29 - Lampe für Abblendlichtscheinwerfer links
M30 - Lampe für Fernlichtscheinwerfer links
S19 - Sicherungen im Sicherungshalter/Relaisplatte
S21 - Sicherungen im Sicherungshalter/Relaisplatte
S223 - Sicherung im Sicherungshalter
T10k - Steckverbindung 10-fach
T10s - Steckverbindung 10-fach, rosa
V48 - Stellmotor links für Leuchtweitenregelung

(44) - Massepunkt, Säule A - links, unten

(179) - Masseverbindung, im Leitungsstrang Scheinwerfer links
(A6) - Plusverbindung (Blinker links) im Schalttafelleitungsstrang
(A51) - Verbindung (56), im Schalttafelleitungsstrang

(A84) - Verbindung (58L), im Schalttafelleitungsstrang

(A95) - Verbindung -1- (56a), im Schalttafelleitungsstrang
(C17) - Verbindung (56b) -1-, im Leitungsstrang - Beleuchtung vorn
(C20) - Verbindung (Blinker links), im Leitungsstrang Scheinwerfer

107/3
12.02

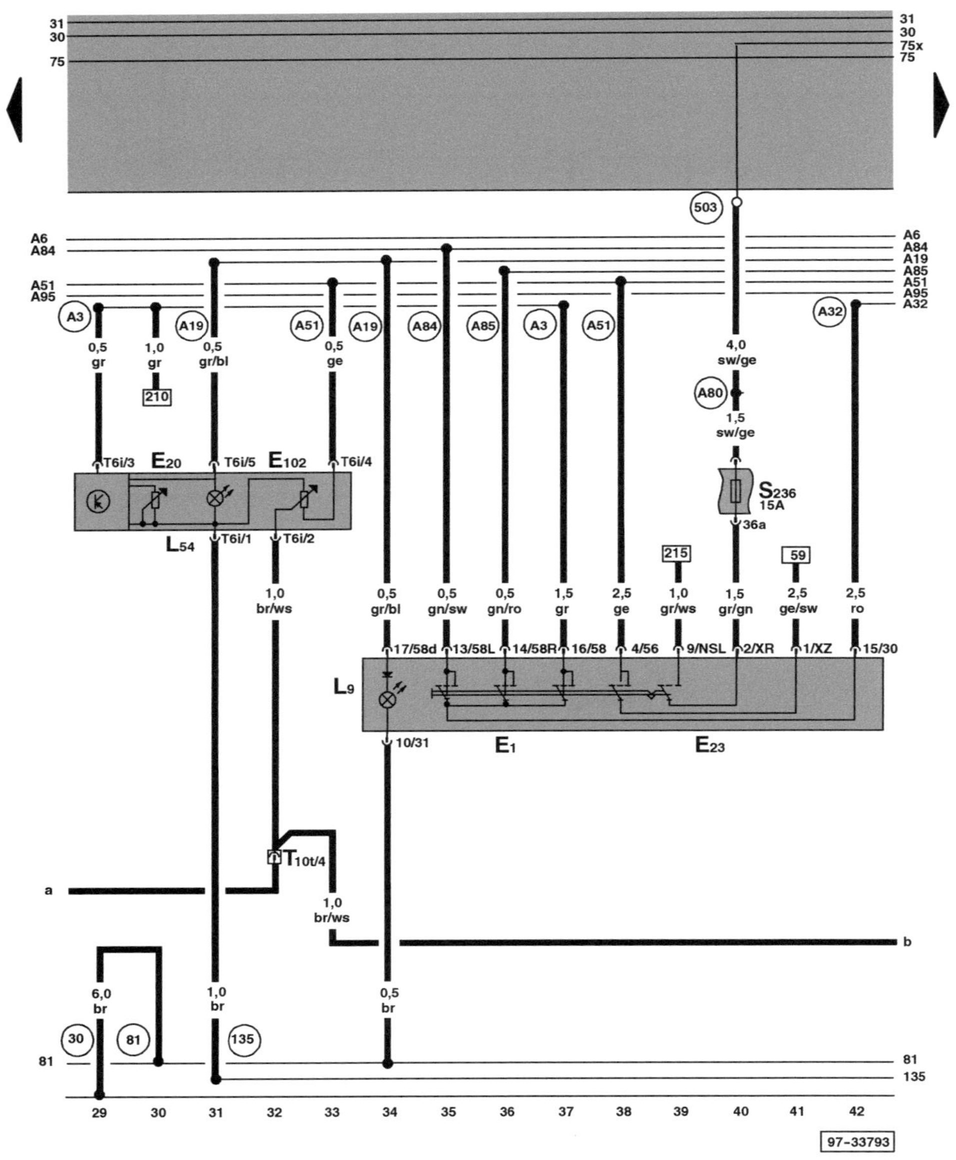

Lichtschalter, Schalter für Nebelscheinwerfer und -schlußleuchte, Regler für Beleuchtung - Schalter und Instrumente, Einsteller für Leuchtweitenregelung, Lampen für Schalterbeleuchtungen

E1 - Lichtschalter
E20 - Regler für Beleuchtung - Schalter und Instrumente
E23 - Schalter für Nebelscheinwerfer und -schlußleuchte
E102 - Einsteller für Leuchtweitenregelung
L9 - Lampe für Beleuchtung Lichtschalter
L54 - Lampe für Beleuchtung/Einsteller Leuchtweitenregelung
S236 - Sicherung im Sicherungshalter
T6i - Steckverbindung, 6-fach, schwarz
T10t - Steckverbindung, 10-fach, rot, Kupplungsstation A-Säule links

(30) - Massepunkt -1-, neben Relaisplatte

(81) - Masseverbindung -1-, im Schalttafelleitungsstrang
(135) - Masseverbindung -2-, im Schalttafelleitungsstrang
(503) - Schraubverbindung (75x), an der Relaisplatte

(A3) - Plusverbindung (58) im Schalttafelleitungsstrang
(A19) - Verbindung (58d), im Schalttafelleitungsstrang

(A32) - Plusverbindung (30), im Schalttafelleitungsstrang
(A51) - Verbindung (56), im Schalttafelleitungsstrang

(A80) - Verbindung -1-(X), im Schalttafelleitungsstrang

(A84) - Verbindung (58L), im Schalttafelleitungsstrang

(A85) - Verbindung (58R), im Schalttafelleitungsstrang

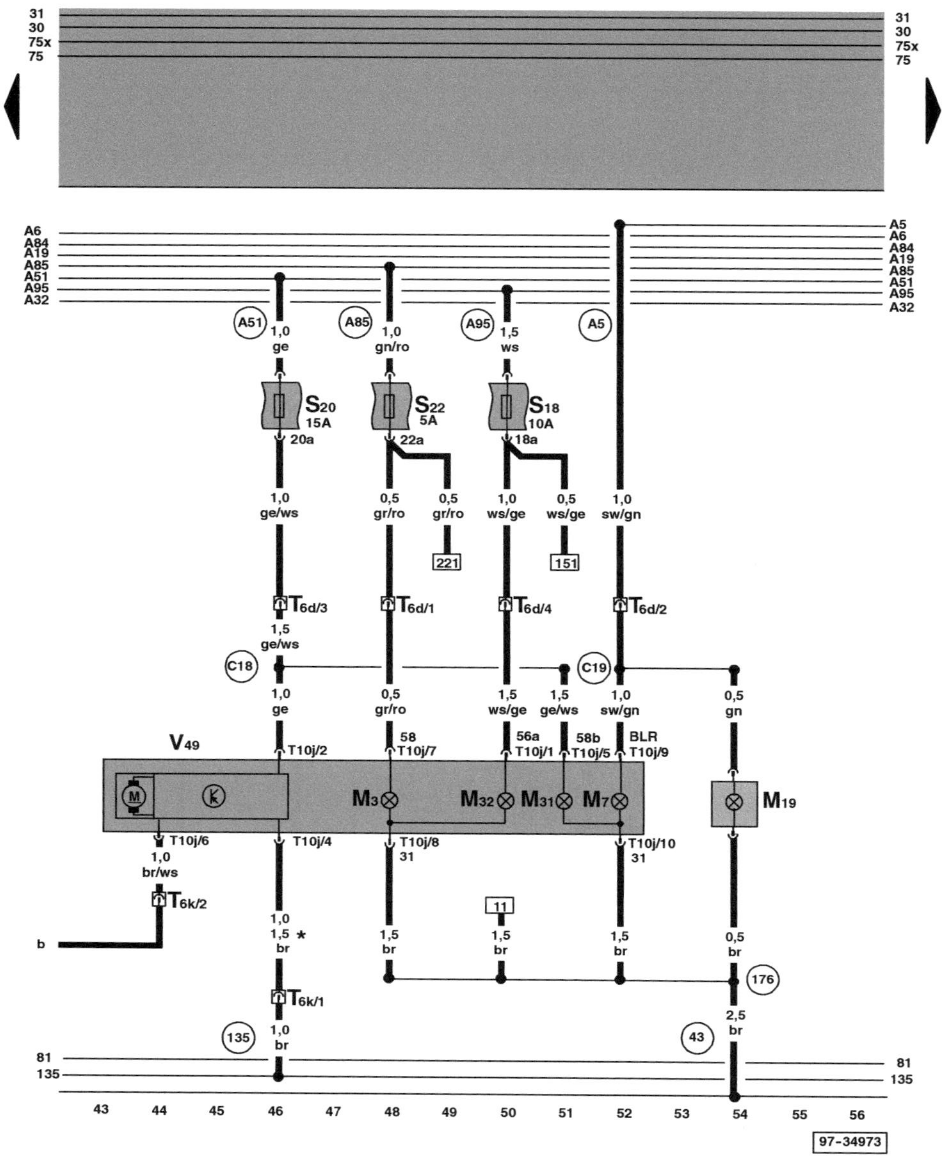

Lampen, Stellmotor rechts für Leuchtweitenregelung

M3 - Lampe für Standlicht rechts
M7 - Lampe für Blinklicht vorn rechts
M19 - Lampe für Seitenblinkleuchte rechts
M31 - Lampe für Abblendlichtscheinwerfer rechts
M32 - Lampe für Fernlichtscheinwerfer rechts
S18 - Sicherungen im Sicherungshalter/Relaisplatte
S20 - Sicherungen im Sicherungshalter/Relaisplatte
S22 - Sicherungen im Sicherungshalter/Relaisplatte
T6d - Steckverbindung, 6-fach
T6k - Steckverbindung, 6-fach, rot, Kupplungsstation A-Säule rechts
T10j - Steckverbindung, 10-fach
V49 - Stellmotor rechts für Leuchtweitenregelung

(43) - Massepunkt, Säule A - rechts, unten

(135) - Masseverbindung -2-, im Schalttafelleitungsstrang
(176) - Masseverbindung, im Leitungsstrang Scheinwerfer rechts
(A5) - Plusverbindung (Blinker rechts) im Schalttafelleitungsstrang
(A51) - Verbindung (56), im Schalttafelleitungsstrang

(A85) - Verbindung (58R), im Schalttafelleitungsstrang

(A95) - Verbindung -1- (56a), im Schalttafelleitungsstrang
(C18) - Verbindung (56b) -2, im Leitungsstrang - Beleuchtung vorn
(C19) - Verbindung -1- (Blinker rechts), im Leitungsstrang Scheinwerfer

* - Entfällt ab Mai 2003

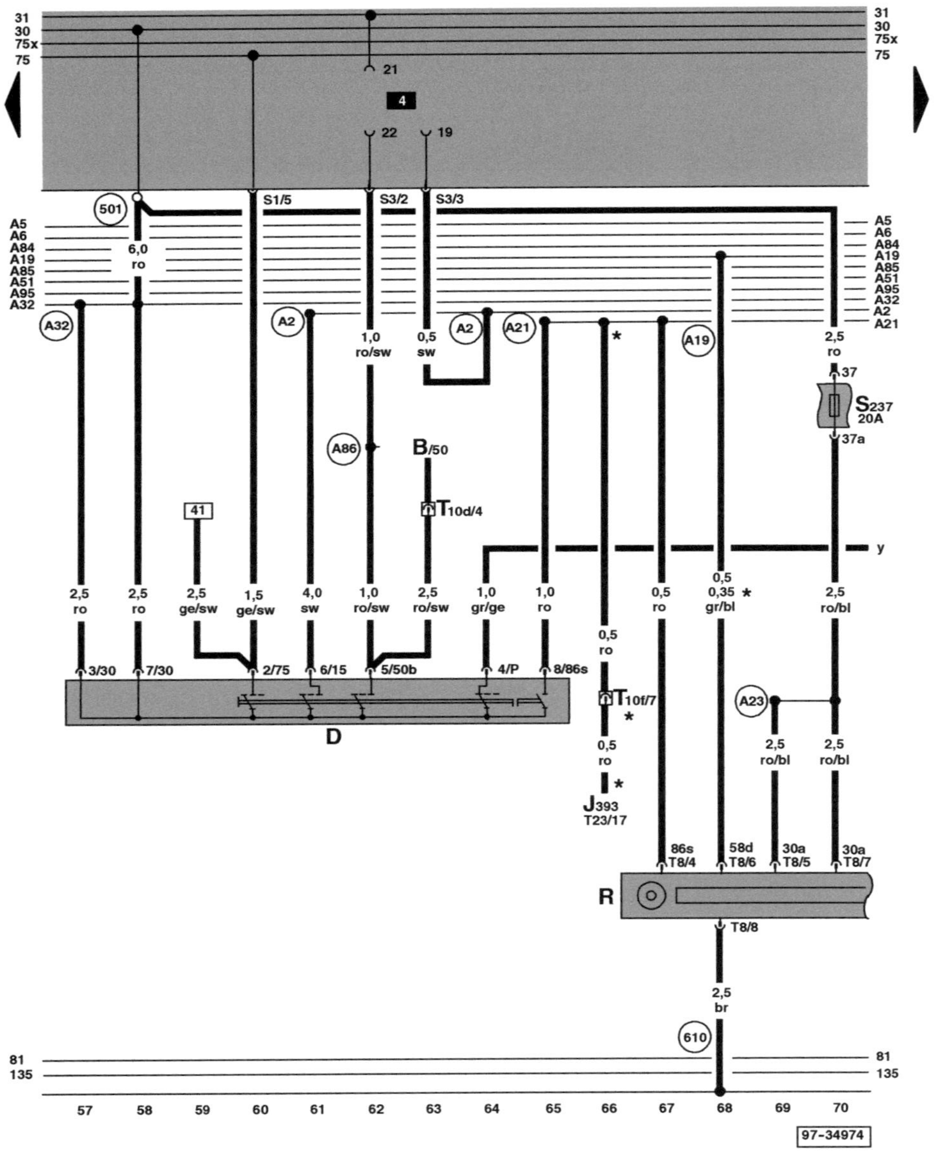

Zündanlaßschalter, Radio

B	-	Anlasser
D	-	Zündanlaßschalter
J393	-	Zentralsteuergerät für Komfortsystem *
R	-	Radio
S237	-	Sicherung im Sicherungshalter
T8	-	Steckverbindung, 8-fach, schwarz, am Radio
T10d	-	Steckverbindung, 10-fach, braun, am Schutzgehäuse für Steuergeräte, im Motorraum links
T10f	-	Steckverbindung, 10-fach, blau, Kupplungsstation A-Säule links *
T23	-	Steckverbindung, 23-fach, am Zentralsteuergerät für Komfortsystem *
(501)	-	Schraubverbindung -2- (30), an der Relaisplatte
(610)	-	Massepunkt (Audio), unter der Mittelkonsole vorn
(A2)	-	Plusverbindung (15) im Schalttafelleitungsstrang
(A19)	-	Verbindung (58d), im Schalttafelleitungsstrang
(A21)	-	Verbindung (86s) im Schalttafelleitungsstrang
(A23)	-	Verbindung (30al), im Schalttafelleitungsstrang
(A32)	-	Plusverbindung (30) im Schalttafelleitungsstrang
(A86)	-	Verbindung (50a), im Schalttafelleitungsstrang
*	-	Entfällt ab Mai 2003

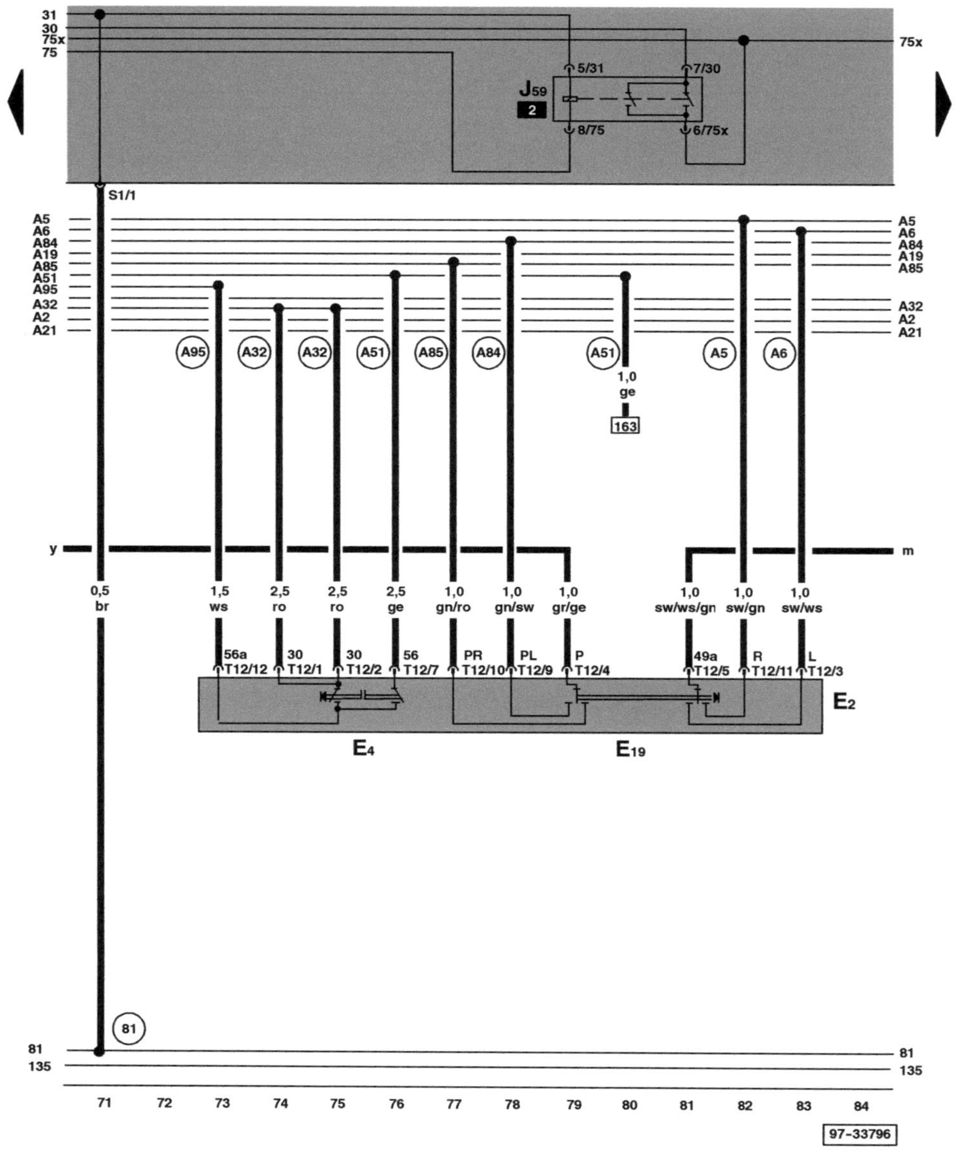

Schalter für Handabblendung und Lichthupe, Blinkerschalter, Entlastungsrelais für X - Kontakt, Schalter für Parklicht

E2 - Blinkerschalter
E4 - Schalter für Handabblendung und Lichthupe
E19 - Schalter für Parklicht
J59 - Entlastungsrelais für X-Kontakt
T12 - Steckverbindung, 12-fach, neben der Lenksäule rechts

(81) - Masseverbindung -1-, im Schalttafelleitungsstrang
(A5) - Plusverbindung (Blinker rechts), im Schalttafelleitungsstrang
(A6) - Plusverbindung (Blinker links), im Schalttafelleitungsstrang
(A32) - Plusverbindung (30), im Schalttafelleitungsstrang
(A51) - Verbindung (56), im Schalttafelleitungsstrang
(A84) - Verbindung (58L), im Schalttafelleitungsstrang
(A85) - Verbindung (58R), im Schalttafelleitungsstrang
(A95) - Verbindung -1- (56a), im Schalttafelleitungsstrang

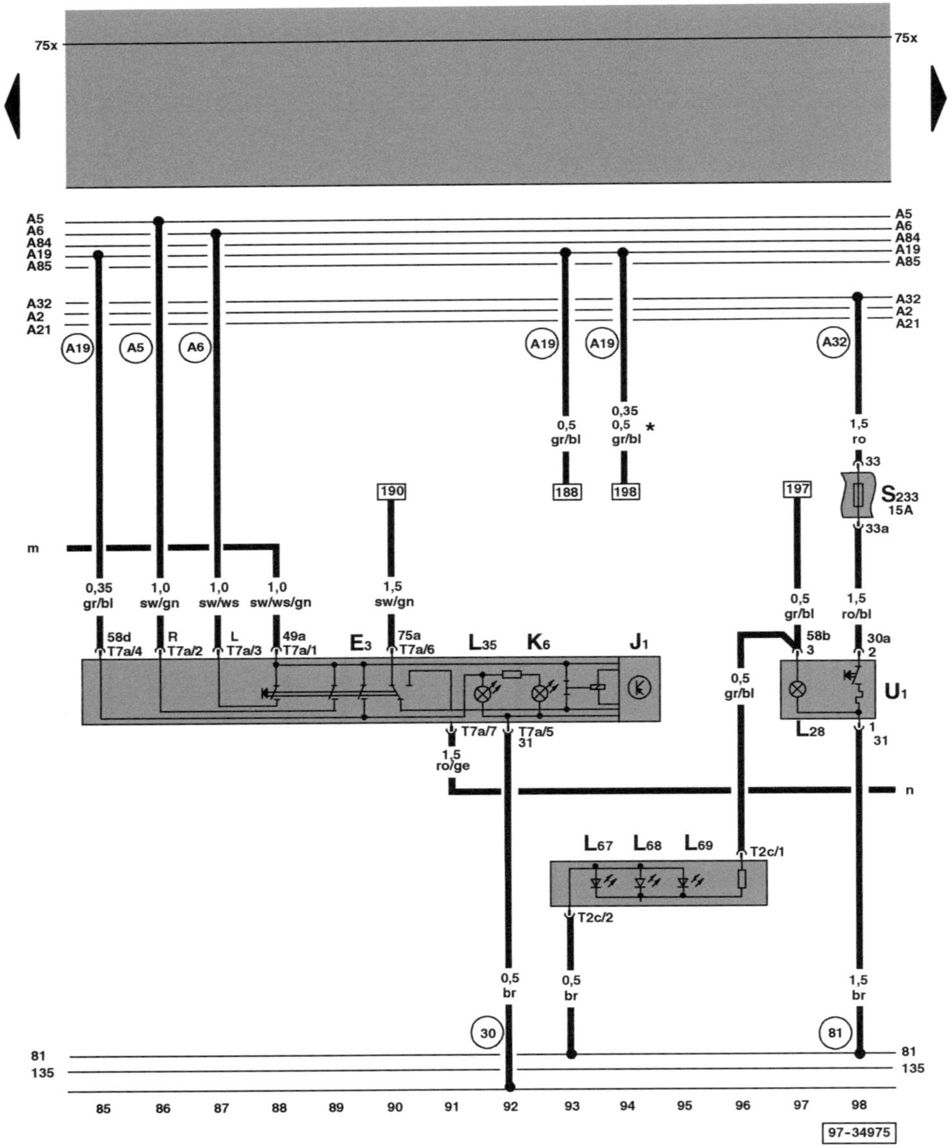

Warnlichtschalter, Blinkrelais, Beleuchtung für Schalttafelausströmer, Zigarrenanzünder, Kontrolllampe für Warnblinkanlage, Lampe für Beleuchtung Warnlichtschalter und Zigarrenanzünder

E3 - Warnlichtschalter
J1 - Blinkrelais
K6 - Kontrollampe für Warnblinkanlage
L28 - Lampe für Beleuchtung Zigarrenanzünder
L35 - Lampe für Beleuchtung Warnlichtschalter
L67 - Beleuchtung für Schalttafelausströmer links
L68 - Beleuchtung für Schalttafelausströmer mitte
L69 - Beleuchtung für Schalttafelausströmer rechts
S233 - Sicherung im Sicherungshalter
T2c - Steckverbindung, 2-fach, schwarz, hinter der Schalttafel rechts
T7a - Steckverbindung, 7-fach, schwarz am Warnlichtschalter
U1 - Zigarrenanzünder

(30) - Massepunkt, -1-, neben Relaisplatte

(81) - Masseverbindung -1-, im Schalttafelleitungsstrang
(A5) - Plusverbindung (Blinker rechts), im Schalttafelleitungsstrang
(A6) - Plusverbindung (Blinker links), im Schalttafelleitungsstrang
(A19) - Verbindung (58d), im Schalttafelleitungsstrang

(A32) - Plusverbindung (30), im Schalttafelleitungsstrang

* - Entfällt ab Mai 2003

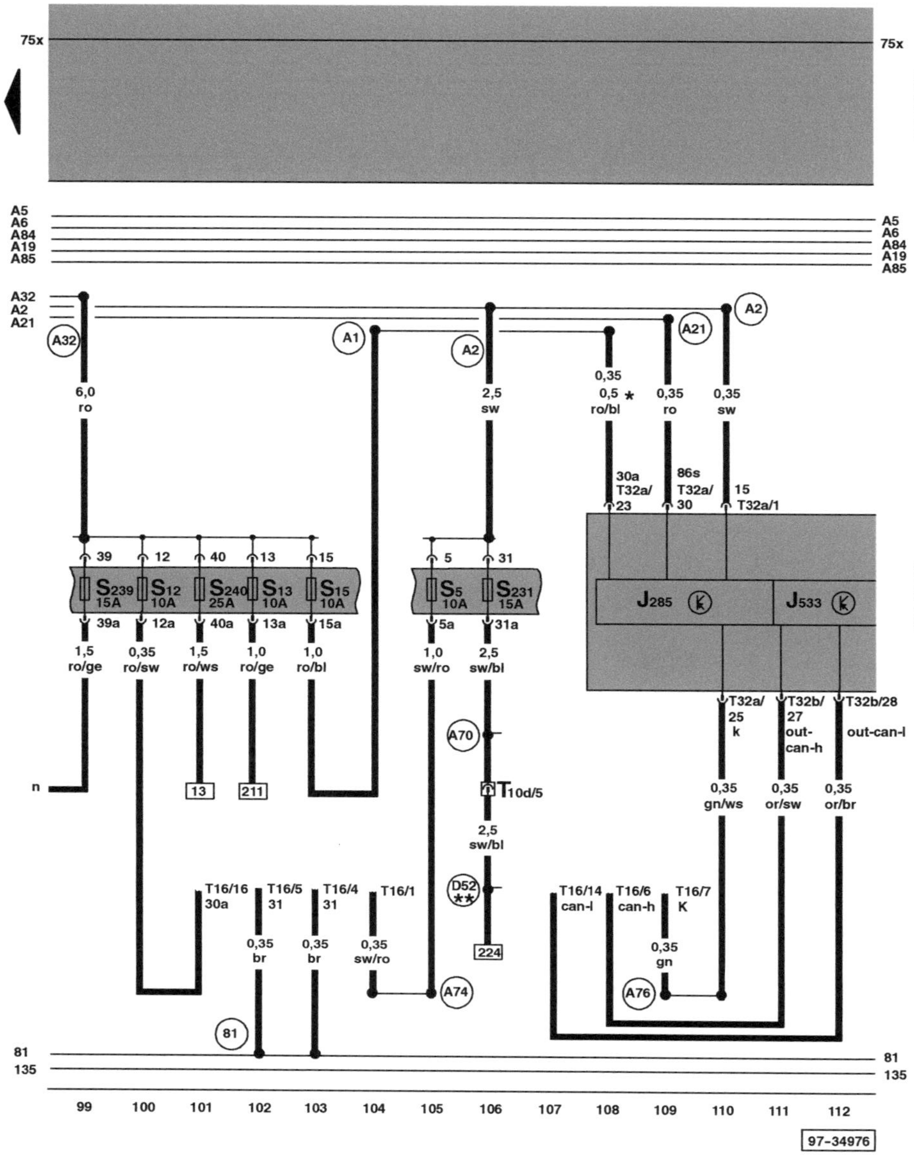

Schalttafeleinsatz, Diagnose - Interface für Datenbus, Anschluß Eigendiagnose

J285 - Steuergerät mit Anzeigeeinheit im Schalttafeleinsatz
J533 - Diagnose - Interface für Datenbus
S5 - Sicherungen im Sicherungshalter/Relaisplatte
S12 - Sicherungen im Sicherungshalter/Relaisplatte
S13 - Sicherungen im Sicherungshalter/Relaisplatte
S15 - Sicherungen im Sicherungshalter/Relaisplatte
S231 - Sicherung im Sicherungshalter
S239 - Sicherung im Sicherungshalter
S240 - Sicherung im Sicherungshalter
T10d - Steckverbindung, 10-fach, braun, am Schutzgehäuse für Steuergeräte, im Motorraum links
T16 - Steckverbindung, 16-fach, Nähe Handbremshebel, Anschluß Eigendiagnose
T32a - Steckverbindung, 32-fach, blau, am Schalttafeleinsatz
T32b - Steckverbindung, 32-fach, grün, am Schalttafeleinsatz

(81) - Masseverbindung -1-, im Schalttafelleitungsstrang
(A1) - Plusverbindung (30a) im Schalttafelleitungsstrang
(A2) - Plusverbindung (15) im Schalttafelleitungsstrang
(A21) - Verbindung (86s) im Schalttafelleitungsstrang

(A32) - Plusverbindung (30), im Schalttafelleitungsstrang
(A70) - Verbindung (15a, Sicherung 231), im Schalttafelleitungsstrang
(A74) - Verbindung (15a, Sicherung 5), im Schalttafelleitungsstrang
(A76) - Verbindung (K-Diagnoseleitung), im Schalttafelleitungsstrang
(D52) - Plusverbindung (15a), im Leitungsstrang Motorraum

* - Entfällt ab Mai 2003
** - Nur bei Fahrzeugen mit Dieselmotor

107/9
05.03

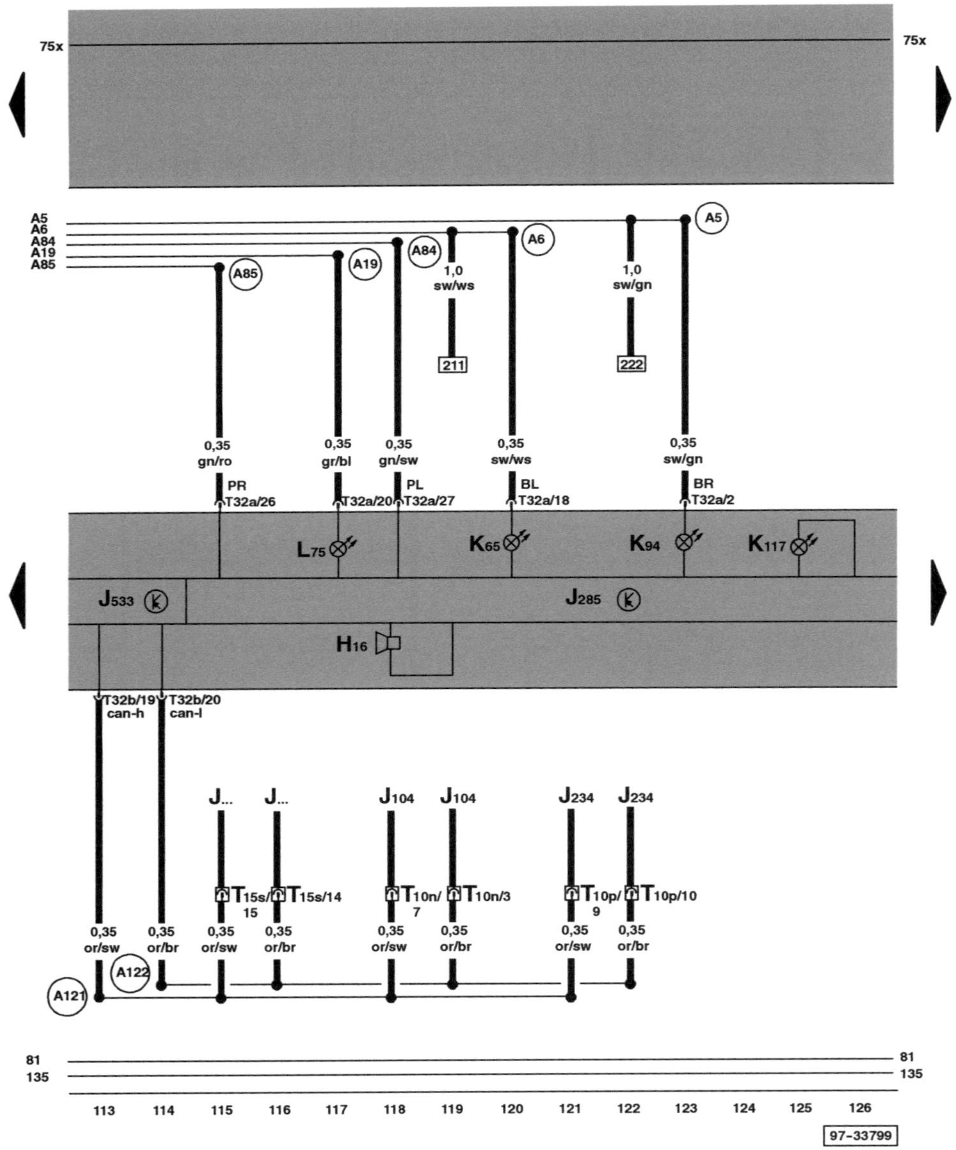

Schalttafeleinsatz, Diagnose - Interface für Datenbus, Warnsummer für eingeschaltetes Licht, Kontrollampen, Beleuchtung für Digitalanzeige

H16 - Warnsummer für eingeschaltetes Licht
J... - Motorsteuergerät
J104 - Steuergerät für ABS mit EDS
J234 - Steuergerät für Airbag
J285 - Steuergerät mit Anzeigeeinheit im Schalttafeleinsatz
J533 - Diagnose - Interface für Datenbus
K65 - Kontrollampe für Blinker links
K94 - Kontrollampe für Blinker rechts
K117 - Kontrollampe für Wegfahrsicherung
L75 - Beleuchtung für Digitalanzeige
T10n - Steckverbindung, 10-fach, orange, Kupplungsstation A-Säule, rechts
T10p - Steckverbindung, 10-fach, gelb, Kupplungsstation A-Säule, rechts
T15s - Steckverbindung, 15-fach, rot, am Schutzgehäuse für Steuergeräte, im Motorraum links
T32a - Steckverbindung, 32-fach, blau, am Schalttafeleinsatz
T32b - Steckverbindung, 32-fach, grün, am Schalttafeleinsatz

(A5) - Plusverbindung (Blinker rechts), im Schalttafelleitungsstrang
(A6) - Plusverbindung (Blinker links), im Schalttafelleitungsstrang
(A19) - Verbindung (58d), im Schalttafelleitungsstrang
(A84) - Verbindung (58L), im Schalttafelleitungsstrang
(A85) - Verbindung (58R), im Schalttafelleitungsstrang
(A121) - Verbindung (High-Bus) im Schalttafelleitungsstrang
(A122) - Verbindung (Low-Bus) im Schalttafelleitungsstrang

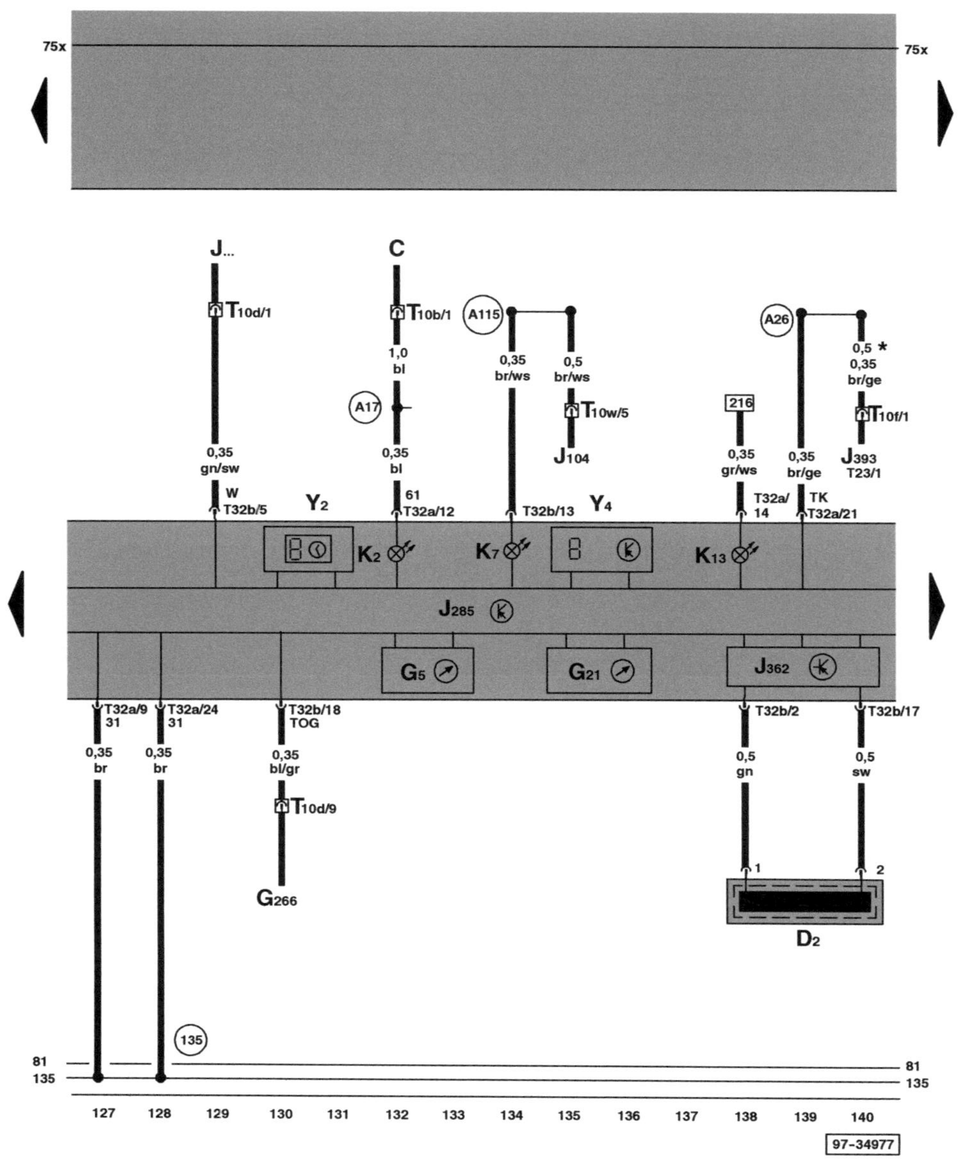

Schalttafeleinsatz, Steuergerät für Wegfahrsicherung, Drehzahlmesser, Geschwindigkeitsmesser, Digitaluhr, Wegstreckenanzeige

C - Drehstromgenerator
D2 - Lesespule für Wegfahrsicherung
G5 - Drehzahlmesser
G21 - Geschwindigkeitsmesser
G266 - Geber für Ölstand/-temperatur
J... - Motorsteuergerät
J104 - Steuergerät für ABS mit EDS
J285 - Steuergerät mit Anzeigeeinheit im Schalttafeleinsatz
J362 - Steuergerät für Wegfahrsicherung
J393 - Zentralsteuergerät für Komfortsystem
K2 - Kontrollampe für Generator
K7 - Kontrollampe für Zweikreis - u. Handbremsanlage
K13 - Kontrollampe für Nebelschlußleuchte
T10b - Steckverbindung, 10-fach, schwarz, am Schutzgehäuse für Steuergeräte, im Motorraum links
T10d - Steckverbindung, 10-fach, braun, am Schutzgehäuse für Steuergeräte, im Motorraum links
T10f - Steckverbindung, 10-fach, blau, Kupplungsstation A-Säule links
T10w - Steckverbindung, 10-fach, grau, Kupplungsstation A-Säule rechts
T32a - Steckverbindung, 32-fach, blau, am Schalttafeleinsatz
T32b - Steckverbindung, 32-fach, grün, am Schalttafeleinsatz
Y2 - Digitaluhr
Y4 - Wegstreckenanzeige

(135) - Masseverbindung -2-, im Schalttafelleitungsstrang
(A17) - Verbindung (61), im Schalttafelleitungsstrang
(A26) - Verbindung (Türkontaktschalter/Fahrerseite), im Schalttafelleitungsstrang
(A115) - Verbindung (Handbremskontrolle), im Schalttafelleitungsstrang
* - Entfällt ab Mai 2003

107/11
05.03

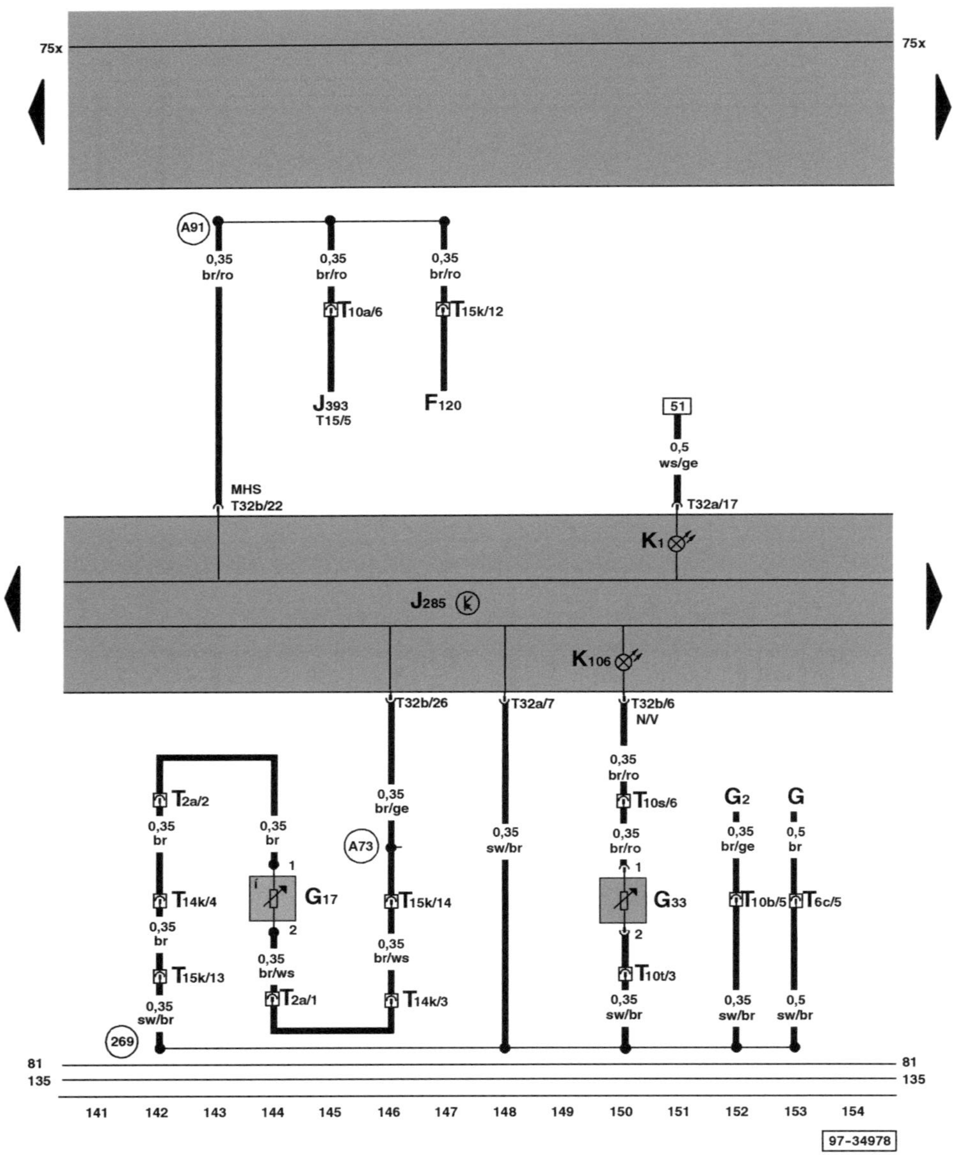

Schalttafeleinsatz, Temperaturfühler für Außentemperatur, Geber für Scheibenwaschwasserstand/Wasserstand, Kontrollampen für Fernlicht und Waschwassermangel

F120	-	Kontaktschalter für Diebstahlwarnanlage/Marder-Abwehranlage
G	-	Geber für Kraftstoffvorratsanzeige
G2	-	Geber für Kühlmitteltemperatur
G17	-	Temperaturfühler für Außentemperatur
G33	-	Geber für Scheibenwaschwasserstand/ Wasserstand
J285	-	Steuergerät mit Anzeigeeinheit im Schalttafeleinsatz
J393	-	Zentralsteuergerät für Komfortsystem
K1	-	Kontrollampe für Fernlicht
K106	-	Kontrollampe für Waschwassermangel
T2a	-	Steckverbindung, 2-fach, blau, Motorraum vorn links
T6c	-	Steckverbindung, 6-fach, blau, Kupplungsstation A-Säule links
T10a	-	Steckverbindung, 10-fach, braun, Kupplungsstation A-Säule links
T10b	-	Steckverbindung, 10-fach, schwarz, am Schutzgehäuse für Steuergeräte, im Motorraum links
T10s	-	Steckverbindung, 10-fach, rosa, Kupplungsstation A-Säule links
T10t	-	Steckverbindung, 10-fach, rot, Kupplungsstation A-Säule links
T14k	-	Steckverbindung, 14-fach, schwarz
T15	-	Steckverbindung, 15-fach
T15k	-	Steckverbindung, 15-fach, grau
T32a	-	Steckverbindung, 32-fach, blau, am Schalttafeleinsatz
T32b	-	Steckverbindung, 32-fach, grün, am Schalttafeleinsatz
(269)	-	Masseverbindung (Gebermasse) -1-, im Schalttafelleitungsstrang
(A73)	-	Verbindung (Außentemperaturanzeige), im Schalttafelleitungsstrang
(A91)	-	Verbindung (Signal für Schalttafeleinsatz), im Schalttafelleitungsstrang

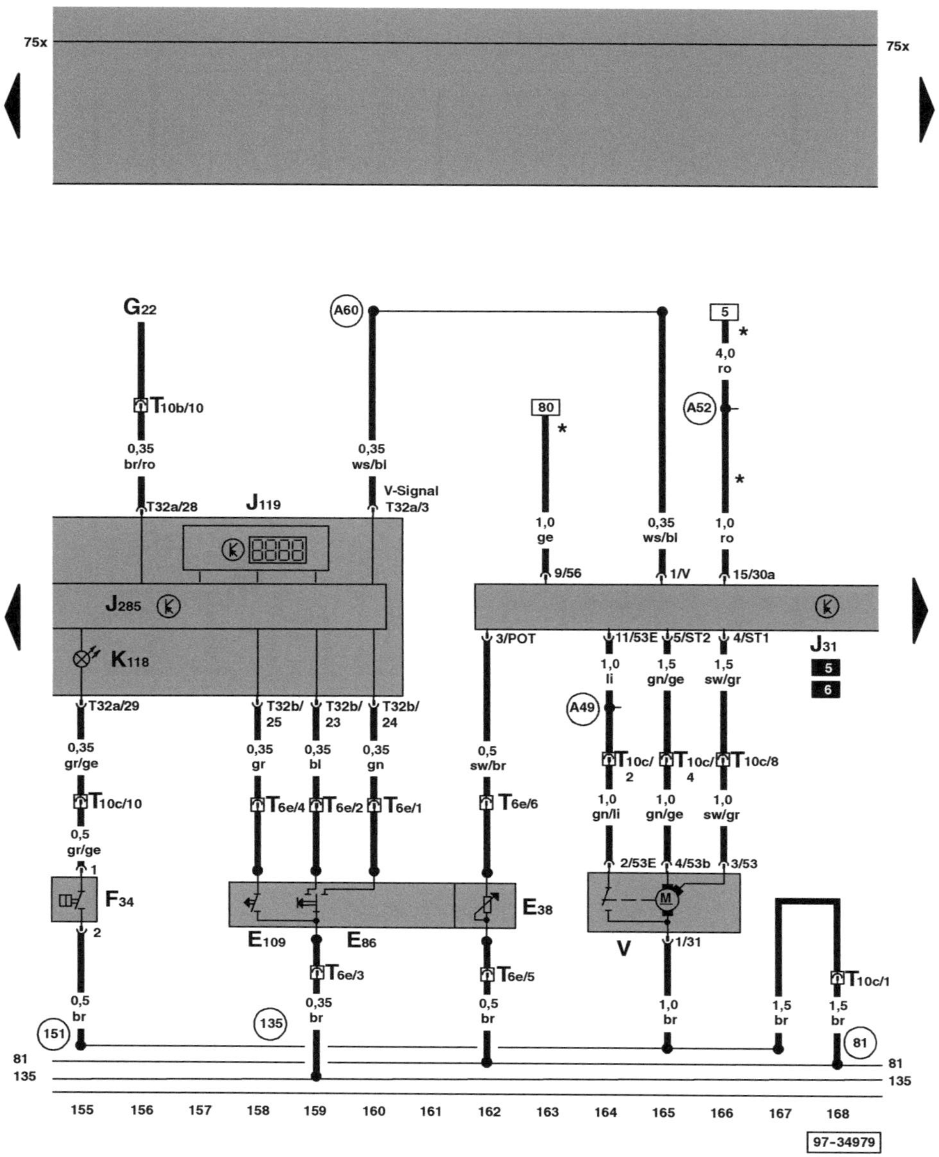

Schalttafeleinsatz, Relais für Wasch-Wisch-Intervallautomatik, Warnkontakt für Bremsflüssigkeitsstand, Multifunktionsanlage

E38 - Regler für Scheibenwischer-Intervallschaltung
E86 - Abruftaste für Multifunktionsanzeige
E109 - Speicherschalter für Multifunktionsanzeige
F34 - Warnkontakt für Bremsflüssigkeitsstand
G22 - Geber für Geschwindigkeitsmesser (Hallgeber, am Getriebe)
J31 - Relais für Wasch-Wisch-Intervallautomatik, auf dem 13-fachen Relaisträger, Steuerungsnummer
J119 - Multifunktionsanzeige
J285 - Steuergerät mit Anzeigeeinheit im Schalttafeleinsatz
K118 - Kontrollampe für Bremsanlage
T6e - Steckverbindung, 6-fach, schwarz, neben der Lenksäule rechts
T10b - Steckverbindung, 10-fach, schwarz, am Schutzgehäuse für Steuergeräte, im Motorraum links
T10c - Steckverbindung, 10-fach, violett, Kupplungsstation A-Säule links
T32a - Steckverbindung, 32-fach, blau, am Schalttafeleinsatz
T32b - Steckverbindung, 32-fach, grün, am Schalttafeleinsatz
V - Scheibenwischermotor

(81) - Masseverbindung -1-, im Schalttafelleitungsstrang
(135) - Masseverbindung -2-, im Schalttafelleitungsstrang
(151) - Masseverbindung -1-, im Leitungsstrang vorn

(A49) - Verbindung -1-, im Schalttafelleitungsstrang

(A52) - Plusverbindung -2- (30), im Schalttafelleitungsstrang
(A60) - Verbindung (Geschwindigkeitssignal), im Armaturenleitungsstrang

* - Nur bei Fahrzeugen mit Scheinwerferreinigungsanlage

107/13
05.03

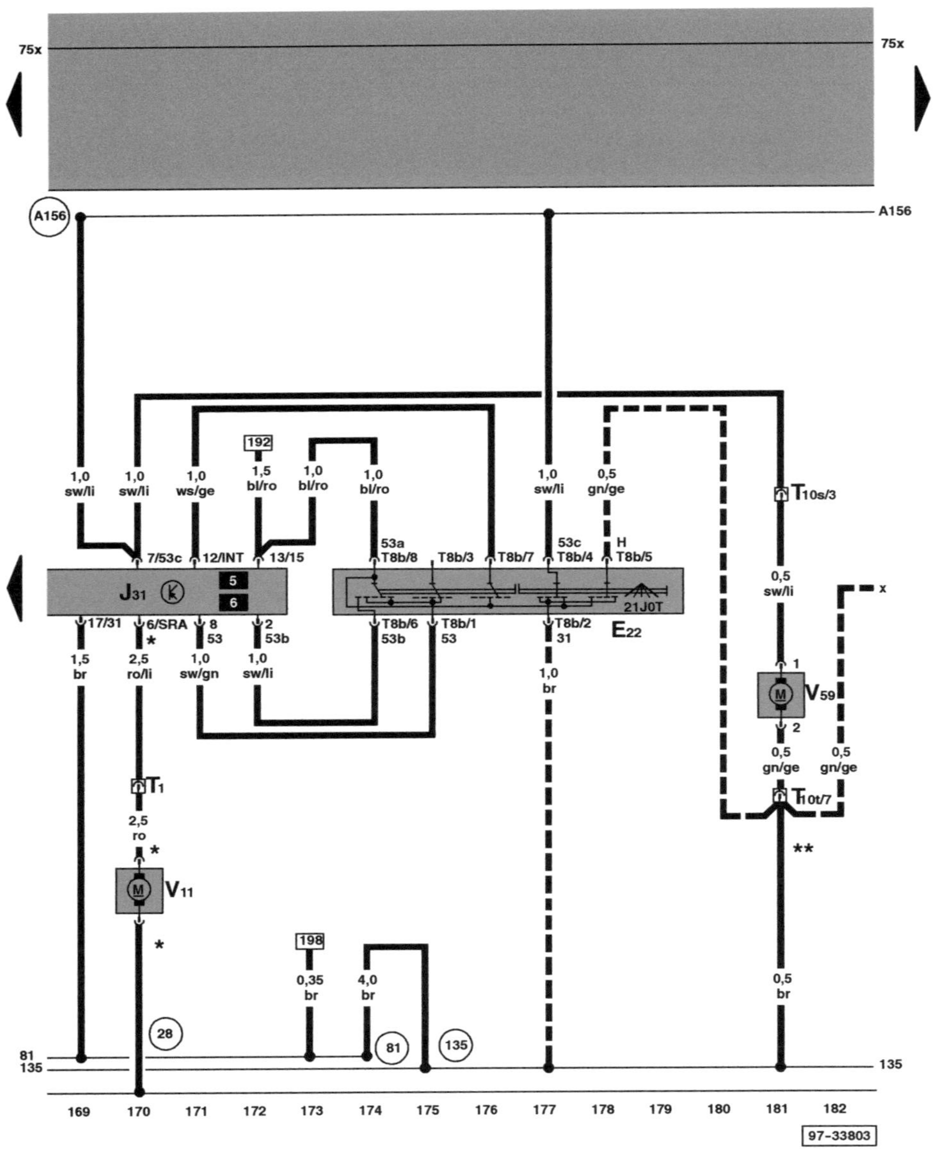

Relais für Wasch-Wisch-Intervallautomatik, Scheibenwischerschalter für Intervallbetrieb, Pumpe für Scheinwerfer-Reinigungsanlage, Front- und Heckscheibenwaschpumpe

E22 - Scheibenwischerschalter für Intervallbetrieb

J31 - Relais für Wasch-Wisch-Intervallautomatik, auf dem 13-fachen Relaisträger, Steuerungsnummer

T1 - Steckverbindung, 1-fach, braun, Kupplungsstation A-Säule links

T8b - Steckverbindung, 8-fach, schwarz, am Scheibenwischerschalter für Intervallbetrieb

T10s - Steckverbindung, 10-fach, rosa, Kupplungsstation A-Säule links

T10t - Steckverbindung, 10-fach, rot, Kupplungsstation A-Säule links

V11 - Pumpe für Scheinwerfer-Reinigungsanlage

V59 - Front- und Heckscheibenwaschpumpe

(28) - Massepunkt an der Spritzwand, links

(81) - Masseverbindung -1-, im Schalttafelleitungsstrang

(135) - Masseverbindung -2-, im Schalttafelleitungsstrang

(A156) - Verbindung (53c), im Schalttafelleitungsstrang

* - Nur bei Fahrzeugen mit Scheinwerferreinigungsanlage

** - Nur bei Limousine

- - - - Nur bei Variant

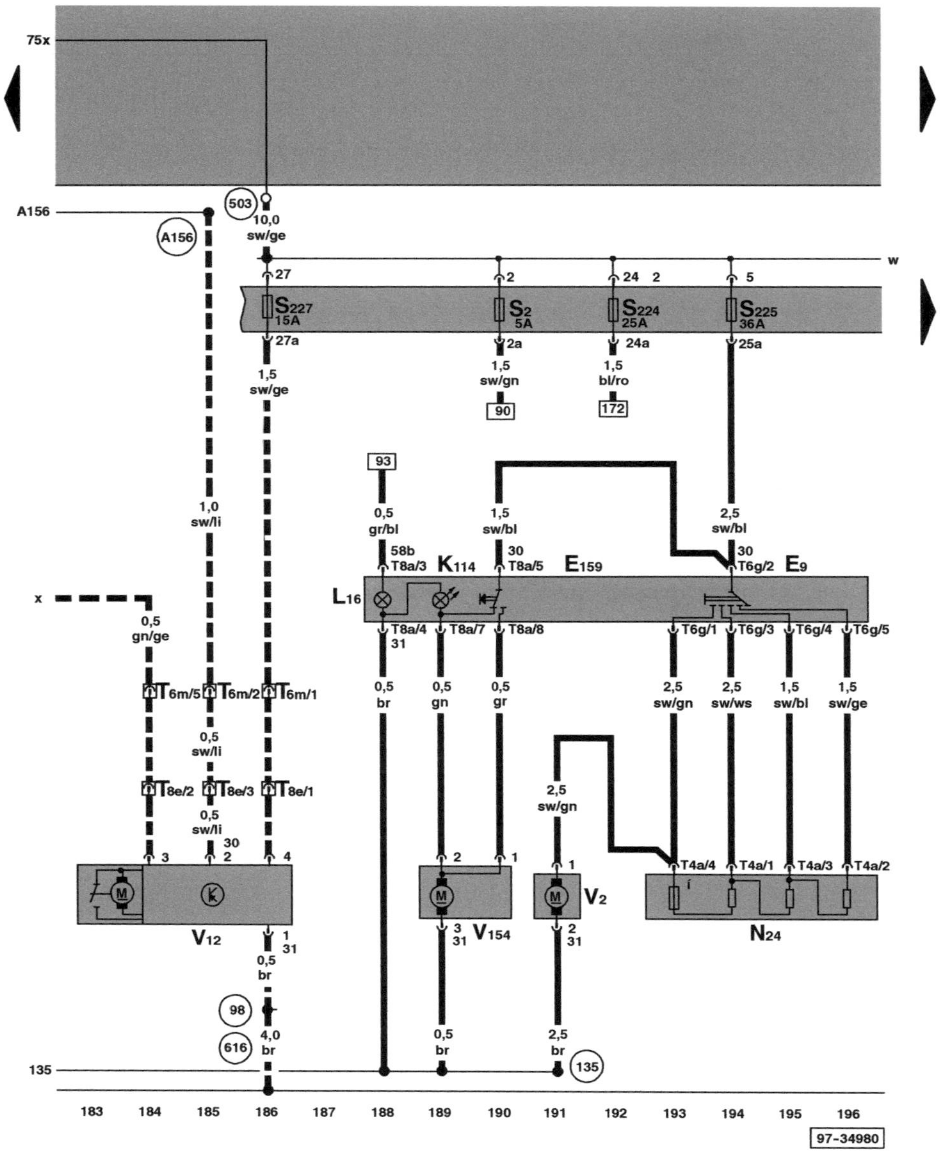

Schalter für Frisch- und Umluftklappe, Schalter für Frischluftgebläse, Stellmotor für Frisch-/Umluftklappe, Frischluftgebläse, Motor für Heckscheibenwischer

- E9 - Schalter für Frischluftgebläse
- E159 - Schalter für Frisch- und Umluftklappe
- K114 - Kontrollampe für Frisch- und Umluftbetrieb
- L16 - Lampe für Beleuchtung Frischluftregulierung
- N24 - Vorwiderstand für Frischluftgebläse mit Überhitzungssicherung
- S2 - Sicherungen im Sicherungshalter/Relaisplatte
- S224 - Sicherung im Sicherungshalter
- S225 - Sicherung im Sicherungshalter
- S227 - Sicherung im Sicherungshalter
- T4a - Steckverbindung, 4-fach, schwarz, am Vorwiderstand
- T6g - Steckverbindung, 6-fach, braun, am Schalter für Frischluftgebläse
- T6m - Steckverbindung, 6-fach, schwarz, Kupplungsstation A-Säule rechts
- T8a - Steckverbindung, 8-fach, schwarz, am Schalter für Frischluftgebläse und Umluft
- T8e - Steckverbindung, 8-fach, schwarz, im Kofferraum rechts
- V2 - Frischluftgebläse
- V12 - Motor für Heckscheibenwischer
- V154 - Stellmotor für Frisch-/Umluftklappe

- (98) - Masseverbindung, im Leitungsstrang Heckklappe
- (135) - Masseverbindung -2-, im Schalttafelleitungsstrang
- (503) - Schraubverbindung (75x), an der Relaisplatte
- (616) - Massepunkt, an der Kofferraumleuchte
- (A156) - Verbindung (53c), im Schalttafelleitungsstrang

- - - - Nur bei Variant

107/15
05.03

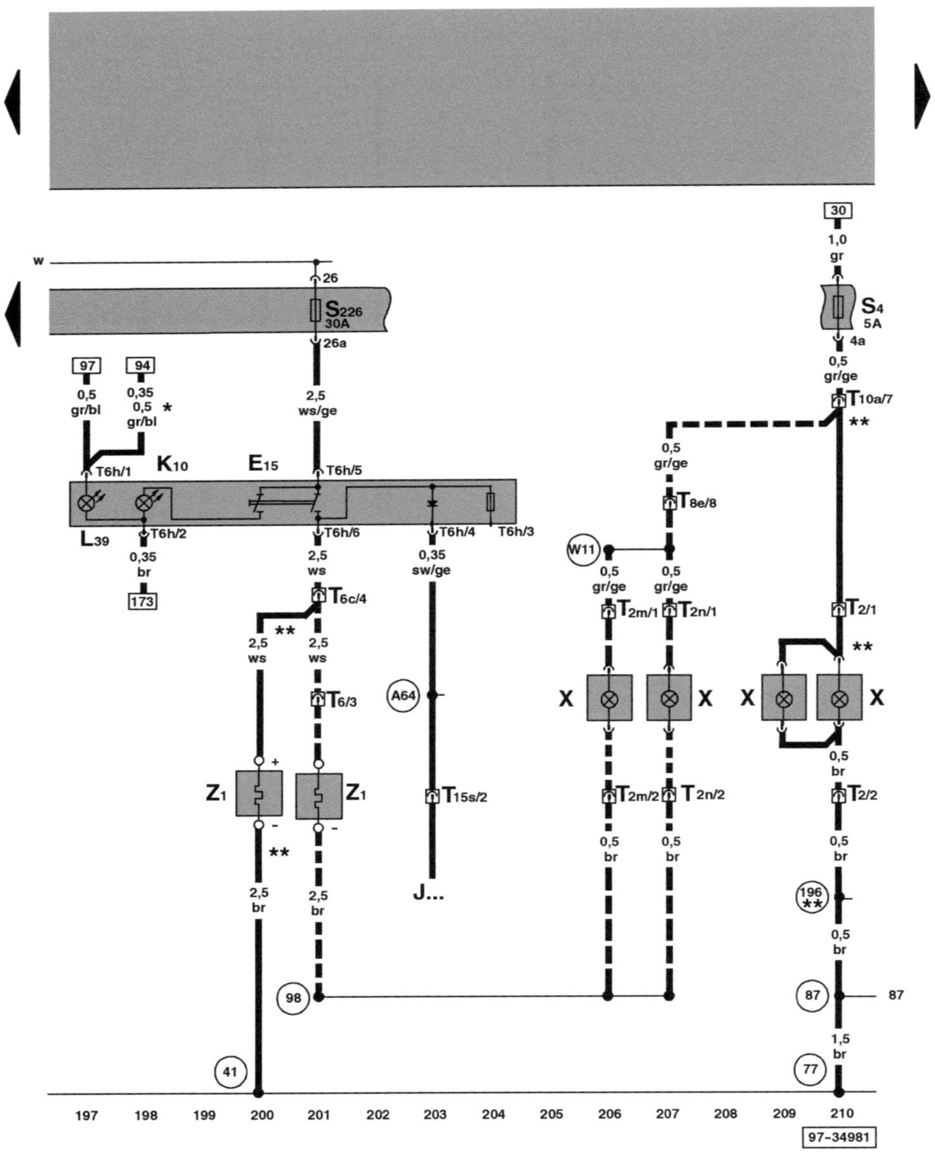

Schalter für beheizbare Heckscheibe, beheizbare Heckscheibe, Kennzeichenleuchte

E15 - Schalter für beheizbare Heckscheibe
J... - Motorsteuergerät
K10 - Kontrollampe für beheizbare Heckscheibe
L39 - Lampe für Beleuchtung für Schalter für beheizbare Heckscheibe
S4 - Sicherungen im Sicherungshalter/Relaisplatte
S226 - Sicherung im Sicherungshalter
T2 - Steckverbindung, 2-fach, in der Heckklappe
T2m - Steckverbindung, 2-fach, schwarz
T2n - Steckverbindung, 2-fach, schwarz
T6 - Steckverbindung, 6-fach, schwarz, im Kofferraum links (nur bei Variant)
T6c - Steckverbindung, 6-fach, blau, Kupplungsstation A-Säule links
T6h - Steckverbindung, 6-fach, schwarz, am Schalter für beheizbare Heckscheibe
T8e - Steckverbindung, 8-fach, schwarz, im Kofferraum rechts
T10a - Steckverbindung, 10-fach, braun Kupplungsstation A-Säule links
T15s - Steckverbindung, 15-fach, rot, am Schutzgehäuse für Steuergeräte, im Motorraum links
X - Kennzeichenleuchte
Z1 - beheizbare Heckscheibe
(41) - Massepunkt, unter Hutablage
(77) - Massepunkt, Säule B-links, unten
(87) - Masseverbindung -2-, im Leitungsstrang hinten
(98) - Masseverbindung, im Leitungsstrang Heckklappe
(196) - Masseverbindung -3-, im Leitungsstrang hinten
(A64) - Verbindung (30, Drehzahlanhebung), im Schalttafelleitungsstrang
(W11) - Verbindung (58), im Leitungsstrang Heckklappe
* - Entfällt ab Mai 2003
** - Nur bei Limousine
- - - - Nur bei Variant

107/16
05.03

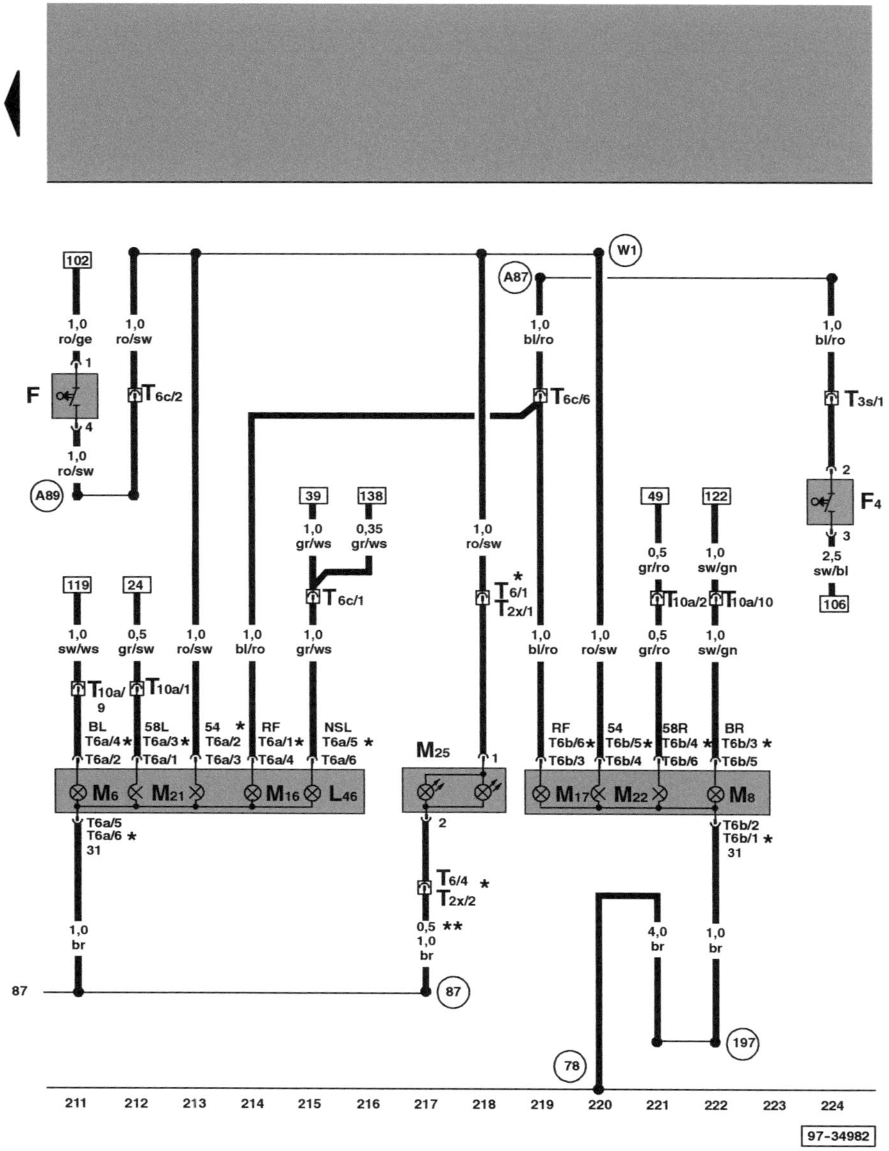

Bremslichtschalter, Schalter für Rückfahrleuchten, Lampen

- F - Bremslichtschalter
- F4 - Schalter für Rückfahrleuchten
- L46 - Lampe für Nebelschlußleuchte links
- M6 - Lampe für Blinklicht hinten links
- M8 - Lampe für Blinklicht hinten rechts
- M16 - Lampe für Rückfahrlicht links
- M17 - Lampe für Rückfahrlicht rechts
- M21 - Lampe für Brems- und Schlußlicht links
- M22 - Lampe für Brems- und Schlußlicht rechts
- M25 - Lampe für hochgesetztes Bremslicht
- T2x - Steckverbindung, 2-fach, Nähe Kofferraumleuchte (nur bei Limousine)
- T3s - Steckverbindung, 3-fach, rot, am Schutzgehäuse für Steuergeräte, im Motorraum links
- T6 - Steckverbindung, 6-fach, schwarz, im Kofferraum links (nur bei Variant)
- T6a - Steckverbindung, 6-fach, Schlußleuchte links
- T6b - Steckverbindung, 6-fach, Schlußleuchte rechts
- T6c - Steckverbindung, 6-fach, blau, Kupplungsstation A-Säule links
- T10a - Steckverbindung, 10-fach, braun, Kupplungsstation A-Säule links

- (78) - Massepunkt, Säule B-rechts, unten
- (87) - Masseverbindung -2-, im Leitungsstrang hinten
- (197) - Masseverbindung -4-, im Leitungsstrang hinten
- (A87) - Verbindung (RF), im Schalttafelleitungsstrang
- (A89) - Verbindung -2- (54), im Schalttafelleitungsstrang
- (W1) - Plusverbindung -1- (54) im Leitungsstrang hinten

- * - Nur bei Variant
- ** - Nur bei Limousine

107/17
05.03

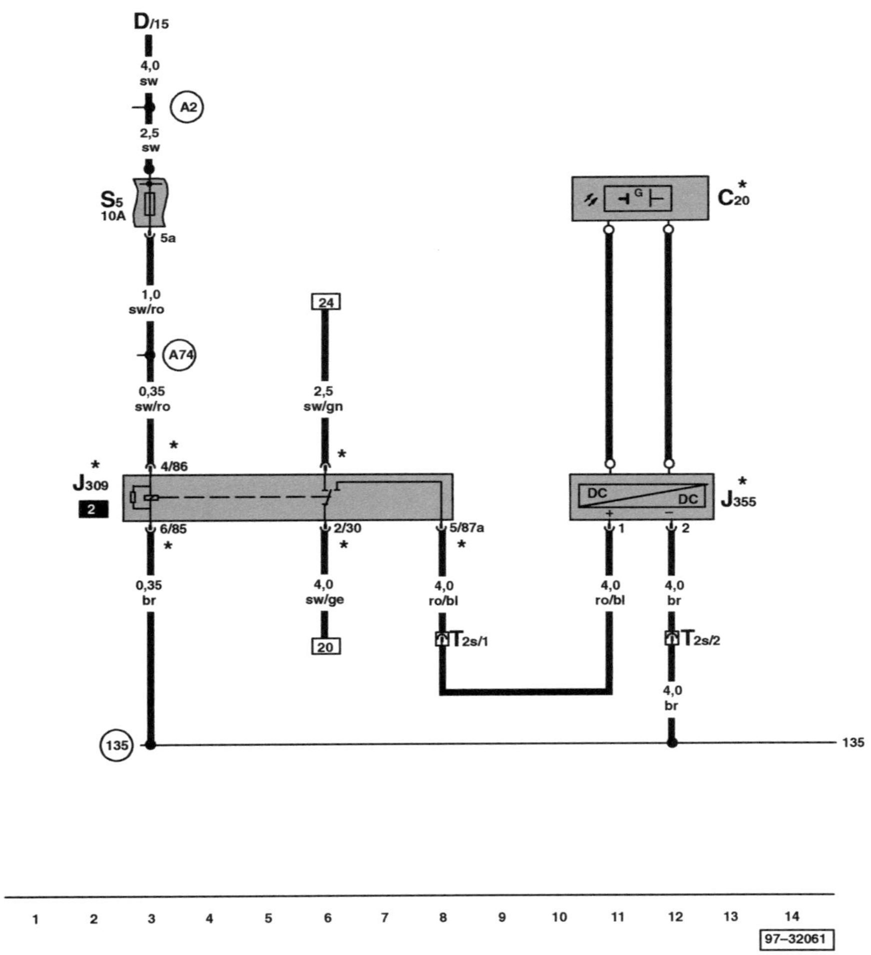

Steuergerät für Solarbetrieb, Trennrelais für Solarzellen, Solarzellen

C20 – Solarzellen
D – Zündanlaßschalter
J309 – Trennrelais für Solarzellen
J355 – Steuergerät für Solarbetrieb
S5 – Sicherungen im Sicherungshalter/Relaisplatte
T2s – Steckverbindung, 2-fach, schwarz

(135) – Masseverbindung -2-, im Schalttafelleitungsstrang
(A2) – Plusverbindung (15) im Schalttafelleitungsstrang
(A74) – Verbindung (15a, Sicherung 5), im Schalttafelleitungsstrang

* - mit Solardach

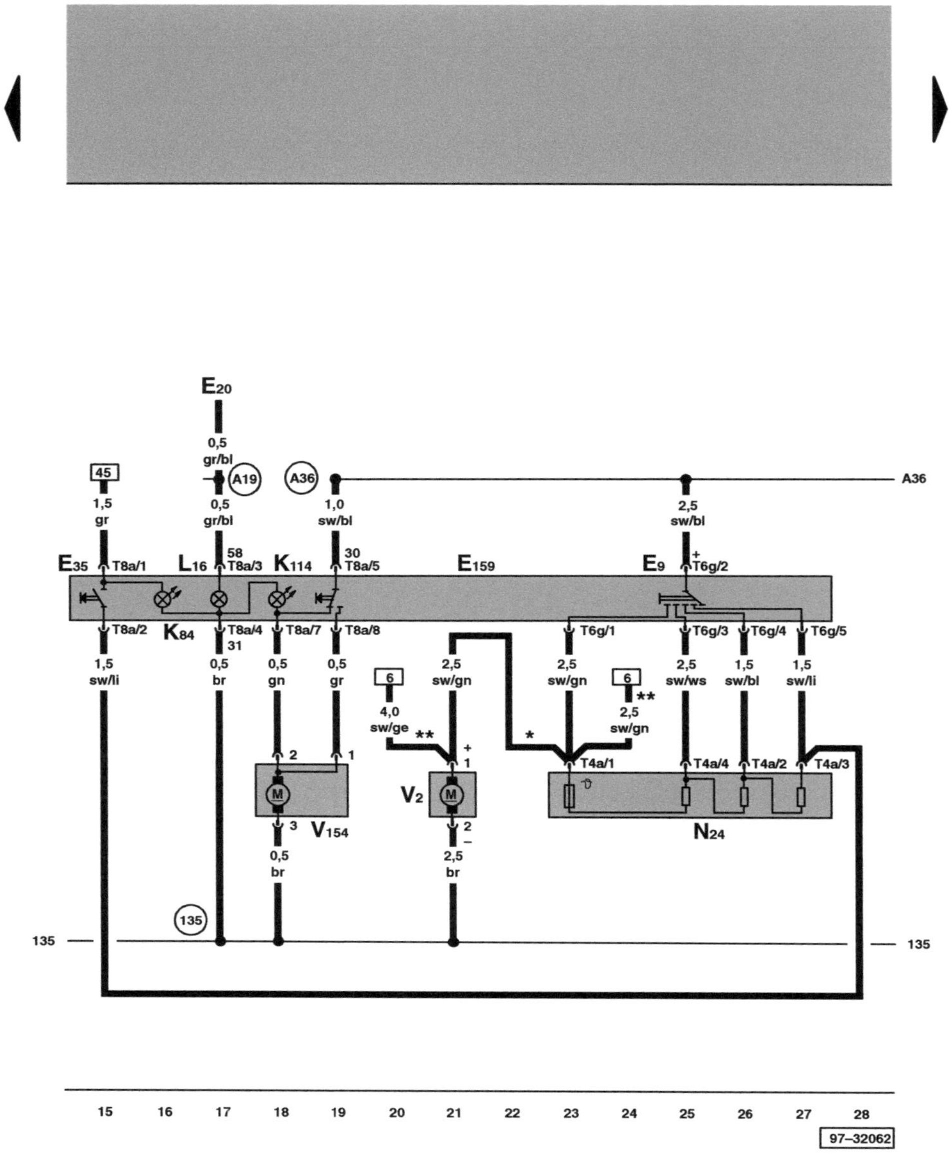

Frischluftgebläse,Schalter für Klimaanlage, Frischluft-/Umluft- Umschaltung

E9 – Schalter für Frischluftgebläse
E20 – Regler für Beleuchtung - Schalter und Instrumente
E35 – Schalter für Klimaanlage
E159 – Schalter für Frisch- und Umluftklappe
K84 – Kontrollampe für Klimaanlage
K114 – Kontrollampe für Frisch- und Umluftbetrieb
L16 – Lampe für Beleuchtung Frischluftregulierung
N24 – Vorwiderstand für Frischluftgebläse mit Überhitzungssicherung
T4a – Steckverbindung, 4-fach, am Vorwiderstand
T6g – Steckverbindung, 6-fach, am Schalter für Frischluftgebläse
T8a – Steckverbindung, 8-fach, schwarz, am Schalter für Frischluftgebläse und Umluft
V2 – Frischluftgebläse
V154 – Stellmotor für Frisch-/Umluftklappe

(135) – Masseverbindung -2-, im Schalttafelleitungsstrang
(A19) – Verbindung (58d), im Schalttafelleitungsstrang
(A36) – Verbindung (75a), im Schalttafelleitungsstrang

* - ohne Solardach
** - mit Solardach

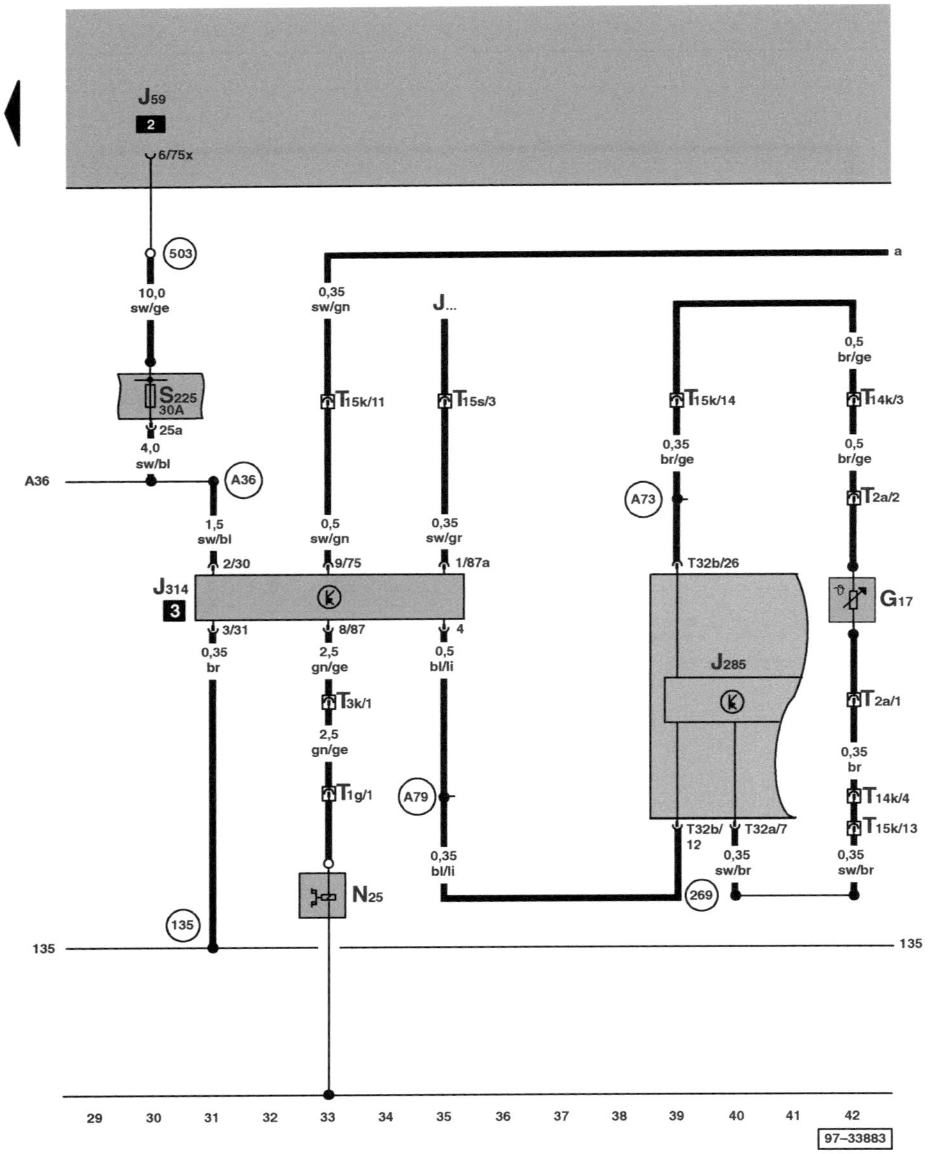

Steuergerät für Klimaanlagen - Abschaltung, Magnetkupplung für Klimaanlage, Temperaturfühler für Außentemperatur

G17 – Temperaturfühler für Außentemperatur
J... – Motorsteuergerät
J59 – Entlastungsrelais für X - Kontakt
J285 – Steuergerät mit Anzeigeeinheit im Schalttafeleinsatz
J314 – Steuergerät für Klimaanlagen-Abschaltung (384), auf dem 13-fachen Zusatzrelaisträger
N25 – Magnetkupplung für Klimaanlage
S225 – Sicherung im Sicherungshalter
T1g – Steckverbindung, 1-fach, grün
T2a – Steckverbindung, 2-fach
T3k – Steckverbindung, 3-fach, grau, Kupplungsstation A-Säule links
T14k – Steckverbindung, 14-fach, schwarz
T15k – Steckverbindung, 15-fach, grau, Kupplungsstation A-Säule links
T15s – Steckverbindung, 15-fach, rot, am Schutzgehäuse im Motorraum links
T32a – Steckverbindung, 32-fach, blau, am Schalttafeleinsatz
T32b – Steckverbindung, 32-fach, grün, am Schalttafeleinsatz

(135) – Masseverbindung (Gebermasse) -1-, im Schalttafelleitungsstrang
(269) – Masseverbindung -2-, im Schalttafelleitungsstrang
(503) – Schraubverbindung (75x), an der Relaisplatte
(A36) – Verbindung (75a), im Schalttafelleitungsstrang
(A73) – Verbindung (Außentemperaturanzeige), im Schalttafelleitungsstrang
(A79) – Verbindung (Heißleuchtenschalter), im Schalttafelleitungsstrang

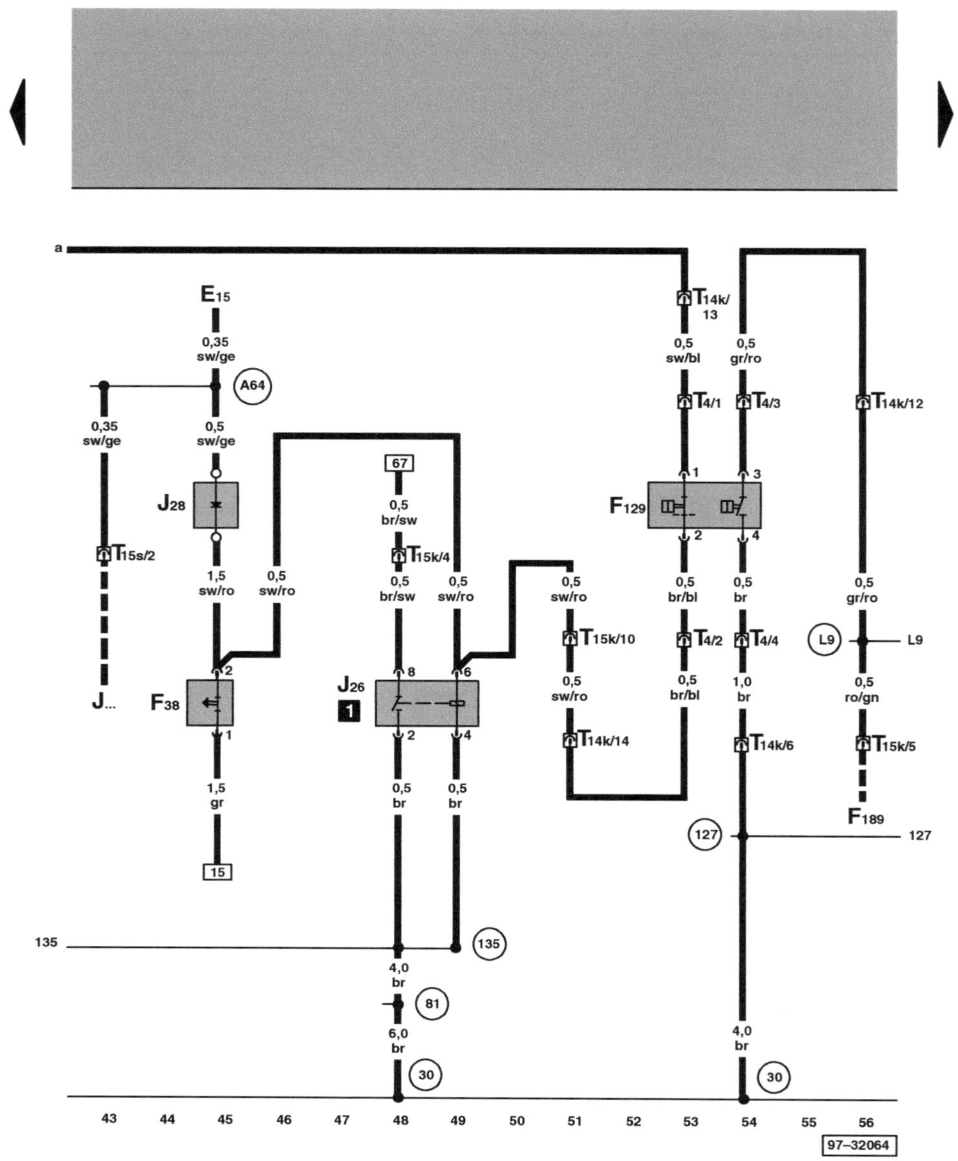

Druckschalter für Klimaanlage, Relais für Kühlerlüfter, Außentemperaturschalter, Sperrdiode

E15 – Schalter für beheizbare Heckscheibe
F38 – Außentemperaturschalter
F129 – Druckschalter für Klimaanlage
F189 – Schalter für Tiptronic
J.. – Motorsteuergerät
J26 – Relais für Lüfter für Kühlmittel
J28 – Sperrdiode für Klimaanlage/Heizung
T4 – Steckverbindung, 4-fach, Motorraum vorn links
T14k – Steckverbindung, 14-fach, schwarz
T15k – Steckverbindung, 15-fach, grau, Kupplungsstation A-Säule links
T15s – Steckverbindung, 15-fach, rot, am Schutzgehäuse im Motorraum links

(30) – Massepunkt -1-, neben Relaisplatte

(81) – Masseverbindung -1-, im Schalttafelleitungsstrang
(127) – Masseverbindung -1-, im Leitungsstrang Klimakompressor
(135) – Masseverbindung -2-, im Schalttafelleitungsstrang
(A64) – Verbindung (30,- Drehzahlanhebung), im Schalttafelleitungsstrang
(L9) – Verbindung -1-, im Leitungsstrang Klimaanlage

- - - - nur bei Fahrzeugen mit Automatikgetriebe

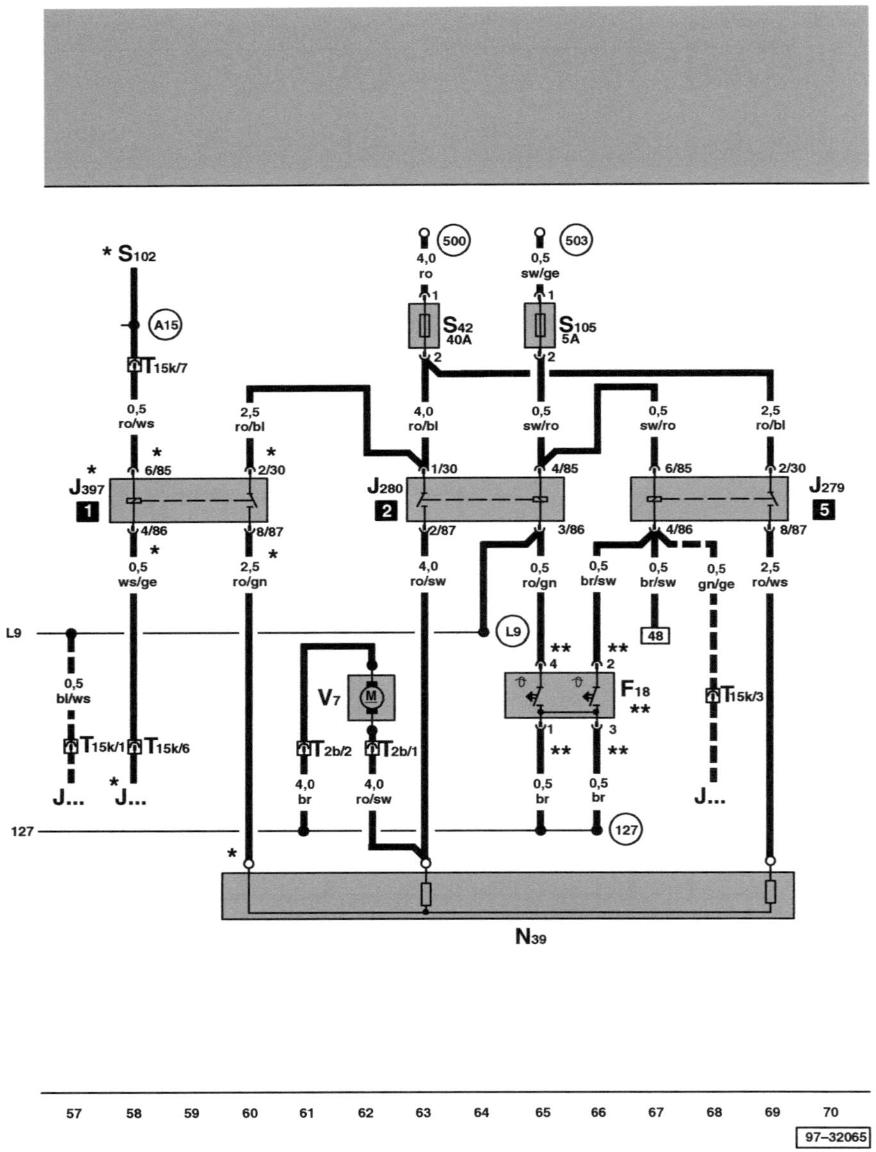

Relais für Kühlerlüfter Stufen 1 und 2, Relais für Kühlerlüfternachlauf

F18 – Thermoschalter für Lüfter für Kühlmittel
J... – Motorsteuergerät
J279 – Relais für Kühlerlüfter V7 und V35 - Stufe 1
J280 – Relais für Kühlerlüfter V7 - Stufe 2
J397 – Relais für Kühlerlüfternachlauf (nur bei Diesel)
N39 – Vorwiderstand für Lüfter für Kühlmittel, unter dem linken Längsträger
S42 – Einzelsicherung für Lüfter für Kühlmittel
S102 – Sicherung für Motorsteuergerät (nur bei Diesel)
S105 – Sicherung für Lüfter für Kühlmitte, 1.Stufe
T2b – Steckverbindung, 2-fach, im Motorraum vorn links
T15k – Steckverbindung, 15-fach, grau, Kupplungsstation A-Säule links
V7 – Lüfter für Kühlmittel

(127) – Masseverbindung -1-, im Leitungsstrang Klimakompressor
(500) – Schraubverbindung -1- (30), an der Relaisplatte
(503) – Schraubverbindung (75x), an der Relaisplatte
(A15) – Plusverbindung (58 b), im Leitungsstrang Zigarrenanzünder
(L9) – Verbindung -1-, im Leitungsstrang Klimaanlage

* – nur bei Diesel
** – nicht bei Motorkennbuchstabe ALT
– – – nur bei Motorkennbuchstabe ALT